岩石力学与工程研究著作丛书

岩体裂隙网络各向异性损伤力学效应研究

陈　新　杨　强　李德建　著

科学出版社
北　京

内 容 简 介

本书主要介绍岩体裂隙网络各向异性损伤力学效应的试验、理论研究和工程应用。在试验研究方面，以裂隙岩体模拟试件的单轴压缩试验为基础，采用数字图像处理、筛分试验和有限元模拟分别对试件的表面裂纹演化特征、破碎特征和起裂机制进行分析，研究试件宏观各向异性、非线性力学响应与其裂隙网络几何参数的相关关系，揭示裂隙岩体的损伤机理。在理论研究方面，以微平面二元介质模型为出发点建立了岩体本构关系研究的新框架，讨论了标量和矢量的方向分布函数及其各阶组构张量、岩体的各向异性损伤强度准则和岩体的微平面损伤本构模型。在工程应用方面，考虑岩体各向异性对油井井壁的稳定性进行了弹性和弹塑性分析。

本书可作为土木、水利、采矿、地质等专业从事岩石力学、损伤力学研究的大专院校教师、研究生和科研院所研究人员的参考书。

图书在版编目(CIP)数据

岩体裂隙网络各向异性损伤力学效应研究/陈新，杨强，李德建著. —北京：科学出版社，2016.3

(岩石力学与工程研究著作丛书)

ISBN 978-7-03-047659-3

Ⅰ.①岩…　Ⅱ.①陈…②杨…③李…　Ⅲ.①岩体-裂缝(岩石)-岩石力学-研究　Ⅳ.①TU45

中国版本图书馆 CIP 数据核字(2016)第 049605 号

责任编辑：刘宝莉 / 责任校对：桂伟利
责任印制：徐晓晨 / 封面设计：左　讯

科学出版社出版
北京东黄城根北街 16 号
邮政编码：100717
http://www.sciencep.com
北京虎彩文化传播有限公司印刷
科学出版社发行　各地新华书店经销
*
2016 年 3 月第　一　版　开本：720×1000 1/16
2021 年 1 月第二次印刷　印张：23 3/4　彩插：2
字数：478 000

定价：150.00 元

(如有印装质量问题，我社负责调换)

《岩石力学与工程研究著作丛书》编委会

名誉主编：孙　钧　王思敬　钱七虎　谢和平

主　　编：冯夏庭

副 主 编：何满潮　黄润秋　周创兵

秘 书 长：黄理兴　刘宝莉

编　　委：(以姓氏汉语拼音顺序排列)

《岩石力学与工程研究著作丛书》序

随着西部大开发等相关战略的实施，国家重大基础设施建设正以前所未有的速度在全国展开：在建、拟建水电工程达30多项，大多以地下硐室（群）为其主要水工建筑物，如龙滩、小湾、三板溪、水布垭、虎跳峡、向家坝等，其中白鹤滩水电站的地下厂房高达90m、宽达35m、长400多米；锦屏二级水电站4条引水隧道，单洞长16.67km，最大埋深2525m，是世界上埋深与规模均为最大的水工引水隧洞；规划中的南水北调西线工程的隧洞埋深大多在400～900m，最大埋深1150m。矿产资源与石油开采向深部延伸，许多矿山采深已达1200m以上。高应力的作用使得地下工程冲击地压显现剧烈，岩爆危险性增加，巷（隧）道变形速度加快、持续时间长。城镇建设与地下空间开发、高速公路与高速铁路建设日新月异。海洋工程（如深海石油与矿产资源的开发等）也出现方兴未艾的发展势头。能源地下储存、高放核废物的深地质处置、天然气水合物的勘探与安全开采、CO_2地下隔离等已引起政府的高度重视，有的已列入国家发展规划。这些工程建设提出了许多前所未有的岩石力学前沿课题和亟待解决的工程技术难题。例如，深部高应力下地下工程安全性评价与设计优化问题，高山峡谷地区高陡边坡的稳定性问题，地下油气储库、高放核废物深地质处置库以及地下CO_2隔离层的安全性问题，深部岩体的分区碎裂化的演化机制与规律，等等，这些难题的解决迫切需要岩石力学理论的发展与相关技术的突破。

近几年来，国家863计划、国家973计划、“十一五”国家科技支撑计划、国家自然科学基金重大研究计划以及人才和面上项目、中国科学院知识创新工程项目、教育部重点（重大）与人才项目等，对攻克上述科学与工程技术难题陆续给予了有力资助，并针对重大工程在设计和施工过程中遇到的技术难题组织了一些专项科研，吸收国内外的优势力量进行攻关。在各方面的支持下，这些课题已经取得了很多很好的研究成果，并在国家重点工程建设中发挥了重要的作用。目前组织国内同行将上述领域所研究的成果进行了系统的总结，并出版《岩石力学与工程研究著作丛书》，值得钦佩、支持与鼓励。

该研究丛书涉及近几年来我国围绕岩石力学学科的国际前沿、国家重大工程建设中所遇到的工程技术难题的攻克等方面所取得的主要创新性研究成果，包括深部及其复杂条件下的岩体力学的室内、原位实验方法和技术，考虑复杂条件与过程（如高应力、高渗透压、高应变速率、温度-水流-应力-化学耦合）的岩体力学特性、变形破裂过程规律及其数学模型、分析方法与理论，地质超前预报方法与技术，工程地质灾害预测预报与防治措施，断续节理岩体的加固止裂机理与设计方法，灾害环境下重大工程的安全性，岩石工程实时监测技术与应用，岩石工程施工过程仿真、动态反馈分析与设计优化，典型与特殊岩石工程(海底隧道、深埋长隧洞、高陡边坡、膨胀岩工程等)超规范的设计与实践实例，等等。

岩石力学是一门应用性很强的学科。岩石力学课题来自于工程建设，岩石力学理论以解决复杂的岩石工程技术难题为生命力，在工程实践中检验、完善和发展。该研究丛书较好地体现了这一岩石力学学科的属性与特色。

我深信《岩石力学与工程研究著作丛书》的出版，必将推动我国岩石力学与工程研究工作的深入开展，在人才培养、岩石工程建设难题的攻克以及推动技术进步方面将会发挥显著的作用。

2007 年 12 月 8 日

《岩石力学与工程研究著作丛书》编者的话

近二十年来，随着我国许多举世瞩目的岩石工程不断兴建，岩石力学与工程学科各领域的理论研究和工程实践得到较广泛的发展，科研水平与工程技术能力得到大幅度提高。在岩石力学与工程基本特性、理论与建模、智能分析与计算、设计与虚拟仿真、施工控制与信息化、测试与监测、灾害性防治、工程建设与环境协调等诸多学科方向与领域都取得了辉煌成绩。特别是解决岩石工程建设中的关键性复杂技术疑难问题的方法，973、863、国家自然科学基金等重大、重点课题研究成果，为我国岩石力学与工程学科的发展发挥了重大的推动作用。

应科学出版社诚邀，由国际岩石力学学会副主席、岩石力学与工程国家重点实验室主任冯夏庭教授和黄理兴研究员策划，先后在武汉与葫芦岛市召开《岩石力学与工程研究著作丛书》编写研讨会，组织我国岩石力学工程界的精英们参与本丛书的撰写，以反映我国近期在岩石力学与工程领域研究取得的最新成果。本丛书内容涵盖岩石力学与工程的理论研究、试验方法、实验技术、计算仿真、工程实践等各个方面。

本丛书编委会编委由58位来自全国水利水电、煤炭石油、能源矿山、铁道交通、资源环境、市镇建设、国防科研、大专院校、工矿企业等单位与部门的岩石力学与工程界精英组成。编委会负责选题的审查，科学出版社负责稿件的审定与出版。

在本套丛书的策划、组织与出版过程中，得到了各专著作者与编委的积极响应；得到了各界领导的关怀与支持，中国岩石力学与工程学会理事长钱七虎院士特为丛书作序；中国科学院武汉岩土力学研究所冯夏庭、黄理兴研究员与科学出版社刘宝莉、沈建等编辑做了许多繁琐而有成效的工作，在此一并表示感谢。

“21世纪岩土力学与工程研究中心在中国”，这一理念已得到世人的共识。我们生长在这个年代里，感到无限的幸福与骄傲，同时我们也感觉到肩上的责任重大。我们组织编写这套丛书，希望能真实反映我国岩石力学与工程的现状与成果，希望对读者有所帮助，希望能为我国岩石力学学科发展与工程建设贡献一份力量。

《岩石力学与工程研究著作丛书》

编辑委员会

2007年11月28日

前　　言

天然岩体经过多次地壳构造运动，内部广泛存在着产状不同、性质各异的各类地质不连续面（又称为结构面）。近半个世纪以来，许多大型岩体工程的失稳事件已使岩石力学界普遍认识到结构面对岩体力学行为的控制性作用。而“岩体结构控制论”也已成为岩石力学的核心学说，其基本观点是：结构面是岩体中的薄弱部位，对岩体的力学行为有着极其重要的影响。

对绝大多数岩体工程项目，断层、剪切带、软弱夹层等大尺寸的结构面数量有限，其空间分布特征、地质力学性质可以逐一地单独考虑；而割理、层理和节理等中、小尺寸的结构面（可统称为“裂隙”）数目众多，需要考虑其统计平均力学效应。岩体损伤力学将反映裂隙网络空间分布特征的组构张量引入本构关系，来定量描述裂隙结构对岩体宏观力学行为的影响。近三十年来，岩体损伤力学的理论、试验和数值模拟技术蓬勃发展，推动了“岩体结构控制论”逐步由定性理论向定量分析深入发展。

总体而言，裂隙的存在使得岩体的强度降低、变形和渗透率增加，并呈现出显著的各向异性。裂隙岩体的宏观力学特性取决于如下三个方面：岩块的力学性质、裂隙面的力学性质和裂隙网络的空间分布特征。迄今为止，岩体力学领域对这三个方面独立地进行了较多的研究，发展了相对成熟的理论和方法，包括岩体内裂隙系统的地质勘测、描述、统计，岩石的本构描述和力学参数测定，贯通裂隙面的本构描述和力学参数测定。然而，由于裂隙网络空间分布的多样性和裂隙面力学响应的高度非线性，岩体力学行为与裂隙结构的相关性和岩体各向异性本构模型的建立成为一个十分复杂的试验和理论研究课题，至今尚未得到很好的解答。

本书系统地介绍了作者在岩体损伤力学方面近二十年的研究成果，全书共9章。第1章介绍了岩体损伤力学的研究现状；第2～5章介绍了裂隙网络几何参数对岩体宏观力学行为影响的试验研究，包括节理岩体模拟试件的单轴压缩试验及表面裂纹演化特征分析、破碎特征分析和起裂机制分析；第6～9章介绍了裂隙岩体的二元介质微平面本构理论及其工程应用，包括方向分布函数及其各阶组构张量、岩体的各向异性屈服或强度准则、岩体的各向异性损伤本构模型和考虑岩体各向异性的油井井筒稳定性分析。

本书的创新性贡献包括:①在试验研究方面,通过裂隙岩体模拟试件的单轴压缩试验,系统研究了裂隙网络几何参数组合变化对岩体强度、变形特性的影响,首次从试验中发现了无侧压时裂隙试件的脆性—延性变形转换特性;结合数字图像分析、筛分试验、有限元模拟等手段,建立了从不同角度研究多裂隙体细观损伤力学机制的方法;②在理论研究方面,首次提出矢量方向分布函数的概念并建立了它的各阶组构张量;通过在微平面模型中引入二元介质概念,建立了裂隙岩体本构理论新框架;分别从有效应力原理和强度参数各向异性分布两个角度,建立了岩体的各向异性损伤屈服准则和强度准则;分别从弹塑性理论和应力边界方程两个思路出发建立了岩体的各向异性损伤本构模型;③在工程应用研究方面,建立了考虑岩体各向异性的油井井壁稳定分析模型。通过理论分析,证明了对各向异性岩体沿最大地应力方向钻井并不一定最安全。

本书的岩体本构理论新框架的优点是:①在微平面水平上,以裂隙面基元所占比例为损伤变量,定义岩石基元和裂隙面基元的本构关系,从而将裂隙网络空间分布几何特征和裂隙面力学响应这两方面的损伤力学机制解耦,便于描述与裂隙演化和裂隙面张开、摩擦、滑移分别相关的不可逆行为,反映了岩体这类准脆性材料宏观非弹性、非线性力学特性(如低抗拉、软化、剪胀、蠕变、脆韧转换、尺寸效应等)的物理本质;②由各方向微平面的力学响应来推求岩体宏观各向异性力学响应,避免了直接基于应力和应变张量的传统损伤本构模型在描述各向异性行为时的数学困难和复杂性;③本构模型的力学参数有着明确的物理意义,岩石和裂隙面基元的弹性参数和强度参数可直接由岩石、贯通裂隙面的力学试验测定。该岩体本构理论新框架的困难在于微平面损伤变量与裂隙网络几何参数的相关关系和损伤演化方程,这方面仍需继续开展大量的研究工作。

书中的部分内容为第一作者博士学位论文(中国岩石力学与工程学会 2008 年度优秀博士学位论文、清华大学 2005 年度优秀博士论文)的主要研究成果。在研究期间,作者得到了国家自然科学基金(11572344、11102224、11572174、41572334)、教育部长江学者和创新团队发展计划项目(IRT0656)、清华大学水沙科学与水利水电工程国家重点实验室开放基金(sklhse-2007-D-02)、中国矿业大学(北京)中央高校基本科研业务费专项资金(2009QL05)等项目的资助,同时受到美国西北大学 Zdeněk P. Bažant 院士和亚利桑那大学 Pinnaduwa H. S. W. Kulatilake 教授、清华大学周维垣教授、余寿文教授、冯西桥教授、杨若琼教授、刘耀儒副教授和张文翠老师、中国矿业大学(北京)何满潮院士、冯吉利教授和杜玉兰老师的大力支持、鼓励和指导,研究生廖志红、彭曦、王仕志、李东威、吕文涛、孙靖亚、王莉贤、张市飞、杨盼、麻润杰、翟惠明、刘力方等参与了试验研究工作,在此表示衷心的感谢。

岩体损伤力学作为岩石力学和损伤力学的交叉学科，还很不成熟，处于发展阶段。由于作者水平有限，书中难免存在不足之处，恳请各位同行、专家、读者批评指正。

作　者
2016年2月1日

目　录

第1章　绪　　论

在水电、交通、采矿、石油、国防、新能源等众多的工程领域中，都涉及岩体工程系统的设计和建设，如水电或交通隧道、大坝的基础、天然和人造边坡、采矿硐室、石油和天然气储存硐室、隔离危险废物硐室等。为达到对这些岩体工程系统进行安全、经济的设计，正确认识和描述岩体在工程力作用下的力学特性(变形、强度、渗透性等)是至关重要的。

随着我国工程建设的加速发展，岩体工程的数量和规模不断扩大、复杂程度日益提高。例如，三峡工程永久船闸约176m高边坡的稳定性问题；西南地区约300m的高拱坝(四川锦屏和溪洛渡水电站、云南小湾水电站)在复杂岩基下的稳定性问题。随着我国煤炭资源的长期开采造成浅部资源日益枯竭，迫使多数矿井转入深部开采，全国煤矿2010年的平均开采深度为700m，预计2020年的平均开采深度将达到1200m[1]。在深部煤炭资源开采中，由于岩体破碎程度高和所处的高地应力、高岩溶水压、高温的“三高”地质环境，巷道开挖后的大变形、大地压和难支护等现象不可避免，顶板冒落、底臌大变形、瓦斯突出、底板突水等灾害频发，简单的一次支护不能实现工程稳定，必须采用二次支护或多次支护等措施来控制围岩的大变形和破坏，给巷道的维护带来极大的困难，严重威胁着我国煤炭深部资源的安全高效开采，已成为国内外采矿及岩石力学界研究的热点。此外，地层热能资源的开发利用、页岩气开采、核废料地下埋置、二氧化碳地下封存等岩体工程中都涉及多相多场耦合环境下的岩体工程稳定性问题。这些都为岩体力学的发展带来了机遇和挑战，推动了新的理论、试验方法和计算技术的不断提出。

天然岩体是自然界的产物，在漫长的历史形成过程中，经受了各种复杂的地质作用，内部广泛存在着规模不等、产状不同、性质各异的各类结构面，统称为不连续面，如断层、层理面、剪切带、岩脉、节理、片理和割理等。这些不连续面是岩体中的薄弱部位，对岩体的稳定性起着控制作用。许多大型工程实践中的岩体失稳事件，如边坡、坝基的滑移失稳以及地下硐室的坍塌、冒顶、底臌、瓦斯突出等事故都与这些不连续面的存在及演化过程密切相关，使得国内外的岩体力学工作者逐渐认识到不连续面对岩体稳定性所起的重要作用[2,3]。

一般地，可将岩体工程中的不连续面分为两大类：①主要不连续面，如大的软弱夹层、断层和连续节理等较大尺寸的地质构造；②次要不连续面，如节理、片理、割理等小尺寸的地质构造，可统称为“裂隙”。对绝大多数岩体工程项目，在最高等级水平上只包含少数几个主要不连续面，其几何分布特征和地质力学性质可以逐一地单独确定。而对小到几十厘米、大至几米的次要不连续面，由于其数量庞大和在工程研究尺度范围内常不完全贯通的特点，无法逐一单独加以考虑，需要考察裂隙系统的统计平均力学效应，将裂隙岩体等效为连续介质。

近半个世纪以来，“岩体结构控制论”这一岩体力学的核心学说，已逐步由定性分析为主向定量分析深入发展。弹塑性理论经过长期发展，针对不同材料，提出了各种唯象模型，对材料的非线性、非弹性行为能进行较好的总体把握，其不足之处是无法考虑材料的内部结构，解释材料破坏的机理。而损伤力学或连续体损伤力学(continuum damage mechanics，CDM)由 Kachanov[4]于 1958 年创立，能考虑微缺陷的存在和发展对材料宏观力学性能的影响。日本学者 Kawamoto 等[5]在 20 世纪 80 年代率先将损伤力学引入岩体的本构描述，采用一个二阶损伤张量来反映岩体结构，引起了国内外岩石力学工作者的广泛关注。此后，新的理论、试验和数值方法的不断出现，推动了岩体损伤力学这一岩体力学和损伤力学交叉学科的蓬勃发展。岩体损伤力学致力于探究岩体宏观力学特性与裂隙系统损伤力学效应之间的相关关系，将反映岩体组构特征的损伤变量引入到岩体的本构描述中，来定量地刻画裂隙网络结构对岩体宏观力学行为的影响。

裂隙岩体由岩块和其内部的众多裂隙在空间内呈一定组合而构成。野外工程地质调查发现，岩体中的裂隙大多成组出现，每组裂隙具有相同或相近的方位和地质力学特性，是由同一地质构造或改造作用形成。岩体中的裂隙组并非在各方向均匀分布，而是集中分布在某些优势方位上，具有明显的各向同性分布特征。为了对裂隙进行定量描述，国际岩石力学学会规定了 10 项指标。这些指标可以分为两大类：①反映裂隙网络空间分布特征的几何参数，包括裂隙的组数和岩块大小，以及每组裂隙的产状、间距(或密度)、延续性共五个指标；②反映裂隙面地质力学性质的参数，包括裂隙面的粗糙程度、起伏度、侧壁抗压强度、充填情况、渗流共五个指标。

在工程力(地应力状态、开挖卸荷条件、温度-水-化学环境等)作用下，裂隙岩体的力学响应取决于三个因素：①完整岩块的力学响应；②裂隙面的力学响应；③裂隙网络的损伤力学效应。

完整岩块即岩石，属于准脆性材料，宏观上呈现出低抗拉、软化、剪胀、蠕变、脆韧转换、尺寸效应等复杂的力学特性。岩石的上述宏观力学响应与其内部结构有关，包括它的矿物成分、胶结特征、孔隙结构和微裂纹等。与混凝土等准脆性材料相似，岩石的上述宏观不可逆力学响应也受控于微裂纹的损伤力学机制，包括微裂纹的张开、摩擦、滑移和微裂纹的形成、汇合、贯通等。岩体中的裂隙面在法向拉力、法向压力、剪力作用下将发生张开、闭合和滑移等高度非线性的力学响应，其力学行为与裂隙面的地质力学性质有关[6]。相对于岩块和裂隙面的力学响应而言，裂隙网络的损伤力学效应，由于其空间分布的多样性、各向异性和其与不同应力状态组合下对岩体力学行为影响的复杂性，迄今为止还是岩体损伤力学研究的热点和难点之一，也是本书研究的主要内容。

总体上，裂隙的存在使得岩体强度显著降低、延性明显增大，在宏观上呈现出不连续、非均匀、各向异性、高度非线性的复杂特点。裂隙岩体宏观力学响应也有准脆性材料的上述特征，其变形破坏过程是一个多尺度损伤(细观水平的裂隙与微观水平的微裂纹)演化与宏观非弹性变形耦合作用的过程，裂隙的扩展、汇合和贯通是岩体变形局部化破坏和失稳的前兆和前提，在很大程度上决定着岩体工程的最终破坏模式。

本章介绍岩体裂隙网络损伤力学效应在试验和理论方面的研究进展，包括岩体损伤力学机理的试验研究、岩体的各向异性损伤强度准则和各向异性损伤本构模型三个方面。

1.1 岩体损伤力学机理的试验研究

对各向同性岩石及含小尺寸割理、层理等裂隙的煤岩、页岩，裂隙的间距常为毫米或厘米量级[7]，可采用室内试验研究其宏观力学行为的细观损伤力学机制。

Hallbauer 等[8]对一组含细粒黏土的石英岩试件，在刚性压力机上开展了常规三轴压缩试验，将它们分别在全应力-应变曲线的不同变形阶段进行卸载，对卸载后的试件进行切片后对表面裂隙进行量测，定量地分析了岩石的轴向和侧向非弹性变形(体积膨胀)发展与次生裂隙扩展的相关关系。

Mazumder 等[9]利用 X 射线等先进的数字图像采集手段及裂隙网络计算机重构技术，对煤岩的割理裂隙网络统计参数如方位、间距、张开度等进行了定量的量测。葛修润等[10]利用与 CT 机配套的专用加载设备，对煤岩试样的三轴压缩试验加卸载变形全过程进行了实时 CT 动态扫描，研究了试件变形破坏对应的损伤演化规律，包括微孔洞压密、微裂纹的萌生、分叉、发展、断裂和破坏等。来兴平等[11]研究了平行、垂直于层理方向加载时煤样内微破裂的声发射特征，分析了煤损伤演化的非均匀程度和各向异性。

McLamore 和 Gray[12]、Niandou 等[13]研究了页岩的三轴压缩强度随围压和层理倾角的变化规律。Amann 等[14]对泥页岩在超固结、不排水条件下开展了三轴压缩试验，研究了其脆延转换压力与次生裂隙发展的相关关系。

对含有大尺寸节理裂隙的岩体，岩体裂隙网络的损伤力学效应可采用现场原位试验、室内物理模拟试验、数值模拟试验等试验手段进行研究。

1.1.1 现场原位试验

节理岩体的原位试验研究表明[15,16]，岩体的强度、变形模量、纵波波速随着节理化程度的提高而降低，且与岩块尺寸有关。在小于某个特征尺寸时，岩体强度随着尺寸的增大而逐渐减小，大于这一特征尺寸时岩体的强度就基本不变了。尽管原位试验能用于定性地研究岩体的力学性质，但由于试验的影响因素较多、有很大的离散性且十分昂贵，因此很难获得大量试验数据以建立一般性的岩体本构关系和强度准则。

1.1.2 物理模拟试验

岩体中裂隙的间距通常在厘米至米的量级，使得岩体代表性体积单元（representative volume element，RVE）的特征尺寸变得非常之大。受试验机加载能力的限制，目前大型岩体力学试验做到一米尺寸已属不易，利用室内试验直接测定岩体的力学特性是不现实的。而岩体的室内物理模拟试验和数值模拟试验研究则能克服这一困难，系统和有控制地研究裂隙网络几何参数对岩体力学性能的影响，因此被广泛地用于岩体损伤力学的试验研究。

在岩体的室内物理模拟试验中，试件可分为两大类：①单元块堆砌体，即先用岩石模拟材料制成标准的单元块作为对岩块的模拟，再将它们堆砌起来成为贯通或非贯通的节理岩体模拟试件；②含预制断续裂隙的试件，在浇筑岩石材料模拟试件时预先放置塑料条或金属条，通过抽条法形成含断续裂隙的试件作为断续节理岩体的模拟试件。

单元块堆砌体的室内岩石力学试验研究包括：

(1) 单轴压缩试验。例如，Kulatilake 等[17]对含两组贯通节理的平板试件，研究了节理倾角对试件单轴压缩强度、变形和破坏模式的影响。

(2) 双轴压缩试验。例如，Yoshinaka 和 Yamabe[18]的堆砌体双轴压缩试验研究了节理方位、粗糙度对岩体应力-应变曲线特征的影响。

(3) 三轴压缩试验。例如，Brown 和 Trollope[19]对含三组正交贯通节理的堆砌体，研究了节理倾角、岩块尺寸、围压对试件的破坏应力、应力-应变曲线类型、脆延转换应力和破坏模式的影响；Brown[20]对截面为平行四边形和六边形的棱柱体堆砌体，研究了三组非正交节理试件的破坏应力、变形模量和破坏模式的影响；Einstein 和 Hirschfeld[21]对无节理、单个贯通节理、一组贯通节理和两组正交贯通节理岩体的石膏模拟试件，研究了节理方位、节理间距、节理组数和围压对强度、变形和破坏模式的影响，分析了节理岩体抗剪强度的上限和下限以及节理岩体的脆-延转换压力；Tiwari 和 Rao[22]对堆砌体开展了常规三轴和真三轴压缩试验，研究了节理几何参数和应力水平对岩体的应变硬化、应变软化和塑性行为的影响。

含预制断续裂隙试件的室内岩石力学试验研究包括：

(1) 单轴压缩试验。例如，Bobet 和 Einstein[23]、Shen 等[24]、Wong 和 Chau[25]、Wong 等[26]、Wong 和 Einstein[27]对含若干个平行预置裂隙的岩石模拟

材料试件，研究了进行单轴压缩下次生裂纹萌生、扩展与汇合过程及试件的断裂破坏机制。黎立云等[28]对含多裂隙的高强度白水泥和石膏试件，研究了单轴压缩下试件的强度、弹性模量及随裂隙倾角的变化规律。陈新等[29,30]对含多裂隙的石膏试件，研究了裂隙的倾角和连通率组合变化时试件的轴向应力-应变全曲线以及弹性模量、峰值强度、残余强度、峰值应变等参数的变化规律。

(2)双轴压缩试验。例如，Prudencio 和 Jan[31]对含一组预置裂隙的断续节理岩体模拟试件，研究了节理的间距、倾角、排列方式(重叠角、节理端部交角)和双轴应力比等参数变化对试件的破坏模式、强度和变形特征的影响。

(3)直接剪切试验。例如，Lajtai[32]通过预置裂隙岩体的直接剪切试验研究，提出了节理连通率和节理强度启动系数的概念，建立了节理岩体抗剪强度的组合包络线模型。Gehle 和 Kutter[33]对若干成阶梯状排列的预置裂隙岩石模拟材料试件及硬岩试件进行了直接剪切试验，研究了裂隙长度、裂隙间距和裂隙倾角对试件剪切变形、断裂破坏过程的影响。白世伟等[34]通过直剪试验条件下的模型试验，研究了单个、两个水平节理在不同节理连通率、正应力条件下的剪切变形和强度特性变化规律和破坏机制。陈洪凯和唐红梅[35]对含单条预制节理的砂浆试件进行直剪试验，获得了 c、φ 与节理连通率之间的非线性试验曲线，并采用二次多项式进行了拟合，指出当节理连通率较小(小于 0.5)时试件的强度降低较慢，而节理连通率较大(大于 0.5)时试件的强度降低较快。

在上述研究中，裂隙对试件的强度、变形和破坏模式的影响可总结如下：

(1) 强度。在同一节理倾角下，随着节理组数的增加、节理连通率的增大、节理间距的减小，试件的强度降低。预制节理倾角不同的试件破坏模式不同，导致试件的强度有明显的各向异性特征。含裂隙试件的强度上限值为岩石的强度，下限值则为岩石沿单一节理面滑移时的强度。围压对试件的强度影响很大，围压较高时裂隙的损伤力学效应减弱，岩体的强度接近于完整岩块。

(2) 变形。节理的存在使得试件的延性增强且具有显著的各向异性。围压较高时变形的各向异性减弱，脆-延转换应力随着破坏面与节理面相交数的增加而减小。在压剪条件下，裂隙的存在使得剪切变形曲线中出现多个峰值、延性加大[33]。在单轴压缩条件下，裂隙的存在使得某些裂隙倾角的试件轴向应力-应变曲线为多峰型[30]。

(3) 破坏模式。试件的破坏模式主要受控于节理倾角和加载条件，可分为如下四种：①轴向劈裂破坏，破裂面为平行于加载主轴的预制节理面或次生裂隙面；②压碎破坏，由预制节理和次生裂隙面将试件分离为碎块后继而发生偏转、压碎；③阶梯状破坏，由预制节理面和与之不共面的次生拉破裂面组成阶梯状的贯通破坏面；④滑移破坏，由预制节理面和与之共面的次生剪切破裂面组成贯通破坏平面。

含裂隙试件的上述宏观力学特性与裂隙网络的存在和演化密切相关。对贯通节理试件，沿原贯通裂隙面的滑移或张开、块体内次生裂隙面的形成和发展是其主要的损伤力学机制。而对断续节理试件，其损伤力学机制则更为复杂，裂隙端部的高度应力集中形成了岩桥内不同的拉、剪起裂机制。一般地，含裂隙试件的非弹性变形发展和损伤演化经历了如下三个阶段：

(1) 第一阶段：次生裂隙萌生阶段，由预制裂隙端部的高度拉、压应力集中引起，相应地试件的各部位处于非弹性变形均匀发展的阶段。

(2) 第二阶段：宏观断裂区域形成阶段，由次生裂隙扩展并最终与原有裂隙汇合贯通引起，包括平面或阶梯状组合破坏面、局部化剪切带、压碎区等，试件的非弹性变形由各部位均匀发展变为向宏观断裂区域周围的集中发展。

(3) 第三阶段：宏观断裂区域内的局部化变形阶段，由宏观贯通破裂区域内发生的摩擦、转动、剪切滑移和体积膨胀过程引起，非弹性变形高度集中在宏观断裂区域内。

在裂隙网络几何参数中，对试件宏观力学行为影响较大的参数为节理的倾角、连通率和间距，其次是节理的排列方式、张开闭合情况等。预制裂隙的排列方式如共线、错排、并排等只影响试件的起裂应力和峰值强度。当预制的贯通或断续裂隙倾角相同时，试件的断裂和破坏模式、峰值强度并不依赖于预制裂隙的总数，而与裂隙的排列方式、剪切带或破坏区所涉及的裂隙总数目有关，即裂隙试件的强度和破坏属于非平均效应[21,25]。

为了在岩体工程尺度水平探求岩体变形破坏的损伤力学机理，国内外学者开展了相关的地质力学模型试验研究。例如，张绪涛等[36]以淮南矿区丁集煤矿的深部巷道为工程背景，采用山东大学地质力学模型设备研究了含软弱夹层的层状节理岩体中硐室分区破裂化问题，发现随着软弱夹层的间距减小破裂区的层数增多、范围增大。刘刚等[37]利用中国矿业大学的真三轴巷道平面应变模型试验台研究了断续节理对围岩的变形破坏失稳行为、破裂区的形成和扩展及破裂区大小的影响，研究发现：巷道围岩破裂区并非均匀发展，破裂区厚度在平行于节理方向最大、垂直于节理方向最小。

1.1.3　数值模拟试验

为了进一步揭示裂隙岩体宏观行为的损伤力学机制，数值模拟试验是很好的研究手段，它能研究节理排列方式的影响、考虑节理间相互作用，并对应力、变形和破坏演化过程进行仿真分析，包括多节理作用下的岩桥周围应力集中、岩桥内裂纹产生的力学机制(拉或压剪)、裂纹扩展汇合贯通过程。

Shen 等[24]采用位移不连续方法 DDM(displacenent discontinuity method)，研究分析了两个张开或闭合裂隙中不同排列方式下的拉伸、剪切和拉-剪复合等裂隙汇合贯通机制。唐春安等[38]对三个预置的平行裂隙开展了单轴压缩试验和贯通机制的 RFPA(realistic failure process analysis),数值模拟研究。Prudencio 和 Jan[31]采用 PHASE(finite element analysis for encavations)软件对断续节理岩桥内的弹性应力分布进行了数值模拟研究。杜景灿等[39]通过数值方法来搜索结构面-完整岩石组合的最小抗剪路径,计算岩体的综合抗剪强度。

Kulatilake 等[17]采用三维颗粒流程序 PFC(particle flow code),对含两组贯通节理试件的单轴压缩试验进行了模拟研究,分析了试件的强度随裂隙组构张量分量变化的函数关系。Kulatilake 等[40]采用三维离散元法(3-dimension distinct element code,3DEC),将岩桥部分用虚拟节理单元来模拟,对断续裂隙岩体的各向异性弹性参数和单轴压缩强度随裂隙组构张量的变化规律进行了数值模拟研究,并给出了拟合函数关系式。胡波等[41]采用离散元数值试验与物理模拟试验的对比,研究了锦屏一级水电站坝区裂隙岩体的力学特性。张志刚等[42]采用三维颗粒流程序 PFC 和物理模拟试验相对比的方法,研究了岩石和含单节理岩石样品的单轴压缩力学特性,分析了节理的存在对岩体强度、变形的弱化及各向异性影响。

1.2 岩体的各向异性强度准则

在塑性力学中,强度理论可以分为各向同性和各向异性两大类。在各向异性强度理论中,材料强度参数依赖于应力张量坐标系的选取。这方面的综述可参见文献[43]、[44]。典型的各向异性强度理论有 Hill 理论[45]、Hoffman 理论[46]、Tasi-Wu 张量理论[47]等。Hill 理论对无摩擦的正交各向异性材料,在主应力空间内建立了以主应力二次项表示的强度准则;Hoffman 理论将 Hill 理论推广,以考虑拉、压强度不同的影响;Tasi-Wu 张量理论提出了一个以应力分量的一次、二次和更高次项表示的一般张量形式的强度准则。

岩体各向异性强度理论方面的综述可参见文献[48]、[49]。一般地,考虑裂隙的各向异性损伤力学效应时,岩体各向异性强度理论可分为两大类:

1.2.1 基于张量及不变量的各向异性强度理论

这类强度理论以应力张量、裂隙组构张量及其各不变量来建立岩体的各向异性强度准则。例如, Murakami[50]、Voyiadjis 和 Kattan[51]等通过在无损材料的各向同性屈服准则中,将应力张量代之以考虑各向异性损伤影响的净应力张量,以反映各向异性损伤对岩体强度和屈服的影响。Pietruszczak 和 Mroz[52]建立了一个包含应力张量和微观组构张量的混合不变量的各向异性损伤强度准则。Lydzba 等[53]提出了一个包含组构张量的层状岩体强度准则。

Yang 等[54]提出了矢量方向分布函数的概念并建立了它的各阶组构张量表达

式。在此基础上，Yang 等[55,56]、陈新和杨强[57]将 Kachanov 的一维有效应力矢量概念推广到三维，建立了微平面有效应力矢量的概念。证明了著名的 Murakami 二阶有效应力张量是微平面有效应力矢量的二阶组构张量，对基质服从 Mises 和 Drucker-Prager 屈服准则的材料，其各向异性损伤效应可以分别被 Hill 各向异性屈服准则[45]和 Liu 等[58]提出的扩展 Hill 准则描述，并给出了唯象材料参数与岩石强度参数、节理连通率二阶组构张量之间的关系。

1.2.2 基于材料参数修正的各向异性强度理论

这类方法通过对各向同性强度准则中的材料参数进行修正，通过材料参数的各向异性分布来反映裂隙网络的各向异性损伤力学效应，将强度准则拓展为各向异性。根据所基于的强度准则不同可分为：

1. 基于 Mohr-Coulomb 抗剪强度准则的各向异性强度理论

在 Mohr-Coulomb 抗剪强度准则中，各向同性的材料参数包括内摩擦系数和黏聚力。Jaeger[59]提出了黏聚力变化理论，根据加载方向对材料的黏聚力进行修正，考虑了黏聚力的各向异性但保持内摩擦系数为各向同性。McLamore 和 Gray[12]对黏聚力变化理论进行了推广，同时考虑了内摩擦系数和黏聚力的各向异性分布。Singh 等[60]对非线性形式的 Mohr 破坏面强度参数进行了修正，考虑了它们的各向异性分布。

Jaeger[61]于 1960 年针对含一组裂隙的岩体提出了“单一弱面强度理论”，认为岩体的破坏是由沿该组裂隙面和岩石二者之一发生剪切破坏引起的，通过在 Mohr-Coulomb 抗剪强度准则中考虑裂隙面方位上岩体强度参数的突变，推导了以裂隙面和岩石强度参数、裂隙面方位角表示的岩体各向异性抗剪强度准则。

Jennings[62]通过含一组或两组断续节理岩体边坡的稳定性问题，通过对沿平面滑移破坏及沿阶梯状组合面滑移破坏两种破坏模式的分析，提出了节理连通率的概念，建立了以岩桥和节理面抗剪强度参数、节理连通率表示的岩体抗剪强度公式。当岩体只含一组贯通节理且只发生平面滑移破坏时，抗剪强度条件就退化为 Jaeger 的单一弱面强度理论[61]。Lajtai[32]的研究发现，节理与岩桥的抗剪能力不能同时启动，为此引入了节理强度启动系数的概念，并根据岩桥在不同法向压力下的拉、剪及压碎三种破坏模式，建立了节理岩体的抗剪强度组合包络线模型。

陈新等[63,64]将岩体的内摩擦系数和黏聚力作为的各向异性参数，建立了它们与节理连通率标量方向分布函数、岩石和节理面的内摩擦系数和黏聚力的线性关系。通过在主应力空间内求解岩体 Mohr-Coulomb 抗剪破坏条件下的极值问题，导出了以主应力二次式表示的节理岩体各向异性抗剪强度准则，其系数是节理连通率二阶组构张量、岩石和节理面抗剪强度参数的函数。

2. 基于 Griffith 强度准则的各向异性强度理论

Inglis[65]于1913年给出了无限大域内含单个倾斜椭圆裂隙的弹性应力场解析解。在此基础上，通过假设岩体内含有大量方位随机分布的微裂隙，Griffith[66]基于 Rankine 最大拉应力理论建立了岩石的强度准则。Griffith 强度准则认为，在宏观应力作用下当位于最不利方位裂隙尖端的最大拉应力达到岩石材料的抗拉强度时，岩石材料将发生破坏。

在此基础上，McClintock 和 Walsh[67]、Walsh 和 Brace[68]对 Griffith 断裂理论进行了推广，认为岩体中的裂隙并非随机分布而是沿某一方向分布，考虑裂隙的闭合效应，采用断裂力学方法研究了节理岩体的各向异性强度问题。

3. 基于 Hoek-Brown 强度准则的各向异性强度理论

Hoek 和 Brown[69,70]根据 Griffith 强度准则，在分析大量的岩石室内三轴压缩试验和岩体现场试验数据的基础上，提出了一个估算岩体强度的经验强度准则，称为 Hoek-Brown 强度准则。该强度准则的材料参数包括完整岩石的单轴抗压强度和经验系数 m、s。两个经验系数 m 和 s 取决于岩石类型、反映岩体破碎程度的岩体等级 RMR(rockmass classification method)或地质强度指标 GSI(geology strength index)，考虑了裂隙网络的各向同性损伤力学效应。

在 Hoek-Brown 各向同性强度准则的材料参数修正方面，胡卸文[71]研究了软弱结构面的连通率对经验系数 m、s 的影响。张建海等[72]基于断裂力学方法研究了含断续节理岩体强度的各向异性，推导了经验系数 m、s 与材料断裂韧性的关系式。

1.3 岩体的各向异性损伤本构模型

材料在荷载作用下的力学响应可用本构模型来描述。对某种材料组成的代表性体积单元，在特定的环境(温度、湿度等)下，根据该材料的本构模型，能预测出在力(宏观应力张量)作用下的变形(宏观应变张量)。各类材料本构模型的研究一直是力学研究中的难点和热点。而如何在岩体的本构模型中考虑裂隙结构的各向异性损伤力学效应，建立岩体的各向异性损伤本构模型，是十分困难和复杂的课题，已经成为岩体力学研究的热点和难点之一。

1.3.1 基于传统方法的岩体各向异性损伤本构模型

基于传统方法的岩体各向异性本构模型，是指直接在岩体宏观应力张量与宏观应变张量本构关系中考虑裂隙的各向异性损伤力学效应，所建立的岩体本构模型。根据所采用的损伤力学理论的不同,可进一步将岩体的本构模型分为宏观损伤模型和细观损伤模型两大类。

1. 宏观(唯象)损伤模型

宏观损伤模型又称为唯象损伤模型,以连续介质力学和热力学的唯象方法为基础,忽略细观结构及其演化的物理与力学过程,着重研究损伤对材料宏观力学性质的影响。这方面的研究综述,可参见Ju[73]、Lemaitre 和 Desmorat[74]、Yang [75]、余寿文和冯西桥[76]等的文献。在准脆性材料的唯象损伤本构模型研究方面,Cordebois 和 Sidoroff[77]、Ju 等[78]、Kachanov[79,80]、Krajcinovic 和 Fonseka[81]、Ortiz[82]的工作比较有代表性。

在唯象模型中,考虑材料的非弹性(塑性)变形与损伤的耦合作用的方法可分为:

(1) 基于热力学理论的模型。这类模型将损伤变量作为不可逆热力学中的内变量,根据内变量理论建立塑性损伤本构关系。例如,Lemaitre[83~85]、Krajcinovic[86]、Chow 和 Lu[87]、Ju[73]、Luccioni 等[88]、Shao 和 Rudnicki[89]等。

(2) 基于有效应力原理的模型。这类模型以 Kachanov[4]的有效应力原理(应变等价原理)为出发点,将无损材料塑性模型中的名义应力以有损材料的有效应力(净应力)代替,建立塑性损伤本构关系。例如,Murakami[90]提出了二阶有效应力张量,发展了各向异性几何损伤理论。

(3) 基于弹塑性损伤理论的模型。这类模型需单独建立损伤弹性刚度或柔度张量、塑性损伤屈服面及损伤演化律。例如,Bazant 和 Kim[91]、Han 和 Chen[92]、Francisco oller[93]、Armero 和 Oller[94]、殷有泉[95]等。

在唯象模型中,为了反映损伤的各向异性,需引入矢量或张量形式的损伤变量。Kanatani[96]创立了标量方向分布函数及它的各阶组构张量的分析方法。在此基础上,Lubarda 和 Krajcinovic[97]给出了含裂隙体各阶组构张量的分析方法。Oda[98]建立了考虑裂隙尺寸和方位随机性分布的二阶和四阶裂隙密度张量,Kawamoto 等[99]、Stumvoll 和 Swoboda[100]建立了裂隙岩体的二阶组构张量。

根据所采用的损伤变量的不同,岩体的各向异性损伤唯象模型可分为两类:

(1) 直接采用四阶弹性刚度或柔度张量作为损伤变量。例如,Ortiz[82]、Simo 和 Ju [101,102]、Hansen 和 Schreyer[103]、Govindjee 等[104]。这种方法的损伤弹性定义很简单,但是作为损伤变量的刚度或柔度张量没有明确的物理意义,相应的演化方程需要采用唯象的方法建立。

(2) 采用二阶张量作为损伤变量。依赖于损伤变量的四阶弹性刚度张量则通过张量代数的方法建立,如 Bazant [105]、Cowin[106]、Swoboda 和 Yang[107]。

在传统方法建立的岩体各向异性损伤本构模型中,为了反映岩土材料在拉、压荷载下的不同损伤机制，投射张量的概念被广泛采用。例如，Ortiz[82]在建立混凝土的损伤模型时，采用投射张量的概念，把应力分解为正投影和负投影，这两部分应力分别引起裂纹的张开和压致劈裂。Swoboda 和 Yang[107]采用投射张量对损伤张量进行修正，得到活跃损伤张量以考虑岩土材料在拉压作用下的不同损伤力学效应。

2. 细观损伤模型

细观损伤模型从材料代表性体积单元的细观结构出发，根据对典型损伤基元（如夹杂、微裂纹、微孔洞、剪切带等）的各种细观损伤机制加以研究，通过体积平均化的方法建立材料的宏观本构关系。

细观损伤力学方面的研究综述见 Krajcinovic[108]、Nemat-Nasser 和Horii[109]、余寿文和冯西桥[76]、冯西桥[110]的文献。

在细观损伤模型中，采用的体积平均化方法计算宏观损伤弹性刚度（柔度）张量是其核心内容。比较典型的体积平均化方法有：①不考虑微缺陷之间相互作用的非相互作用方法（亦称为 Taylor 方法），如 Horii 和 Nemat-Nasser[111]；②考虑微缺陷之间弱相互作用的自洽方法，如 Budiansky 和 O'Connell [112]；③广义自洽方法；④Mori-Tanaka 方法；⑤微分方法；⑥Hashin-Shtrikman 界限方法；⑦考虑微缺陷之间强相互作用的统计细观力学方法。

在准脆性材料的细观损伤断裂机理研究方面，Ju 和 Lee[113,114]建立了微裂纹的拉伸扩展模型，Kachanov[115,116]研究了在压缩荷载作用下，微裂纹的闭合摩擦滑移、弯折扩展等细观损伤机制。在此基础上，发展了诸多的裂隙岩体细观损伤力学模型。例如，杨延毅[117]、周维垣和杨延毅[118]研究了节理裂隙的拉剪和压剪两种脆性损伤机制，建立了节理岩体的损伤模型。冯西桥[110]采用裂纹密度函数的概念建立了微裂纹扩展区损伤模型。徐靖南等[119]、李新平等[120]、李广平[121]、李爱红和虞吉林[122]、陈文玲和李宁[123]等也做了大量系统的研究工作。

由于弹塑性断裂力学的发展较为缓慢，基于微裂纹塑性损伤机制的细观塑性损伤模型多为各向同性的，各向异性细观塑性损伤模型还不多见。例如，Zhang 和 Gross[124]，Li 和 Wang[125]等根据内聚区模型建立了各向同性的塑性损伤模型。

一般来说，由于不同材料各损伤基元不同损伤过程的细观力学机制十分复杂，且常常有多种机制交互并存，以及从细观损伤模型进行直接计算带来的巨大复杂性，限制了这类模型的实际应用。

1.3.2 混凝土材料的微平面模型

岩体的细观损伤模型将断续裂隙模拟为裂纹，忽略其承载能力，虽然能在一定程度上考虑裂隙的各向异性损伤力学机制，但在描述压剪条件下的裂隙闭合摩擦效应、裂隙间相互作用、非弹性变形与损伤的耦合作用等方面存在相当大的困难。岩体的宏观损伤模型采用唯象方法，直接以二阶或四阶组构张量作为损伤变量，采用应力和应变的二阶张量建立本构模型，在反映岩体的各向异性以及在拉、压荷载下的不同力学响应时，模型过于复杂、材料参数过多且缺乏明确的物理意义，与细观损伤力学机制不直接相关。传统方法采用应力和应变二阶张量建立本构模型，在反映岩体的各向异性以及在拉、压荷载下的不同力学响应（损伤扩展机制、强度和屈服条件）时，无论是采用唯象损伤模型还是细观损伤模型，都不是很有效。

针对混凝土等准脆性材料非弹性力学行为与裂隙面的张开、闭合、摩擦滑移、扩展等细观损伤力学机制的相关性，美国西北大学 Bažant 教授于 1983 年创立了微平面模型（microplane model）[126]，其基本思想是直接以应力和应变的矢量而不是张量建立本构关系。经过近几十年的不断发展，微平面模型已经成功用于混凝土[127,128]的本构描述中，并建立了少量的土[129,130]和岩石[131]的本构模型，相关的研究综述可参见文献 [132]、[133]。

微平面是指材料的宏观物理点（代表性体积单元）沿某个方向的切平面，它代表了宏观物理点沿该方向微观结构的总体力学行为。在微平面模型中，唯象本构关系是在细观（微平面）水平上建立的，即微平面应力矢量和应变矢量间的本构关系。而宏观应力张量和应变张量间的本构方程，则是采用方向平均化的方法由微平面本构关系推求出来的。微平面模型这种从细观到宏观的本构方程建立方法，属于宏细观结合的准唯象损伤模型。

采用应力和应变矢量建立本构模型的思路，起源于微观晶体学理论的 Taylor 模型[134]和 Batdorf 和 Budiansky[135]提出的塑性滑移理论。更早期的经典强度准则如 Tresca 准则、Mohr-Coulomb 准则也是以最不利平面[136]上的应力矢量（正应力和剪应力）满足某一极限条件为出发点。

微观晶体学理论认为晶体的塑性变形来自于微观的晶格错动。从晶体学的角度模拟材料变形的方法起源于对金属材料晶体行为的试验观察。Taylor 和 Elam[137~139]在单晶体试验中发现，当应力较高时，晶体将沿一些特定方向的晶格平面发生滑移，且滑移只与该平面的总剪应力矢量有关而与该平面的法向应力矢量无关。基于这一认识，Taylor 提出了满足几何约束条件的位错模型[134]。Taylor 模型的基本思想被很多学者采用，并由此发展了一些更为复杂的模型，如 Rice[140]、Hill 和 Rice[141]、Asaro 和 Rice[142]、Asaro 和 Neddleman[143]、Herren 等[144]、Bronkhorst 等[145]。

Batdorf 和 Budiansky[135]最先发展了 Talyor 的思想，创立了满足静力约束条件的多晶体金属材料的塑性滑移理论。与严格的晶体学模型不同，该模型将材料理想化为连续体，忽略晶体的微观结构和各向异性，假设塑性变形完全来自塑性滑移，且塑性滑移可以沿任意方向。沿任意方向的两个互相平行的一对平面内的滑移引起了塑性剪切应变。随后，这一方法被 Budiansky 和 Wu[146]、Lin 和 Ito[147,148]、Hill[149]、Rice[150] 用于建立金属材料的塑性模型，Zienkiewicz 和 Pande[151]、Pande 和 Xiong[152]将这一方法推广用于描述土和岩石的非弹性变形。

对某些非金属材料如混凝土和岩石，其非弹性应变由与裂纹有关的损伤力学机制引起，而相应的非弹性变形并不反映微观的塑性滑移。对这类材料，以应力和应变矢量建立的本构模型仍沿用“塑性滑移模型”的术语已经不合适，出于这一考虑，Bazant [153]提出了更为广义的“微平面模型”术语。

经过 Bazant 和 Gambarova[154]、Bazant 和 Oh[155]对微平面模型的一系列改进，Bazant 和 Prat[156,157]提出了经典的基于几何约束条件的微平面模型，并成功地与大部分已有的混凝土试验数据进行了比较。Bazant 和 Prat[158]建立了各向异性黏土的微平面模型，Prat 和 Bazant [159]、Prat 和 Bazant [160]建立了土的微平面模型。Carol 等[161]将混凝土的微平面模型改进为显式的形式以便于提高数值计算与试验数据的符合程度。Bazant 等[162,163]进一步改进混凝土的微平面模型，引入了“应力-应变边界”的概念，并将其推广至适用于有限应变的情形。

Carol 等[164]采用应变等效假设在微平面模型中引入损伤的概念，建立了一个以微平面损伤变量积分表示的四阶宏观损伤张量。该宏观损伤张量与材料的流变特性无关，是一个完全反映几何特征的变量。这一特性使得该模型能有效地模拟与损伤有关的线性黏塑性行为和长期荷载作用下的破坏。

Carol 和 Bazant[132]讨论了基于微平面的弹塑性和损伤模型及其与经典的弹塑性理论以及损伤力学理论之间的联系，并从无损材料与损伤材料之间的能量等效假设出发，基于微平面损伤模型证明了 Valanis[165]基于唯象损伤力学建立的二阶连续性张量表示的四阶损伤弹性刚度张量表达式。Carol 等[166]从热力学角度研究了几何约束条件下的微平面的应力矢量与宏观应力之间的关系。

1.3.3 基于二元介质概念的岩体微平面损伤模型

如前所述，在岩体的宏观或细观损伤模型中，都将断续裂隙视为裂纹而忽略裂隙面的承载能力，岩体的破坏认为是由于裂纹端部的应力集中造成的。而实际上，工程岩体多处于压剪工作状态，此时裂隙面具有一定的强度和变形能力，将岩体视为由岩石和裂隙面组成的二元介质更符合实际情况。

将材料视为二元介质的思想，可以追溯到 Gerrard 的变形迭加方法[167]和 Desai的扰动态(dsturbed state)概念[168]。沈珠江和陈铁林[169]提出了岩土破损力学概念，认为在结构性岩土材料中，结构体和结构面共同分担着荷载。岩土材料的损伤过程，是一个结构体不断产生新的结构面、结构面比例不断增加，结构体转化为结构面的过程。上述二元介质概念模型中，没有考虑结构面的方向性和各向异性力学效应。

通过将微平面理论与二元介质思想相结合，陈新[170]提出了微平面的二元介质模型。它的基本思路为：在岩体的微平面上，将岩体视为由岩石基元和裂隙面基元并联组成，以裂隙面基元所占的比例为微平面的损伤变量。在微平面模型的宏细观联系框架中，假设微平面上的岩体应力、应变矢量与岩体的宏观应力、应变张量间满足几何约束条件。

利用微平面二元介质的概念，陈新和杨强[171]、Chen 和 Bažant[172]分别建立了两类岩体的微平面塑性损伤耦合模型：

(1) 微平面上两个力学基元非弹性响应不解耦形式的模型[171]。该模型在弹塑性理论框架下，建立了岩体的微平面弹塑性损伤本构关系，包括微平面的拉、压屈服函数和塑性势函数，以及依赖于塑性变形的微平面损伤演化方程。

(2) 微平面上两个力学基元非弹性响应解耦形式的模型[172]。在该模型中，微平面上的本构关系采用两个力学基元各自的非线性拉、压、剪应力-应变边界方程，以及依赖于微平面应变的微平面损伤演化方程来表示。

1.4 本章小结

本章介绍了在岩体损伤机理试验研究、岩体各向异性强度准则和岩体各向异性本构模型方面的研究进展。

裂隙岩体的物理模拟试验是岩体损伤力学机理研究的重要手段。这方面已经取得了丰富的研究成果，但仍然存在一些不足：①各文献中采用的模拟材料、裂隙几何参数、应力状态都不相同，关于不同应力状态、节理各几何参数（如组数、产状、延续性、密度、排布方式等）组合影响的研究还较少；②在试验结果分析方面，关于裂隙试件断裂过程和破坏机制的定性研究较多，而对岩体宏观力学参数与裂隙网络几何参数相关关系的定量研究还较少。

岩体强度的研究对岩体力学与工程至关重要，但迄今为止还没有建立起能广泛适用的岩体各向异性强度准则。各向同性测度如岩体等级 RMR 或地质强度指标 GSI 等无法考虑裂隙对强度的各向异性影响，而二阶或更高阶组构张量的引入导致各向异性强度准则参数过多。采用从细观到宏观的分析方法，推求岩体各向异性强度准则参数与岩石、裂隙面强度参数、裂隙组构张量间的表示关系，是建立岩体各向异性强度准则的有效途径。

微平面损伤模型为岩体各向异性本构行为的描述提供了新思路。微平面模型以应力矢量和应变矢量建立材料的细观本构关系，宏观各向异性本构方程通过方向平均推求，比传统方法（直接以二阶应力张量和应变张量建立本构关系的方法）更便于描述准脆性材料与裂隙面张开、闭合、滑移有关的非线性力学响应。对裂隙岩体，若进一步在微平面水平上采用二元介质模型，则能更为有效地考虑裂隙面在压剪条件下的承载力和损伤力学效应。

参考文献

[1] 何满潮，钱七虎，等. 深部岩体力学基础. 北京：科学出版社，2010：3.

[2] 孙广忠. 岩体结构力学. 北京：科学出版社，1988：5—9.

[3] 黄润秋，许模，陈剑平，等. 复杂岩体结构精细描述及其工程应用. 北京：科学出版社，2004：1—20.

[4] Kachanov L M. Time of rupture process under creep conditions. Izvestia Akademii Nauk, USSR, 1958, 8: 26—31.

[5] Kawamoto T, Ichikawa Y, Kyoya T. Deformation and fracturing behaviour of discontinuous rock mass and damage mechanics theory. International Journal for Numerical and Analytical Methods in Geomechanics, 1988, 12: 1—30.

[6] Barton N, Bandis S, Bakhtar K. Strength, deformation and conducting coupling of rock joints. International Journal of Rock Mechanics and Mining Sciences & Geomechanics Abstracts, 1985, 22(3): 121—140.

[7] Condon S M. Fracture network of the ferron sandstone member of the Mancos Shale, east-central Utah, USA. International Journal of Coal Geology, 2003, 56: 111—139.

[8] Hallbauer D K, Wagner H, Cook N G W. Some observations concerning the microscopic and mechanical behavior of quartzite specimens in stiff, triaxial compression test. International Journal of Rock Mechanics and Mining Sciences & Geomechanics Abstracts, 1973, 10: 713—726.

[9] Mazumder S, Wolf K H A A, Elewaut K, et al. Application of X-ray computed tomography for analyzing cleat spacing and cleat aperture in coal samples. International Journal of Coal Geology, 2006, 68: 205—222.

[10] 葛修润，任建喜，蒲毅彬，等. 煤岩三轴细观损伤演化规律的 CT 动态试验. 岩石力学与工程学报，1999，18(5)：497—502.

[11] 来兴平，吕兆海，张勇，等. 不同加载模式下煤样损伤与变形声发射特征对比分析. 岩石力学与工程学报，2008，27(增 2)：3521—3527.

[12] McLamore R, Gray K E. The mechanical behaviour of anisotropic sedimentary rocks. Journal of Engineering for Industry, ASME, 1967, 89: 62—76.

[13] Niandou H, Shao J F, Henryand J P, et al. Laboratory investigation of the mechanical behaviour of Tournemire shale. International Journal of Rock Mechanics and Mining Sciences, 1997, 34(1): 3—16.

[14] Amann F, Kaiser P, Button E A. Experimental study of brittle behavior of clay shale in rapid triaxial compression. Rock Mechanics and Rock Engineering, 2012, 45: 21—33.

[15] Goldstein M, Goosev B, Pyrogovsky N, et al. Investigation of mechanical properties of

cracked rock//Proceedings of the first Congress of the International Society of Rock Mechanics. Lisbon,Portugal,1966,1:521－524.

[16] Heuze F E. Scale effects in the determination of rock mass strength and deformability. Rock Mechanics,1980,12:167－192.

[17] Kulatilake P H S W, He W, Um J, et al. A physical model study of jointed rock mass strength under uniaxial compressive loading. International Journal of Rock Mechanics and Mining Sciences,1997,34:3－4.

[18] Yoshinaka R, Yamabe T. Joint stiffness and the deformation behaviour of discontinuous rock. International Journal of Rock Mechanics and Mining Sciences & Geomechanics Abstracts,1986,23(1):19－28.

[19] Brown E T,Trollope D H. Strength of a model of jointed rock. Journal of Soil Mechanics and Foundations Division,ASCE,1970,96(SM2):685－704.

[20] Brown E T. Strength of models of rock with intermittent joints. Journal of Soil Mechanics and Foundations Division,1970,96(6):1935－1949.

[21] Einstein H H,Hirschfeld R C. Model studies on mechanics of jointed rock. Journal of Soil Mechanics and Foundations Division,ASCE,1973,99:229－248.

[22] Tiwari R P,Rao K S. Post failure behaviour of a rock mass under the influence of triaxial and true triaxial confinement. Engineering Geology,2006,84:112－129.

[23] Bobet A,Einstein H H. Fracture coalescence in rock-type material under uniaxial and biaxial compression. International Journal of Rock Mechanics and Mining Sciences,1998,35(7):836－888.

[24] Shen B,Stephansson O,Einstein H H,et al. Coalescence of fractures under shear stresses in experiments. Journal of Geophysical Research,1995,100(B4):5975－5990.

[25] Wong R H C,Chau K T. The coalescence of frictional cracks and the shear zone formation in brittle solids under compressive stresses. International Journal of Rock Mechanics and Mining Sciences,1997,34:3－4.

[26] Wong R H C,Chau K T,Tang C A,et al. Analysis of crack coalescence in rock-like materials containing three flaws,Part I:Experimental approach,International Journal of Rock Mechanics and Mining Sciences,2001,38:909－924.

[27] Wong L N Y,Einstein H H. Systematic evaluation of cracking behavior in specimens containing single flaws under uniaxial compression. International Journal of Rock Mechanics and Mining Sciences,2009,46:239－249.

[28] 黎立云,车法星,卢晋福,等. 单压下类岩材料有序多裂纹体的宏观力学性能. 北京科技大学学报,2001,23(3):199－203.

[29] 陈新,廖志红,李德建. 节理倾角及连通率对岩体强度、变形影响的单轴压缩试验研究. 岩石力学与工程学报,2011,30(4):781－789.

[30] Chen X,Liao Z H,Peng X. Deformability characteristics of jointed rock masses under uniaxial compression. International Journal of Mining Science and Technology, 2012, 22(2):

213－221.
[31] Prudencio M, Jan M V S. Strength and failure modes of rock mass models with non-persistent joints. International Journal of Rock Mechanics and Mining Sciences, 2007, 44: 890－902.
[32] Lajtai E Z. Strength of discontinuous rocks in direct shear. Geotechnique, 1969, 19(2): 218－233.
[33] Gehle C, Kutter H K. Breakage and shear behaviour of intermittent rock joints. International Journal of Rock Mechanics and Mining Sciences, 2003, 40: 687－700.
[34] 白世伟,任伟中,丰定祥. 共面闭合断续节理岩体强度特性直剪试验研究. 岩土力学,1999, 20(2):10－16.
[35] 陈洪凯,唐红梅. 危岩主控结构面强度参数计算方法. 工程地质学报,2008,16(1):37－41.
[36] 张绪涛,张强勇,向文,等. 深部层状节理岩体分区破裂模型试验研究. 岩土力学,2014, 35(8):2247－2254.
[37] 刘刚,赵坚,宋宏伟,等. 断续节理岩体中围岩破裂区的试验研究,中国矿业大学学报, 2008,37(1):62－66.
[38] Tang, C A, Lin P, Wong R H C, et al. Analysis of crack coalescence in rock-like materials containing three flaws, Part II: Numerical approach. International Journal of Rock Mechanics and Mining Sciences, 2001, 38: 925－939.
[39] 杜景灿,汪小刚,陈祖煜. 结构面倾角对节理岩体的连通特性和综合抗剪屈服的影响. 水利学报,2002,33(5):41－46.
[40] Kulatilake P H S W, Wang S, Stephansson O. Effect of finite size joints on the deformability of jointed rock at the 3D level. International Journal of Rock Mechanics and Mining Sciences, 1993, 30: 479－501.
[41] 胡波,王思敬,刘顺桂,等. 基于精细结构描述及数值试验的节理岩体参数确定与应用. 岩石力学与工程学报,2007,26(12):2458－2465.
[42] 张志刚,乔春生,李晓. 单节理岩体强度试验研究. 中国铁道科学, 2007,28(4):34－39.
[43] 俞茂宏. 工程强度理论. 北京:高等教育出版社,1999:321－356.
[44] 郑颖人,孔亮. 岩土塑性力学. 北京:中国建筑工业出版社,2010:58－63.
[45] Hill R. The Mathematical Theory of Plasticity. Oxford: Clarendon Press, 1950: 160.
[46] Hoffman O. The brittle strength of composite materials. Journal of Composite Materials, 1967, 1: 200－206.
[47] Tasi S W, Wu E M. A general theory of strength for anisotropic materials. Journal of Composite Materials, 1971, 5: 58－80.
[48] Kwasniewski M A. Mechanical behaviour of anisotropic rocks//Hudson J A ed. Comprehensive Rock Engineering. Oxford: Pergamon Press, 1993, 1: 285－312.
[49] Duveau G, Shao J F, Henry J P. Assessment of some failure criteria for strongly anisotropic geomaterials. Mechanics of Cohesive-frictional Materials, 1998, 3: 1－26.
[50] Murakami S. Notion of continuum damage mechanics and its application to anisotropic creep

damage theory. Journal of Engineering Materials and Technology, ASME, 1983, 105: 99—105.

[51] Voyiadjis G Z, Kattan P I. Damage-plasticity analysis in metal matrix composites. Recent Advances in Damage Mechanics and Plasticity, ASME, AMD, 1992, 132: 235—248.

[52] Pietruszczak S, Mroz Z. Formulation of anisotropic failure criteria incorporating a microstructure tensor. Computers and Geotechnics, 2000, 26: 105—112.

[53] Lydzba D, Pietruszczak S, Shao J F. On anisotropy of stratified rocks: Homogenization and fabric tensor approach. Computers and Geotechnics, 2003, 30: 289—302.

[54] Yang Q, Chen X, Zhou W Y. Effective stress and vector-valued orientational distribution functions. International Journal of Damage Mechanics, 2008, 17: 101—121.

[55] Yang Q, Chen X, Zhou W Y. On the structure of anisotropic damage-yield criteria. Mechanics of Materials, 2005, 37(10): 1049—1058.

[56] Yang Q, Chen X, Zhou W Y. Microplane—damage—based effective stress and invariants. International Journal of Damage Mechcanics, 2005, 14(2): 179—191.

[57] 陈新，杨强. 基于微面有效应力矢量的各向异性屈服准则. 力学学报，2006, 38(5): 692—697.

[58] Liu C, Huang Y, Stout M G. On the asymmetric yield surface of plastically orthotropic materials: A phenomenological study. Acta Materialia, 1997, 45: 2397—2406.

[59] Jaeger J C. Friction of rocks and stability of rock slope. Geotechnique, 1971, 21 (2): 97—134.

[60] Singh J A, Ramamurthy T, Rao G V. Strength anisotrophies in rocks. Indian Geotechnical Journal, 1988, 19: 147.

[61] Jaeger J C. Shear failure of anisotropic rocks. Geological Magazine, 1960, 97: 65—72.

[62] Jennings J E. A mathematical theory for the calculation of the stability of open cut mines// Proceeding of Symposium on the Theoretical Background to the Planning of Opening Pit Mines. Johannesburg, South Africa, 1970: 87—102.

[63] Chen X, Yang Q, Qiu K B, et al. An anisotropic strength criterion for jointed rock masses and its application in wellbore stability analyses. International Journal for Numerical and Analytical Methods in Geomechanics, 2008, 32(6): 607—631.

[64] 陈新，杨强，何满潮，等. 考虑深部岩体各向异性强度的井壁稳定分析. 岩石力学与工程学报，2005, 24(16): 2882—2888.

[65] Inglis C E. Stresses in a plate due to the presence of cracks and sharp corners. Institution of Naval Architects, London, 1913, 55: 219—230.

[66] Griffith A A. The theory of rupture. Proceedings of the First International Congress for Applied Mechanics, Delft, 1924: 55—63.

[67] McClintock M A, Walsh J B. Friction on Griffith's cracks in rocks under pressure. Proceedings of the 4th U S National Congress of Applied Mechanics, ASME, 1962, 2: 1015—1021.

[68] Walsh J B, Brace J F. A fracture criterion for brittle anisotropic rock. J ournal of Geophysi-

cal Research, 1964, 69 (16): 3449－3456.

[69] Hoek E, Brown E T. Empirical strength criterion for rock masses. Journal of the Geotechnical Engineering Division, ASCE, 1980, 106: 1013－1035.

[70] Hoek E, Brown E T. Practical estimates of rock mass strength. International Journal of Rock Mechanics and Mining Sciences, 1997, 34(8), 1165－1186.

[71] 胡卸文. 软弱层带对似层状结构岩体强度参数的影响. 山地学报, 2003, 21(3): 365－368.

[72] 张建海, 何江达, 范景伟. 含断续节理岩体强度的各向异性. 云南水力发电, 2000, 16(2): 36－38.

[73] Ju J W. On energy-based coupled elastoplastic damage theories: constitutive modeling and computational aspects. International Journal of Solids and Structures, 1989, 25 (7): 803－833.

[74] Lemaitre J, Desmorat R. Engineering damage mechanics. Netherlands: Springer Verlag, 2005: 1－73.

[75] Yang Q. Numerical Modelling for Discontinuous Geomaterials Considering Damage Propagation and Seepage(Ph D Dissertation). Innsbruck: University of Innsbruck, 1996.

[76] 余寿文, 冯西桥. 损伤力学. 北京: 清华大学出版社, 1997: 197－276.

[77] Cordebois J F, Sidoroff F. Damage induced elastic anisotropy//Boehler J P ed. Mechanical Behaviours of Anisotropic Solids. Boston: Martinus Nijhoff Publishers, 1979: 761－774.

[78] Ju J W, Monteiro P J M, Rashed A I. On continuum damage of cement paste and mortar as affected by porosity and sand concentration. Journal of Engineering Mechanics, ASCE, 1989, 115: 105－130.

[79] Kachanov L M. Continuum model of medium with cracks. Journal of The Engineering Mechanics Division, ASCE, 1980, 106: 1039－1051.

[80] Kachanov L M. Elastic solids with many cracks: A simple method of analysis. International Journal of Solids and Structures, 1987, 23: 23－43.

[81] Krajcinovic D, Fonseka G U. The continuous damage theory of brittle materials, Parts I and II. Journal of Applied Mechanics, ASME, 1981, 48: 809－824.

[82] Ortiz M. A constitutive theory for the inelastic behavior of concrete. Mechanics of Materials, 1985, 6: 67－93.

[83] Lemaitre J. How to use damage mechanics. Nuclear Engineering and Design, 1984, 80: 233－245.

[84] Lemaitre J. A continuous damage mechanics model for ductile fracture. Journal of Engineering Materials and Technology, ASME, 1985, 107: 83－89.

[85] Lemaitre J. Formulation and identification of damage, kinetic constitutive equations//Krajcinovic D, Lemaitre J eds. Continuum Damage Mechanics: Theory and Applications. New York: Springer-Verlag, 1987: 37－89.

[86] Krajcinovic D. Constitutive equations for damaging materials. Journal of Applied Mechanics, 1983, 50: 255－360.

[87] Chow C L, Lu T J. On evolution laws of anisotropic damage. Engineering Fracture Mechanics, 1989, 34: 679—701.

[88] Luccioni B, Oller S, Danesi R. Coupled plastic-damaged model. Computer Methods in Applied Mechanics and Engineering, 1996, 29: 81—89.

[89] Shao J F, Rudnicki J W. A microcrack-based continuous damage model for brittle geomaterials. Mechanics of Materials, 2000, 32: 607—619.

[90] Murakami S. Notion of continuum damage mechanics and its application to anisotropic creep damage theory. Journal of Engineering Materials and Technology, 1983, 105: 99—105.

[91] Bazant Z P, Kim S S. Plastic-fracturing theory for concrete. Journal of Applied Mechanics, ASCE, 1979, 105: 407—428.

[92] Han D J, Chen W F. Strain-space plasticity formulation for hardening-softening materials with elastoplastic coupling. International Journal of Solids and Structures, 1986, 22: 935—950.

[93] Francisco A, Oller S. A general framework for continuum damage models. I: Infinitesimal plastic damage models in stress space. International Journal of Solids and Structures, 2000, 37: 7409—7436.

[94] Armero F, Oller S. A general framework for continuum damage models. II: Integration algorithms, with applications to the numerical simulation of porous metals. International Journal of Solids and Structures, 2000, 37: 7437—7464.

[95] 殷有泉. 岩石的塑性、损伤及其本构表述. 地质科学, 1995, 30(1): 63—70.

[96] Kanatani K. Distribution of directional data and fabric tensors. International Journal of Engineering Science, 1984, 22: 149—164.

[97] Lubarda V A, Krajcinovic D. Damage tensors and the crack density distribution. International Journal of Solids and Structures, 1993, 30: 2859—2877.

[98] Oda M. A method for evaluating the effect of crack geometry on the mechanical behaviour of cracked rock masses. Mechanics of Materials, 1983, 2: 163—171.

[99] Kawamoto T, Ichikawa Y, Kyoya T. Deformation and fracturing behaviour of discontinuous rock mass and damage mechanics theory. International Journal for Numerical and Analytical Methods in Geomechanics, 1988, 12: 1—30.

[100] Stumvoll M, Swoboda G. Deformation behavior of ductile solids containing anisotropic damage. Journal of Engineering Mechanics, ASCE, 1993, 119: 1331—1352.

[101] Simo J W, Ju J W. Strain-and stress-based continuum damage models, Part I: Formaulation. International Journal of Solids and Structures, 1987, 23: 821—840.

[102] Simo J W, Ju J W. Strain-and stress-based continuum damage models, Part II: Computational aspects. International Journal of Solids and Structures, 1987, 23: 841—869.

[103] Hansen N R, Schreyer H L. A thermodynamically consistent framework for theories of elastoplasticity coupled with damage. International Journal of Solids and Structures, 1994, 31: 359—389.

[104] Govindjee S D, Kay G J, Simo J C. Anisotropic modeling and numerical simulation of brittle damage in concrete. International Journal for Numerical Methods in Engineering, 1995, 38:3611—3633.

[105] Bazant Z P. Comment on orthotropic models for concrete and geomaterials. Journal of Engineering Mechanics, ASCE, 1983, 109:849—865.

[106] Cowin S C. The relationship between the elasticity tensor and the fabric tensor. Mechanics of Materials, 1985, 4:137—147.

[107] Swoboda G, Yang Q. An energy based damage model of geomaterials—I: Formulation and numerical results. International Journal of Solids and Structures, 1999, 36:1719—1734.

[108] Krajcinovic D. Damage mechanics. Mechanics of Materials, 1989, 8:117—197.

[109] Nemat-Nasser S, Horii M. Micromechanics: Overall properties of heterogeneous materials. New York: Elsevier, 1993:1—23.

[110] 冯西桥. 脆性材料的细观损伤理论和损伤结构的安定分析(博士学位论文). 北京:清华大学, 1995.

[111] Horii H, Nemat-Nasser S. Overall moduli of solids with microcracks: Load induced anisotropy. Journal of the Mechanics and Physics of Solids, 1983, 31:155—171.

[112] Budiansky B, O'Connel R J. Elastic moduli of a cracked solid. International Journal of Solids and Structures, 1976, 12:81—97.

[113] Ju J W, Lee X. Micromechanical damage models for brittle solids: Tensile loadings. Journal of Engineering Mechanics, 1991, 117:1495—1514.

[114] Ju J W, Lee X. Micromechanical damage models for brittle solids: Compressive loadings, Journal of Engineering Mechanics, 1991, 117:1515—1536.

[115] Kachanov M L. A microcrack model of rock inelasticity. Part I: Frictional sliding on microcraks. Mechanics of Materials, 1982, 1:19—27.

[116] Kachanov M L. A microcrack model of rock inelasticity. Part II: Propagation of microcracks. Mechanics of Materials, 1982, 1:29—41.

[117] 杨延毅. 节理裂隙岩体损伤——断裂力学模型及其在岩体工程中的应用(博士学位论文). 北京:清华大学, 1990.

[118] 周维垣, 杨延毅. 节理岩体损伤断裂模型与验证. 岩石力学与工程学报, 1991, 10(1): 43—54.

[119] 徐靖南, 朱维申, 白世伟. 压剪应力作用下多裂隙岩体的力学特性——断裂损伤演化方程及试验验证. 岩土力学, 1994, 15(2):1—12.

[120] 李新平, 朱瑞赓, 朱维申. 裂隙岩体的损伤断裂理论与应用. 岩石力学与工程学报, 1995, 14(3):43—54.

[121] 李广平. 考虑裂纹闭合效应的岩石损伤本构关系. 应用力学学报, 1996, 13(1):93—97.

[122] 李爱红, 虞吉林. 准脆性材料的细观损伤演化模型. 清华大学学报(自然科学版), 2000, 40(5):88—91.

[123] 陈文玲, 李宁. 含非贯通裂隙岩体介质的损伤模型. 岩土工程学报, 2000, 22(4):

430—434.

[124] Zhang C, Gross D. A cohesive plastic/damage-zone model for ductile crack analysis. Nuclear Engineering and Design, 1995, 158: 319—331.

[125] Li S F, Wang G. On damage theory of a cohesive medium. International Journal of Engineering Science, 2004, 42: 861—885.

[126] Bažant Z P, Oh B H. Microplane model for fracture analysis of concrete structures//Proceedings of Symposium on the Interaction of Non-Nuclear Munitions with Structures. Colorado, US, 1983: 49—53.

[127] Bažant Z P, Caner FC, Carol I, et al. Microplane model M4 for concrete: I. Formulation with work-conjugate deviatoric stress. Journal of Engineering Mechanics, ASCE, 2000, 126(9): 944—953.

[128] Caner F C, Bažant Z P. Microplane model M7 for plain concrete I. Formulation, II. Calibration and Verification. Journal of Engineering Mechanics, ASCE, 2013, 139: 1714—1735.

[129] Bažant Z P, Kim J K. Creep of anisotropic clay: Microplane model. Journal of Geotechnical Engineering, ASCE, 1986, 112(4): 458—475.

[130] Prat P C, Bažant Z P. Microplane model for triaxial deformation of saturated cohesive soils. Journal of Geotechnical Engineering, ASCE, 1991, 117(6): 891—912.

[131] Bažant Z P, Zi G. Microplane constitutive model for porous isotropic rocks. International Journal for Numerical and Analytical Methods in Geomechanics, 2003, 27(1): 25—47.

[132] Carol I, Bazant Z P. Damage and plasticity in microplane theory. International Journal of Solids and Structures, 1997, 34: 3807—3835.

[133] Jirasek M, Bazant Z P. Inelastic Analysis of Structures. New York: Wiley, 2002.

[134] Taylor G I. Plastic strain in metals. Journal of the Institute of Metals, 1938, 62: 307—324.

[135] Batdorf S B, Budiansky B. A mathematical theory of plasticity based on concept of slip. National Advisory Committee for Aeronautics, Technical Note, 1949: No. 1871.

[136] Mohr O. Welche umstande bendingen der Bruch und der Elastizitatsgrenze des Materials. Z. Vereins Deutscher Ingenieure, 1900, 44: 1—12.

[137] Taylor G I, Elam C F. The distortion of an aluminium crystal during a tensile test. Proceedings of the Royal Society, 1923, 102: 643—667.

[138] Taylor G I, Elam C F. The plastic extension and fracture of aluminium crystals. Proceedings of the Royal Society, 1925, 108: 28—51.

[139] Taylor G I, Elam C F. The distortion of iron crystals. Proceedings of the Royal Society, 1926, 230: 323—362.

[140] Rice J R. Inelastic constitutive relations for solids: An internal variable theory and its application to metal plasticity. Journal of the Mechanics and Physics of Solids, 1971, 19: 433—455.

[141] Hill R, Rice J R. Constitutive analysis of elastic-plastic crystal at arbitrary strain. Journal of the Mechanics and Physics of Solids, 1972, 20: 401—413.

[142] Asaro R J, Rice J R. Strain localization in ductile single crystals. Journal of the Mechanics and Physics of Solids, 1977, 33: 309—338.

[143] Asaro R J, Neddleman A. Texture development and strain hardening in rate dependent polycrystals. Acta Metallurgica, 1985, 33: 923—953.

[144] Herren S, Lowe T C, Asaro R J, et al. Analysis of large-strain shear in rate-dependent face-centered cubic polycrystals: Correlations of micro-and macromechanics. Philosophical Transactions of the Royal Socicty, London A, 1989, 328: 443—500.

[145] Bronkhorst C A, Kalindindi S R, Anand L. Polycrystalline plasticity and evolution of crystallographic texture in FCC metals. Philosophical Transactions of the Royal Society, London A, 1992, 41: 443—477.

[146] Budiansky B, Wu T T. Theoretical predictions of plastic strains of plycrystals//Proceeding of the 4th U S National Congress of Applied Mechanics, ASME. New York, US, 1962: 1175—1185.

[147] Lin T H, Ito M. Theoretical plastic distortion of a polycrystalline aggregate under combined and reversed stresses. Journal of the Mechanics and Physics of Solids, 1965, 13: 103—115.

[148] Lin T H, Ito M. Theoretical plastic stess—strain relationship of a polycrystal. International Journal of Engineering Science, 1966, 4: 543—561.

[149] Hill R. Continuum micromechanics of elastoplastic polycrystals. Journal of the Mechanics and Physics of Solids, 1965, 13: 89—101.

[150] Rice J R. On the structure of stress—strain relations for time—dependent plastic deformation of metals. Journal of Applied Mechanics, ASME, 1970, 37: 718—737.

[151] Zienkiewicz O C, Pande G N. Time-dependent multi-laminate model of rocks——A numerical study of deformation and failure of rock masses. International Journal for Numerical and Analytical Methods in Geomechanics, 1977, 1: 219—247.

[152] Pande G N, Xiong W. An improved multi—laminate model of jointed rock masses//Proceedings of the International Symposium on Numerical Models in Geomechanics. Zurich, Switz, 1982: 218—226.

[153] Bazant Z P. Imbricate continuum and its variational derivation. Journal of Engineering Mechanics, ASCE, 1984, 110: 1693—1712.

[154] Bazant Z P, Gambarova P G. Crack shear in concrete: crack band microplane model. Journal of Structural Engineering, ASCE, 1984, 110: 2015—2035.

[155] Bazant Z P, Oh B. Microplane model for progressive fracture of concrete and rock. Journal of Engineering Mechanics, ASCE, 1985, 111: 559—582.

[156] Bazant Z P, Prat P C. Microplane model for brittle-plastic material: I. Theory. Journal of Engineering Mechanics, ASCE, 1988, 114(10): 1672—1688.

[157] Bazant Z P, Prat P C. Microplane model for brittle-plastic material: II. Verification. Journal of Engineering Mechanics, ASCE, 1988, 114(10): 1689—1702.

[158] Bazant Z P, Prat P C. Creep of anisotropic clay: New microplane model. Journal of Engineering Mechanics, ASCE, 1987, 113: 1050—1064.

[159] Prat P C, Bazant Z P. Microplane model for triaxial deformation of soils//Numerical models in Geomechanics, Niagara Falls. Niagara Falls: Elsevier, 1989: 139—146.

[160] Prat P C, Bazant Z P. Microplane model for triaxial deformation of saturated cohesive soils. Journal of Geotechnical and Geoenvironmental Engineering, 1991, 117(6): 891—912.

[161] Carol I, Prat P C, Bazant Z P. New explicit microplane model for concrete: Theoretical aspects and numerical implementation. International Journal of Solids and Structures, 1992, 29(9): 1173—1191.

[162] Bazant Z P, Xiang Y, Bazant Z P. Microplane model for concrete: I. Stress-strain boundaries and finite strain. Journal of Engineering Mechanics, ASCE, 1996, 122(3): 245—262.

[163] Bazant Z P, Xiang Y, Adley M, et al. Microplane model for concrete: II. Data delocalization and verification. Journal of Engineering Mechanics, ASCE, 1996, 122(3): 263—268.

[164] Carol I, Bazant Z P, Prat P C. Geometric damage tensor based on microplane model. Journal of Engineering Mechanics, ASCE, 1991, 117: 2429—2448.

[165] Valanis K. A theory of damage in brittle materials. Engineering Fracture Mechanics, 1990, 36: 403—416.

[166] Carol I, Jirasek M, Bazant Z P. A thermodynamically consistent approach to microplane theory. Part I. Free energy and consistent microplane stresses. International Journal of Solids and Structures, 2001, 38: 2921—2931.

[167] Gerrard C M. Equivalent elastic moduli of a rock mass consisting of orthorhombic layers. International Journal of Rock Mechanics and Mining Sciences, 1982, 19: 9—14.

[168] Frantziskonis G, Desai C S. Elastoplastic model with damage for strain softening geomaterials. Acta Mechanica, 1987, 68 (3-4): 151—170.

[169] 沈珠江，陈铁林. 岩土破损力学-结构类型与荷载分担. 岩石力学与工程学报，2004, 23(13): 2137—2142.

[170] 陈新. 从细观到宏观的岩体各向异性塑性损伤耦合分析及应用(博士学位论文). 北京：清华大学，2004.

[171] 陈新，杨强. 深部节理岩体塑性损伤耦合微面模型. 力学学报，2008, 40(5): 672—683.

[172] Chen X, Bažant Z P. Microplane damage model for jointed rock masses. International Journal for Numerical and Analytical Methods in Geomechanics, 2014, 38(14): 1431—1452.

第 2 章　节理岩体模拟试件的单轴压缩试验

本章根据含一组预置裂隙石膏试件的单轴压缩试验结果，探讨裂隙网络损伤力学效应的两个主控几何参数：节理组的产状和节理连通率对试件的强度、变形和破坏特性的影响。

2.1　试验参数和方法

2.1.1　试件尺寸和节理网络参数

岩体内的节理网络通常划分为若干个节理组。每组节理有相同的法线方向、成因和地质力学特性。节理面的方位可以用其法线方向单位矢量表示，如图 2.1 所示。记整体坐标系为 $Ox_1x_2x_3$，x_1 轴、x_2 轴和 x_3 轴分别对应于上、东和北的方向。记节理面局部坐标系为 $O\xi_1\xi_2\xi_3$，ξ_1 轴、ξ_2 轴和 ξ_3 轴分别对应于节理面的法线、倾向线和走向线方向。节理面的走向角 α 定义为 x_3 轴(北)与节理面走向线 ξ_3 轴的夹角(逆时针转动为正)，节理面的倾角 β 定义为 x_1 轴(上)与节理面法线方向 ξ_1 轴的夹角(逆时针转动为正)。根据节理面的走向角 α 和倾角 β 可以唯一地确定该组节理的方位(产状)。

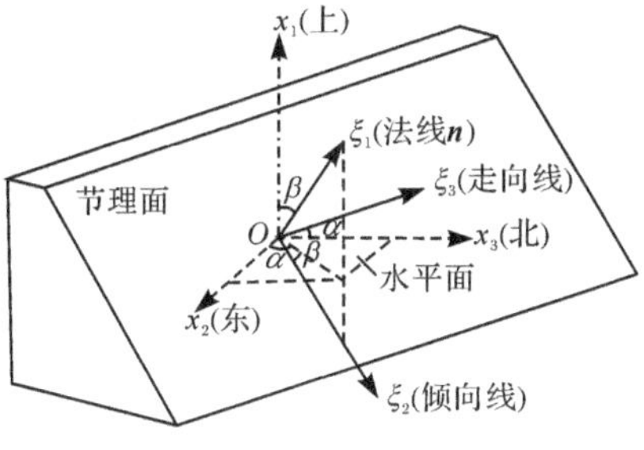

图 2.1　节理面方位的几何参数

试件为 15cm×15cm×5cm(高×宽×厚)的正方形板，如图 2.2 所示。预制节理为穿透厚度的裂隙，节理中心距 c=30mm，节理层间距 s=30mm，排列方式为对齐排列，如图 2.3 所示。试验中研究两个裂隙几何参数：节理倾角 β 和节理连通率 k 的组合变化。节理倾角 β 定义为单轴压缩加载轴 x_1 轴(上)与节理面法线方向 ξ_1 轴的夹角。节理连通率 k 定义为节理面平面内节理所占的面积比率，对穿透裂隙，也等于节理长度 L_j 与节理中心距 c 的比值 L_j/c，取值范围为[0,1]。

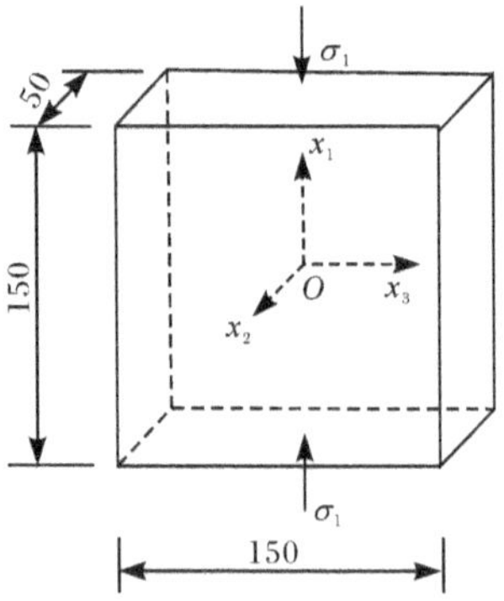

图 2.2　试件尺寸及加载方式(单位:mm)

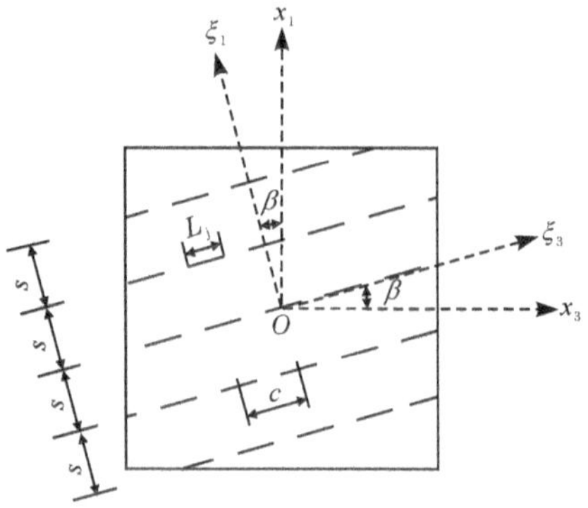

图 2.3　试验中研究的节理参数

试件包括无节理试件和有节理试件两大类,共有 29 个节理倾角-节理连通率组合,列于表 2.1 中。有节理试件共有 7 种节理倾取值角 β=0°、15°、30°、45°、60°、75°、90°和 4 种节理连通率取值 k=0.2、0.4、0.6、0.8(对应的节理长度 L_j 分别为 0、0.6cm、1.2cm、1.8cm、2.4cm)的组合模式,共计有 28 个节理倾角-节理连通率组合。图 2.4 给出了 k=0.6 各节理倾角试件的节理分布情况。

表 2.1　节理试件的节理连通率-节理倾角组合编号及对应的节理参数

序号	编号	β	k	L_j/mm	序号	编号	β	k	L_j/mm
1	A	—	0	0	16	D45	45°	0.6	18
2	B0	0°	0.2	6	17	E45	45°	0.8	24
3	C0	0°	0.4	12	18	B60	60°	0.2	6
4	D0	0°	0.6	18	19	C60	60°	0.4	12
5	E0	0°	0.8	24	20	D60	60°	0.6	18
6	B15	15°	0.2	6	21	E60	60°	0.8	24
7	C15	15°	0.4	12	22	B75	75°	0.2	6
8	D15	15°	0.6	18	23	C75	75°	0.4	12
9	E15	15°	0.8	24	24	D75	75°	0.6	18
10	B30	30°	0.2	6	25	E75	75°	0.8	24
11	C30	30°	0.4	12	26	B90	90°	0.2	6
12	D30	30°	0.6	18	27	C90	90°	0.4	12
13	E30	30°	0.8	24	28	D90	90°	0.6	18
14	B45	45°	0.2	6	29	E90	90°	0.8	24
15	C45	45°	0.4	12					

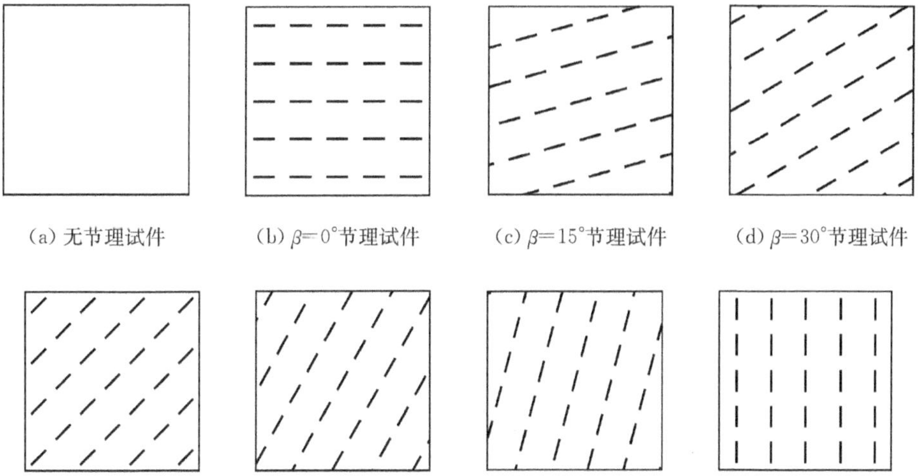

(a) 无节理试件　(b) $\beta=0°$节理试件　(c) $\beta=15°$节理试件　(d) $\beta=30°$节理试件

(e) $\beta=45°$节理试件　(f) $\beta=60°$节理试件　(g) $\beta=75°$节理试件　(h) $\beta=90°$节理试件

图 2.4　节理连通率 $k=0.6$ 的各节理倾角试件的节理分布

对各节理倾角-节理连通率组合试件进行了编号。其中，第一位为字母 A、B、C、D、E，分别代表无节理试件、节理连通率取值为 $k=0.2$、0.4、0.6、0.8 的试件；第二、三位为数字 0、15、30、45、60、75、90 代表节理倾角 β 的度数值。例如编号为"E45"，表示节理连通率 $k=0.8$ 且节理倾角 $\beta=45°$的组合情况。

2.1.2　岩石模拟材料的选取

大尺度的岩体工程模型试验要以相似理论、因次分析为依据[1]，与模拟对象之间要满足几何条件、介质条件、边界条件、初始条件这四个定解单值条件的相似性。类似地，我们要研究实际岩体工程中的节理岩体代表性体积单元的力学特性，也要满足介质相似的条件，要求所选取的模拟材料与待研究的某类岩石的变形和强度等力学性能基本相似。

常用的岩石模拟材料有石膏、水泥、硅藻土、砂、重晶石粉等。石膏属于脆性材料，作为岩石的模拟材料有悠久的历史。一般用模型石膏，即半水石膏($CaSO_4 \cdot (1/2)H_2O$)，是天然石膏矿(主要成分为二水石膏 $CaSO_4 \cdot 2H_2O$)经过高温煅烧脱水后磨细而成。它的抗压强度大于抗拉强度，泊松比为 0.2 左右，通过调整水膏比可使模型材料的弹性模量在 1～5GPa 范围内变化。此外，它取材便捷，价格低廉、成型方便、性能稳定、便于保存、不易受环境条件(温度、湿度等)的影响，适合作为岩石的模拟材料。

2.1.3 材料配比及力学参数测定

经过对不同水膏比试件的单轴抗压强度的研究结果，以及水和石膏的混合物的凝固时间等因素综合考虑，最后决定选用水膏比(水与石膏重量比)为 0.6∶1 作为模型材料的配比。

对该配比材料制作的模型试件物理力学性质进行了测试，相关试验及其测定的参数列于表 2.2 中。通过标准圆柱试件的单轴压缩试验和三轴压缩试验测定了材料的单轴压缩强度、杨氏模量、泊松比、内聚力、内摩擦角，通过圆盘试件的巴西劈裂试验测定了单轴抗拉强度。通过模型材料块体试件的滑动试验，测定了节理面的摩擦角。测得的模型材料物理力学参数列于表 2.3 中。

表 2.2 测定模型材料及其不连续性面力学性能的岩石力学试验

项目	试件类型	试验类型	试验结果和测定的参数
1	块体	称重和量尺寸	试件密度 ρ
2	圆柱体	单轴压缩试验	应力-应变曲线； 单轴抗压强度 σ_c，弹性模量 E，泊松比 ν
3	圆柱体	常规三轴压缩试验	应力-应变曲线；应力莫尔圆； 材料的黏聚力 c_r 和内摩擦角 φ_r
4	圆盘	巴西劈裂试验	抗拉强度 σ_t
5	块体	滑动试验	节理面的基本摩擦角 φ_j

表 2.3 模型材料的物理力学参数

密度 $\rho/(g/cm^3)$	单轴抗压强度 σ_c/MPa	抗拉强度 σ_t/MPa	杨氏模量 E/GPa	泊松比 ν	内聚力 c_r/MPa	内摩擦角 φ_r/(°)	节理面摩擦角 φ_j/(°)
1.158	8.51	1.44	2.56	0.11	2.5	38	37

2.1.4 试件的制作方法

节理岩体模拟试件的模具由亚克力(polymethyl methacrylate，PMMA)材料制成，由底部固定框架、内部活动垫板和顶部活动盖板三部分组成。顶部盖板分两类，无节理试件盖板和有节理试件的盖板。在有节理试件盖板上，按照预制节理位置和最大节理尺寸刻有槽孔，为便于将 0.3mm 厚的不锈钢金属片插入，槽宽设计为 0.35mm。无节理试件模具和水平节理试件模具如图 2.5 所示。

(a) 无节理试件模具

(b) 水平节理试件模具

图 2.5　节理岩体模型试件模具

制作了两套模具用于每次同时浇筑两个试件。在进行试件制作前,需提前准备好两套模具、石膏、水、搅拌桶、搅拌棍、量杯、电子天平、钳子等工具。节理试件的制作过程可详细说明如下(廖志红[2]):

(1) 将内部活动垫板放入模具的底部固定框架中,并在内壁涂抹上硅油(便于脱模)。

(2) 按所需的水膏比 0.6 : 1,用天平称取 3kg 石膏粉,并用量杯量取 1.8kg水。

(3) 将石膏粉和水倒入搅拌桶内,用搅拌棍搅拌后倒入模具中。

(4) 盖上顶部活动盖板,将金属片按照一定的顺序插入到盖板的槽孔中。

(5) 模型初步凝固成型后(约 5min),将金属片按照插入时的顺序依次拔出。

(6) 待模型完全凝固成型(约 20min)后,将模型从模具中取出。

在试件制作过程中的注意事项如下:

(1) 先将水倒入桶中,再迅速将石膏粉倒入,同时迅速搅拌,时间不宜过长,一般在 50～90s 之间,依据搅拌情况适当把握。

(2) 将石膏粉与水的混合物倒入模具内时,轻轻震动模具,有利于排出气泡。

(3) 放置顶部活动盖板的时候应均匀用力,避免在盖板与混合物接触面间产生气泡。

(4) 拔金属片的时间可根据溢出的多余混合物的凝固程度适当调整,拔片的速度应较快,遵循先插先拔的顺序。

节理岩体模拟试件出摸后,在室温或恒温(20℃±5℃)下养护 21 天后其力学性能基本稳定,可用于进行单轴压缩试验。

2.1.5　试件的数量

对每个节理倾角-节理连通率组合的系列,制作的试件不少于 3 个。进行了重复的单轴压缩试验,每个系列成功试验的试件数目大多为 3 个,个别为 2 个或 4 个,试验的试件数量汇总于表 2.4 中,共计制作了 88 个试件。

表 2.4 单轴压缩试验试件的数量总表

节理连通率 k	节理倾角 β							小计
	0°	15°	30°	45°	60°	75°	90°	
0	3	—	—	—	—	—	—	3
0.2	3	3	3	3	3	3	2	20
0.4	3	3	3	3	3	3	3	21
0.6	3	3	3	3	3	3	3	21
0.8	4	3	3	3	3	3	4	23
小计	16	12	12	12	12	12	12	88

2.1.6 单轴压缩试验设备

单轴压缩设备采用清华大学水利水电工程系高坝大型结构实验室的 INSTRON8506 四立柱液压伺服机，如图 2.6 所示。试验中，主轴采用位移控制，加载速率为 0.15mm/min。在试验过程中系统输出主轴方向的荷载-位移数据，并采用高清数码照相机和高清数码录像机记录试件表面的破坏过程。

图 2.6 单轴压缩试验采用的试验机系统

2.2 试件的应力-应变全曲线及其分类

2.2.1 各组试件的应力-应变全曲线

在同一系列试件的试验结果中，剔除强度和弹性模量离散性较大的试件，选取中间值作为该系列试件的代表性试验结果[3]。各节理倾角下，不同节理连通率试件的轴向应力-应变全曲线如图 2.7 所示。可以看出,随着节理连通率的逐渐增大,应力-应变曲线由单峰变为多峰,延性增强且出现较大的屈服平台。

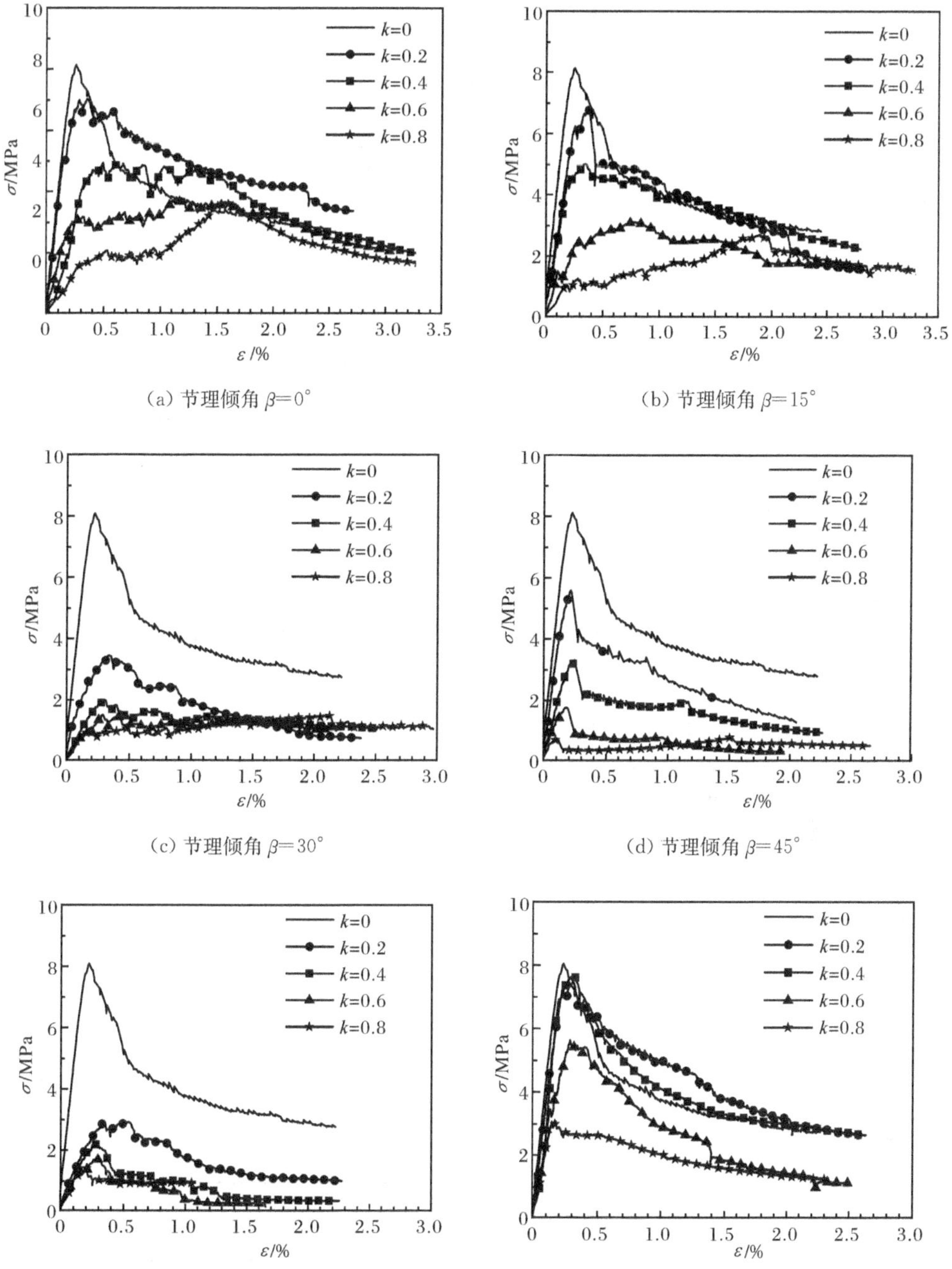

(a) 节理倾角 $\beta=0°$

(b) 节理倾角 $\beta=15°$

(c) 节理倾角 $\beta=30°$

(d) 节理倾角 $\beta=45°$

(e) 节理倾角 $\beta=60°$

(f) 节理倾角 $\beta=75°$

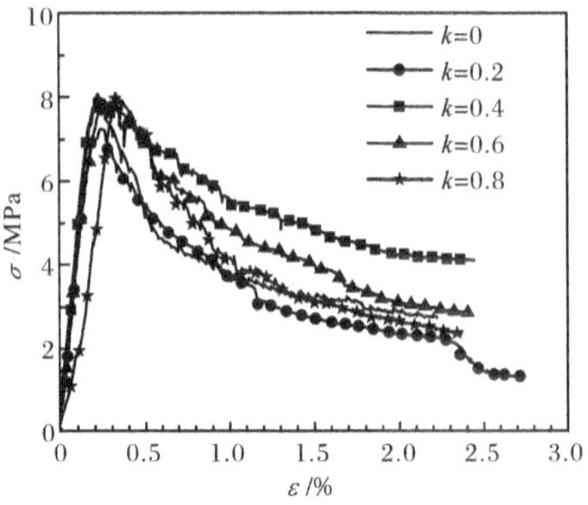

(g) 节理倾角 $\beta=90°$

图 2.7　各节理倾角-节理连通率组合试件的轴向应力-应变全曲线

在前人的节理岩体模拟试件单轴压缩试验中，由于所采用的模拟材料和试验设备的差异，未曾观察到应力-应变全曲线的多峰现象。而在贯通或断续节理试件三轴压缩试验中，围压较高时会出现理想弹塑性类型的应力-应变全曲线[4]。Gehle 和 Kutter[5]对含断续倾斜裂隙试件的直剪试验研究中，也观察到了剪应力-剪切变形曲线中出现多个峰值，并将试件的剪切变形破坏划分为三个阶段：贯通破裂区的形成阶段、破裂区内的剪切摩擦阶段和强烈破碎剪切带内的剪切滑移阶段。

2.2.2　应力-应变全曲线的类型

上述节理试件的轴向应力-应变全曲线可以划分为如下的四种类型[6]（见图 2.8）：

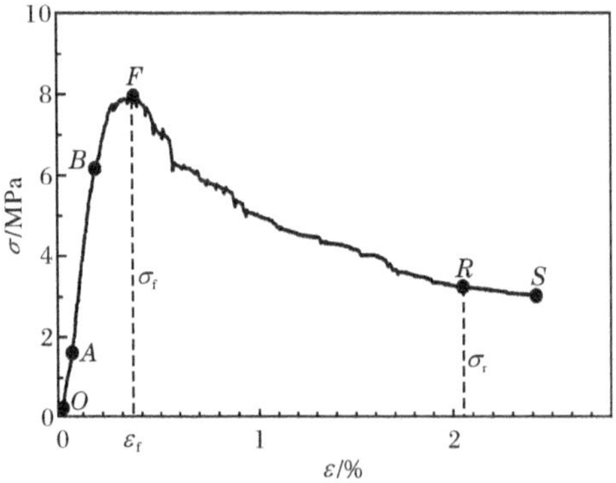

(a) 类型Ⅰ：单峰型

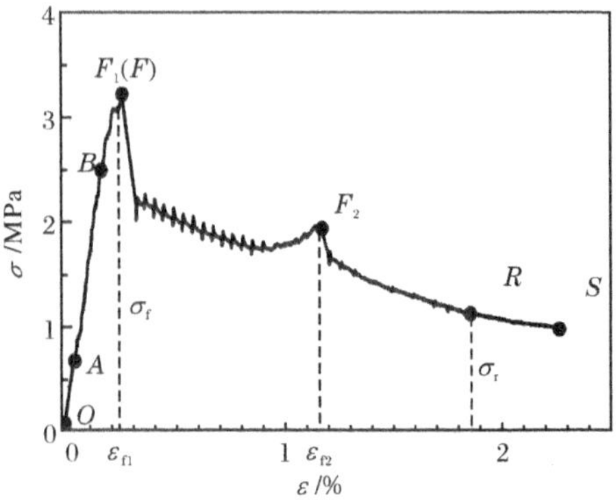

(b) 类型Ⅱ：软化段多峰型

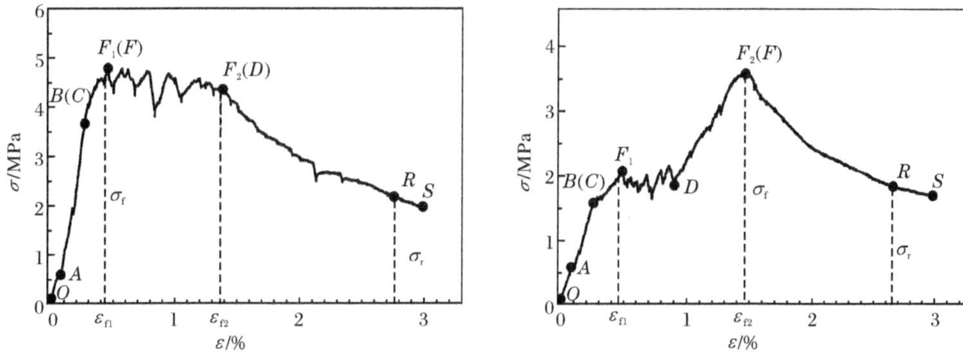

(c) 类型Ⅲ：多峰平台后软化型　　(d) 类型Ⅳ：多峰平台后硬化型

图 2.8　四种应力-应变全曲线的类型

1. 类型Ⅰ：单峰型

此类应力-应变曲线为岩石的典型应力-应变曲线，如图 2.8(a)所示。出现在无节理试件、节理连通率最小($k=0.2$)的缓倾角($\beta=0°$、$15°$)试件、节理连通率较小($k=0.2$、0.4)的较陡倾角($\beta=75°$)试件和各种连通率下的竖向节理($\beta=90°$)试件中。试件的变形破坏经历了如下的五个阶段：①压密阶段(OA 段)：试件内部的原有微裂纹和微孔洞逐渐闭合，应力-应变曲线呈上凹型，即曲线的斜率随着应变的增大而增大；②弹性变形阶段(AB 段)：应力-应变曲线基本呈直线，试件变形主要来自于材料的线弹性变形；③塑性硬化阶段(BF 段)：原有裂隙的闭合不明显，岩桥内的裂隙发生和扩展使得试件产生非弹性不可逆变形，应力-应变曲线呈上凸形，直至达到峰值强度；④峰后应变软化阶段(FR 段)：岩桥内裂隙形成宏观破裂面或压缩及剪切局部化带，随着应变的增加应力减小，出现应变软化现象，曲线为下凹形；⑤峰后残余变形阶段(RS 段)：所形成的宏观破裂面或压缩及剪切局部化带具有一定的压剪承载力，应变的继续增加将不再引起应力的降低，曲线最终趋于平缓，达到残余强度。

2. 类型Ⅱ：软化段多峰型

此类应力-应变曲线出现在连通率最小($k=0.2$)且节理倾角为 $\beta=30°$的试件、各种连通率下的节理倾角 $\beta=45°$、$60°$的试件和节理连通率较大($k=0.6$、0.8)的节理倾角为 $\beta=75°$的试件中，如图 2.8(b)所示。与类型Ⅰ应力-应变曲线相比，也经历了压密阶段(OA 段)、弹性变形阶段(AB 段)和应变硬化阶段(BF 段)，区别在于达到最大峰值强度后，该类试件在应变软化阶段(FR 段)又出现多个峰值，随后进入残余变形阶段(RS 段)。

3. 类型Ⅲ:多峰平台后软化型

此类型曲线多见于连通率中等(k=0.4、0.6)的倾角较小和中等(β=0°、15°、30°)试件以及连通率最大(k=0.8)的中等倾角β=30°的试件中，如图2.8(c)所示。该类试件的变形破坏特点是:塑性阶段开始点B和预制节理开始闭合点C基本重合，在经历压密阶段(OA段)和弹性变形阶段(AC段)后出现多峰屈服平台，随后进入峰后应变软化阶段(FR段)和残余变形阶段(RS段)。

4. 类型Ⅳ:多峰平台后硬化型

此类应力-应变曲线出现在连通率较大(k=0.8)的缓倾角(β=0°、15°)节理试件中，如图2.8(d)所示。与类型Ⅲ的应力-应变曲线相同的是，也经历了压密阶段(OA段)、弹性变形阶段(AC段)和预制节理的闭合阶段(CD段)，出现多峰屈服平台。与类型Ⅲ的应力-应变曲线不同之处在于，在屈服平台之后出现了明显的应变硬化阶段(DF段)，之后试件进入峰后应变软化阶段(FR段)和峰后残余变形阶段(RS段)。

在四类应力-应变曲线中，各阶段特征点所对应的时刻列于表2.5中。除预制节理开始闭合点C及全部闭合点D是通过分析破坏过程录像及照片来确定的，其余各特征点是根据应力-应变曲线的分析来确定的。

表2.5　四类应力-应变全曲线中各特征点所对应的时刻

特征点	所对应的时刻
O	试验开始
A	弹性阶段开始
B	塑性阶段开始
C	预制节理开始闭合
D	预制节理完全闭合
F	单峰曲线的应力峰值
F_1	多峰曲线的第一峰值
F_2	多峰曲线的最后一个峰值
R	残余阶段开始
S	试验结束

各试件的轴向应力-应变全曲线类型随节理倾角和节理连通率变化列于表2.6中。除类型Ⅰ为单峰型外，其余的三种类型(类型Ⅱ、Ⅲ和Ⅳ)都是多峰型。

表 2.6　各试件的轴向应力-应变全曲线类型随节理倾角和节理连通率变化

应力-应变曲线类型		节理连通率 k				
		0	0.2	0.4	0.6	0.8
节理倾角 β	0°	Ⅰ	Ⅰ	Ⅲ	Ⅲ	Ⅳ
	15°		Ⅰ	Ⅲ	Ⅲ	Ⅳ
	30°		Ⅱ	Ⅲ	Ⅲ	Ⅲ
	45°		Ⅱ	Ⅱ	Ⅱ	Ⅱ
	60°		Ⅱ	Ⅱ	Ⅱ	Ⅱ
	75°		Ⅰ	Ⅰ	Ⅰ	Ⅰ
	90°		Ⅰ	Ⅰ	Ⅰ	Ⅰ

2.3　试件的峰值强度和弹性模量

2.3.1　强度和弹性模量的变化规律

将含节理试件的峰值强度(对多峰曲线，为各峰值应力的最大值)与无节理试件的峰值强度之比 σ_{JR}/σ_R 作为无量纲的当量化强度。节理岩体当量化峰值强度随节理倾角 β 和节理连通率 k 的变化曲线分别如图 2.9(a)、(b)所示。从图 2.9(a)可以看出，当节理连通率 k 较小(0.2、0.4)时，峰值强度随节理倾角的变化曲线为 W 形，峰值强度值从大到小依次为 90°>75°>0°>15°>45°>30°、60°，在 β=30°和 60°处有极小值。当节理连通率 k 较大(0.6、0.8)时，峰值强度随节理倾角的变化曲线为 U 形或 V 形，峰值强度值从大到小依次为 90°>0°>75°>15°>30°，60°>45°，在 β=45°处有极小值。

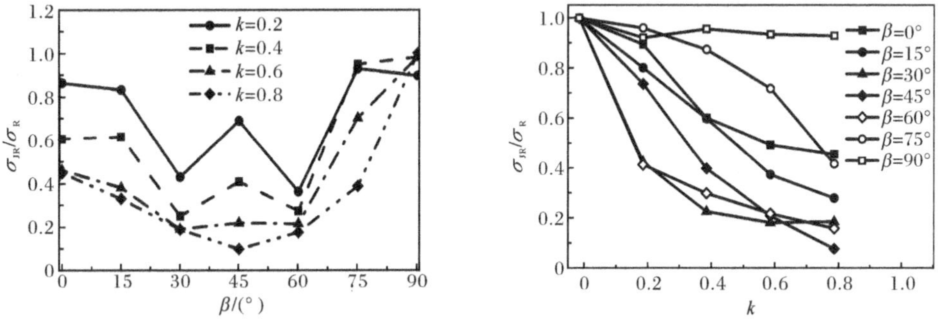

(a) 随节理倾角 β 的变化　　(b) 随节理连通率 k 的变化

图 2.9　当量化峰值强度 σ_{JR}/σ_R 随节理倾角 β 和节理连通率 k 的变化

从图 2.9(b)可以看出，当节理倾角 β=90°时，峰值强度基本不随节理连通率发生变化，且当量化峰值强度接近为1，表明试件的强度与节理的存在不相关。除节理倾角$\beta=90°$的试件外，各节理倾角下，试件的峰值强度都随节理连通率的增大而显著地减小，但其降低的速率随节理倾角而变化，且呈显著的非线性关系。节理倾角较小和较大($\beta=0°$、15°、75°)时，峰值强度随节理连通率的增大而降低的速度较慢，而节理倾角中等($\beta=30°$、45°、60°)时，峰值强度随节理连通率的增大而降低的速度则较快。节理倾角$\beta=45°$时，峰值强度随节理连通率的增大降低速度最快，当$k=0.8$时的当量化强度降低至0.08。

将含节理试件的弹性模量与无节理试件的弹性模量之比E_{JR}/E_R作为无量纲的当量化弹性模量。节理试件当量化弹性模量随节理倾角β和节理连通率k的变化曲线分别如图2.10(a)和(b)所示。从图2.10(a)可以看出，当节理连通率k较小或中等(0.2、0.4、0.6)时，峰值强度随节理倾角的变化曲线为W形，不同节理倾角下当量化弹性模量值从大到小依次为90°>75°>0°；15°>45°>30°、60°。当节理连通率k最大(0.8)时，不同节理倾角下当量化弹性模量值从大到小依次为90°>75°>0°、15°、30°、45°、60°。

从图2.10(b)可以看出，各节理倾角下，试件的弹性模量都随节理连通率的增大而显著地减小，但其降低的速率也随节理倾角而变化，且呈显著的非线性关系。当节理倾角较小和较大($\beta=0°$、15°、75°、90°)时，弹性模量随节理连通率的增大而降低的速度较慢，而当节理倾角中等($\beta=30°$、45°、60°)时，弹性模量随节理连通率的增大而降低的速度则较快。当节理倾角$\beta=45°$时，弹性模量随节理连通率的增大降低速度最快，当$k=0.8$时的当量化弹性模量降低至0.16。当节理倾角$\beta=90°$时，弹性模量随节理连通率的增大降低速度最慢，当$k=0.8$时的当量化弹性模量仅降低至0.75。

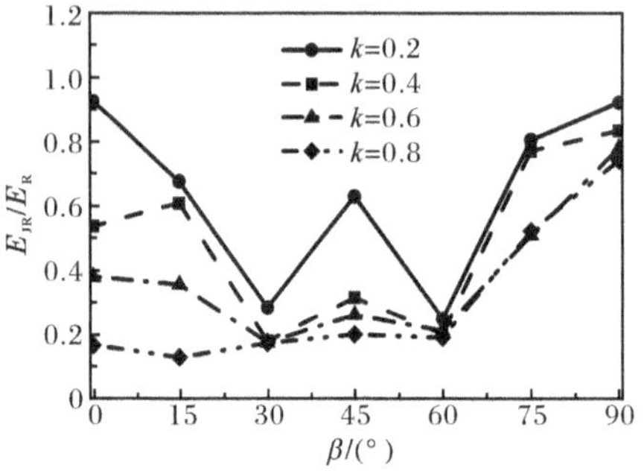

(a) 随节理倾角β的变化

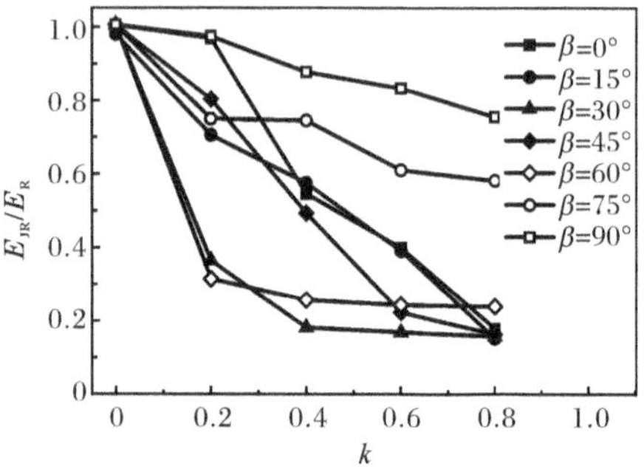

(b) 随节理连通率k的变化

图2.10 当量化弹性模量E_{JR}/E_R随节理倾角β和节理连通率k的变化

通常，层状岩体或一组贯通节理岩体的强度可用Jaeger的强度理论[7]来描述。Jaeger强度理论认为，层状岩体有两种可能的破坏模式，分别是发生在基质材料内的剪切破坏和沿着原有节理或层理面的剪切滑移破坏。相应地，层状岩体的强度随岩层或节理面倾角的变化曲线为水平线加 U 形曲线，最小值位于 $\beta=45°+\phi_j/2$ 处，其中 ϕ_j 为节理面的基本摩擦角。在本次试验的研究中，$\phi_j=37°$，理论上的最不利节理倾角为 $\beta=45°+37°/2=63.5°$。Nasseri 等[8]的关于含层理的片麻岩的试验研究表明，层状岩体的弹性模量随岩层的变化曲线也呈 V 形或 U 形。由图 2.9 和图 2.10 可以看出，当试件的节理连通率最大($k=0.8$)时，当量化峰值强度和弹性模量随节理面倾角的变化曲线接近为 V 形或 U 形，与层状岩体较为相似，但强度最小值出现在节理面倾角为 $\beta=45°$ 而非理论值 $\beta=60°$ 时，且在节理倾角 $\beta=0°\sim60°$ 时试件的弹性模量都很低。当节理连通率较小($k=0.2$)或中等($k=0.4$，0.6)时，试件的强度和弹性模量随节理面倾角的变化曲线出现 2 个低峰，分别位于节理倾角 $\beta=60°$ 和 30°时。

2.3.2　强度和弹性模量随节理连通率变化的拟合函数

各节理倾角下，试件的当量化峰值强度随节理连通率的非线性变化规律可表示为如下的幂函数：

$$\frac{\sigma_{JR}}{\sigma_R}=\frac{1}{1+ak^b} \tag{2.1}$$

式中，σ_{JR} 和 σ_R 分别为有节理和无节理试件的单轴压缩峰值强度；a、b 为参数。

各节理倾角下，试件的当量化弹性模量随节理连通率的非线性变化规律可表示为如下的幂函数：

$$\frac{E_{JR}}{E_R}=\frac{1}{1+ck+dk^2} \tag{2.2}$$

式中，E_{JR} 和 E_R 分别为有节理和无节理试件的弹性模量；c、d 为参数。

图 2.11 和图 2.12 分别绘出了试件的当量化峰值强度和当量化弹性模量随节理连通率的拟合曲线。表 2.7 和表 2.8 分别列出了各节理倾角下当量化峰值强度和当量化弹性模量随节理连通率变化的拟合曲线参数 a 和 b、c 和 d、相关系数 R^2 和偏差平方和 RSS(residual sum of squares)。

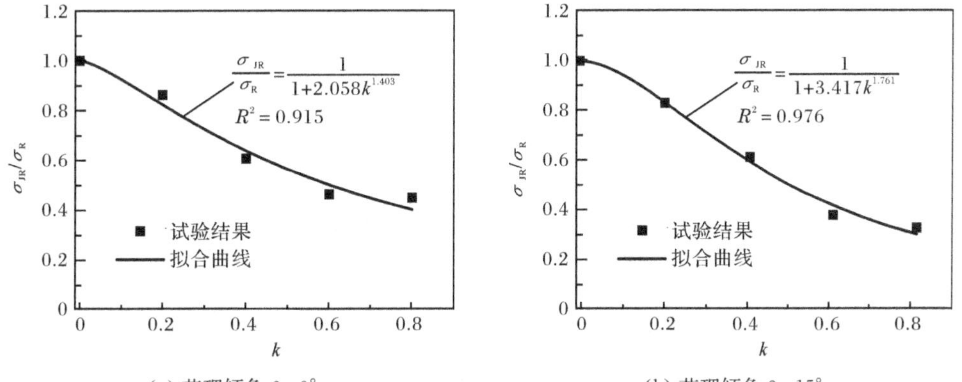

(a) 节理倾角 $\beta=0°$　　(b) 节理倾角 $\beta=15°$

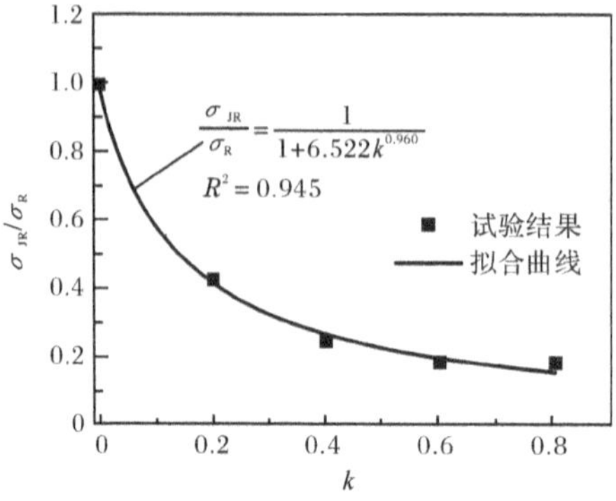

(c) 节理倾角 $\beta=30°$

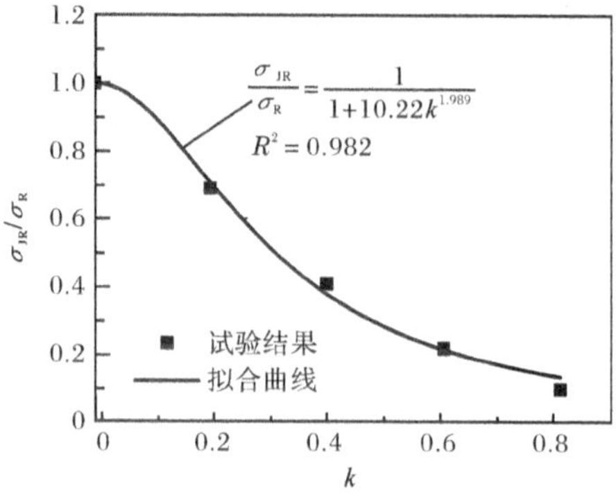

(d) 节理倾角 $\beta=45°$

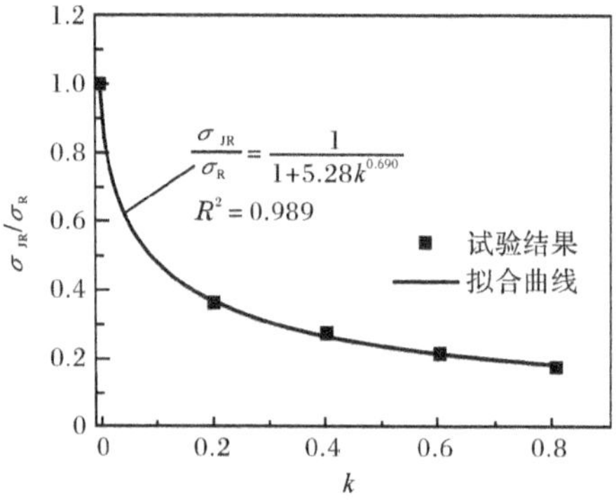

(e) 节理倾角 $\beta=60°$

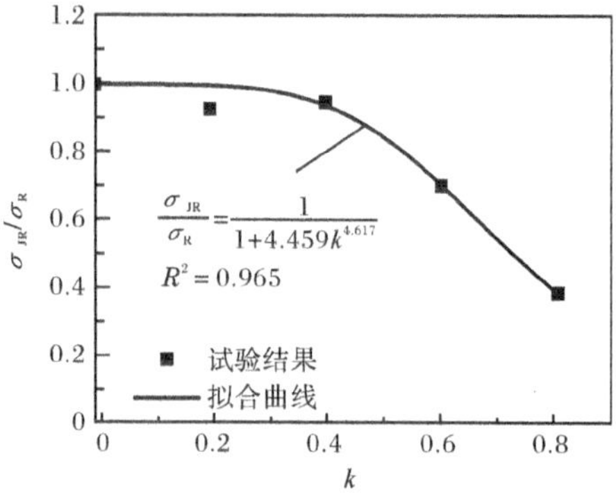

(f) 节理倾角 $\beta=75°$

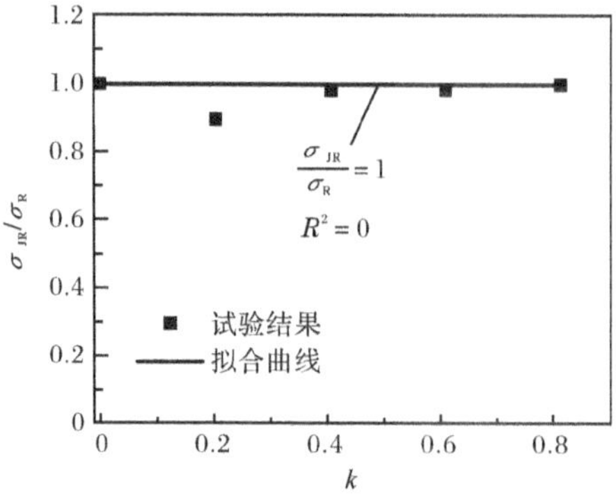

(g) 节理倾角 $\beta=90°$

图 2.11　各节理倾角下当量化峰值强度随节理连通率变化的拟合曲线

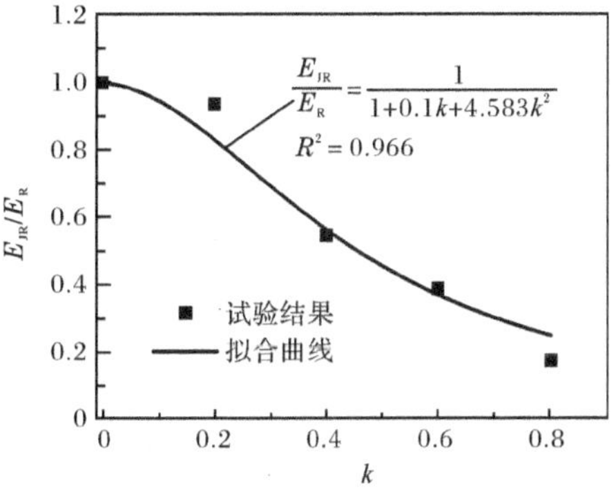

(a) 节理倾角 β=0°

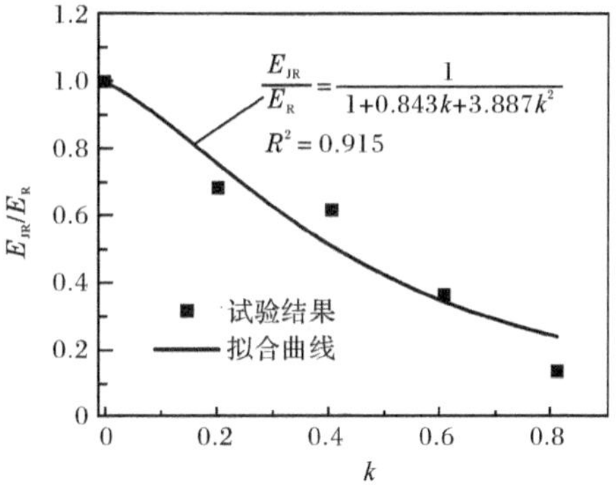

(b) 节理倾角 β=15°

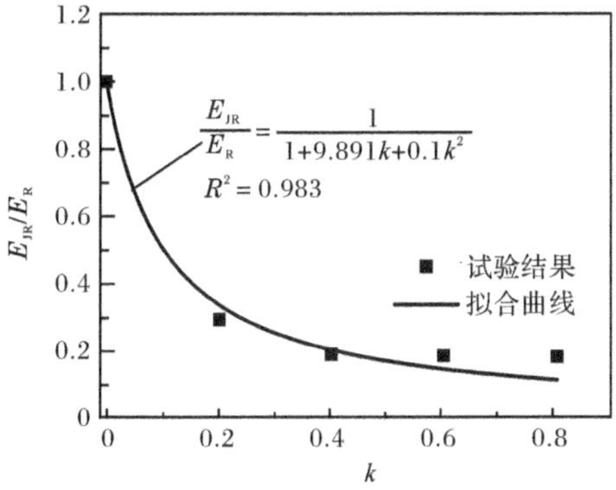

(c) 节理倾角 β=30°

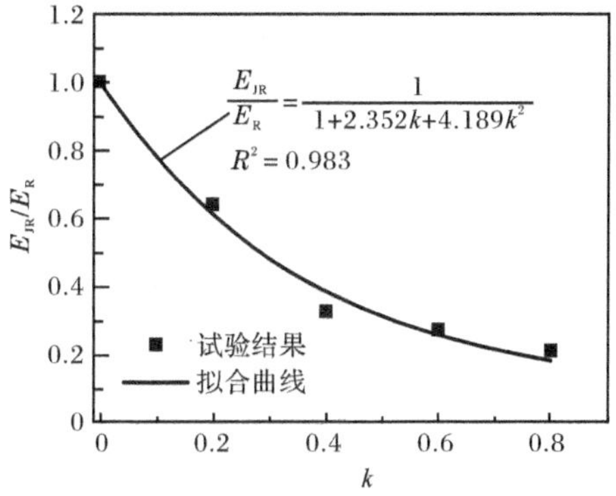

(d) 节理倾角 β=45°

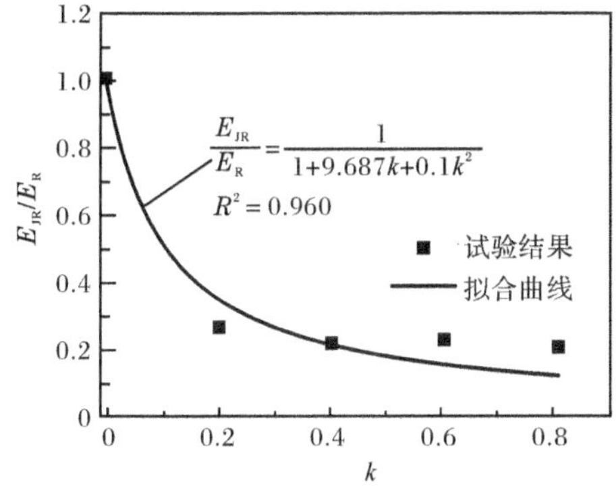

(e) 节理倾角 β=60°

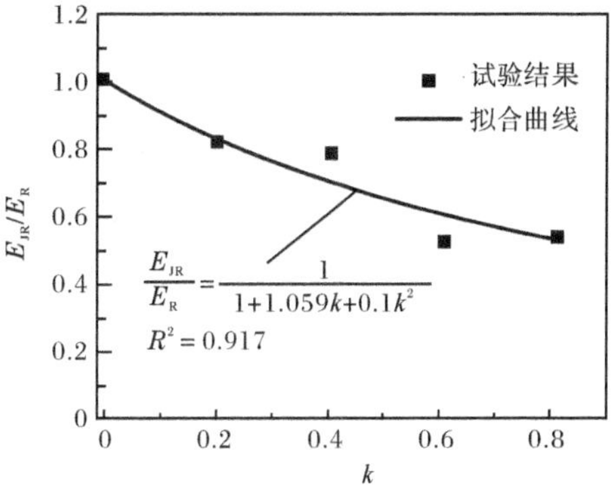

(f) 节理倾角 β=75°

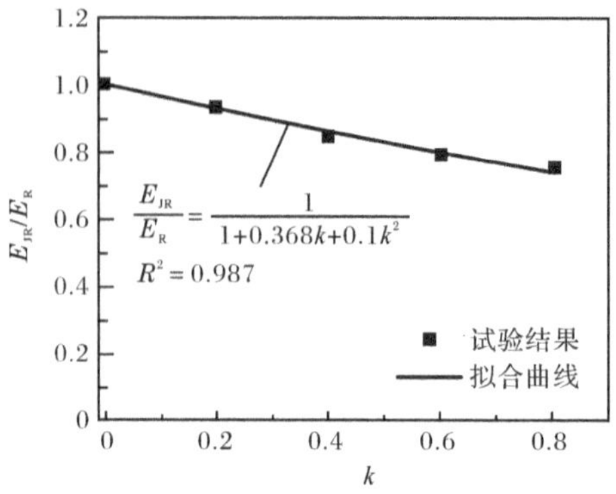

(g) 节理倾角 β=90°

图 2.12　各节理倾角下当量化弹性模量随节理连通率变化的拟合曲线

表 2.7　不同节理倾角下节理岩体峰值强度随节理连通率变化函数的拟合参数 a 和 b

节理倾角 β/(°)	a	b	R^2	RSS
0	2.058	1.403	0.915	6.330×10^{-3}
15	3.417	1.761	0.976	2.570×10^{-3}
30	6.522	0.960	0.945	1.450×10^{-3}
45	10.220	1.909	0.982	2.500×10^{-3}
60	5.280	0.690	0.989	1.458×10^{-4}
75	4.459	4.617	0.965	4.860×10^{-3}
90	0.000	0.000	0.000	1.130×10^{-2}

表 2.8　不同节理倾角下节理岩体当量化弹性模量随节理连通率变化函数的拟合参数 c 和 d

节理倾角 β/(°)	c	d	R^2	RSS
0	0.100	4.583	0.966	1.721×10^{-2}
15	0.843	3.887	0.915	2.748×10^{-2}
30	9.891	0.100	0.983	8.500×10^{-3}
45	2.352	4.189	0.983	5.410×10^{-3}
60	9.687	0.100	0.960	1.958×10^{-2}
75	1.059	0.100	0.917	1.383×10^{-2}
90	0.368	0.100	0.987	5.424×10^{-4}

2.4　试件的延性指标

2.4.1　常用的延性或脆性指标

试件的脆性程度，可以用脆性指标或延性指标来度量。对岩石类材料的典型单峰型轴向应力-应变全曲线，Andreev[9]、Hucka 和 Das[10]总结了各种脆性或延性指标定义，如图 2.13 和表 2.9 所示。

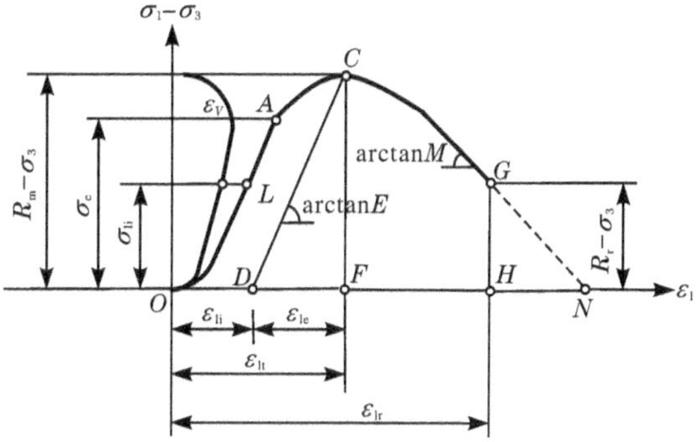

图 2.13　主应力偏差与轴向应变、体积应变曲线的特征参数[9]

表 2.9　单峰型应力-应变曲线的各脆性或延性指标（Andreev[9]的总结）

指标	计算公式	符号说明	脆性和延性的划分
B_1	$B_1=\varepsilon_{1i}\times100\%$	ε_{1t}、ε_{1e}、ε_{1i}为三轴或单轴压缩峰值应力对应的总应变、弹性应变和塑性应变	$B_1<3\%$，脆性； $B_1>5\%$，延性
B_2	$B_2=\dfrac{\varepsilon_{1e}}{\varepsilon_{1t}}=\dfrac{\varepsilon_{1e}}{\varepsilon_{1i}+\varepsilon_{1e}}$		B_2越大，脆性越强
B_3	$B_3=\dfrac{W_{1e}}{W_{1t}}=\dfrac{DCF}{OACF}$	W_{1t}、W_{1e}、W_{1i}为试件加载至峰值应力的总应变能、弹性应变能和不可逆应变能	B_3越大，脆性越强
B_4	塑性系数 $B_4=\dfrac{W_{1i}}{W_{1t}}=\dfrac{OACD}{OACF}$		B_4越大，延性越强
B_5	VINIMI 脆性指标 $B_5=n=\dfrac{R_c}{R_t}$	R_c、R_t 为单轴抗压、抗拉强度	B_5越大，脆性越强
B_6	$B_6=\dfrac{R_c-R_t}{R_c+R_t}$		B_6越大，脆性越强
B_7	$B_7=\sin\varphi=\dfrac{\partial\tau/\partial\sigma_n}{\sqrt{1+(\partial\tau/\partial\sigma_n)^2}}$	φ 为 Mohr 强度包络线的倾角	B_7越大，脆性越强

续表

指标	计算公式	符号说明	脆性和延性的划分
B_8	$B_8=\psi=\frac{\pi}{4}-\frac{\varphi}{2}$	ψ 为破坏面与轴向 σ_1 的夹角	B_8越大，脆性越强
B_9	$B_9=\frac{(R_m-\sigma_3)-(R_r-\sigma_3)}{R_m-\sigma_3}$	R_m、R_r、σ_3、σ_{1i} 为三轴压缩的峰值强度、残余强度、围压、起裂应力	B_9越大，脆性越强
B_{10}	$B_{10}=\frac{R_m-R_r}{R_m}$		B_{10}越大，脆性越强
B_{11}	$B_{11}=\frac{R_r}{R_m}$		B_{11}越大，延性越强
B_{12}	$B_{12}=\frac{\sigma_{1i}}{R_m}$		B_{12}越大，延性越强
B_{13}	$B_{14}=\frac{\varepsilon_{1r}}{\varepsilon_{1r}-\varepsilon_{1t}}$	ε_{1r}、ε_{1t}为三轴或单轴压缩残余应变、峰值应变	B_{13}越大，脆性越强
B_{14}	$B_{14}=\lambda=\frac{M}{E}\approx\frac{OACF}{FCN}$	E、M 为三轴或单轴压缩的弹性模量和下降段的模量	$B_{14}>1$，脆性
B_{15}	$B_{15}=EM$		$B_{15}<1$，脆性
B_{16}	$B_{16}=\frac{M}{E+M}\approx\frac{DCF}{OACF+FCN}$		$B_{16}>0.5$，脆性
B_{17}	$B_{17}=\frac{H_\mu-H}{k}$	H_μ、H 为维氏硬度计法确定的 micro 和 macro 硬度计的缩进值；k 为常数	B_{17}越大，脆性越强
B_{18}	$B_{18}=qR_c$	q 为在 Protodiakonov 试验的落锤冲击下岩石压碎破坏后，由 28 个网格筛子筛得的细粒所占的百分比	B_{18}越大，脆性越强
B_{19}	$B_{18}=\frac{W}{R_t}$	W 为岩石加载至破坏所消耗的外力功	B_{19}越大，脆性越强
B_{20}	$B_{20}=h$	h、d 为钻探取得岩芯的厚度和直径	$h\leqslant\frac{d}{3}$ 为脆性

2.4.2 试件延性指标的变化规律

我们选取延性指标 B_{11}，即残余强度与峰值强度之比 σ_r/σ_f 作为度量节理试件延性的主要指标。此外，以第一峰值的应变 ε_{f1} 和第二峰值的应变 ε_{f2}（见图 2.8）作为度量多峰形及单峰形试件延性的参考指标，来定量研究节理试件的延性随节理连通率和节理倾角这两个参数的变化规律。对单峰形曲线，第一峰值应变与第二峰值应变相等。

图 2.14～图 2.16 给出了残余强度与峰值强度之比 σ_r/σ_f、第一峰值应变 ε_{f1} 和第二峰值应变 ε_{f2} 三个参量随节理连通率 k 和节理倾角 β 的变化曲线。可以看出：

（1）在各节理倾角 β 下，随着节理连通率 k 的增加，残余强度与峰值强度之比 σ_r/σ_f 增大、第一峰值应变 ε_{f1} 减小、第二峰值应变 ε_{f2} 增加。在各节理倾角中，竖向节理（$\beta=90°$）试件的三个参量随节理连通率增加的变化速率最小，而节理倾角 $\beta=30°$ 试件的三个参量的变化速率最大。

（2）当节理连通率固定时，残余强度与峰值强度之比 σ_r/σ_f 增大、第一峰值应变 ε_{f1} 减小、第二峰值应变 ε_{f2} 随节理倾角的变化较为复杂。节理连通率最小（$k=0.2$）时，残余强度与峰值强度之比 σ_r/σ_f 随节理倾角的变化曲线为单峰下凹形，其最小值在节理倾角 $\beta=45°$ 处；当节理连通率最大（$k=0.8$）时，二者的曲线为单峰上凸形，其最大值在节理倾角 $\beta=15°$ 处；当节理连通率中等（$k=0.4$、0.6）时，残余强度与峰值强度之比随节理倾角的变化为多峰型，在节理倾角 $\beta=30°$、$60°$ 时有极大值。

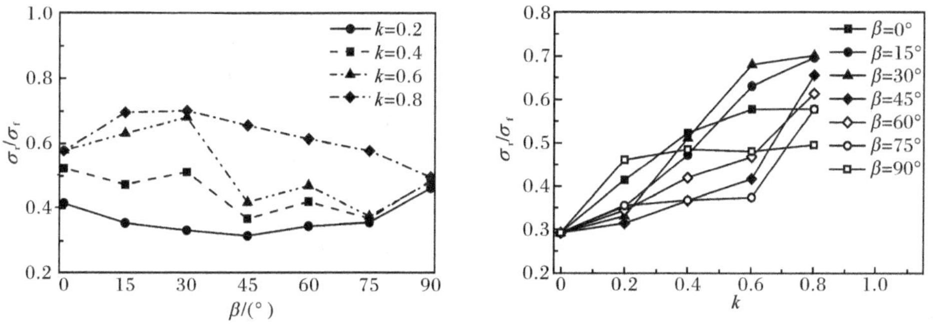

(a) 随节理倾角 β 的变化　　(b) 随节理连通率 k 的变化

图 2.14　残余强度与峰值强度之比 σ_r/σ_f 随节理连通率 k 和节理倾角 β 的变化

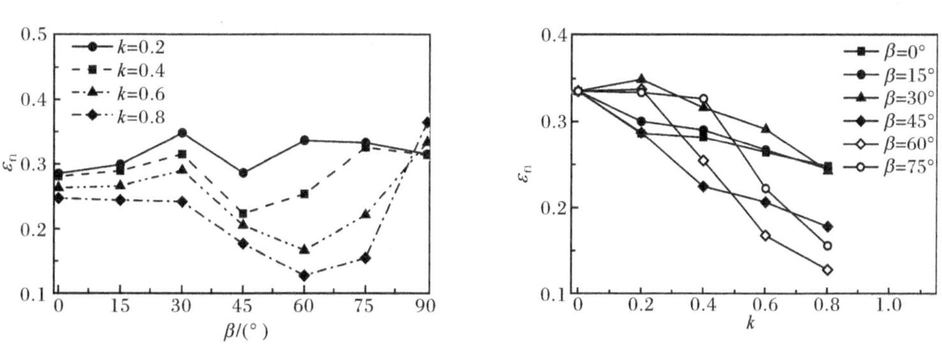

(a) 随节理倾角 β 的变化　　(b) 随节理连通率 k 的变化

图 2.15　第一峰值应变 ε_{f1} 随节理连通率 k 和节理倾角 β 的变化

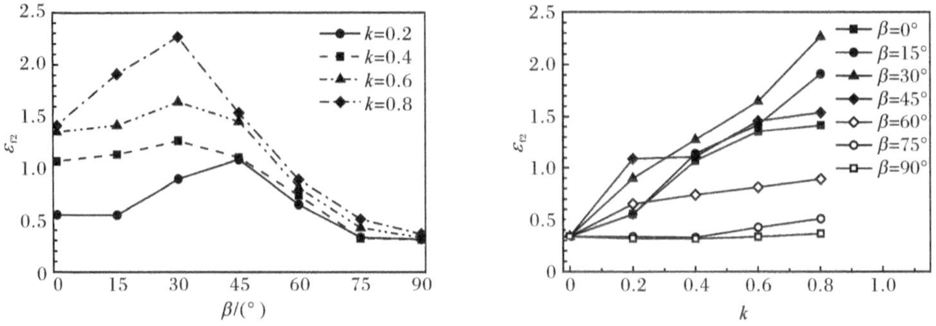

(a) 随节理倾角 β 的变化　　(b) 随节理连通率 k 的变化

图 2.16　第二峰值应变 ε_{f2} 随节理连通率 k 和节理倾角 β 的变化

在各节理连通率下，第一峰值应变 ε_{f1} 随节理倾角的变化规律基本呈 U 形。当节理连通率较小(k=0.2、0.4)时最小值出现在节理倾角 β=45°处，当节理连通率较大(k=0.6、0.8)时最小值出现在节理倾角 β=60°处。

在各节理连通率下，第二峰值应变 ε_{f2} 随节理倾角的变化规律基本呈反 V 形。当节理连通率较小或中等(k=0.2、0.4、0.6)时，最大值出现在节理倾角 β=30°处，当节理连通率最大(k=0.8)时最大值出现在节理倾角 β=45°处。

2.5　试件的开裂过程和破坏模式

2.5.1　起裂类型

一般地，含断续节理试件的次生裂纹起裂模式可以根据起裂的力学机制和开裂的位置进行划分。按照裂纹起裂的力学机制，可分为拉裂纹和剪裂纹两大类，分别对应于拉应力集中引起的拉破裂和压剪应力集中引起的剪破裂。可通过观察裂纹表面的结构，对拉裂纹和剪裂纹加以区分，前者表面光滑且粉末较少，而后者表面粗糙且粉末较多[11,12]。关于两种起裂机制判据的理论分析和数值模拟计算详见第 5 章。

在本节试验中，将拉、剪裂纹的起裂模式按照裂纹的起始位置继续划分，共得到七种类型的起裂模式[13]，表 2.10 和图 2.17 分别给出了各起裂类型的定义和示意图，图 2.18 给出了节理试件中观察到的各起裂类型照片。拉裂纹共有四种起裂模式，即 MT、T1、T2 和 T3；MT 为起始于试件基质部分的拉裂纹，T1 为起始于预制节理端部的翼形拉裂纹(多起始于倾斜预制节理端部，开始时为曲线扩展并最终平行于加载主轴)，T2 为起始于预制节理中部的拉裂纹，T3 为起始于预制节理端部的与节理共面的拉裂纹。剪裂纹共有三种起裂模式，分别为 MS、S1 和 S2；MS 为起始于试件基质部分的剪裂纹，S1 为起始于预制节理端部的与节理不共面的倾斜剪裂纹，S2 为起始于预制节理端部的与节理共面的剪裂纹。

表 2.10　裂纹起裂类型的定义

起裂类型		定义
拉破裂	MT	起始于试件基质部分的拉裂纹
	T1	起始于预制节理端部的翼形拉裂纹
	T2	起始于预制节理中部的拉裂纹
	T3	起始于预制节理端部的与节理共面的拉裂纹
剪破裂	MS	起始于的试件基质部分的剪裂纹
	S1	起始于预制节理端部的与节理不共面的倾斜剪裂纹
	S2	起始于预制节理端部的与节理共面的剪裂纹

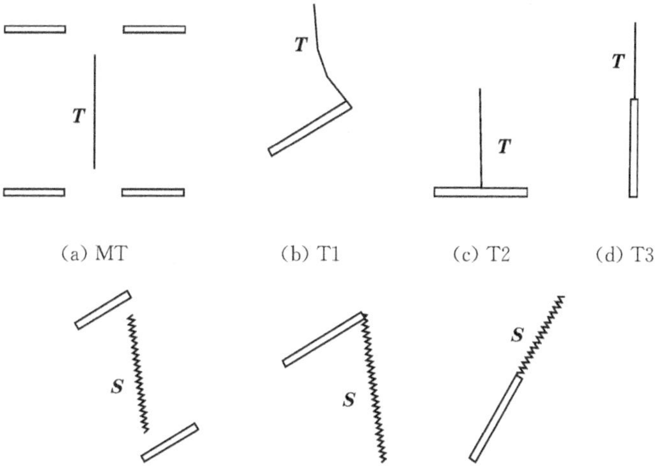

(a) MT　(b) T1　(c) T2　(d) T3

(e) MS　(f) S1　(g) S2

图 2.17　节理试件的裂纹起裂类型示意图

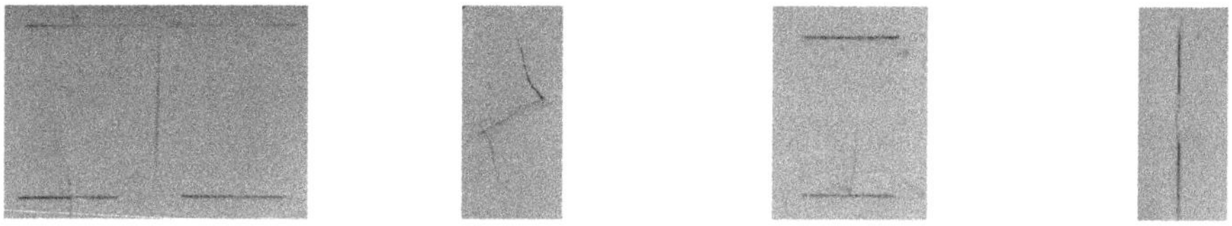

(a) MT 型(D0-1 试件)　(b) T1 型(D30-1 试件)　(c) T2 型(D0-1 试件)　(d) T3 型(D90-1 试件)

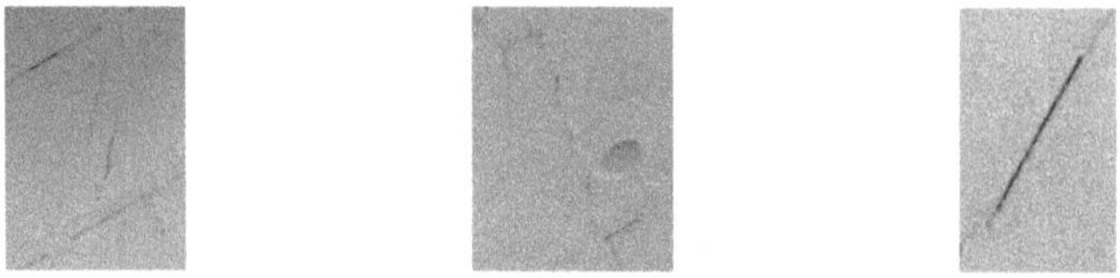

(e) MS 型(B30-1 试件)　　(f) S1 型(B30-1 试件)　　(g) S2 型(D60-3 试件)

图 2.18　在节理试件中观察到的各裂纹起裂类型照片

表 2.11 汇总了各节理倾角-节理连通率组合试件的裂纹起裂类型。图 2.19 给出了无节理试件裂纹发展过程的二值化图像。

表 2.11　各节理倾角-节理连通率组合试件的裂纹起裂类型

组号	MT	T1	T2	T3	MS	S1	S2
A	★	—	—	—	★(2nd)	—	—
B0	★(2nd)	—	★	—	—	—	—
C0	★(2nd)	★	★	—	—	—	—
D0	★(2nd)	★	★	—	—	—	—
E0	★(2nd)	★	★	—	—	—	—
B15	★(2nd)	★	—	—	—	—	—
C15	—	★	—	—	—	—	—
D15	—	★	—	—	—	—	—
E15	—	★	—	—	—	—	—
B30	—	★	—	—	★(2nd)	★(2nd)	★(3rd)
C30	—	★	—	—	—	★(2nd)	★(3rd)
D30	—	★	—	—	—	—	—
E30	—	★	—	—	—	—	—
B45	—	★	—	—	—	—	★
C45	—	★	—	—	—	—	★
D45	—	★	—	—	—	—	★
E45	—	★	—	—	—	—	★
B60	—	★(2nd)	—	—	—	—	★
C60	—	★(2nd)	—	—	—	—	★
D60	—	★(2nd)	—	—	—	—	★
E60	—	★(2nd)	—	—	—	—	★
B75	—	★	—	—	—	—	★

续表

组号	MT	T1	T2	T3	MS	S1	S2
C75	—	★	—	—	—	—	★
D75	—	★	—	—	—	—	★
E75	—	★	—	—	—	—	★
B90	★(2nd)	—	—	★	—	—	—
C90	★(2nd)	—	—	★	—	—	—
D90	★(2nd)	—	—	★	—	—	—
E90	★(2nd)	—	—	★	—	—	—

注：(2nd)和 (3rd)代表裂纹产生的时间顺序分别在第二阶段和第三阶段，未注明的为第一阶段裂纹。

可以看出，对无节理试件，在基质中先产生的是第一阶段的拉裂纹 MT，随后才产生第二阶段的剪切裂纹 MS，从而在试件中最终形成了变形和损伤的局部化条带(见图 2.19)。

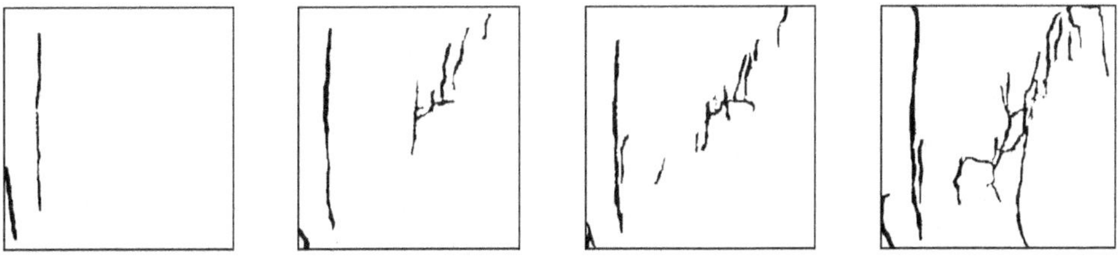

(a) 拉裂纹出现　(b) 剪裂纹出现　(c) 拉剪贯通　(d) 变形局部化带形成

图 2.19　无节理试件 A0-1 的破坏过程照片的二值化图像

在水平节理试件($\beta=0°$)中，第一阶段拉裂纹首先在预制节理的端部或中部出现(类型 T1 和 T2)；随后才在第二阶段出现位于基质内部的裂纹(类型 MT)。对含竖向节理($\beta=90°$)的试件，首先出现的是起始于预制节理端部并与之共面的拉裂纹(类型 T3)，随后在第二阶段也在基质内部出现了拉裂纹(类型 MT)。

对各节理连通率的缓倾角节理($\beta=15°$、$30°$)试件，主要的起裂模式为翼形裂纹(类型 T1)。对节理倾角 $\beta=30°$的连通率较小($k=0.2$、0.4)的试件，除了在第一阶段产生翼形裂纹(类型 T1)外，在随后的第二阶段内将产生基质内的剪裂纹和预制节理端部的倾斜剪裂纹(类型 MS 和 S1)，在第三阶段还将产生与节理面共面的剪裂纹(类型 S2)，使得试件形成阶梯状的贯通破坏面。对节理倾角 $\beta=30°$的连通率较大($k=0.6$、0.8)的试件，在试件内部仅仅观察到翼形裂纹的产生。

对各节理连通率的陡倾角节理($\beta=45°$、$60°$、$75°$)的试件，主要的起裂模式为与节理面共面的剪裂纹(类型 S2)。在节理倾角 $\beta=45°$、$75°$的试件中，仅观察到与剪裂纹几乎同时产生的少量翼形裂纹。在节理倾角 $\beta=60^{\circ}$ 的试件中，在剪切面形成以后有第二阶段的少量翼形裂纹出现。

以往的断续节理岩体模拟试件单轴和双轴压缩试验研究中，起始于预制节理端部或中部的起裂类型 T1、T2、T3、S1 和 S2 都曾有过报道。例如，Shen 等[14]、Sagong 和 Bobet[15]、Bobet 和 Einstein[11] 观察到了翼形裂纹 T1 和共面剪裂纹 S2；Wong 和 Einstein[16] 在单轴压缩试验、Bobet 和 Einstein[11] 在双轴压缩试验中都观察到了起始于预制裂隙中部的拉裂纹 T2；Sagong 和 Bobet[15]、Wong 和 Einstein[16] 观察到了倾斜剪裂纹 S1；黎立云等[17] 观察到了竖向节理试件的共面拉裂纹 T3。在我们的试验研究中，首次发现了起始于基质内部的拉裂纹 MT 和剪裂纹 MS(其他研究者未曾发现或报道)。这些裂纹的产生滞后于预制节理端部或中部的拉、剪裂纹的形成，是由于开裂后岩桥内部应力重分布及应力集中而引起的。

2.5.2　裂纹汇合贯通类型

次生裂纹不断扩展并最终汇合贯通，根据汇合裂纹各自的力学机制可将其以分为四大类：拉-拉裂纹汇合、剪-剪裂纹汇合、拉-剪裂纹汇合和一对拉-剪裂纹汇合。根据裂纹汇合的具体位置，可以将裂纹的汇合模式进一步划分为若干亚类。图 2.20 为观察到的裂纹汇合类型示意图，其中下标 1、2、3 表示裂纹汇合过程中拉、剪裂纹产生的时间顺序分别为第一、第二和第三阶段。表 2.12 给出了各裂纹汇合类型的区分和定义。各节理倾角-节理连通率组合试件的裂纹汇合类型汇总列于表 2.13 。

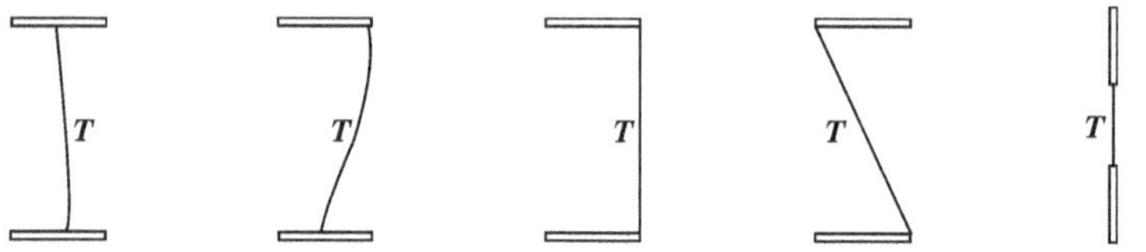

(a) TT1　(b) TT2　(c) TT3　(d) TT4　(e) TT5

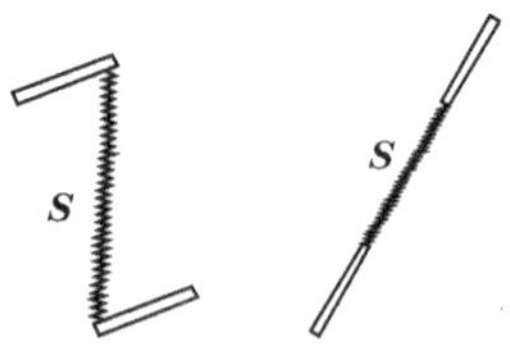

(f) SS1　(g) SS2

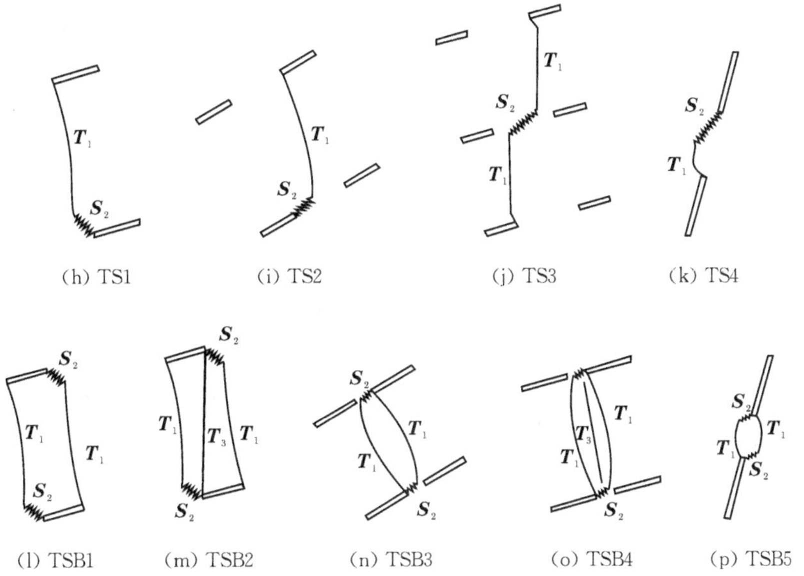

图 2.20　节理试件的裂纹汇合类型示意图

表 2.12　裂纹汇合类型的定义

裂纹汇合类型		定义
拉-拉裂纹汇合	TT1	两个起始于预制节理中部的拉裂纹汇合
	TT2	两个分别起始于预制节理端部和中部的拉裂纹汇合
	TT3	两个起始于预制节理同一侧端部的翼形拉裂纹汇合
	TT4	两个起始于预制节理相对侧端部的翼形拉裂纹汇合
	TT5	两个起始于预制节理端部的共面拉裂纹汇合
剪-剪裂纹汇合	SS1	两个起始于预制节理端部的倾斜剪裂纹汇合
	SS2	两个起始于预制节理端部的与节理共面的剪裂纹汇合
拉-剪裂纹汇合	TS1	相邻两排预制节理在同侧端部的拉裂纹和剪裂纹汇合
	TS2	相邻两排预制节理在相对侧端部的拉裂纹和剪裂纹汇合
	TS3	间隔了一排的预制节理在相对侧端部的拉裂纹和剪裂纹汇合
	TS4	共面的两相邻预制节理发生拉-剪汇合
一对拉-剪裂纹汇合	TSB1	相邻两排预制节理间由一对 TS1 拉-剪裂纹汇合组成了一个破碎块
	TSB2	在一对拉-剪裂纹汇合的破碎块 TSB1 内出现了贯穿的拉裂纹
	TSB3	相邻两排预制节理间的一对 TS2 拉-剪裂纹汇合组成了一个破碎块
	TSB4	在一对拉-剪裂纹汇合的破碎块 TSB3 内出现了贯穿的拉裂纹
	TSB5	共面的两相邻预制节理间由一对 TS4 拉-剪裂纹汇合组成了一个破碎块

表 2.13　各节理倾角-节理连通率组合试件的裂纹汇合类型

组号	TT1	TT2	TT3	TT4	TT5	SS1	SS2	TS1	TS2	TS3	TS4	TSB1	TSB2	TSB3	TSB4	TSB5
B0	★	—	—	—	—	—	—	—	—	—	—	—	—	—	—	—
C0	★	★	★	—	—	—	—	—	—	—	—	—	—	—	—	—
D0	★	★	★	★	—	—	—	—	—	—	—	—	—	—	—	—
E0	★	★	★	★	—	—	—	—	—	—	—	—	—	—	—	—
B15	—	—	—	—	—	—	—	★	—	★	—	—	—	—	—	—
C15	—	—	—	—	—	—	—	★	—	★	—	★	★	—	—	—
D15	—	—	—	—	—	—	—	★	★	—	—	★	★	★	★	—
E15	—	—	—	—	—	—	—	★	★	—	—	★	—	★	★	—
B30	—	—	—	—	—	★	★	—	★	—	—	—	—	—	—	—
C30	—	—	—	—	—	★	★	—	★	—	—	—	—	—	—	—
D30	—	—	—	—	—	—	—	★	★	—	—	★	—	★	—	—
E30	—	—	—	—	—	—	—	★	★	—	—	★	—	★	—	—
B45	—	—	—	—	—	—	★	—	—	—	—	—	—	—	—	—
C45	—	—	—	—	—	—	★	—	—	—	—	—	—	—	—	—
D45	—	—	—	—	—	—	★	—	—	—	—	—	—	—	—	—
E45	—	—	—	—	—	—	★	—	—	—	—	—	—	—	—	—
B60	—	—	—	—	—	—	★	—	—	—	—	—	—	—	—	—
C60	—	—	—	—	—	—	★	—	—	—	—	—	—	—	—	—
D60	—	—	—	—	—	—	★	—	—	—	—	—	—	—	—	—
E60	—	—	—	—	—	—	★	—	—	—	—	—	—	—	—	—
B75	—	—	—	—	—	—	★	—	—	—	★	—	—	—	—	—
C75	—	—	—	—	—	—	★	—	—	—	★	—	—	—	—	—
D75	—	—	—	—	—	—	★	—	—	—	★	—	—	—	—	★
E75	—	—	—	—	—	—	★	—	—	—	★	—	—	—	—	★
B90	—	—	—	—	★	—	—	—	—	—	—	—	—	—	—	—
C90	—	—	—	—	★	—	—	—	—	—	—	—	—	—	—	—
D90	—	—	—	—	★	—	—	—	—	—	—	—	—	—	—	—
E90	—	—	—	—	★	—	—	—	—	—	—	—	—	—	—	—

拉-拉裂纹汇合为两个拉裂纹相对扩展并汇合的贯通模式，可分为五个亚类：TT1、TT2、TT3、TT4 和 TT5。TT1 为两个起始于预制节理中部的拉裂纹的汇合贯通，TT2 为两个分别起始于预制节理端部和中部的拉裂纹的汇合贯通，TT3 和 TT4 为两个起始于预制节理同一侧、相对侧端部的翼形拉裂纹的汇合贯通，

TT5 为两个起始于预制节理端部的共面拉裂纹的汇合贯通。

剪-剪裂纹汇合为两个剪裂纹相对扩展并汇合的贯通模式，可分为两个亚类：SS1 和 SS2。SS1 为两个起始于预制节理端部的倾斜剪裂纹的汇合贯通，SS2 为起始于相邻共面节理间的两个剪裂纹的汇合贯通。

拉-剪裂纹汇合为拉、剪裂纹汇合的贯通模式，可分为四个亚类：TS1、TS2、TS3 和 TS4。TS1、TS2 为相邻两排预制节理在同侧、相对侧端部的拉裂纹和剪裂纹汇合贯通，其中第一阶段的翼形拉裂纹先产生并扩展，随后产生第二阶段的剪裂纹。TS3 为间隔了一排的预制节理在相对侧端部的拉裂纹和剪裂纹汇合贯通，其中第一阶段的两个翼形拉裂纹在两个节理的相对侧端部产生，随后产生第二阶段的剪裂纹导致汇合贯通。TS4 为共面的两相邻预制节理发生拉-剪汇合贯通，其中第一阶段在节理端部先产生翼形拉裂纹，扩展很短后产生第二阶段近似共面的剪裂纹引起贯和贯通。

上述拉-剪裂纹的汇合若成对出现，将形成破碎快，可分为五个亚类：TSB1、TSB2、TSB3、TSB4 和 TSB5。其中，TSB1、TSB3 和 TSB5 分别由成对出现的 TS1、TS2 和 TS4 拉-剪裂纹汇合贯通而形成。在 TSB1、TSB3 的拉-剪裂纹汇合贯通中，若在形成的破碎块内出现第三阶段的贯穿拉裂纹，则分别为 TSB2、TSB4 汇合贯通模式。第三阶段的贯穿拉裂纹的形成过程，类似于巴西圆盘的劈裂破坏过程。

在含水平节理($\beta=0°$)的各节理连通率试件中，仅产生拉-拉汇合贯通。对于连通率最小($k=0.2$)、$\beta=0°$的 B0 系列节理试件中，只在预制节理中部产生拉裂纹，故而仅观察到 TT1 型拉-拉汇合贯通。在连通率 $k=0.4$、$\beta=0°$的 C0 系列节理试件中，观察到起始于预制节理中部和端部的 TT1、TT2 和 TT3 型拉-拉汇合贯通。在较大节理连通率($k=0.6$、0.8)、$\beta=0°$的 D0 和 E0 系列节理试件中，观察到了 TT1、TT2、TT3 和 TT4 型拉-拉汇合贯通。图 2.21 给出了各水平节理试件中观察到的四种拉-拉裂纹汇合模式照片。

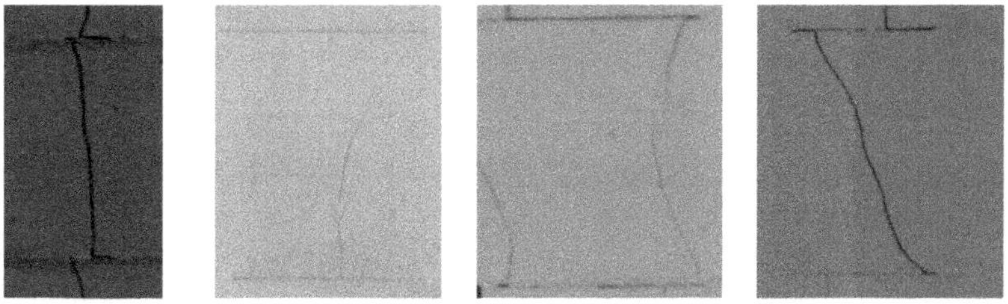

(a) TT1 型 (B0-3 试件)　(b) TT2 型 (E0-2 试件)　(c) TT3 型 (E0-2 试件)　(d) TT4 型 (D0-1 试件)

图 2.21　水平节理试件中观察到的四种拉-拉裂纹汇合模式照片

在节理倾角 $\beta=15°$ 的各节理连通率试件中，观察到单个或成对的拉-剪裂纹汇合贯通。对于连通率最小（$k=0.2$）、$\beta=15°$ 的 B15 系列节理试件，观察到了 TS1 和 TS3 型的单个拉-剪裂纹汇合贯通。在连通率 $k=0.4$、$\beta=15°$ 的 C15 系列节理试件中，除观察到 TS1 和 TS3 型的单个拉-剪裂纹汇合贯通外，还有 TSB1 和 TSB2 型的成对拉-剪裂纹汇合贯通。在较大节理连通率（$k=0.6$、0.8）、$\beta=15°$ 的 D15 和 E15 系列节理试件中，除上述拉-剪裂纹汇合贯通模式外，还观察到了 TSB3 和 TSB4 型的成对拉-剪裂纹汇合贯通。图 2.22～图 2.24 分别给出了 B15-1、E15-1 和 C15-1 试件中观察到的 TS3、TSB2 和 TSB4 型拉-剪裂纹形成过程。

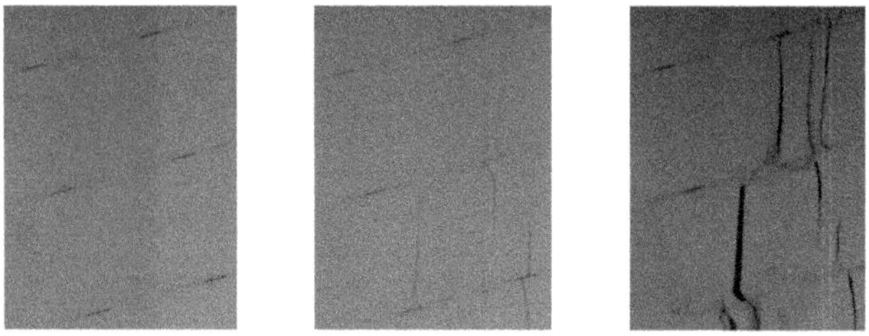

(a) 无裂纹产生　(b) 翼形裂纹 T_1 产生　(c) 汇合剪裂纹 S_2 产生

图 2.22　节理试件 B15-1 中观察到的拉-剪裂纹汇合模式 TS3 发展过程照片

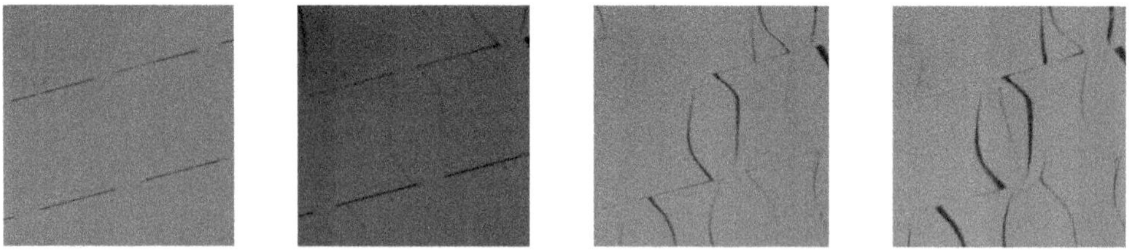

(a) 无裂纹产生　(b) 一对翼形裂纹 T_1 产生　(c) 一对汇合剪裂纹 S_2 产生　(d) 贯穿拉裂纹 T_3 产生

图 2.23　节理试件 E15-1 中观察到的一对拉-剪裂纹汇合模式 TSB2 发展过程照片

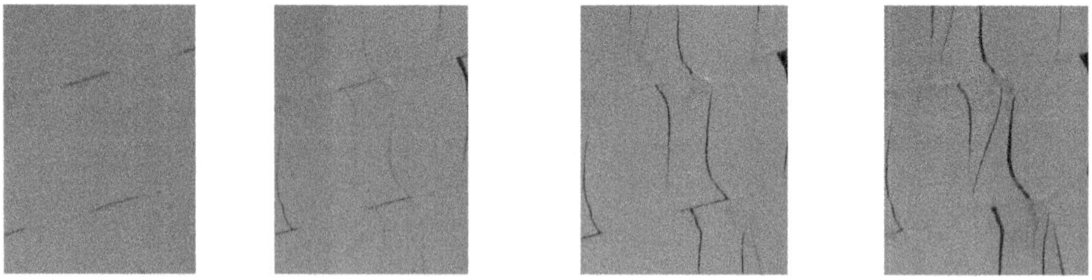

(a) 无裂纹产生　(b) 一对翼形裂纹 T_1 产生　(c) 一对汇合剪裂纹 S_2 产生　(d) 贯穿拉裂纹 T_3 产生

图 2.24　节理试件 C15-1 中观察到的一对拉-剪裂纹汇合模式 TSB4 发展过程照片

在节理倾角 $\beta=30°$ 的各节理连通率试件中，当连通率较小（$k=0.2$、0.4）时，即 B30 和 C30 系列节理试件，观察到 SS1 和 SS2 型剪-剪汇合贯通和 TS2 型拉-剪裂纹汇合贯通模式；在较大节理连通率（$k=0.6$、0.8）时，即 D30 和 E30 系列节理试件，观察到 TS1 和 TS2 型单个及 TSB1 和 TSB3 型的成对拉-剪裂纹汇合贯通模式。图 2.25 给出了 D30-1 试件中观察到的 TSB3 型拉-剪裂纹形成过程。

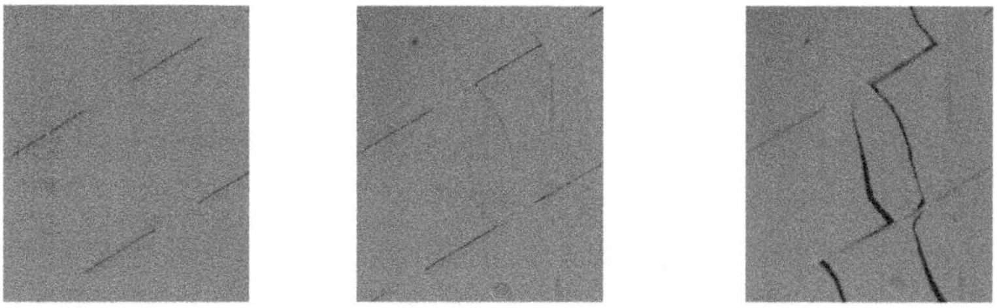

(a) 无裂纹产生　(b) 一对翼形裂纹 T_1 产生　(c) 一对汇合剪裂纹 S_2 产生

图 2.25　节理试件 D30-1 中观察到的一对拉-剪裂纹汇合模式 TSB3 发展过程照片

在节理倾角 $\beta=45°$、60°的各节理连通率试件中，即 B45、C45、D45、E45 系列和 B60、C60、D60、E60 系列节理试件，观察到共面剪裂纹的 SS2 型剪-剪汇合贯通模式。在节理倾角 $\beta=75°$ 的各节理连通率试件中，除 SS2 型剪-剪汇合贯通外，还有 TS4 型的共面拉-剪汇合贯通，当节理连通率较大（$k=0.6$、0.8）时，还观察到 TSB4 型的成对拉-剪裂纹汇合贯通模式。图 2.26 给出了 D75-1 试件中观察到的 TS4 型拉-剪裂纹形成过程。图 2.27 给出了 D75-3 试件中观察到的 TSB5 型的一对拉-剪裂纹形成过程。

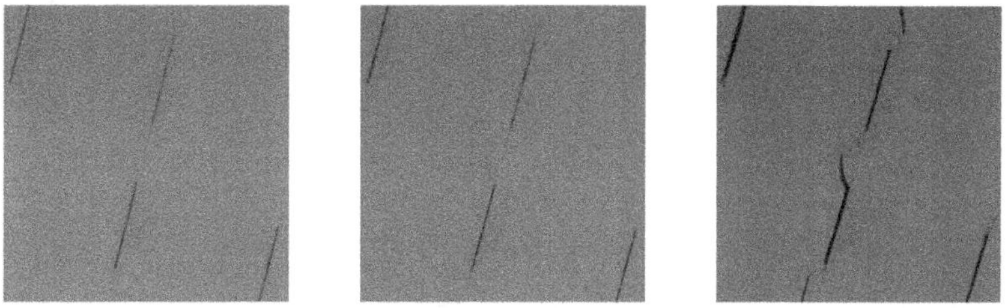

(a) 无裂纹产生　(b) 翼形裂纹 T_1 产生　(c) 汇合剪裂纹 S_2 产生

图 2.26　节理试件 D75-1 中观察到的拉-剪裂纹汇合模式 TS4 发展过程照片

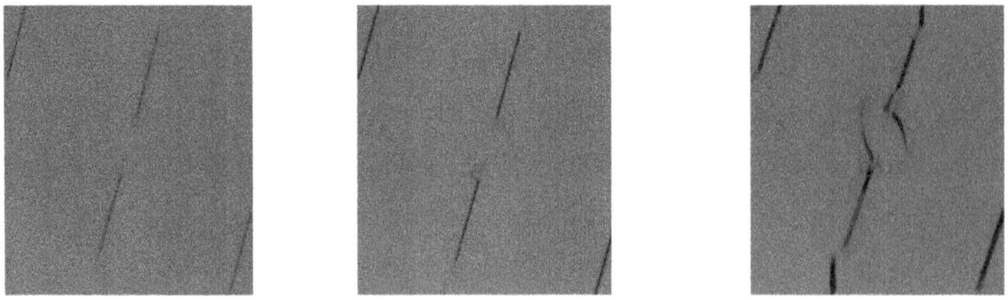

(a) 无裂纹产生　(b) 一对翼形裂纹 T_1 产生　(c) 一对汇合剪裂纹 S_2 产生

图 2.27　节理试件 D75-3 中观察到的拉-剪裂纹汇合模式 TSB5 发展过程照片

在竖向节理($\beta=90°$)的各节理连通率试件(B90、C90、D90 和 E90 系列)中,观察到共面拉裂纹的 TT5 型拉-拉汇合贯通模式。

本章试验中的大部分裂纹汇合贯通模式在前人的含两个预制裂隙[9,10,12]、多个预制裂隙[13,14,18]的试验研究中也曾观察到。例如,两个重叠预制裂隙间的拉-拉裂纹汇合贯通,可参见文献[15]表 1 中的类型Ⅳ,文献[16]图 13 中的类型 7、8 和 9;共面预制裂隙间的剪-剪裂纹汇合模式 SS2,可参见文献[15]表 1 中的类型Ⅰ,文献[11]表 3 中的类型Ⅰ,文献[16]图 13 中的类型 3;在重叠预制裂隙间的倾斜剪-剪裂纹汇合模式 SS1,仅在文献[15]的试验中有观测到,为该文献表 1 中的类型Ⅷ。

在两个重叠预制裂隙间的拉-剪裂纹汇合贯通类型 TS1,以及一对 TS1 形成的汇合贯通类型 TSB1,可参见文献[15]的表 1 中的类型Ⅵ。拉-剪裂纹汇合贯通类型 TS2,可参见文献[16]的图 13 中的类型 5,且与文献[15]表 1 中的类型Ⅱ相似。间隔一排的两个预制节理间的拉-剪裂纹汇合类型 TS3,可参见文献[19]的表 6(b)的类型Ⅵ。由一对拉-剪裂纹汇合形成破碎块的贯通模式 TSB3,可参见文献[16]的表 1 中的类型Ⅲ,也出现在文献[18]的图 5(b) 中的阶梯状破坏模式中。在一对拉-剪纹汇合形成破碎快 TSB3 中出现第三阶段的贯通拉裂纹,即汇合贯通模式 TSB4,在文献[18]的图 5(b)中的阶梯状破坏模式中可观察到,也见于文献[14]中的图 8(c)中的转动块型破坏模式。

在本章试验研究中,除观测到上述文献研究中的裂纹汇合贯通模式外,我们首次观测到了 TT1、TT5、TS4、TSB2 和 TSB5 共五种新的裂纹汇合贯通模式。其中, TT1 型,即起始于预制节理中部的拉-拉裂纹汇合,仅在各节理连通率的水平节理试件中出现。TT5 型,即共面预制节理间的拉-拉裂纹汇合,则仅出现在各节理连通率的竖向节理试件中。在两个共面节理间的拉-剪汇合类型 TS4,以及一对 TS4 型汇合形成破碎块的 TSB5 型汇合贯通模式,则仅在节理倾角 $\beta=75°$的试件中出现。在预制节理同侧的一对拉-剪汇合形成的破碎块的 TSB1 内,发展了第三阶段的贯通拉裂纹的 TSB2 型汇合贯通模式,则仅仅出现在节理倾角 $\beta=15°$的试件中。

2.5.3　破坏模式

含节理试件的破坏模式可以分为如下四类(见图 2.28)：

1) 破坏模式Ⅰ——劈裂破坏

在该破坏模式中，起始于基质或节理端部的与加载轴接近平行的拉裂纹不断扩展或汇合贯通，将试件劈裂为若干的条状或立柱从而导致了最终的破坏。轴向劈裂破坏出现在无节理试件(A 系列)、节理连通率最小(k=0.2)的水平节理(β=0°)试件(B0 系列)和各节理连通率的竖向节理(β=90°)试件(B90、C90、D90 和 E90 系列)。

2) 破坏模式Ⅱ——压碎破坏

在该破坏模式中，节理端部的翼形裂纹扩展产生了拉-拉裂纹汇合或拉-剪裂纹汇合，它们与预制节理共同将试件分离为大量的小块体，从而在轴向压力作用下发生破坏。压碎破坏发生在较低倾角(β=0°、15°)且连通率中等或最大(k=0.4、0.6、0.8)的试件中，即 C0、D0、E0 系列和 C15、D15、E15 系列试件。

3) 破坏模式Ⅲ——阶梯状破坏

在该破坏模式中，节理端部的翼形裂纹扩展为拉-剪裂纹汇合贯通后形成了若干个阶梯状的破裂面，试件沿着这些阶梯状破裂面发生剪切滑移而引起了最终的破坏。除这些阶梯状破坏面外，在试件的其他部位较少发生裂纹的汇合贯通。阶梯状破坏出现在节理连通率最小(k=0.2)的 β=15°的节理试件(B15 系列)中，以及节理倾角为 β=30°的各节理连通率试件(B30、C30、D30 和 E30 系列)中。

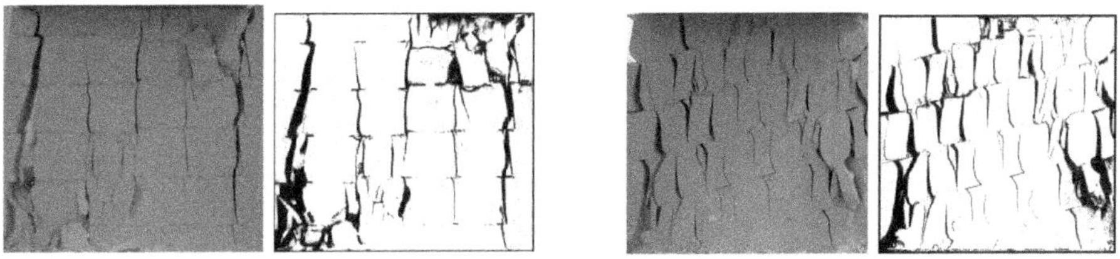

(a) 破坏模式Ⅰ——劈裂破坏　　(b) 破坏模式Ⅱ——压碎破坏

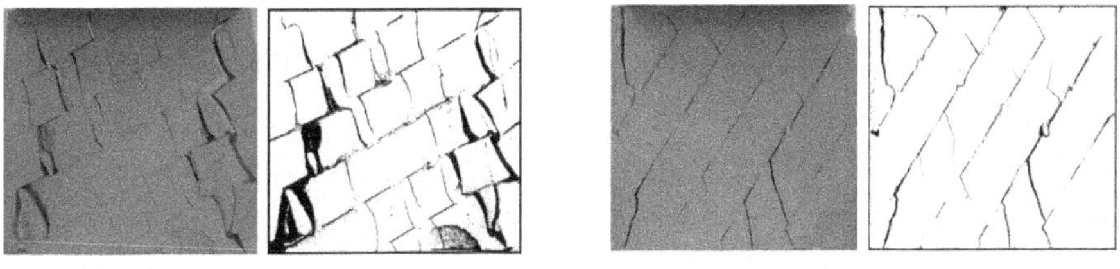

(c) 破坏模式Ⅲ——阶梯状破坏　　(d) 破坏模式Ⅳ——剪切滑移破坏

图 2.28　节理试件的破坏模式(灰度照片和二值化后的图片)

4) 破坏模式Ⅳ——剪切滑移破坏

在该破坏模式中，起始于共面预制节理间的剪-剪裂纹汇合后，形成了穿过原节理的剪切破坏面，沿着这些剪切贯通面的滑移引起了试件的最终破坏。对节理倾角$\beta=45°$的各节理连通率试件(B45、C45、D45 和 E45 系列)，仅形成了沿试件对角线的单个剪切贯通面。节理倾角$\beta=60°$的各节理连通率试件(B60、C60、D60 和 E60 系列)，在试件中部形成了多个剪切破坏面，沿着这些贯通面的剪切滑移破坏将试件分离为条块状。除剪切破坏面外，同时还在预制节理端部产生了少量的翼形拉裂纹。节理倾角$\beta=75°$的各节理连通率试件(B75、C75、D75 和 E75 系列)，由于拉裂纹近似平行于轴向且延伸较长，可视为破坏模式Ⅰ和Ⅳ的混合形式。

各组试件破坏模式随节理倾角和节理连通率的变化情况列于表 2.14 中。各组试件破碎体的块度特征分析详见第 4 章。

表 2.14 各试件的破坏模式随节理倾角和节理连通率变化

破坏模式		节理连通率 k				
		0	0.2	0.4	0.6	0.8
节理倾角 β/(°)	0	Ⅰ	Ⅰ	Ⅱ	Ⅱ	Ⅱ
	15		Ⅲ	Ⅱ	Ⅱ	Ⅱ
	30		Ⅲ	Ⅲ	Ⅲ	Ⅲ
	45		Ⅳ	Ⅳ	Ⅳ	Ⅳ
	60		Ⅳ	Ⅳ	Ⅳ	Ⅳ
	75		Ⅳ、Ⅰ	Ⅳ、Ⅰ	Ⅳ、Ⅰ	Ⅳ、Ⅰ
	90		Ⅰ	Ⅰ	Ⅰ	Ⅰ

2.6 宏观力学行为的损伤力学机制分析

2.6.1 应力-应变全曲线类型的损伤力学机理

本节结合试验过程中拍摄的试件表面破坏过程照片，来分析各节理连通率-节理倾角组合试件的四种应力-应变全曲线类型与预制节理的闭合、摩擦滑移、次生裂纹演化等损伤力学机制的相关关系。

图 2.29 给出了应力-应变曲线类型Ⅰ的 D9-2 试件(节理倾角$\beta=90°$、节理连通率$k=0.6$)在试验开始点O、塑性阶段开始点B、峰值强度点F和试验结束点S处的照片。可以看出，该试件在塑性阶段开始时，最左边一列节理之间的岩桥已经完全贯通。在峰值强度点，最右边一列竖向节理之间的岩桥也贯通。在试验结束点，右侧第二列的竖向节理也已贯通，试件分离为若干条柱，宏观破坏模式为脆

性的劈裂破坏。

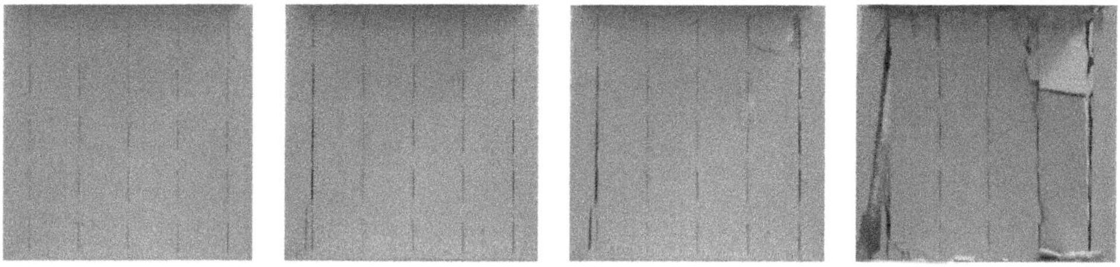

(a) 试验开始点 O　(b) 塑性阶段开始点 B　(c) 峰值强度点 F　(d) 试验结束点 S

图 2.29　应力-应变曲线类型Ⅰ的试件 D9-2(k=0.6、β=90°)破坏过程

图 2.30 给出了应力-应变曲线类型Ⅱ的 C4-1 试件(节理倾角 45°、节理连通率 0.4)在试验开始点 O、第一个峰值点 F_1、残余阶段峰值点 F_2 和试验结束点 S 的表面裂纹扩展照片。在该试件中,破坏形式为对角线平面上的剪切滑移破坏。由于剪切贯通面上的岩桥存在凸起,产生了"锯齿咬合"效应,从而使得试件的抗剪切能力在达到最大峰值强度(点 F_1)后又在应变软化阶段出现峰值,直至凸起完全被剪断而进入沿破坏面滑移的残余变形阶段。

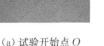

(a) 试验开始点 O　(b) 峰值强度点 F_1　(c) 残余阶段峰值点 F_2　(d) 试验结束点 S

图 2.30　应力-应变曲线类型Ⅱ的试件 C4-1(k=0.4、β=45°)破坏过程

图 2.31 给出了应力-应变曲线类型Ⅲ的 C0-1 试件(节理倾角 β=0°、节理连通率 k=0.4)在试验开始点 O、弹性阶段开始点 A、预制节理开始闭合点 C、第一峰值点 F_1、预制节理全部闭合点 D 和试验结束点 S 处的试件表面照片。可以看出,在预制节理闭合阶段,试件内的节理面闭合接触后开始承载,导致节理部分的承载力提高,同时岩桥内逐渐出现大量与加载轴方向大致平行的陡倾角裂纹,使岩桥部分的力学性能弱化、承载力下降。而岩体的承载力等于节理和岩桥两部分的承载力之和,在之后的加载过程中二者的承载力此消彼长但保持总的承载力不变,从而在应力-应变曲线中出现了较长的屈服平台。当预制节理基本闭合后,岩桥内的裂隙大量发育且贯通,使得试件的承载力不能继续增加而进入了应变软化阶段。

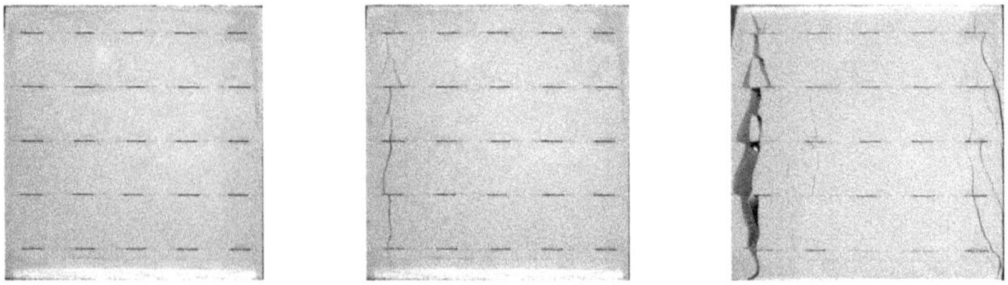

(a) 试验开始点 O　　(b) 弹性阶段开始点 A 点　　(c) 预制节理开始闭合点 C

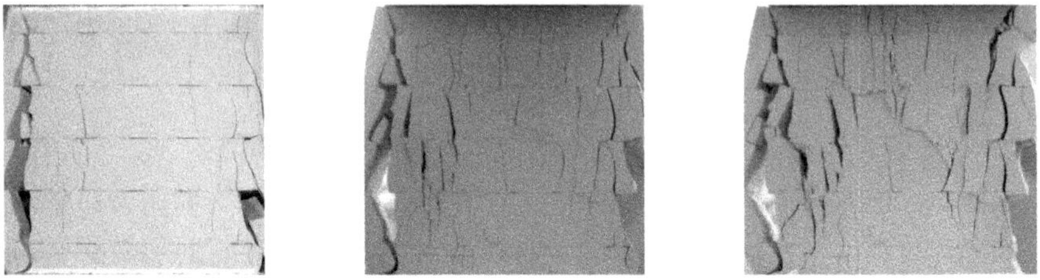

(d) 第一峰值点 F_1　　(e) 预制节理全部闭合点 D　　(f) 试验结束点 S

图 2.31　应力-应变曲线类型Ⅲ的试件 C0-1(k=0.4、β=0°)破坏过程

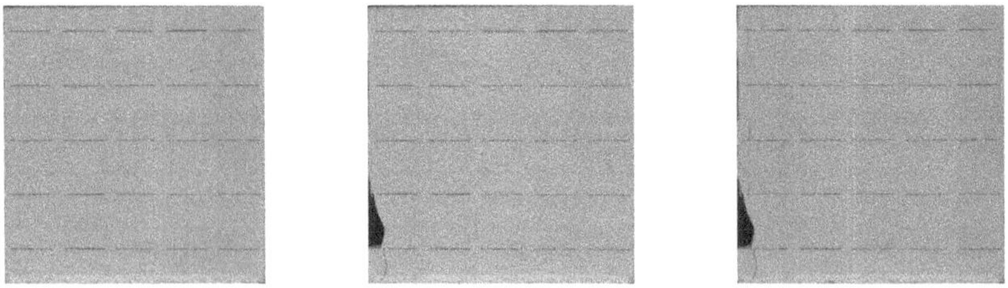

(a) 试验开始点 O　　(b) 弹性阶段开始点 A　　(c) 预制节理开始闭合点 C

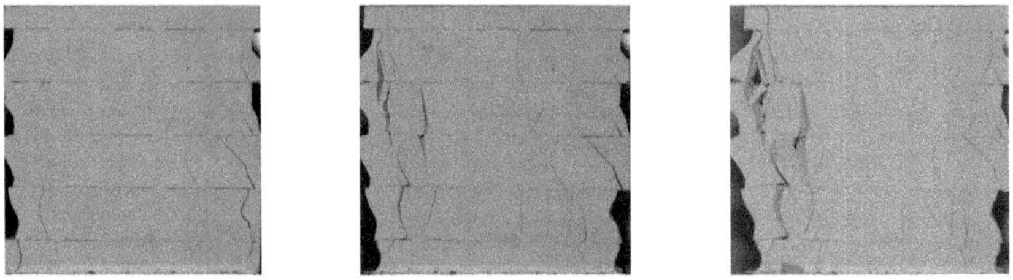

(d) 预制节理全部闭合点 D　　(e) 最后一个峰值点 F_2　　(f) 试验结束点 S

图 2.32　应力-应变曲线类型Ⅳ的试件 E0-1(k=0.8、β=0°)破坏过程

图 2.32 给出了应力-应变曲线类型Ⅵ的 E0-1 试件(节理倾角 0°、节理连通率 0.8)在试验开始点 O、弹性阶段开始点 A、预制节理开始闭合点 C、预制节理全部

闭合点 D、最后一个峰值点 F_2 和试验结束点 S 处的照片。可以看出，由于节理连通率较大，试件内节理闭合、屈服平台出现所需的应力水平大大降低，此时岩桥内的次生裂纹数量较少，岩桥部分还未达到最大承载力。因此，岩桥内的次生裂纹可继续扩展，引起试件的应变硬化，直至岩桥内裂隙充分发展才达到最大峰值强度。

2.6.2　强度各向异性变化规律的损伤力学机理

节理试件的宏观力学参数如强度和弹性模量随节理倾角和节理连通率的各向异性变化规律，也与试件加载过程中的损伤力学机制密切相关。

如前所述，当节理连通率较小(k=0.2、0.4)时，峰值强度随节理倾角的变化曲线为 W 形，在 β=30°、60°处有极小值。当节理连通率较大(k=0.6、0.8)时，峰值强度随节理倾角的变化曲线为 U 形或 V 形，在 β=45°处有极小值。图 2.33和图 2.34 分别给出了连通率最小(k=0.2)和最大(k=0.8)的节理倾角 β=30°、45°、60°试件破坏照片的二值化图像。从破坏照片和前面的分析可知，在各种节理连通率下，节理倾角 β=30°、45°、60°试件的破坏模式都分别是阶梯状破坏、沿单个和多个预制节理面的剪切滑移破坏。

(a) k=0.2、β =30°试件　(b) k=0.2、β =45°试件　(c) k=0.2、β =60°试件

图 2.33　连通率最小(k=0.2)的节理倾角 β=30°、45°、60°试件破坏照片的二值化图像

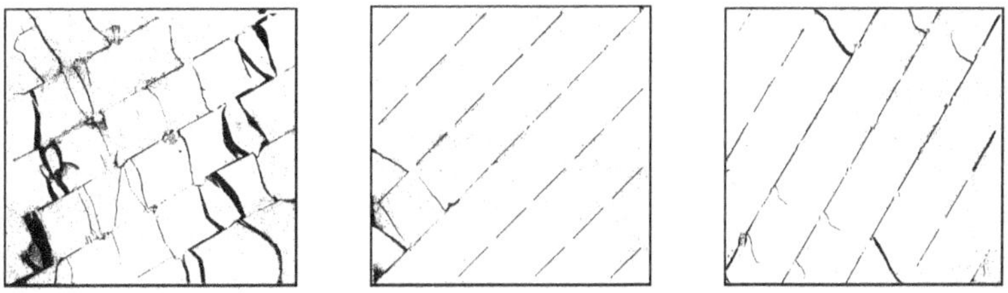

(a) k=0.8、β =30°试件　(b) k=0.8、β =45°试件　(c) k=0.8、β =60°试件

图 2.34　连通率最大(k=0.8)的节理倾角 β=30°、45°、60°试件破坏照片的二值化图像

节理连通率为 β=45°的节理试件，在各种节理连通率下，单个剪切滑移破坏

面都位于试件对角线位置所在的预制节理平面，峰值强度为该破坏面上的岩桥抗剪强度和预制节理的抗剪强度之和。

节理连通率为 $\beta=60°$ 的节理试件，各节理连通率的节理试件，剪切滑移破坏面为各排预制节理所在的平面，峰值强度为该破坏面上的岩桥抗剪强度、预制节理的抗剪强度和端部翼形裂纹所对应岩桥部分的抗拉强度之和。

节理连通率为 $\beta=30°$ 的节理试件，阶梯状破坏面由翼形拉裂纹、预制节理和与预制节理共面的剪裂纹组成，峰值强度为该破坏面上的翼形裂纹段岩桥的抗拉强度、预制节理段的抗剪强度和剪裂纹段岩桥的抗剪强度之和。

当节理连通率较小时，节理倾角 $\beta=45°$ 试件的破坏面由岩桥段提供的抗剪强度远大于节理倾角 $\beta=30°$ 试件中翼形裂纹提供的抗拉强度，故而节理倾角 $\beta=30°$ 试件的强度比 $\beta=45°$ 试件的要低得多；而节理倾角 $\beta=60°$ 试件的剪切滑移破坏面总长度比节理倾角 $\beta=45°$ 试件的剪切滑移破坏面总长度要短很多，故而节理倾角 $\beta=60°$ 试件的峰值强度比 $\beta=45°$ 试件的也要低得多。因此，节理连通率较小时，$\beta=45°$ 试件的峰值强度要高于 $\beta=30°$ 和 60°试件的峰值强度，峰值强度在 $\beta=30°$、60°有两个极小值。

随着节理连通率的增加，岩桥抗剪强度所占比例减小、预制节理的总抗剪强度所占比例增加。当节理连通率较大时，节理倾角 $\beta=45°$ 试件的破坏面由岩桥段提供的抗剪强度小于节理倾角 $\beta=30°$ 试件中翼形裂纹提供的抗拉强度，故而节理倾角 $\beta=30°$ 试件的强度比 $\beta=45°$ 试件的要高；而节理倾角 $\beta=60°$ 试件的剪切滑移破坏面总长度与节理倾角 $\beta=45°$ 试件的剪切滑移破坏面总长度较为接近，但 $\beta=60°$ 试件还有翼形裂纹对应的岩桥提供抗拉强度，故而节理倾角 $\beta=60°$ 试件的峰值强度略大于 $\beta=45°$ 试件的峰值强度。因此，节理连通率较达时，$\beta=45°$ 试件的峰值强度要低于 $\beta=30°$ 和 60°试件的峰值强度，峰值强度在 $\beta=45°$ 时有极小值。

2.7 本章小结

本章介绍了节理岩体模拟试件单轴压缩试验所采用的方法和试验结果。试验方法包括试件尺寸和节理排列情况、所研究的节理网络参数、模拟材料的配比及力学参数测定、试件的制作方法和数量以及所采用的试验设备和加载方法。试验结果包括各组试件的应力-应变全曲线、峰值强度和弹性模量、延性指标、起裂、汇合贯通和破坏模式等随节理倾角和节理连通率这两个参数的变化规律。本章还对节理试件宏观力学行为的损伤力学机制进行了初步的解释，包括四种应力-应变全曲线类型的损伤力学机理和强度各向异性变化规律的损伤力学机制。

将试件的应力-应变全曲线分为四大类：①类型Ⅰ——单峰型；②类型Ⅱ——软化段多峰型；③类型Ⅲ——多峰平台后软化型；④类型Ⅳ——多峰平台后硬化

型。试件的破坏模式也可划分为四大类：①破坏模式Ⅰ——劈裂破坏；②破坏模式Ⅱ——压碎破坏；③破坏模式Ⅲ——阶梯状破坏；④破坏模式Ⅳ——剪切滑移破坏。根据起裂的力学机制和位置的不同，将次生裂纹的起裂划分为两大组共 7 种类型，汇合贯通模式划分为四大组共 16 个亚类。

研究表明，节理的存在使得试件的强度和弹性模量降低、延性增大、应力-应变全曲线由单峰变为多峰。节理试件的宏观力学特性与节理倾角和节理连通率这两个参数的显著地相关，这些都受控于预制节理的闭合、摩擦滑移、次生裂纹演化等损伤力学机制和损伤演化过程。

参考文献

[1] 李晓红，卢义正，康勇，等. 岩石力学实验模拟技术. 北京：科学出版社，2007：6－24.

[2] 廖志红. 断续节理岩体各向异性力学特性的试验研究（硕士学位论文）. 北京：中国矿业大学，2012.

[3] 陈新，廖志红，李德建. 节理倾角及连通率对岩体强度、变形影响的单轴压缩试验研究. 岩石力学与工程学报，2011，30(4)：781－789.

[4] Brown E T，Trollope D H. Strength of a model of jointed rock. Journal of the Soil Mechanics and Foundations Division，1970，96(2)：685－704.

[5] Gehle C，Kutter H K. Breakage and shear behaviour of intermittent rock joints. International Journal of Rock Mechanics and Mining Sciences，2003，40(5)：687－700.

[6] Chen X，Liao Z H，Peng X. Deformability characteristics of jointed rock masses under uniaxial compression. International Journal of Mining Science and Technology，2012，22(2)：213－221.

[7] Jaeger J C，Cook N G W，Zimmerman R W. Foundamentels of Rock Mechanics. 4th ed. Malden：Blackwell Publishing Ltd.，2007：103.

[8] Nasseri M H，Seshagiri K，Ramamurthy T. Anisotropic strength and deformational behavior of himalayan schists. International Journal of Rock Mechanics and Mining Sciences，2003，40(1)：3－23.

[9] Andreev G E. Brittle Failure of Rock Materials：Test Results and Constitutive Models. Netherlands：A. A. Balkema，Rotterdam. 1995：123.

[10] Hucka V，Das B. Brittleness determination of rocks by different methods. International Journal of Rock Mechanics and Mining Sciences & Geomechanics Abstracts，1974，11(10)：389－392.

[11] Bobet A，Einstein H H. Fracture coalescence in rock-type material under uniaxial and biaxial compression. International Journal of Rock Mechanics and Mining Sciences，1998，35(7)：863－888.

[12] Lajtai E Z. A theoretical and experimental evaluation of the Griffith theory of brittle frac-

ture. Tectonophysics, 1971, 11: 129—156.

[13] Chen X, Liao Z H, Peng X. Cracking process of rock mass models under uniaxial compression. Journal of Central South University, 2013, 20(6): 1661—1678.

[14] Shen B T, Stephansson O, Einstein H H, et al. Coalescence of fractures under shear stresses in experiments. Journal of Geophysical Research, 1995, 100(B4): 5975—5990.

[15] Sagong M, Bobet A. Coalescence of multiple joints in a rock-model material in uniaxial compression. International Journal of Rock Mechanics and Mining Sciences, 2002, 39: 229—241.

[16] Wong L N Y, Einstein H H. Systematic evaluation of cracking behavior in specimens containing single joints under uniaxial compression. International Journal of Rock Mechanics and Mining Sciences, 2009, 46: 239—249.

[17] 黎立云，车法星，卢晋福，等. 单压下类岩材料有序多裂纹体的宏观力学性能. 北京科技大学学报，2001，23(3)：199—203.

[18] Prudencio M, Jan M V S. Strength and failure modes of rock mass models with non-persistent joints. International Journal of Rock Mechanics and Mining Sciences, 2007, 44(6): 890—902.

[19] Wong R H C, Chau K T. Crack coalescence in rock-like material containing two cracks. International Journal of Rock Mechanics and Mining Sciences, 1998, 35(2): 147—164.

第3章 单轴压缩试验中试件的表面裂纹演化特征分析

岩石由不同成分的矿物组成，且内部存在着不同尺度的缺陷(如孔隙和裂隙，微孔隙和微裂纹等)，是非均质材料。岩石和裂隙岩体在荷载作用下的非弹性、非线性、各向异性等复杂宏观力学行为，与裂隙网络结构、岩石内部微观结构的原始形态和演化过程密切相关。

近年来，为了对岩石和裂隙岩体的损伤过程和破坏机制进行研究，一些先进的损伤量测设备在岩石力学试验中得到广泛应用，如高清数码照相机、高清数码录像机、高速摄影、声发射、扫描电镜(scanning electron microscope，SEM)、CT扫描(computerized tomography，CT)和红外热像等。

高清数码相机和高清数码录像机成本较低、操作简单，能获取试件在加载、变形过程中的表面数字图像，已经成为岩石力学试验中常用的损伤探测设备。对所获取的二维数字图片进行数字图像处理和分析，就能定量地研究试件表面的变形发展和裂纹扩展。例如，马少鹏等[1]对含一对雁形裂隙大理岩双轴压缩试验过程中拍摄的数字散斑图像进行了灰度相关性分析，定量地研究了试件变形破坏过程中表面微裂纹的损伤局部化和变形局部化特征。此外，由于天然岩石中的不同矿物成分和缺陷的灰度和颜色不同，也能利用数字图像对这些细观结构进行识别。例如，于庆磊等[2]用数码相机获取了岩石断面的二维数码照片，借助数字图像处理技术，根据灰度值的不同来识别花岗岩的石英、长石和云母等矿物组成分和分布特征，转化成 RFPA 的前处理数据与网格，并赋以相应的力学参数，对花岗岩的变形、破坏过程与其细观结构的相关关系进行了研究。

Wong 和 Einstein[3]利用高清数码录像和高速摄影，对含两个预制裂隙的石膏和花岗岩试件在单轴压缩下的宏观裂纹形成和扩展过程进行了对比研究。并在试验前后，采用扫描电镜设备对试件表面的微观结构进行了研究，分析了宏观拉、剪裂纹的不同成核机制。

李兆霞和黄跃平[4]利用长距离显微镜、CCD 摄像头和磁带录像机，对不同加载速率下砂浆试样单轴压缩试验过程中的表面微裂纹图像进行了观测和记录，用计算机数字图像处理系统对裂纹图像进行处理，分析了试样在受力、变形和破坏过程中微裂纹的形成、扩展和贯通行为，研究了裂纹总长随轴向变形的变化规律。

赵永红[5]利用扫描电镜及装在扫描电镜真空室内的台钳式加压台，对大理岩在单轴压缩荷载下表面裂纹的演化过程进行了实时观测。通过分维统计，研究了岩石局部分维值随外载的变化规律，发现表面裂纹分维值随应力的提高而线性增加。苗金丽等[6]在花岗岩岩爆试验中采用声发射设备监测了加、卸载过程中试件的声发射波形数据，并在试验前后对试件的表面微观结构进行了电镜扫描，分析了声发射频谱特征与裂纹扩展的相关关系。研究发现，岩爆过程中产生的高频低幅波对应于张裂纹的产生和扩展，而低频高幅特征的波对应于剪裂纹的产生和扩展。

杨更社等[7]利用 CT 扫描设备，对煤、页岩、砂岩和石灰岩的 CT 数的频度分布曲线与缺陷类型的相关关系进行了研究。发现无裂隙时 CT 数-频度曲线为单峰，有裂隙或孔洞发育时 CT 数-频度曲线为多峰。葛修润等[8]研制了与 CT 扫描仪器配套的专用加载设备，对煤岩在单轴和三轴加载和荷载卸载过程中的损伤演化全过程进行了动态量测。获取了试件在微孔洞压密、微裂纹萌生、分叉、发展和宏观断裂、破坏等各个阶段的 CT 图像，分析了岩石的细观损伤演化规律，定义了一个基于 CT 数的新的损伤变量。

耿乃光等[9]利用红外热像仪、瞬态光谱仪、智能光谱仪、红外辐射温度计和红外光谱辐射计，对花岗岩、石英岩、闪长岩等 26 种岩石在单轴压缩变形破坏过程中的遥感信号进行了量测。研究表明，随着应力的增加，全部 26 种岩石的红外辐射温度都增加，红外辐射波谱的幅值也增加。吴立新等[10]利用红外热像仪，对汉白玉、大理岩、石灰岩、辉长岩和花岗闪长岩共五种岩石试块在压剪试验中破裂过程的红外辐射规律进行了研究。研究发现，剪切面上的正应力越高则压剪破裂过程中红外辐射升温现象就越明显，压剪破裂前兆有明显的“时空”演化特征。

在本书的节理岩体模拟试件单轴压缩试验过程中，我们同时采用高清摄像机和数码相机对试件的表面裂纹扩展过程进行了实时观测和记录。利用课题组自行编制的 Matlab 数字图像处理分析程序，对所获取的数字图像进行分析，研究了节理倾角和节理连通率这两个参数组合变化对试件加载过程中表面裂纹扩展和损伤演化的影响规律[11~13]。

3.1　二维数字图像处理技术及表面裂纹统计参量的计算方法

基于数字图像处理技术的节理试件表面裂纹演化分析包括代表性图像的选取、数字图像分析和损伤演化分析，其详细的分析流程如图 3.1 所示。

3.1.1　各试件代表性图像的选取

对每个试件在试验过程中拍摄到的高清数字录像和高清数字照片，结合各类型应力-应变曲线的特征点，选取表面裂纹发生明显变化的若干幅有代表性的图像来进行处理和分析。表 3.1 列出了各节理倾角-连通率组合试件代表性图像所对应的特征点。其中，点 O 和点 S 分别为试验开始点和结束点；点 A 和点 B 分别

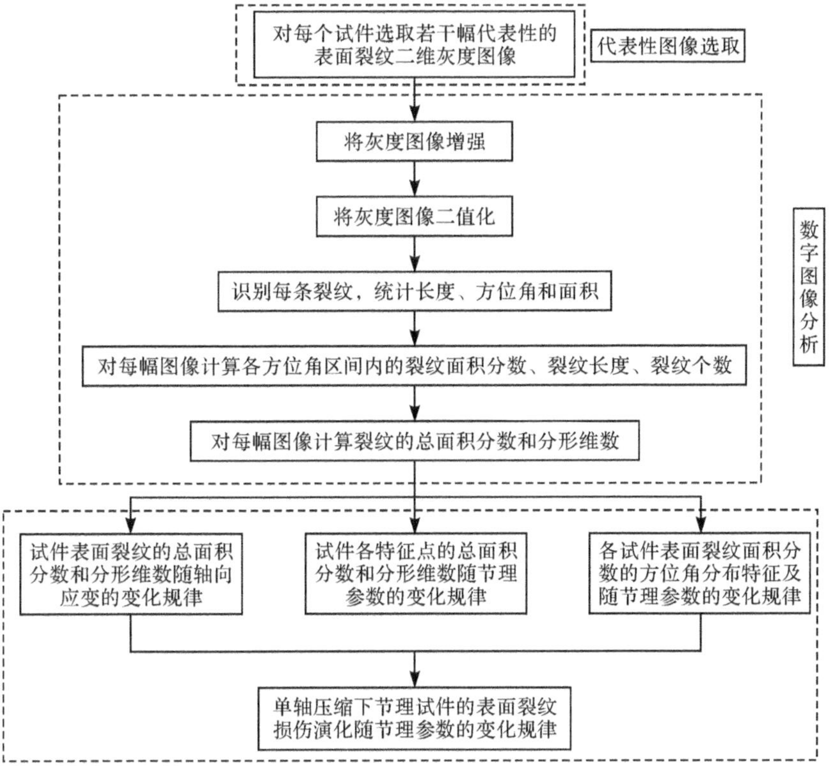

图 3.1　基于数字图像处理的节理试件表面损伤演化分析流程图

为应力-应变曲线中的弹性阶段开始点和弹性阶段结束点；点 F、F_1 和 F_2 分别为应力-应变曲线中的峰值强度点、第一峰值点和最后一个峰值点；点 R 为应力-应变曲线中的残余阶段开始点；点 G、G_1 和 G_2 为应力-应变曲线中的有应力跌落的特征点或表面裂纹有明显变化的点。

表 3.1　各节理倾角-连通率组合试件选取的表面裂纹图像所对应的特征点

序号	组号	图像 1	图像 2	图像 3	图像 4	图像 5	图像 6	图像 7
1	A	O、A	B	F	G	R	S	—
2	B0	O、A	B	F	G	R、S	—	—
3	C0	O	A	B	$F(F_1)$	F_2	R、S	—
4	D0	O、A	B	F_1	G	$F(F_2)$	R、S	—
5	E0	O	A	B	F_1	G	$F(F_2)$	R、S
6	B15	O、A	B	F	G_1	G_2	R、S	—
7	C15	O、A	B	$F(F_1)$	F_2	G	R、S	—

续表

序号	组号	图像 1	图像 2	图像 3	图像 4	图像 5	图像 6	图像 7
8	D15	O、A	B	F_1	F	F_2	R、S	—
9	E15	O	A	B	F_1	G	$F(F_2)$	R、S
10	B30	O、A	B	$F(F_1)$	G	F_2	R、S	—
11	C30	O、A	B	$F(F_1)$	G	F_2	R、S	—
12	D30	O、A	B	$F(F_1)$	G	F_2	R、S	—
13	E30	O、A	B	F_1	G_1	G_2	$F(F_2)$	R、S
14	B45	O、A	B	$F(F_1)$	F_2	R、S	—	—
15	C45	O、A	B	$F(F_1)$	G	F_2	R、S	—
16	D45	O、A	B	$F(F_1)$	G	F_2	R、S	—
17	E45	O、A、B	F_1	$F(F_2)$	R、S	—	—	—
18	B60	O、A	B	F_1	G_1	$F(F_2)$	G_2	R、S
19	C60	O、A、B	$F(F_1)$	G	F_2	R、S	—	—
20	D60	O、A、B	$F(F_1)$	G	F_2	R、S	—	—
21	E60	O、A	B	$F(F_1)$	F_2	R、S	—	—
22	B75	O、A	B	F	G_1	G_2	R、S	—
23	C75	O、A、B	F	G_1	G_2	R、S	—	—
24	D75	O、A	B	F	R、S	—	—	—
25	E75	O、A	$B(F)$	G_1	G_2	R、S	—	—
26	B90	O、A	B	F	G_1	G_2	R、S	—
27	C90	O、A	B	F	G_1	G_2	R、S	—
28	D90	O、A	B	F	G_1	G_2	R、S	—
29	E90	O、A	B	F	G_1	G_2	R、S	—

四种类型应力-应变曲线的试件系列 D90、C45、C0 和 E0，其代表性图像所对应的特征点如图 3.2 所示。

3.1.2 二维灰度图像的增强和二值化

在提取裂纹信息之前，需要将高清数码相机和高清数码录像机所拍摄的二维灰度数字图像转化为二值化的数字图像。可分为如下两个步骤进行[11]：

(1) 灰度图像的增强。在试验中拍摄的原始数值图像为灰度图像，由于光线、抖动等的影响，这些灰度图像有些对比度不够强，不能很好地识别裂纹。需要对其采用 Photoshop 等软件进行图像增强，以加强裂纹的辨识度。当然也可以采用 Matlab 提供的函数进行去噪，但这一方法的实际处理效果不佳。

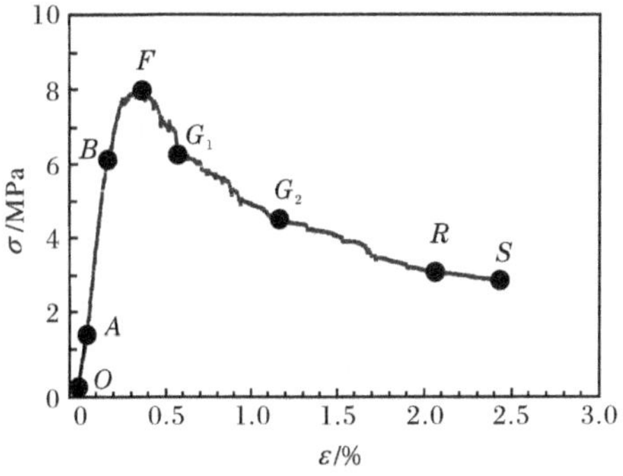

(a) 类型Ⅰ的 D90 试件($\beta=90°$、$k=0.6$)

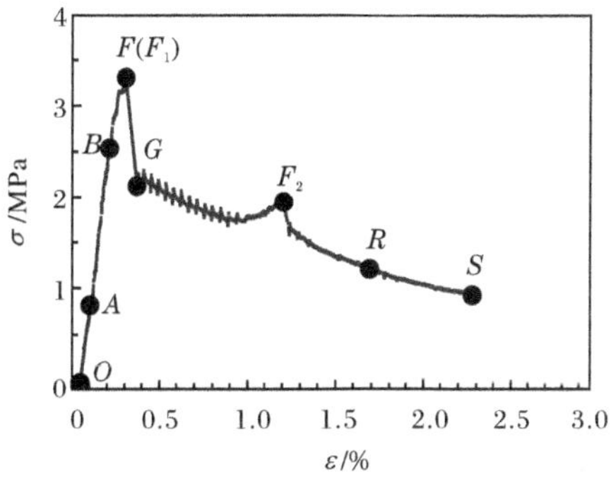

(b) 类型Ⅱ的 C45 试件($\beta=45°$、$k=0.4$)

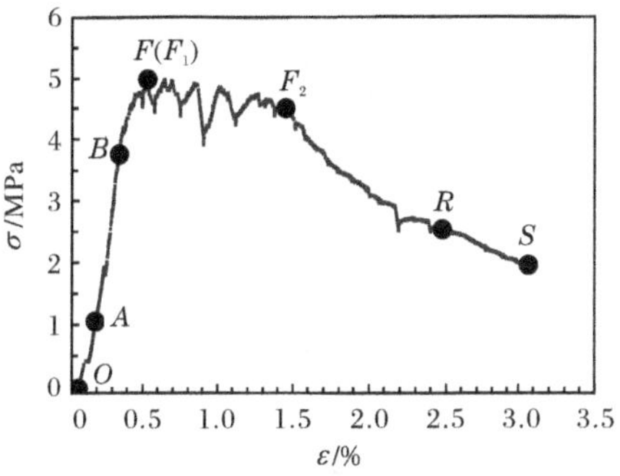

(c) 类型Ⅲ的 C0 试件($\beta=0°$、$k=0.4$)

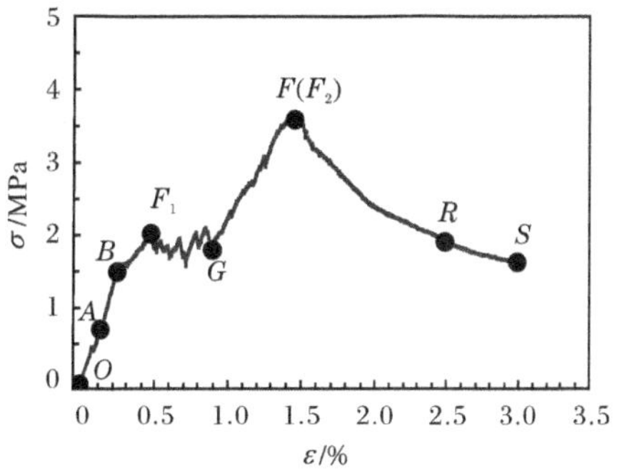

(d) 类型Ⅳ的 E0 试件($\beta=0°$、$k=0.8$)

图 3.2　四种应力-应变曲线类型的代表性图像所对应的特征点

(2) 灰度图像的二值化。利用基于阈值的图像分割方法，如 Matlab 的 Img2bw 函数等，将做过增强处理的灰度图像变为二值化的图像。根据图像中裂纹与背景的灰度值差异，可以将裂纹和背景区域进行分割，处理后裂纹所在位置像素值为 0，背景区域像素值为 1。能否精确地从图像中分割出微裂隙，对于后续的裂纹统计参量计算至关重要。

例如，图 3.3 和图 3.4 分别给出了对节理倾角 $\beta=30°$、连通率 $k=0.4$ 的 C30 试件所拍摄的六幅特征点的原始灰度数字图像及其二值化处理结果，分割所采用的阈值为 0.4。可以看出，试件表面的预制节理和在加载过程中产生的次生裂纹都能够有效提取出来。

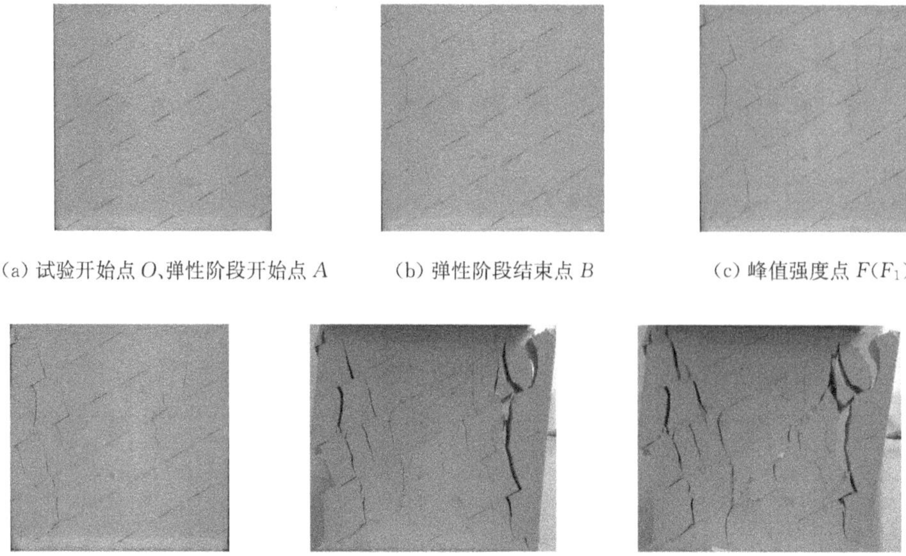

(a) 试验开始点 O、弹性阶段开始点 A　(b) 弹性阶段结束点 B　(c) 峰值强度点 $F(F_1)$

(d) 点 G　(e) 峰值点 F_2　(f) 残余阶段开始点 R、试验结束点 S

图 3.3　C30 试件($\beta=30°$、$k=0.4$)各特征点表面裂纹的原始灰度图片

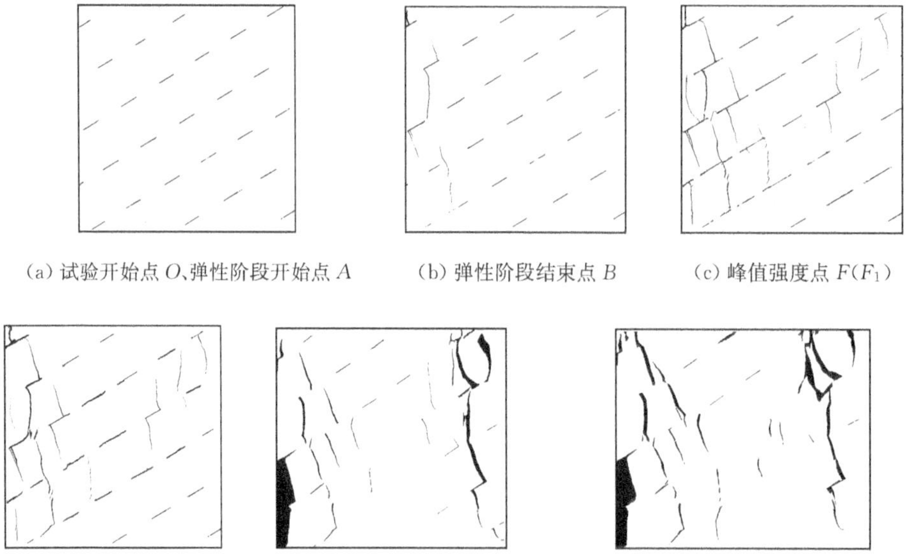

(a) 试验开始点 O、弹性阶段开始点 A　(b) 弹性阶段结束点 B　(c) 峰值强度点 $F(F_1)$

(d) 点 G　(e) 峰值点 F_2　(f) 残余阶段开始点 R、试验结束点 S

图 3.4　C30 试件各特征点表面裂纹的二值化图片

3.1.3　单个裂纹的识别和参数统计

在每幅二值化图像中，可根据像素的连通性来识别裂纹对象。采用 8 连通模型对连通区域进行标记，即值为 1(缺陷)的像素在水平、垂直和对角线方向连接的像素值也是 1 的被认为是同一对象。图 3.5 给出了采用 8 连通模型识别出的 3 个连通区域，共 3 个裂纹的图像。由于每条表面裂纹的形状通常是不规则的，裂纹的长度和方位角计算需要采用间接测量法。测量每条裂纹长度和方位角的基本原理如图 3.6 所示。将每条裂纹按照二阶中心距相等的原则，等效为一个椭圆裂纹。并将该等效椭圆的长轴长度、长轴方位角等作为该裂纹的统计参量。其中，裂纹的方位角 θ 定义为长轴与水平 x 轴的夹角，取值范围为[－90°,90°]。

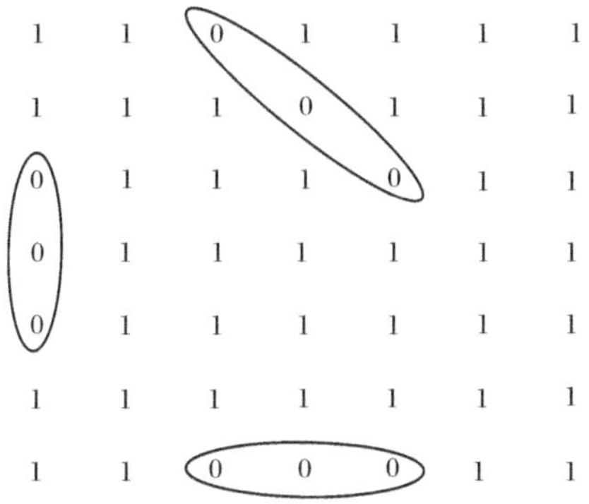

图 3.5　裂纹识别的 8 连通模型

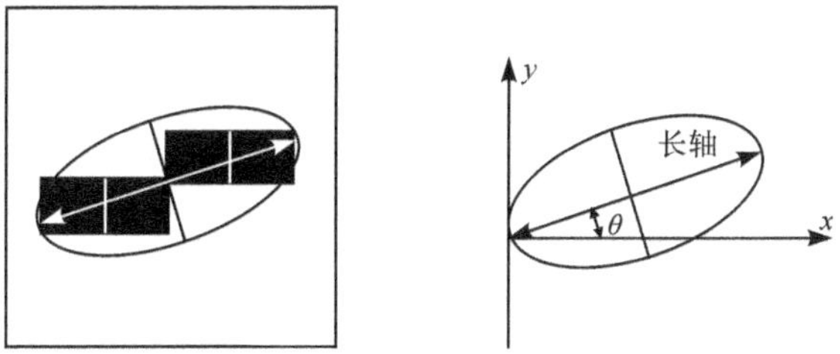

(a) 裂纹的等效椭圆　　(b) 等效椭圆的长轴长度和的方位角

图 3.6　表面裂纹的等效椭圆及其参数

对每幅二值化图像，裂纹识别和裂纹的统计参数计算可通过编制 Matlab 程序调用库函数来实现。例如，单个裂纹识别可通过调用 Matlab 的 Bwlabel 函数来实现；对所识别的裂纹，可以用 Regionprops 函数返回每条裂纹的等效椭圆裂纹统计信息，包括裂纹的长度和方位角。

3.1.4 表面裂纹的总面积分数和分形维数

在单个裂纹识别和统计参量计算的基础上，我们自行编制了 Matlab 程序，用于计算裂纹的总面积分数和分形维数，以实现对试件表面损伤演化的定量分析。裂纹的总面积分数 A_{ct} 定义为该幅图像中裂纹的总面积与该幅图像面积的比值，表达式为

$$A_{ct}=\frac{A_c}{A_t}\times 100\% \tag{3.1}$$

式中：A_c 为该幅图像中裂纹的总面积；A_t 为该幅图像的面积。

裂纹的总面积分数反映了试件表面裂纹发育的程度，其数值越大，表明试件的表面裂纹越发育，可作为评估试件损伤程度的一个重要指标。

除裂纹的总面积分数外，还可用裂纹的分形维数来定量描述试件表面所有裂纹的分布特征。采用分形几何的覆盖法来计算试件表面的总裂纹分形维数[14]。设试件表面的数字图像原始长度为 L_0。根据盒维数的基本定义，依次将图片划分为边长为 $L_0/n_1, L_0/n_2, \cdots, L_0/n_m$ 的小方格。当采用边长为 $L=L_0/n_k(k=1, 2, \cdots, m)$ 的若干小方格覆盖图像时，裂纹的当量化数目参量 $N(L)$ 为

$$N(L)=\frac{n_k\sum A_c(L)}{\max(A_c(L))} \tag{3.2}$$

式中：$A_c(L)$ 为某个小方格图像区域的裂纹总面积；$\sum A_c(L)$ 为图像中所有小方格的裂纹总面积之和；$\max(A_c(L))$ 为所有小方格中裂纹总面积的最大值；n_k 为正方形图像每一边所划分的份数。

上述计算表面裂纹分形维数的覆盖法基本原理可用图 3.7 来加以说明。取 $n_k=3$，用 3 乘 3 个边长为 $L_0/3$ 的小正方形网格去覆盖二值化图像，如图 3.7(a) 所示。统计出每一小正方形内裂纹所占的像素点数目 $A_c(L)$，如图 3.7(b) 所示，最大值为 $\max(A_c(L))=360$。绘出表征该损伤区损伤分布的三维立方图，其中 Z 坐标等于该小正方形内裂纹的当量化数目参量 $N(L)$，如图 3.7(c) 所示，它反映了该方格内的损伤程度统计值。

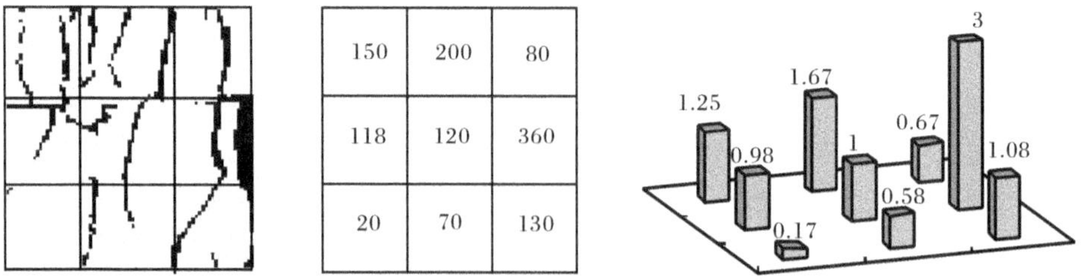

(a) 覆盖损伤区的网格　(b) 每个格子中的裂纹条数　(c) 反映损伤程度的三维立方图

图 3.7　试件表面裂纹的分形维数[14]

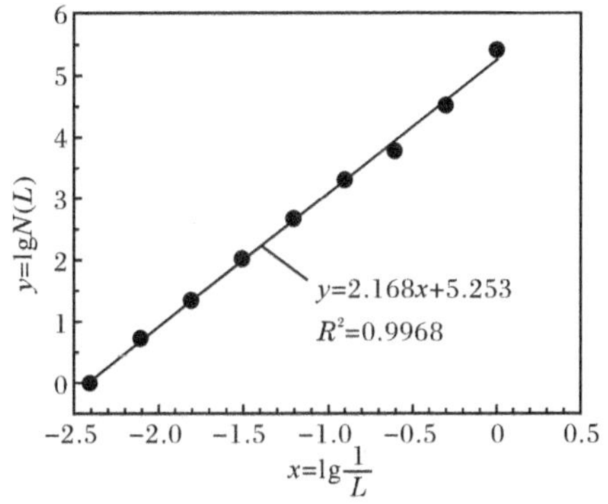

图 3.8 C30 试件($\beta=30°$、$k=0.4$)峰值强度点 F 的表面裂纹分形维数计算

计算出不同边长小方格覆盖下裂纹的当量化数目参量 $N(L_1)$, $N(L_2)$, …, $N(L_m)$，绘制 $\lg N(L)$ 与 $\lg(1/L)$ 的关系，拟合直线的斜率即为表面裂纹的分形维数，计算式为

$$D_c(L)=\frac{\lg N(L)}{\lg(1/L)} \tag{3.3}$$

图 3.8 给出了节理倾角 $\beta=30°$、连通率 $k=0.4$ 的 C30 试件在峰值强度点 F 的表面裂纹 $\lg N(L)$ 与 $\lg(1/L)$ 的关系，得到其拟合曲线的斜率为 2.168，即分形维数值 $D_c=2.168$。

3.2 表面裂纹的总面积分数和分形维数随轴向应变的演化

对节理倾角-连通率组合的 29 个系列试件加载过程中所选取的每幅代表性图像进行了数字图像分析，包括单个裂纹的识别、裂纹的个数、长度和方位角的统计，并计算了试件表面裂纹的总面积分数和分形维数。

3.2.1 各试件表面裂纹的总面积分数和分形维数随轴向应变的变化曲线

图 3.9～图 3.37 给出了 29 个系列的无节理和节理试件表面裂纹总面积分数和分形维数随轴向应变的变化曲线，并与轴向应力随轴向应变的变化曲线进行了对比。

可以看出，各试件表面裂纹的总面积分数和分形维数随轴向应变的变化规律基本相似，都随着试件轴向应变的增加而增大，表明试件表面的损伤随变形逐步累积。相对于表面裂纹的总面积分数而言，表面裂纹的分形维数在达到峰值强度点 F 前的变化较大，而之后的变化则较为缓慢。

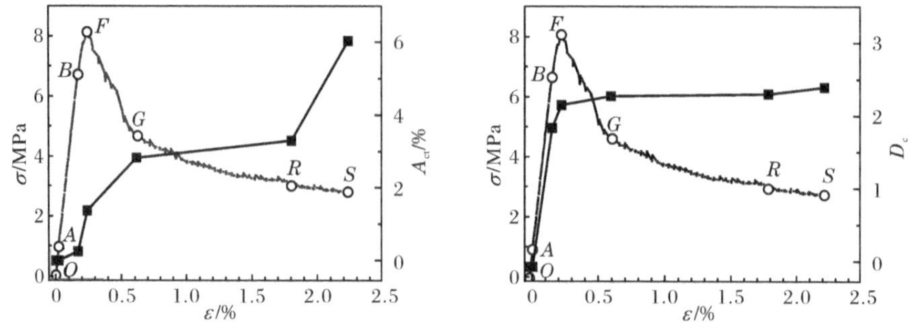

(a) 总面积分数　　(b) 分形维数

图 3.9　A 系列试件(无节理)表面裂纹参数随轴向应变的变化曲线

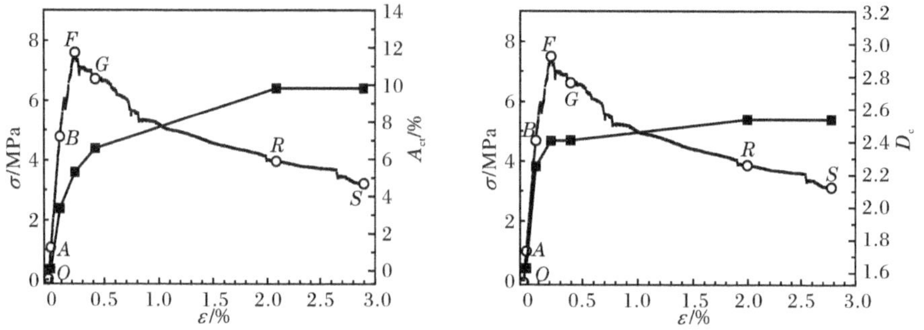

(a) 面积分数　　(b) 分形维数

图 3.10　B0 系列试件(β=0°、k=0.2)表面裂纹参数随轴向应变的变化曲线

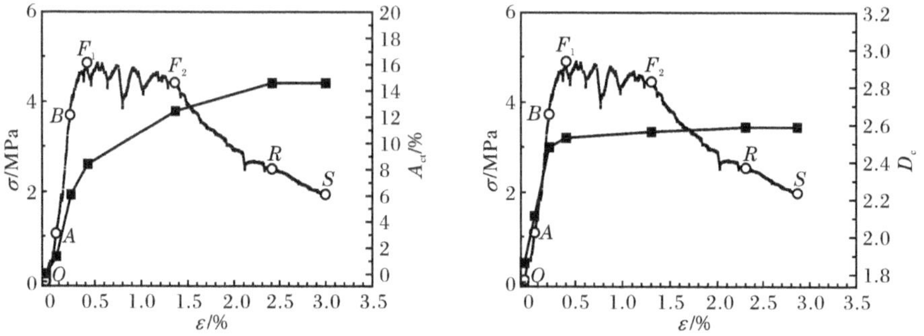

(a) 面积分数　　(b) 分形维数

图 3.11　C0 系列试件(β=0°、k=0.4)试件表面裂纹参数随轴向应变的变化曲线

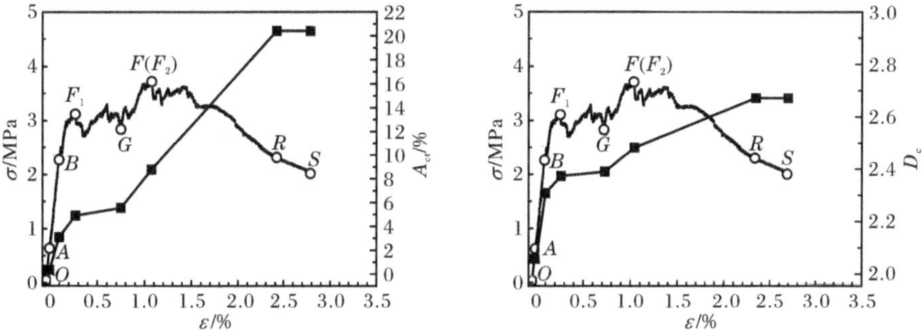

(a) 面积分数　　(b) 分形维数

图 3.12　D0 系列试件(β=0°、k=0.6)表面裂纹参数随轴向应变的变化曲线

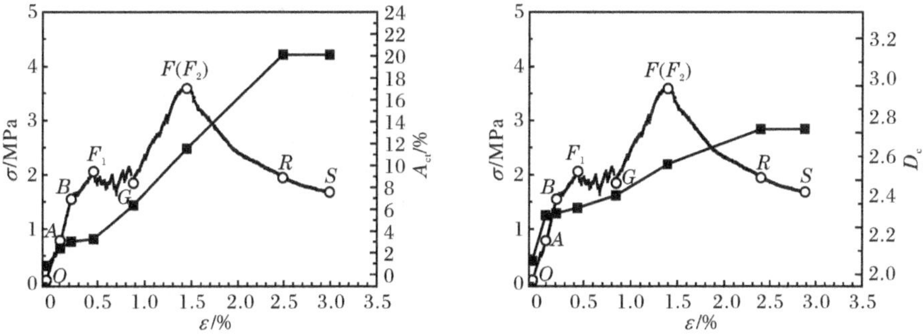

(a) 面积分数　　(b) 分形维数

图 3.13　E0 系列试件(β=0°、k=0.8)表面裂纹参数随轴向应变的变化曲线

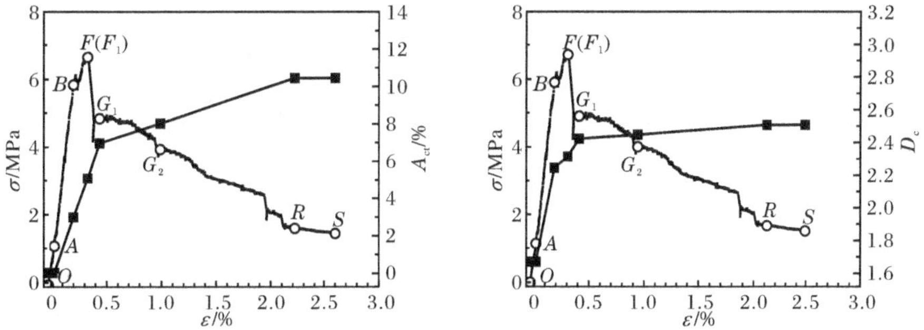

(a) 面积分数　　(b) 分形维数

图 3.14　B15 系列试件(β=15°、k=0.2)表面裂纹参数随轴向应变的变化曲线

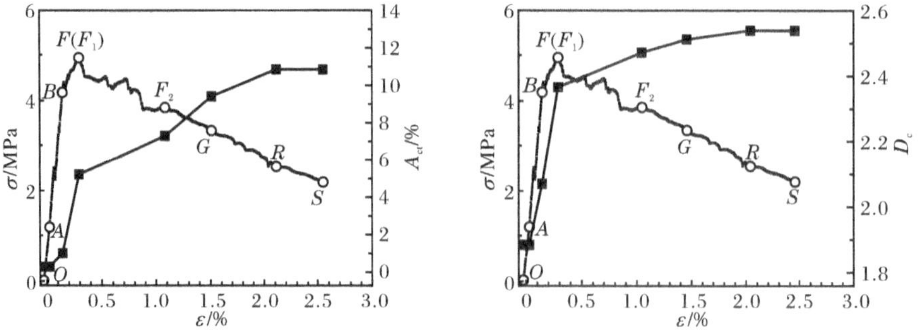

(a) 面积分数　　(b) 分形维数

图 3.15　C15 系列试件($\beta=15°$、$k=0.4$)表面裂纹参数随轴向应变的变化曲线

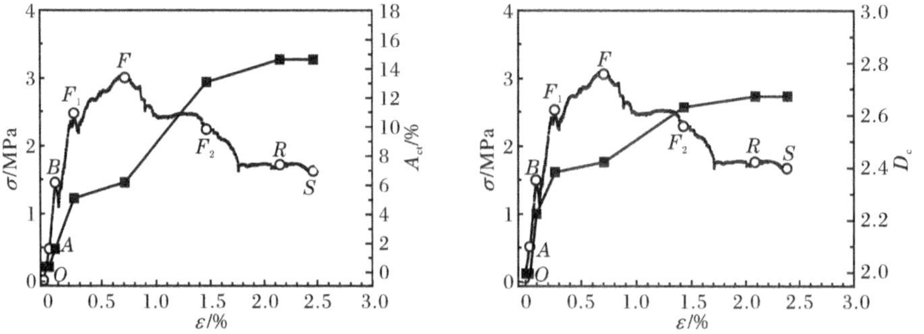

(a) 面积分数　　(b) 分形维数

图 3.16　D15 系列试件($\beta=15°$、$k=0.6$)表面裂纹参数随轴向应变的变化曲线

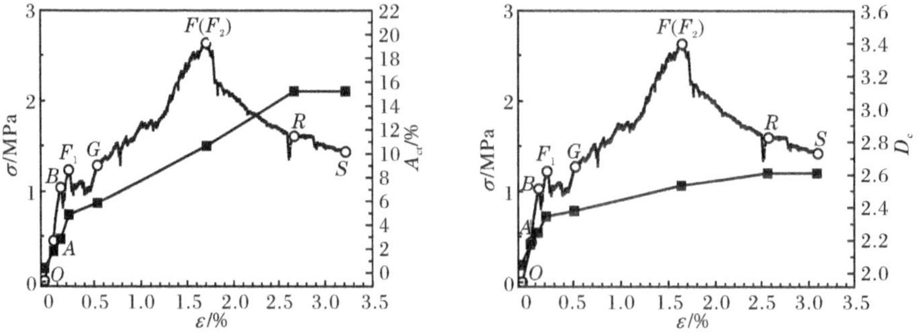

(a) 面积分数　　(b) 分形维数

图 3.17　E15 系列试件($\beta=15°$、$k=0.8$)表面裂纹参数随轴向应变的变化曲线

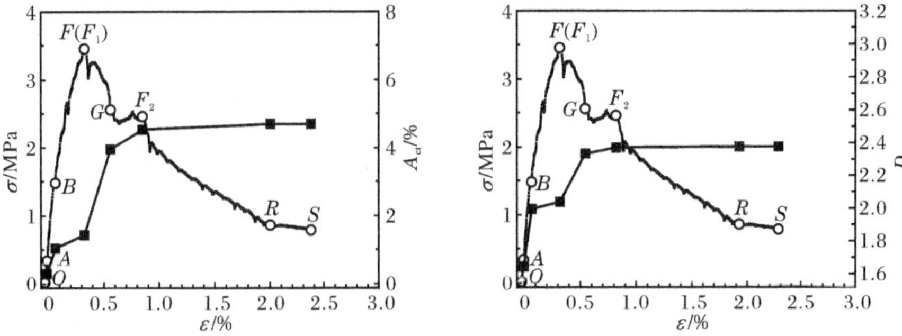

(a) 面积分数　　(b) 分形维数

图 3.18　B30 系列试件(β=30°、k=0.2)表面裂纹参数随轴向应变的变化曲线

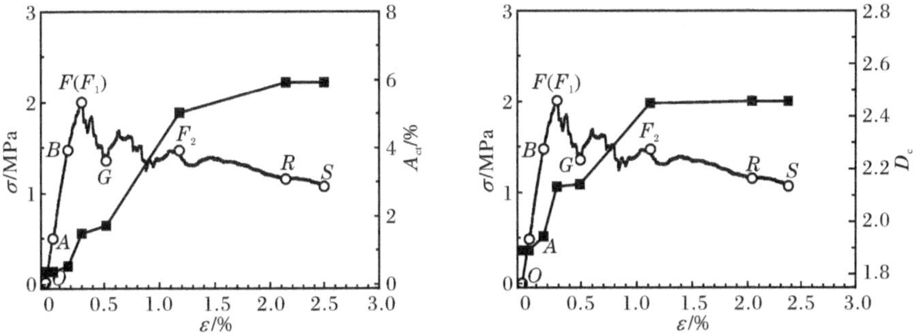

(a) 面积分数　　(b) 分形维数

图 3.19　C30 系列试件(β=30°、k=0.4)表面裂纹参数随轴向应变的变化曲线

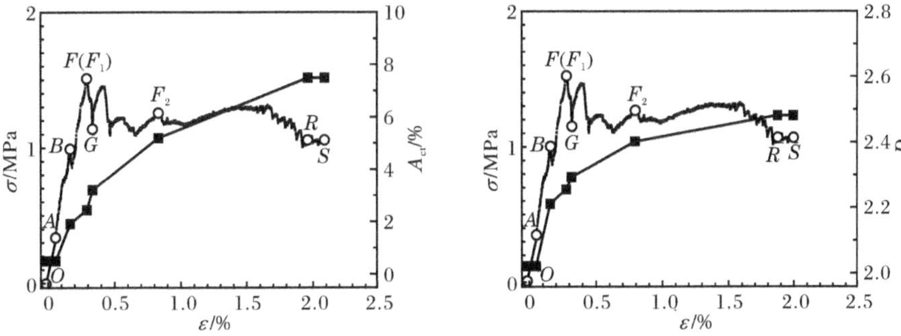

(a) 面积分数　　(b) 分形维数

图 3.20　D30 系列试件(β=30°、k=0.6)表面裂纹参数随轴向应变的变化曲线

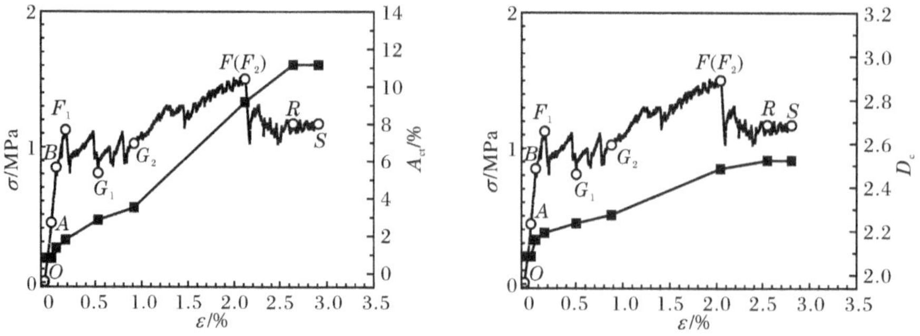

(a) 面积分数　　(b) 分形维数

图 3.21　E30 系列试件($\beta=30°$、$k=0.8$)表面裂纹参数随轴向应变的变化曲线

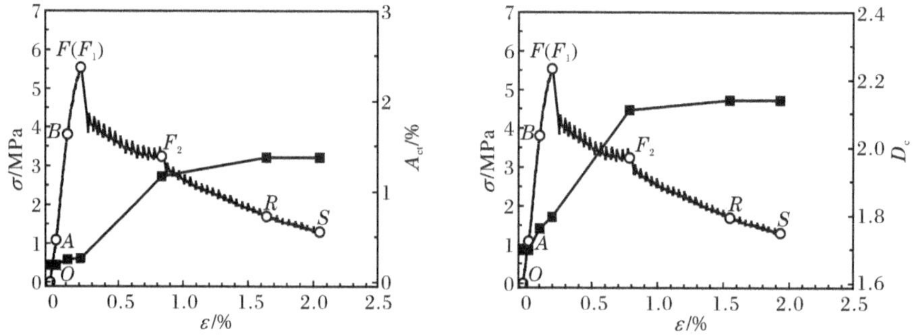

(a) 面积分数　　(b) 分形维数

图 3.22　B45 系列试件($\beta=45°$、$k=0.2$)表面裂纹参数随轴向应变的变化曲线

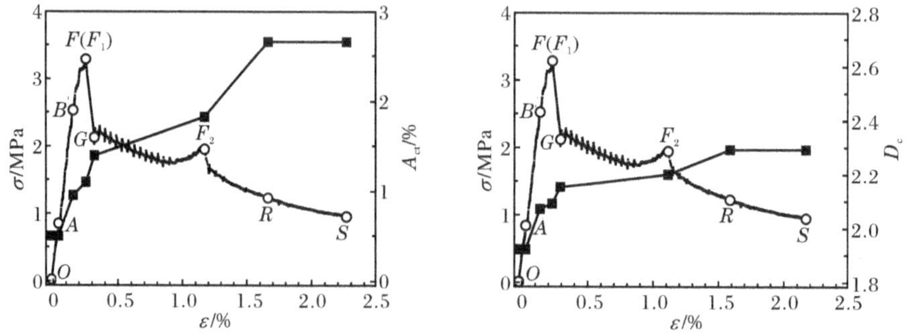

(a) 面积分数　　(b) 分形维数

图 3.23　C45 系列试件($\beta=45°$、$k=0.4$)表面裂纹参数随轴向应变的变化曲线

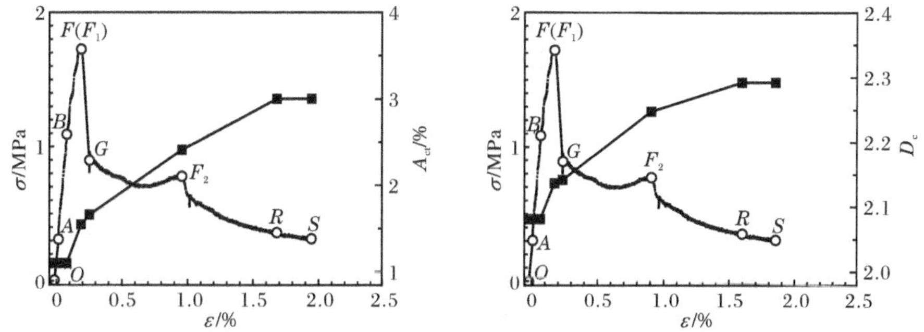

(a) 面积分数　　(b) 分形维数

图 3.24　D45 系列试件(β=45°、k=0.6)表面裂纹参数随轴向应变的变化曲线

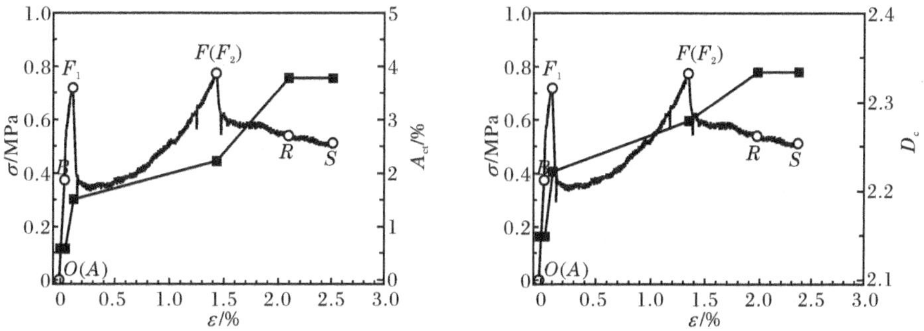

(a) 面积分数　　(b) 分形维数

图 3.25　E45 系列试件(β=45°、k=0.8)表面裂纹参数随轴向应变的变化曲线

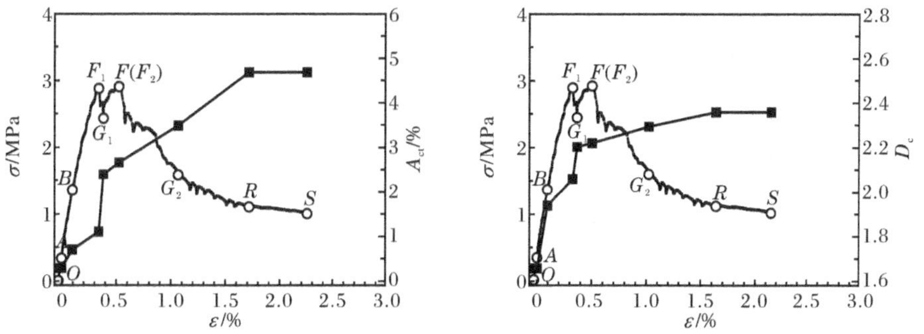

(a) 面积分数　　(b) 分形维数

图 3.26　B60 系列试件(β=60°、k=0.2)表面裂纹参数随轴向应变的变化

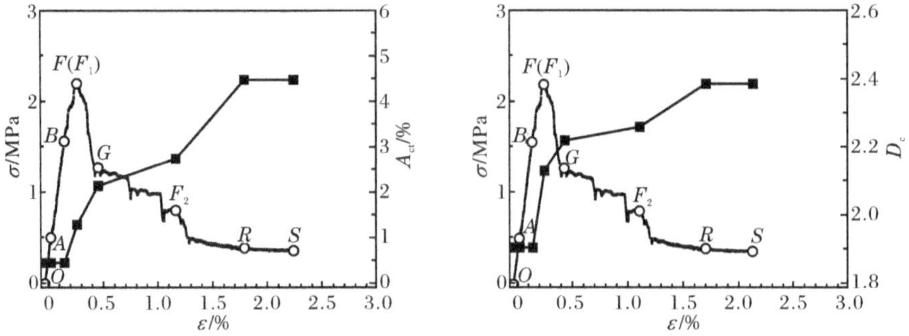

(a) 面积分数　　(b) 分形维数

图 3.27　C60 系列试件(β=60°、k=0.4)表面裂纹参数随轴向应变的变化

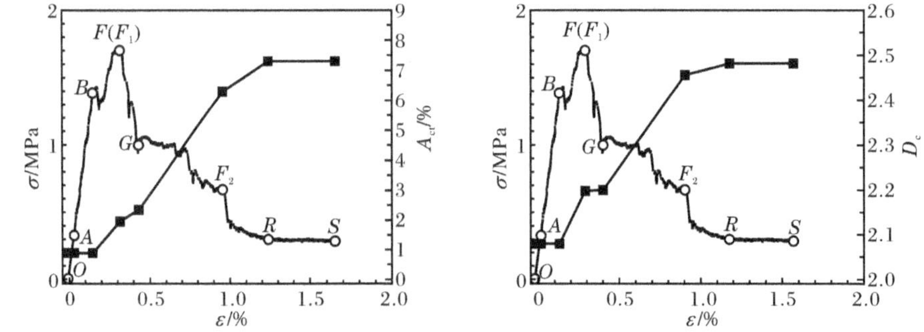

(a) 面积分数　　(b) 分形维数

图 3.28　D60 系列试件(β=60°、k=0.6)表面裂纹参数随轴向应变的变化

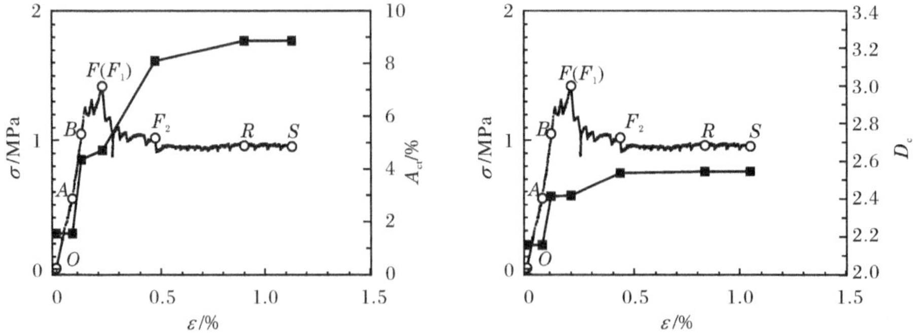

(a) 面积分数　　(b) 分形维数

图 3.29　E60 系列试件(β=60°、k=0.8)表面裂纹参数随轴向应变的变化

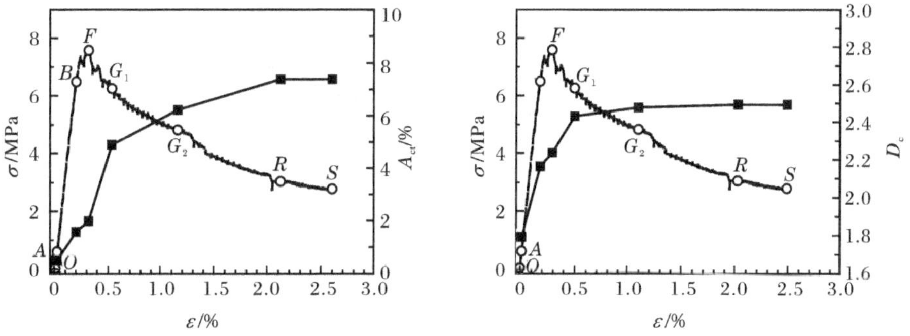

(a) 面积分数　　(b) 分形维数

图 3.30　B75 系列试件(β=75°、k=0.2)表面裂纹参数随轴向应变的变化曲线

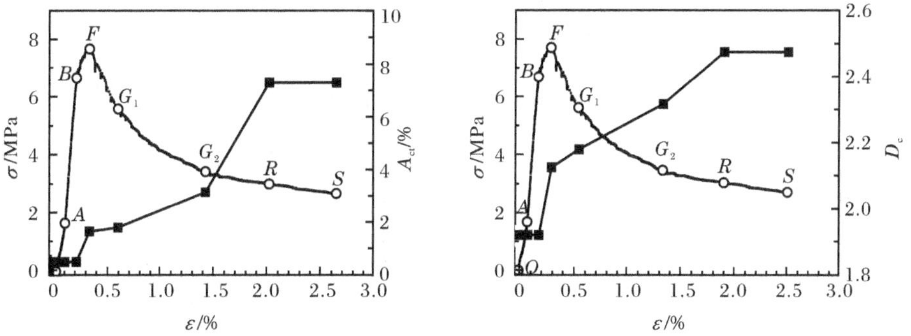

(a) 面积分数　　(b) 分形维数

图 3.31　C75 系列试件(β=75°、k=0.4)表面裂纹参数随轴向应变的变化曲线

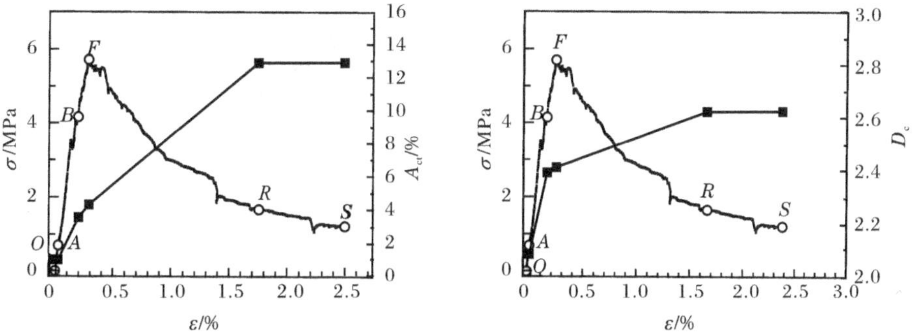

(a) 面积分数　　(b) 分形维数

图 3.32　D75 系列试件(β=75°、k=0.6)表面裂纹参数随轴向应变的变化曲线

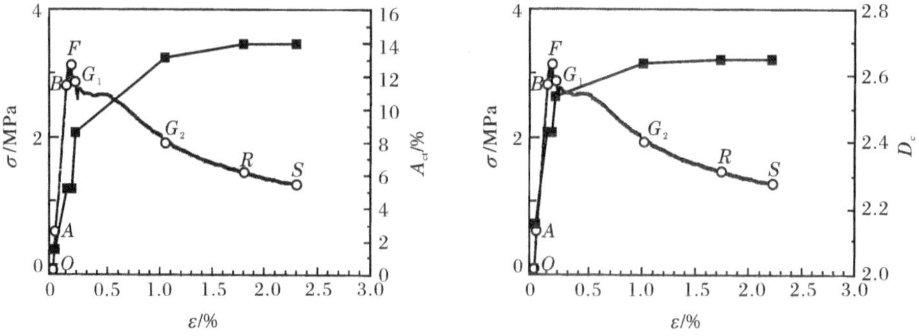

(a) 面积分数　　　　(b) 分形维数

图 3.33　E75 系列试件(β=75°、k=0.8)表面裂纹参数随轴向应变的变化曲线

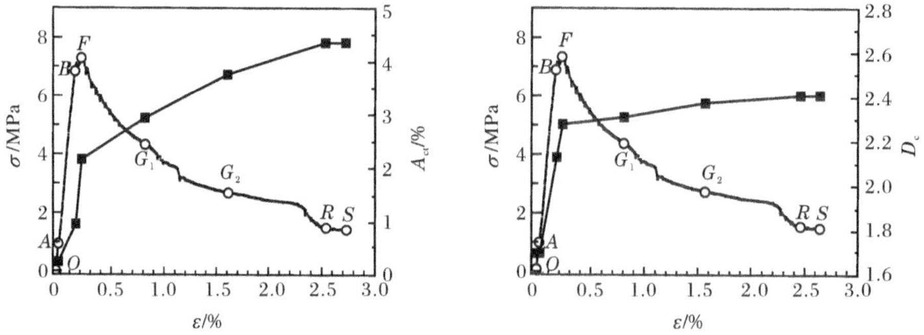

(a) 面积分数　　　　(b) 分形维数

图 3.34　B90 系列试件(β=90°、k=0.2)表面裂纹参数随轴向应变的变化曲线

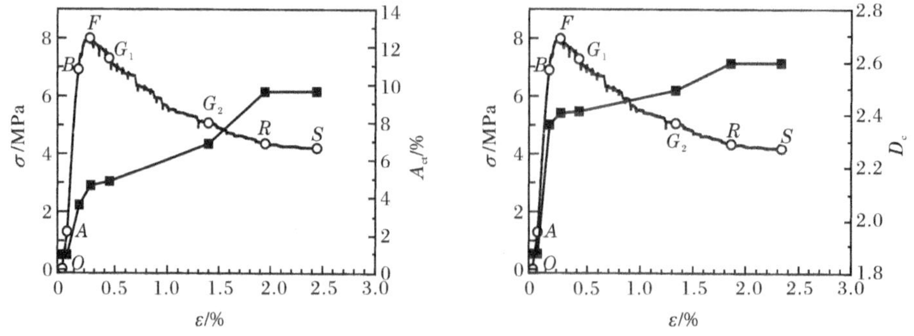

(a) 面积分数　　　　(b) 分形维数

图 3.35　C90 系列试件(β=90°、k=0.4)表面裂纹参数随轴向应变的变化曲线

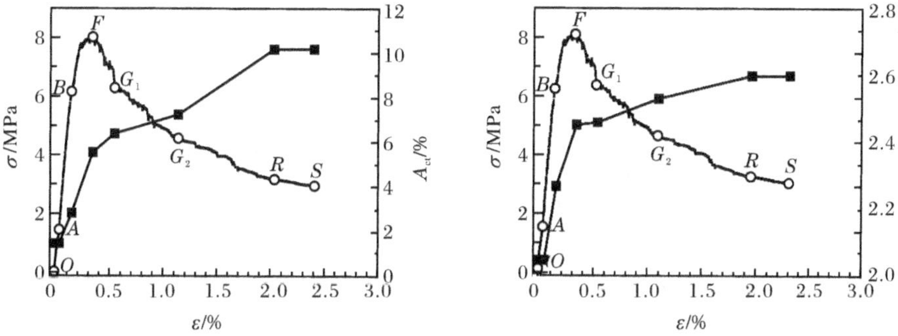

(a) 面积分数　　(b) 分形维数

图 3.36　D90 系列试件(β=90°、k=0.6)表面裂纹参数随轴向应变的变化曲线

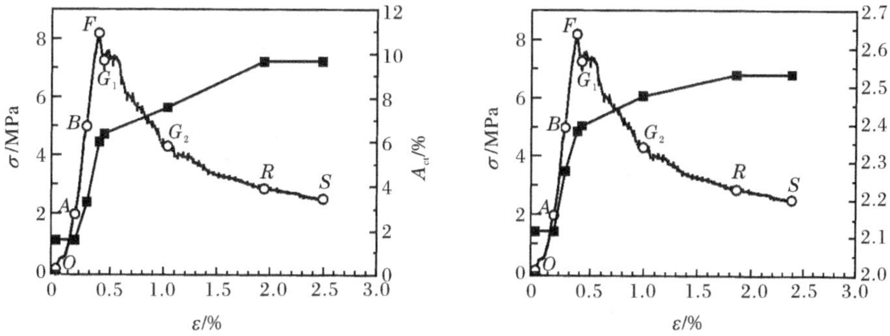

(a) 面积分数　　(b) 分形维数

图 3.37　E90 系列试件(β=90°、k=0.8)表面裂纹参数随轴向应变的变化曲线

3.2.2 表面裂纹的总面积分数和分形维数演化随节理参数的变化特征

将各试件表面裂纹的总面积分数和分形维数随轴向应变的变化曲线按照节理连通率进行汇总，如图 3.38～图 3.41 所示。

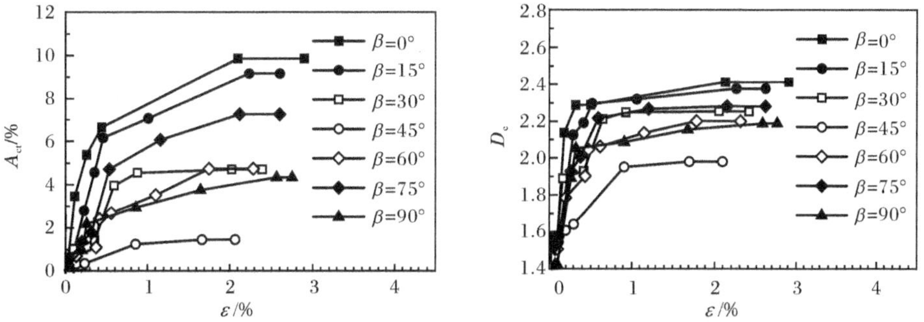

(a) 面积分数　　(b) 分形维数

图 3.38　B 系列各节理倾角试件连通率(k=0.2)表面裂纹参数随轴向应变的变化曲线汇总

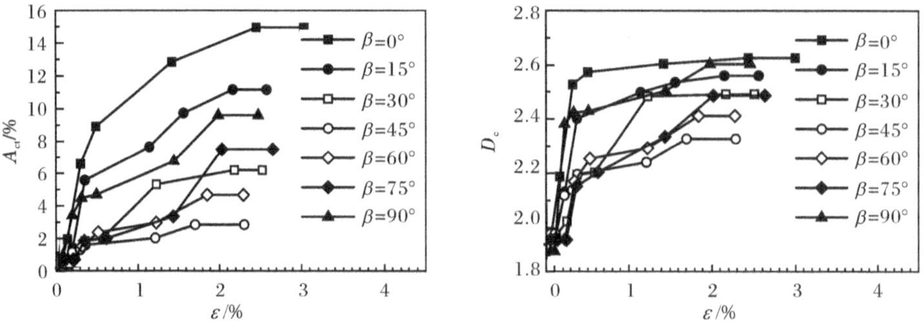

(a) 面积分数　　(b) 分形维数

图 3.39　C 系列各节理倾角试件连通率(k=0.4)表面裂纹参数随轴向应变的变化曲线汇总

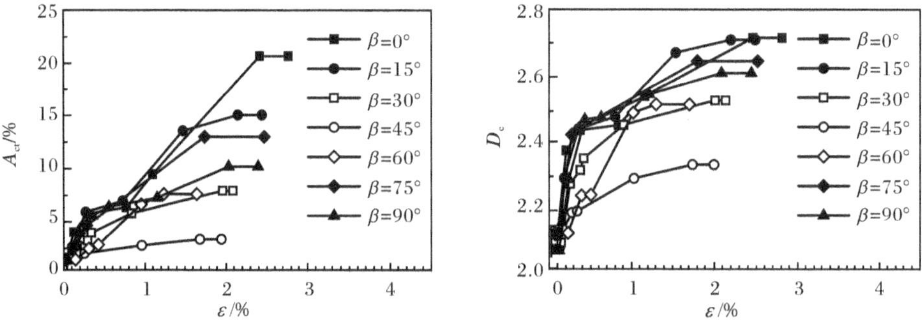

(a) 面积分数　　(b) 分形维数

图 3.40　D 系列各节理倾角试件连通率(k=0.6)表面裂纹参数随轴向应变的变化曲线汇总

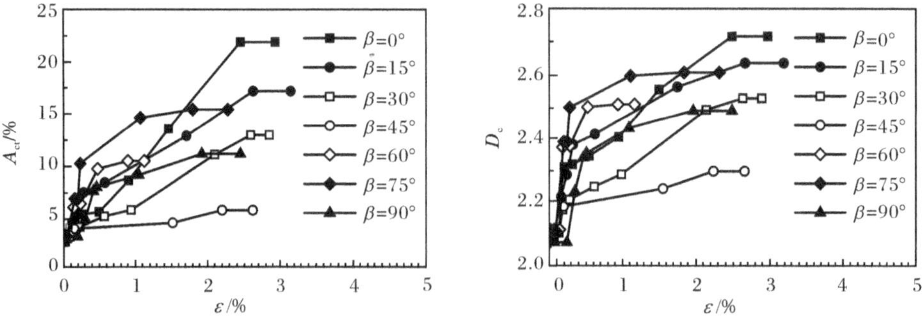

(a) 面积分数　　(b) 分形维数

图 3.41　E 系列各节理倾角试件连通率(k=0.8)表面裂纹参数随轴向应变的变化曲线汇总

可以看出，试件可按节理倾角分为两个大组，第一组试件的节理倾角 $\beta=0°$、$15°$、$75°$、$90°$，第二组试件的节理倾角 $\beta=30°$、$45°$、$60°$。总体而言，在各节理连通率下，第一组节理倾角试件表面裂纹的总面积分数和分形维数都高于第二组节理倾角试件(除 90°试件的部分值低于第二组试件外)，这与第 4 章中陈新等[15]在碎屑筛分试验中的破碎体分形维数结果相似。第一组节理倾角试件(0°、15°、75°、90°)的主要破坏模式为劈裂破坏，在试件表面出现了大量的拉裂纹和劈裂破坏面，损伤程度严重。第二组节理倾角试件(30°、45°、60°)的主要破坏模式为剪切破坏，在试件表面出现了若干沿着预制节理面的剪切裂纹和宏观剪切破坏面，表面裂纹较少、损伤程度较轻。

将各试件的表面裂纹的总面积分数和分形维数随轴向应变的变化曲线按照节理倾角进行汇总，如图 3.42～图 3.48 所示。总体而言，在各节理倾角下，随着节理连通率的增大，各特征点上的表面裂纹总面积分数和分形维数都逐渐增大。

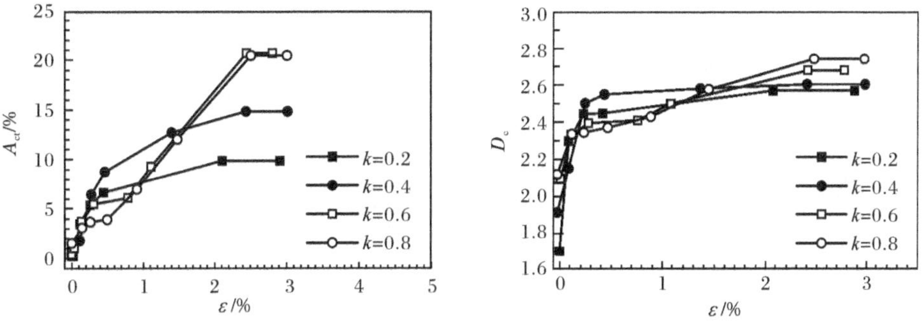

(a) 面积分数　　(b) 分形维数

图 3.42　节理倾角 $\beta=0°$的各节理连通率试件表面裂纹参数随轴向应变的变化曲线汇总

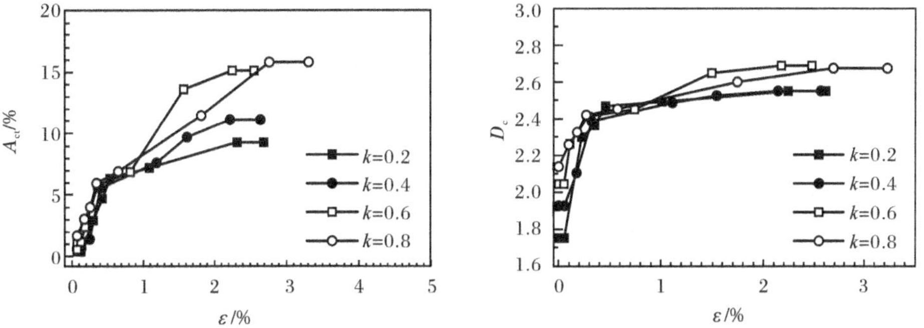

(a) 面积分数　　(b) 分形维数

图 3.43　节理倾角 $\beta=15°$的各节理连通率试件表面裂纹参数随轴向应变的变化曲线汇总

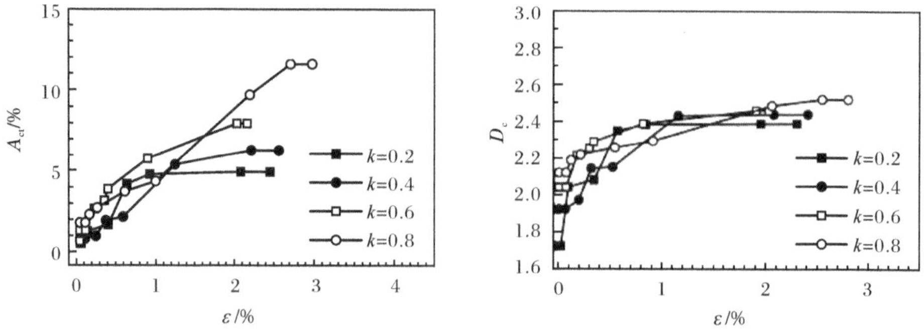

(a) 面积分数　　(b) 分形维数

图 3.44　节理倾角 $\beta=30^{\circ}$的各节理连通率试件表面裂纹参数随轴向应变的变化曲线汇总

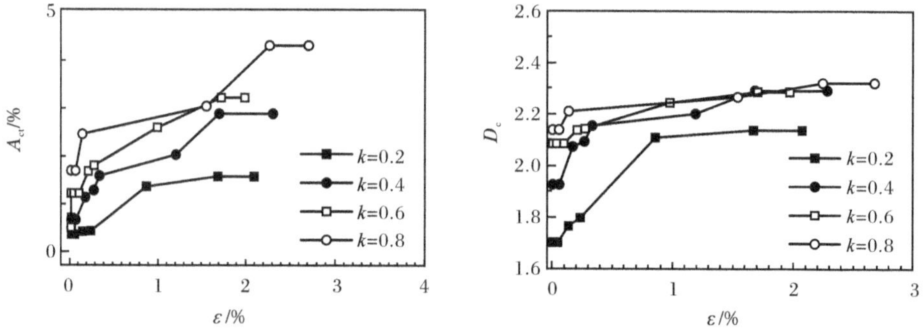

(a) 面积分数　　(b) 分形维数

图 3.45　节理倾角 $\beta=45^{\circ}$的各节理连通率试件表面裂纹参数随轴向应变的变化曲线汇总

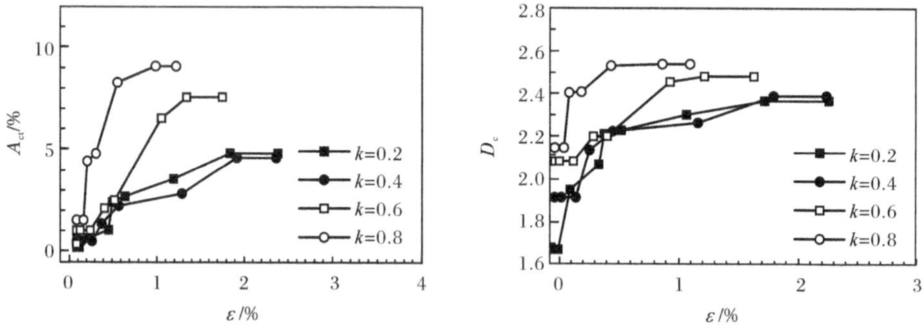

(a) 面积分数　　(b) 分形维数

图 3.46　节理倾角 $\beta=60^{\circ}$的各节理连通率试件表面裂纹参数随轴向应变的变化曲线汇总

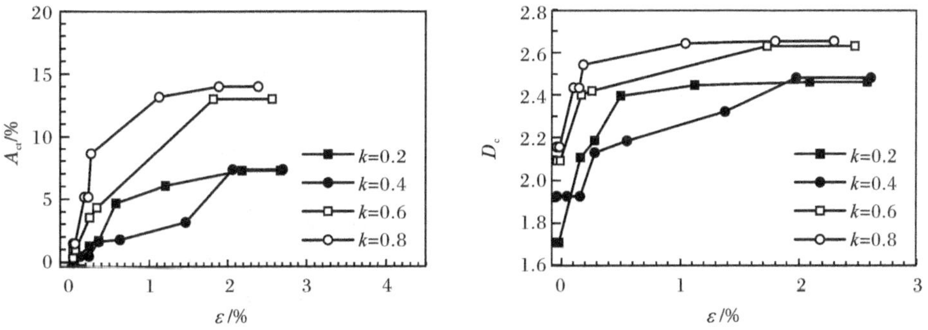

(a) 面积分数　　(b) 分形维数

图 3.47　节理倾角 β=75°的各节理连通率试件表面裂纹参数随轴向应变的变化曲线汇总

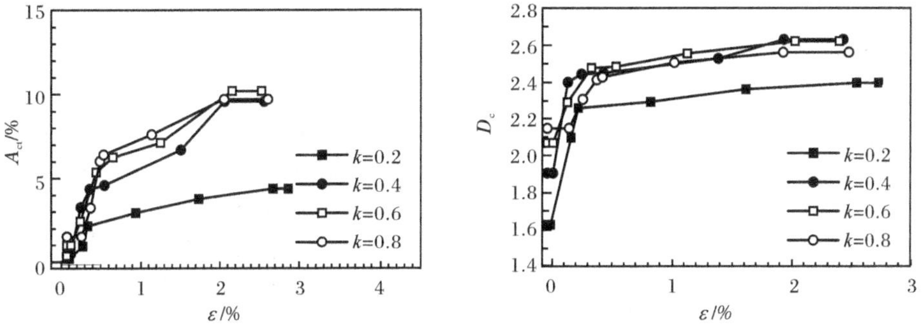

(a) 面积分数　　(b) 分形维数

图 3.48　节理倾角 β=90°的各节理连通率试件表面裂纹参数随轴向应变的变化曲线汇总

3.3　特征点的裂纹面积分数和分形维数随节理参数的变化规律

各试件在试验开始点、峰值强度点和试验结束点三个特征点的表面裂纹参量(总面积分数和分形维数)随节理倾角和节理连通率的变化曲线分别列于图 3.49～图 3.54 中。可以看出:

(1) 在各节理连通率下,试验开始点的表面裂纹总面积分数、分形维数基本不随节理倾角变化,这是因为预制节理为等中心距和层间距排列,即节理的面密度大致相等;峰值强度点和试验结束点的总裂纹面积分数、分形维数随节理倾角的变化曲线都基本呈 V 形,在节理倾角为 45°处有最小值,在节理倾角为 0°处有最大值。

(2) 在各节理倾角下,试验开始点、峰值强度点和结束点的表面总裂纹面积分数、分形维数都随节理连通率的增加而增大。第一组节理倾角试件(0°、15°、75°和 90°)的表面裂纹参量随节理连通率的增长速度要比第二组节理倾角试件(30°、45°

和 60°)快。节理倾角为 45°的试件增长最慢，节理倾角为 0°的试件增长最快。

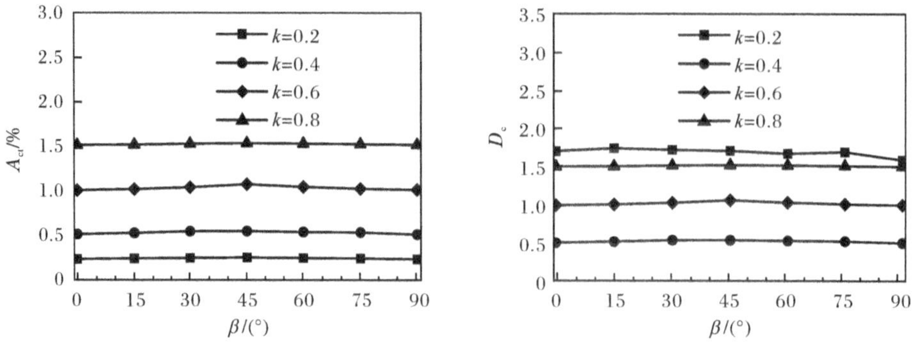

(a) 总面积分数　　(b) 分形维数

图 3.49　试验开始点表面裂纹参量随节理倾角变化曲线

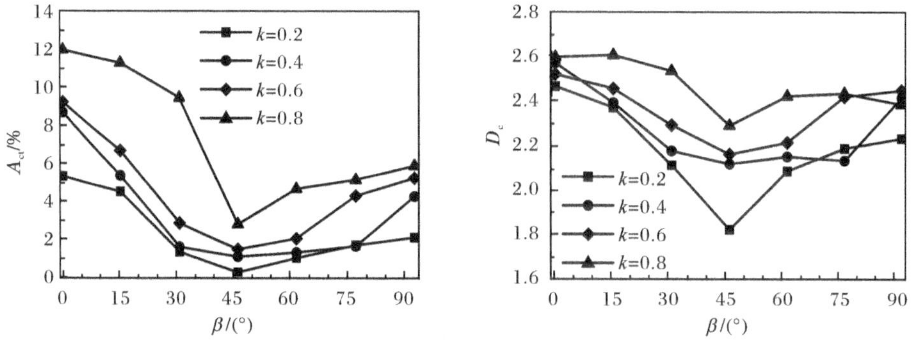

(a) 总面积分数　　(b) 分形维数

图 3.50　峰值强度点表面裂纹参量随节理倾角变化曲线

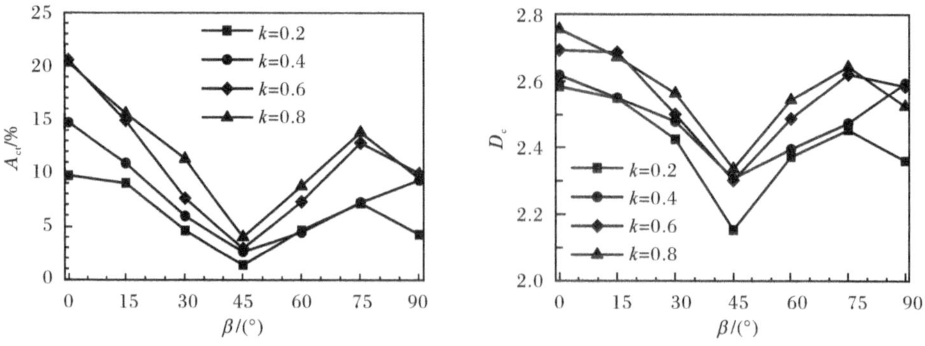

(a) 总面积分数　　(b) 分形维数

图 3.51　试验结束点表面裂纹参量随节理倾角变化曲线

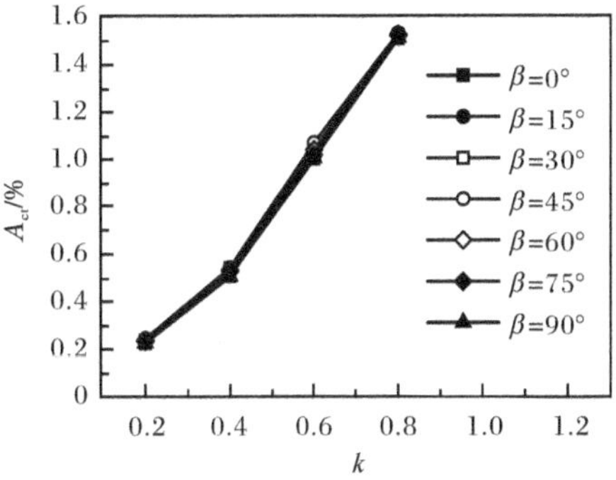

(a) 总面积分数

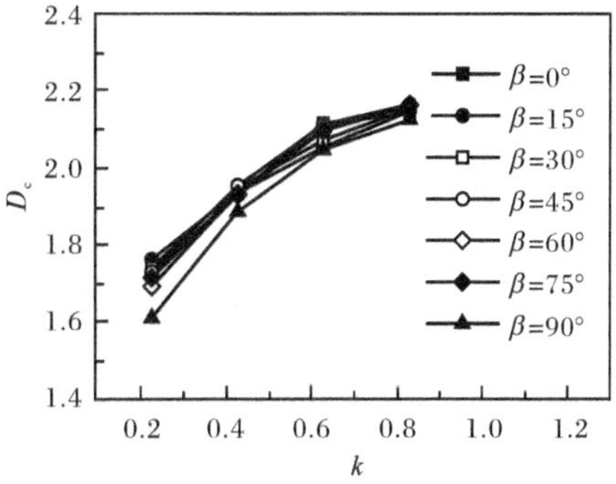

(b) 分形维数

图 3.52 试验开始点表面裂纹参量随节理连通率变化曲线

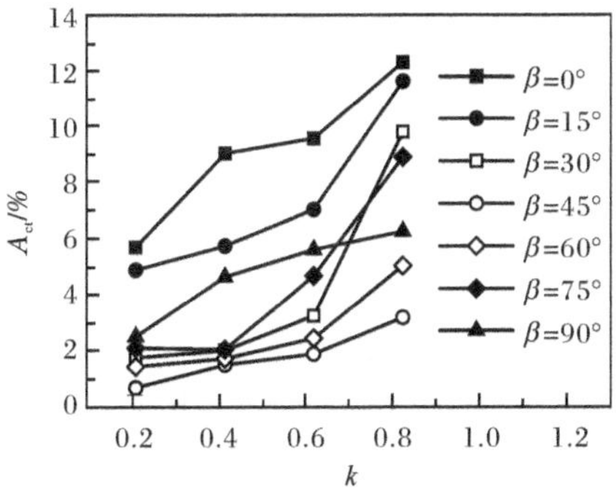

(a) 总面积分数

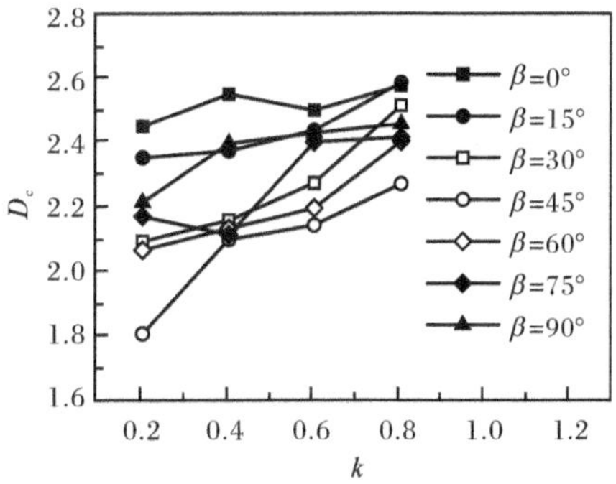

(b) 分形维数

图 3.53 峰值强度点表面裂纹参量随节理连通率变化曲线

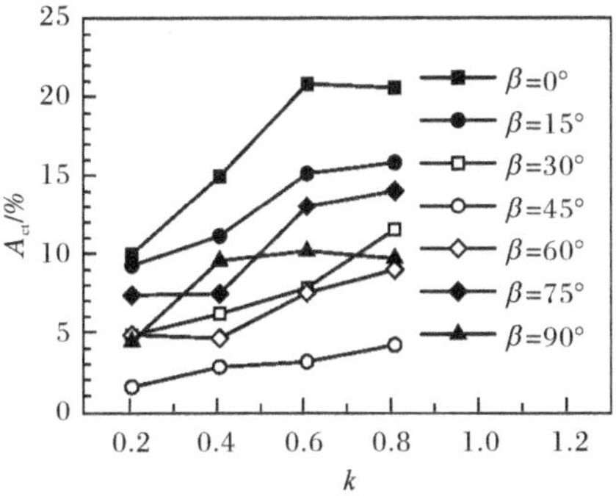

(a) 总面积分数

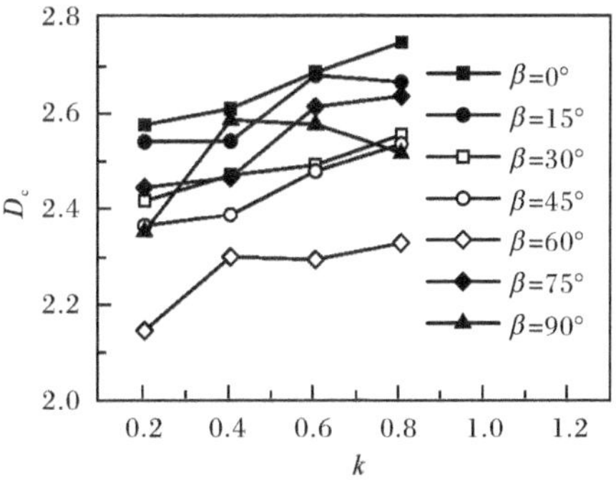

(b) 分形维数

图 3.54 试验结束点表面裂纹参量随节理连通率变化曲线

3.4　表面裂纹面积分数角度分布特征随节理参数的变化规律

3.1 节和 3.2 节的分析表明，试件表面裂纹的总面积分数和分形维数这两个参量的变化规律基本相似，可选其中之一作为试件表面损伤的度量。但这两个参量反映了试件表面损伤的总体统计特征，无法刻画与拉压不同损伤机制对应的损伤各向异性。为此，本节根据每条裂纹的方位角和面积，编制 Matlab 程序进一步计算出各方位角区间内的裂纹面积分数，来度量试件表面损伤的各向异性。

3.4.1　各试件特征点处的表面裂纹二值化图像

将 29 组节理倾角-连通率组合试件在试验开始点 O、峰值强度点 F 和试验结束点 S 的表面二值化图像分别列于图 3.55～图 3.83 中。

可以看出，部分试件由于掉块现象较为严重而在二值化图像中出现了大面积的黑色，而此部位不是真实的裂纹。对此，我们采用 Photoshop 软件对其二值化图像进行手动处理，将掉块部位的黑色抹去而只保留边界部分。此外，在试验中还观察到了预制节理裂隙和次生裂纹的张开和闭合，相应地在二值化图像中将引起这些裂隙所在黑色区域的增大和减小。

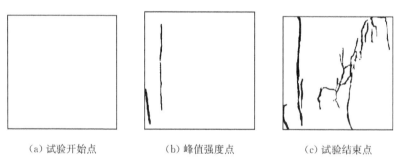

(a) 试验开始点　　(b) 峰值强度点　　(c) 试验结束点

图 3.55　A 系列试件(无节理)表面裂纹二值化图像

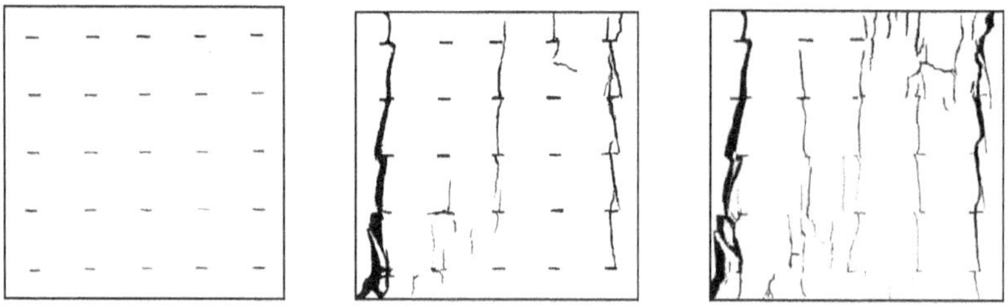

(a) 试验开始点　　(b) 峰值强度点　　(c) 试验结束点

图 3.56　B0 系列试件($\beta=0°$、$k=0.2$)各特征点表面裂纹的二值化图像

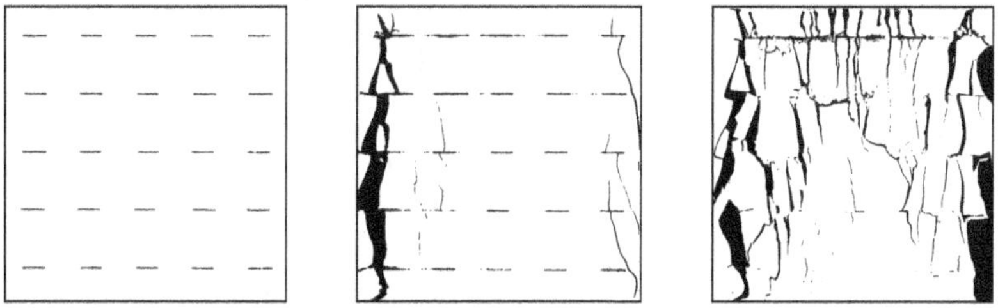

(a) 试验开始点　(b) 峰值强度点　(c) 试验结束点

图 3.57　C0 系列试件(β=0°、k=0.4)各特征点表面裂纹的二值化图像

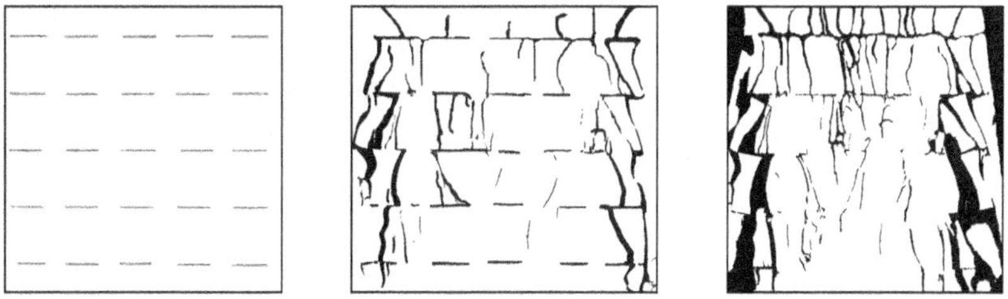

(a) 试验开始点　(b) 峰值强度点　(c) 试验结束点

图 3.58　D0 系列试件(β=0°、k=0.6)各特征点表面裂纹的二值化图像

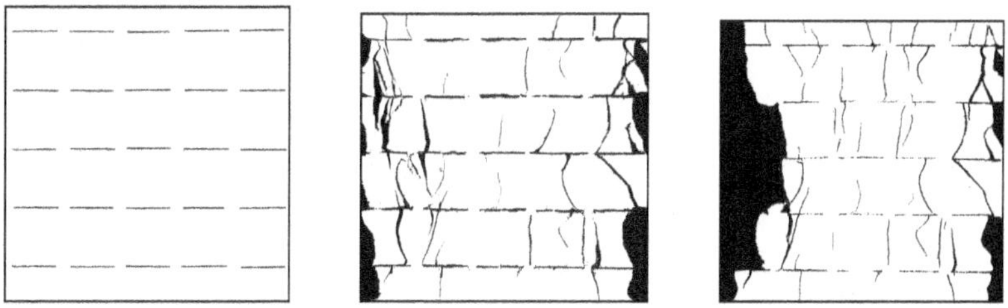

(a) 试验开始点　(b) 峰值强度点　(c) 试验结束点

图 3.59　E0 系列试件(β=0°、k=0.8)各特征点表面裂纹的二值化图像

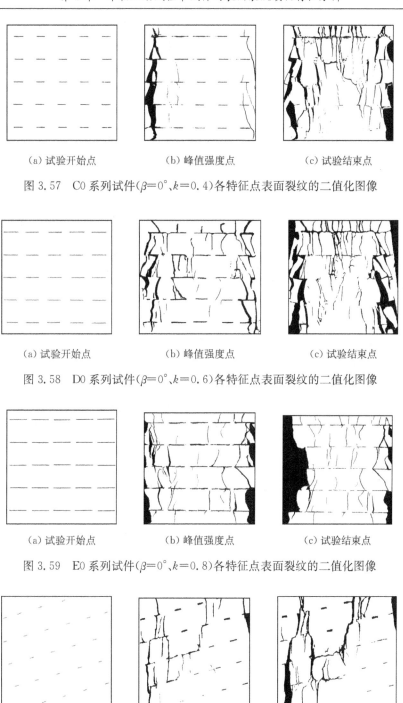

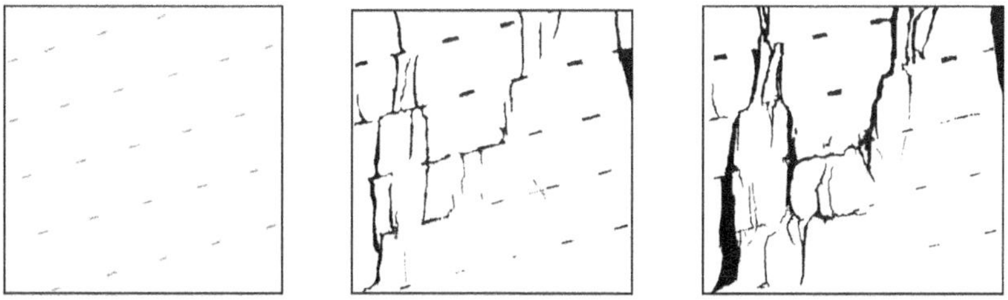

(a) 试验开始点　(b) 峰值强度点　(c) 试验结束点

图 3.60　B15 系列试件(β=15°、k=0.2)各特征点表面裂纹的二值化图像

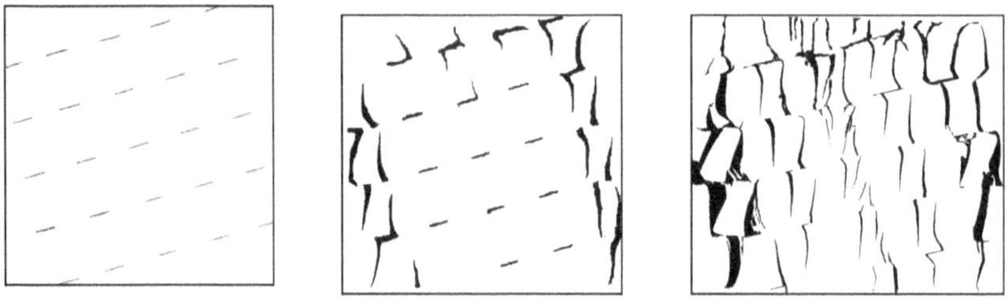

(a) 试验开始点　　(b) 峰值强度点　　(c) 试验结束点

图 3.61　C15 系列试件(β=15°、k=0.4)各特征点表面裂纹的二值化图像

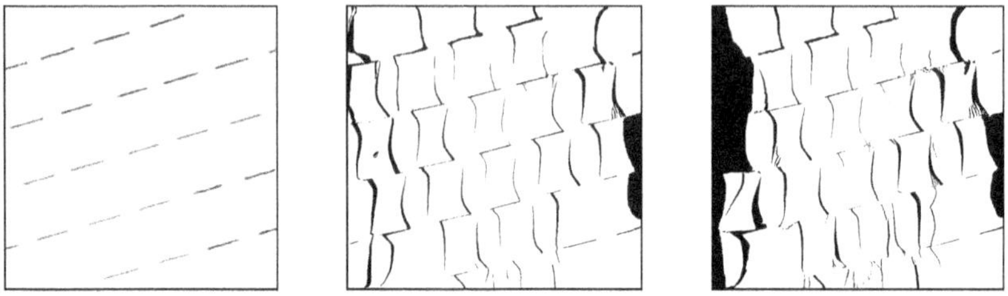

(a) 试验开始点　　(b) 峰值强度点　　(c) 试验结束点

图 3.62　D15 系列试件(β=15°、k=0.6)各特征点表面裂纹的二值化图像

(a) 试验开始点　　(b) 峰值强度点　　(c) 试验结束点

图 3.63　E15 系列试件(β=15°、k=0.8)各特征点表面裂纹的二值化图像

(a) 试验开始点　　(b) 峰值强度点　　(c) 试验结束点

图 3.64　B30 系列试件(β=30°、k=0.2)各特征点表面裂纹的二值化图像

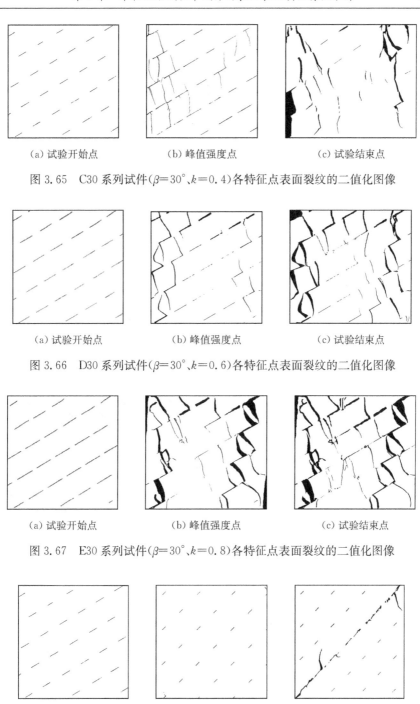

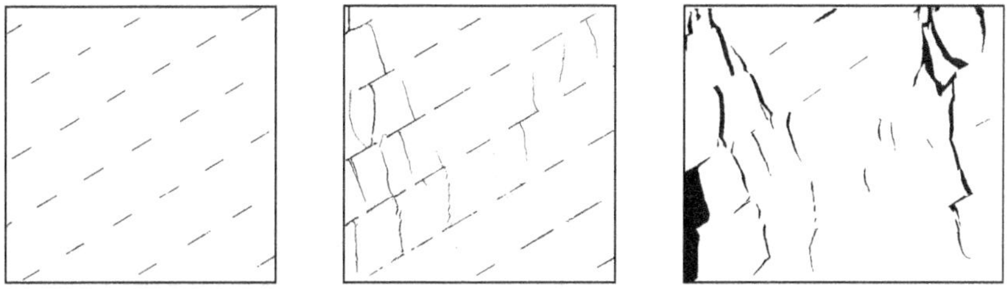

(a) 试验开始点　(b) 峰值强度点　(c) 试验结束点

图 3.65　C30 系列试件(β=30°、k=0.4)各特征点表面裂纹的二值化图像

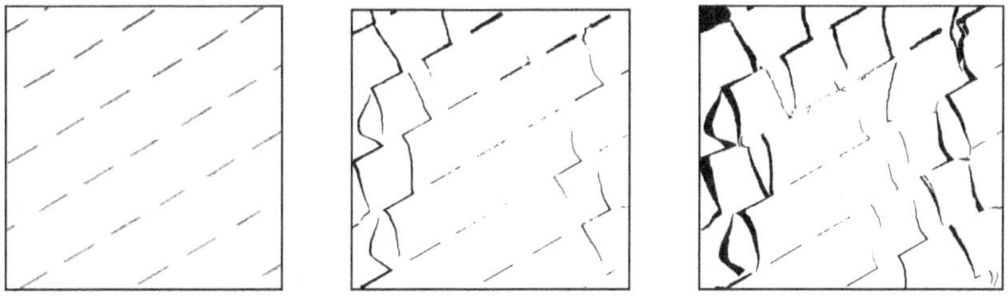

(a) 试验开始点　(b) 峰值强度点　(c) 试验结束点

图 3.66　D30 系列试件(β=30°、k=0.6)各特征点表面裂纹的二值化图像

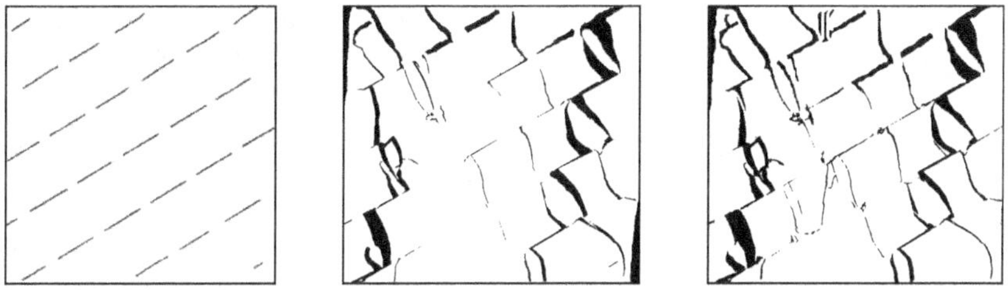

(a) 试验开始点　(b) 峰值强度点　(c) 试验结束点

图 3.67　E30 系列试件(β=30°、k=0.8)各特征点表面裂纹的二值化图像

(a) 试验开始点　(b) 峰值强度点　(c) 试验结束点

图 3.68　B45 系列试件(β=45°、k=0.2)各特征点表面裂纹的二值化图像

(a) 试验开始点　(b) 峰值强度点　(c) 试验结束点

图 3.69　C45 系列试件($\beta=45°$、$k=0.4$)各特征点表面裂纹的二值化图像

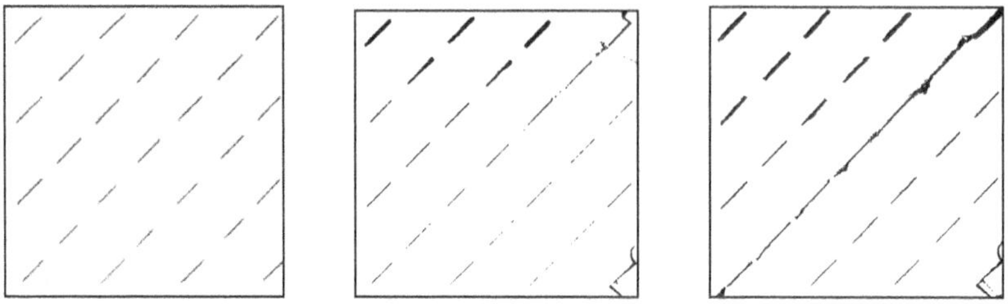

(a) 试验开始点　(b) 峰值强度点　(c) 试验结束点

图 3.70　D45 系列试件($\beta=45°$、$k=0.6$)各特征点表面裂纹的二值化图像

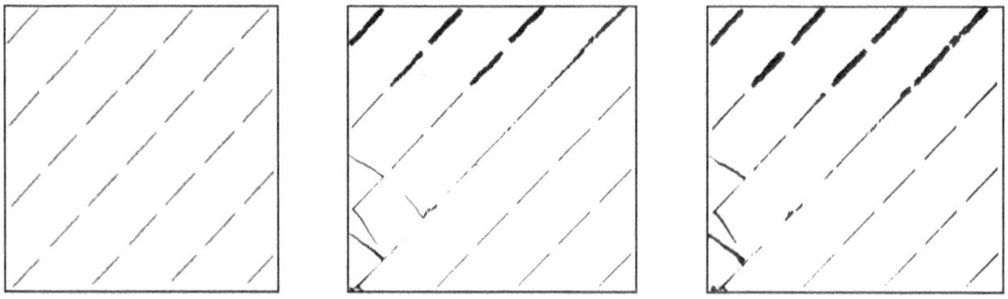

(a) 试验开始点　(b) 峰值强度点　(c) 试验结束点

图 3.71　E45 系列试件($\beta=45°$、$k=0.8$)各特征点表面裂纹的二值化图像

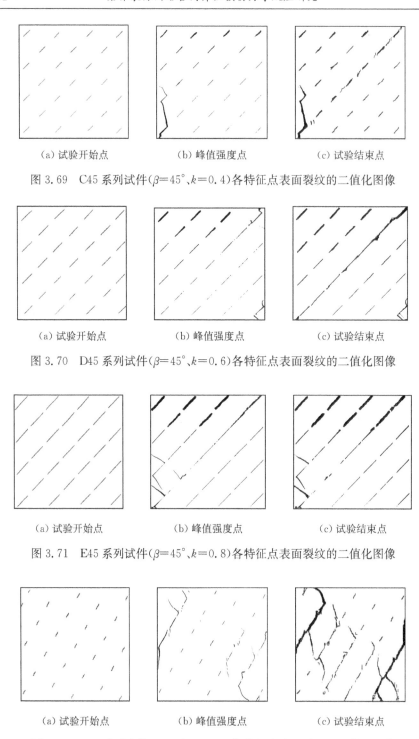

(a) 试验开始点　(b) 峰值强度点　(c) 试验结束点

图 3.72　B60 系列试件($\beta=60°$、$k=0.2$)各特征点表面裂纹的二值化图像

(a) 试验开始点　　(b) 峰值强度点　　(c) 试验结束点

图 3.73 C60 系列试件($\beta=60^\circ$、$k=0.4$)各特征点表面裂纹的二值化图像

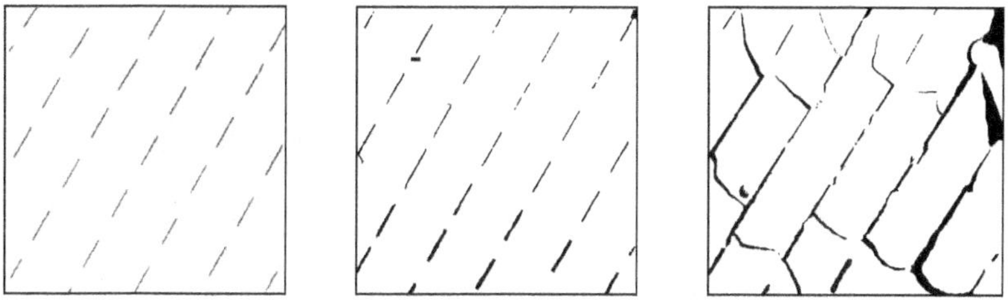

(a) 试验开始点　　(b) 峰值强度点　　(c) 试验结束点

图 3.74 D60 系列试件($\beta=60^\circ$、$k=0.6$)各特征点表面裂纹的二值化图像

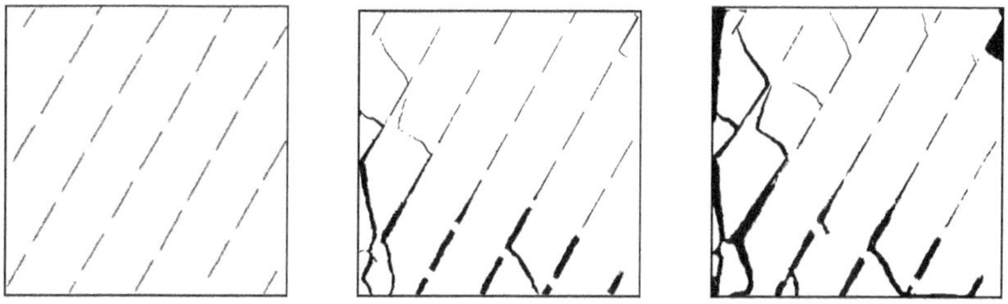

(a) 试验开始点　　(b) 峰值强度点　　(c) 试验结束点

图 3.75 E60 系列试件($\beta=60^\circ$、$k=0.8$)各特征点表面裂纹的二值化图像

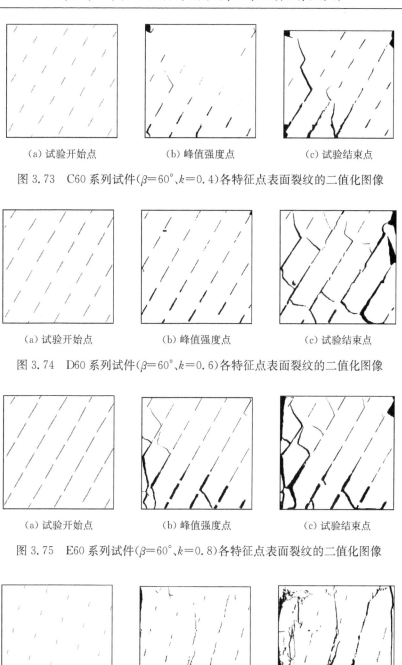

(a) 试验开始点　　(b) 峰值强度点　　(c) 试验结束点

图 3.76 B75 系列试件($\beta=75^\circ$、$k=0.2$)各特征点表面裂纹的二值化图像

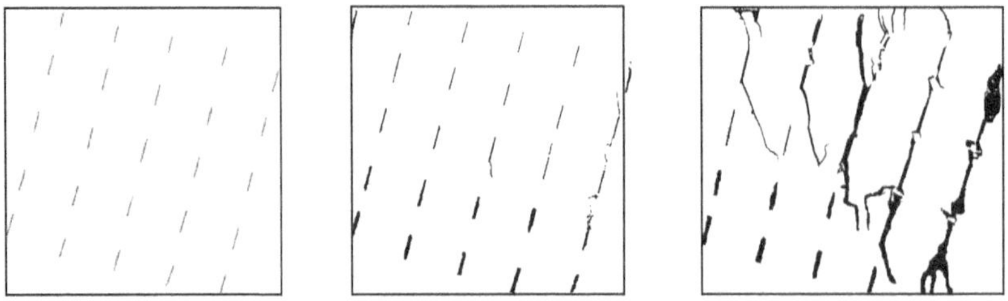

(a) 试验开始点　　(b) 峰值强度点　　(c) 试验结束点

图 3.77　C75 系列试件(β=75°、k=0.4)各特征点表面裂纹的二值化图像

(a) 试验开始点　　(b) 峰值强度点　　(c) 试验结束点

图 3.78　D75 系列试件(β=75°、k=0.6)各特征点表面裂纹的二值化图像

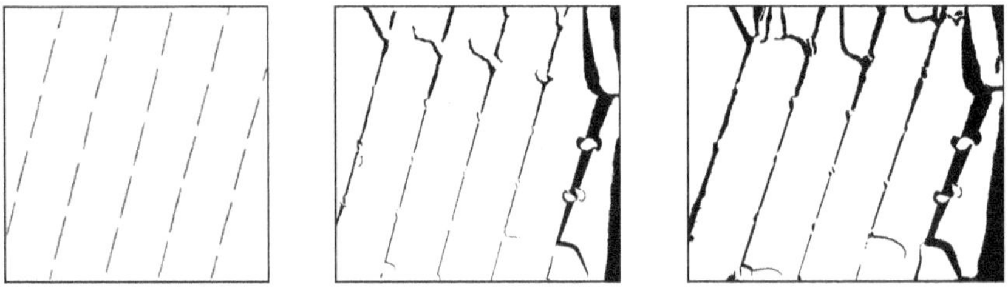

(a) 试验开始点　　(b) 峰值强度点　　(c) 试验结束点

图 3.79　E75 系列试件(β=75°、k=0.8)各特征点表面裂纹的二值化图像

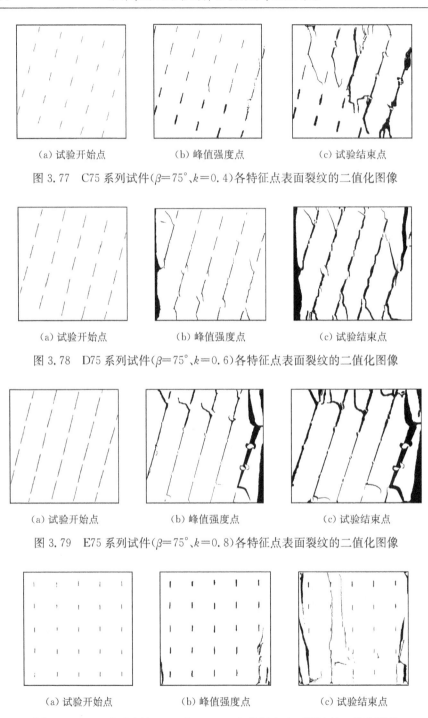

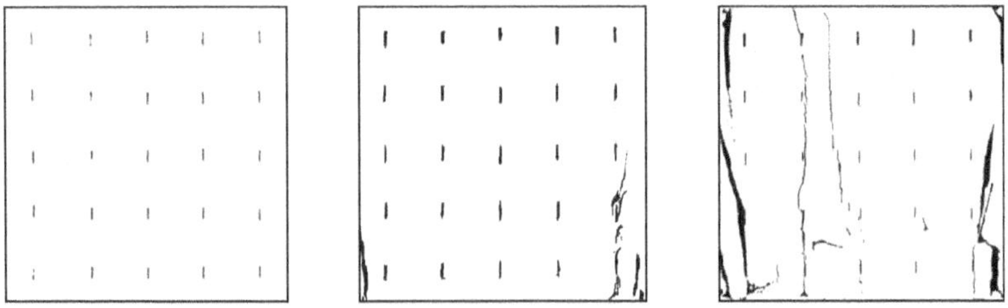

(a) 试验开始点　　(b) 峰值强度点　　(c) 试验结束点

图 3.80　B90 系列试件(β=90°、k=0.2)各特征点表面裂纹的二值化图像

(a) 试验开始点　(b) 峰值强度点　(c) 试验结束点

图 3.81　C90 系列试件($\beta=90°$、$k=0.4$)各特征点表面裂纹的二值化图像

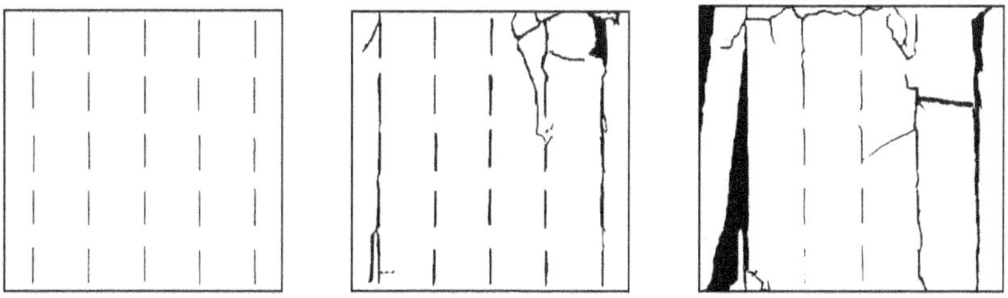

(a) 试验开始点　(b) 峰值强度点　(c) 试验结束点

图 3.82　D90 系列试件($\beta=90°$、$k=0.6$)各特征点表面裂纹的二值化图像

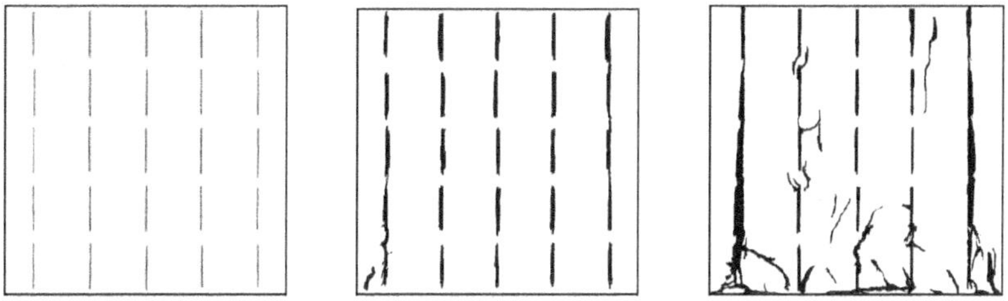

(a) 试验开始点　(b) 峰值强度点　(c) 试验结束点

图 3.83　E90 系列试件($\beta=90°$、$k=0.8$)各特征点表面裂纹的二值化图像

3.4.2　各试件特征点处表面裂纹面积分数的角度分布

图 3.84～图 3.112 给出了 29 组节理倾角-连通率组合试件在试验开始点 O、峰值强度点 F 和试验结束点 S 表面裂纹面积分数在各角度区间分布的统计结果。

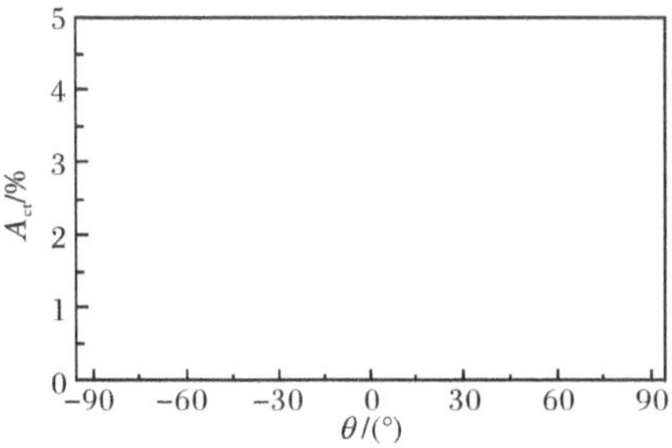

(a) 试验开始点

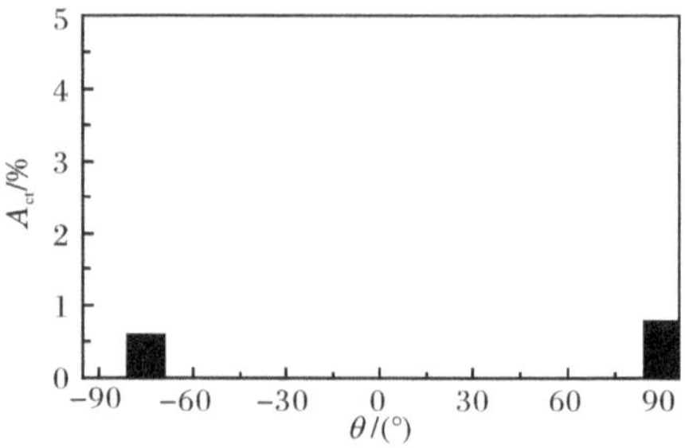

(b) 峰值强度点

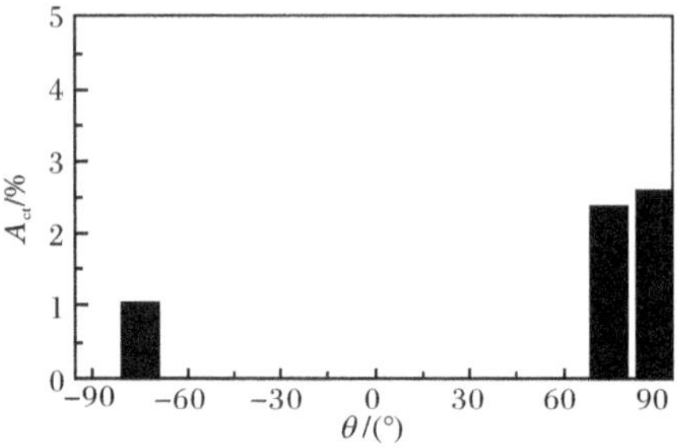

(c) 试验结束点

图 3.84　A 系列试件(无节理)各特征点表面裂纹面积分数的角度分布

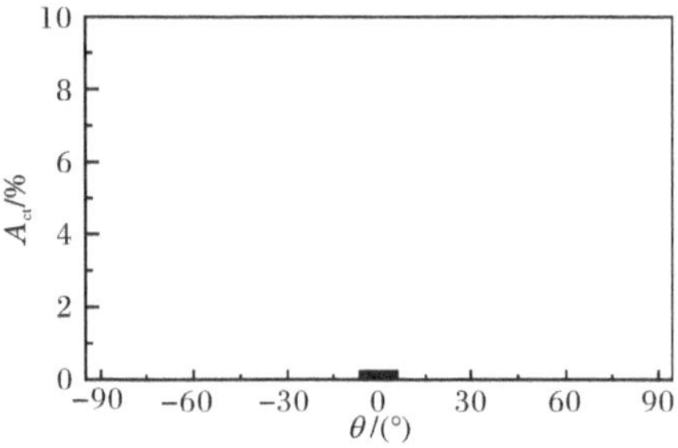

(a) 试验开始点

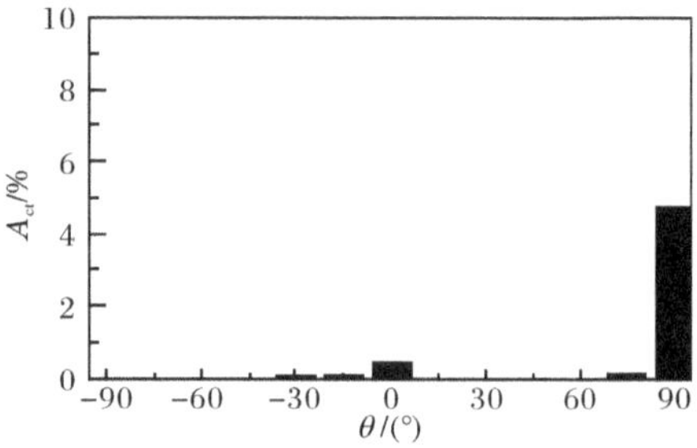

(b) 峰值强度点

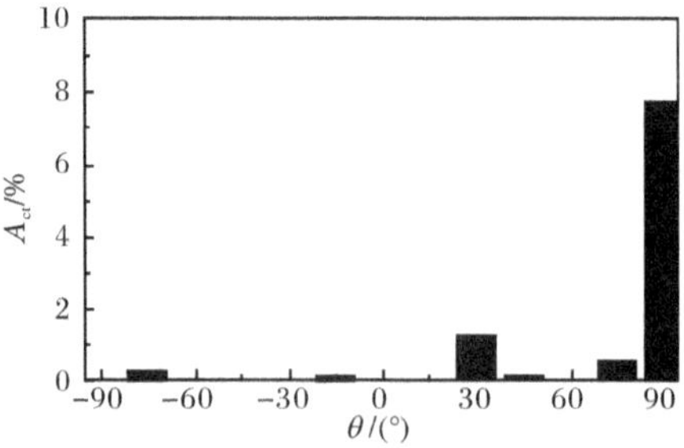

(c) 试验结束点

图 3.85　B0 系列试件($\beta=0°$、$k=0.2$)各特征点表面裂纹面积分数的角度分布

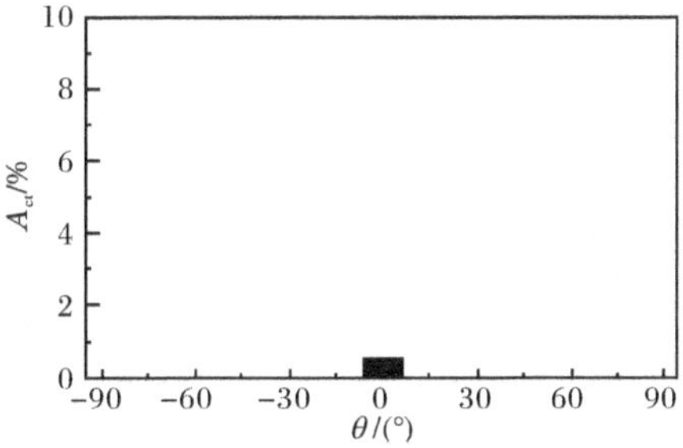

(a) 试验开始点

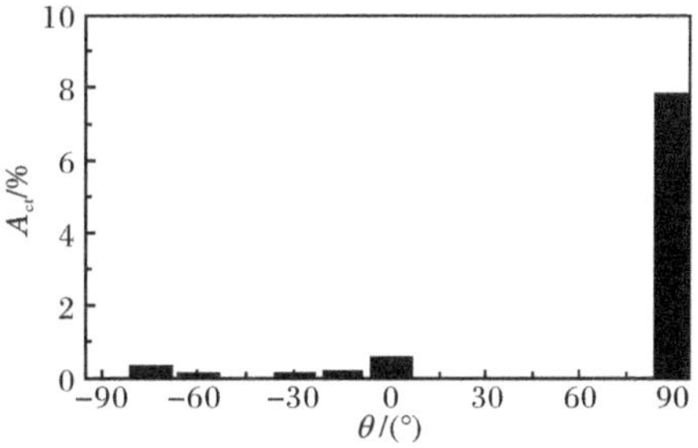

(b) 峰值强度点

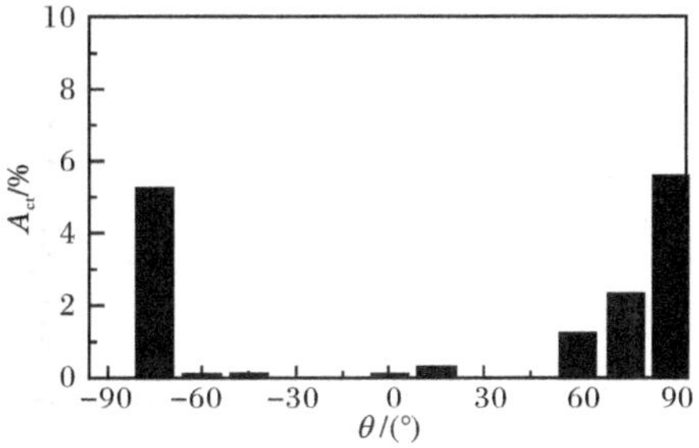

(c) 试验结束点

图 3.86　C0 系列试件(β=0°、k=0.4)各特征点表面裂纹面积分数的角度分布

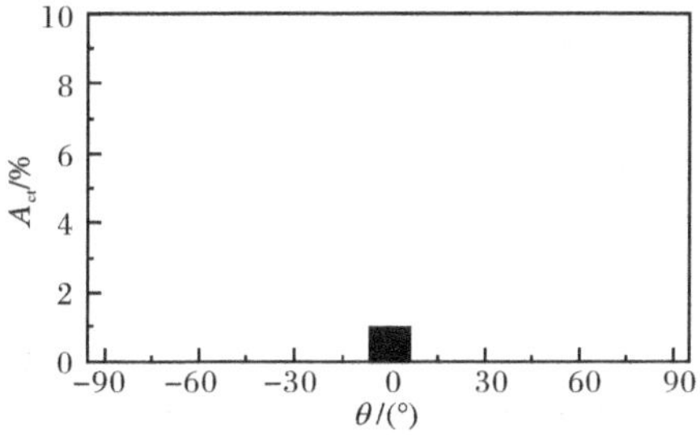

(a) 试验开始点

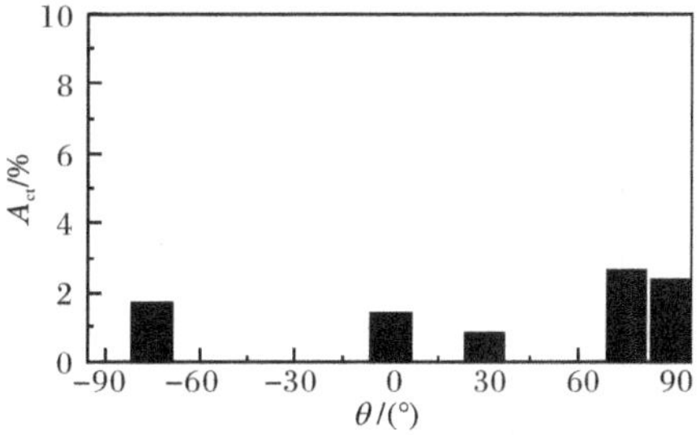

(b) 峰值强度点

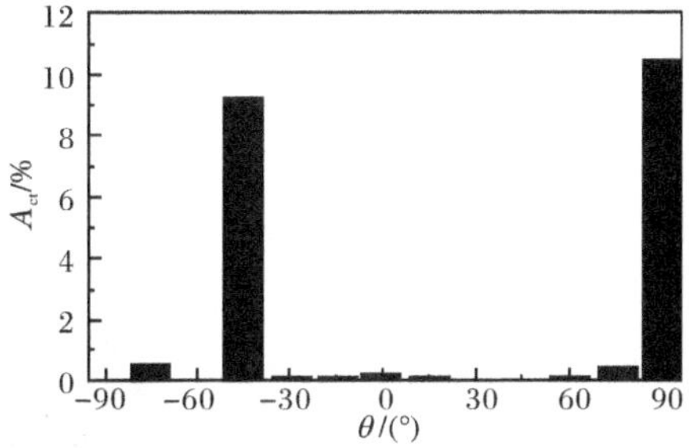

(c) 试验结束点

图 3.87　D0 系列试件(β=0°、k=0.6)各特征点表面裂纹面积分数的角度分布

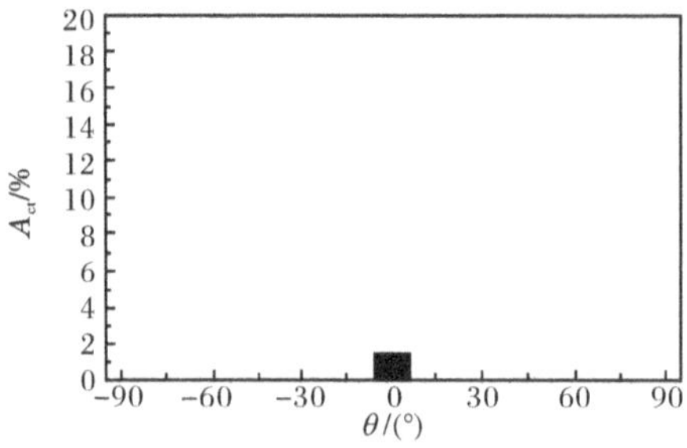

(a) 试验开始点

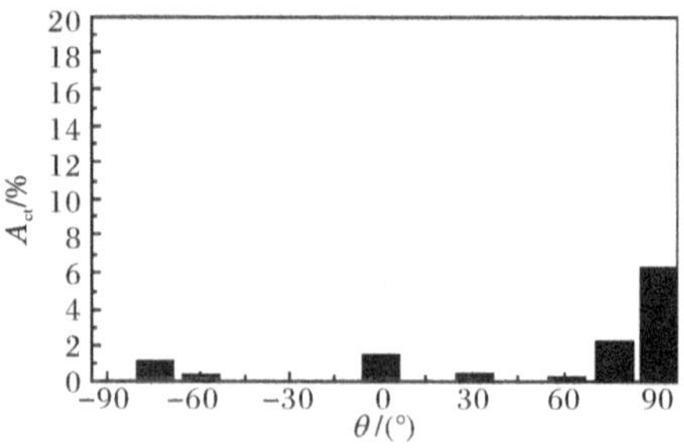

(b) 峰值强度点

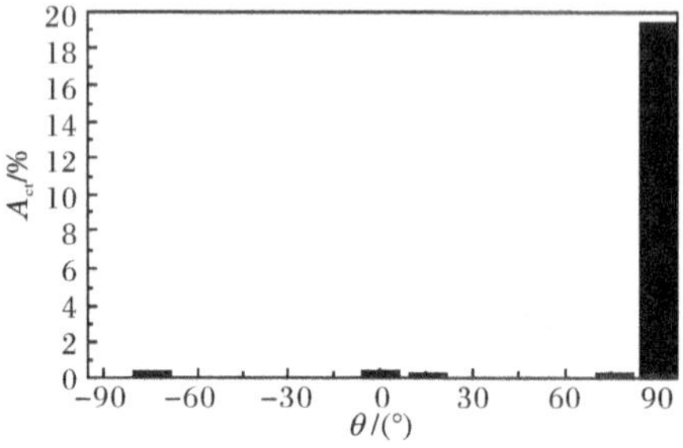

(c) 试验结束点

图 3.88 E0 系列试件(β=0°、k=0.8)各特征点表面裂纹面积分数的角度分布

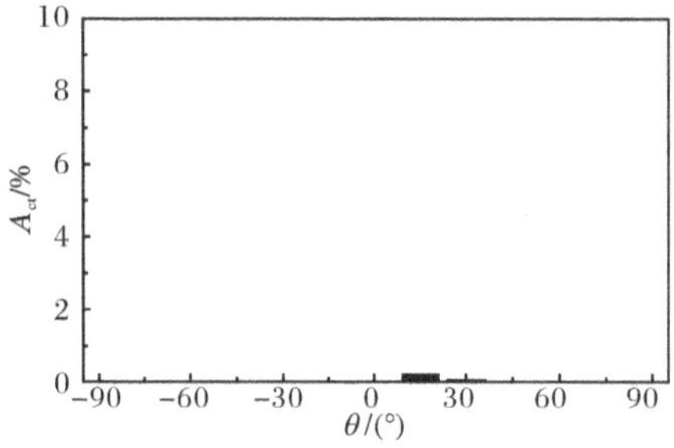

(a) 试验开始点

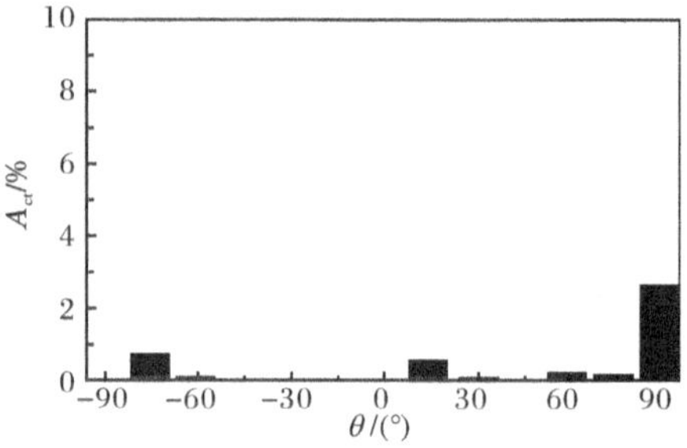

(b) 峰值强度点

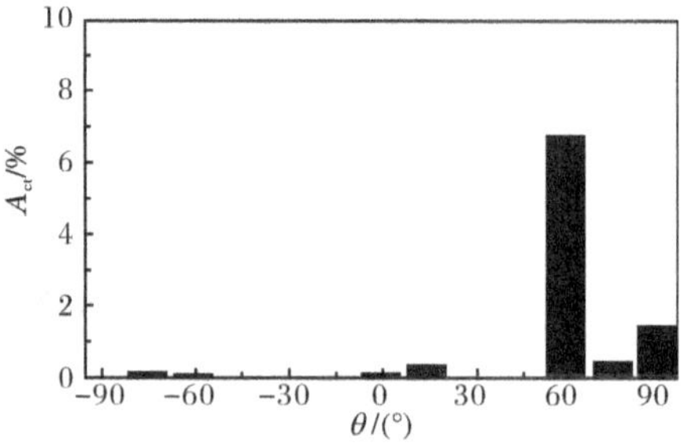

(c) 试验结束点

图 3.89 B15 系列试件(β=15°、k=0.2)各特征点表面裂纹面积分数的角度分布

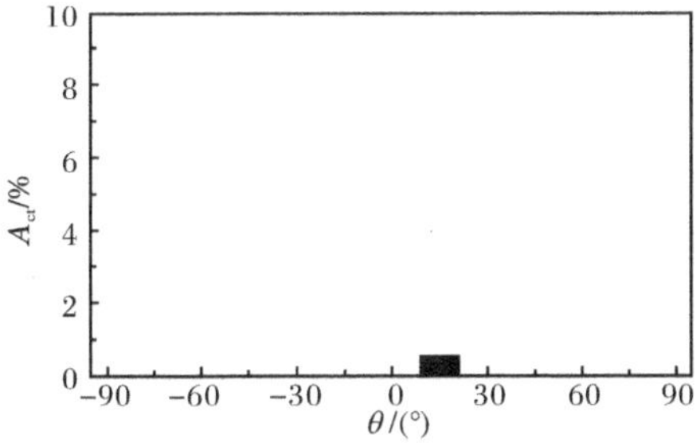

(a) 试验开始点

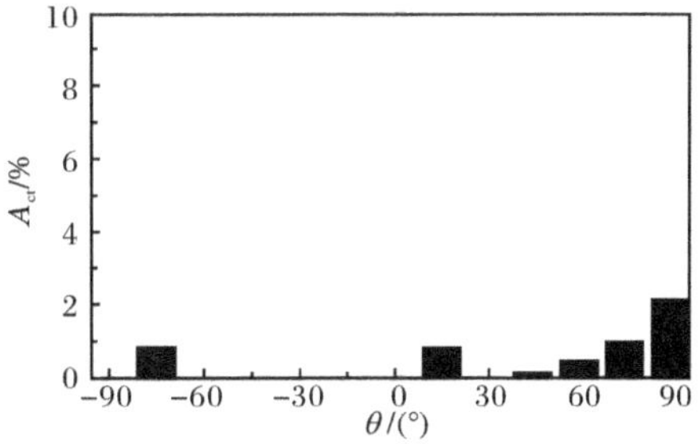

(b) 峰值强度点

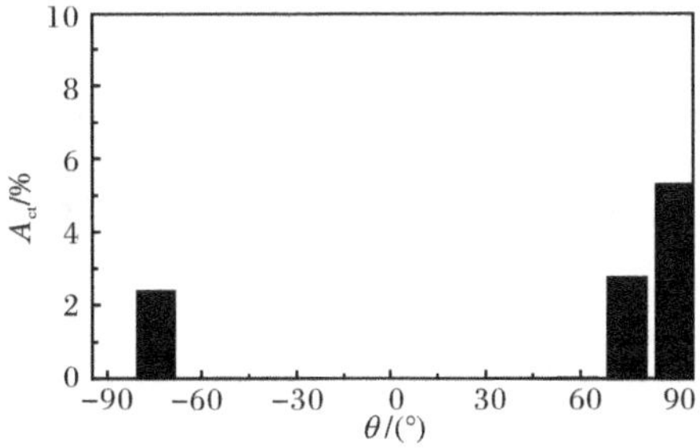

(c) 试验结束点

图 3.90　C15 系列试件(β=15°、k=0.4)各特征点表面裂纹面积分数的角度分布

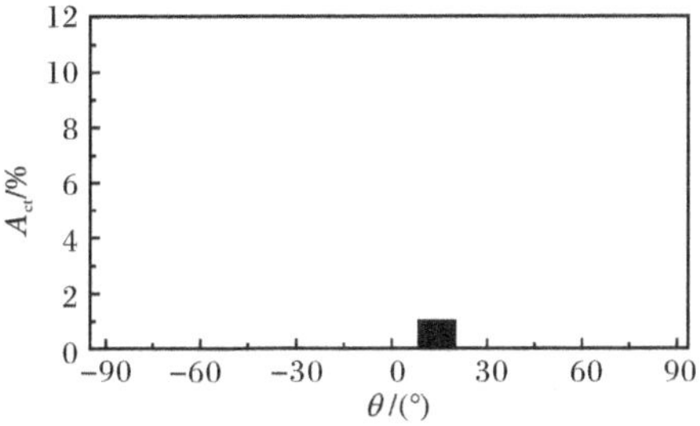

(a) 试验开始点

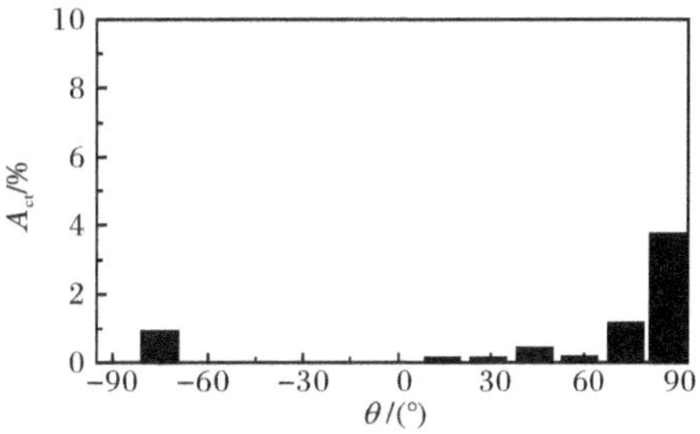

(b) 峰值强度点

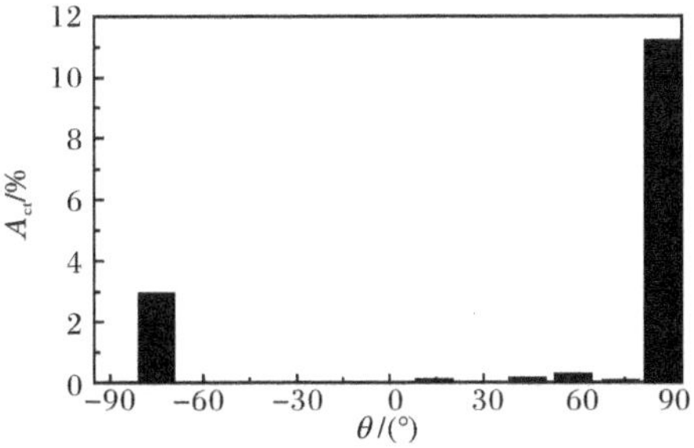

(c) 试验结束点

图 3.91　D15 系列试件(β=15°、k=0.6)各特征点表面裂纹面积分数的角度分布

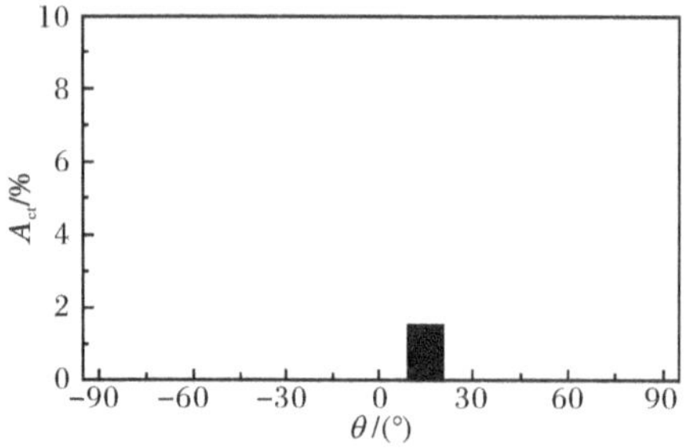

(a) 试验开始点

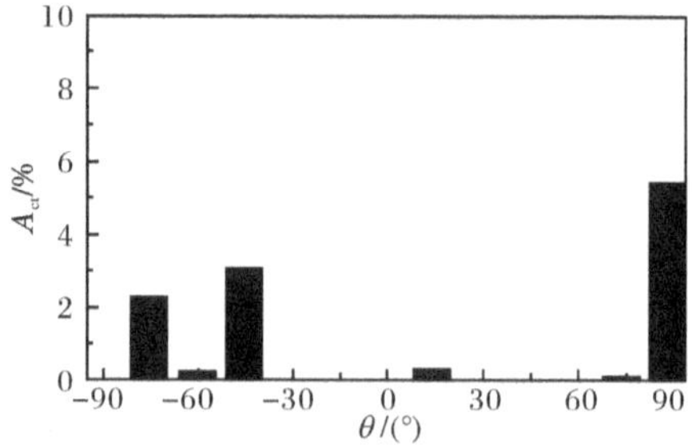

(b) 峰值强度点

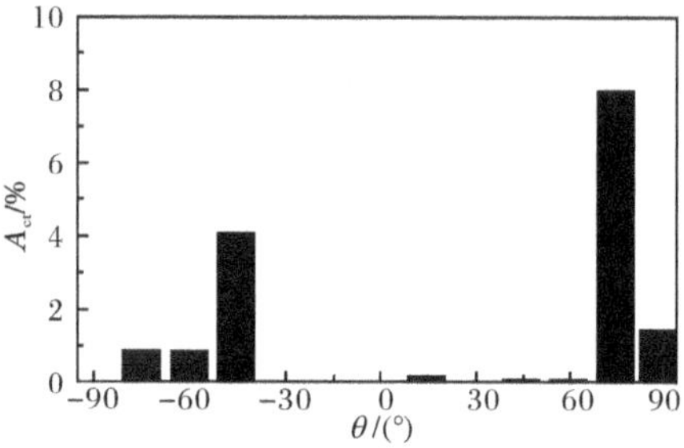

(c) 试验结束点

图 3.92　E15 系列试件(β=15°、k=0.8)各特征点表面裂纹面积分数的角度分布

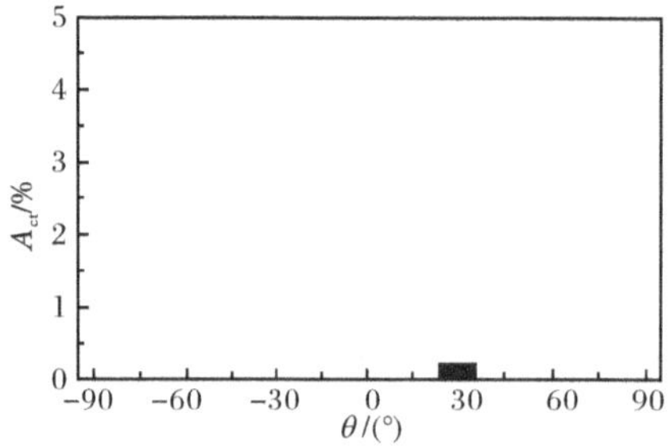

(a) 试验开始点

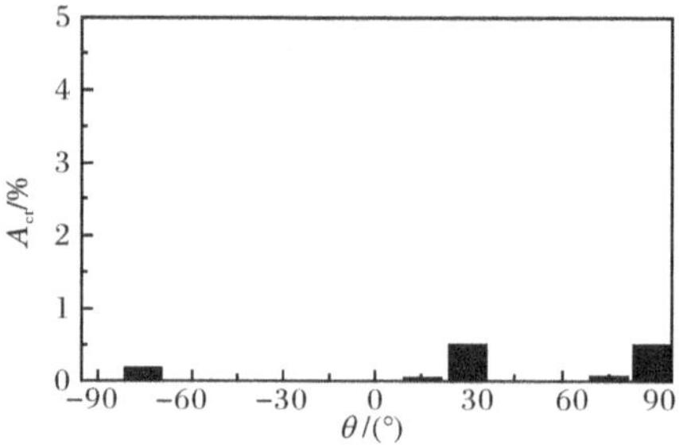

(b) 峰值强度点

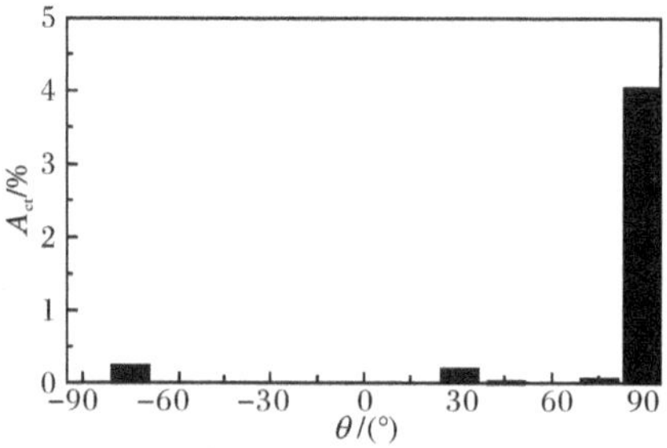

(c) 试验结束点

图 3.93　B30 系列试件(β=30°、k=0.2)各特征点表面裂纹面积分数的角度分布

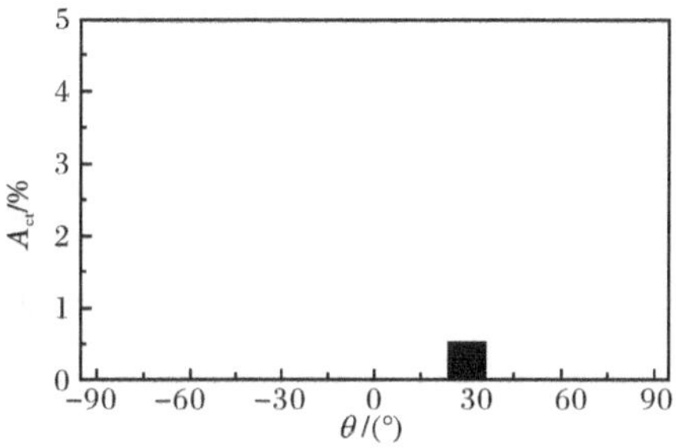

(a) 试验开始点

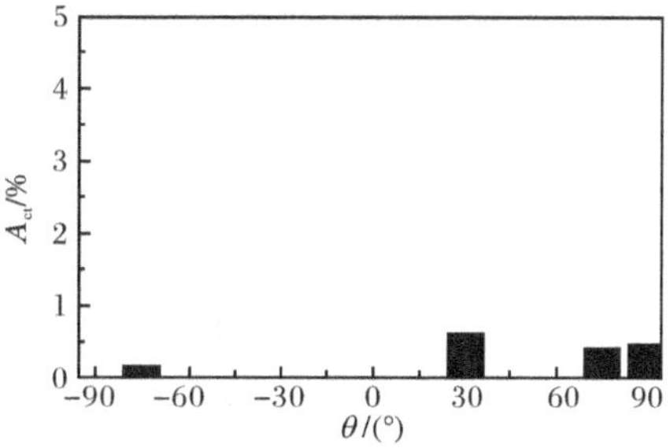

(b) 峰值强度点

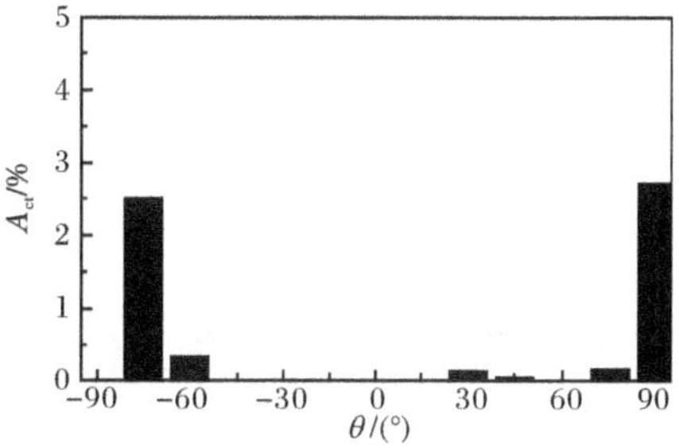

(c) 试验结束点

图 3.94　C30 系列试件(β=30°、k=0.4)各特征点表面裂纹面积分数的角度分布

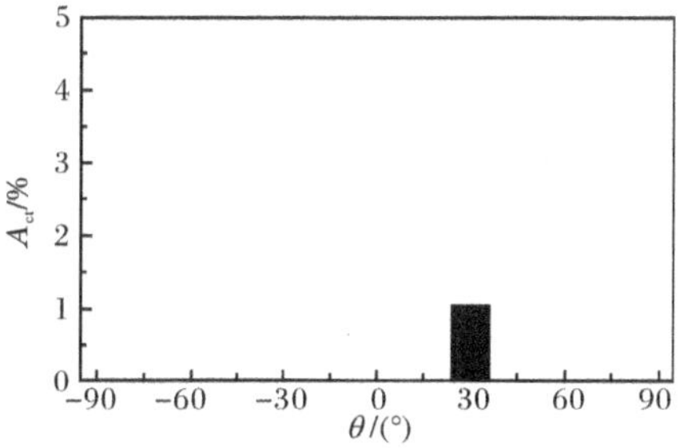

(a) 试验开始点

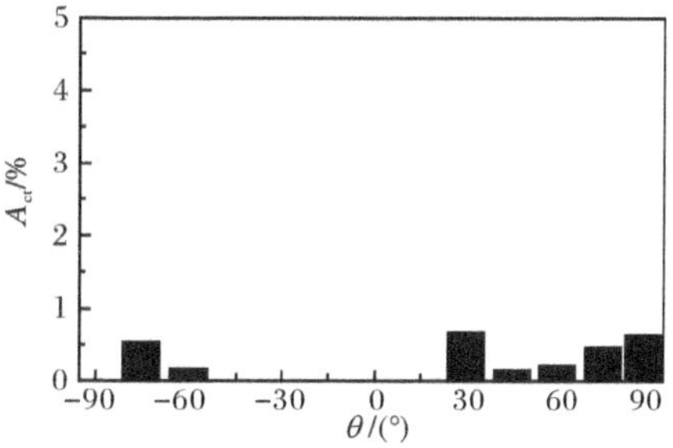

(b) 峰值强度点

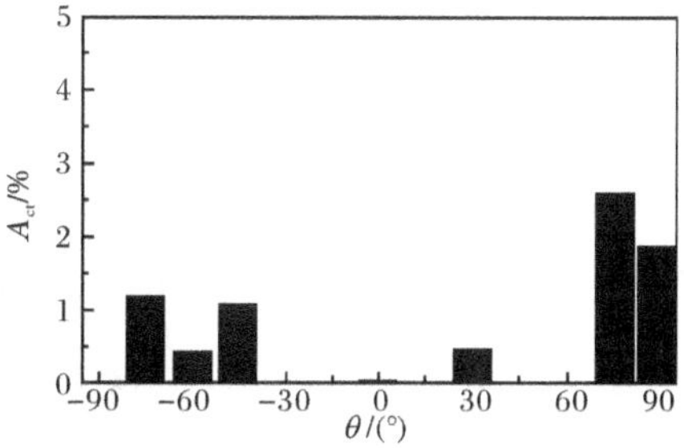

(c) 试验结束点

图 3.95　D30 系列试件(β=30°、k=0.6)各特征点表面裂纹面积分数的角度分布

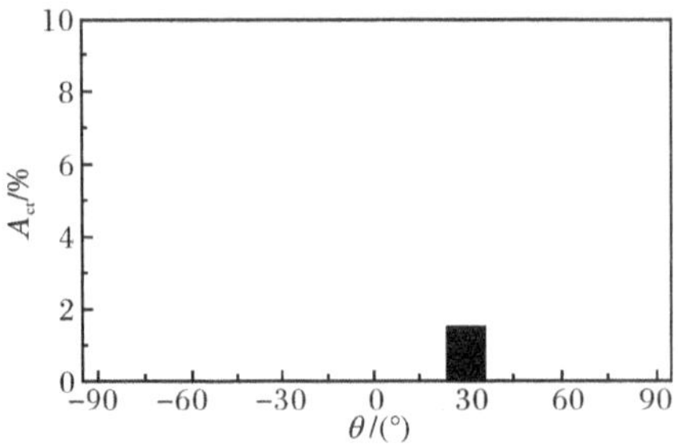

(a) 试验开始点

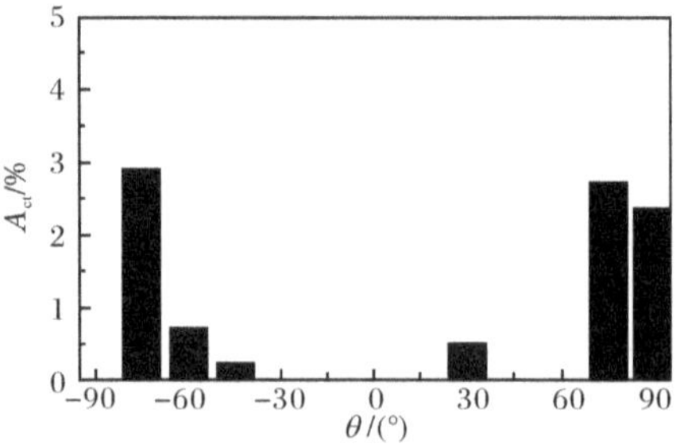

(b) 峰值强度点

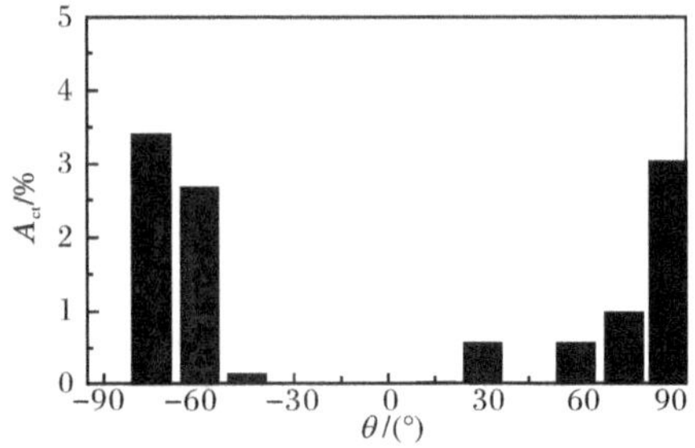

(c) 试验结束点

图 3.96　E30 系列试件(β=30°、k=0.8)各特征点表面裂纹面积分数的角度分布

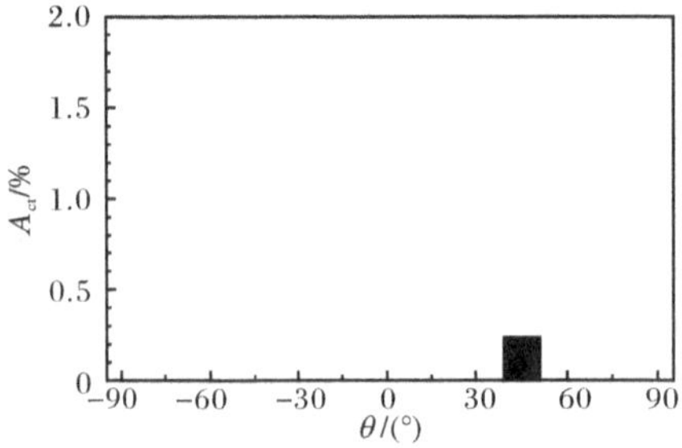

(a) 试验开始点

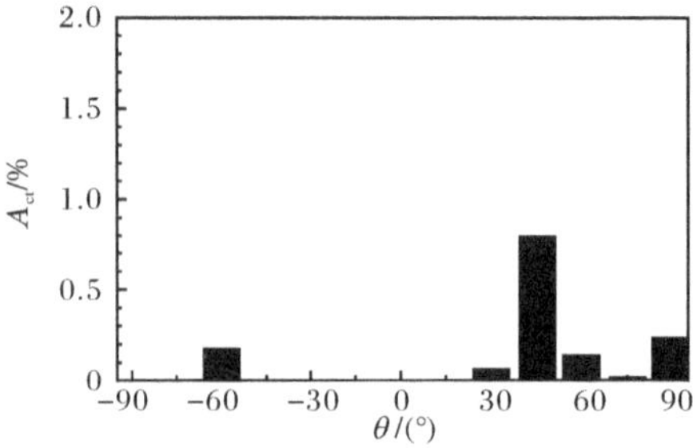

(b) 峰值强度点

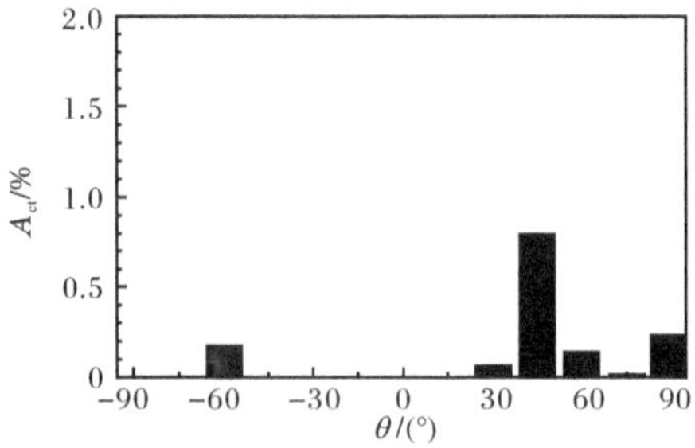

(c) 试验结束点

图 3.97　B45 系列试件(β=45°、k=0.2)各特征点表面裂纹面积分数的角度分布

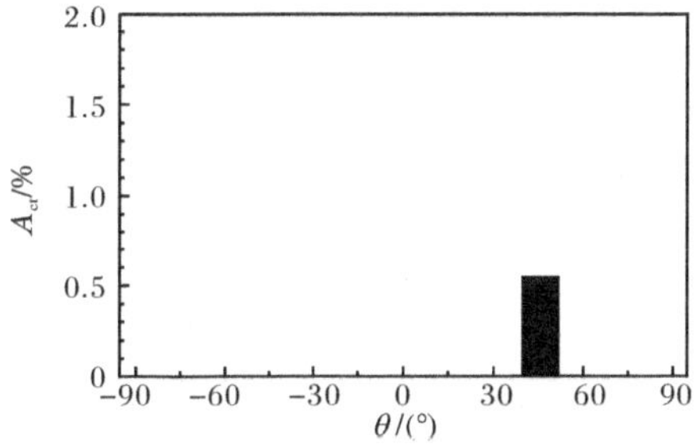

(a) 试验开始点

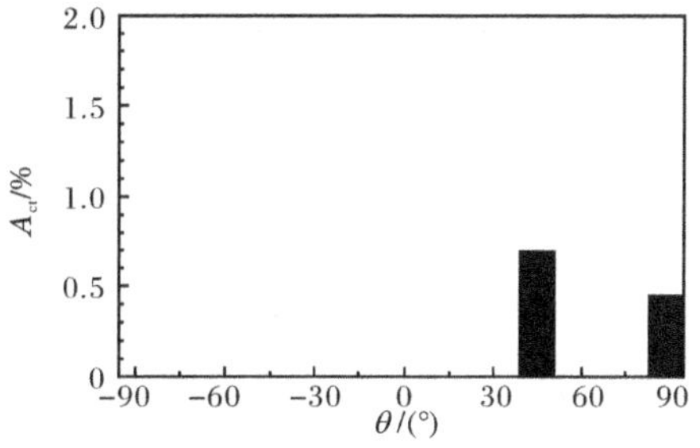

(b) 峰值强度点

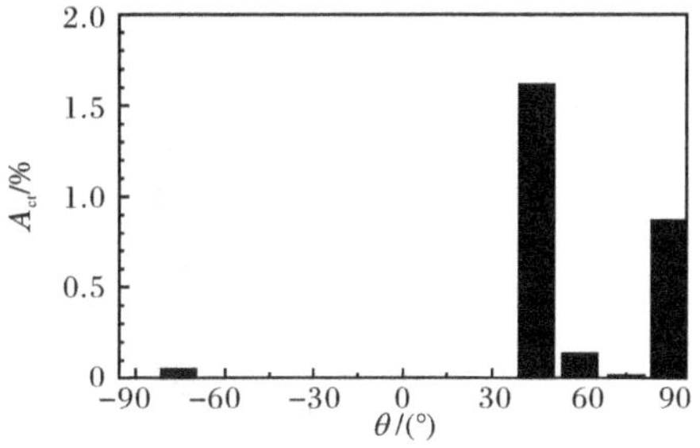

(c) 试验结束点

图 3.98　C45 系列试件($\beta=45°$、$k=0.4$)各特征点表面裂纹面积分数的角度分布

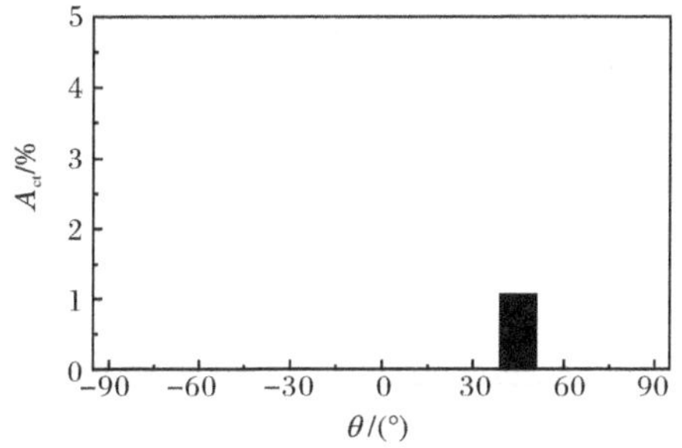

(a) 试验开始点

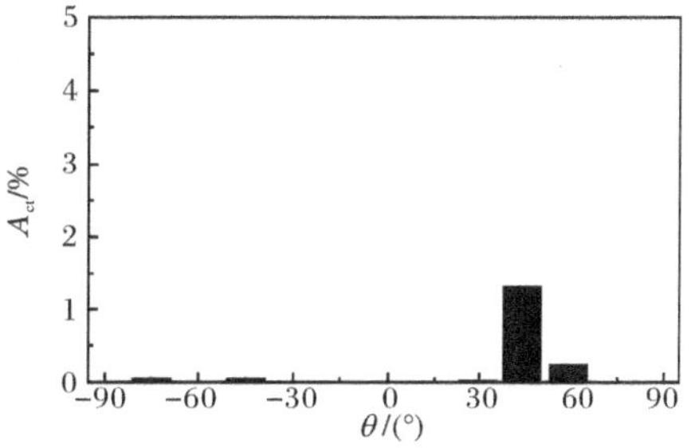

(b) 峰值强度点

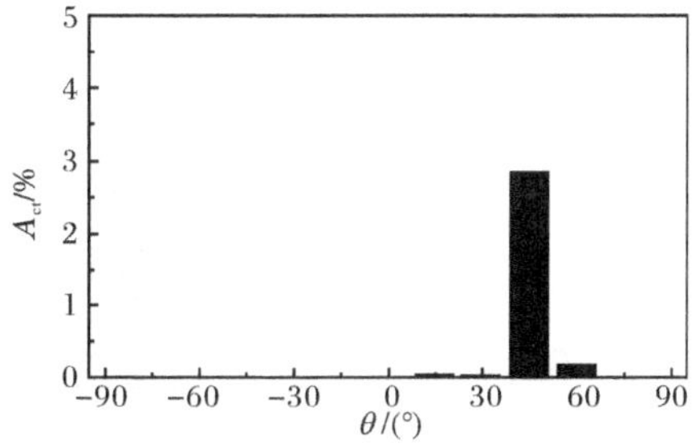

(c) 试验结束点

图 3.99　D45 系列试件($\beta=45°$、$k=0.6$)各特征点表面裂纹面积分数的角度分布

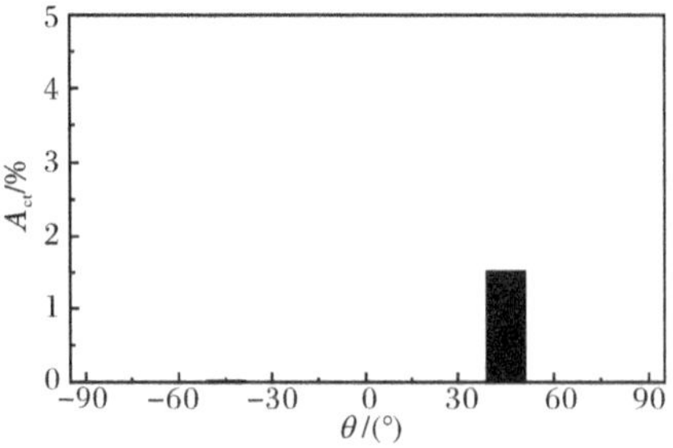

(a) 试验开始点

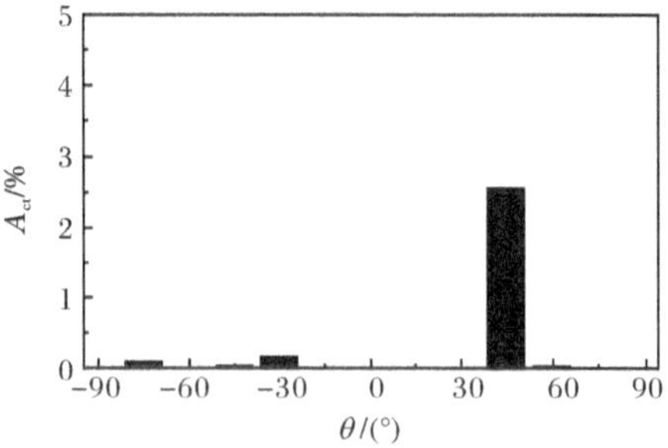

(b) 峰值强度点

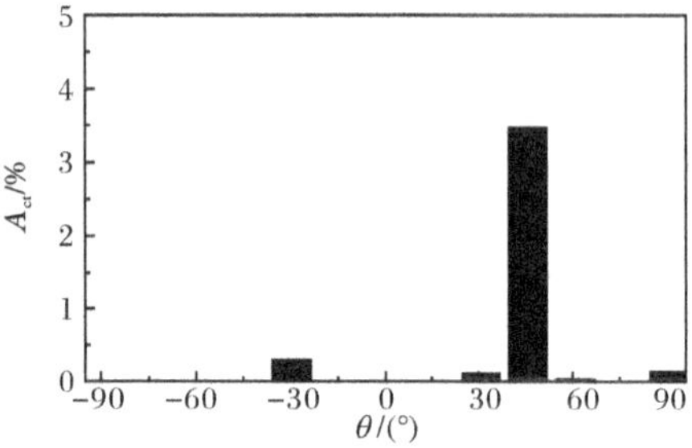

(c) 试验结束点

图 3.100　E45 系列试件($\beta=45°$、$k=0.8$)各特征点表面裂纹面积分数的角度分布

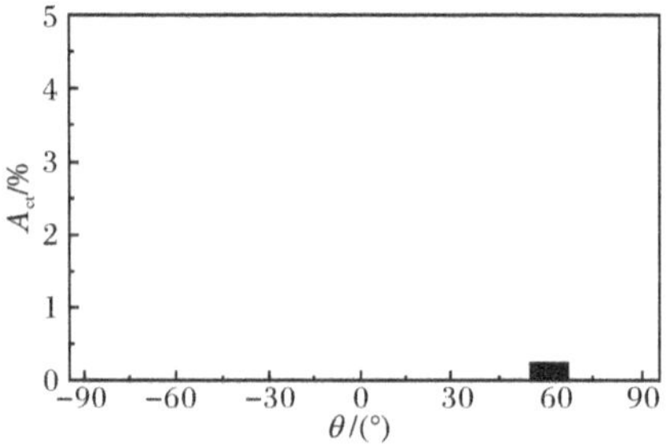

(a) 试验开始点

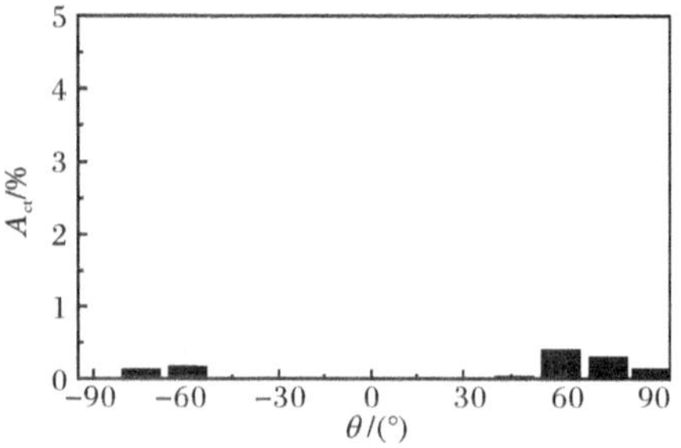

(b) 峰值强度点

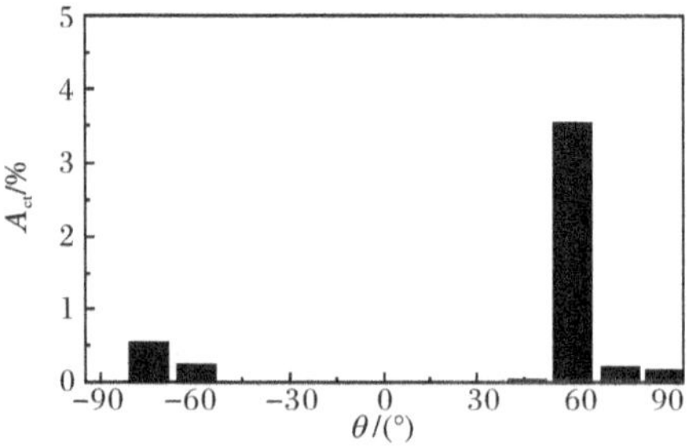

(c) 试验结束点

图 3.101　B60 系列试件($\beta=60°$、$k=0.2$)各特征点表面裂纹面积分数的角度分布

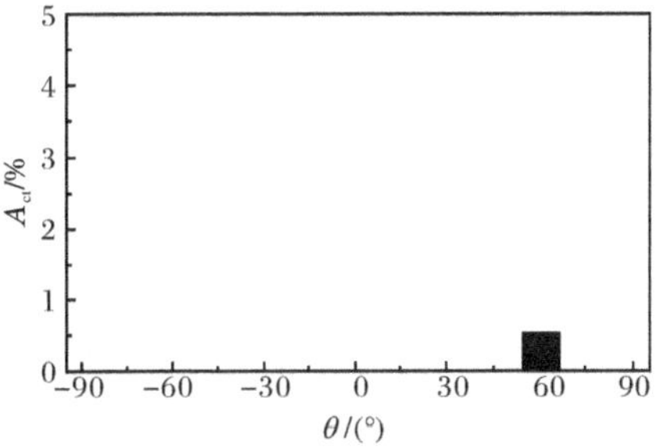

(a) 试验开始点

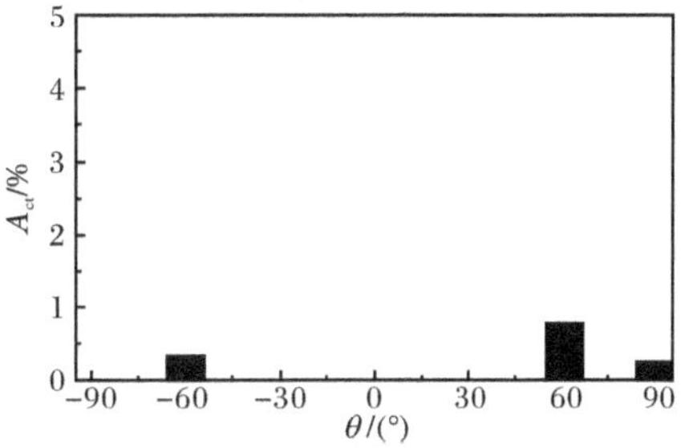

(b) 峰值强度点

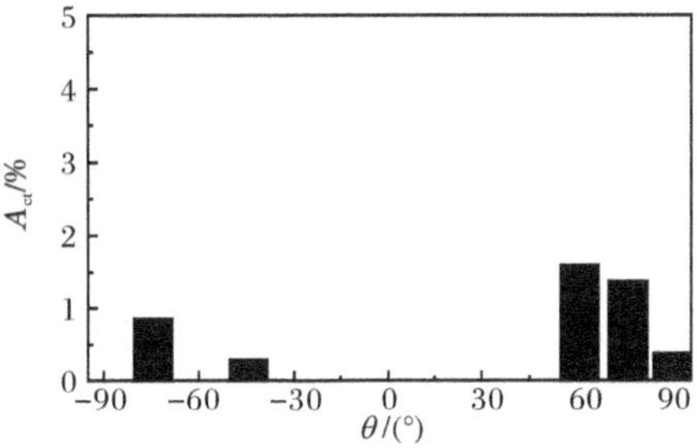

(c) 试验结束点

图 3.102　C60 系列试件(β=60°、k=0.4)各特征点表面裂纹面积分数的角度分布

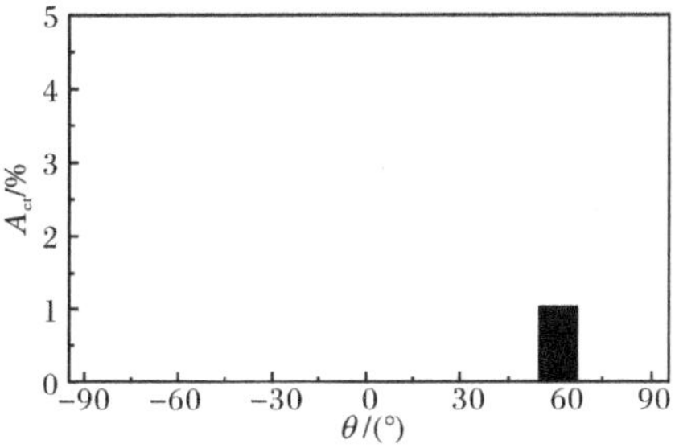

(a) 试验开始点

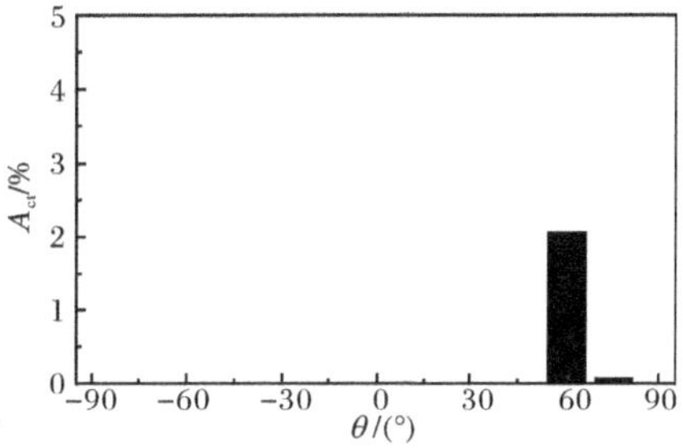

(b) 峰值强度点

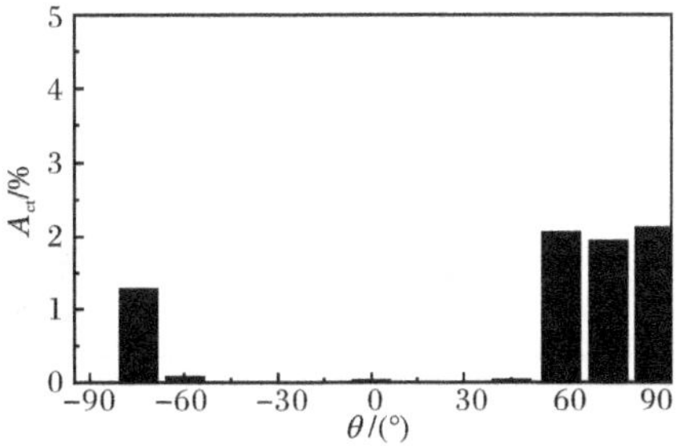

(c) 试验结束点

图 3.103　D60 系列试件(β=60°、k=0.6)各特征点表面裂纹面积分数的角度分布

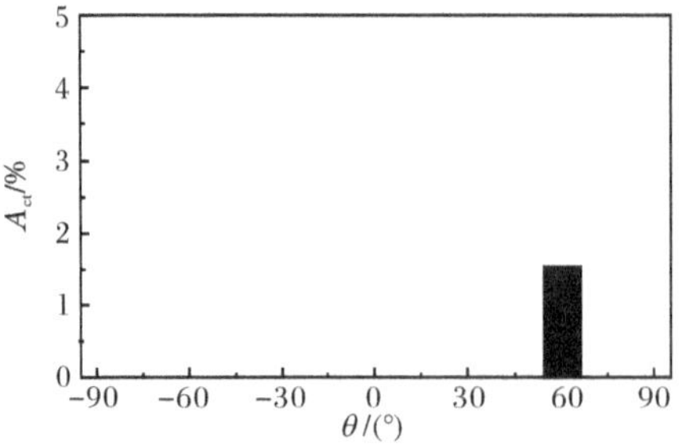

(a) 试验开始点

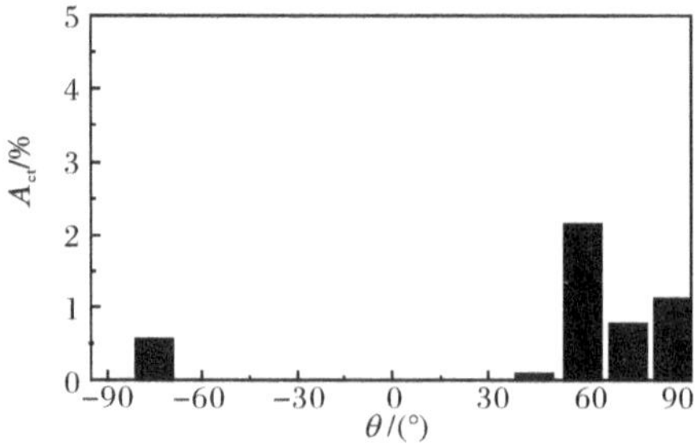

(b) 峰值强度点

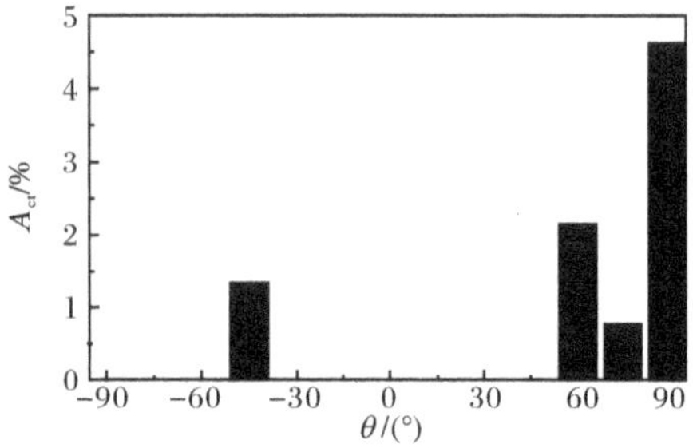

(c) 试验结束点

图 3.104　E60 系列试件(β=60°、k=0.8)各特征点表面裂纹面积分数的角度分布

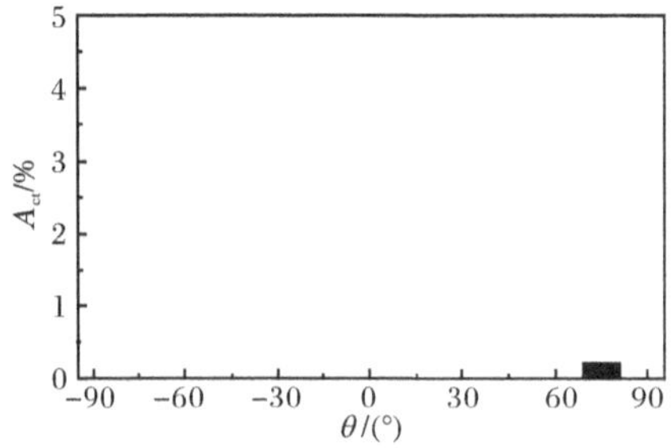

(a) 试验开始点

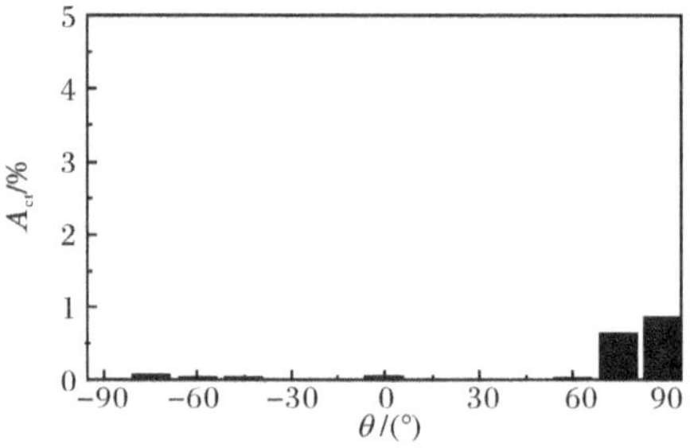

(b) 峰值强度点

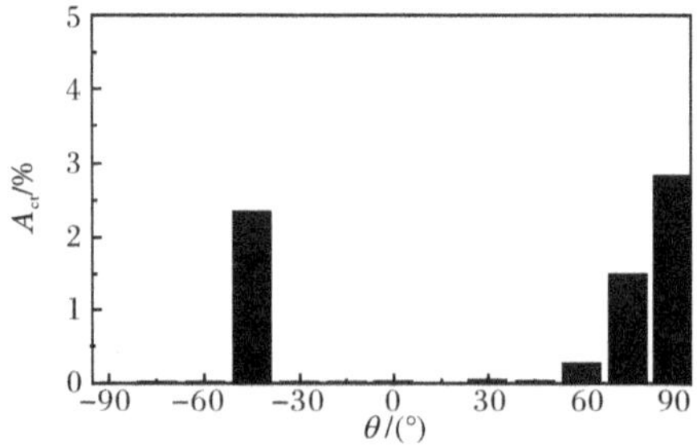

(c) 试验结束点

图 3.105　B75 系列试件(β=75°、k=0.2)各特征点表面裂纹面积分数的角度分布

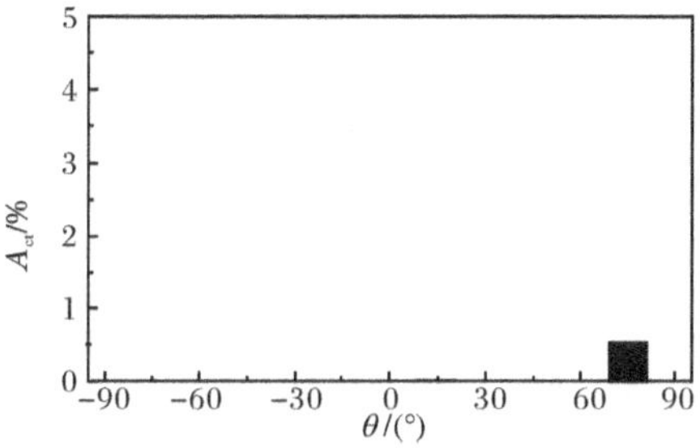

(a) 试验开始点

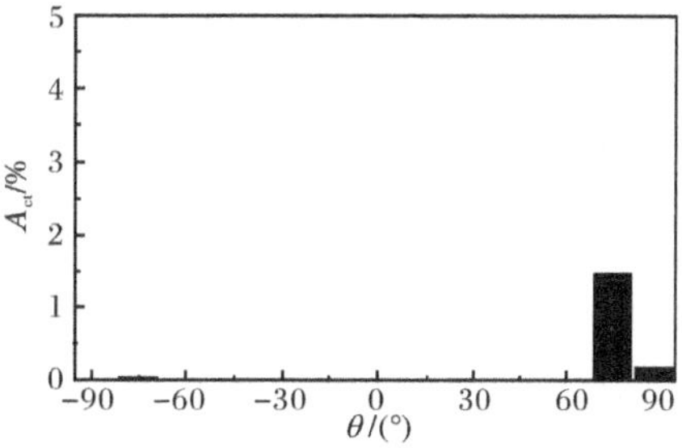

(b) 峰值强度点

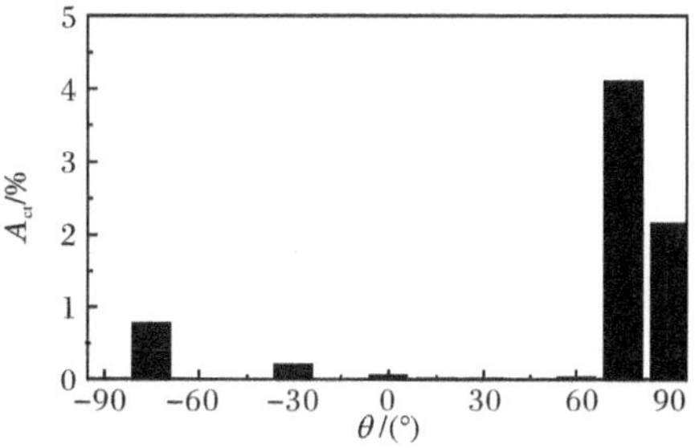

(c) 试验结束点

图 3.106　C75 系列试件(β=75°、k=0.4)各特征点表面裂纹面积分数的角度分布

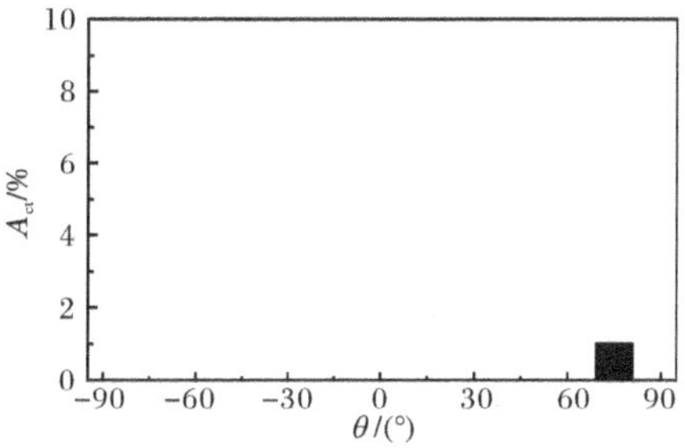

(a) 试验开始点

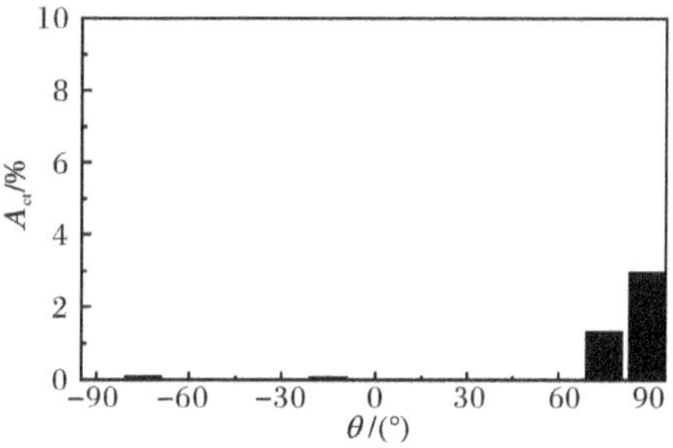

(b) 峰值强度点

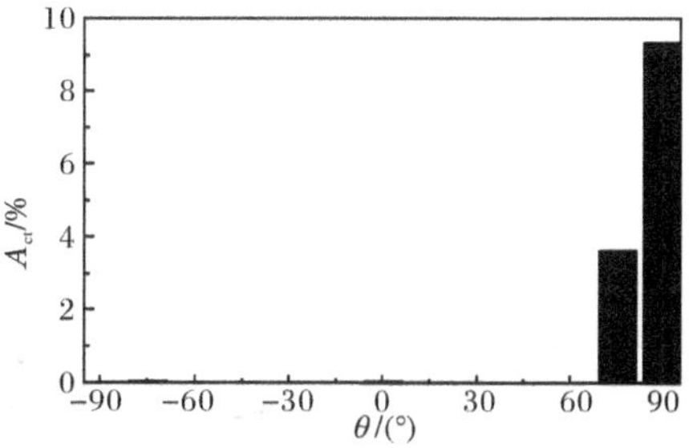

(c) 试验结束点

图 3.107　D75 系列试件(β=75°、k=0.6)各特征点表面裂纹面积分数的角度分布

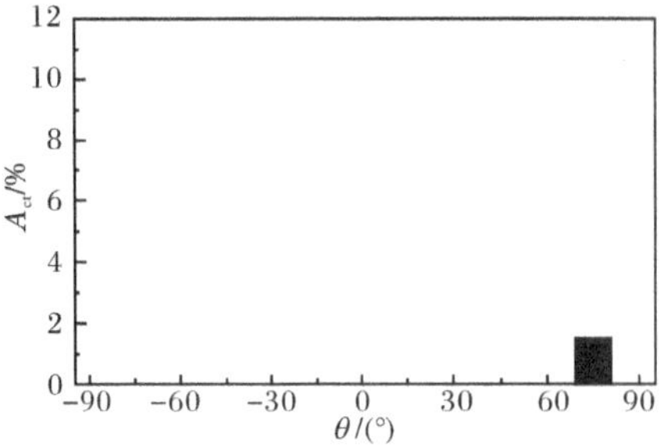

(a) 试验开始点

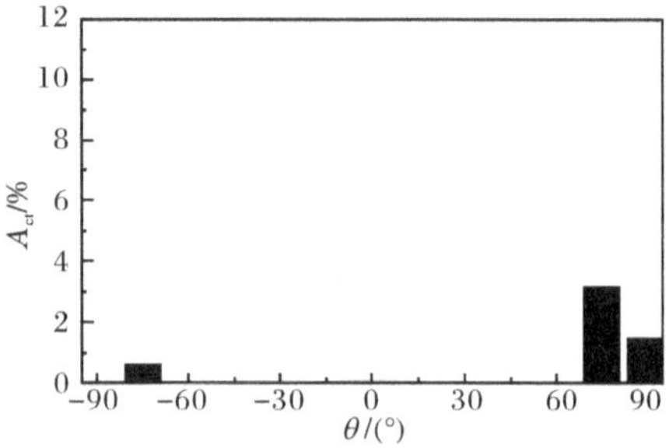

(b) 峰值强度点

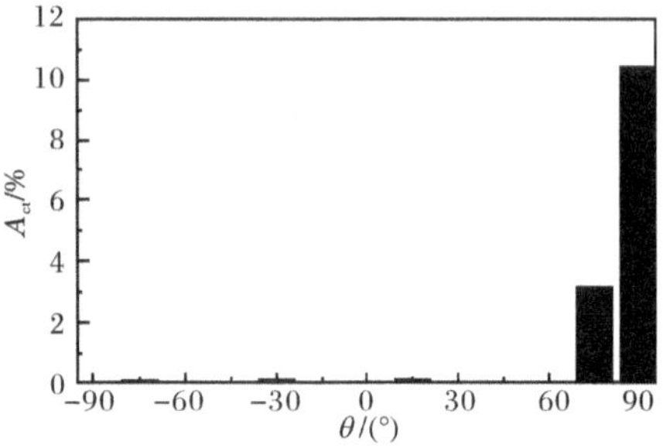

(c) 试验结束点

图 3.108　E75 系列试件(β=75°、k=0.8)各特征点表面裂纹面积分数的角度分布

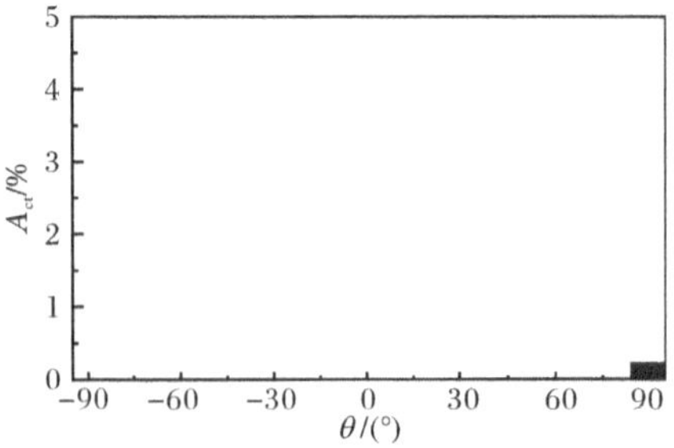

(a) 试验开始点

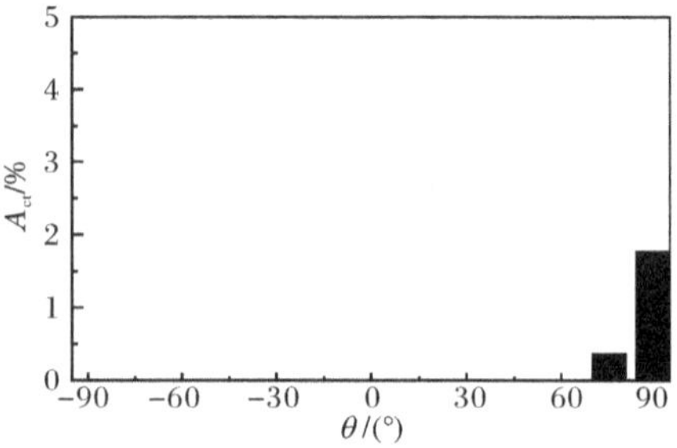

(b) 峰值强度点

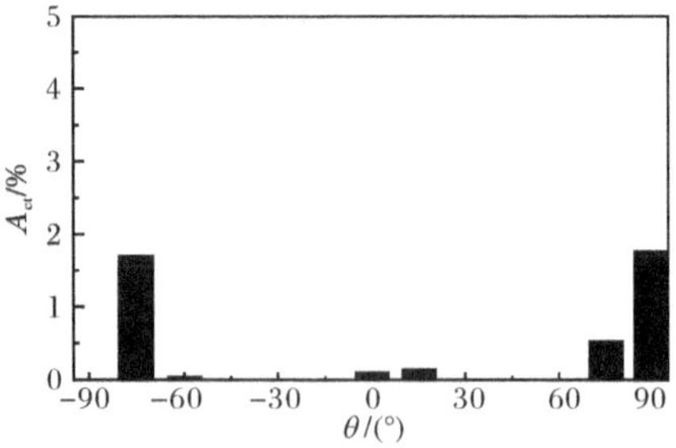

(c) 试验结束点

图 3.109　B90 系列试件(β=90°、k=0.2)各特征点表面裂纹面积分数的角度分布

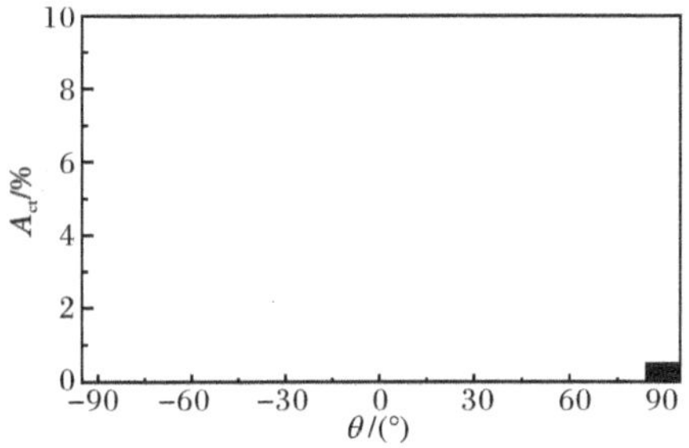

(a) 试验开始点

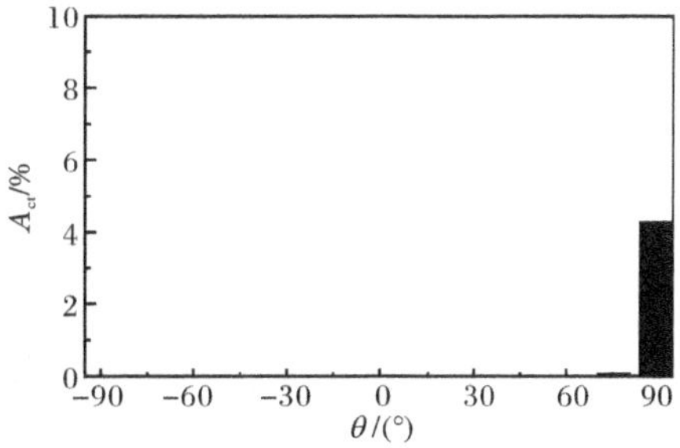

(b) 峰值强度点

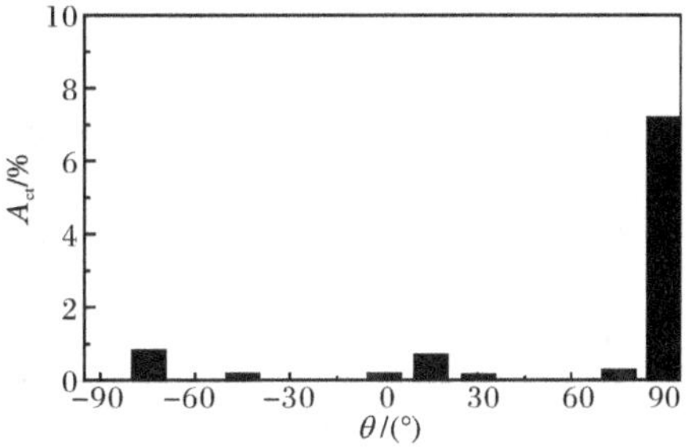

(c) 试验结束点

图 3.110　C90 系列试件(β=90°、k=0.4)各特征点表面裂纹面积分数的角度分布

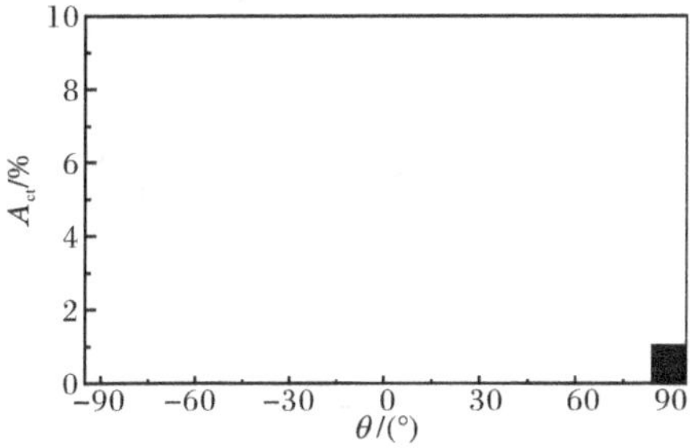

(a) 试验开始点

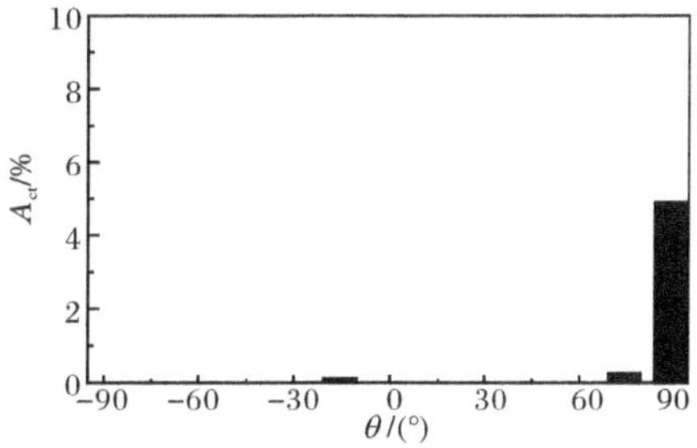

(b) 峰值强度点

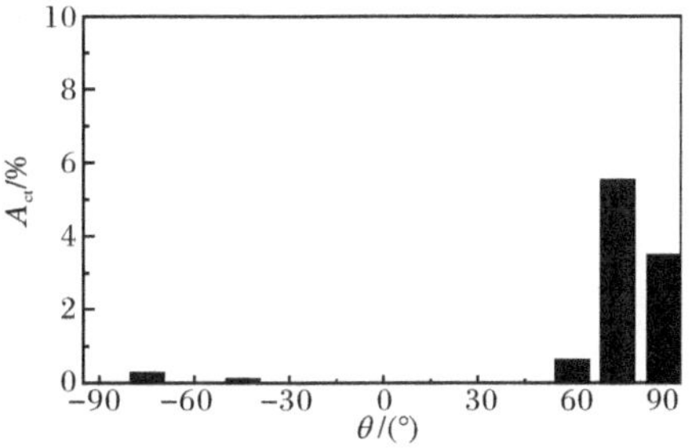

(c) 试验结束点

图 3.111　D90 系列试件(β=90°、k=0.6)各特征点表面裂纹面积分数的角度分布

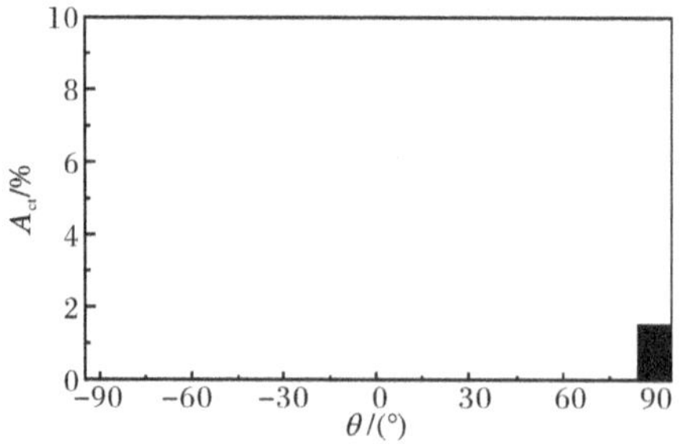

(a) 试验开始点

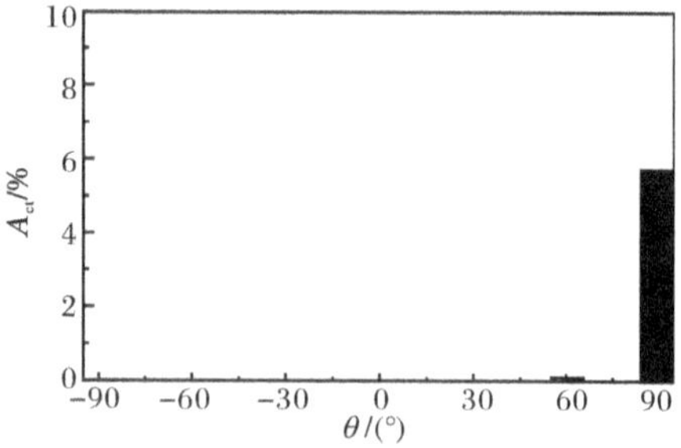

(b) 峰值强度点

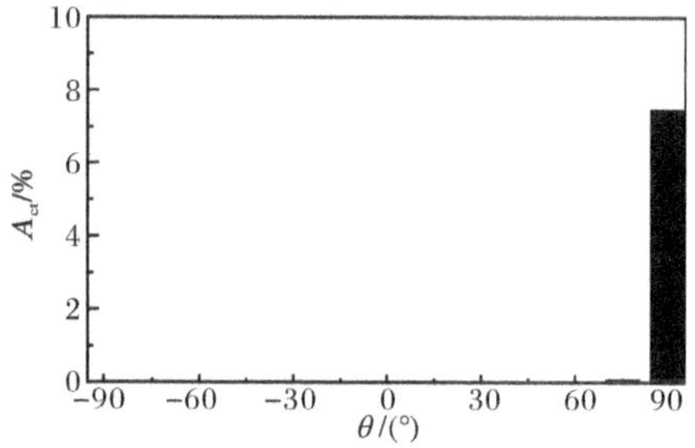

(c) 试验结束点

图 3.112 E90 系列试件(β=90°、k=0.8)各特征点表面裂纹面积分数的角度分布

表 3.2 汇总了各节理试件特征点的表面裂纹面积分数的主要和次要分布角度。可以看出：

表 3.2 各节理倾角-连通率组合试件特征点表面裂纹面积分数的角度分布特征汇总

序号	组号	表面裂纹面积分数的角度分布特征				
		试验起始点	峰值强度点		试验结束点	
		裂纹角度	主要裂纹角度	次要裂纹角度	主要裂纹角度	次要裂纹角度
1	A	—	90°	−75°	90°、75°	−75°
2	B0	0°	90°	0°	90°	30°、±75°
3	C0		90°	0°、−75°	90°、−75°	60°、75°
4	D0		90°、±75°	0°、30°	90°、−45°	±75°
5	E0		90°	0°、±75°	90°	—
6	B15	15°	90°	−75°、15°	60°	90°、15°、75°
7	C15		90°	15°、±75°	90°	±75°
8	D15		90°	±75°、45°	90°	−75°
9	E15		90°	−45°、−75°	75°	−45°、90°、−60°、−75°

续表

序号	组号	表面裂纹面积分数的角度分布特征				
		试验起始点	峰值强度点		试验结束点	
		裂纹角度	主要裂纹角度	次要裂纹角度	主要裂纹角度	次要裂纹角度
10	B30	30°	30°、90°	−75°	90°	30°、−75°
11	C30		30°	90°、75°	90°、−75°	−60°、30°、75°
12	D30		30°	90°、±75°、±60°	75°、90°	−75°、45°、−60°、30°
13	E30		±75°、90°	−60°、30°	−75°、90°、−60°	75°、30°、60°
14	B45	45°	45°	—	45°	90°、±60°、30°
15	C45		45°	90°	45°	90°、60°
16	D45		45°	60°	45°	60°
17	E45		45°	−30°	45°	−30°
18	B60	60°	60°	±75°、90°、−60°	60°	±75°、90°、−60°
19	C60		60°	90°、−60°	60°	±75°、90°、−45°
20	D60		60°	—	60°、90°	±75°
21	E60		60°	90°、±75°	90°	60°、−45°、75°
22	B75	75°	90°、75°	—	90°、75°、−45°	−60°
23	C75		75°	90°	75°	90°、−75°
24	D75		90°	75°	90°	75°
25	E75		75°	90°、−75°	90°	75°
26	B90	90°	90°	75°	90°、−75°	75°
27	C90		90°	—	90°	−75°、15°
28	D90		90°	75°	75°	90°、60°
29	E90		90°	—	90°	—

(1) 在试验开始点，没有次生裂纹产生，各试件的裂纹面积分数都只集中分布在与预制节理倾角相同的方位角处，而在其他方位角上的面积分数几乎为零。这与实际情况相符，说明了图像处理程序的计算精度满足要求。

(2) 加载过程中的预制节理张开与闭合：对各节理连通率的缓倾角节理试件(β=0°、15°)，随着轴向压力的增加，预制节理逐渐闭合。在试验结束点，预制节理几乎完全闭合，使得节理倾角方位上的裂纹面积分数有较大幅度的减小。

(3) 各节理连通率的第一组节理倾角试件(β=0°、15°、75°、90°)，以拉-拉、拉-剪裂纹汇合贯通和劈裂、压碎破坏为主导，平行于加载轴方向的拉裂纹大面积的产生、扩展、汇合贯通并形成多个宏观破坏面。因此，在峰值强度点和试验结束点，该组节理倾角试件裂纹面积分数的主要方位角多数为θ=90°，少数为±75°、

60°，即平行或近似平行于加载轴。

(4) 各节理连通率的第二组节理倾角试件(30°、45°、60°)中，节理倾角 $\beta=45°$、60°的试件，以剪-剪裂纹汇合贯通和剪切滑移破坏模式为主，而节理倾角$\beta=30°$的试件，以剪-剪、拉-剪裂纹汇合贯通和阶梯状破坏模式为主。因此，对节理倾角$\beta=45°$、60°的试件，与预制节理方位一致的剪裂纹大面积的产生、扩展、汇合贯通并形成宏观破坏面，而平行于加载轴的拉裂纹所占比例较少，使得试件裂纹面积分数的主要方位角与预制节理倾角一致。而节理倾角 $\beta=30°$的试件，平行于加载轴的拉裂纹面积所占比例较多，而剪裂纹的汇合贯通面积所占比例较少，裂纹面积分数的主要方位角为 $\theta=90°$、$\pm75°$、$-60°$。

3.5 本章小结

本章采用自行编制的 Matlab 程序，对节理岩体模拟试件单轴压缩试验过程中拍摄的表面数字图像进行了计算和分析。对每幅图像实现了单个裂纹的识别，计算了单个裂纹的长度、方位角以及面积，统计得到了表面裂纹的总面积分数、分形维数和各角度区间内的裂纹面积分数等参数。通过对各节理倾角-节理连通率组合试件的图像处理分析，定量地研究了试件在加载过程中由于节理网络的初始各向异性分布和拉、剪等不同损伤力学机制引起的裂纹各向异性演化特征。主要结论如下：

(1) 试件表面裂纹的总面积分数和分形维数随轴向应变的变化规律基本相似，在各节理倾角和节理连通率下，两个参量都随轴向应变的增加而增大，反映了在加载和变形过程中表面裂纹扩展所引起的损伤累积。在两个参量中，可选其中之一作为试件表面损伤的度量。

(2) 试件表面裂纹的总面积分数、分形维数、面积分数的角度分布，与各节理试件的裂纹汇合贯通模式和破坏模式等损伤力学机制有关。可将试件分为两大组，第一组为节理倾角 $\beta=0°$、15°、75°、90°的试件，第二组为节理倾角 $\beta=30°$、45°、60°的试件。第一组节理倾角试件以拉-拉、拉-剪汇合贯通和劈裂破坏、压碎破坏为主，第二组节理倾角试件以剪-剪、拉-剪汇合贯通和剪切滑移破坏、阶梯状破坏为主。

(3) 在各特征点处试件的表面裂纹总面积分数、分形维数随节理倾角的变化规律为：节理连通率相同时，在试验开始点两个参量基本不随节理倾角变化(由于节理密度相同)；在峰值强度点和试验结束点，两个参量随节理倾角的变化曲线都基本呈 V 形，在节理倾角为 45°处有最小值，在节理倾角为 0°处有最大值。

(4) 在各特征点处试件的表面裂纹总面积分数、分形维数随节理连通率的变化规律为：在节理倾角相同时，试验开始点、峰值强度点和试验结束点的两个参量都随节理连通率的增加而增大。第一组节理倾角试件两个参量随节理连通率的增长速度要比第二组节理倾角试件快。其中,以节理倾角为0°的试件增长最快,节理倾角为45°的试件增长最慢。

(5) 在各特征点处试件的表面裂纹面积分数角度分布特征为:在试验开始点,没有次生裂纹产生,各试件的裂纹面积分数都只集中分布在与预制节理倾角相同的方位角处;在峰值强度点,第一组节理倾角试件裂纹面积分数主要方位角平行或近似平行于加载轴;第二组节理倾角试件裂纹面积分数主要方位角与预制节理倾角一致。在试验结束点,缓倾角节理试件($\beta=0°$、15°、45°)由于预制节理几乎完全闭合,使得节理倾角方位上的裂纹面积分数有较大幅度的减小。

上述研究表明,基于数字图像处理的裂纹扩展分析,能成为岩体损伤力学研究的有效方法,可用于对节理岩体裂隙网络的各向异性分布特征及其演化规律进行定量的研究。

参考文献

[1] 马少鹏,刘善军,赵永红. 数字图像灰度相关性用以描述岩石试样损伤演化的研究. 岩石力学与工程学报,2006,25(3):591—594.

[2] 于庆磊,唐春安,朱万成,等. 基于数字图像处理的岩石细观破裂力学分析. 力学与实践,2006,28(4):60—63.

[3] Wong L N Y,Einstein H H. Using high speed video imaging in the study of cracking processes in rock. Geotechnical Testing Journal,2009,32(2):164—180.

[4] 李兆霞,黄跃平. 脆性固体变形响应与裂纹扩展的同步试验观测及其定量分析. 实验力学,1998,13(2):231—236.

[5] 赵永红. 受压岩石中裂纹发育过程及分维变化特征. 科学通报,1995,40(7):622—625.

[6] 苗金丽,何满潮,李德建,等. 花岗岩应变岩爆声发射特征及微观断裂机制. 岩石力学与工程学报,2009,28(8):1593—1603.

[7] 杨更社,谢定义,张长庆,等. 岩石损伤特性的CT识别. 岩石力学与工程学报,1996,15(1):48—54.

[8] 葛修润,任建喜,蒲毅彬,等. 煤岩三轴细观损伤演化规律的CT动态试验. 岩石力学与工程学报,1999,18(5):497—502.

[9] 耿乃光,崔承禹,邓明德. 岩石破裂实验中的遥感观测与遥感岩石力学的开端[J]. 地震学报,1992,14(增刊):645—652.

[10] 吴立新,刘善军,吴育华,等. 遥感-岩石力学(Ⅳ)-岩石压剪破裂的热红外辐射规律及其地震前兆意义. 岩石力学与工程学报,2004,23(4):539—544.

[11] 陈新,吕文涛,孙靖亚. 基于图像分析的节理岩体单轴压缩损伤演化研究. 岩石力学与工程学报,2014,33(6):1149—1157.

[12] 吕文涛. 基于图像分析的单轴压缩下节理岩体损伤演化分析(硕士学位论文). 北京:中国

矿业大学，2014.
[13] 麻润杰. 基于图像分析的岩土材料力学实验裂纹扩展研究（硕士学位论文）. 北京：中国矿业大学，2010.
[14] 谢和平. 分形-岩石力学导论. 北京：科学出版社，1996：135.
[15] 陈新，王仕志，李磊. 节理岩体模型单轴压缩破碎规律研究. 岩石力学与工程学报，2012，31(5)：898－907.

第4章 单轴压缩试验后试件的破碎特征分析

各种荷载下岩体的破碎是一个细观损伤累积发展至宏观破碎的能量耗散过程。在这一过程中，岩体内部多尺度缺陷(节理、裂隙，夹杂、裂纹、孔洞等)发育、扩展和汇合贯通直至破碎，其结构演化的几何特征、力学量或物理量演变的数字特征，均表现出较好的统计自相似性，具有分形性质[1,2]。目前，筛分试验、块度分析和分形理论已被广泛用于定量研究岩石和岩体破碎的尺度分布特征，如现场岩石爆破[3,4]、岩爆试验[5,6]、巴西劈裂试验[7]、单轴压缩试验[7,8]和三轴压缩试验[8]等。

谢和平等[4]对岩石的断裂和分形理论进行了综述，研究了岩石的穿晶断裂、沿晶断裂及耦合断裂这三种微观断裂形式的分形模型，并将分形理论用于坚硬厚煤层的放顶煤开采爆破技术研究中，发现三角形布孔效果最佳、五孔布置效果最差，前者裂隙维数明显高于后者。Shao 等[9]采用逾渗理论和重整化群方法，研究了岩石爆破下的损伤演化和分形维数。Young[10]应用数字图像处理技术来重构岩石爆破体块度发布，提出了对二维图形中块体重叠现象进行修正的方法来提高预测精度，并通过与筛分试验进行对比说明了该方法的有效性。

Perfect[2]对岩石和土破碎的分形理论和试验研究方法进行了综述。他指出，破碎分形理论的模型研究已经较为成熟，而破碎体块度分形的试验研究相对而言还较为滞后。近年来，国内这方面的研究有较大的进展。何满潮等[5]建立了岩爆试验(六面加载，一面卸载)碎屑的分形和尺度分布特征研究方法。将岩爆碎屑分为粗粒、中粒、细粒和微粒共四组，对不同粒组采用不同的研究方法进行分形维数的计算。对于较大粗粒碎屑的断裂表面进行三维激光扫描，对于中粒碎屑进行SEM 扫描，对于各尺度范围计算粒度-质量或粒度-数量关系。李德建等[6]比较了花岗岩的单轴压缩、真三轴和岩爆试验这三种加载方式对岩石碎屑分布特征的影响，研究发现：岩爆试验比前两种加载方式产生的微粒碎屑多，反映其破坏时消耗更多的能量。邓涛等[7]对比了大理岩的单轴压缩和巴西劈裂试验碎屑分形维数的异同，发现碎屑分形维数随着抗压强度的增加而增大，但与抗拉强度的关系不明显。徐永福和张庆华[8]对砂岩进行了不同围压下的三轴压缩试验，用筛分法和比重计法分析砂岩碎屑的分布特征，研究发现砂岩三轴压缩试验破坏后碎屑分形维数随着围压的增加而增大。

上述研究限于各种荷载作用下岩石的破碎特征，而实际工程中的岩体多含有节理、裂隙等结构面，这些结构面是岩体的薄弱环节，必然对岩体的破坏行为和破碎特征有很大影响。谢长进和王家来[11]通过对不同岩块尺寸的模拟裂隙岩体爆破试验结果进行分析,研究了岩块尺寸对破碎分形的影响,结果表明原岩块尺寸越小,岩体的初始分形维数越大,要达到相同的爆破块度所需要的炸药越少。秦四清等[12]指出,节理网络的分形结构可用分形维数来描述,可作为岩体质量分级的新指标来对岩体的强度进行折减。

本章研究节理倾角和节理连通率的组合变化对试件单轴压缩试验[13]后试件破碎体块度特征的影响。首先对破碎体进行筛分试验,量测其数目、尺寸和质量。在此基础上,分析其块度分布特征、比表面积和分形维数等随节理参数的变化规律。

4.1 筛分试验的方法和步骤

4.1.1 筛分试验方法

筛分试验采用一组筛子,如图 4.1 所示,共有 7 个,直径分别为:10mm、5mm、2mm、1mm、0.5mm、0.25mm 和 0.075mm。此外,还有顶部和底部的无孔盘子。相应地,可将破碎体分为 8 个粒径范围:$d\geqslant 10$mm、5mm$\leqslant d<10$mm,2mm$\leqslant d<5$mm、1mm$\leqslant d<2$mm、0.5mm$\leqslant d<1$mm、0.25mm$\leqslant d<0.5$mm、0.075mm$\leqslant d<0.25$mm 和 $d<0.075$mm。

图 4.1 块度分析采用的筛子

将这些碎屑分为粗粒、中粒、细粒和微粒 4 个粒级,分别对应于粒径 $d\geqslant 10$mm、5mm$\leqslant d<10$mm、0.075mm$\leqslant d<5.0$mm 和 $d<0.075$mm。各粒级或粒径采用如下量测方法(见表 4.1):

表 4.1 块体粒级定义及所采用的量测方法

粒级	粒径 d/mm	量测方法	获得结果
粗粒	≥10	统计个数,用电子天平称每块的质量,用游标卡尺量测每块的尺寸	单块质量,单块的长、宽、高尺寸

续表

粒级	粒径 d/mm	量测方法	获得结果
中粒	5～10	统计个数，用电子天平称总重，用 ImagePro 软件量测长度和宽度尺寸	总质量，总个数
	2～5	样本法统计个数，用电子天平称总重	总质量，总个数
	1～2	用电子天平称总重	总质量
细粒	0.5～1	用电子天平称总重	总质量
	0.25～0.5	用电子天平称总重	总质量
	0.075～0.25	用电子天平称总重	总质量
微粒	＜0.075	用电子天平称总重	总质量

(1) 粗粒($d\geqslant$10mm)：由于每块的尺寸较大，用电子天平称每块的质量(见图 4.2)，用游标卡尺量测每个碎块的长、宽和厚度 3 个方向的最大尺寸；统计碎块的总数。

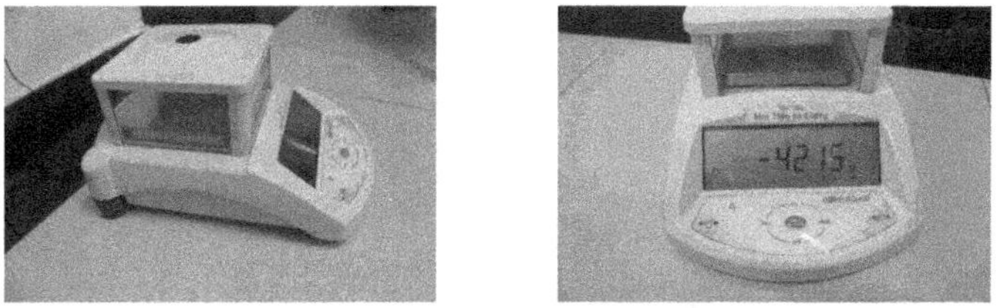

图 4.2　块度分析采用的电子天平

(2) 中粒(5mm$\leqslant d<$10mm)：每块的尺寸较小，几何尺寸难以直接测量，在试验过程中获取照片，采用 ImagePro 软件测量其长度和宽度。由于通常个数较多，故不单独称量每个碎块的质量，只称总质量；统计总个数。

(3) 粒级为 2mm$\leqslant d<$5mm 的细粒：尺寸过小，无法通过照片提取尺寸信息，只统计总个数，并称总质量。

(4) 粒级为 1mm$\leqslant d<$2mm、0.5mm$\leqslant d<$1mm、0.25mm$\leqslant d<$0.5mm、0.075mm$\leqslant d<$0.25mm 的细粒：对每个级组，分别称量总质量。

(5) 微粒($d<$0.075mm)：称量该级组的总质量。

4.1.2　筛分试验步骤

筛分试验所采用的仪器和设备有：电子天平、筛子、游标卡尺、相机、黑色背景纸、毛刷等。以 B15 系列试件的筛分试验过程为例(见图 4.3)，其详细操作步骤如下：

(a) 单轴压缩试验后的试件

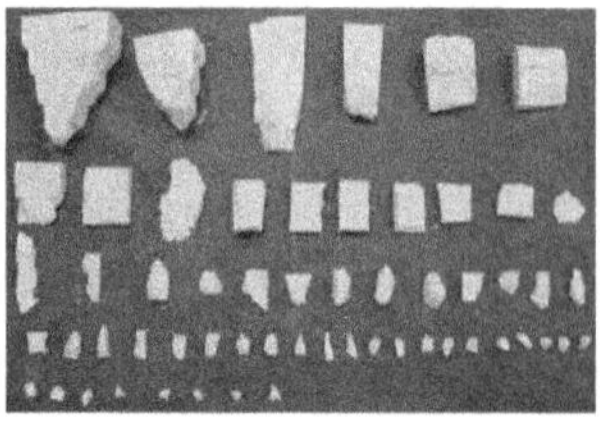

(b) 粗粒碎块

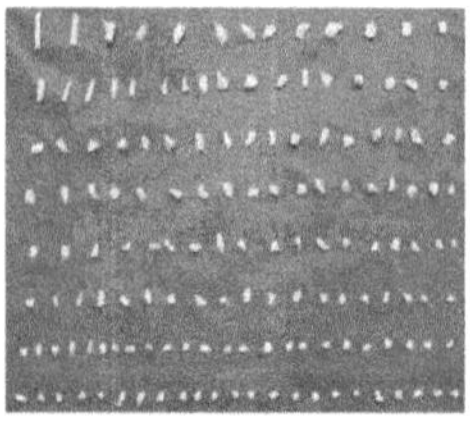

(c) 中粒碎块

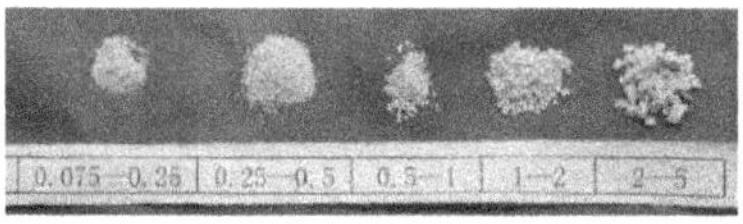

(d) 细粒碎屑

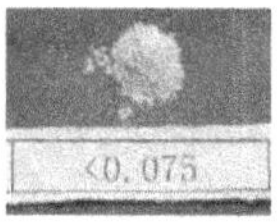

(e) 微粒碎屑

图 4.3　B15 系列试件(β=15°、k=0.2)筛分前及筛分后的粒级

(1) 把黑色背景纸平铺在试验台上，把筛子按照底盘、七个孔径的筛子由小到大的顺序从下往上摞起来(依次是 0.075mm、0.25mm、0.5mm、1mm、2mm、5mm、10mm)，盖上顶盘。

(2) 调平电子天平，找一张大小合适的干净纸片放到天平上，并归零。

(3) 将装有该试件碎块的塑料袋子放到黑色背景纸中央，进行拍照，照片中要能够看到试件的编号(如图 4.3(a)所示)。

(4) 将含试件碎块的袋子放在天平上称出其试件碎块和袋子的总质量。然后，将袋中的试件碎块倒入最上边的筛子中，称出塑料袋子的质量，用总质量减去塑料袋的质量，即可得到该试件碎块的总质量。

(5) 均匀地用力振动筛子。然后，取下顶部孔径为 10mm 的筛子，其内装有粒径大于 10mm 的粗粒碎块。按照块度从大到小的顺序依次，将它们排放在黑色背景纸上面，进行拍照(如图 4.3(b)所示)。然后再依次称出每个碎块的长度、宽度、高度及质量，并简单描述其形状特征，记录在块度分析详细情况表中。每次量测完后，将该粒级的碎块放回原来的塑料袋内。

(6) 取下第二层孔径为 5mm 的筛子，其内装有粒径为 5mm≤d<10mm 的中粒碎块。将它们逐个排放在黑色背景纸上面并放上刻度标记后进行拍照(如图 4.3(c)所示)，数出总个数，称出总质量。然后将该粒级碎块单独装袋，在放回原来的塑料袋中。

(7) 依次取下第三层的筛子，其内装有粒径分别为 2mm≤d<5mm 的细粒碎

屑，称出该级组的总重量。选取其中的一部分为样本，数出样本碎屑的个数，假设该粒级的碎屑颗粒尺寸和质量均匀，采用样本法算出其总颗粒数(样本质量:总质量=样本个数:总个数)。将每个级组的样本摆放在黑色背景纸上对应的粒径区间内。

(8) 依次取出第四、五、六和七层的筛子，其内装有粒径分别为 1mm≤d<2mm、0.5mm≤d<1mm、0.25mm≤d<0.5mm、0.075mm≤d<0.25mm 的细粒碎屑。对每个级组，按照样本法称出总质量。将每个级组的样本摆放在黑色背景纸上细粒区间所对应的粒径内，与 2mm≤d<5mm 的细粒碎屑样本一起，进行拍照。

(9) 取出底盘下面的筛子，内装有粒径为 d<0.075mm 的微粒碎屑，称出总质量。选取其中的一部分为代表，放在黑色背景纸上的微粒区间内进行拍照。

(10) 将上述量测数据记录在块度分析详细情况表中。将各粒级碎块和碎屑单独装袋，再放回原来的塑料袋中。整理好所有试验仪器，归类摆放，把试验区域打扫干净，把测量完成的试件放回到试验柜中保存好。

4.2　筛分试验的结果

4.2.1　各试件筛分试验的粗粒和中粒照片

对 29 种节理倾角-节理连通率组合的岩体模拟试件在单轴压缩试验后的破碎体，进行了筛分试验，每组试件的粗粒和中粒如图 4.4～图 4.32 所示。

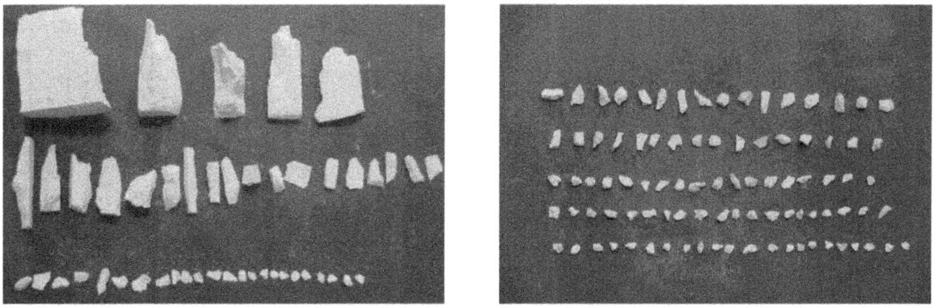

(a) 粗粒碎屑　　(b) 中粒碎屑

图 4.4　A 系列试件(无节理)筛分得到的粗粒和中粒

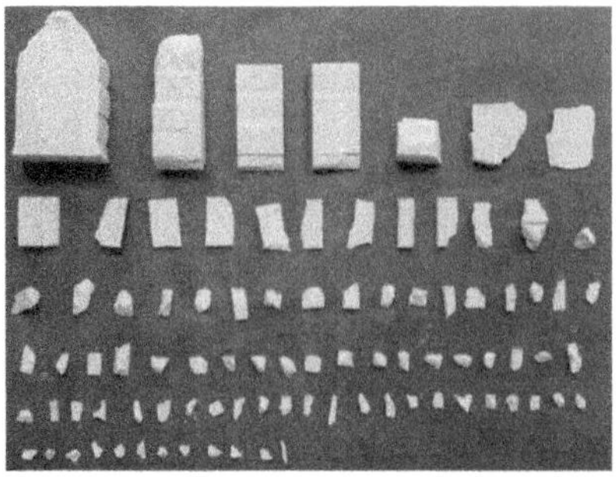

(a) 粗粒碎屑

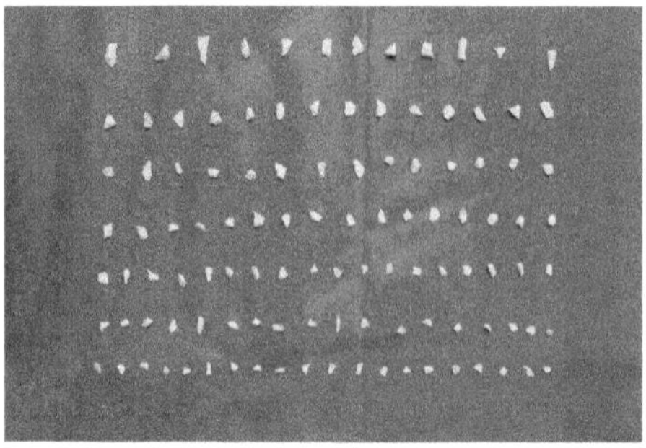

(b) 中粒碎屑

图 4.5 B0 系列试件($\beta=0°$、$k=0.2$)筛分得到的粗粒和中粒

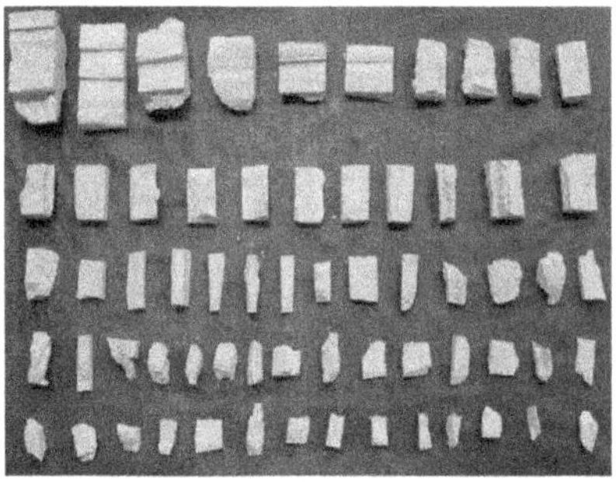

(a) 粗粒碎屑

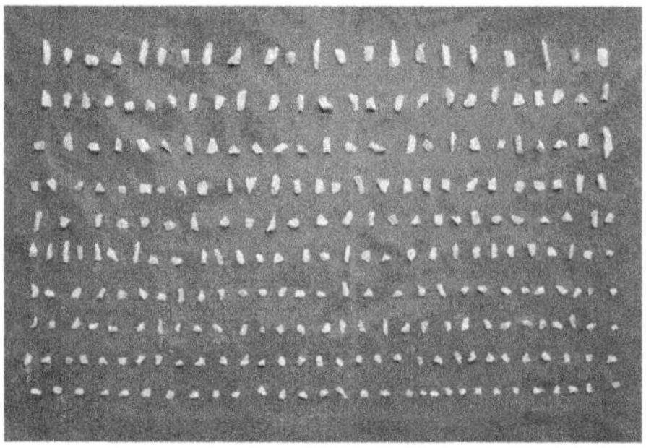

(b) 中粒碎屑

图 4.6 C0 系列试件($\beta=0°$、$k=0.4$)筛分得到的粗粒和中粒

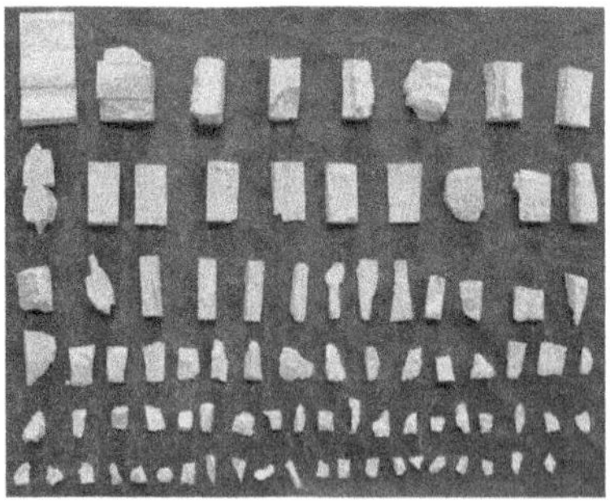

(a) 粗粒碎屑

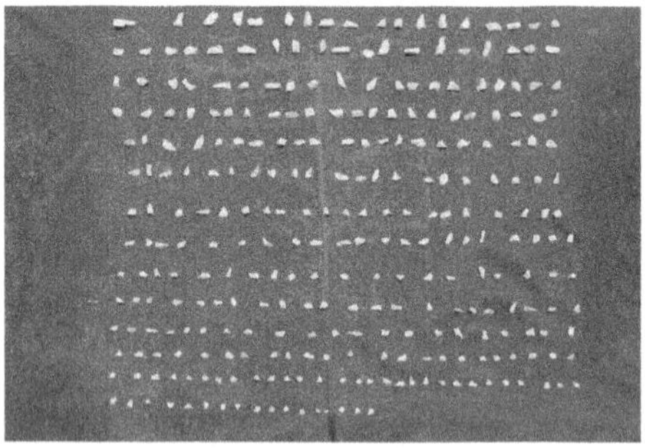

(b) 中粒碎屑

图 4.7 D0 系列试件($\beta=0°$、$k=0.6$)筛分得到的粗粒和中粒

屑，称出该级组的总重量。选取其中的一部分为样本，数出样本碎屑的个数，假设该粒级的碎屑颗粒尺寸和质量均匀，采用样本法算出其总颗粒数（样本质量∶总质量＝样本个数∶总个数）。将每个级组的样本摆放在黑色背景纸上对应的粒径区间内。

(8) 依次取出第四、五、六和七层的筛子，其内装有粒径分别为 1mm≤d<2mm、0.5mm≤d<1mm、0.25mm≤d<0.5mm、0.075mm≤d<0.25mm 的细粒碎屑。对每个级组，按照样本法称出总质量。将每个级组的样本摆放在黑色背景纸上细粒区间所对应的粒径内，与 2mm≤d<5mm 的细粒碎屑样本一起，进行拍照。

(9) 取出底盘下面的筛子，内装有粒径为 d<0.075mm 的微粒碎屑，称出总质量。选取其中的一部分为代表，放在黑色背景纸上的微粒区间内进行拍照。

(10) 将上述量测数据记录在块度分析详细情况表中。将各粒级碎块和碎屑单独装袋，再放回原来的塑料袋中。整理好所有试验仪器，归类摆放，把试验区域打扫干净，把测量完成的试件放回到试验柜中保存好。

4.2　筛分试验的结果

4.2.1　各试件筛分试验的粗粒和中粒照片

对 29 种节理倾角-节理连通率组合的岩体模拟试件在单轴压缩试验后的破碎体，进行了筛分试验，每组试件的粗粒和中粒如图 4.4～图 4.32 所示。

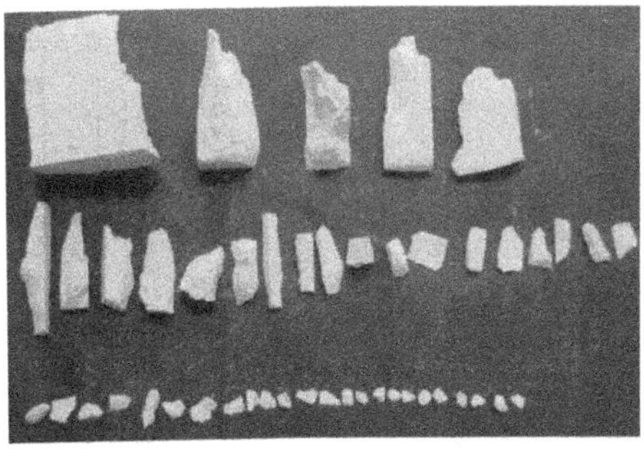

(a) 粗粒碎屑

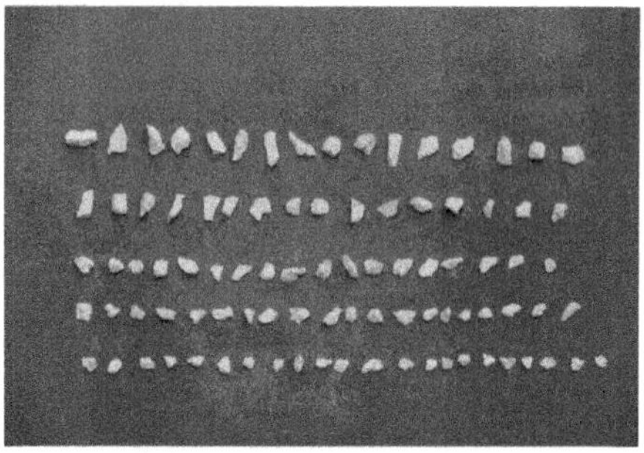

(b) 中粒碎屑

图 4.4　A系列试件(无节理)筛分得到的粗粒和中粒

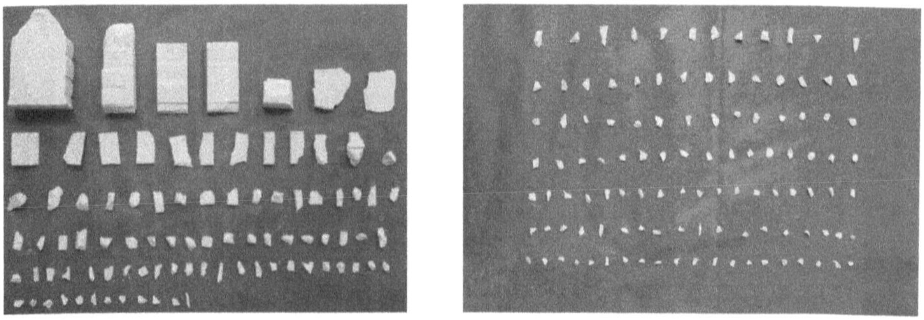

(a) 粗粒碎屑　　(b) 中粒碎屑

图 4.5　B0 系列试件(β=0°、k=0.2)筛分得到的粗粒和中粒

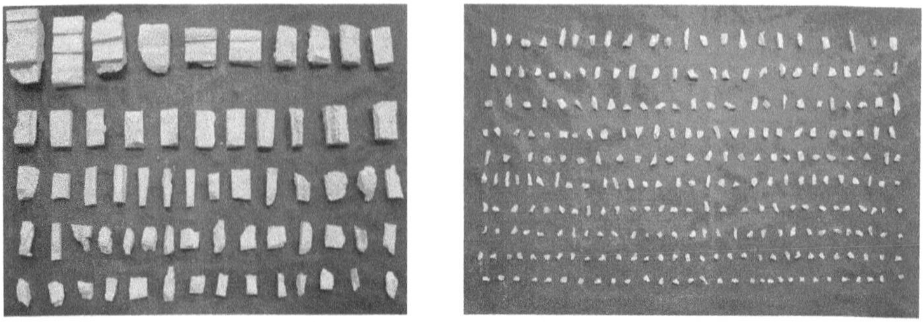

(a) 粗粒碎屑　　(b) 中粒碎屑

图 4.6　C0 系列试件(β=0°、k=0.4)筛分得到的粗粒和中粒

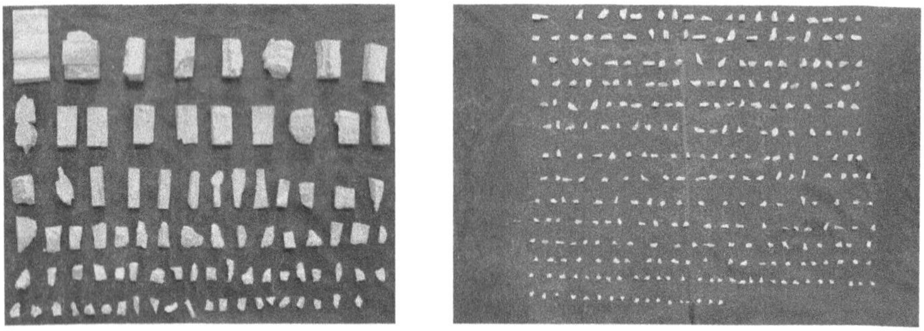

(a) 粗粒碎屑　　(b) 中粒碎屑

图 4.7　D0 系列试件(β=0°、k=0.6)筛分得到的粗粒和中粒

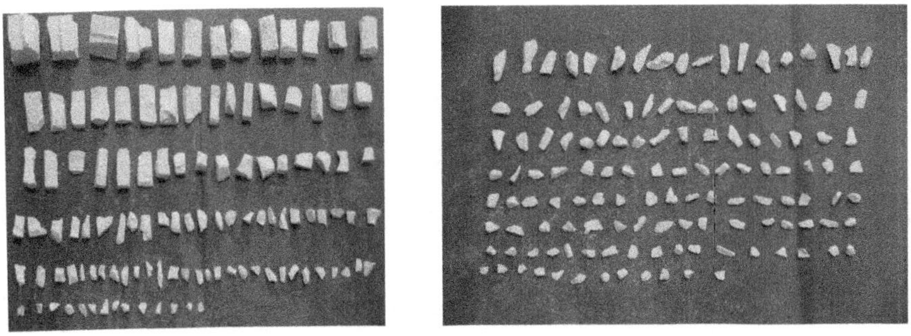

(a) 粗粒碎屑　　(b) 中粒碎屑(放大)

图 4.8　E0 系列试件($\beta=0°$、$k=0.8$)筛分得到的粗粒和中粒

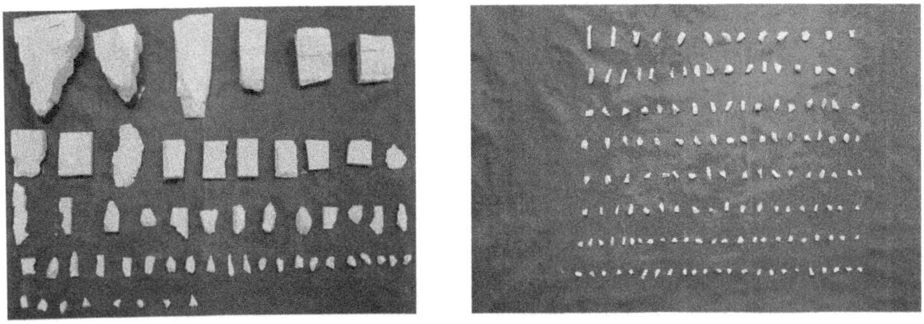

(a) 粗粒碎屑　　(b) 中粒碎屑

图 4.9　B15 系列试件($\beta=15°$、$k=0.2$)筛分得到的粗粒和中粒

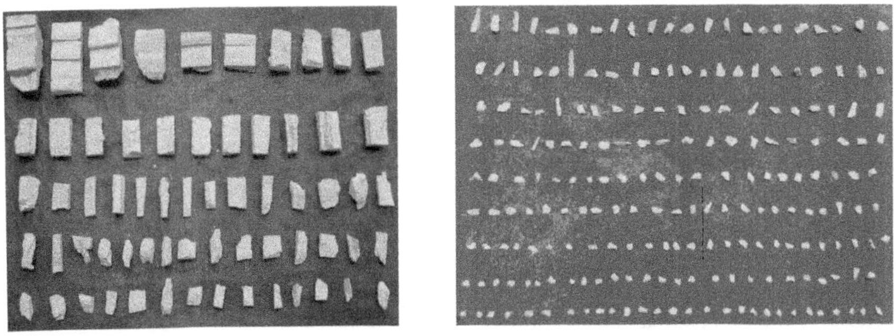

(a) 粗粒碎屑　　(b) 中粒碎屑

图 4.10　C15 系列试件($\beta=15°$、$k=0.4$)筛分得到的粗粒和中粒

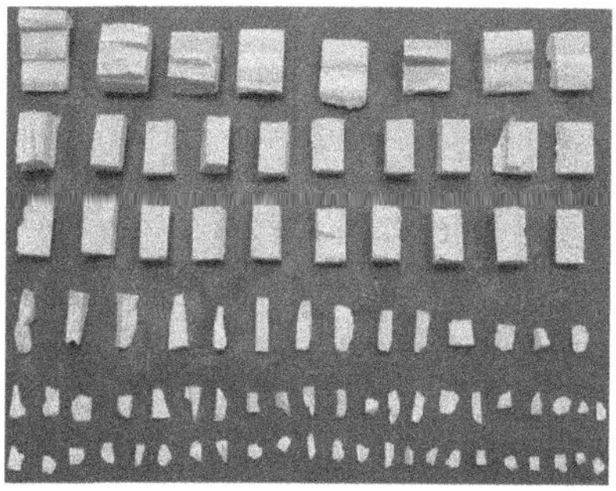

(a) 粗粒碎屑

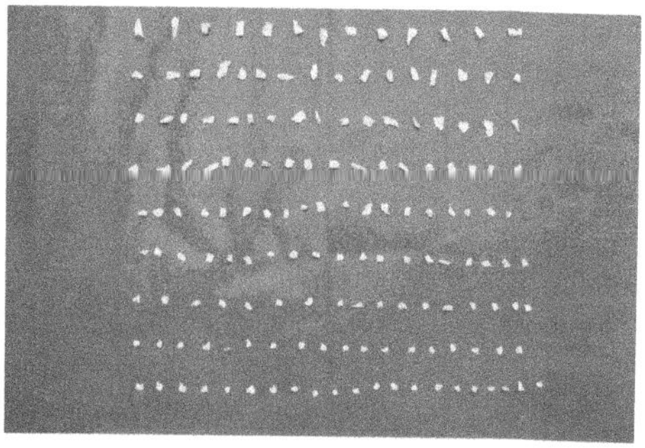

(b) 中粒碎屑

图 4.11　D15 系列试件(β=15°、k=0.6)筛分得到的粗粒和中粒

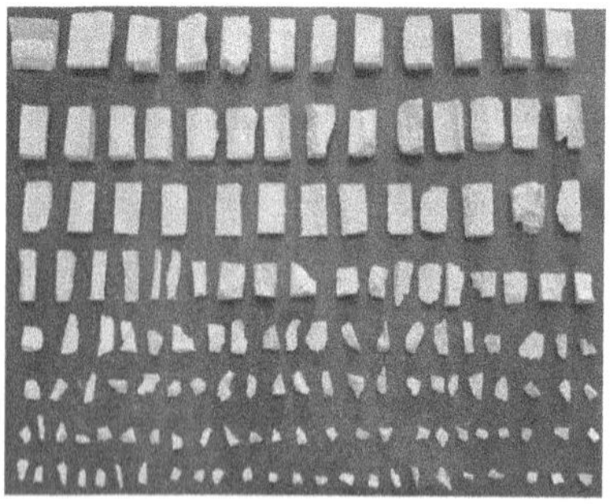

(a) 粗粒碎屑

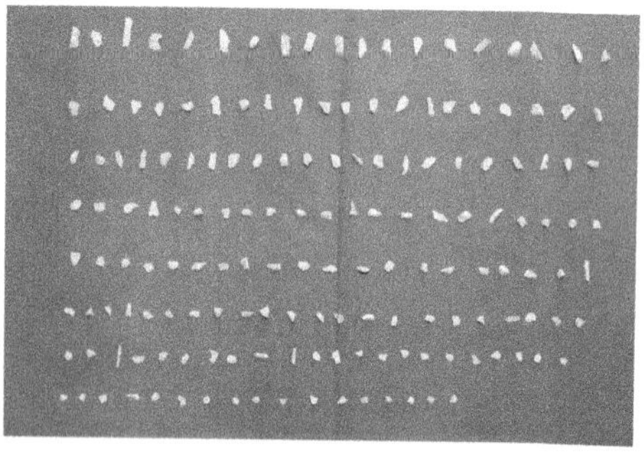

(b) 中粒碎屑

图 4.12　E15 系列试件(β=15°、k=0.8)筛分得到的粗粒和中粒

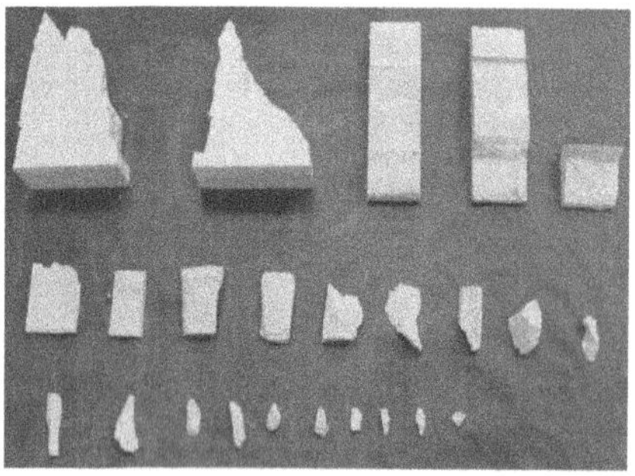

(a) 粗粒碎屑

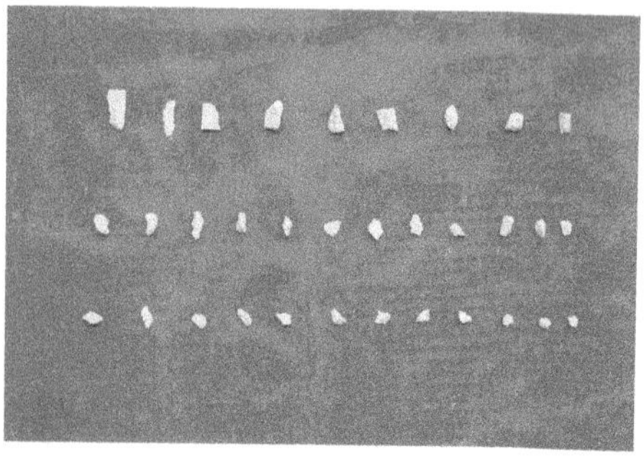

(b) 中粒碎屑

图 4.13　B30 系列试件(β=30°、k=0.2)筛分得到的粗粒和中粒

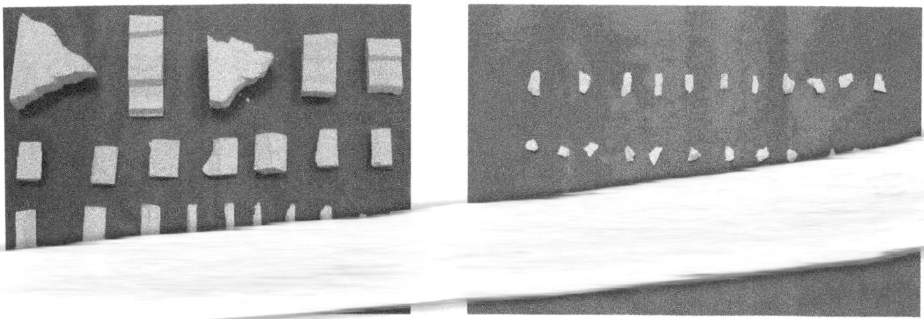

(a) 粗粒碎屑　(b) 中粒碎屑

图 4.14　C30 系列试件(β=30°、k=0.4)筛分得到的粗粒和中粒

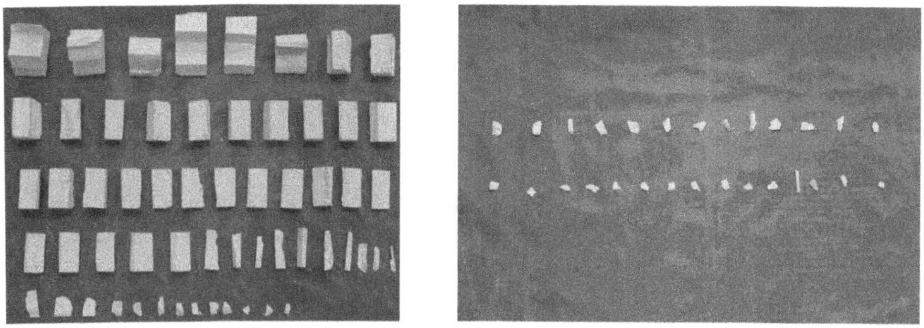

(a) 粗粒碎屑　(b) 中粒碎屑

图 4.15　D30 系列试件(β=30°、k=0.6)筛分得到的粗粒和中粒

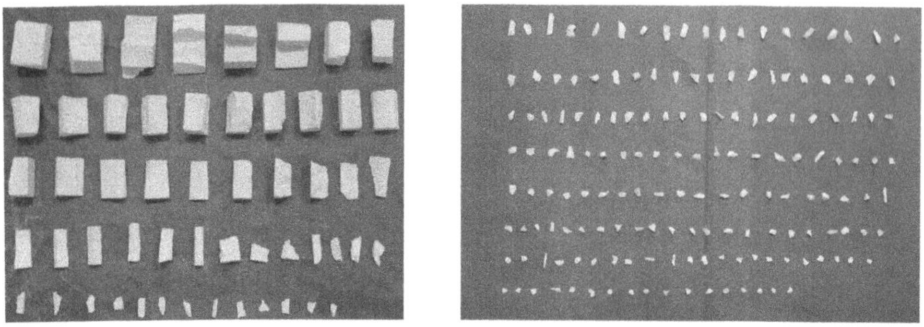

(a) 粗粒碎屑　(b) 中粒碎屑

图 4.16　E30 系列试件(β=30°、k=0.8)筛分得到的粗粒和中粒

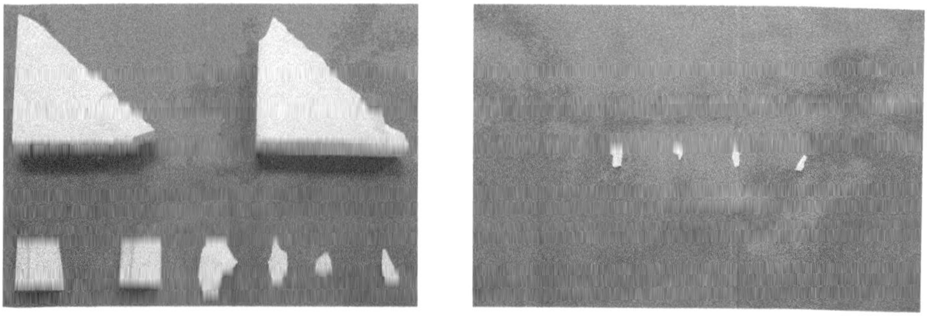

(a) 粗粒碎屑　(b) 中粒碎屑

图 4.17　B45 系列试件(β=45°、k=0.2)筛分得到的粗粒和中粒

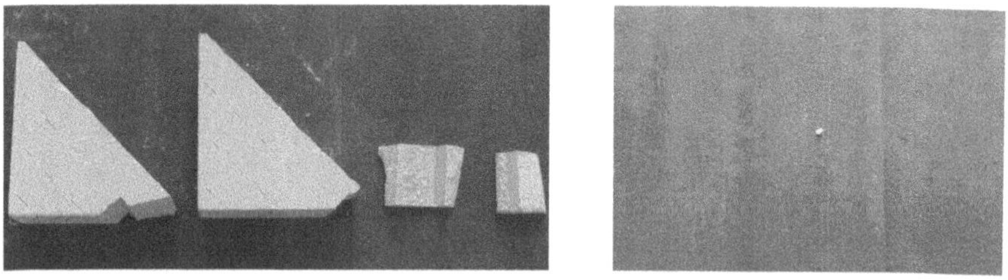

(a) 粗粒碎屑　(b) 中粒碎屑

图 4.18　C45 系列试件(β=45°、k=0.4)筛分得到的粗粒和中粒

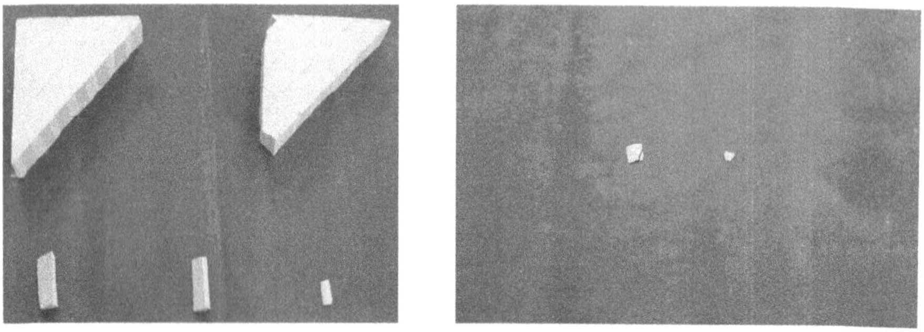

(a) 粗粒碎屑　(b) 中粒碎屑

图 4.19　D45 系列试件(β=45°、k=0.6)筛分得到的粗粒和中粒

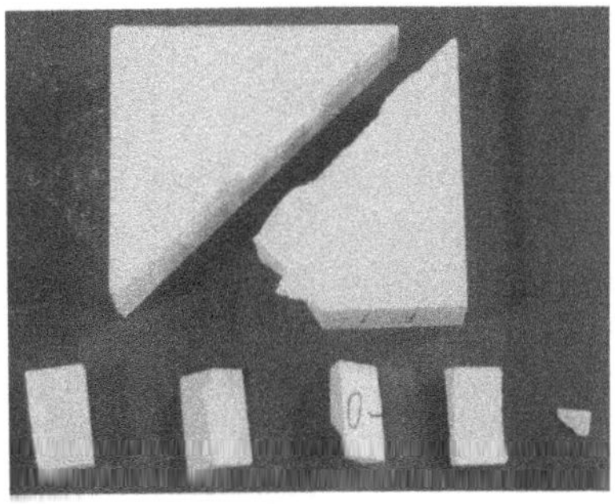

(a) 粗粒碎屑

(b) 中粒碎屑

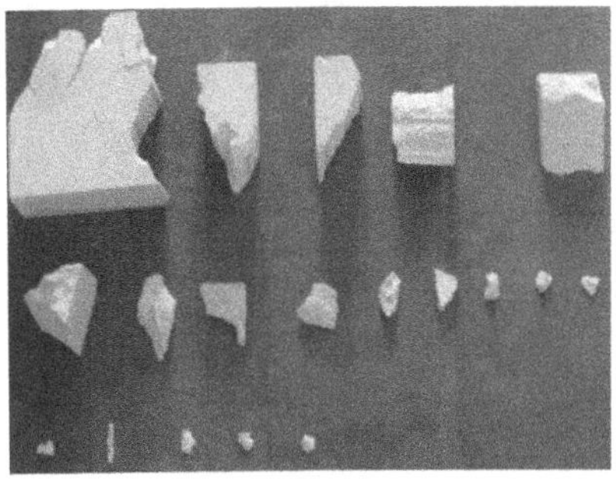

(a) 粗粒碎屑

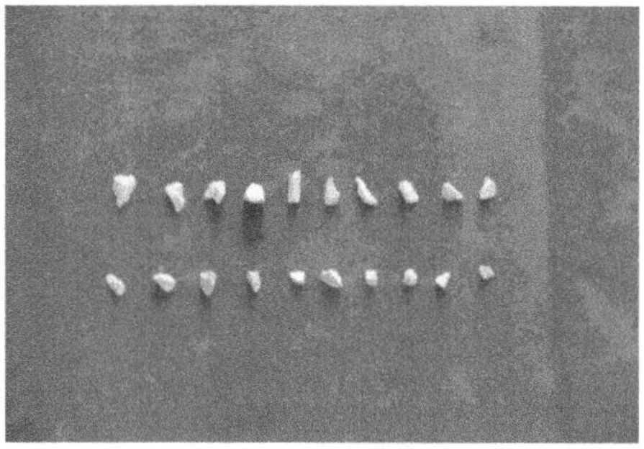

(b) 中粒碎屑

图 4.21　B60 系列试件($\beta=60^{\circ}$、$k=0.2$)筛分得到的粗粒和中粒

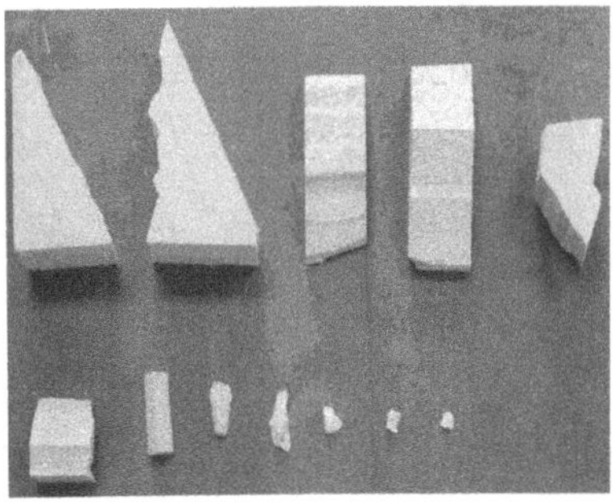

(a) 粗粒碎屑

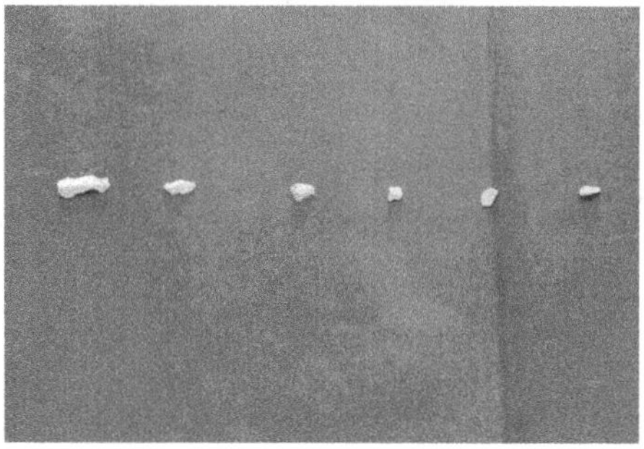

(b) 中粒碎屑

图 4.22　C60 系列试件($\beta=60^{\circ}$、$k=0.4$)筛分得到的粗粒和中粒

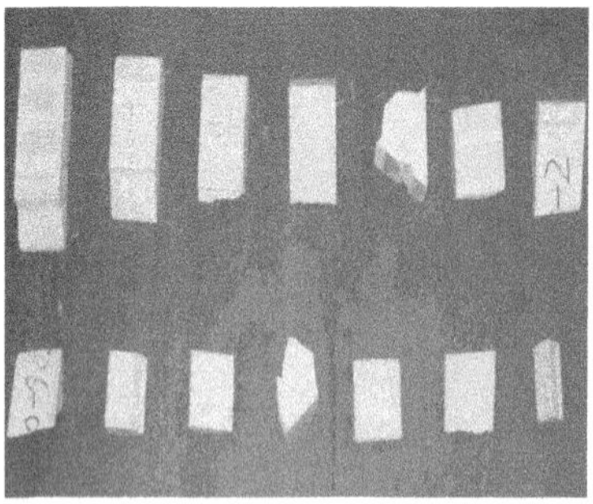

(a) 粗粒碎屑

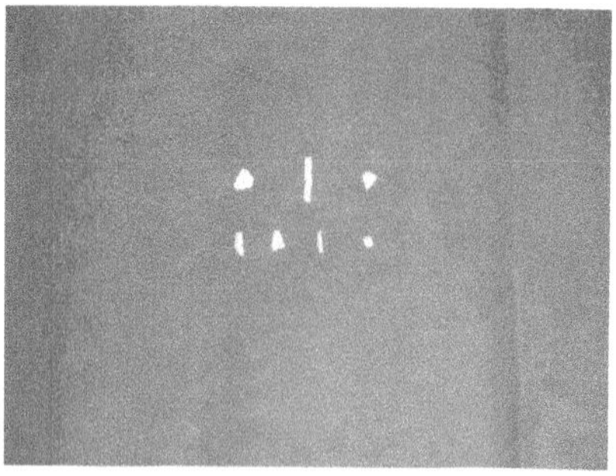

(b) 中粒碎屑

图 4.23　D60 系列试件(β=60°、k=0.6)筛分得到的粗粒和中粒

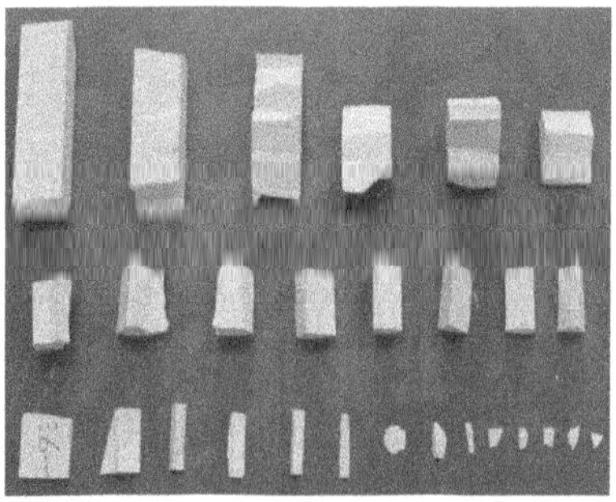

(a) 粗粒碎屑

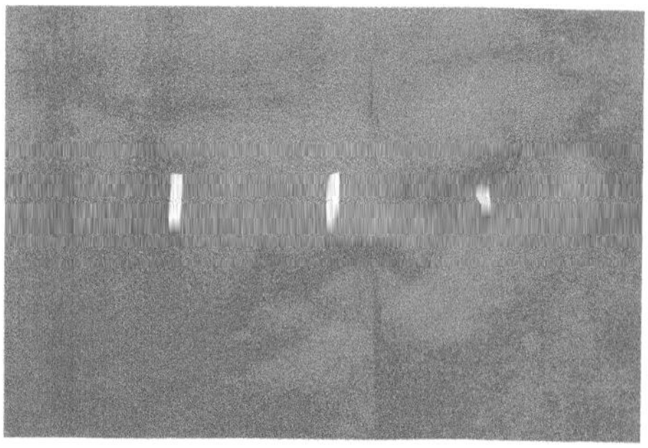

(b) 中粒碎屑

图 4.24　E60 系列试件(β=60°、k=0.8)筛分得到的粗粒和中粒

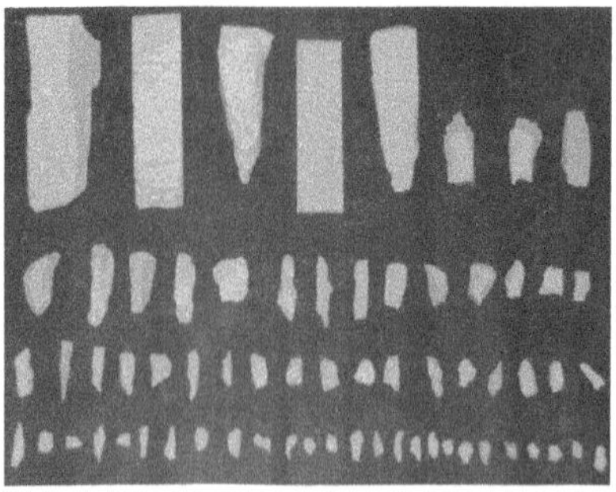

(a) 粗粒碎屑

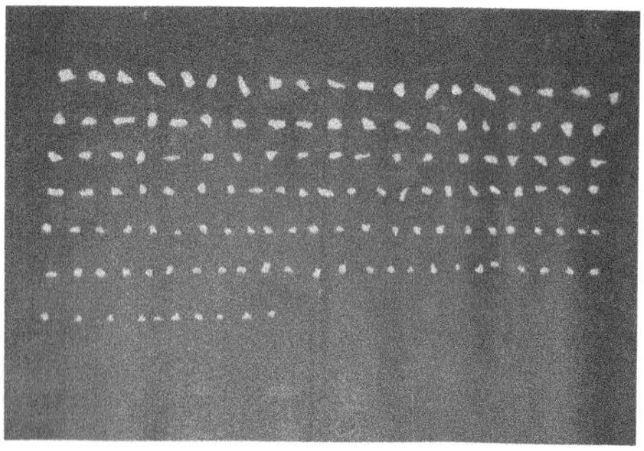

(b) 中粒碎屑

图 4.25　B75 系列试件(β=75°、k=0.2)筛分得到的粗粒和中粒

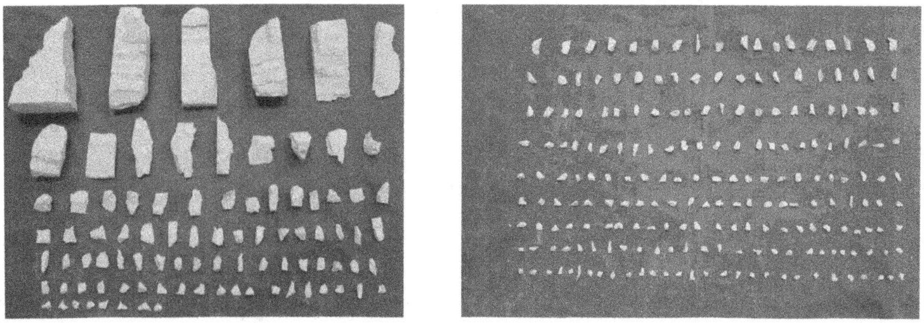

(a) 粗粒碎屑　　(b) 中粒碎屑

图 4.26　C75 系列试件(β=75°、k=0.4)筛分得到的粗粒和中粒

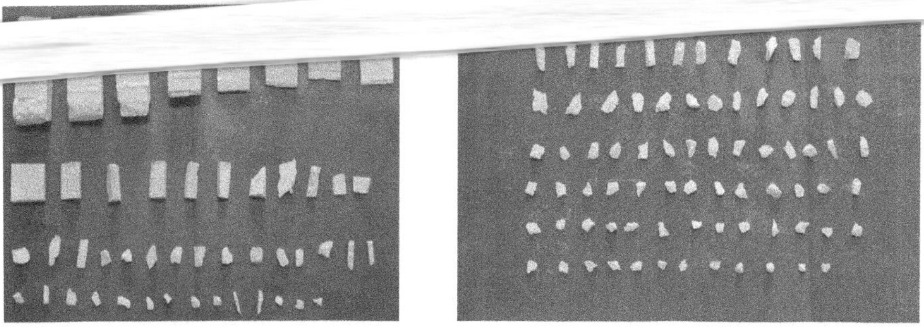

(a) 粗粒碎屑　　(b) 中粒碎屑(放大)

图 4.27　D75 系列试件(β=75°、k=0.6)筛分得到的粗粒和中粒

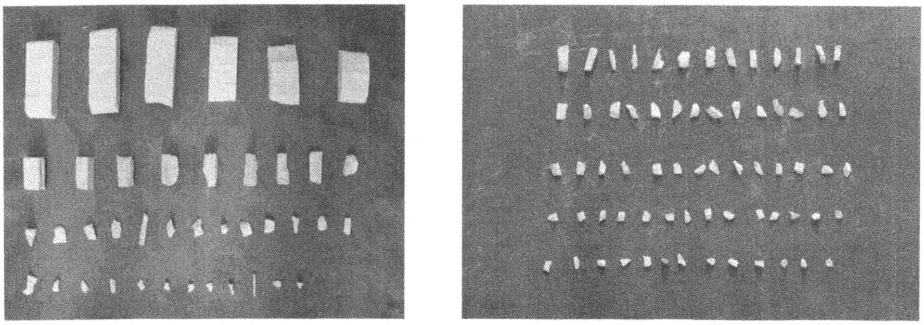

(a) 粗粒碎屑　　(b) 中粒碎屑(放大)

图 4.28　E75 系列试件(β=75°、k=0.8)筛分得到的粗粒和中粒

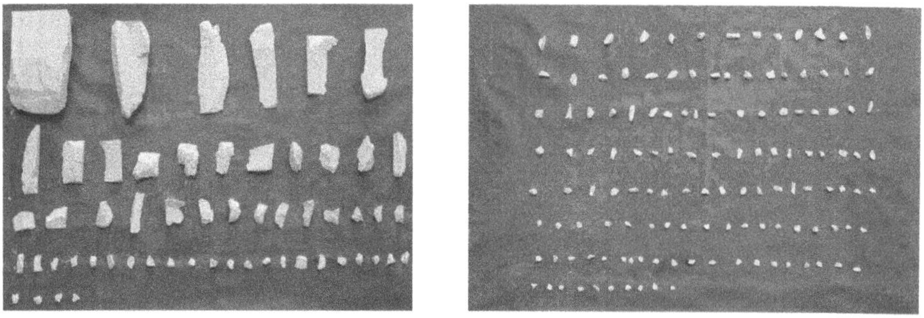

(a) 粗粒碎屑　　(b) 中粒碎屑

图 4.29　B90 系列试件(β=90°、k=0.2)筛分得到的粗粒和中粒

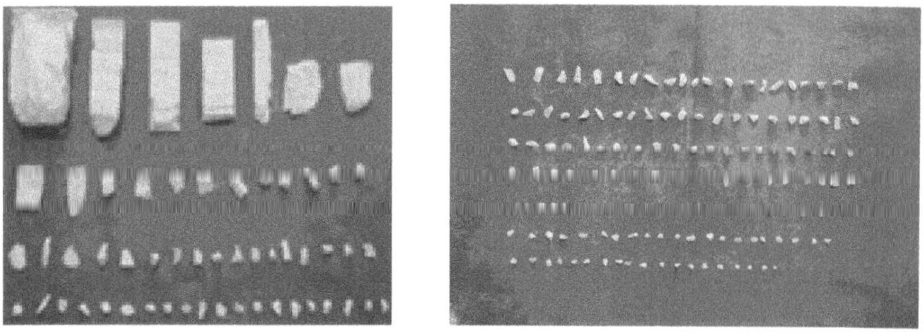

(a) 粗粒碎屑　　(b) 中粒碎屑

图 4.30　C90 系列试件(β=90°、k=0.4)筛分得到的粗粒和中粒

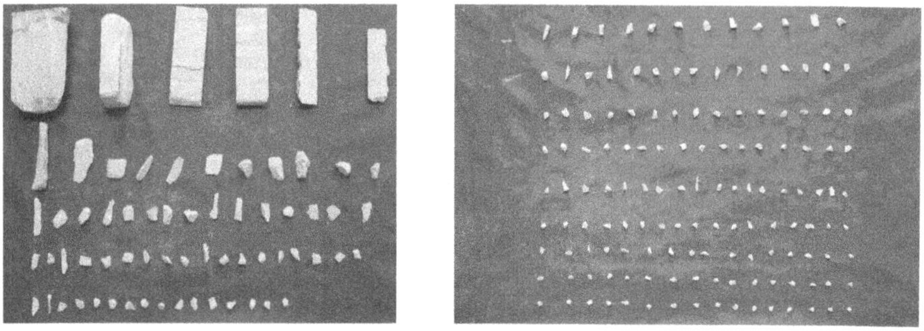

(a) 粗粒碎屑　　(b) 中粒碎屑

图 4.31　D90 系列试件(β=90°、k=0.6)筛分得到的粗粒和中粒

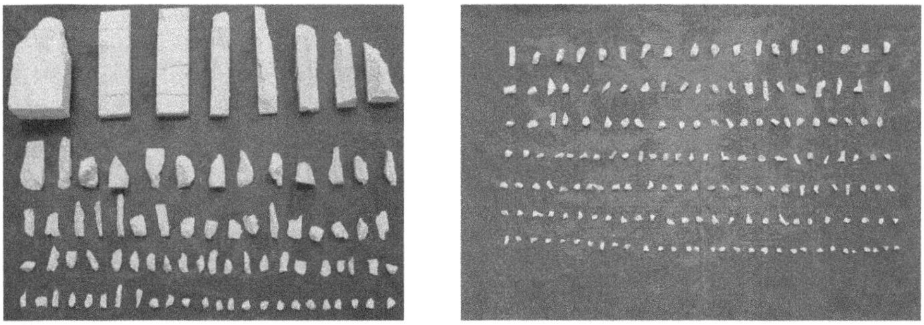

(a) 粗粒碎屑　　(b) 中粒碎屑

图 4.32　E90 系列试件($\beta=90°$、$k=0.8$)筛分得到的粗粒和中粒

从图 4.4～图 4.32 可以看出：

(1) 节理倾角相同时，各试件破碎体的粗粒和中粒的数目总体上随着节理连通率的增大而增加。

(2) 节理连通率相同时，第一组节理倾角试件($\beta=0$[illegible]组为节理倾角试件($\beta=30°$、45°、60°)的破碎体粗粒和[illegible]要多，破碎程度高。在第二组为节理倾角试件中，又以节理倾角 $\beta=$[illegible]件破碎体的粗粒和中粒数目最少，只有若干个，且以 2 个大块为[illegible]。

4.2.2　各试件破碎体的粒级-质量

汇总各节理倾角-节理连通率试件破碎体的各粒级和亚粒级的质量量测结果，列于表 4.2。对节理倾角 $\beta=45°$的各节理连通率试件，由于碎块较少，取两个试件进行量测。可以看出，各试件的粗粒质量所占比例最多，其余粒级质量所占比例都较少。

表 4.2　各节理倾角-连通率组合试件破碎体的各粒级质量汇总　(单位：g)

序号	组号	粒级 d								合计
		粗粒	中粒	细粒					微粒	
		>10mm	5～10mm	2～5mm	1～2mm	0.5～1mm	0.25～0.5mm	0.075～0.25mm	<0.075mm	
1	A	1347.93	9.04	6.62	1.86	1.83	0.91	0.93	0.12	1369.24
2	B0	1221.69	14.80	10.68	2.32	2.59	1.62	18.65	0.17	1255.31
3	C0	1176.17	37.05	15.27	2.73	2.87	1.46	1.63	0.32	1237.50
4	D0	1216.51	37.05	16.5	2.89	3.23	1.58	0.64	0.44	1278.84
5	E0	1082.43	20.24	11.89	2.73	2.95	1.65	2.85	0.57	1125.31

续表

序号	组号	粒级 d								合计
		粗粒	中粒	细粒					微粒	
		＞10mm	5～10mm	2～5mm	1～2mm	0.5～1mm	0.25～0.5mm	0.075～0.25mm	＜0.075mm	
6	B15	1229.49	19.75	10	2.08	2.07	1.06	1.03	0.14	1265.62
7	C15	1326.14	20.58	10.64	2.56	2.8	1.33	1.01	0.3	1275.36
8	D15	1126.05	13.69	10.59	2.43	2.66	1.27	1.04	0.21	1157.94
9	E15	1195.15	17.79	7.68	1.61	1.58	0.8	0.66	0.25	1225.52
10	B30	1324.45	3.78	2.64	0.7	0.74	0.39	0.3	0.06	1325.44
11	C30	1325.78	4.34	2.39	0.52	0.58	0.32	0.26	0.05	1334.24
12	D30	1329.59	2.27	2.58	0.68	0.65	0.37	0.24	0.03	1336.41
13	E30	1313.59	6.47	4.67	1.05	1.17	0.61	0.64	0.1	1328.30
14	B45	1320.94	0.36	0.25	0.48	0	0	0	0	1322.03
		1312.99	0.80	0.33	0.10	0.17	0.14	0.17	0.07	1314.77
15	C45	1307.06	0.09	0.37	0.18	0.25	0.17	0.2	0.03	1308.35
		1317.98	0.54	0.46	0.14	0.19	0.11	0.11	0.05	1319.55
16	D45	1318.12	0.18	0.05	0.13	0	0	0	0	1318.48
		1319.94	0.02	0.27	0.07	0.11	0.07	0.08	0	1320.55
17	E45	1340.13	0.36	0.2	0.06	0.05	0.04	0.05	0.01	1340.90
		1317.56	0.20	0.16	0.00	0.01	0.01	0.00	0.00	1317.94
18	B60	1321.76	2.3	1.43	0.42	0.43	0.21	0.14	0.02	1326.71
19	C60	1305.34	0.56	0.51	0.16	0.2	0.13	0.11	0.03	1307.04
20	D60	1322.27	0.53	0.69	0.21	0.23	0.16	0.15	0.01	1324.25
21	E60	1315.03	0.53	0.39	0.42	0	0	0	0	1316.37
22	B75	1215.85	17.34	8.57	2.43	2.76	1.44	1.22	0.51	1250.12
23	C75	1215.85	25.19	15.13	3.82	4.17	2.07	1.89	0.18	1293.00
24	D75	1292.53	8.46	4.72	1.16	1.37	0.68	0.56	0.15	1309.63
25	E75	1173.89	7.93	2.99	0.79	0.75	0.37	0.38	0.15	1187.25
26	B90	1136.99	16.03	10.03	2.61	3.31	1.66	1.76	0.27	1172.66
27	C90	1271.82	21.7	12.86	17.35	3.06	1.52	1.67	0.5	1330.48
28	D90	1116.17	17.3	10.54	3.26	3.17	1.76	2.01	0.3	1154.51
29	E90	1309.67	23.4	14.27	3.08	3.09	1.64	1.53	0.23	1356.91

4.2.3　各试件破碎体的粒级-频数

汇总各节理倾角-节理连通率试件破碎体的粗粒（$d \geqslant 10$mm）、中粒（5mm$\leqslant d<10$mm）和 2mm$\leqslant d<5$mm 细粒的数目量测结果，列于表 4.3。其中，对节理倾角 $\beta=45°$的各节理连通率试件，仍给出两个试件的量测结果。可以看出：

(1) 在各节理连通率 k 和节理倾角 β 下，粗粒、中粒和粒径为 2mm$\leqslant d<5$mm 细粒的频数 N 变化范围分别为 5～173、2～295 和 13～2167。

(2) 节理倾角相同时，试件破碎体的粗粒、中粒和 2mm$\leqslant d<5$mm 细粒的数目总体上随着节理连通率的增大而增加。

(3) 节理连通率相同时，第一组节理倾角试件（$\beta=0°$、15°、75°、90°）比第二组为节理倾角试件（$\beta=30°$、45°、60°）的各粒级数目多。在第二组为节理倾角试件中，又以节理倾角 $\beta=45°$的试件破碎体的各粒级数目最少。

表 4.3　各节理倾角-连通率组合试件破碎体的各粒级频数汇总

序号	组号	粒级 d		
		粗粒(≥10mm)	中粒(5～10mm)	细粒 (2～5mm)
1	A	49	93	313
2	B0	90	102	560
3	C0	148	274	1054
4	D0	173	295	1141
5	E0	131	150	1015
6	B15	58	149	1108
7	C15	112	211	971
8	D15	137	177	769
9	E15	148	163	683
10	B30	24	33	399
11	C30	29	36	344
12	D30	58	28	456
13	E30	54	72	437
14	B45	8	4	34
		7	6	33
15	C45	4	1	36
		12	4	38
16	D45	5	2	7
		4	1	27

续表

序号	组号	粒级 d		
		粗粒(≥10mm)	中粒(5～10mm)	细粒（2～5mm)
17	E45	7	2	20
		3	2	5
18	B60	19	20	172
19	C60	12	6	65
20	D60	14	7	84
21	E60	28	3	55
22	B75	66	137	422
23	C75	90	210	834
24	D75	48	77	423
25	E75	40	59	424
26	B90	57	132	643
27	C90	56	142	451
28	D90	66	141	1081
29	E90	83	172	2167

4.3 破碎体的块度分布特征

4.3.1 质量百分比

将试件破碎体各粒级的质量除以试件破碎体的总质量，得到各粒级所占的质量百分比 W，列于表 4.4。对节理倾角 $\beta=45°$的各节理连通率试件，取两个试件量测结果的平均值。

表 4.4 各节理倾角-连通率组合试件破碎体的各粒级质量百分比 W 汇总

（单位：%）

序号	组号	粒级 d			
		粗粒(≥10mm)	中粒(5～10mm)	细粒（2～5mm)	微粒(<0.075mm)
1	A	98.4875	0.6605	0.8877	0.0088
2	B0	97.0720	1.1760	1.4819	0.0135
3	C0	95.0654	2.9811	1.9278	0.0257
4	D0	95.1302	2.8947	1.9407	0.0344

续表

序号	组号	粒级 d			
		粗粒(≥10mm)	中粒(5～10mm)	细粒 (2～5mm)	微粒(<0.075mm)
5	E0	96.1941	1.7964	1.9589	0.0506
6	B15	97.2129	1.5616	1.2841	0.0111
7	C15	96.9408	1.6053	1.4305	0.0234
8	D15	97.2431	1.1835	1.5552	0.0182
9	E15	97.5576	1.4307	0.9916	0.0201
10	B30	99.3507	0.2850	0.3597	0.0045
11	C30	99.3662	0.3251	0.3049	0.0037
12	D30	99.4881	0.1704	0.3393	0.0023
13	E30	98.8920	0.4874	0.6132	0.0075
14	B45	99.8912	0.0441	0.0615	0.0032
15	C45	99.8912	0.0237	0.0822	0.0028
16	D45	99.9633	0.0076	0.0290	0.0002
17	E45	99.9572	0.0208	0.0217	0.0004
18	B60	99.6292	0.1723	0.1970	0.0015
19	C60	99.8700	0.0428	0.0849	0.0023
20	D60	99.8506	0.0400	0.1087	0.0008
21	E60	99.8982	0.0403	0.0609	0.0007
22	B75	97.3054	1.3634	1.2911	0.0401
23	C75	95.9470	1.9465	2.0926	0.0139
24	D75	98.6822	0.6519	0.6543	0.0116
25	E75	98.8748	0.6679	0.4447	0.0126
26	B90	96.9263	1.3660	1.6506	0.0571
27	C90	95.5383	1.6505	2.7731	0.0380
28	D90	96.6787	1.4987	1.7967	0.0260
29	E90	96.5197	1.7239	1.7394	0.0169

绘出各粒级碎屑质量百分比 W 随试件的节理倾角 β、节理连通率 k 变化曲线，如图 4.33～图 4.36 所示。可以看出：

(1) 无节理试件和各节理试件，粗粒、中粒、细粒和微粒的质量百分比变化范围分别为 95.07%～99.96%、0.0076%～2.98%、0.022%～2.77%和 0.0002%～0.057%，即粗粒碎块质量占绝大多数，中粒和细粒的质量百分比接近，微粒质量百分比最少。

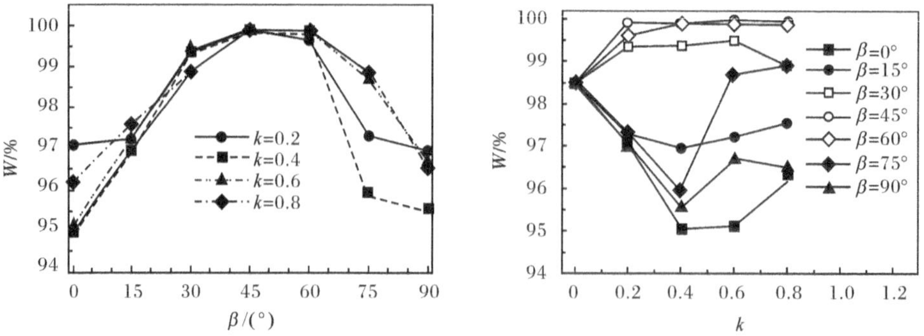

(a) 随节理倾角β的变化　　(b) 随节理连通率k的变化

图 4.33　试件破碎体粗粒碎屑($d\geqslant 10$mm)的质量百分比W随节理倾角β和节理连通率k的变化

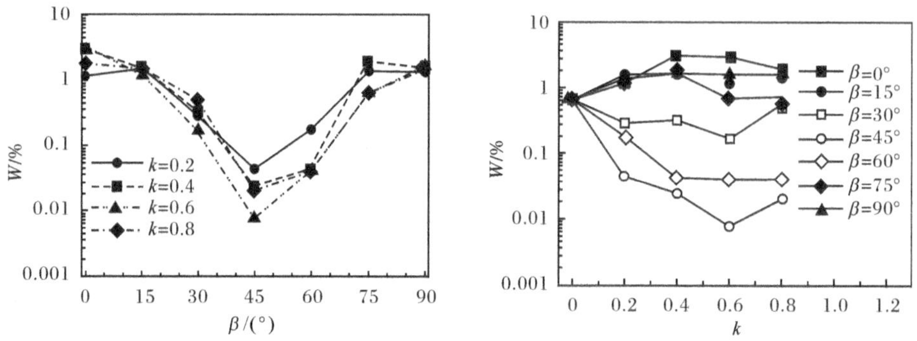

(a) 随节理倾角β的变化　　(b) 随节理连通率k的变化

图 4.34　试件破碎体中粒碎屑(5mm$\leqslant d<$10mm)的质量百分比W随节理倾角β和节理连通率k的变化

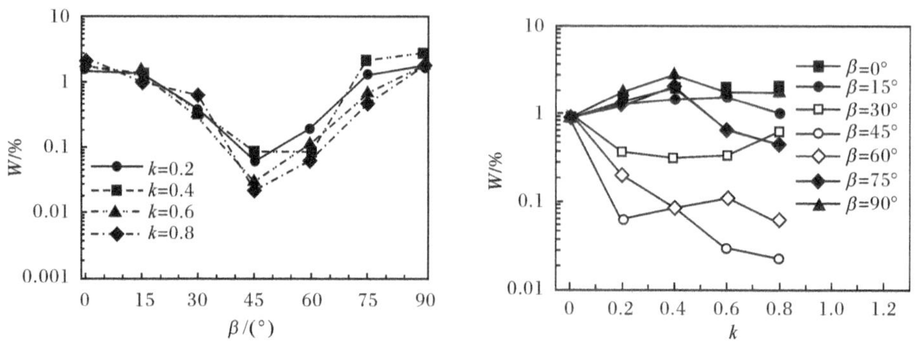

(a) 随节理倾角β的变化　　(b) 随节理连通率k的变化

图 4.35　试件破碎体细粒碎屑(0.075mm$\leqslant d<$5mm)的质量百分比W随节理倾角β和节理连通率k的变化

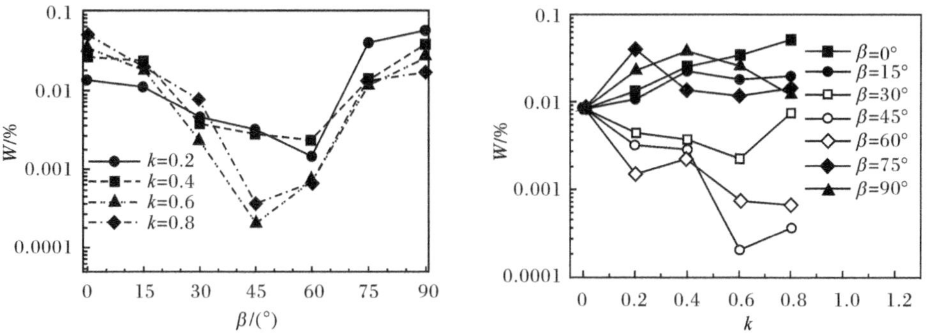

(a) 随节理倾角 β 的变化　　(b) 随节理连通率 k 的变化

图 4.36　试件破碎体微粒碎屑($d<0.075$mm)的质量百分比 W 随节理倾角 β 和节理连通率 k 的变化

(2) 在各节理连通率 k 下，试件破碎体的粗粒质量百分比随节理倾角 β 的变化曲线呈倒 V 形，即随着 β 的增加先增大后减小，在 $\beta=45°$或 60°处达到最大值，在 $\beta=0°$或 90°处有最小值。中粒、细粒和微粒的质量百分比随节理倾角 β 的变化规律则正好相反，变化曲线呈 V 形，即随着节理倾角 β 的增加先减小后增大，在 45°或 60°处达到最小值，在 0°或 90°处有最大值。

(3) 试件破碎体的各粒级质量百分比随节理连通率 k 的变化规律：第一组节理倾角试件($\beta=0°$、15°、75°、90°)粗粒碎屑的质量百分比较无节理试件的要高，而第二组节理倾角试件($\beta=30°$、45°、60°)粗粒碎屑的质量百分比较无节理试件的要低；而中粒、细粒和微粒碎屑的质量百分比则有相反的规律，即第一组节理倾角试件的中粒、细粒和微粒碎屑质量百分比较无节理试件的要低，第二组节理倾角试件的中粒、细粒和微粒碎屑质量百分比较无节理试件的要高。

4.3.2　各粒级的频数

将各节理倾角-节理连通率试件破碎体的粗粒、中粒和粒径为 $2\text{mm}\leqslant d<5\text{mm}$ 细粒的频数 N 随节理倾角 β、节理连通率 k 变化曲线绘出，如图 3.37～图 3.39 所示。可以看出：

(1) 在各节理连通率 k 下，各粒径范围内碎屑频数 N 随节理倾角 β 的变化规律相似，随着节理倾角 β 的增加碎屑频数 N 都先减小后增大(除个别 $\beta=15°$、75°的试件外)，曲线呈 V 形，在 $\beta=45°$处达到最小值，在 $\beta=0°$或 90°处有最大值。

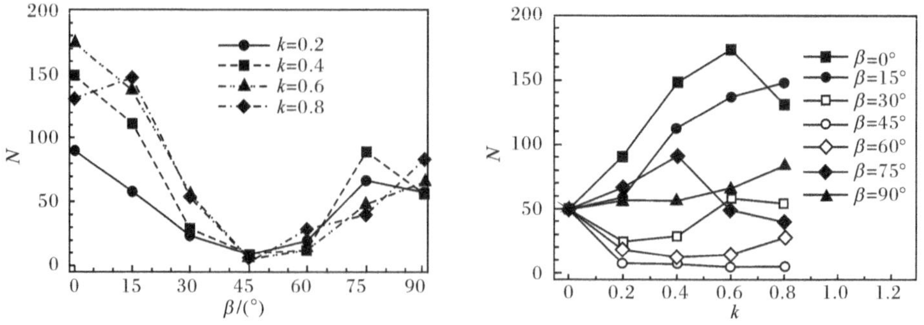

(a) 随节理倾角 β 的变化　　(b) 随节理连通率 k 的变化

图 4.37　试件破碎体粗粒碎屑($d\geqslant10$mm)的频数 N 随节理倾角 β 和节理连通率 k 的变化

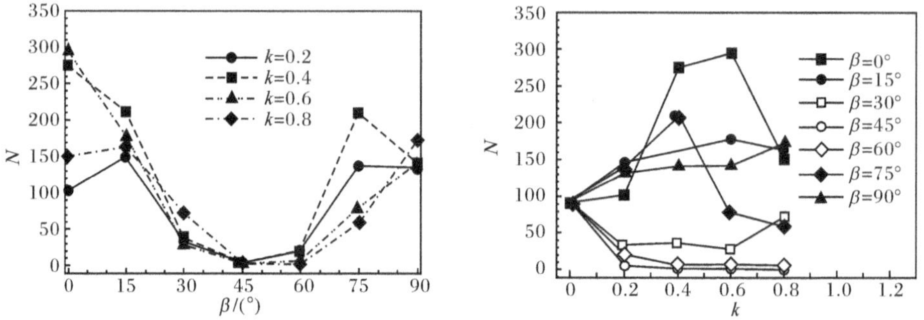

(a) 随节理倾角 β 的变化　　(b) 随节理连通率 k 的变化

图 4.38　试件破碎体中粒碎屑(5mm$\leqslant d<$10mm)的频数 N 随节理倾角 β 和节理连通率 k 的变化

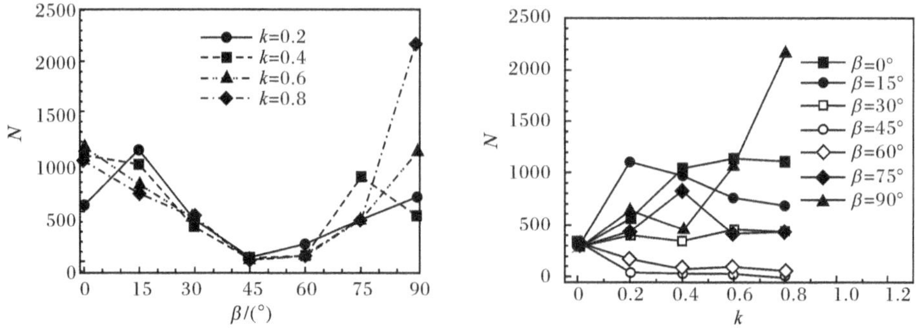

(a) 随节理倾角 β 的变化　　(b) 随节理连通率 k 的变化

图 4.39　试件破碎体细粒碎屑(2mm$\leqslant d<$5mm)的频数 N 随节理倾角 β 和节理连通率 k 的变化

(2) 各节理倾角 β 下，第一组节理倾角试件($\beta=0°$、15°、75°、90°) 的各粒级碎屑频数 N 都较无节理试件的要高，而第二组节理倾角试件($\beta=30°$、45°、60°)的各粒级碎屑频数都较无节理试件的要低。

4.3.3 比表面积

对于岩石等准脆性材料，在准静态破坏过程中的主要能量耗散方式为新裂隙表面的产生，可以用破碎体的总表面积来度量能量耗散的大小[14]。定义破碎体的总表面积 S 与其总质量之比为试件破碎体的比表面积 S_u。各粒级碎块或碎屑的表面积计算方法如下：

1) $d\geqslant 10$mm 的粗粒碎块表面积

对筛分粒径 $d\geqslant 10$mm 的粗粒，每个碎块的质量和尺寸都进行了量测。若某个碎屑的质量为 m，长、宽、厚度三个方向的尺寸分别为 l、h、w，材料密度为 ρ，则它的真实体积 V_t 和包络体积 V_c 分别定义为

$$\begin{cases} V_t=\dfrac{m}{\rho} \\ V_c=lhw \end{cases} \tag{4.1}$$

将真实体积作为等效球体的体积，包络体积作为等效立方体的体积，分别得到碎屑的等效粒径 r_{eq} 和等效边长 L_{eq}：

$$\begin{cases} r_{eq}=\left(\dfrac{3V_t}{4\pi}\right)^{1/3} \\ L_{eq}=(V_c)^{1/3} \end{cases} \tag{4.2}$$

每个碎块的表面积等于它的等效球体的表面积：

$$S=4\pi r_{eq}^2 \tag{4.3}$$

按式(4.3)分别计算每个粗粒碎屑的表面积，然后进行累加即得到所有粗粒的总表面积。

2) 5mm$\leqslant d<$10mm 的中粒和 2mm$\leqslant d<$5mm 的细粒

对 5mm$\leqslant d<$10mm 的中粒和 2mm$\leqslant d<$5mm 的细粒碎屑，测得的是每个粒径范围的总质量和总个数，分别记为 M 和 n。假设每组粒径范围内的碎屑，都由半径为 r 的球体组成。每个球体的体积和质量分别为

$$V_i=\frac{4}{3}\pi r^3,\quad m_i=\rho V_i \tag{4.4}$$

该粒径范围碎屑的总质量为

$$M=nm_i=\frac{4}{3}\pi n\rho r^3 \tag{4.5}$$

由此可计算出等效均匀分布球体的半径为

$$r=\left(\frac{3M}{4\pi n\rho}\right)^{1/3} \tag{4.6}$$

则该粒级碎屑的总表面积为

$$S=4\pi r^2 n=\left(\frac{36\pi nM^2}{\rho^2}\right)^{1/3} \tag{4.7}$$

3) 0.075mm≤d<2.0mm 的细粒和 d<0.075mm 微粒

此类碎屑的粒径范围包括:1mm≤d<2mm,0.5mm≤d<1mm,0.25mm≤d<0.5mm,0.075mm≤d<0.25mm 和 d<0.075mm,仅称量了总质量 M,没有统计数目(碎屑太小)。对每组粒径范围内的碎屑,记最小和最大直径分别为 d_1 和 d_2,假设该粒径范围的碎屑都由直径为 $d=(d_1+d_2)/2$ 的球体组成。则每个球体的体积和质量分别为

$$\begin{cases} V_i=\dfrac{\pi}{6}d^3 \\ m_i=\rho V_i \end{cases} \tag{4.8}$$

该粒径范围内的碎屑总质量为

$$M=nm_i=\frac{\pi}{6}n\rho d^3 \tag{4.9}$$

由此可计算出球体的总个数为

$$n=6\frac{M}{\pi\rho d^3} \tag{4.10}$$

该粒级碎屑的总表面积为

$$S=n\pi d^2=6\frac{M}{\rho d} \tag{4.11}$$

表 4.5 给出了 B15 系列试件粗粒各碎块的质量和长、宽、厚三个方向最大尺寸的量测结果,以及由此计算的等效边长、等效粒径、真实体积、包络体积、表面积。各节理倾角-连通率组合试件破碎体的各粒级表面积、总表面积和比表面积,汇总列于表 4.6。

表 4.5 B15 系列试件破碎体粗粒碎块的等效粒径及表面积计算表

序号	质量/g	尺寸/mm			等效边长	等效粒径	真实体积	包络体积	表面积
		长	宽	高	L_{eq}/mm	r_{eq}/mm	V_t/cm³	V_c/cm³	S/cm²
1	412.15	132.7	99.3	51.4	87.82	43.97	355.79	677.38	242.90
2	224.91	96.6	61.1	50.7	66.88	35.93	194.16	299.20	162.21
3	81.56	147.3	61.6	17.2	53.79	25.62	70.41	155.67	82.49
4	68.79	102.6	41.3	23.9	46.63	24.21	59.38	101.41	73.63
5	86.46	76.3	50.8	27.3	47.32	26.12	74.64	105.95	85.76

续表

序号	质量/g	尺寸/mm			等效边长 L_{eq}/mm	等效粒径 r_{eq}/mm	真实体积 V_t/cm^3	包络体积 V_c/cm^3	表面积 S/cm^2
		长	宽	高					
6	70.70	61.2	50.8	25.4	42.91	24.43	61.03	79.02	74.99
7	45.76	66.3	51.0	21.2	41.52	21.13	39.50	71.55	56.11
8	37.79	61.5	50.8	14.7	35.80	19.83	32.62	45.90	49.39
9	18.49	85.3	47.3	10.3	34.60	15.62	15.96	41.41	30.67
10	28.35	51.2	34.1	23.2	34.33	18.01	24.47	40.46	40.78
11	12.90	50.9	34.1	9.4	25.38	13.86	11.14	16.35	24.12
12	21.48	50.8	31.2	13.4	27.70	16.42	18.54	21.25	33.89
13	13.95	50.8	34.0	11.4	27.02	14.22	12.04	19.72	25.42
14	7.50	40.7	35.3	8.3	22.82	11.56	6.47	11.88	16.80
15	7.92	36.6	35.4	8.8	22.55	11.78	6.84	11.47	17.43
16	2.31	31.9	29.9	4.7	16.46	7.81	1.99	4.46	7.66
17	10.36	86.2	18.7	10.6	25.72	12.88	8.94	17.01	20.84
18	3.50	50.7	20.7	8.0	20.35	8.97	3.02	8.42	10.11
19	9.83	42.0	22.3	19.6	26.40	12.66	8.49	18.39	20.13
20	3.18	24.9	23.4	11.0	18.56	8.69	2.75	6.39	9.48
21	5.30	41.7	27.1	8.0	20.81	10.30	4.58	9.01	13.33
22	4.40	33.3	27.5	12.6	22.60	9.68	3.80	11.54	11.78
23	4.49	38.7	18.1	13.0	20.88	9.75	3.88	9.10	11.94
24	5.57	40.3	17.5	11.6	20.13	10.47	4.81	8.16	13.78
25	6.38	38.2	22.5	17.0	24.46	10.96	5.51	14.63	15.09
26	2.57	29.7	24.2	6.6	16.83	8.09	2.22	4.77	8.23
27	2.88	25.4	20.6	11.3	18.09	8.41	2.49	5.92	8.88
28	2.21	37.6	18.9	6.6	16.78	7.70	1.91	4.72	7.44
29	2.06	37.3	17.7	9.7	18.60	7.52	1.78	6.44	7.10
30	1.64	23.4	22.7	6.3	14.99	6.97	1.42	3.36	6.10
31	2.89	29.6	15.0	14.7	18.71	8.42	2.49	6.55	8.90
32	2.05	34.3	11.7	8.7	15.18	7.50	1.77	3.50	7.08
33	1.17	29.9	13.2	5.5	12.92	6.23	1.01	2.15	4.87
34	1.14	25.2	14.1	4.4	11.62	6.17	0.98	1.57	4.79
35	1.08	24.9	14.0	6.2	12.91	6.06	0.93	2.15	4.62
36	1.74	21.0	16.9	12.0	16.20	7.11	1.50	4.25	6.34

续表

序号	质量/g	尺寸/mm			等效边长 L_{eq}/mm	等效粒径 r_{eq}/mm	真实体积 V_t/cm³	包络体积 V_c/cm³	表面积 S/cm²
		长	宽	高					
37	1.51	24.4	14.1	8.2	14.16	6.78	1.30	2.84	5.77
38	1.11	23.0	11.6	9.3	13.56	6.12	0.96	2.49	4.70
39	0.36	30.4	8.2	4.3	10.23	4.20	0.31	1.07	2.22
40	0.53	26.2	10.7	4.9	11.15	4.78	0.46	1.38	2.87
41	0.76	15.8	11.7	8.3	11.56	5.39	0.66	1.55	3.65
42	0.45	19.7	11.3	5.2	10.50	4.53	0.39	1.16	2.58
43	0.77	16.9	13.5	7.8	12.10	5.41	0.66	1.77	3.68
44	0.55	20.2	10.5	8.2	12.05	4.84	0.47	1.75	2.94
45	0.92	15.9	13.3	10.4	13.03	5.75	0.79	2.21	4.15
46	0.79	16.5	12.3	9.6	12.50	5.46	0.68	1.95	3.75
47	0.59	19.8	8.4	7.3	10.67	4.95	0.51	1.21	3.09
48	0.54	11.9	9.9	9.3	10.31	4.81	0.47	1.10	2.91
49	0.45	14.9	10.3	7.7	10.57	4.53	0.39	1.18	2.58
50	0.67	17.1	11.2	10.1	12.45	5.17	0.58	1.93	3.36
51	0.40	16.2	11.2	3.8	8.79	4.35	0.35	0.68	2.38
52	0.25	14.5	14.4	2.2	7.68	3.72	0.22	0.45	1.74
53	0.66	17.9	9.6	7.0	10.62	5.14	0.57	1.20	3.32
54	0.51	13.8	9.7	9.6	10.87	4.72	0.44	1.28	2.80
55	0.27	10.4	10.2	5.4	8.30	3.82	0.23	0.57	1.83
56	0.43	11.6	9.1	8.9	9.83	4.46	0.37	0.95	2.50
57	0.32	12.3	10.4	6.5	9.40	4.04	0.28	0.83	2.05
58	0.57	17.7	11.4	7.0	11.22	4.90	0.49	1.41	3.02

表 4.6　各节理倾角-连通率组合试件破碎体的各粒级表面积汇总

序号	组号	各粒级的表面积/cm²								总表面积/cm²	比表面积/(cm²/g)
		粗粒	中粒	细粒 d					微粒		
				2～5mm	1～2mm	0.5～1mm	0.25～0.5mm	0.075～0.25mm			
1	A	1292.96	86.20	104.95	64.23	63.19	31.42	32.11	4.14	1611.17	1.18
2	B0	1256.20	123.49	175.26	80.11	178.87	198.90	516.36	54.19	2583.37	2.06
3	C0	1982.48	316.49	274.63	94.27	198.20	201.66	519.55	441.99	4029.26	3.26

续表

序号	组号	各粒级的表面积/cm²								总表面积/cm²	比表面积/(cm²/g)
		粗粒	中粒	细粒 d					微粒		
				2～5mm	1～2mm	0.5～1mm	0.25～0.5mm	0.075～0.25mm			
4	D0	2254.22	324.37	296.94	99.79	223.07	218.23	203.99	607.73	4228.35	3.31
5	E0	1292.96	164.96	219.12	97.24	194.71	227.90	908.41	787.29	4388.22	3.90
6	B15	1292.96	169.83	210.58	71.82	142.96	146.41	328.30	193.37	2556.24	2.02
7	C15	1918.50	196.02	210.03	88.40	193.37	183.70	321.93	414.36	3526.31	2.76
8	D15	1615.84	135.64	190.90	83.91	183.70	175.41	331.49	290.06	3006.95	2.60
9	E15	2045.69	163.21	150.30	55.59	109.12	110.50	210.37	345.30	3190.08	2.60
10	B30	1292.96	34.13	61.66	24.17	51.10	53.87	95.62	19.12	1264.36	0.95
11	C30	1177.90	38.52	54.92	17.96	40.06	44.20	82.87	69.06	1525.48	1.14
12	D30	1759.65	23.00	63.48	23.48	44.89	51.10	76.50	41.44	2083.53	1.56
13	E30	1670.01	63.33	92.96	36.26	80.80	84.25	203.99	138.12	2369.73	1.78
14	B45	747.53	3.52	5.64	24.86	0.00	0.00	0.00	0.00	782.12	0.66
		767.64	6.88	6.69	3.28	11.67	19.48	54.82	96.69	967.15	
15	C45	724.17	0.88	7.46	6.22	17.27	23.48	63.75	41.44	884.66	0.70
		879.89	4.59	8.75	4.70	12.78	14.78	34.42	62.15	1022.06	
16	D45	715.30	1.76	1.14	4.49	0.00	0.00	0.00	0.00	723.23	0.56
		696.55	0.32	5.44	2.28	7.46	10.08	24.54	0.00	746.67	
17	E45	787.54	2.80	4.07	2.24	3.45	5.52	15.94	13.81	835.38	0.57
		671.11	1.86	2.19	0.14	0.48	0.97	1.27	0.00	678.03	
18	B60	941.92	20.74	30.95	14.50	29.70	29.01	44.62	6.37	1117.81	0.84
19	C60	951.85	5.41	11.25	5.52	13.81	17.96	35.06	41.44	1082.30	0.83
20	D60	1223.71	5.49	14.99	7.25	15.88	22.10	47.81	13.81	1351.05	1.02
21	E60	1259.34	4.14	8.90	21.75	0.00	0.00	0.00	0.00	1295.10	0.98
22	B75	1216.73	151.42	137.72	83.91	190.61	198.90	388.87	704.42	3072.57	2.46
23	C75	1360.84	223.94	252.46	131.91	287.98	285.91	602.42	248.62	3394.09	2.62
24	D75	1245.61	77.44	92.61	40.06	94.61	93.92	178.50	207.18	2029.94	1.55
25	E75	1166.19	67.88	68.36	27.28	51.80	51.10	121.12	207.18	1760.91	1.48
26	B90	1085.49	141.92	176.00	90.12	228.59	229.28	560.99	372.93	2885.32	2.46
27	C90	1089.85	177.96	184.56	599.10	211.33	209.94	532.30	690.61	3695.64	2.78
28	D90	1046.50	152.64	216.31	112.57	218.92	243.09	640.67	414.36	3045.08	2.64
29	E90	1388.91	199.48	333.80	106.35	213.40	226.52	487.68	317.68	3273.81	2.41

试件的比表面积随节理倾角、节理连通率的变化曲线如图 4.40 所示。可以看出：

(1) 在各节理连通率 k 和各节理倾角 β 下，比表面积 S 的变化范围为 0.56～3.90cm²/g。

(2) 节理连通率不变时，试件碎屑的比表面积 S 随节理倾角 β 的增加先减小后增大，曲线呈 V 形或 U 形，在 $\beta=45°$ 处达到最小值，在 $\beta=0°$ 或 90° 处有最大值。

(3) 第一组节理倾角的试件（$\beta=0°$、15°、75°、90°），其碎屑的比表面积较无节理试件的比表面积要高，其中 $\beta=0°$ 的试件比表面积随着节理连通率增加单调增大，而 $\beta=15°$、75°、90° 的试件比表面积随着节理连通率增加先增大后减小，最大值在 $k=0.4$ 处。第二组节理倾角的试件（$\beta=30°$、45°、60°），其碎屑的比表面积较无节理试件的比表面积要低或略高，并随着节理连通率增加先减小后增大，最小值在 $k=0.2$ 处。

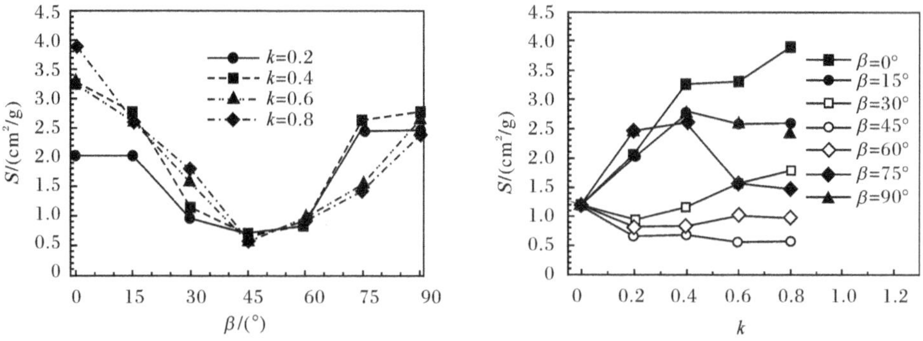

(a) 随节理倾角 β 的变化　　(b) 随节理连通率 k 的变化

图 4.40　试件破碎体中粒碎屑的频数 N 随节理倾角 β 和节理连通率 k 的变化

4.3.4 分形维数

在加载后，试件由于预置节理周围应力集中（对无节理岩体，由于内部微裂纹、微孔洞周围的应力集中），使得岩体内部新的裂隙不断产生、扩展、汇合和贯通，导致试件发生宏观断裂，在结构上失去完整性而分离成若干个块体。这个从微观损伤发展到宏观破碎的过程是能量耗散过程，并具有分形性质，无论其结构演化的几何特征，还是其物理量和几何量演变的数字特征，如裂纹密度、微结构断裂模式等均表现出较好的统计自相似性[1]。可以破碎体的尺度-频率分布或尺度-质量分布来计算破碎体的分形维数。后者更容易操作。

碎屑的尺度-质量分布关系式[1]为

$$\frac{M}{M_t}=\left(\frac{L_{eq}}{a}\right)^{\alpha} \tag{4.12}$$

式中：M 为等效边长小于 L_{eq} 的碎屑累积质量；M_t 为碎屑的总质量；a 为碎屑平均尺寸；α 为指数。

将式(4.12)取对数可得指数 α 的计算式：

$$\lg\frac{M}{M_t}=\alpha\lg L_{eq}-\alpha\lg a \tag{4.13}$$

即 α 为 $\lg\left(M/M_t\right)$-$\lg L_{eq}$ 直线的斜率。而破碎体的分形维数 D 与指数 α 的关系[1]为

$$D=3-\alpha \tag{4.14}$$

表 4.7 给出了 B15 系列试件等效边长范围 ΔL_{eq} 内的碎屑质量，以及由此计算出来的等效边长小于 L_{eq} 的碎屑累积质量 M、$\lg L_{eq}$ 和 $\lg(M/M_t)$。

表 4.7　B15 系列试件破碎体的等效边长及累积质量计算表

等效边长范围 ΔL_{eq}/mm	碎屑质量 ΔM/g	等效边长 L_{eq}/mm	等效边长≤L_{eq}的碎屑质量 M/g	$\lg L_{eq}$	$\lg\frac{M}{M_t}$
<0.075	0.14	0.075	0.140	−1.125	−3.956
0.075～0.25	1.03	0.25	1.170	−0.602	−3.034
0.25～0.5	1.06	0.5	2.230	−0.301	−2.754
0.5～1	2.07	1	4.300	0.000	−2.469
1～2	2.08	2	6.380	0.301	−2.297
2～5	10	5	16.380	0.699	−1.888
5～10	21.42	10	37.800	1.000	−1.525
10～20	38.66	20	76.460	1.301	−1.219
20～40	198.21	40	274.670	1.602	−0.663
40～80	578.18	80	852.850	1.903	−0.171
80～160	412.15	160	1265.000	2.204	0.000

图 4.41 给出了 $\lg(M/M_t)$-$\lg L_{eq}$ 的数据点及拟合直线。得到拟合直线的斜率为 $\alpha=1.144$，破碎体的分形维数为 $D=3-\alpha=1.856$。可以看出，节理试件单轴压缩下的破碎体具有很好的分形特征。

汇总各节理倾角-节理连通率试件破碎体的分形维数 D 计算结果，给出试件破碎体的分形维数 D 随节理倾角、节理连通率变化曲线，如图 4.42 所示。可以看出：

(1) 在各节理连通率 k 和各节理倾角 β 下，试件碎屑分形维数 D 变化范围为 0.64～2.01。

(2) 在节理连通率 k 不变时，试件碎屑分形维数 D 随着节理倾角的增加都先

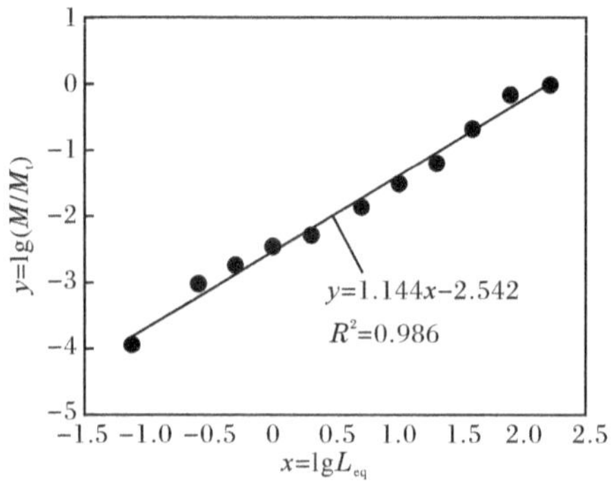

图 4.41 B15 试件破碎体的分形维数计算

减小后增大，曲线呈 V 形，在 $\beta=45°$ 处达到最小值，在 $\beta=0°$ 或 90°处有最大值。

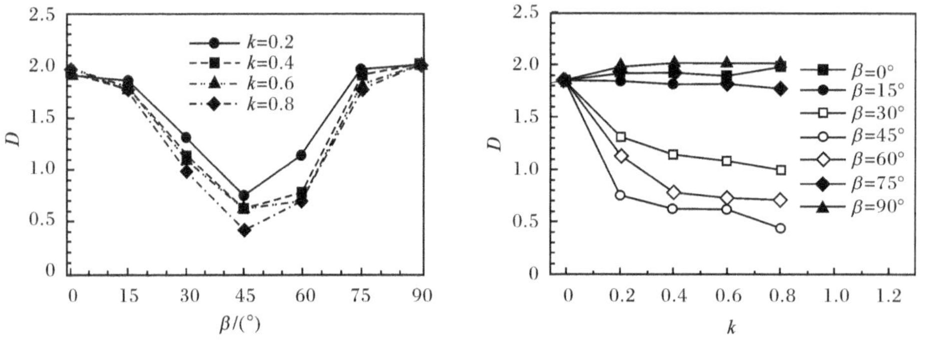

(a) 随节理倾角 β 的变化 (b) 随节理连通率 k 的变化

图 4.42 试件破碎体的分形维数 D 随节理倾角 β 和节理连通率 k 的变化

(3) 第一组节理倾角的试件($\beta=0°$、15°、75°、90°)破碎体的分形维数 D 较无节理试件的破碎体分形维数要略高，并随着节理连通率增加而变化不大。第二组节理倾角试件($\beta=30°$、45°、60°)的破碎体分形维数 D 较无节理试件的破碎体分形维数小很多，并随着节理连通率增加迅速地单调减小。

4.4 本章小结和讨论

为进一步研究节理倾角和节理连通率对岩体单轴压缩下破碎特征的影响，对这些试件试验后的破碎体进行了筛分试验。将碎块按照粒径 $d\geqslant 10$mm、$5\text{mm}\leqslant d<10$mm、$0.075\text{mm}\leqslant d<5$mm 和 $d<0.075$mm 分为粗粒、中粒、细粒和微粒四个粒级。细粒又进一步分为 $2\text{mm}\leqslant d<5$mm、$1\text{mm}\leqslant d<2$mm、$0.5\text{mm}\leqslant d<1$mm、

$0.25\text{mm} \leqslant d < 0.5\text{mm}$ 和 $0.075\text{mm} \leqslant d < 0.25\text{mm}$ 五个亚粒级。对不同粒级采用不同的方法，统计了碎屑的数目，量测了尺寸和质量。在此基础上，计算了各粒级碎屑的质量百分比和频数、破碎体的比表面积和尺度-质量分布的分形维数[15]。研究结果表明：

(1) 在各节理连通率 k 下，试件破碎体的中粒、细粒和微粒的质量百分比、各粒径范围内的频数、比表面积、分形维数都随节理倾角的增加先减小后增大，曲线呈 V 形或 U 形，在 45°附近达到最小值，在 0°或 90°处有最大值。而粗粒碎屑的质量百分比则反之，它随着节理倾角的增加先增大后减小，曲线呈倒 V 形，在 $\beta=45°$ 附近达到最大值，在 $\beta=0°$ 或 90°处有最小值。

(2) 各节理倾角 β 下，试件碎屑的上述参数随节理连通率的变化规律较为复杂，但总体上可按节理倾角分为两组：$\beta=0°$、15°、75°、90°的第一组节理倾角试件和 $\beta=30°$、45°、60°的第二组节理倾角试件。第一组节理倾角试件破碎体的中粒、细粒和微粒的质量百分比、各粒径范围内的频数、比表面积、分形维数都较无节理试件的要高，表明节理的存在使得其破碎程度提高，能量耗散增多。而第二组节理倾角试件则有相反的规律，即试件破碎体的中粒、细粒和微粒的质量百分比、各粒径范围内的频数、比表面积、分形维数都较无节理完整试件的要低，表明节理的存在使得其破碎程度降低，能量耗散减少。

(3) 可以发现，试件破碎体的上述块度特征统计参数和试件的强度和弹性模量随节理倾角的变化规律相似，呈 V 形或 U 形曲线，在 $\beta=45°$ 附近达到最小值，在 $\beta=0°$ 或 90°处有最大值。而碎屑的统计参数与试件的强度和弹性模量随节理连通率的变化规律则有很大不同，宏观力学参数随节理连通率的增加单调减小，而试件破碎体的块度特征统计参数则不然。

(4) 节理试件的破碎规律与其破坏模式是有关联的。无节理试件和第一组节理倾角（$\beta=0°$、15°、75°、90°）的试件，主要破坏模式为劈裂或压碎破坏，主要开裂机制为拉破裂，它们与原有节理面（$\beta=0°$、15°）或试件内部的大量拉伸和剪切裂纹（$\beta=75°$、90°）一起将试件分离为多个条块状破碎体，导致了试件的破碎剧烈，能量耗散多、分形维数高。而第二组节理倾角（$\beta=30°$、45°、60°）试件，主要破坏模式为阶梯状或剪切滑移破坏，主要开裂机制为剪切破裂，岩桥内的翼形裂纹和剪切裂纹与原有节理面贯通形成了若干个阶梯状的破坏面（$\beta=30°$）、单个（$\beta=45°$）或多个剪切破坏面（$\beta=60°$），从而将试件分离成较大的块体，导致了试件的破碎程度低，能量耗散少、分形维数低。其中以 $\beta=45°$ 的试件破碎程度最低，$\beta=0°$、90°的试件破碎程度最高。

参考文献

[1] 谢和平. 分形-岩石力学导论. 北京：科学出版社，1996：240.

[2] Perfect E. Fractal models for the fragmentation of rocks and soils：A review. Engineering Geology，1997，48(3－4)：185－198.

[3] 彭晓钢，焦永斌. 岩石爆破块度的分形研究. 南方冶金学院学报，1997，18(3)：169－173.

[4] 谢和平，高峰，周宏伟，等. 岩石断裂和破碎的分形研究. 防灾减灾工程学报，2003，23(4)：1－9.

[5] 何满潮，杨国兴，苗金丽，等. 岩爆实验碎屑分类及其研究方法. 岩石力学与工程学报，2009，28(8)：1521－1529.

[6] 李德建，贾雪娜，苗金丽，等. 花岗岩岩爆试验碎屑分形特征分析. 岩石力学与工程学报，2010，29(增 1)：3280－3289.

[7] 邓涛，杨林德，韩文峰. 加载方式对大理岩碎块分布影响的试验研究. 同济大学学报：自然科学版，2007，35(1)：10－14.

[8] 徐永福，张庆华. 压应力对岩石破碎的分维的影响. 岩石力学与工程学报，1996，15(3)：254－254.

[9] Shao P，Xu Z W，Zhang H Q，et al. Evolution of blast-induced rock damage and fragmentation prediction. Procedia Earth and Planetary Science，2009，1(1)：585－591.

[10] Young D S. Fractals for fragmentations and unfolding functions. International Journal of Rock Mechanics and Mining Sciences，1997，34(3－4)：394.

[11] 谢长进，王家来. 结构性岩体的爆破破碎分形. 工程爆破，1998，4(3)：1－3.

[12] 秦四清，张倬元，王士天，等. 节理岩体的分维特征及其工程地质意义. 工程地质学报，1993，1(2)：14－23.

[13] 陈新，廖志红，李德建. 节理倾角及连通率对岩体强度、变形影响的单轴压缩试验研究. 岩石力学与工程学报，2011，30(4)：781－789.

[14] Carpinteri A，Pugno N. A fractal comminution approach to evaluate the drilling energy dissipation. International Journal for Numerical and Analytical Methods in Geomechanics，2002，26(5)：499－513.

[15] 陈新，王仕志，李磊. 节理岩体模型单轴压缩破碎规律研究. 岩石力学与工程学报，2012，31(5)：898－907.

第5章　裂隙岩体起裂机制分析

不连续面对岩体力学行为的影响有两个方面：一方面显著地降低了岩体的强度和刚度，另一方面，裂隙周围的高度应力集中将导致次生裂隙的产生，而这些次生裂隙的扩展、汇合贯通将进一步降低岩体的强度和刚度[1]。

对单个或多个预制裂隙岩体模拟试件的单轴压缩试验、双轴压缩试验、直接剪切试验等[1~10]的研究表明：①次生裂隙产生的力学机制主要有拉或剪两种，而相应的裂纹汇合贯通机制则有拉伸、剪切和拉-剪复合等类型[3]；②次生裂隙的起裂形式受预制裂隙的倾角、空间分布形式、裂隙面力学特性（张开、闭合）以及受力状态（围压、法向压力）等因素影响，并最终决定了含裂隙试件的强度和变形特性。

由于工程岩体多处于压应力场，为了从理论上分析压缩条件下裂隙岩体起裂和破坏的细观损伤力学机制，二维无限大岩体内含单个倾斜椭圆裂隙在远场压应力作用下的弹性理论解[11~13]被广泛用于分析局部拉应力集中的分布规律。通过引入岩体的起裂判据，可预测裂隙岩体的起裂与破坏行为。

Griffith 断裂理论[14]假设岩体中的椭圆裂隙方向为随机分布，以 Rankine 最大拉应力准则作为开裂判据，并进一步采用简化裂纹模型对裂隙的起裂机制引入两个基本假设：①裂隙的形状为扁平，即短轴半径与长抽半径之比 b/a 取为零；②拉应力最大值位于裂隙尖端。Hoek-Brown 经验强度准则[15,16]正是以此作为理论基础。Lajtai[17]系统地分析了 Griffith 的简化裂纹模型的这两个基本假设所引起的误差，发现它无法解释开裂位置并不总是位于裂隙尖端的现象，也无法分析与加载轴平行和垂直裂隙的开裂行为，其预测的临界开裂应力比椭圆裂隙精确模型偏高，而椭圆裂隙模型则不存在上述局限性。基于椭圆裂隙模型，Kawakata 和 Shimada[18]分析了围压对岩体开裂机制的影响，张敦福等[19]研究了围压和裂隙水压力对岩石中椭圆裂隙初始开裂的影响，郭少华和孙宗颀[20]分析了开裂位置、开裂角和临界荷载随椭圆裂隙方位及钝化度的变化规律。

上述研究中，开裂判据都采用最大拉应力理论。而试验研究表明[1~5]，无论是单个裂隙还是多裂隙，在裂隙端部都有剪破裂发生，即存在压剪应力集中引起的开裂现象。为此，本章引入 Rankine 最大拉应力强度准则和 Mohr-Coulomb 抗剪强度准则分别作为裂隙周边岩桥的拉伸和压剪破裂判据，根据含单个倾斜椭圆裂隙的无限大弹性体在远场压应力作用下的应力解析解，从理论上分析了椭圆的长轴比和裂隙倾角对单轴压缩下裂隙岩体的开裂位置、开裂临界荷载的影响。在此基础上，对含多个椭圆裂隙岩体的应力场采用有限元模拟分析，研究了裂隙个数、裂隙倾角对岩体起裂机制的影响。根据上述分析结果，尝试对试验中观察到的裂隙岩体起裂机制进行分析。

5.1 远场压力下单个椭圆裂隙弹性应力场的解析解

5.1.1 平面问题弹性应力的复变函数解及保角变换

对二维弹性问题，当不计体积力时，应力可用 Airy 函数 U 表示为[21,22]

$$\begin{cases} \sigma_{xx} = \dfrac{\partial^2 U}{\partial y^2} \\ \sigma_{yy} = \dfrac{\partial^2 U}{\partial x^2} \\ \tau_{xy} = -\dfrac{\partial^2 U}{\partial x \partial y} \end{cases} \tag{5.1}$$

要求应力函数 U 为双调和函数，即控制方程为

$$\nabla^2 \nabla^2 U = 0 \tag{5.2}$$

式中，∇^2 为 *Laplace* 算子。

$$\nabla^2 = \frac{\partial^2}{\partial x^2} + \frac{\partial^2}{\partial y^2} \tag{5.3}$$

引入复变数 $z=x+\mathrm{i}y$，应力函数 U 可用两个复应力函数或复势 $\varphi_1(z)$、$\chi_1(z)$ 或 $\psi_1(z)$来表示：

$$U = \mathrm{Re}(\bar{z}\varphi_1(z) + \chi_1(z)) = \mathrm{Re}\left(\bar{z}\varphi_1(z) + \int \psi_1(z)\mathrm{d}z\right) \tag{5.4}$$

式中，Re(•)为取复函数的实部；$\chi_1(z) = \int \psi_1(z)\mathrm{d}z$，$\psi_1(z) = \chi'_1(z)$，其中(•)′表示一阶导数。

从而平面弹性体的应力可用这两个复应力函数表示如下：

$$\begin{cases} \sigma_{xx} + \sigma_{yy} = \mathrm{Re}(\varphi'_1(z)) \\ \sigma_{yy} - \sigma_{xx} + 2\mathrm{i}\tau_{xy} = 2(\bar{z}\varphi''_1(z) + \chi''_1(z)) = 2(\bar{z}\varphi''_1(z) + \psi'_1(z)) \end{cases} \tag{5.5}$$

若采用保角变换，将正交直线坐标系 $z=x+\mathrm{i}y$ 映射到另一正交曲线坐标系 $\zeta=\xi+\mathrm{i}\eta$ 中，两个坐标系的复坐标变换函数为

$$z = \omega(\zeta) \tag{5.6}$$

微分变换为

$$\omega'(\zeta) = \frac{\mathrm{d}z}{\mathrm{d}\zeta} = M\mathrm{e}^{i\delta} \tag{5.7}$$

式中，M 和 δ 为其模数和辐角。辐角 δ 可方便地表示为

$$e^{2i\delta} = \frac{\omega'(\zeta)}{\overline{\omega'(\zeta)}} \tag{5.8}$$

利用应力的二阶张量性质，得到两个坐标系中的应力关系为

$$\begin{cases} \sigma_{xx} + \sigma_{yy} = \sigma_{\xi\xi} + \sigma_{\eta\eta} \\ \sigma_{\eta\eta} - \sigma_{\xi\xi} + 2i\tau_{\xi\eta} = (\sigma_{yy} - \sigma_{xx} + 2i\tau_{xy})e^{2i\delta} \end{cases} \tag{5.9}$$

两个复应力函数也可以用正交曲线坐标来表示：

$$\begin{cases} \varphi_1(z) = \varphi_1(\omega(\zeta)) = \varphi(\zeta) \\ \psi_1(z) = \psi_1(\omega(\zeta)) = \psi(\zeta) \end{cases} \tag{5.10}$$

正交曲线坐标下复应力函数的一阶导数为

$$\varphi'_1(z) = \frac{\varphi'(\zeta)}{\omega'(\zeta)} = \Phi(\zeta)$$

$$\psi'_1(z) = \frac{\psi'(\zeta)}{\omega'(\zeta)} = \Psi(\zeta) \tag{5.11}$$

复应力函数 $\varphi_1(z)$ 的二阶导数为

$$\varphi''_1(z) = \frac{\Phi'(\zeta)}{\omega'(\zeta)} \tag{5.12}$$

从而，正交曲线坐标系中的应力可用其复函数表示为

$$\begin{cases} \sigma_{\xi\xi} + \sigma_{\eta\eta} = \mathrm{Re}(\Phi(\zeta)) \\ \sigma_{\eta\eta} - \sigma_{\xi\xi} + 2i\tau_{\xi\eta} = 2\dfrac{\overline{\omega(\zeta)}\Phi'(\zeta) + \Psi(\zeta)\omega'(\zeta)}{\overline{\omega'(\zeta)}} \end{cases} \tag{5.13}$$

5.1.2　Muskhelishvili 的极坐标解析解

采用极坐标的向圆保角变换，Muskhelishvili[12] 给出了无限域中倾斜椭圆孔在远场单轴均匀应力作用下的解析解，力学模型如图 5.1 所示。其中，α 定义为椭圆裂隙的长轴与加载轴间的夹角，裂隙倾角 β 定义为裂隙面（椭圆裂隙的长轴所在平面）与加载面的夹角，二者成 90°，即 $\beta=90°-\alpha$。在复平面上，将图 5.2(a)所示的正交直线坐标系 $z=x+iy$ 映射到图 5.2(b)所示的极坐标系 $\zeta=\xi+i\eta=\rho e^{i\theta}$：

$$z = \omega(\zeta) = R\left(\frac{1}{\zeta} + m\zeta\right) \tag{5.14}$$

式中，R 和 m 分别为与椭圆长轴半径 a、短轴半 b 有关的几何尺寸和形状参数：

$$\begin{cases} R = \dfrac{1}{2}(a+b) \\ m = \dfrac{1-b/a}{1+b/a} \end{cases} \tag{5.15}$$

复平面内的直角坐标与极坐标关系为

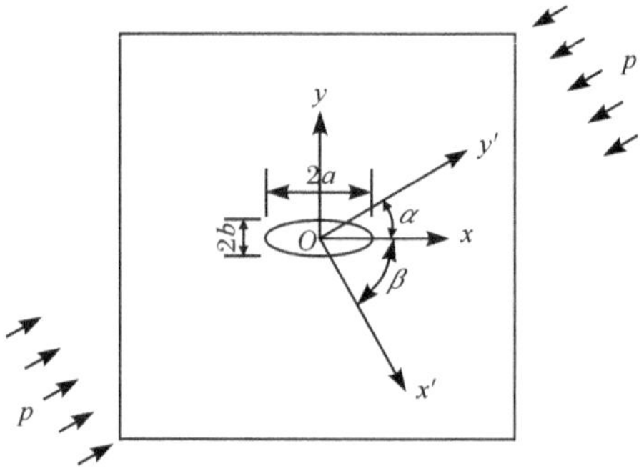

图 5.1　单轴压缩下含单个倾斜椭圆裂隙的无限大岩体

$$\begin{cases} x = R\left(m\rho + \dfrac{1}{\rho}\right)\cos\theta \\ y = R\left(m\rho - \dfrac{1}{\rho}\right)\cos\theta \end{cases} \tag{5.16}$$

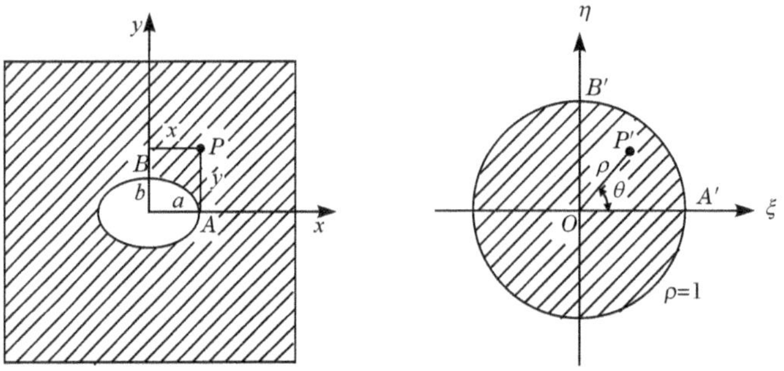

(a) 含椭圆孔的无限域　　(b) 映射后的单位圆和极坐标系

图 5.2　极坐标变换

通过这一坐标变换，正交直线坐标系中的椭圆边界、无穷远边界分别映射为极坐标系中的单位圆边界和圆心。

在极坐标中的应力与正交直线坐标系中的应力关系为

$$\begin{cases} \sigma_{xx} + \sigma_{yy} = \sigma_{\rho\rho} + \sigma_{\theta\theta} \\ \sigma_{\theta\theta} - \sigma_{\rho\rho} + 2\mathrm{i}\tau_{\rho\theta} = (\sigma_{yy} - \sigma_{xx} + 2\mathrm{i}\tau_{xy})\mathrm{e}^{2\mathrm{i}(\delta+\theta)} \end{cases} \tag{5.17}$$

注意到：$\mathrm{e}^{2\mathrm{i}\theta} = (\zeta/\rho)^2$，得到极坐标中的应力可用其复函数表示为

$$\begin{cases} \sigma_{\rho\rho} + \sigma_{\theta\theta} = \mathrm{Re}(\Phi(\zeta)) \\ \sigma_{\theta\theta} - \sigma_{\rho\rho} + 2\mathrm{i}\tau_{\rho\theta} = 2\zeta^2 \dfrac{\overline{\omega(\zeta)}\Phi'(\zeta) + \Psi(\zeta)\omega'(\zeta)}{\rho^2\,\overline{\omega'(\zeta)}} \end{cases} \tag{5.18}$$

应力边界条件为椭圆孔为自由表面，即在 $\rho=1$ 处，有 $\sigma_{\rho\rho} = \tau_{\rho\theta} = 0$。

极坐标下在远场压应力下满足椭圆孔应力边界条件的复函数解为(应力以拉

为正)：

$$\begin{cases}\varphi(\zeta)=-\dfrac{1}{4}pR\left[\dfrac{1}{\zeta}+(2\mathrm{e}^{2\mathrm{i}\alpha}-m)\zeta\right]\\ \psi(\zeta)=\dfrac{1}{2}pR\left[\dfrac{1}{\zeta}\mathrm{e}^{-2\mathrm{i}\alpha}+\dfrac{\zeta^3\mathrm{e}^{2\mathrm{i}\alpha}+(m\mathrm{e}^{2\mathrm{i}\alpha}-m^2-1)\zeta}{m\zeta^2-1}\right]\end{cases}\tag{5.19}$$

得到极坐标下含倾斜椭圆裂隙的弹性应力场解析解为

$$\sigma_{\rho\rho}+\sigma_{\theta\theta}=-p\mathrm{Re}\left[\frac{(2\mathrm{e}^{2\mathrm{i}\alpha}-m)\zeta^2-1}{m\zeta^2}\right]\tag{5.20}$$

$$\begin{aligned}\sigma_{\theta\theta}-\sigma_{\rho\rho}+2\mathrm{i}\tau_{\rho\theta}=&-p\frac{(m\rho^4+\zeta^2)\zeta^2}{(m\rho^4-\zeta^2)(m\zeta^2-1)}\left(2\mathrm{e}^{2\mathrm{i}\alpha}-m+m\frac{1+m\zeta^2-2\zeta^2\mathrm{e}^{2\mathrm{i}\alpha}}{m\zeta^2-1}\right)\\&-p\frac{\rho^2}{m\rho^4-\zeta^2}\left[\mathrm{e}^{-2\mathrm{i}\alpha}-\frac{\zeta^2(3\zeta^2\mathrm{e}^{2\mathrm{i}\alpha}+m\mathrm{e}^{2\mathrm{i}\alpha}-m^2-1)}{m\zeta^2-1}\right.\\&\left.+\frac{2m\zeta^4(\zeta^2\mathrm{e}^{2\mathrm{i}\alpha}+m\mathrm{e}^{2\mathrm{i}\alpha}-m^2-1)}{(m\zeta^2-1)^2}\right]\end{aligned}\tag{5.21}$$

由此，求出椭圆孔边的环向应力 $\sigma_{\theta\theta}$ 为

$$(\sigma_{\theta\theta})_{\rho=1}=-p\frac{1-m^2+2m\cos\alpha-2\cos[2(\theta+\alpha)]}{1+m^2-2m\cos\theta}\tag{5.22}$$

可以看出，椭圆裂隙边缘各点的环向应力与远场的压力 p 成正比，且与椭圆的轴比 b/a(对应于形状参数 m)、裂隙的倾角 β(对应于 α)、该点的极角 θ 呈非线性关系。

5.1.3 Stevenson 的椭圆坐标解析解

采用椭圆坐标，Stevenson[13]给出了无限域中倾斜椭圆孔在远场单轴均匀应力作用下的解析解。对几何模型如图 5.1 所示的单轴压力 p 作用下含单个倾斜椭圆裂隙的无限大弹性体，在复平面上采用坐标变换，将椭圆坐标系 $z=x+\mathrm{i}y$ 映射到直线直角坐标系 $\zeta=\xi+\mathrm{i}\eta$ 中，两个坐标系分别如图 5.3(a)和(b)所示。

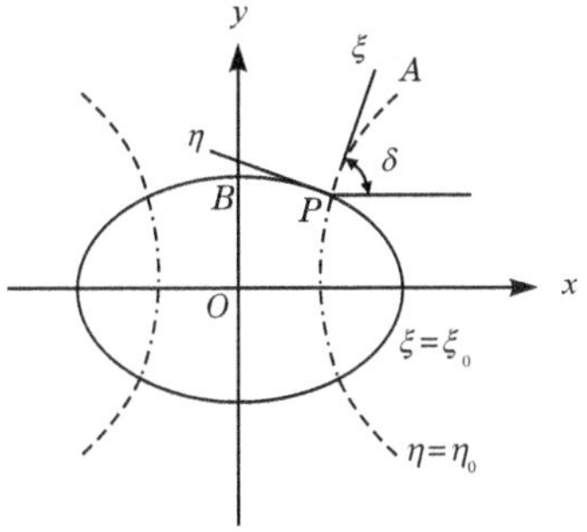

(a) 椭圆的正交曲线坐标系

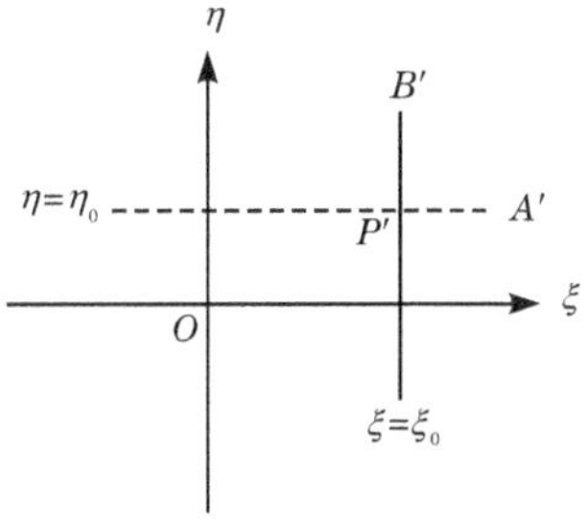

(b) 映射后的直线直角坐标系

图 5.3　椭圆坐标向直线直角坐标的变换

复平面内的直角坐标与椭圆坐标关系为

$$\begin{cases} x = c\cosh\xi\cos\eta \\ y = c\sinh\xi\sin\eta \end{cases} \tag{5.23}$$

两个坐标系的复坐标变换函数为

$$z = \omega(\zeta) = c\cosh\zeta = c\cosh\xi\cos\eta + \mathrm{i}(c\sinh\xi\sin\eta) \tag{5.24}$$

椭圆坐标系为正交曲线坐标系，ξ 为常数代表直角坐标系中的椭圆。对图 5.1 中的椭圆孔边界，$\xi=\xi_0$，椭圆方程为

$$\frac{x^2}{(c\cosh\xi_0)^2} + \frac{y^2}{(c\sinh\xi_0)^2} = 1 \tag{5.25}$$

椭圆的长轴半径 a 和短轴半径 b 分别为

$$\begin{cases} a = c\cosh\xi_0 \\ b = c\sinh\xi_0 \end{cases} \tag{5.26}$$

相应地，可由式(5.26)得到椭圆的尺寸参数 c 和形状参数 ξ_0 为

$$\begin{cases} c = \sqrt{a^2 - b^2} \\ \xi_0 = \tanh^{-1}(b/a) \end{cases} \tag{5.27}$$

η 为常数代表直角坐标系中的双曲线。对某个给定的 $\eta=\eta_0$，椭圆方程为

$$\frac{x^2}{(c\cos\eta_0)^2} - \frac{y^2}{(c\sin\eta_0)^2} = 1 \tag{5.28}$$

椭圆和双曲线是共焦的，焦点在 $x=\pm c$ 处。

应力边界条件为椭圆孔为自由表面，即在 $\xi=\xi_0$ 处，有 $\sigma_{\xi\xi}=\tau_{\xi\eta}=0$。

在远场压应力下满足椭圆孔应力边界条件的椭圆坐标解答为

$$\begin{cases} \varphi(\zeta) = -\dfrac{1}{4}pc\left[\mathrm{e}^{2\xi_0}\cos(2\alpha)\cosh\zeta + (1-\mathrm{e}^{2\xi_0+2\mathrm{i}\alpha})\sinh\zeta\right] \\ \psi(\zeta) = \dfrac{pc\{[\cosh(2\xi_0)-\cosh(2\alpha)] + \mathrm{e}^{2\xi_0}\cosh[2(\zeta-\xi_0-\mathrm{i}\alpha)]\}}{4\sinh\zeta} \end{cases} \tag{5.29}$$

由此，求出椭圆孔边的环向应力 $\sigma_{\eta\eta}$ 为

$$(\sigma_{\eta\eta})_{\xi=\xi_0} = -p\frac{\sinh(2\xi_0) + \cos(2\alpha) - \mathrm{e}^{2\xi_0}\cos[2(\alpha-\eta)]}{\cosh(2\xi_0) - \cos(2\eta)} \tag{5.30}$$

利用式(5.27)，$\sigma_{\eta\eta}$ 还可以表示为

$$(\sigma_{\eta\eta})_{\xi=\xi_0} = -p\frac{2ab + (a^2-b^2)\cos(2\alpha) - (a^2+b^2)\cos[2(\alpha-\eta)]}{a^2+b^2-(a^2-b^2)\cos(2\eta)} \tag{5.31}$$

可以证明，式(5.31)与式(5.22)是等效的。

5.1.4 椭圆孔周围的应力场分布及应力集中系数

采用极坐标系下的二维单个椭圆裂隙在远场压力作用下的弹性应力场解析解(式(5.20)和式(5.21))，编制了 Matlab 程序计算远场压应力下倾斜椭圆孔周

围的弹性应力。平面内的最大、最小主应力 σ_{max} 和 σ_{min} 计算公式为

$$\begin{cases}\sigma_{max}=\dfrac{1}{2}(\sigma_{\rho\rho}+\sigma_{\theta\theta})+\sqrt{\dfrac{1}{4}(\sigma_{\rho\rho}-\sigma_{\theta\theta})^2+\tau_{\rho\theta}^2}\\ \sigma_{min}=\dfrac{1}{2}(\sigma_{\rho\rho}+\sigma_{\theta\theta})-\sqrt{\dfrac{1}{4}(\sigma_{\rho\rho}-\sigma_{\theta\theta})^2+\tau_{\rho\theta}^2}\end{cases}\tag{5.32}$$

对第 2 章试验研究中的节理连通率 k=0.2、0.4、0.6、0.8 情况，裂隙的短轴半径固定为 b=0.15mm，长轴半径分别为 a=3mm、6mm、9mm、12mm，对应的椭圆轴比(短轴与长轴半径之比)b/a=0.05、0.025、0.0167、0.0125。

计算了四种 b/a、裂隙倾角 β 分别为 0°、15°、30°、45°、60°、75°、90°的椭圆孔周围的平面内的最大、最小主应力，以及三个主应力 $\sigma_1\geqslant\sigma_2\geqslant\sigma_3$。图 5.4～图 5.10 分别给出了 b/a=0.05、0.0167 时各倾角椭圆裂隙周围的主拉应力集中系数σ_1/p，图 5.11 给出了裂隙倾角 β=90°的椭圆孔主拉应力集中系数 σ_1/p 的局部放大图。图 5.12～图 5.18 分别给出了 b/a=0.05、0.0167 时各倾角椭圆裂隙周围的主压应力集中系数 σ_3/p 等值线。可以看出：

(1) 在给定的椭圆轴比 b/a 下，随着裂隙倾角 β 的增大(或 α 的减小)，主拉应力集中区由裂隙中部的大面积区域逐渐变为裂隙端部附近很小的区域。而主压应力集中区随着裂隙倾角 β 的增大(或 α 的减小)则有相反的变化规律，即由裂隙中部的大面积区域变为裂隙端部附近的较小区域。

(2) 在所研究的椭圆轴比 b/a 范围内，拉应力和压应力集中区的范围和等值线图随轴比的变化较小。

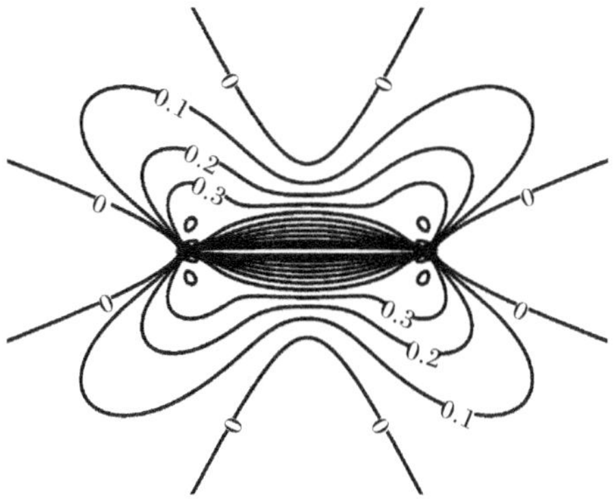

(a) b/a=0.05

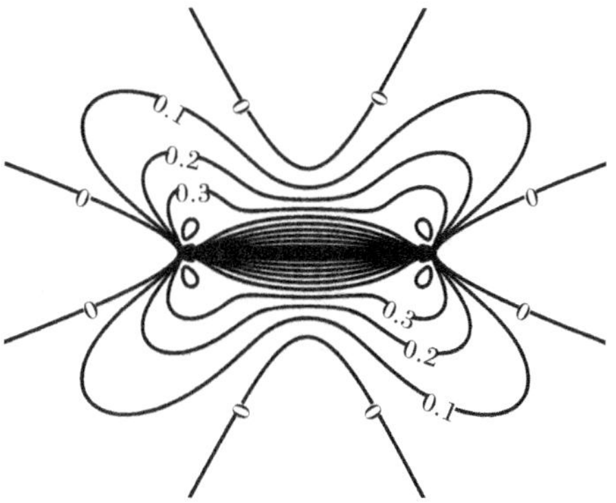

(b) b/a=0.0167

图 5.4　含 α=90°或 β=0°的裂隙主拉应力集中系数 σ_1/p 等值线分布

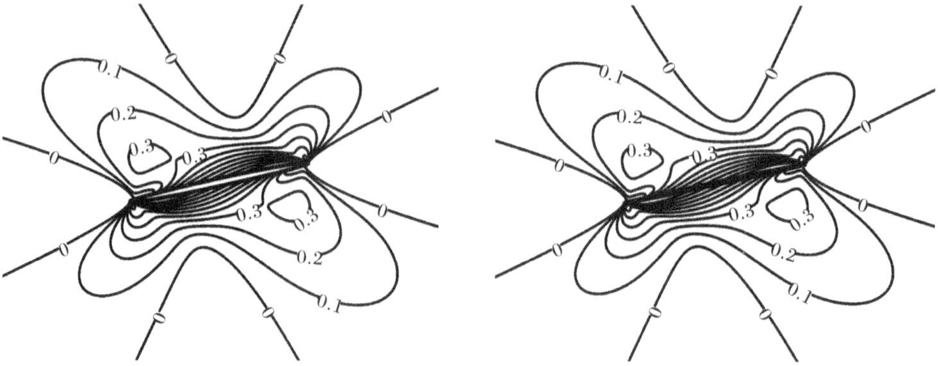

(a) $b/a=0.05$　　(b) $b/a=0.0167$

图 5.5　含 $\alpha=75°$或 $\beta=15°$裂隙的拉应力集中系数 σ_1/p 等值线分布

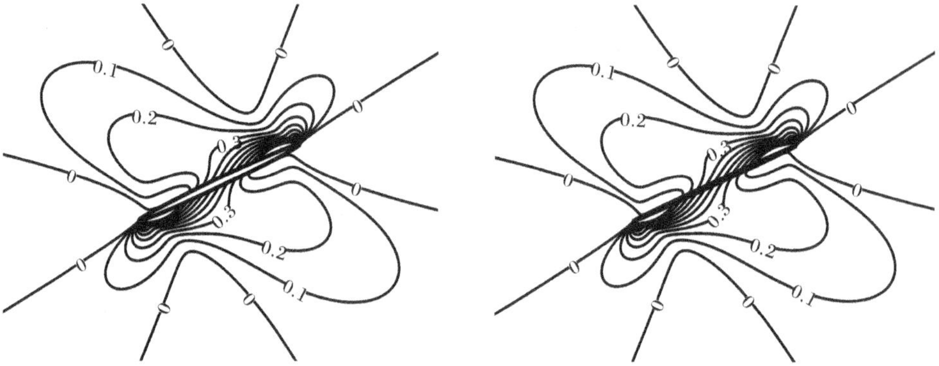

(a) $b/a=0.05$　　(b) $b/a=0.0167$

图 5.6　含 $\alpha=60°$或 $\beta=30°$的裂隙主拉应力集中系数 σ_1/p 等值线分布

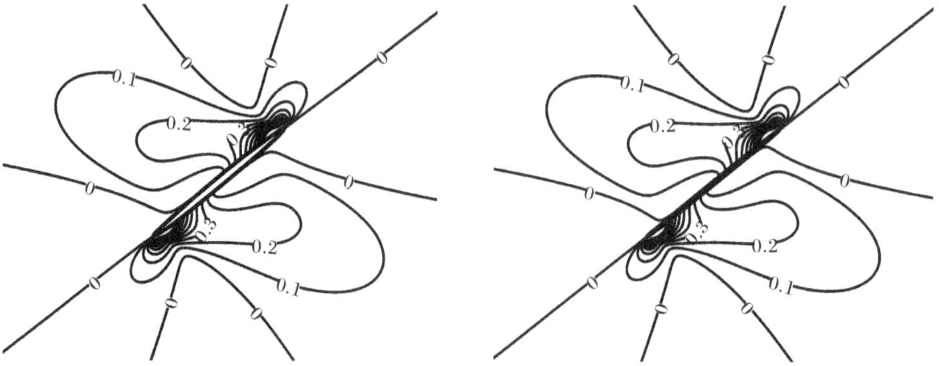

(a) $b/a=0.05$　　(b) $b/a=0.0167$

图 5.7　含 $\alpha=45°$或 $\beta=45°$的裂隙主拉应力集中系数 σ_1/p 等值线分布

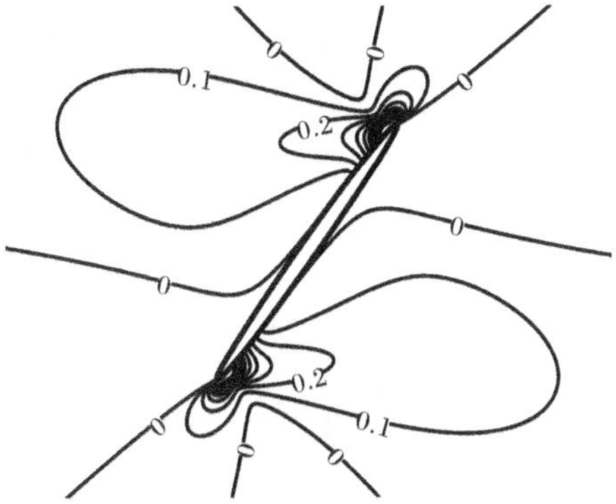

(a) $b/a=0.05$

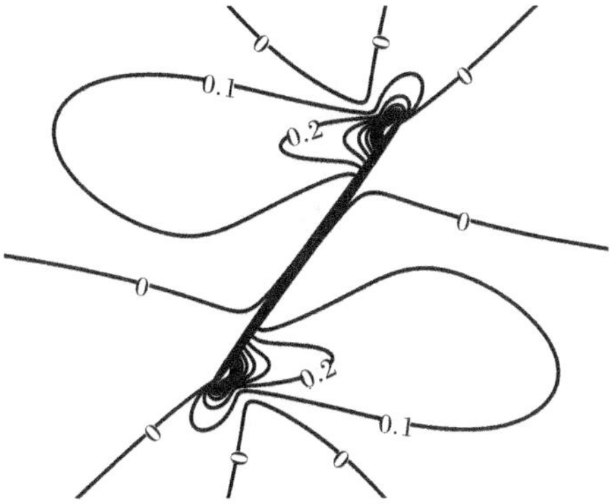

(b) $b/a=0.0167$

图 5.8　含 $\alpha=30°$或 $\beta=60°$的裂隙主拉应力集中系数 σ_1/p 等值线分布

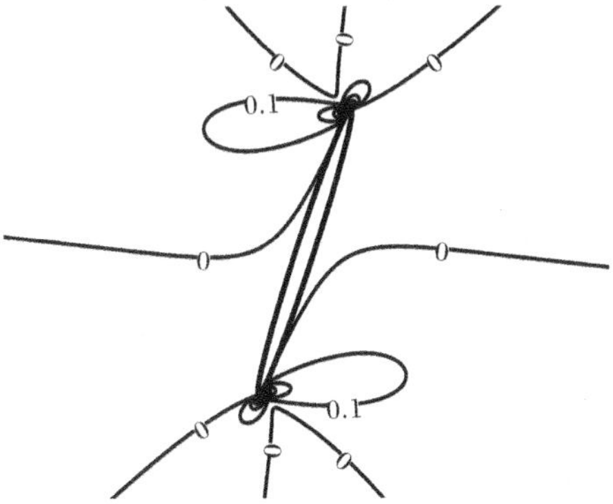

(a) $b/a=0.05$

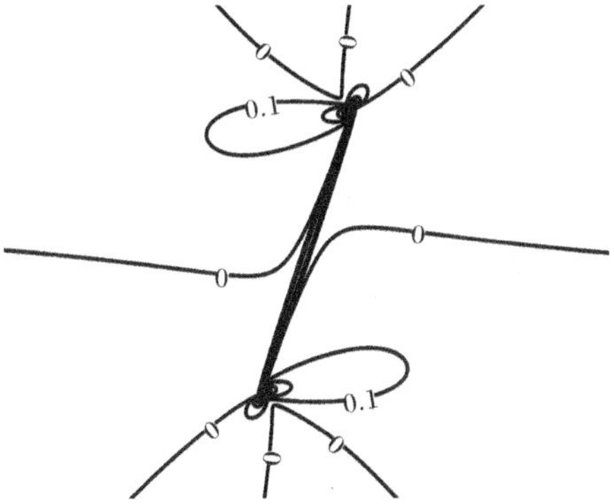

(b) $b/a=0.0167$

图 5.9　含 $\alpha=15°$或 $\beta=75°$的裂隙主拉应力集中系数 σ_1/p 等值线分布

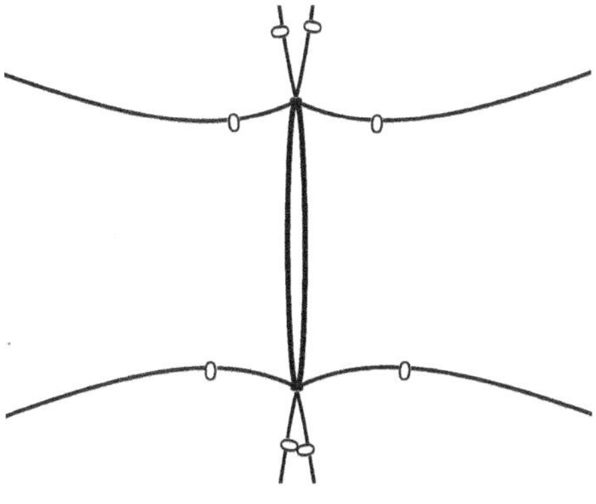

(a) $b/a=0.05$

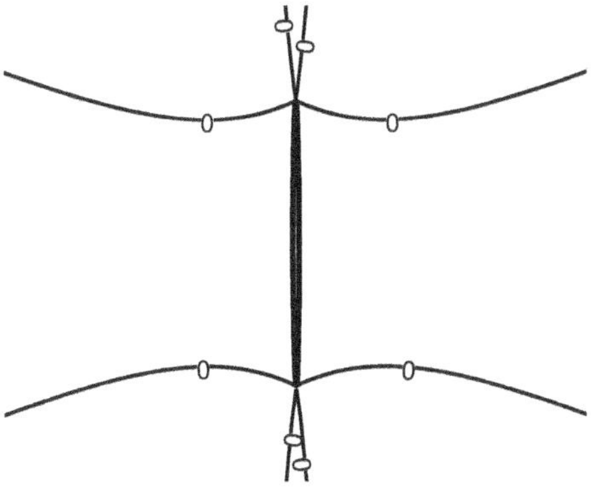

(b) $b/a=0.0167$

图 5.10　含 $\alpha=0°$或 $\beta=90°$的裂隙主拉应力集中系数 σ_1/p 等值线分布

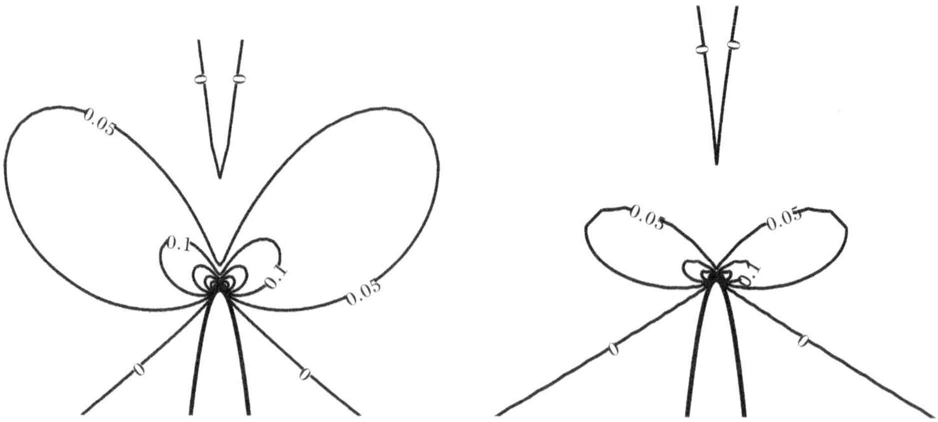

(a) b/a=0.05　　(b) b/a=0.0167

图 5.11　含 α=0°或 β=90°的裂隙主拉应力集中系数 σ_1/p 等值线局部放大分布

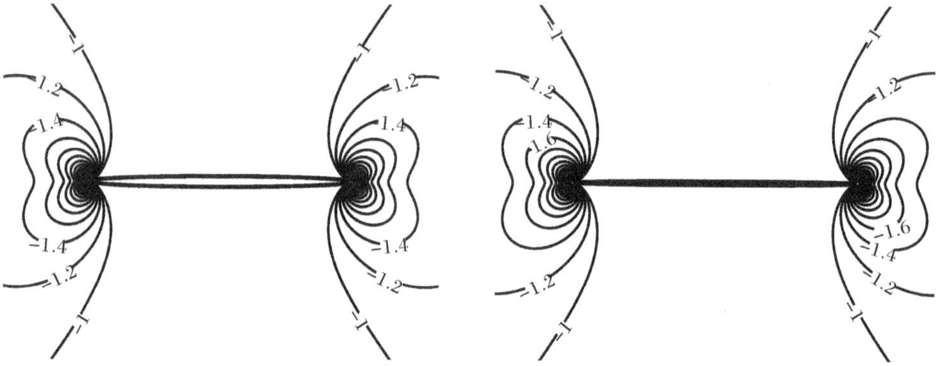

(a) b/a=0.05　　(b) b/a=0.0167

图 5.12　含 α=90°或 β=0°的裂隙主压应力集中系数 σ_3/p 等值线分布

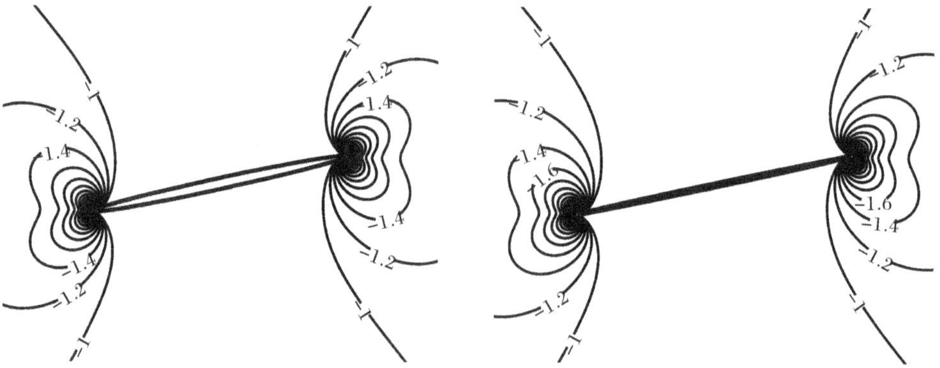

(a) b/a=0.05　　(b) b/a=0.0167

图 5.13　含 α=75°或 β=15°的裂隙主压应力集中系数 σ_3/p 等值线分布

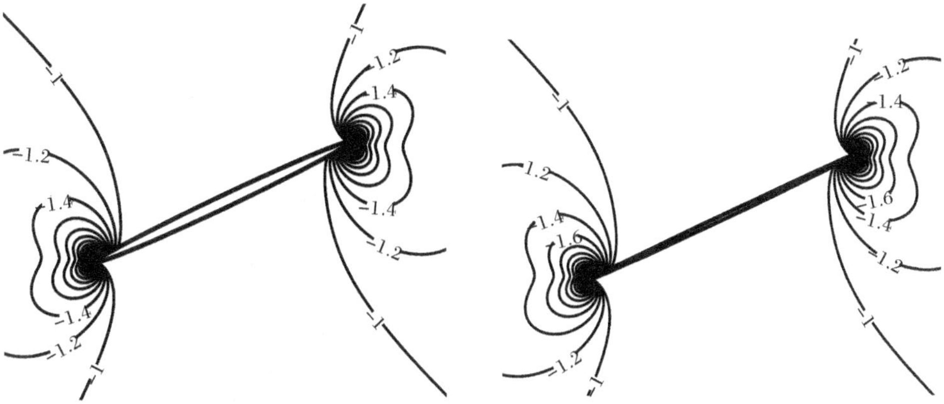

(a) $b/a=0.05$　　(b) $b/a=0.0167$

图 5.14　含 $\alpha=60°$或 $\beta=30°$的裂隙主压应力集中系数 σ_3/p 等值线分布

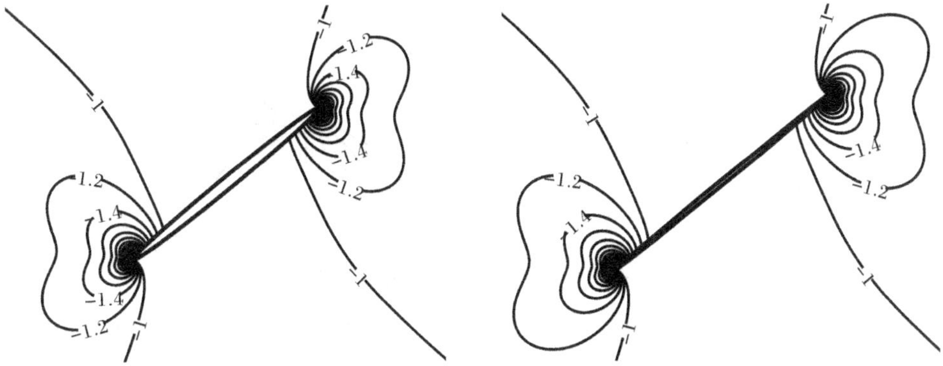

(a) $b/a=0.05$　　(b) $b/a=0.0167$

图 5.15　含 $\alpha=45°$或 $\beta=45°$的裂隙主压应力集中系数 σ_3/p 等值线分布

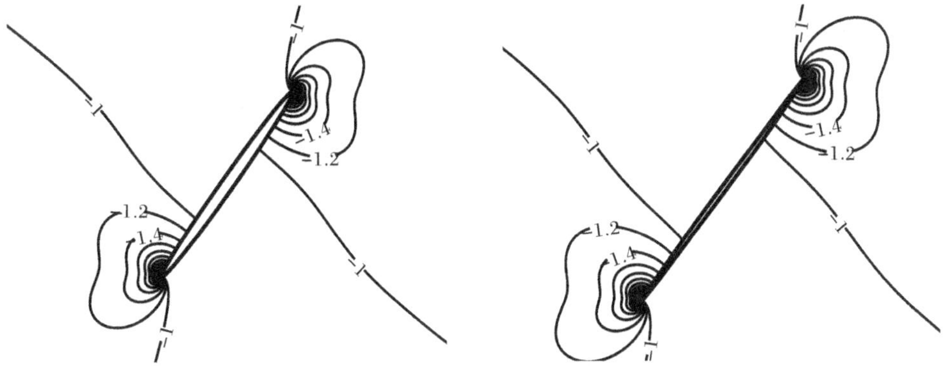

(a) $b/a=0.05$　　(b) $b/a=0.0167$

图 5.16　含 $\alpha=30°$或 $\beta=60°$的裂隙主压应力集中系数 σ_3/p 等值线分布

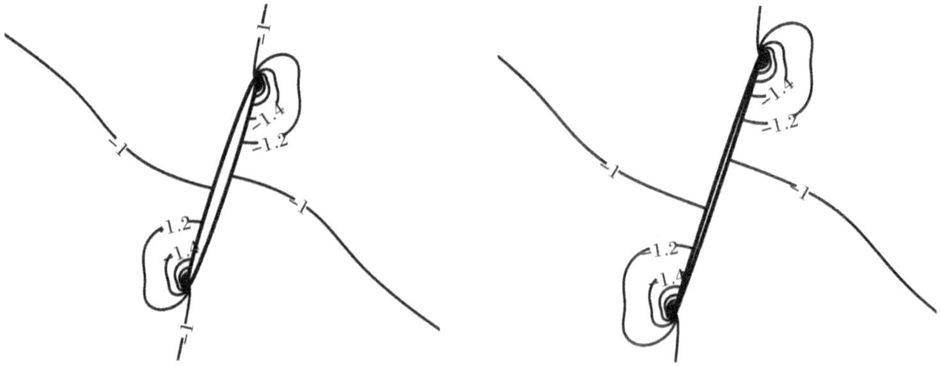

(a) $b/a=0.05$　　(b) $b/a=0.0167$

图 5.17　含 $\alpha=15°$或 $\beta=75°$的裂隙主压应力集中系数 σ_3/p 等值线分布

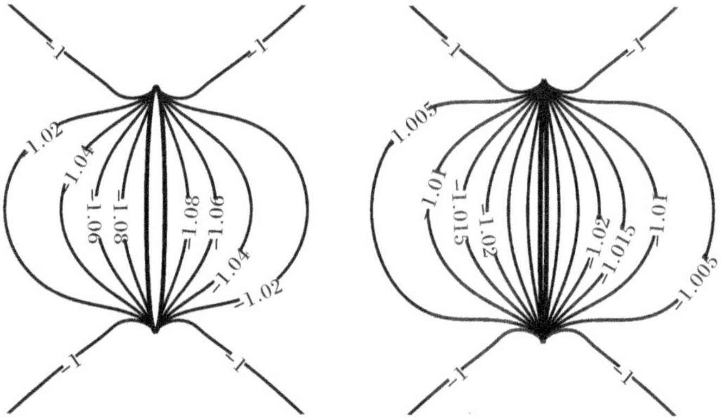

(a) $b/a=0.05$　　(b) $b/a=0.0167$

图 5.18　含 $\alpha=0°$或 $\beta=90°$的裂隙主压应力集中系数 σ_3/p 等值线分布

图 5.19～图 5.25 分别给出了 $b/a=0.05$、0.0167 时各倾角椭圆裂隙边缘环向应力随极角 θ 的变化曲线，由于裂隙边缘的应力关于椭圆的两个轴具有反对称性，故仅需画出 $\theta\in[0°,180°]$区间内的曲线。可以看出：

(1) 在给定的椭圆轴比 b/a 下，随着裂隙倾角 β 的增大（或 α 的减小），裂隙边缘环向应力 $\sigma_{\theta\theta}/p$ 随极角 θ 的变化曲线有明显的变化，表明拉、压应力高度集中的位置与椭圆裂隙倾角密切相关。

(2) 在给定的裂隙倾角 β 下，随着椭圆轴比 b/a 的减小，裂隙边缘环向应力 $\sigma_{\theta\theta}/p$ 随极角 θ 的变化曲线形状基本不变，但其最大值有很大的变化，且变化的幅度随裂隙倾角 β 的增大（或 α 的减小）而减小。

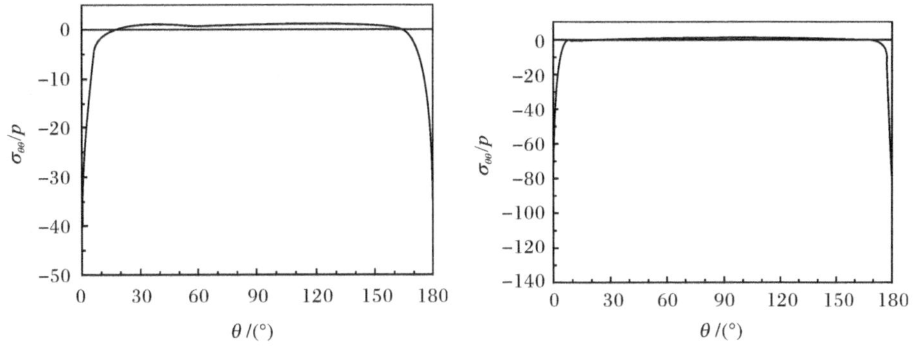

(a) $b/a=0.05$　　(b) $b/a=0.0167$

图 5.19　$\alpha=90°$或 $\beta=0°$裂隙边缘环向应力 $\sigma_{\theta\theta}/p$ 随极角 θ 的变化

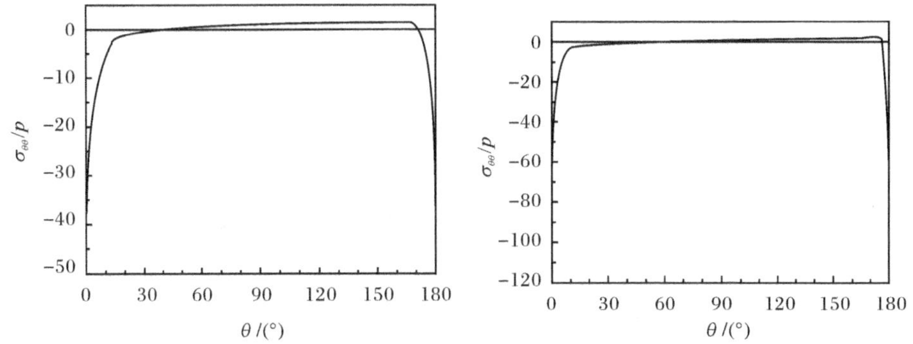

(a) $b/a=0.05$　　(b) $b/a=0.0167$

图 5.20　$\alpha=75°$或 $\beta=15°$裂隙边缘环向应力 $\sigma_{\theta\theta}/p$ 随极角 θ 的变化

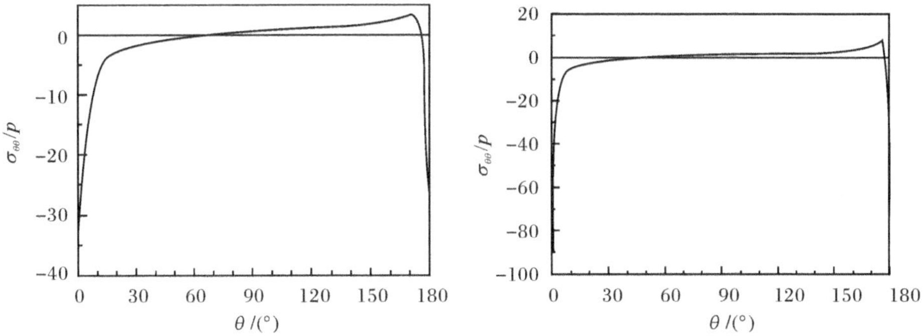

(a) $b/a=0.05$　　(b) $b/a=0.0167$

图 5.21　$\alpha=60°$或 $\beta=30°$裂隙边缘环向应力 $\sigma_{\theta\theta}/p$ 随极角 θ 的变化

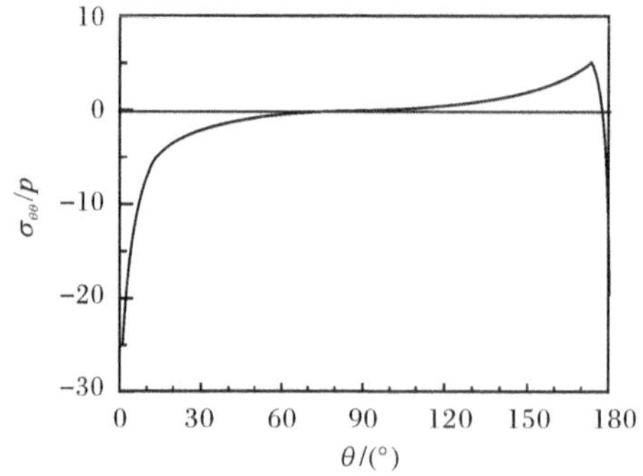

(a) $b/a=0.05$

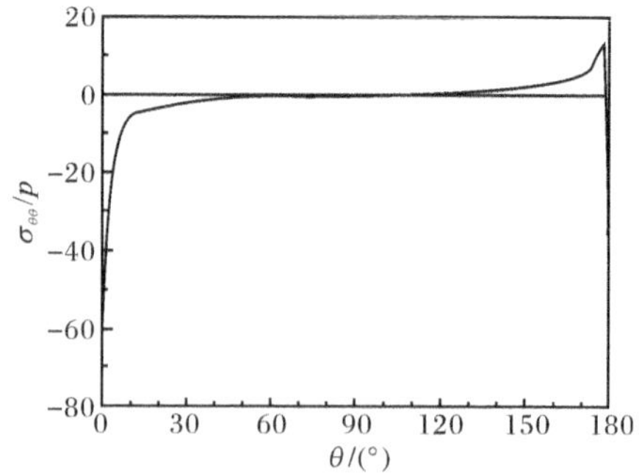

(b) $b/a=0.0167$

图 5.22　$\alpha=45°$或$\beta=45°$裂隙边缘环向应力 $\sigma_{\theta\theta}/p$ 随极角 θ 的变化

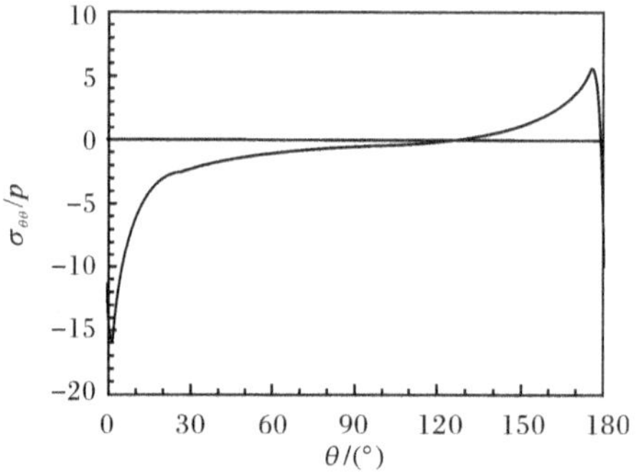

(a) $b/a=0.05$

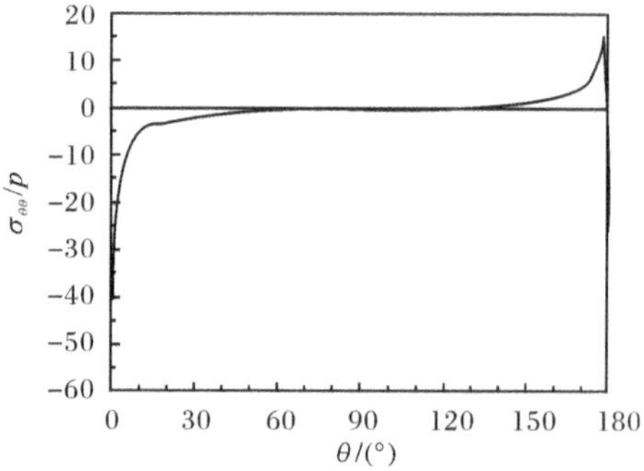

(b) $b/a=0.0167$

图 5.23　$\alpha=30°$或$\beta=60°$裂隙边缘环向应力 $\sigma_{\theta\theta}/p$ 随极角 θ 的变化

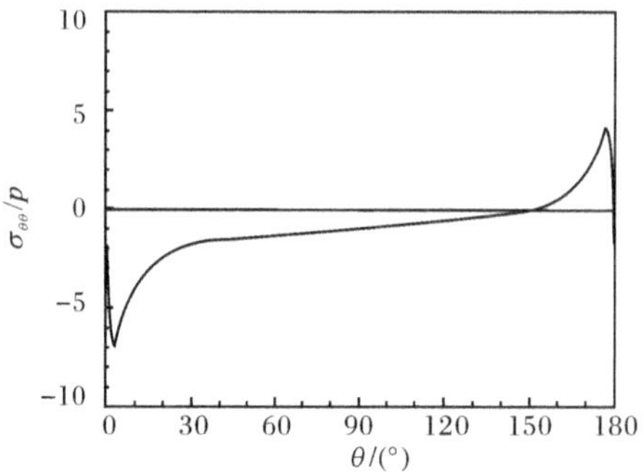

(a) $b/a=0.05$

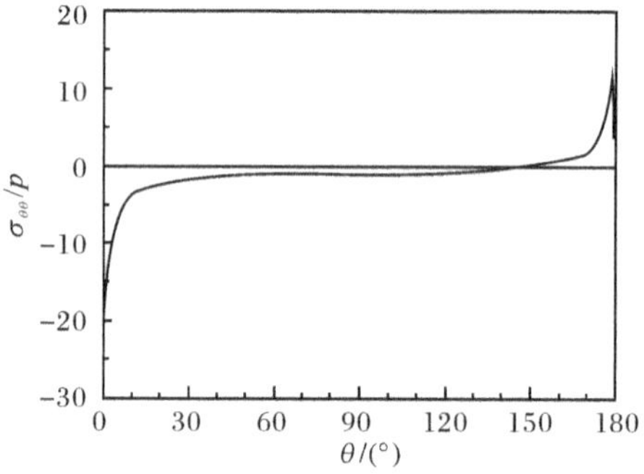

(b) $b/a=0.0167$

图 5.24　$\alpha=15°$或$\beta=75°$裂隙边缘环向应力 $\sigma_{\theta\theta}/p$ 随极角 θ 的变化

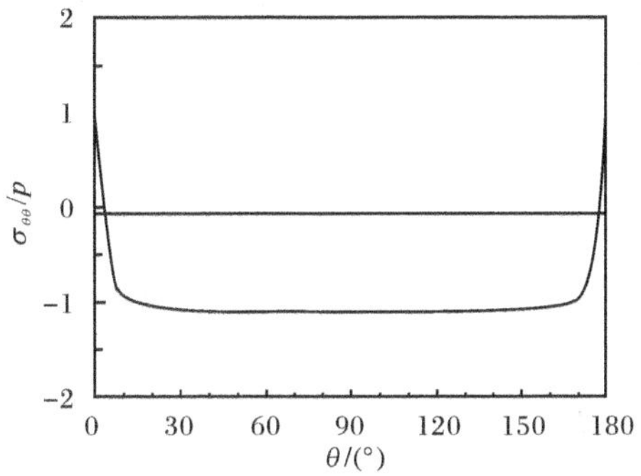

(a) $b/a=0.05$

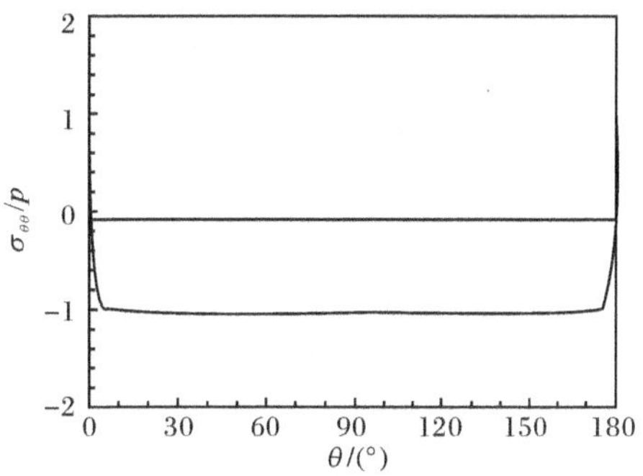

(b) $b/a=0.0167$

图 5.25　$\alpha=0°$或$\beta=90°$裂隙边缘环向应力 $\sigma_{\theta\theta}/p$ 随极角 θ 的变化

5.2　基于两种破裂机制的破裂判据、破裂函数及临界荷载

对裂隙岩体，以 Rankine 最大拉应力准则和 Mohr-Coulomb 抗剪强度准则分别作为岩石基质的拉裂和剪破裂判据，可以考虑由于裂隙边缘的拉应力和压剪应力集中而分别引起的拉伸和剪切两种起裂机制。

5.2.1　拉破裂的判据、破裂函数和开裂临界荷载

记 σ_1 和 σ_3 分别为岩石基质内某点的最大、最小主应力(拉为正)。根据 Rankine 最大拉应力准则，当裂隙边缘某点的主应力达到岩石材料的抗拉强度 T_0 时，将产生拉破裂，其破裂条件为

$$F_t = \sigma_1 - T_0 = 0 \tag{5.33}$$

椭圆裂隙边缘各点的应力与椭圆轴比 b/a、裂隙倾角 β、该点的极角 θ 非线性相关，且与远场的压力 p 成正比。可定义无量纲的拉破裂函数 N_t 为

$$N_t(\theta,\beta,b/a) = \frac{\sigma_1}{p} \tag{5.34}$$

则拉破裂条件可以改写为

$$F_t = pN_t(\theta,\beta,b/a) - T_0 = 0 \tag{5.35}$$

在给定的椭圆轴比 b/a、裂隙倾角 β 下，拉破裂函数 N_t 随极角 θ 变化，设此时的拉破裂函数最大值 $N_{t,\max}$ 为

$$N_{t,\max}(\beta,b/a) = \max_{\theta}\{N_t(\theta,\beta,b/a)\} \tag{5.36}$$

随着压力 p 的增加，拉破裂函数 N_t 取最大值的点最先满足式(5.31)的拉破裂条件，故该点是拉破裂产生的位置，称为拉破裂临界位置，可用其距短轴的距离

x_t 与长轴半径之比 x_t/a 来标识。相应地，产生拉破裂所需的最小压力称为拉破裂临界荷载 p_{cr}^t，它与岩石抗拉强度的比值（p_{cr}^t/T_0）与拉破裂函数最大值 $N_{t,max}$ 关系为

$$\frac{p_{cr}^t}{T_0}=\frac{1}{N_{t,max}} \tag{5.37}$$

这表明拉破裂函数最大值 $N_{t,max}$ 反映了含椭圆裂隙岩体发生拉破裂的危险程度，其数值越大，所需的拉裂临界荷载 p_{cr}^t 越小。

图 5.26～图 5.32 分别给出了椭圆轴比 $b/a=0.05$、0.0167 时各倾角椭圆裂隙边缘拉破裂函数 N_t 随极角 θ 的变化曲线。

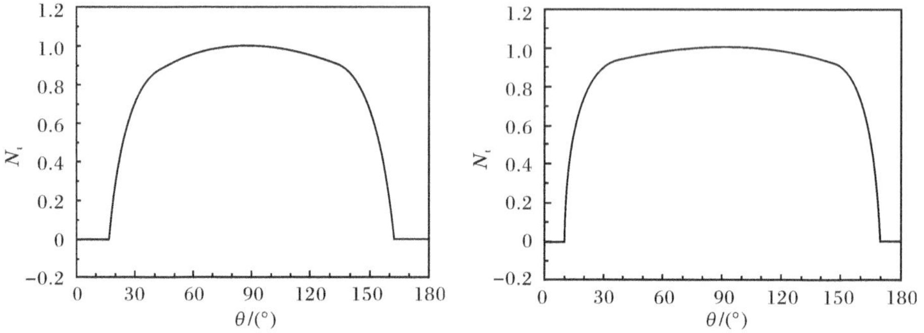

(a) $b/a=0.05$　　(b) $b/a=0.0167$

图 5.26　$\alpha=90°$ 或 $\beta=05°$ 的裂隙边缘拉破裂函数 N_t 随极角 θ 的变化

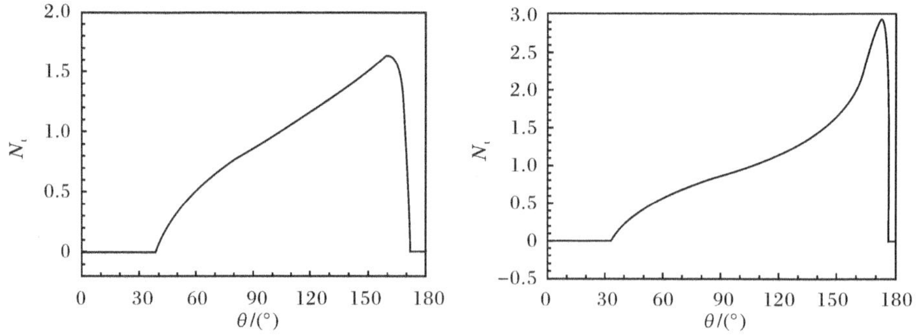

(a) $b/a=0.05$　　(b) $b/a=0.0167$

图 5.27　$\alpha=75°$ 或 $\beta=15°$ 的裂隙边缘拉破裂函数 N_t 随极角 θ 的变化

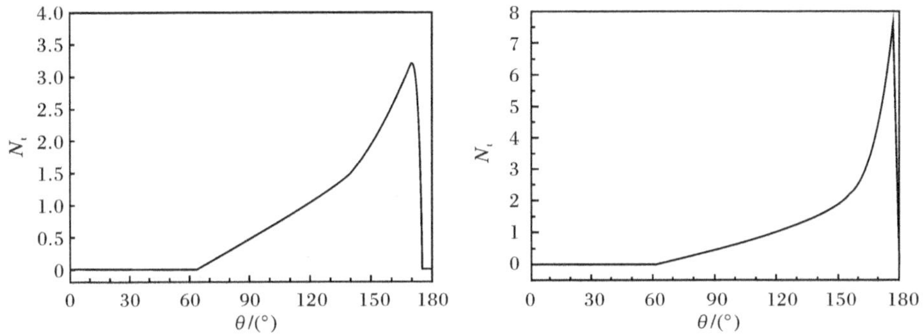

(a) $b/a=0.05$　　(b) $b/a=0.0167$

图 5.28　$\alpha=60°$或$\beta=30°$的裂隙边缘拉破裂函数 N_t 随极角 θ 的变化

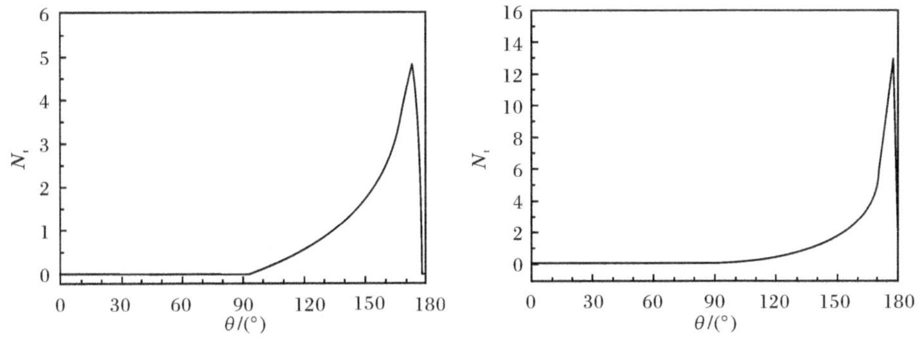

(a) $b/a=0.05$　　(b) $b/a=0.0167$

图 5.29　$\alpha=45°$或$\beta=45°$的裂隙边缘拉破裂函数 N_t 随极角 θ 的变化

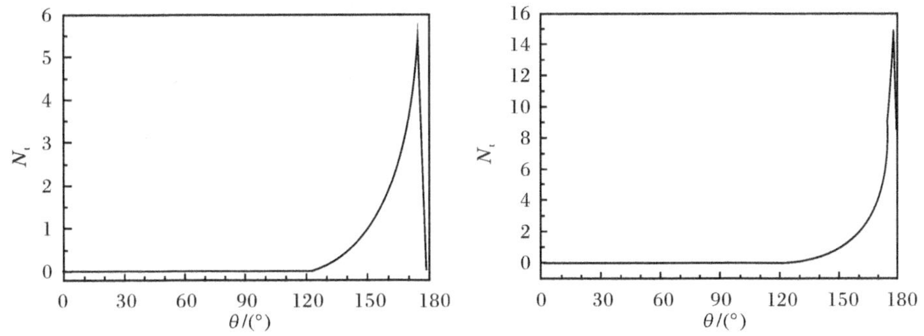

(a) $b/a=0.05$　　(b) $b/a=0.0167$

图 5.30　$\alpha=30°$或$\beta=60°$的裂隙边缘拉破裂函数 N_t 随极角 θ 的变化

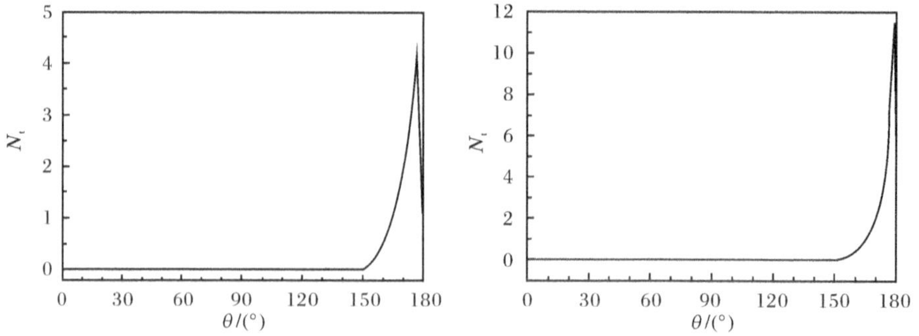

(a) $b/a=0.05$　　(b) $b/a=0.0167$

图 5.31　$\alpha=15°$或$\beta=75°$的裂隙边缘拉破裂函数 N_t 随极角 θ 的变化

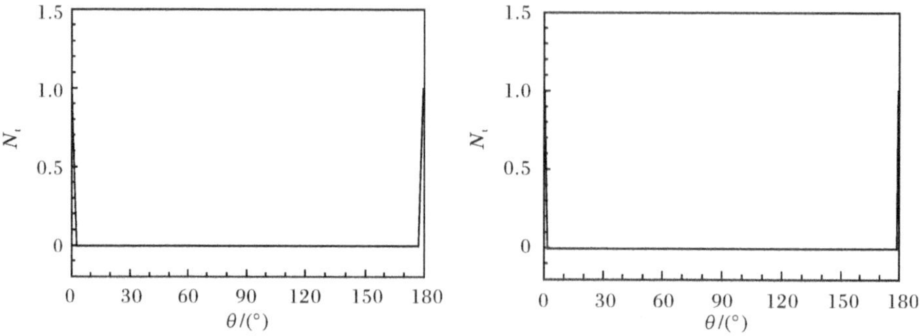

(a) $b/a=0.05$　　(b) $b/a=0.0167$

图 5.32　$\alpha=0°$或$\beta=90°$的裂隙边缘拉破裂函数 N_t 随极角 θ 的变化

采用第 2 章节理试件单轴压缩试验中的石膏材料力学参数：单轴抗拉强度$T_0=1.44$MPa，黏聚力 $c=2.5$MPa，内摩擦角 $\varphi=38°$。对四种椭圆轴比 $b/a=0.05$、0.025、0.0167、0.0125 情况和裂隙倾角情况，计算了拉破裂机制对应的破裂函数最大值、开裂位置和开裂临界荷载。图 5.33～图 5.35 分别给出了裂隙边缘拉破裂函数最大值 $N_{t,\max}$、拉破裂位置与长轴半径之比 x_t/a、拉破裂临界荷载与材料抗拉强度之比 p_{cr}^t/T_0 随裂隙倾角 β 的变化曲线。

可以看出，不同轴比 b/a 下各参量随裂隙倾角 β 的变化曲线规律相似，可说明如下：

(1) 各轴比下，裂隙边缘拉破裂函数最大值 $N_{t,\max}$都随着裂隙倾角 β 的增大先增大后减小，最大值出现在裂隙倾角 $\beta=60°$附近。当裂隙倾角 $0°<\beta<90°$时，随着轴比 b/a 的减小，$N_{t,\max}$增加。当裂隙倾角 $\beta=0°$、90°时，不同轴比 b/a 下 $N_{t,\max}$几乎相等。

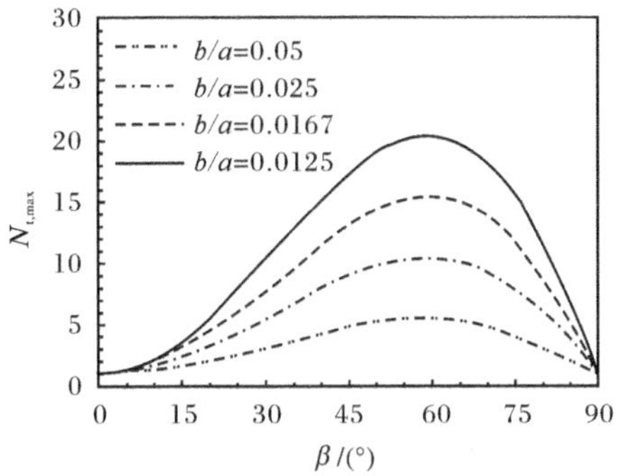

图 5.33　拉破裂函数最大值 $N_{t,max}$ 随裂隙倾角 β 的变化曲线

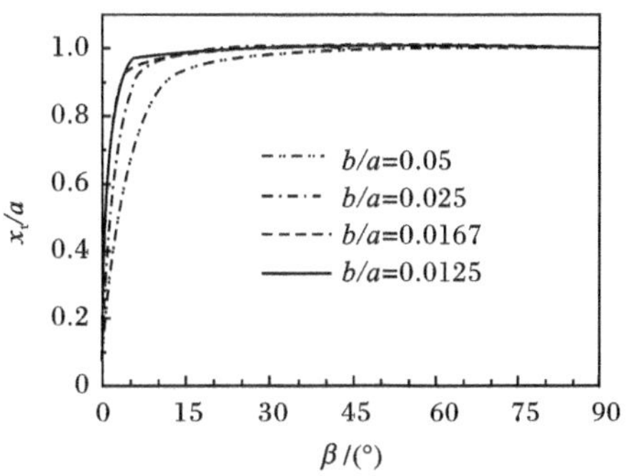

图 5.34　拉破裂位置 x_c/a 随裂隙倾角 β 的变化曲线

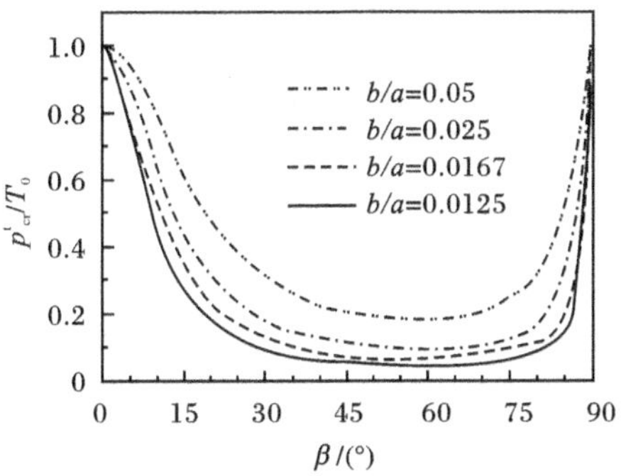

图 5.35　拉破裂临界荷载与材料抗拉强度之比 p^t_{cr}/T_0 随裂隙倾角 β 的变化曲线

(2) 各轴比下，随着裂隙倾角 β 的增大(或 α 的减小)，拉破裂的位置参数 x_c/a 都迅速由 0(裂隙中部)增加为 1(裂隙端部)。随着轴比的减小，拉破裂位置的变化趋于剧烈，仅在 $\beta=0°$ 的附近才会在裂隙中部出现拉破裂。

(3) 各轴比下，拉破裂临界荷载与抗拉强度之比 p^t_{cr}/T_0 都随裂隙倾角的增大(或 α 的减小)先减小后增大，曲线呈 U 形。当裂隙倾角 $0°<\beta<90°$ 时，随着轴比 b/a 的减小，p^t_{cr}/T_0 减小。当裂隙倾角 $\beta=0°$、$90°$ 时，不同轴比 b/a 下 p^t_{cr}/T_0 几乎相等。

5.2.2　剪破裂的判据、破裂函数和开裂临界荷载

根据 Mohr-Coulomb 抗剪强度准则，当岩石基质内该点的压剪应力达到岩石材料的抗剪强度时，将产生压剪破裂，其破裂条件为

$$F_c=\frac{1}{2}(\sigma_1+\sigma_3)\sin\phi+\frac{1}{2}(\sigma_1-\sigma_3)-c\cos\phi=0 \tag{5.38}$$

式中，c 和 ϕ 分别为岩石材料的黏聚力和内摩擦角。

类似地，可定义无量纲的压剪破裂函数 N_c：

$$N_c\left(\theta,\beta,\frac{b}{a}\right)=\frac{T_0}{2c\cos\phi}\left[\left(\frac{\sigma_1}{p}+\frac{\sigma_3}{p}\right)\sin\phi+\left(\frac{\sigma_1}{p}-\frac{\sigma_3}{p}\right)\right] \tag{5.39}$$

则剪破裂条件可以改写为

$$F_t=\left[N_c\left(\theta,\beta,\frac{b}{a}\right)\frac{p}{T_0}-1\right]c\cos\phi=0 \tag{5.40}$$

在给定的椭圆轴比 b/a、裂隙倾角 β 下，剪破裂函数 N_c 随极角 θ 变化，设此时的剪破裂函数最大值 $N_{c,\max}$ 为

$$N_{c,\max}\left(\beta,\frac{b}{a}\right)=\max_{\theta}\left\{N_c\left(\theta,\beta,\frac{b}{a}\right)\right\} \tag{5.41}$$

随着压力 p 的增加，剪破裂函数取最大值的点最先满足式(5.38)的剪破裂条件，故该点是剪破裂产生的位置，称为剪破裂临界位置，可用其距椭圆裂隙中心的距离 x_c 来标识。相应地，产生剪破裂所需的最小压力称为剪破裂临界荷载 p_{cr}^c，它与岩石抗拉强度的比值(p_{cr}^c/T_0)与拉破裂函数最大值 $N_{c,\max}$ 关系为

$$\frac{p_{cr}^c}{T_0}=\frac{1}{N_{c,\max}} \tag{5.42}$$

这表明剪破裂函数最大值 $N_{c,\max}$ 反映了含椭圆裂隙岩体发生剪破裂的危险程度，其数值越大，所需的剪裂临界荷载 p_{cr}^c 越小。

图 5.36～图 5.42 分别给出了 b/a=0.05、0.0167 时各倾角椭圆裂隙边缘剪破裂函数 N_c 随极角 θ 的变化曲线。

对四种椭圆轴比 b/a=0.05、0.025、0.0167、0.0125 情况和裂隙倾角情况，计算了剪破裂机制对应的破裂函数最大值、开裂位置和开裂临界荷载。图 5.43～图 5.45 分别给出了四种椭圆轴比 b/a=0.05、0.025、0.0167、0.0125 时裂隙边缘剪破裂函数最大值 $N_{c,\max}$、剪破裂位置与长轴半径之比 x_c/a、剪破裂临界荷载与材料抗拉强度之比 p_{cr}^c/T_0 随裂隙倾角的变化曲线。可以看出：

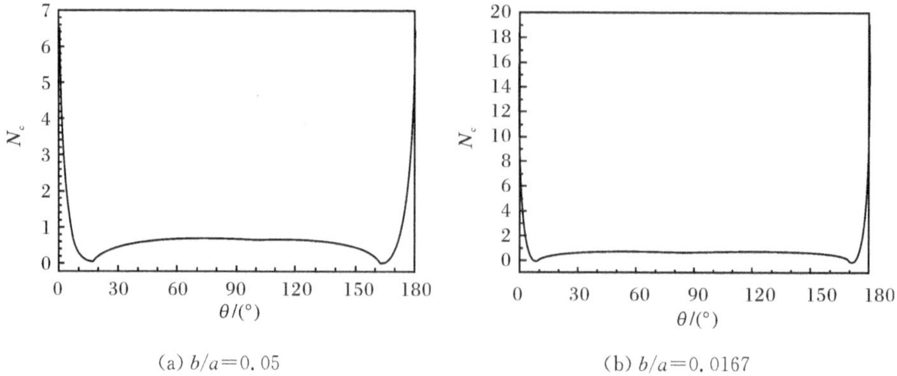

(a) b/a=0.05　　(b) b/a=0.0167

图 5.36　α=90°或 β=0°的裂隙边缘剪破裂函数 N_c 随极角 θ 的变化

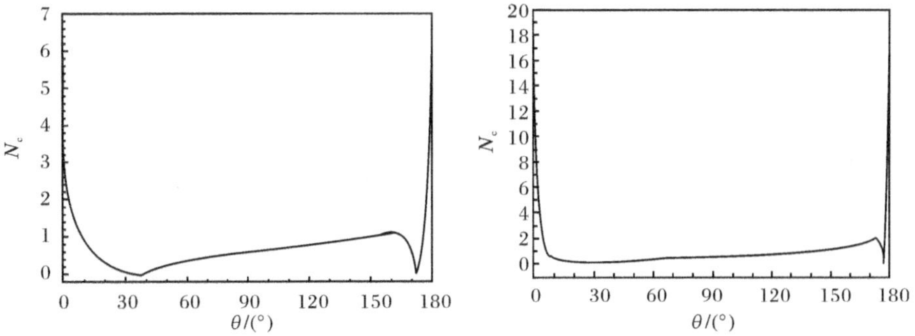

(a) b/a=0.05　　(b) b/a=0.0167

图 5.37　α=75°或β=15°的裂隙边缘剪破裂函数 N_c 随极角 θ 的变化

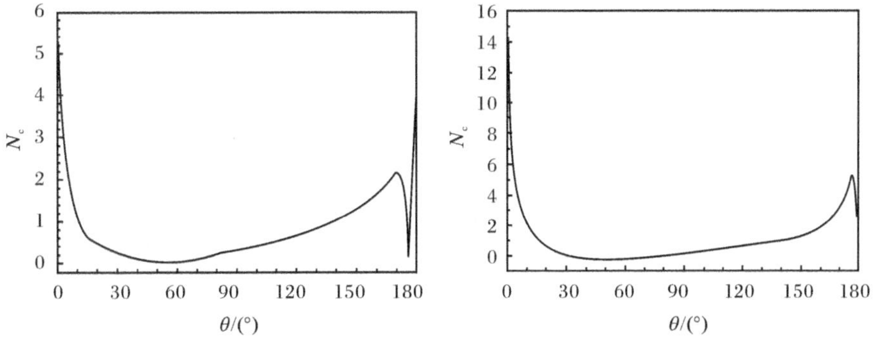

(a) b/a=0.05　　(b) b/a=0.0167

图 5.38　α=60°或β=30°的裂隙边缘剪破裂函数 N_c 随极角 θ 的变化

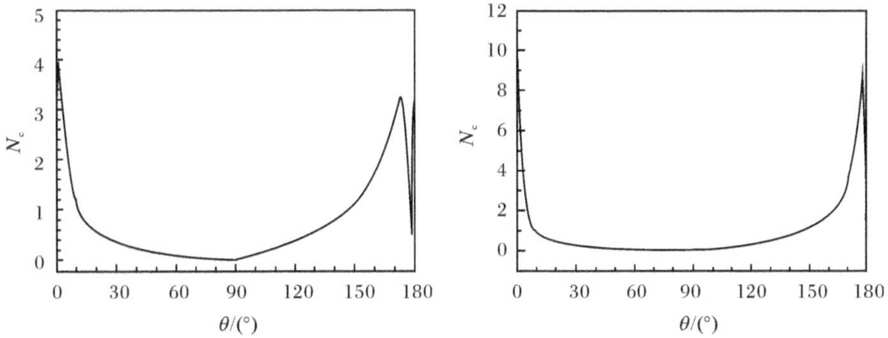

(a) b/a=0.05　　(b) b/a=0.0167

图 5.39　α=45°或β=45°的裂隙边缘剪破裂函数 N_c 随极角 θ 的变化

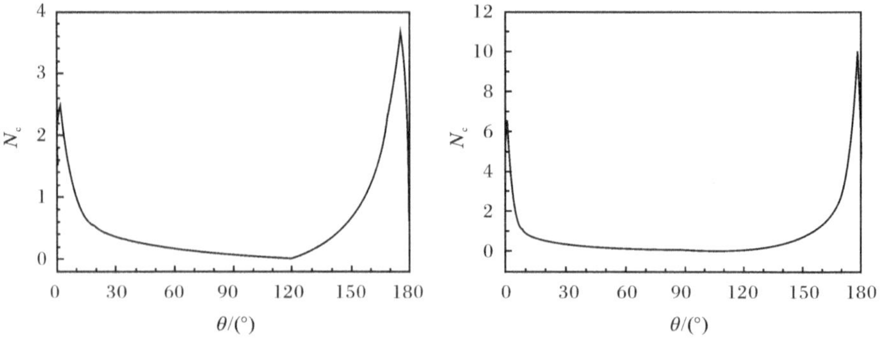

(a) $b/a=0.05$　　(b) $b/a=0.0167$

图 5.40　$\alpha=30°$或$\beta=60°$的裂隙边缘剪破裂函数 N_c 随极角 θ 的变化

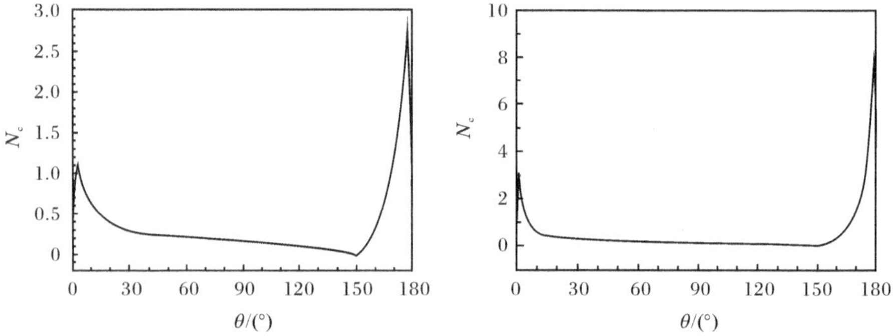

(a) $b/a=0.05$　　(b) $b/a=0.0167$

图 5.41　$\alpha=15°$或$\beta=75°$的裂隙边缘剪破裂函数 N_c 随极角 θ 的变化

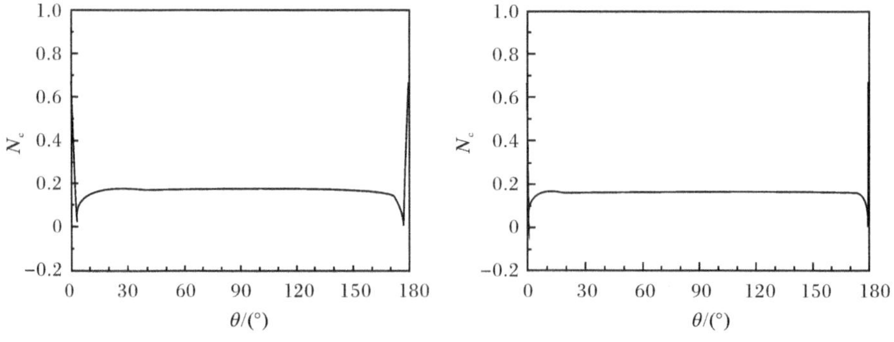

(a) $b/a=0.05$　　(b) $b/a=0.0167$

图 5.42　$\alpha=0°$或$\beta=90°$的裂隙边缘剪破裂函数 N_c 随极角 θ 的变化

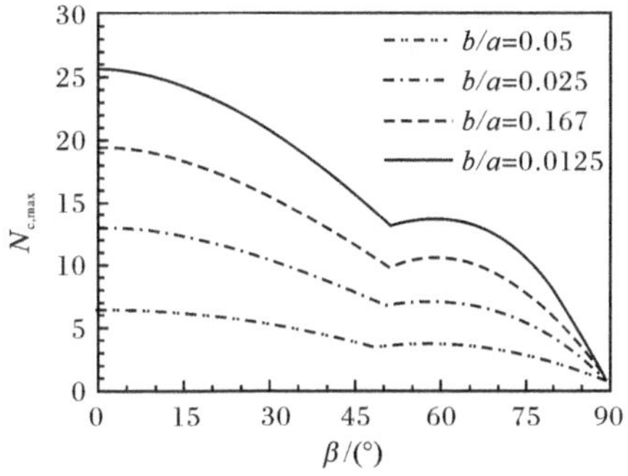

图 5.43　剪破裂函数最大值 $N_{c,\max}$ 随裂隙倾角 β 的变化曲线

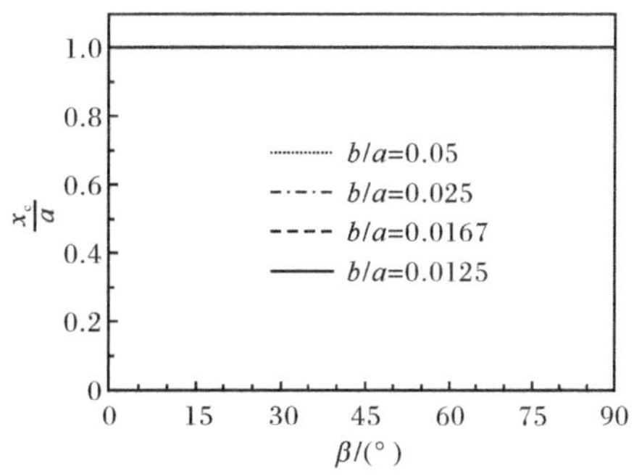

图 5.44　剪破裂位置 x_c/a 随裂隙倾角 β 的变化曲线

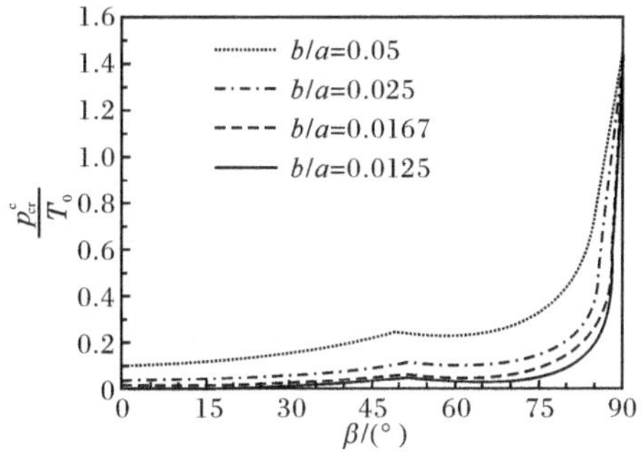

图 5.45　剪破裂临界荷载与材料抗拉强度之比 p_{cr}^c/T_0 随裂隙倾角 β 的变化曲线

(1) 各轴比下，裂隙边缘剪破裂函数最大值 $N_{c,\max}$ 都随着裂隙倾角 β 的增大而减小，在 $\beta=45°\sim60°$ 范围内出现了增长平台。当裂隙倾角 $\beta=0°$ 时，随着轴比 b/a 的减小，$N_{c,\max}$ 增加的幅度最大。当裂隙倾角 $\beta=90°$ 时，不同轴比 b/a 下 $N_{c,\max}$ 几乎相等。

(2) 各轴比和裂隙倾角下，$x_c/a\equiv1$，即剪破裂出现的位置都在裂隙端部。

(3) 各轴比下，剪破裂临界荷载与抗拉强度之比 p_{cr}^c/T_0 都随着裂隙倾角 β 的增大迅速增大。当裂隙倾角 $0°\leqslant\beta<90°$ 时，随着轴比 b/a 的减小 p_{cr}^c/T_0 减小。当裂隙倾角 $\beta=90°$ 时，不同轴比 b/a 下破裂临界荷载与抗拉强度之比 p_{cr}^c/T_0 几乎相等。

将轴比 $b/a=0.05$、0.0167 下拉破裂和压剪破裂的临界荷载与抗拉强度之比 p_{cr}^t/T_0 和 p_{cr}^c/T_0 随裂隙倾角的变化曲线进行对比，如图 5.46 和图 5.47 所示。可以看出：

(1) 不同轴比 b/a 下，两条曲线均交于临界裂隙倾角 $\beta_0=30°\sim45°$ 处。

(2) 当裂隙倾角 $0°\leqslant\beta\leqslant\beta_0$ 时，剪破裂临界荷载远小于拉破裂临界荷载，将首

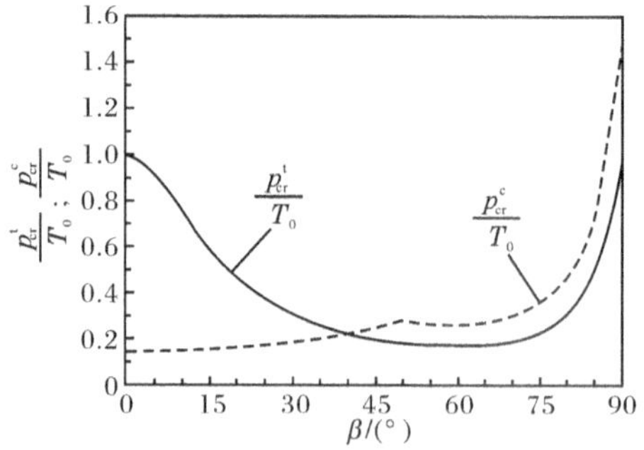

图 5.46　椭圆轴比 $b/a=0.05$ 时的 p_{cr}^{t}/T_0 和 p_{cr}^{c}/T_0 随裂隙倾角 β 的变化曲线

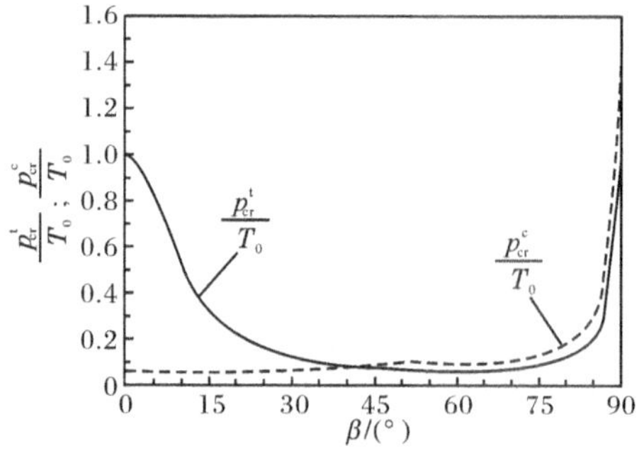

图 5.47　椭圆轴比 $b/a=0.0167$ 时的 p_{cr}^{t}/T_0 和 p_{cr}^{c}/T_0 随裂隙倾角 β 的变化曲线

先发生剪破裂。

(3) 当裂隙倾角 $\beta_0<\beta\leqslant 90°$时，轴比较大时($b/a=0.05$)拉破裂临界荷载略小于剪破裂临界荷载，将首先发生拉破裂。随着轴比的增大($b/a=0.0167$)，拉破裂临界荷载和剪破裂临界荷载变得十分接近，将在裂隙端部几乎同时发生拉破裂和剪破裂。这与试验中观察到的 $\beta=45°$、$60°$、$75°$节理试件起裂情况相符。

5.3　多裂隙岩体开裂机制的有限元模拟分析

多裂隙岩体由于各裂隙间存在相互作用，裂隙周围的应力场将发生变化，两种起裂机制下的起裂位置、起裂荷载也将发生变化。对含多裂隙的固体，其弹性应力场没有解析解，可采用自洽理论、光弹试验和有限元数值模拟等方法来近似求解。本节采用 ABAQUS 有限元软件，对单轴压缩下含多裂隙岩体的弹性应力场进行了计算，分析其相互作用。在此基础上，采用前面提出的拉、剪起裂判据，对多裂隙岩体的两种不同起裂机制进行分析。

本节分别计算了四种模型：无限域单裂隙模型、有限域单裂隙模型、有限域 4

裂隙模型和有限域 25 裂隙模型。对四种多裂隙模型，计算了表 5.1 给出的各裂隙倾角 β 变化下的弹性应力场分布规律。四种模型中椭圆裂隙的长轴半径 $a=3$mm，短轴半径 $b=0.15$mm，轴比均为 $b/a=0.05$。对单裂隙、4 裂隙、25 裂隙的三种有限域模型，节理连通率均为 $k=0.2$，裂隙间为对齐排列，裂隙中心距和排距均为 30mm，即裂隙的排列情况同 B 系列试件。

表 5.1　裂隙岩体的有限元计算模型

编号	计算模型名称	节理连通率 k	模型尺寸	裂隙倾角 β/(°)
M1	无限域单裂隙模型	—	100mm×100mm	0、15、30、45、60、75、90
M2	有限域单裂隙模型	0.2	30mm×30mm	0、15、30、45、60、75、90
M3	有限域 4 裂隙模型	0.2	60mm×60mm	0、30、45、60、90
M4	有限域 25 裂隙模型	0.2	150mm×150mm	0、15、30、45、60、75、90

5.3.1　几何模型

图 5.48～图 5.51 分别给出了各裂隙倾角的四种裂隙岩体计算模型的几何图。

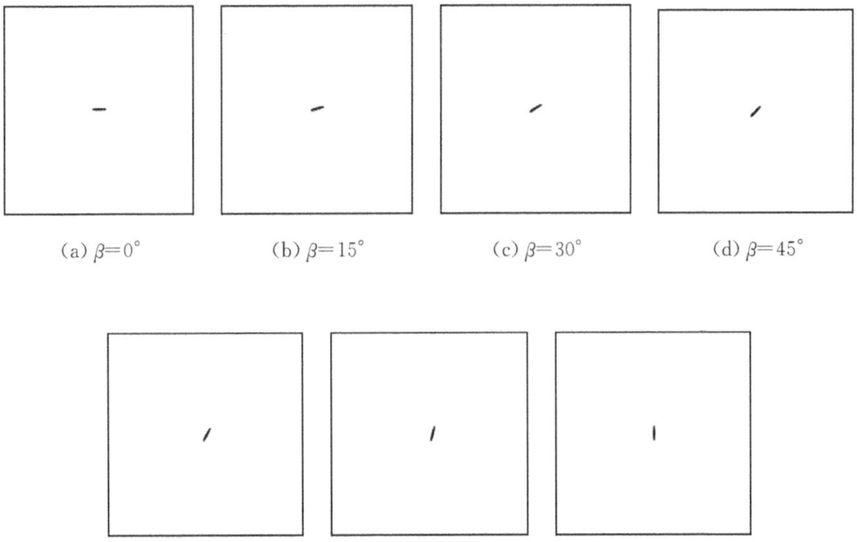

(a) $\beta=0°$　(b) $\beta=15°$　(c) $\beta=30°$　(d) $\beta=45°$

(e) $\beta=60°$　(f) $\beta=75°$　(g) $\beta=90°$

图 5.48　无限域单裂隙模型的几何图

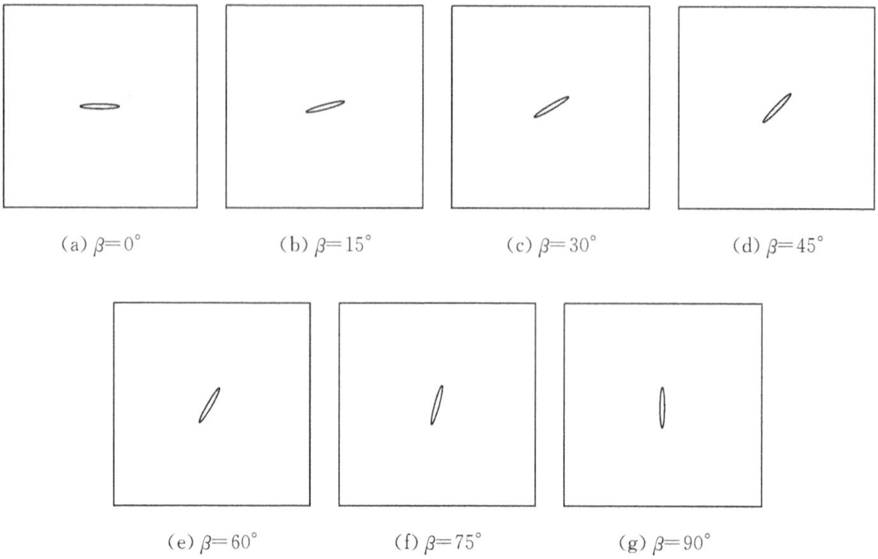

(a) $\beta=0°$　(b) $\beta=15°$　(c) $\beta=30°$　(d) $\beta=45°$

(e) $\beta=60°$　(f) $\beta=75°$　(g) $\beta=90°$

图 5.49　有限域单裂隙模型的几何图

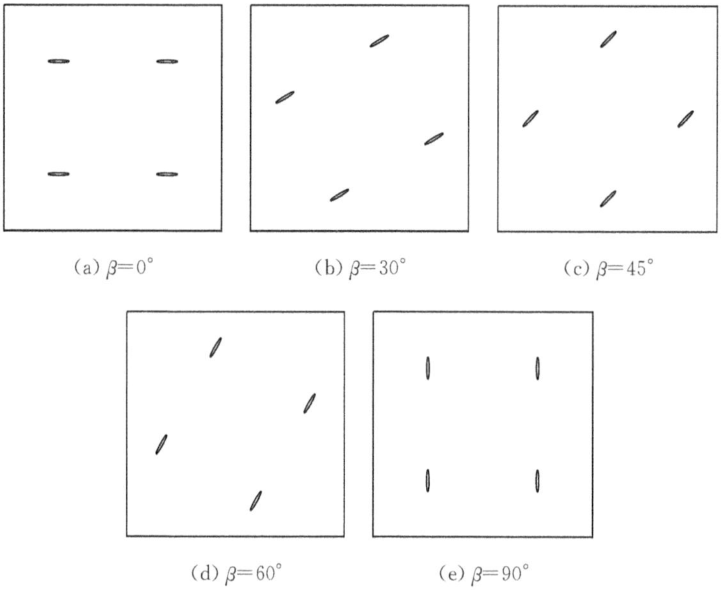

(a) $\beta=0°$　(b) $\beta=30°$　(c) $\beta=45°$

(d) $\beta=60°$　(e) $\beta=90°$

图 5.50　有限域 4 裂隙模型的几何图

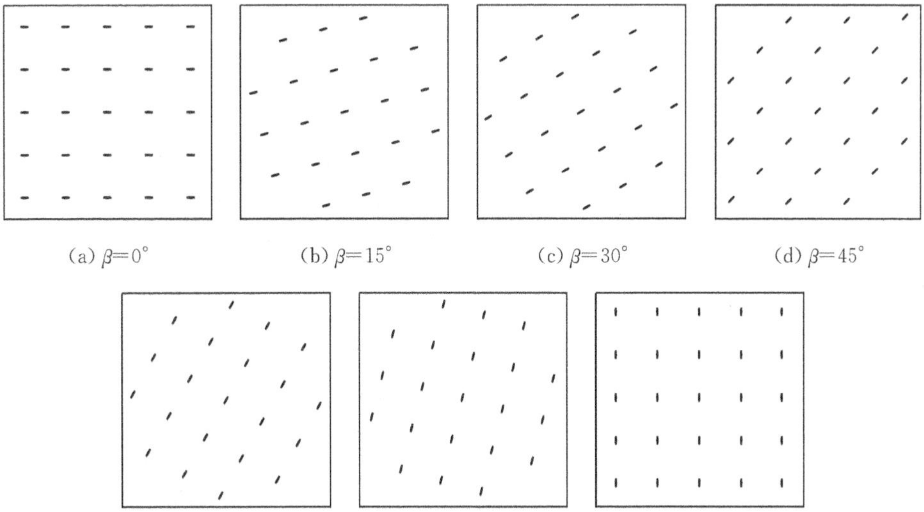

(a) $\beta=0°$　(b) $\beta=15°$　(c) $\beta=30°$　(d) $\beta=45°$

(e) $\beta=60°$　(f) $\beta=75°$　(g) $\beta=90°$

图 5.51　有限域 25 裂隙模型的几何图

5.3.2　有限元计算网格

图 5.52～图 5.58 分别给出了各裂隙倾角的四种裂隙岩体的有限元网格图。

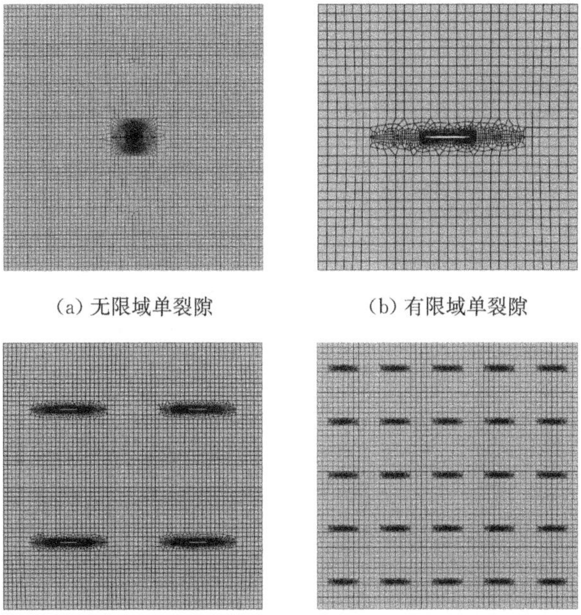

(a) 无限域单裂隙　(b) 有限域单裂隙

(c) 有限域 4 裂隙　(d) 有限域 25 裂隙

图 5.52　裂隙倾角 $\beta=0°$时各裂隙模型的有限元网格

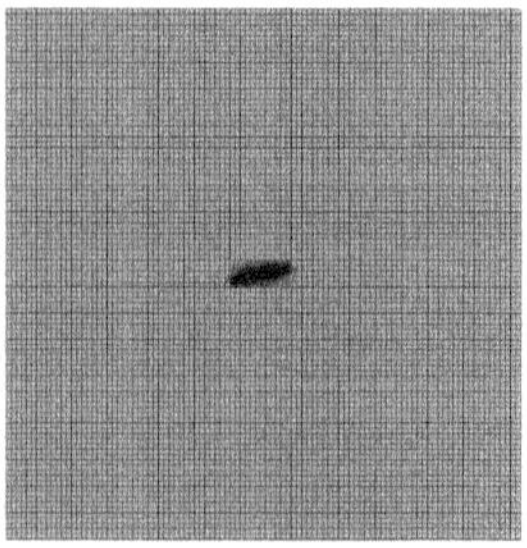

(a) 无限域单裂隙

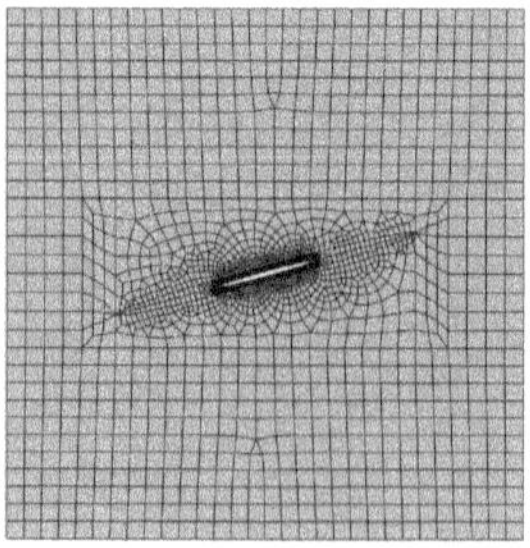

(b) 有限域单裂隙

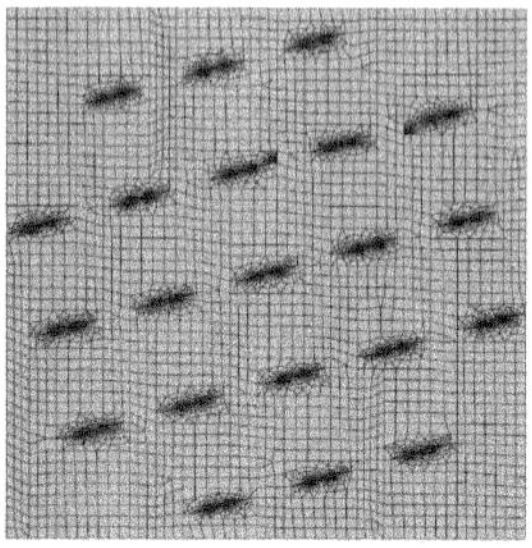

(c) 有限域 25 裂隙

图 5.53　裂隙倾角 $\beta=15^\circ$时各裂隙模型的有限元网格

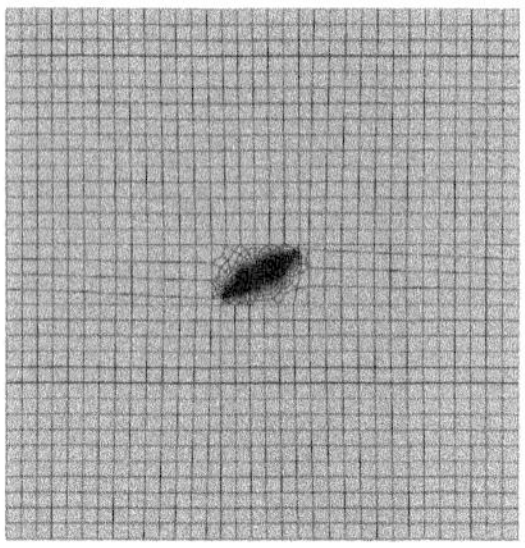

(a) 无限域单裂隙

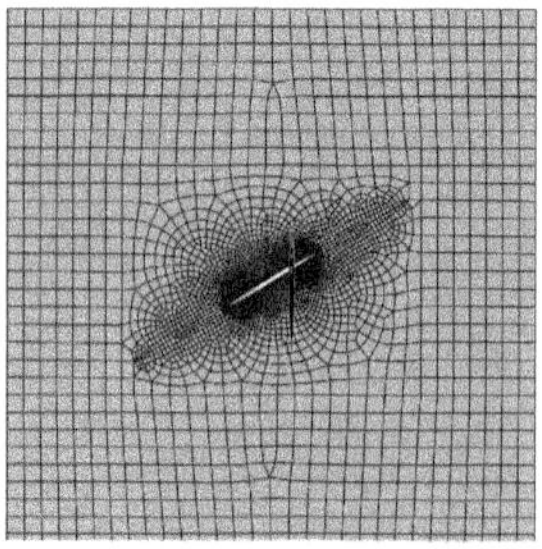

(b) 有限域单裂隙

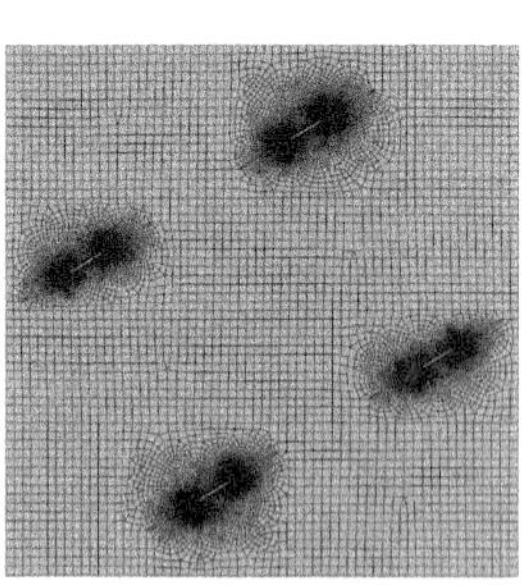

(c) 有限域 4 裂隙

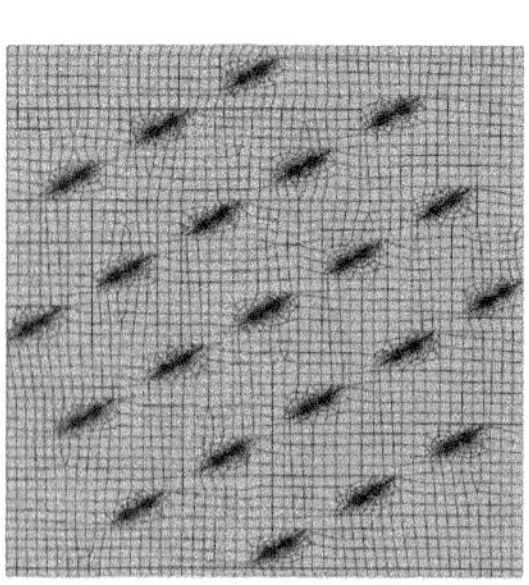

(d) 有限域 25 裂隙

图 5.54　裂隙倾角 $\beta=30^\circ$时各裂隙模型的有限元网格

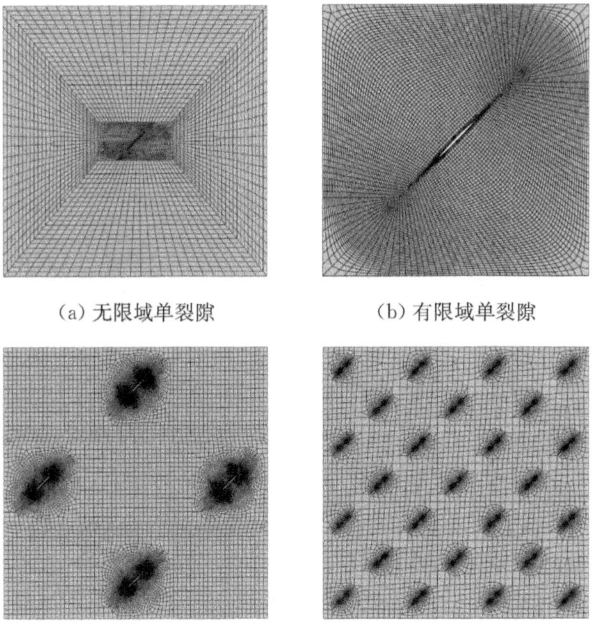

(a) 无限域单裂隙　　(b) 有限域单裂隙

(c) 有限域 4 裂隙　　(d) 有限域 25 裂隙

图 5.55　裂隙倾角 $\beta=45°$时各裂隙模型的有限元网格

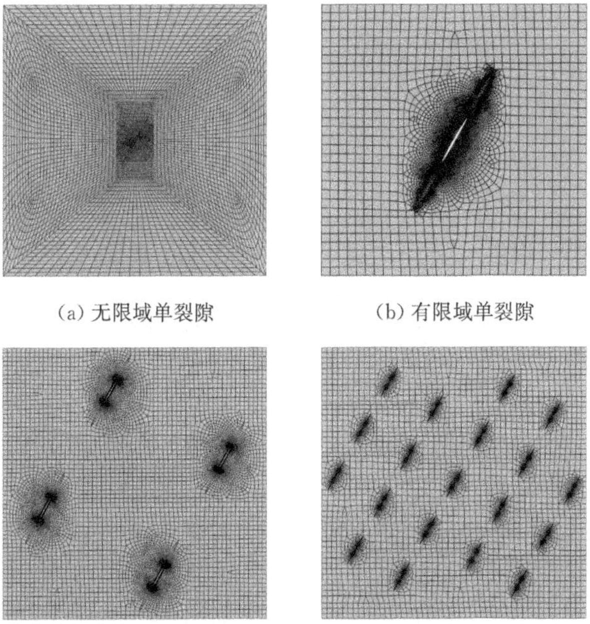

(a) 无限域单裂隙　　(b) 有限域单裂隙

(c) 有限域 4 裂隙　　(d) 有限域 25 裂隙

图 5.56　裂隙倾角 $\beta=60°$时各裂隙模型的有限元网格

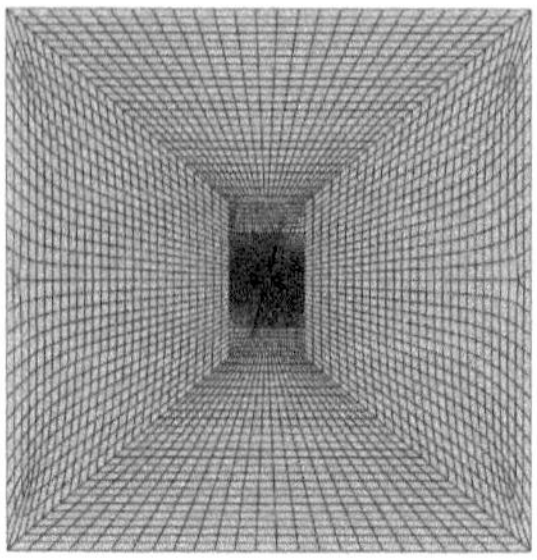

(a) 无限域单裂隙

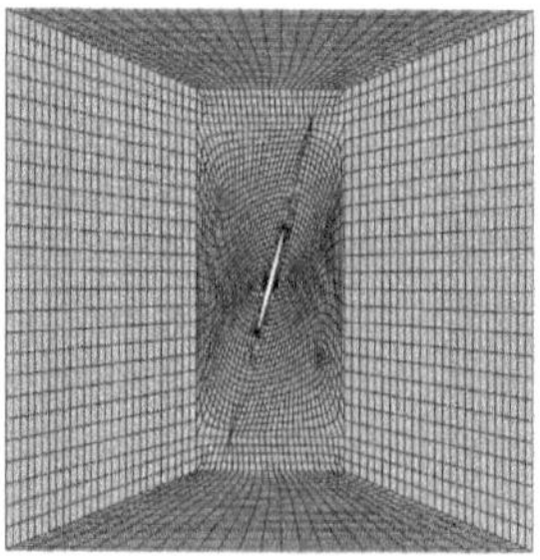

(b) 有限域单裂隙

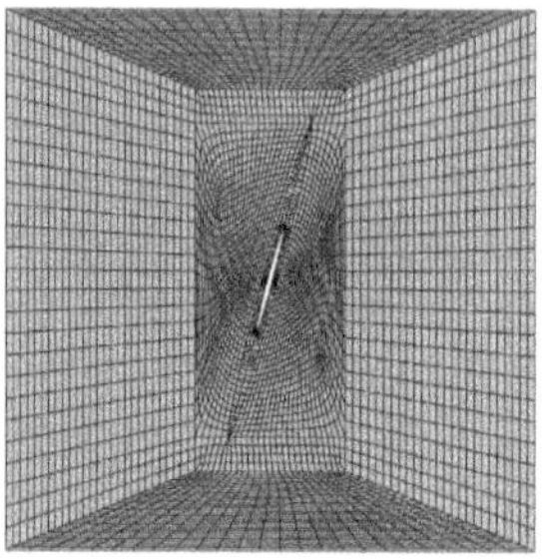

(c) 有限域 25 裂隙

图 5.57　裂隙倾角 $\beta=75°$时各裂隙模型的有限元网格

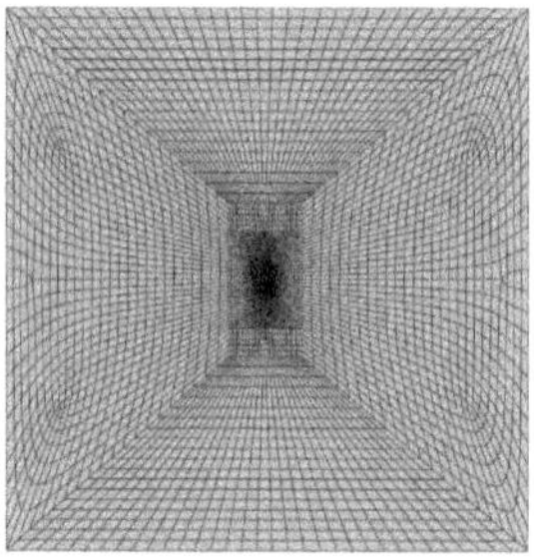

(a) 无限域单裂隙

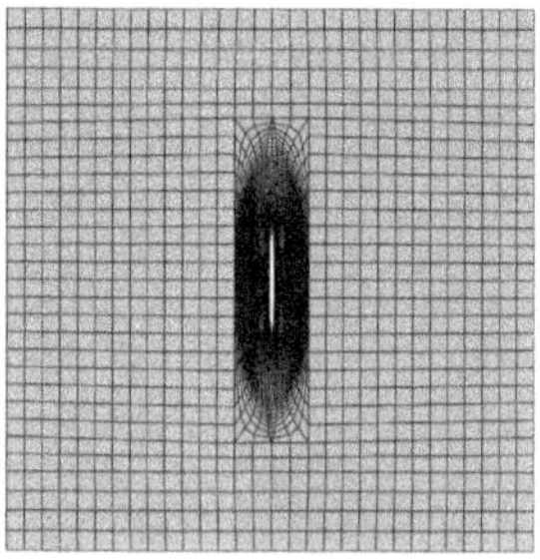

(b) 有限域单裂隙

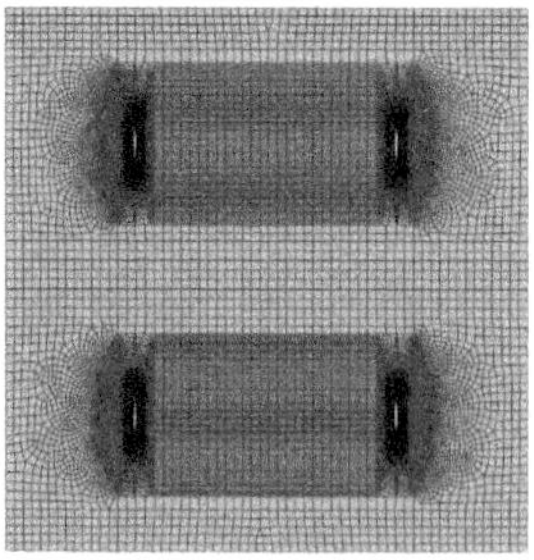

(c) 有限域 4 裂隙

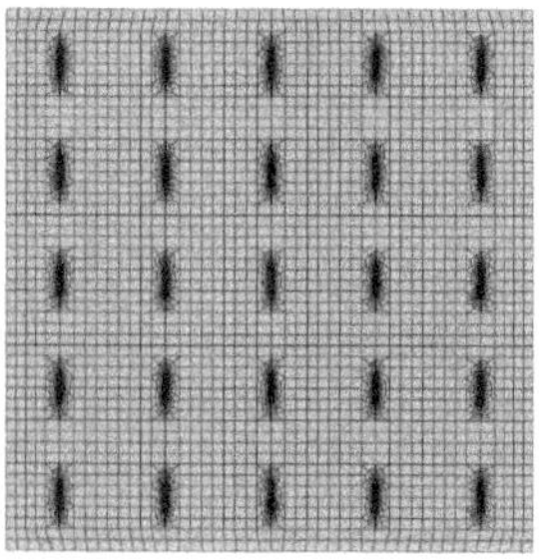

(d) 有限域 25 裂隙

图 5.58　裂隙倾角 $\beta=90°$时各裂隙模型的有限元网格

5.3.3 应力计算结果

图5.59和图5.60分别给出了各裂隙倾角的无限域单裂隙模型平面内最大主应力和最小主应力的等值线图。可以看出,有限元分析得到的应力集中分布规律与解析解的理论计算结果完全相同。

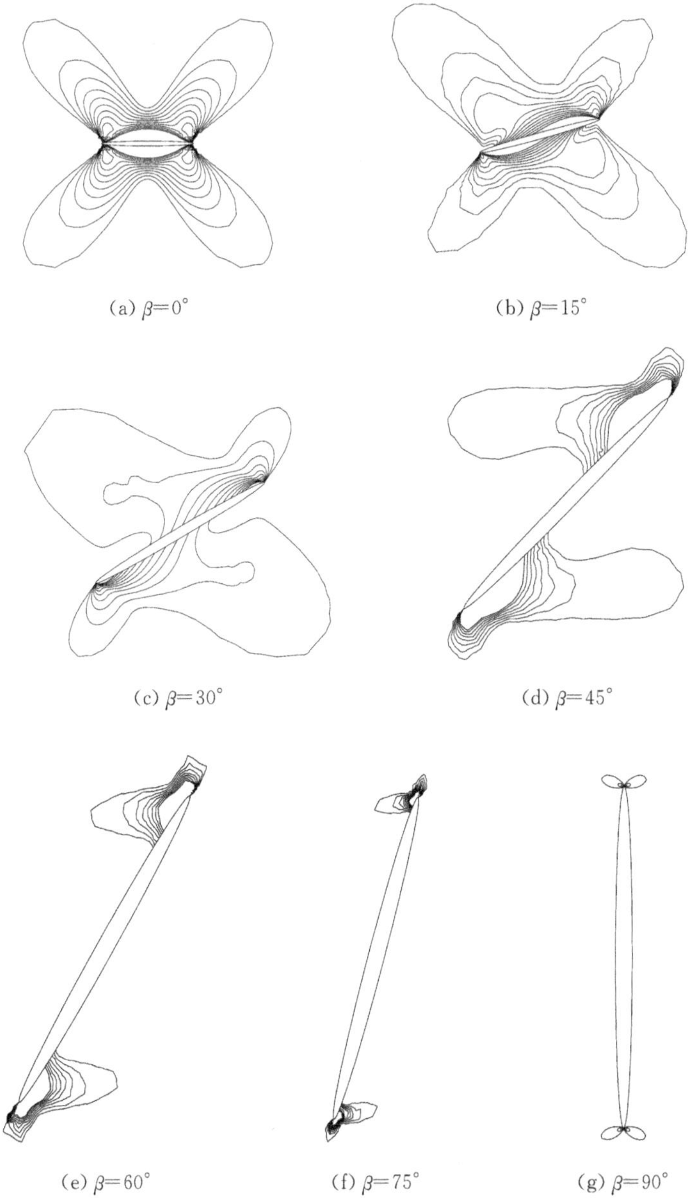

(a) $\beta=0^\circ$　(b) $\beta=15^\circ$

(c) $\beta=30^\circ$　(d) $\beta=45^\circ$

(e) $\beta=60^\circ$　(f) $\beta=75^\circ$　(g) $\beta=90^\circ$

图5.59 无限域单裂隙模型的平面内最大主应力等值线图

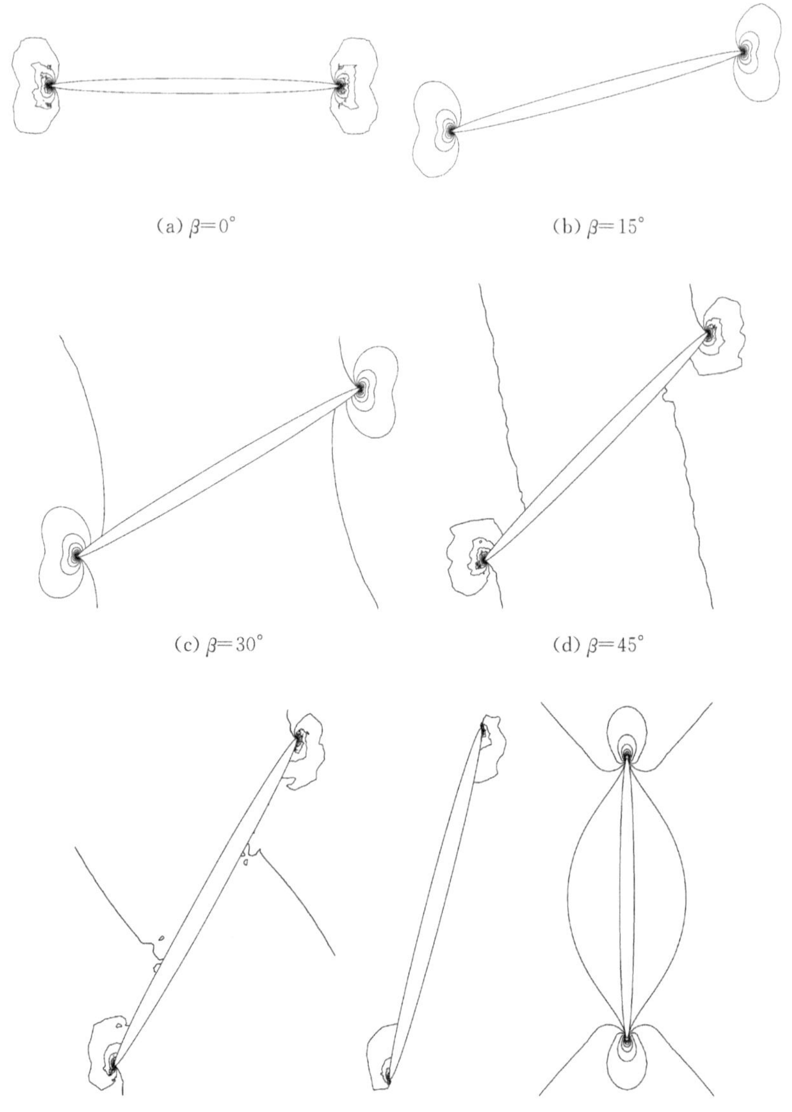

(a) $\beta=0°$　(b) $\beta=15°$

(c) $\beta=30°$　(d) $\beta=45°$

(e) $\beta=60°$　(f) $\beta=75°$　(g) $\beta=90°$

图 5.60　无限域单裂隙模型的平面内最小主应力等值线图

图 5.61～图 5.67 分别给出了各裂隙倾角的四种计算模型的平面内最大主应力云图。图 5.68～图 5.74 分别给出了各裂隙倾角的四种计算模型平面内最小主应力云图。可以看出，在相同的轴比和裂隙倾角下，四种计算模型所代表的单裂隙和多裂隙岩体中裂隙周围应力集中分布规律相似。

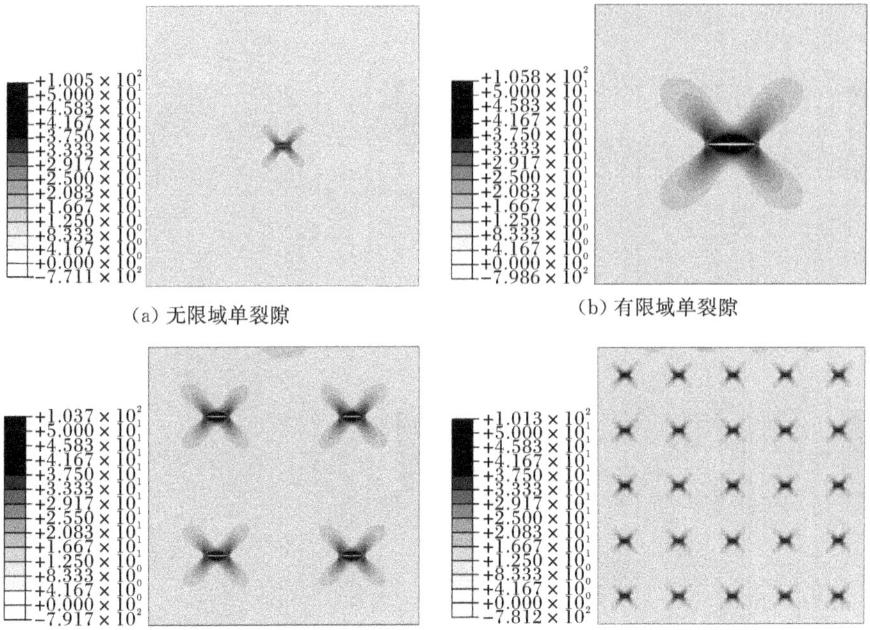

(a) 无限域单裂隙　(b) 有限域单裂隙

(c) 有限域 4 裂隙　(d) 有限域 25 裂隙

图 5.61　裂隙倾角 $\beta=0°$ 时各裂隙模型的平面内最大主应力云图

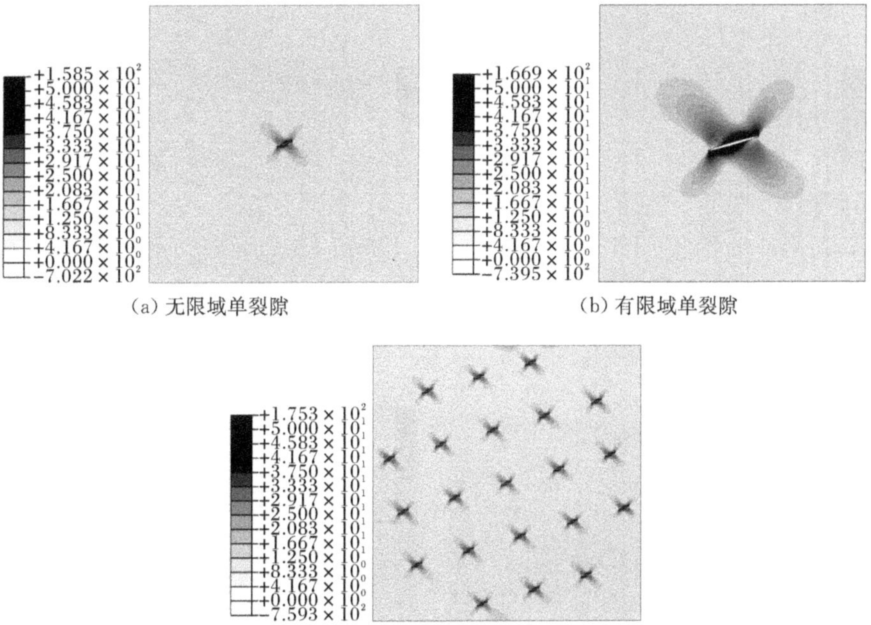

(a) 无限域单裂隙　(b) 有限域单裂隙

(c) 有限域 25 裂隙

图 5.62　裂隙倾角 $\beta=15°$ 时各裂隙模型的平面内最大主应力云图

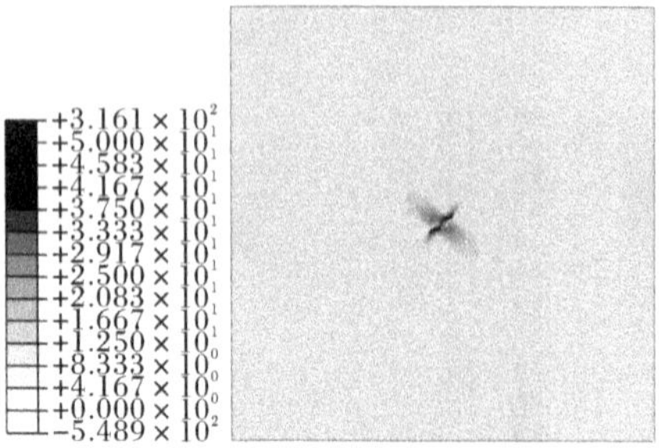

(a) 无限域单裂隙

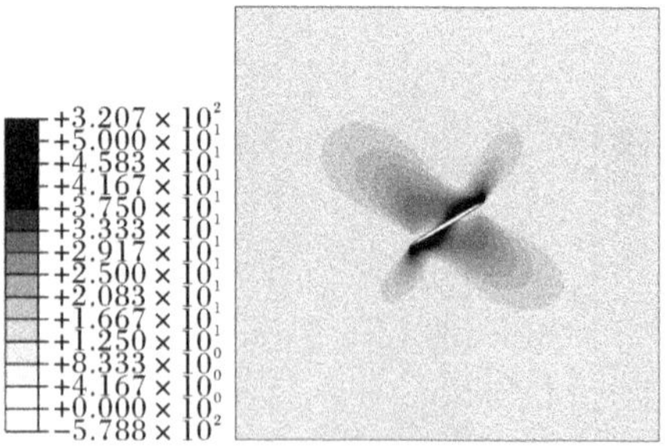

(b) 有限域单裂隙

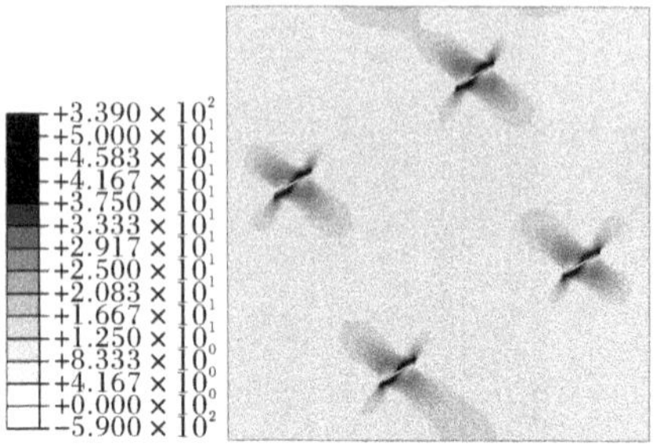

(c) 有限域 4 裂隙

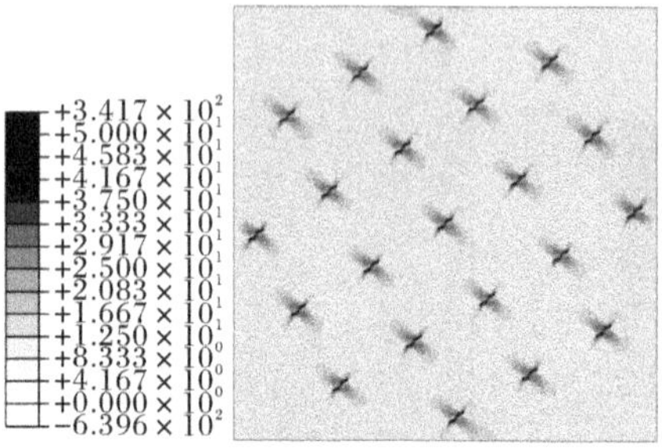

(d) 有限域 25 裂隙

图 5.63　裂隙倾角 β=30°时各裂隙模型的平面内最大主应力云图

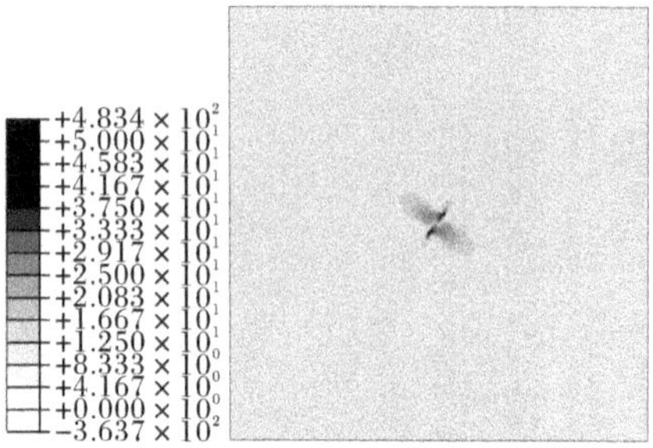

(a) 无限域单裂隙

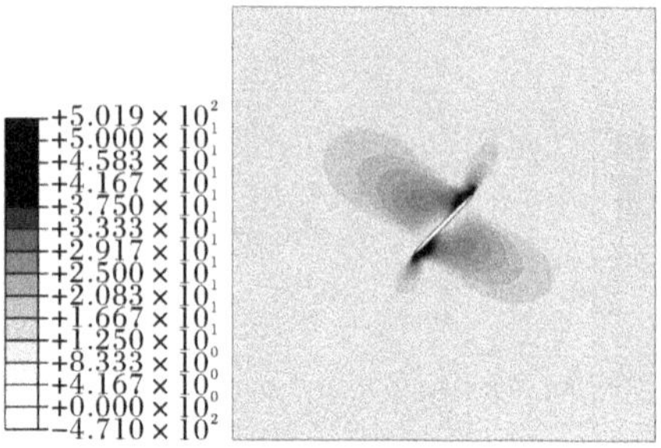

(b) 有限域单裂隙

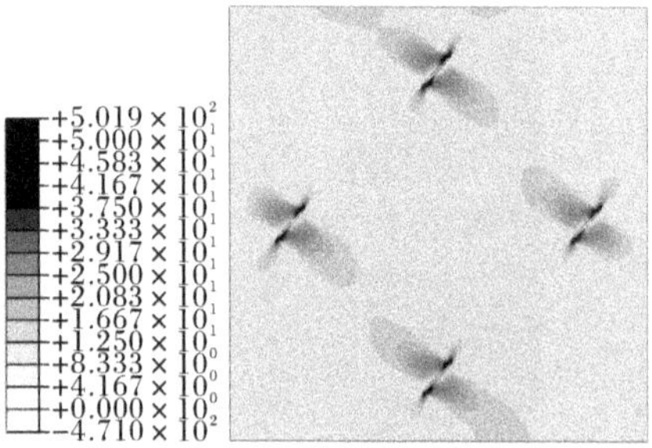

(c) 有限域 4 裂隙

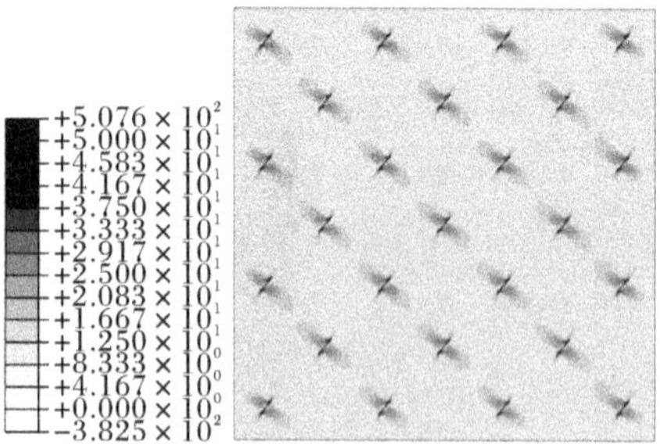

(d) 有限域 25 裂隙

图 5.64　裂隙倾角 β=45°时各裂隙模型的平面内最大主应力云图

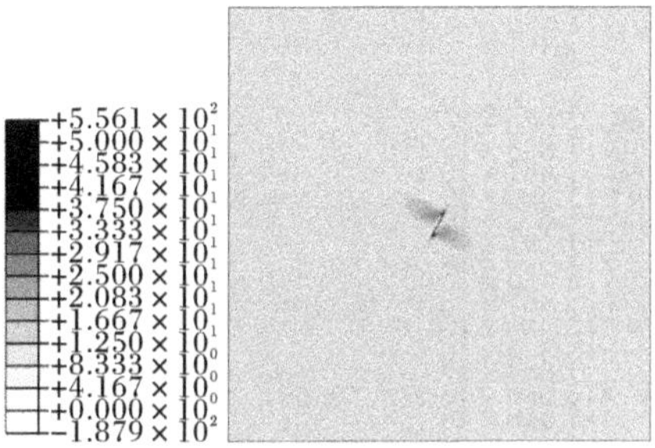

(a) 无限域单裂隙

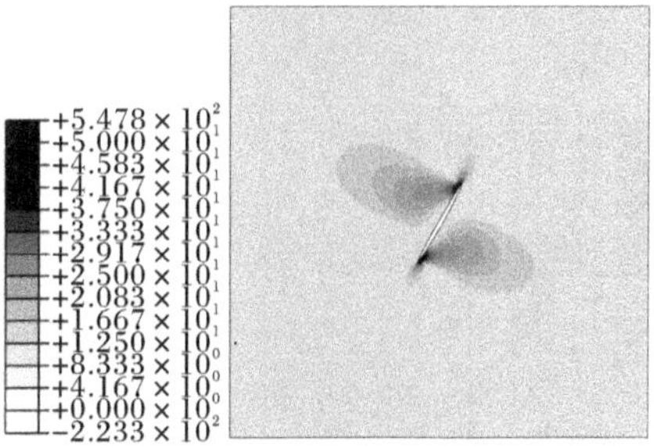

(b) 有限域单裂隙

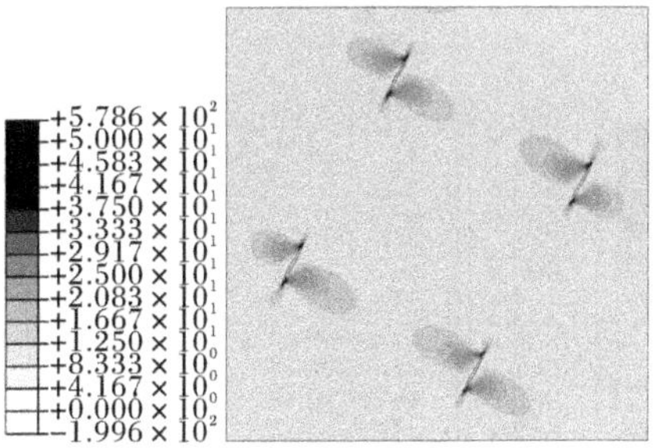

(c) 有限域 4 裂隙

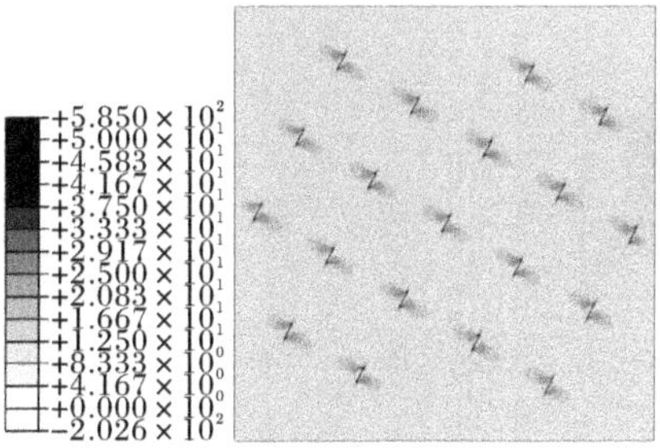

(d) 有限域 25 裂隙

图 5.65 裂隙倾角 $\beta=60^{\circ}$时各裂隙模型的平面内最大主应力云图

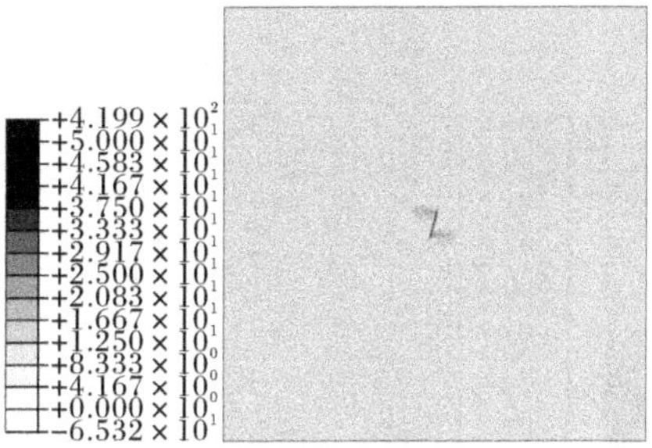

(a) 无限域单裂隙

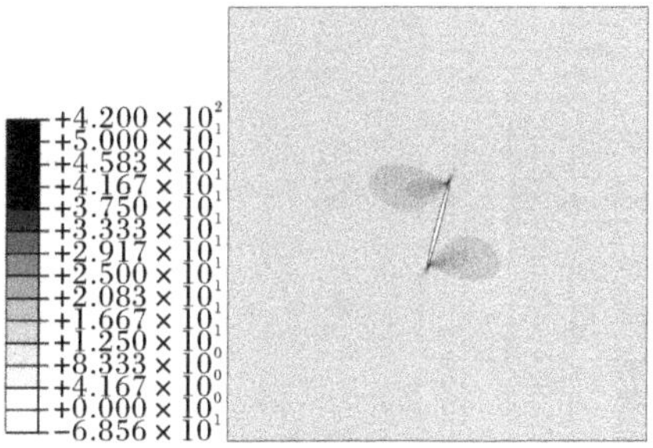

(b) 有限域单裂隙

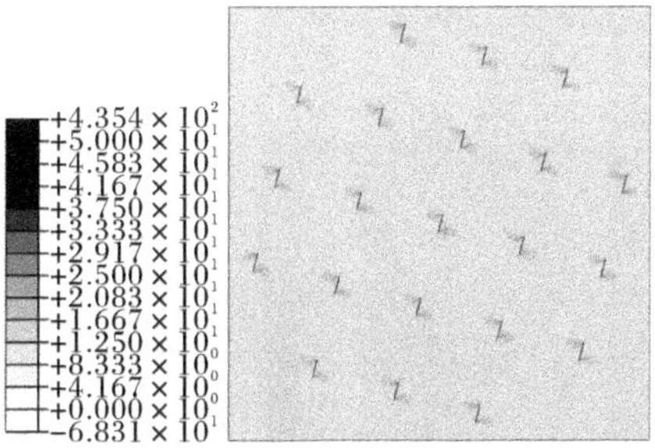

(c) 有限域 25 裂隙

图 5.66 裂隙倾角 $\beta=75^{\circ}$时各裂隙模型的平面内最大主应力云图

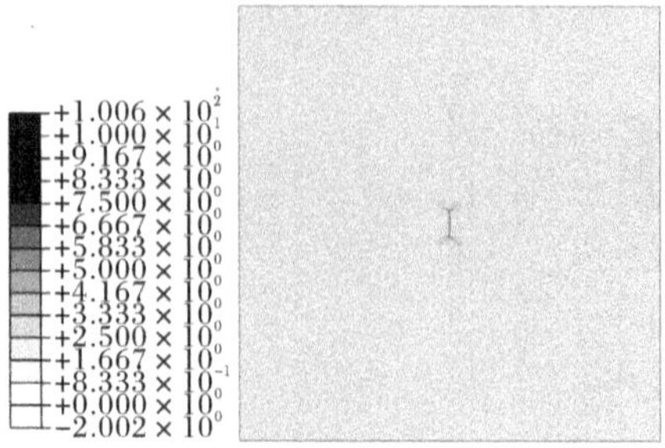

(a) 无限域单裂隙

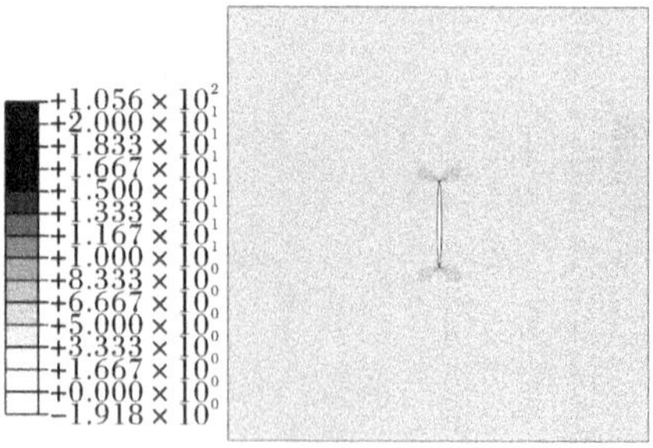

(b) 有限域单裂隙

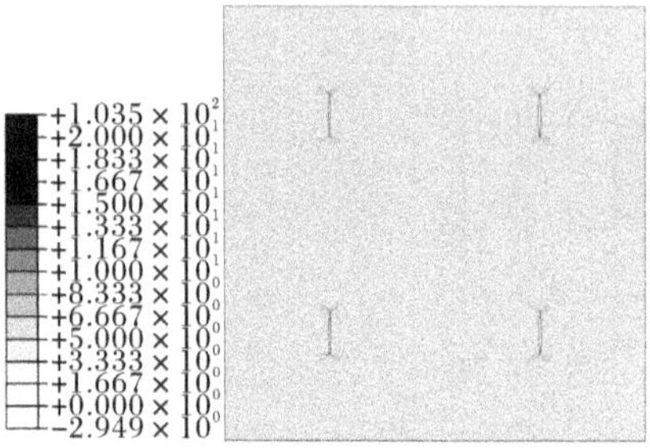

(c) 有限域 4 裂隙

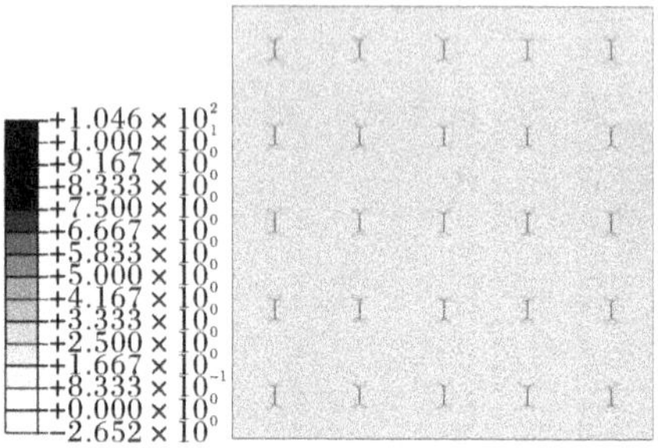

(d) 有限域 25 裂隙

图 5.67　裂隙倾角 $\beta=90°$时各裂隙模型的平面内最大主应力云图

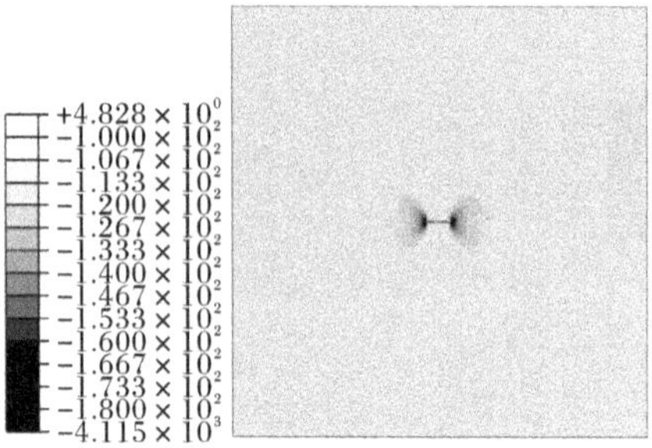

(a) 无限域单裂隙

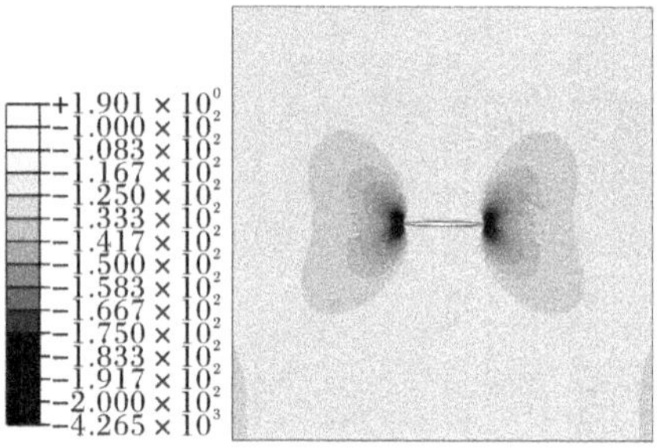

(b) 有限域单裂隙

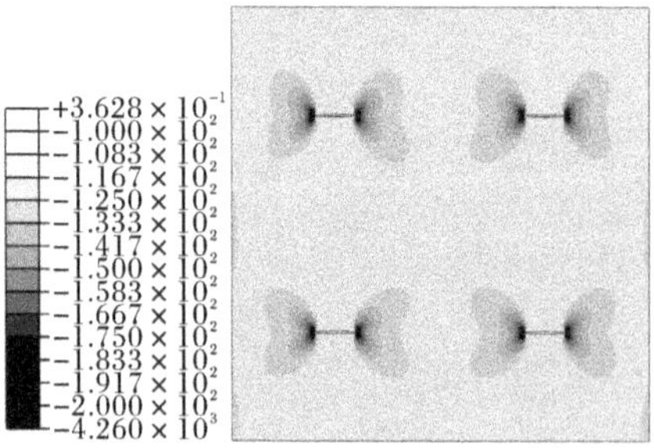

(c) 有限域 4 裂隙

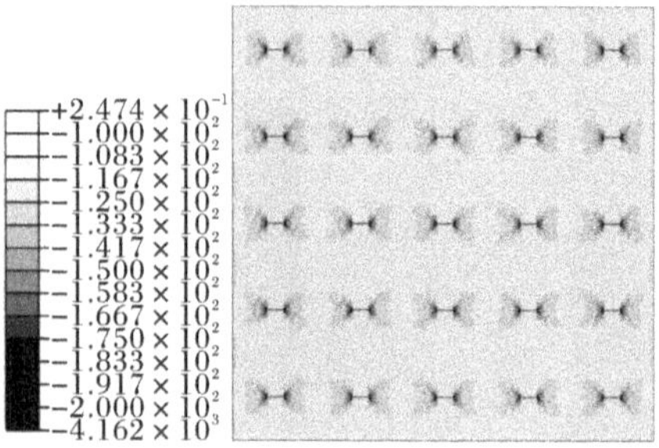

(d) 有限域 25 裂隙

图 5.68　裂隙倾角 $\beta=0°$时各裂隙模型的平面内最小主应力云图

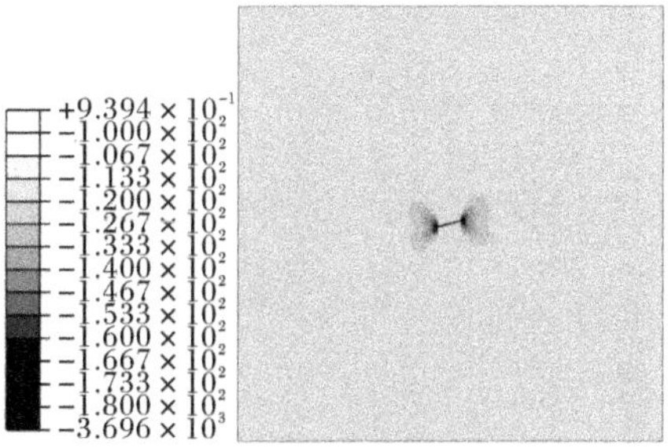

(a) 无限域单裂隙

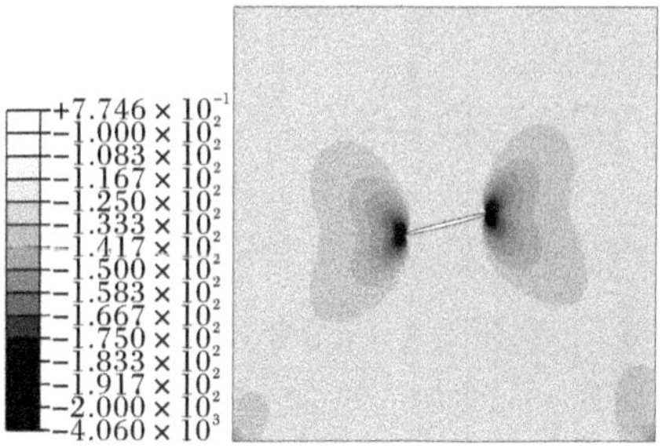

(b) 有限域单裂隙

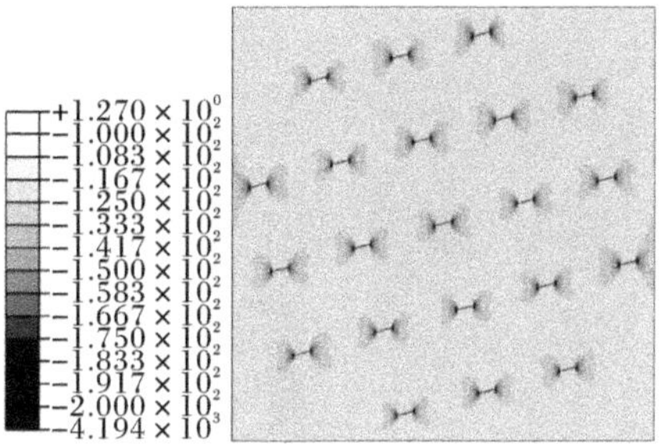

(c) 有限域 25 裂隙

图 5.69　裂隙倾角 $\beta=15°$时各裂隙模型的平面内最小主应力云图

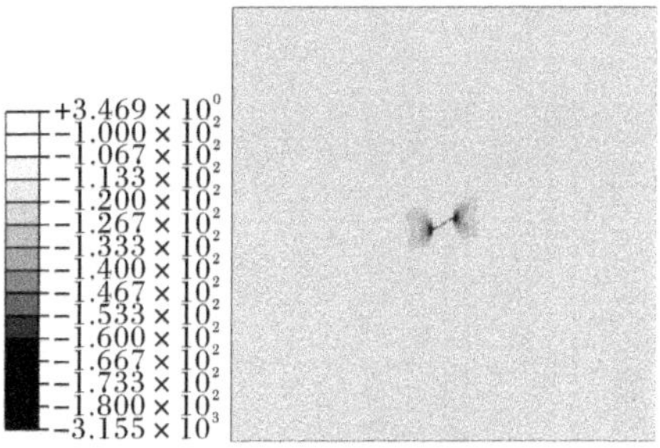

(a) 无限域单裂隙

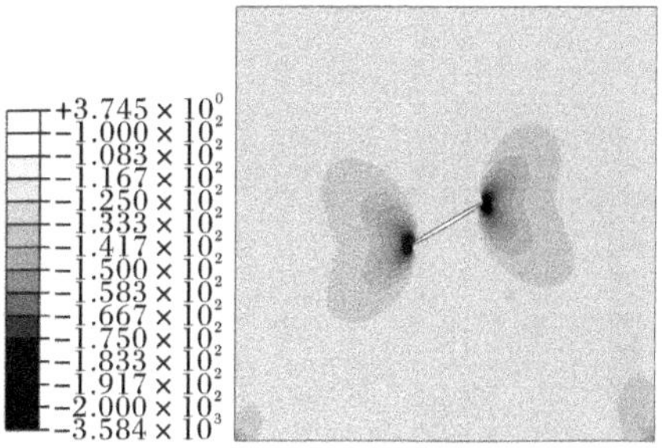

(b) 有限域单裂隙

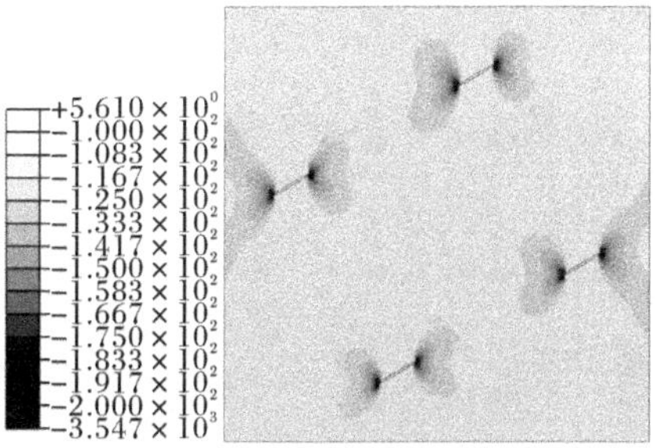

(c) 有限域 4 裂隙

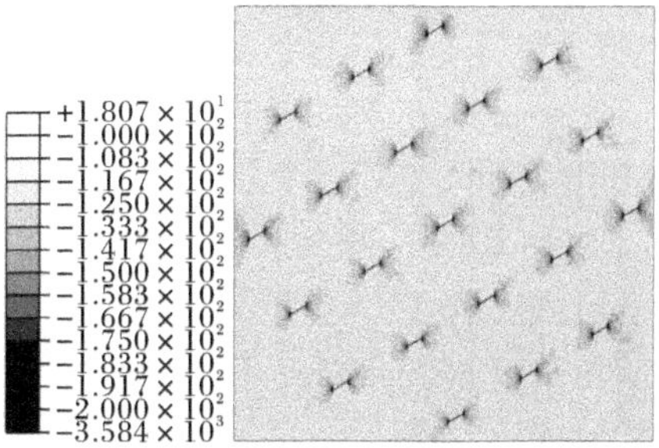

(d) 有限域 25 裂隙

图 5.70　裂隙倾角 $\beta=30°$时各裂隙模型的平面内最小主应力云图

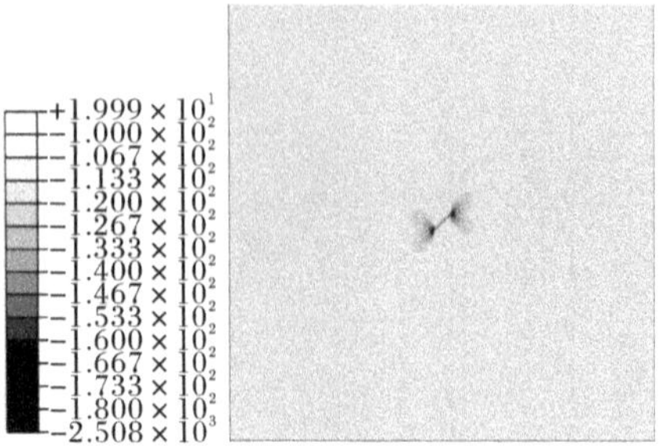

(a) 无限域单裂隙

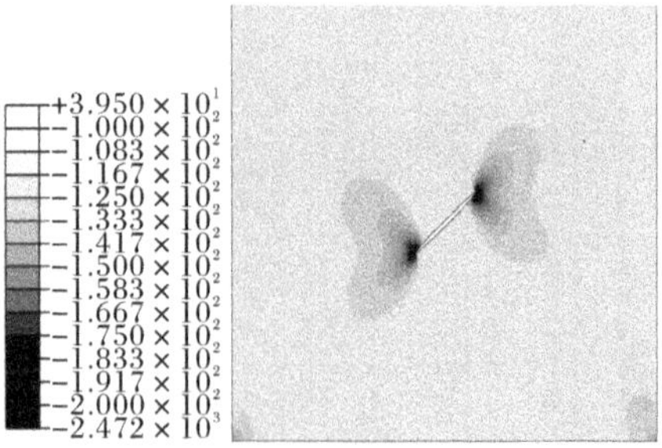

(b) 有限域单裂隙

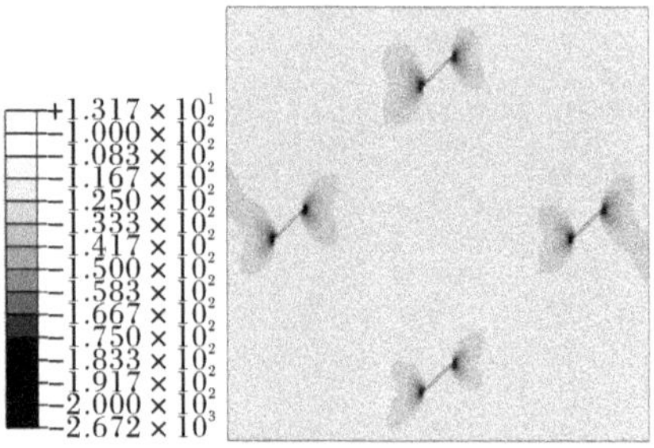

(c) 有限域 4 裂隙

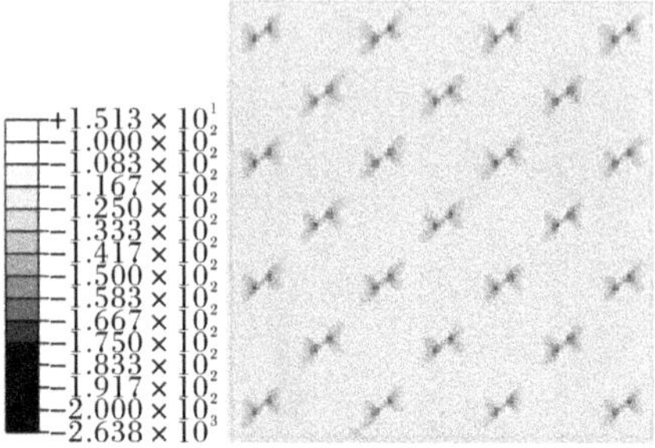

(d) 有限域 25 裂隙

图 5.71　裂隙倾角 $\beta=45°$时各裂隙模型的平面内最小主应力云图

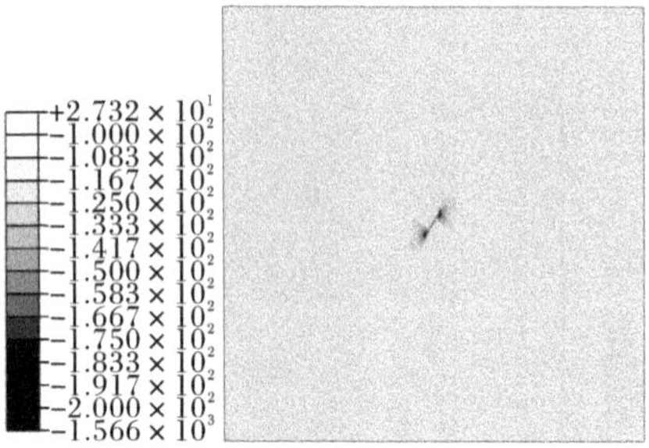

(a) 无限域单裂隙

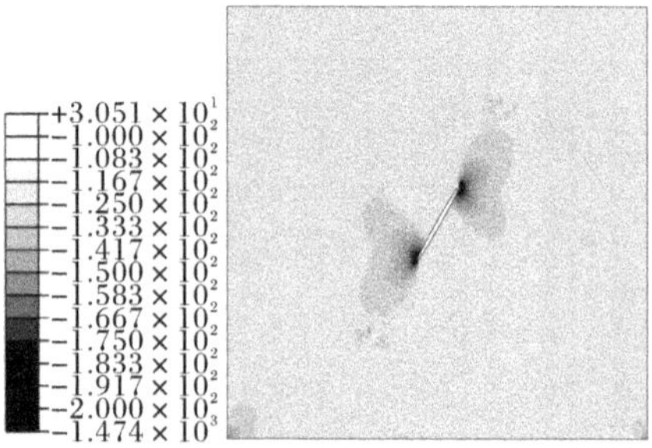

(b) 有限域单裂隙

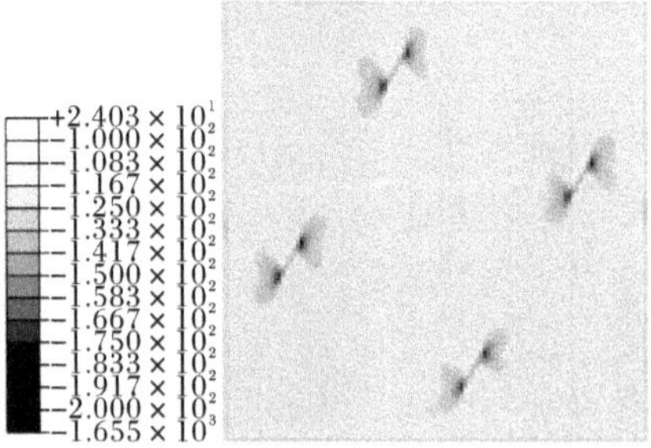

(c) 有限域 4 裂隙

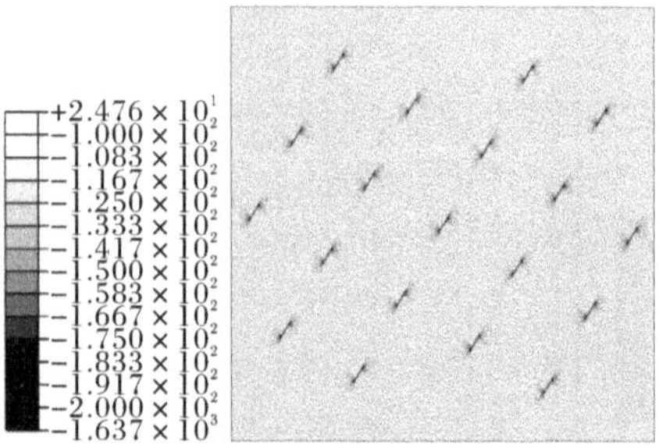

(d) 有限域 25 裂隙

图 5.72　裂隙倾角 $\beta=60°$时各裂隙模型的平面内最小主应力云图

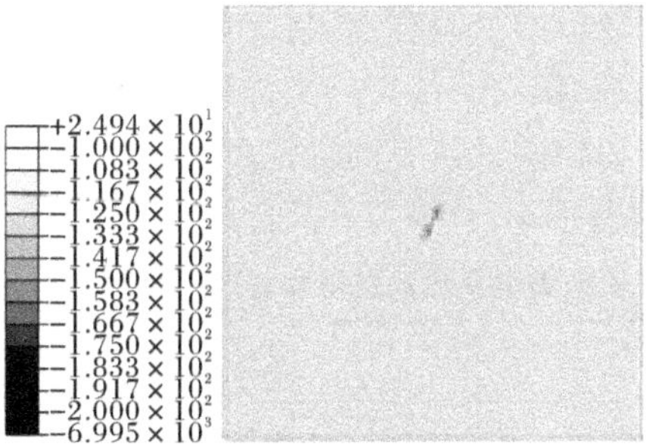

(a) 无限域单裂隙

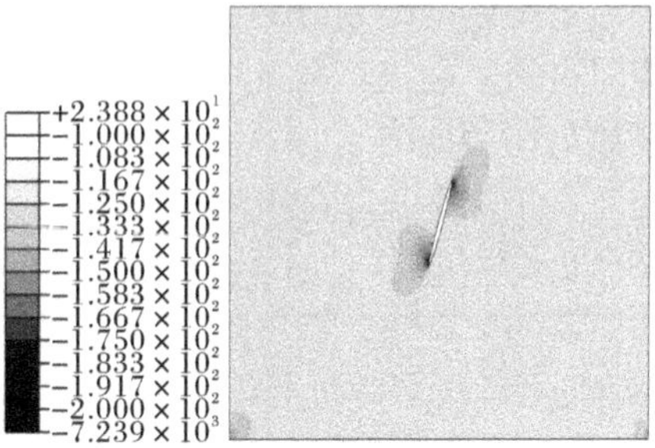

(b) 有限域单裂隙

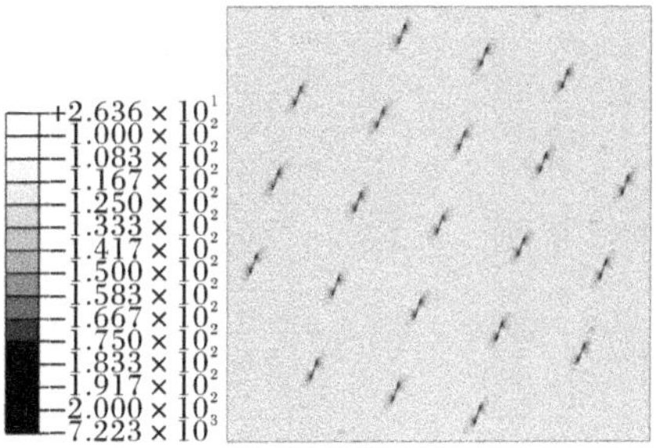

(c) 有限域 25 裂隙

图 5.73　裂隙倾角 $\beta=75^{\circ}$时各裂隙模型的平面内最小主应力云图

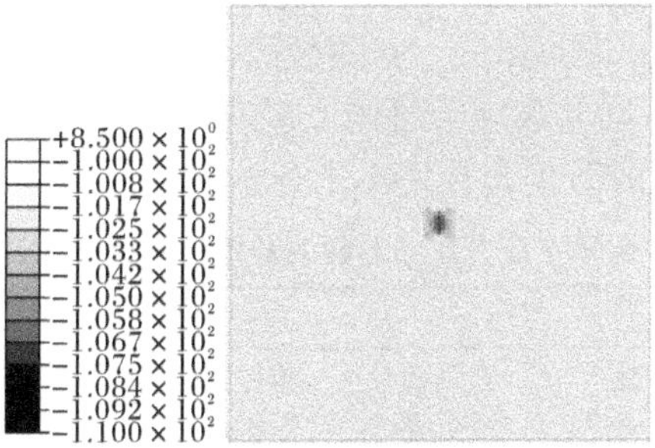

(a) 无限域单裂隙

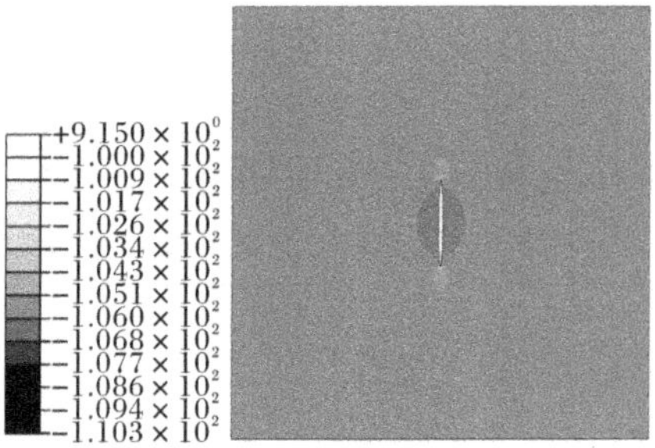

(b) 有限域单裂隙

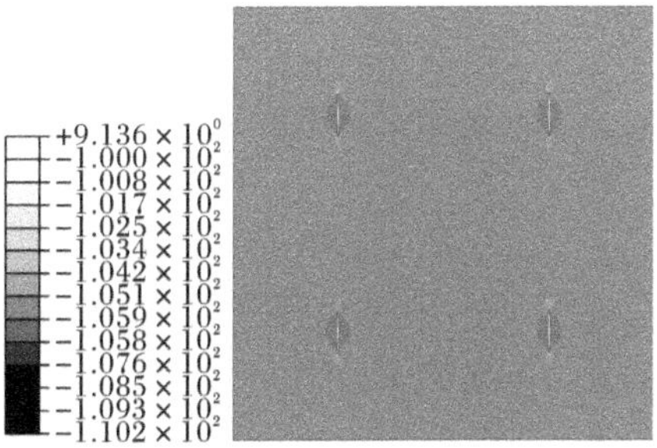

(c) 有限域 4 裂隙

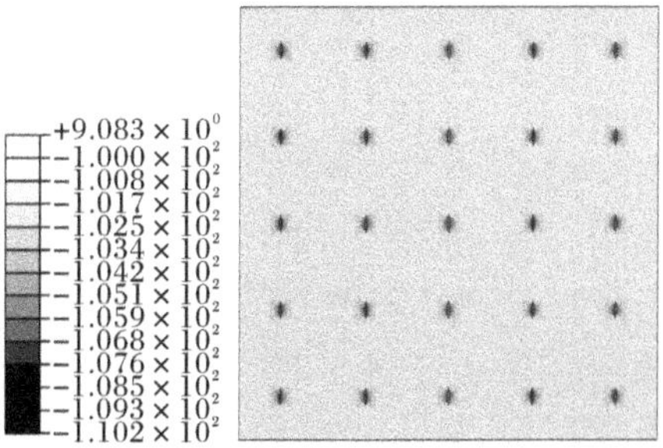

(d) 有限域 25 裂隙

图 5.74　裂隙倾角 $\beta=90^{\circ}$时各裂隙模型的平面内最小主应力云图

为了验证网格划分的有效性和有限元分析的准确程度，将无限域单裂隙模型裂隙周边的平面内最大主应力集中系数与荷载比值 σ_{max}/p、平面内最小主应力集中系数与荷载比值 σ_{min}/p 的有限元数值解和相同轴比下的理论解进行对比，列于表 5.2。可以看出，各裂隙倾角下的计算误差很小，均在 5%以内。

表 5.2　$b/a=0.05$ 无限域单裂隙模型主应力集中系数的数值解与理论解对比

节理倾角 β/(°)	σ_{max}/p			σ_{min}/p		
	理论解	数值解	误差/%	理论解	数值解	误差/%
0	1.000	1.005	0.50	−41.00	−41.15	−0.37
15	1.623	1.585	−2.34	−38.90	−36.96	4.99
30	3.182	3.161	−0.66	−33.08	−31.55	4.63
45	4.842	4.834	−0.17	−24.77	−25.08	−1.25
60	5.502	5.561	1.07	−15.54	−15.66	−0.77
75	4.140	4.200	1.45	−6.91	−6.99	−1.23
90	1.000	1.006	0.60	−1.10	−1.10	0.00

将有限域的单裂隙、4 裂隙和 25 裂隙模型的 σ_{max}/p 和 σ_{min}/p 有限元数值解进行对比，列于表 5.3。将四种计算模型的 σ_{max}/p 和 σ_{min}/p 随裂隙倾角 β 的变化曲线分别绘于图 5.75 和图 5.76。可以看出，随着裂隙数目的增多，裂隙周围的应力集中程度略有增加，即多裂隙间存在相互作用，但其作用不十分显著。

表 5.3　有限域的单裂隙、4 裂隙和 25 裂隙主应力集中系数的数值解对比

节理倾角 β/(°)	σ_{max}/p			σ_{min}/p		
	有限域单裂隙	有限域4 裂隙	有限域25 裂隙	有限域单裂隙	有限域4 裂隙	有限域25 裂隙
0	1.058	1.037	1.013	−42.650	−42.600	−41.620
15	1.669	—	1.753	−40.600	—	−41.940
30	3.207	3.390	3.417	−34.770	−35.470	−35.840
45	5.019	5.106	5.076	−24.720	−26.720	−26.380
60	5.478	5.786	5.850	−14.740	−16.550	−16.370
75	4.200	—	4.354	−7.239	—	−7.223
90	1.056	1.035	1.046	−1.103	−1.102	−1.102

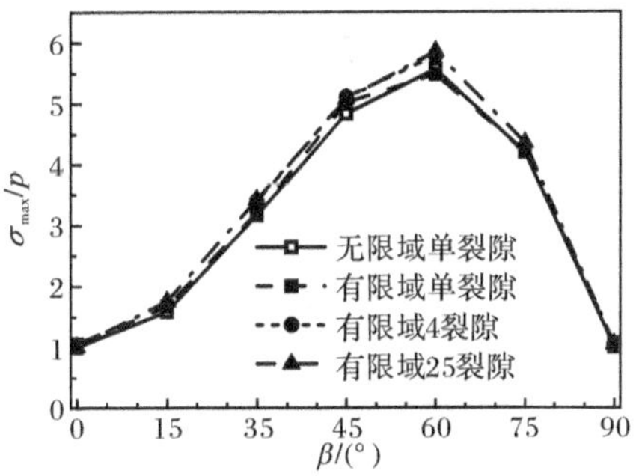

图 5.75　各模型的平面内最大主应力集中系数 σ_{max}/p 随裂隙倾角 β 变化曲线

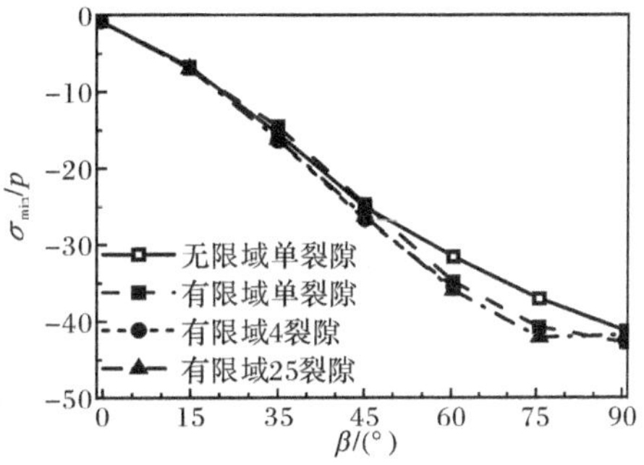

图 5.76　各模型的平面内最小主应力集中系数 σ_{min}/p 随裂隙倾角 β 变化曲线

5.3.4　开裂机制分析

根据各裂隙倾角 β 下四种模型的弹性应力场分析结果，计算了拉、剪两种起裂机制对应的破裂函数最大值、起裂位置和起裂临界荷载，将结果分别列于表 5.4～表 5.7。将四种模型的拉破裂函数最大值 $N_{t,max}$ 和剪破裂函数最大值 $N_{c,max}$ 随裂隙倾角 β 变化曲线分别绘于图 5.77 和图 5.78。将四种模型的拉破裂位置 x_t/a 和剪破裂位置 x_c/a 随裂隙倾角 β 变化曲线分别绘于图 5.79 和图 5.80。将四种模型的拉破裂临界荷载与抗拉强度之比 p_{cr}^t/T_0 和剪破裂临界荷载与抗拉强度之比 p_{cr}^c/T_0 随裂隙倾角 β 变化曲线分别绘于图 5.81 和图 5.82。可以看出：

(1) 在相同裂隙倾角下，随着裂隙数目的增多，拉、剪两种起裂机制的破裂函数最大值都略有增加，起裂的临界荷载也略有降低，但起裂的位置基本不变。

(2) 四种模型的破裂函数、起裂的位置和临界荷载随裂隙倾角的变化规律基本相同。

表 5.4　无限域单裂隙模型两种起裂机制的破裂函数最大值、起裂位置和临界荷载

节理倾角 β/(°)	$N_{t,max}$	$N_{c,max}$	x_t/a	x_c/a	p_{cr}^t/T_0	p_{cr}^c/T_0
0	1.005	5.780	0.0000	1.0000	0.995	0.157
15	1.585	5.196	0.9329	1.0000	0.631	0.163
30	3.163	4.432	0.9838	0.9999	0.316	0.159
45	4.834	3.523	0.9937	0.9997	0.207	0.157
60	5.561	3.283	0.9969	0.9969	0.180	0.182
75	4.199	2.479	0.9985	0.9985	0.238	0.289
90	1.006	0.594	1.0000	1.0000	0.994	1.334

表 5.5　有限域单裂隙模型两种起裂机制的破裂函数最大值、起裂位置和临界荷载

节理倾角 β/(°)	$N_{t,max}$	$N_{c,max}$	x_t/a	x_c/a	p_{cr}^t/T_0	p_{cr}^c/T_0
0	1.058	5.921	0.0249	1.0000	0.945	0.151
15	1.669	5.705	0.9409	1.0000	0.599	0.150
30	3.207	4.884	0.9838	0.9999	0.312	0.148
45	5.019	3.472	0.9941	0.9996	0.199	0.155
60	5.478	3.235	0.9958	0.9958	0.183	0.188
75	4.200	2.480	0.9985	0.9985	0.238	0.286
90	1.056	0.623	1.0000	1.0000	0.947	1.284

表 5.6　有限域 4 裂隙模型两种起裂机制的破裂函数最大值、起裂位置和临界荷载

节理倾角 β/(°)	$N_{t,max}$	$N_{c,max}$	x_t/a	x_c/a	p_{cr}^t/T_0	p_{cr}^c/T_0
0	1.037	6.038	0.0392	1.0000	0.965	0.152
30	3.390	4.982	0.977	0.961	0.295	0.143
45	5.106	3.753	0.993	1.000	0.196	0.148
60	5.786	3.423	0.997	0.997	0.173	0.174
90	1.035	0.611	1.000	1.000	0.966	1.306

表 5.7　有限域 25 裂隙模型两种起裂机制的破裂函数最大值、起裂位置和临界荷载

节理倾角 β/(°)	$N_{t,max}$	$N_{c,max}$	x_t/a	x_c/a	p_{cr}^t/T_0	p_{cr}^c/T_0
0	1.013	5.846	0.0497	1.0000	0.987	0.155
15	1.753	5.891	0.9450	1.0000	0.570	0.144
30	3.417	5.034	0.9851	0.9999	0.293	0.142
45	5.076	3.705	0.9942	0.9997	0.197	0.149
60	5.850	3.461	0.9968	0.9968	0.171	0.173
75	4.354	2.571	0.9985	0.9985	0.230	0.279
90	1.046	0.618	1.0000	1.0000	0.956	1.295

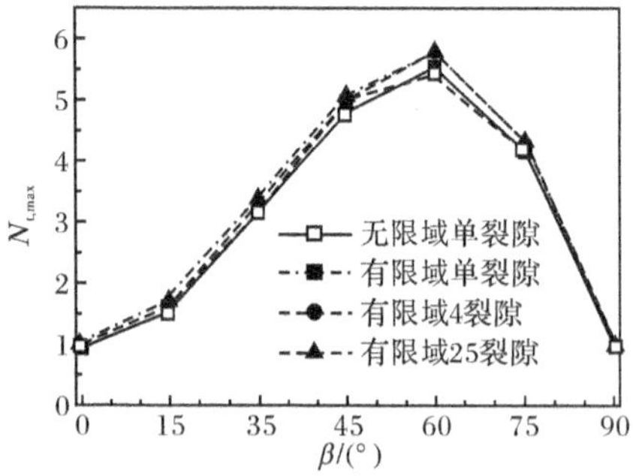

图 5.77　各模型的拉破裂函数最大值 $N_{t,max}$ 随裂隙倾角 β 变化曲线

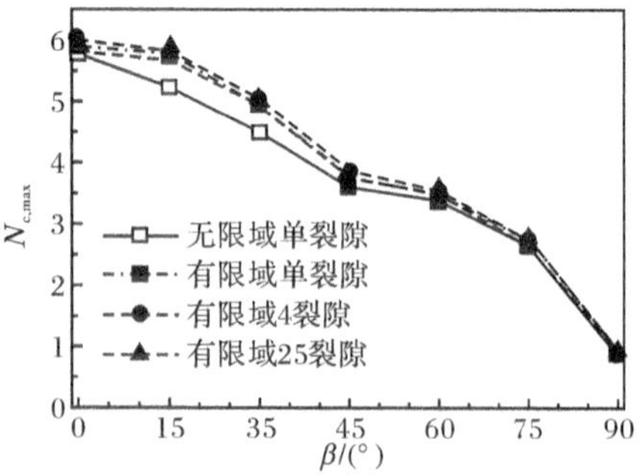

图 5.78　四种模型的剪破裂函数最大值 $N_{c,max}$ 随裂隙倾角 β 变化曲线

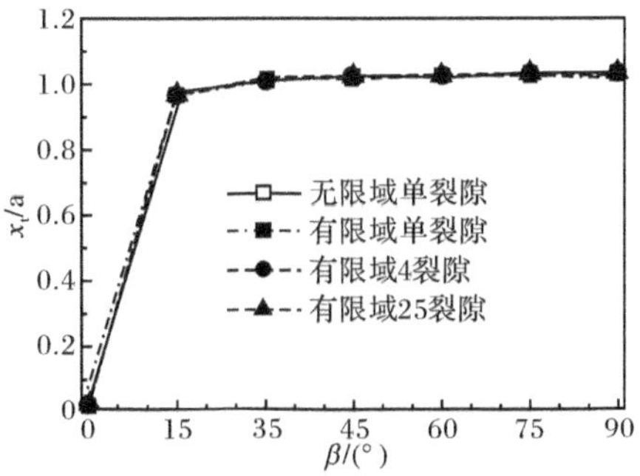

图 5.79　四种模型的拉破裂位置 x_t/a 随裂隙倾角 β 变化曲线

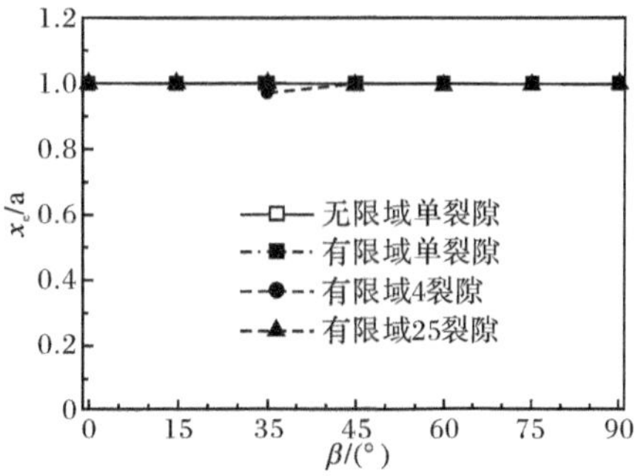

图 5.80　四种模型的剪破裂位置 x_c/a 随裂隙倾角 β 变化曲线

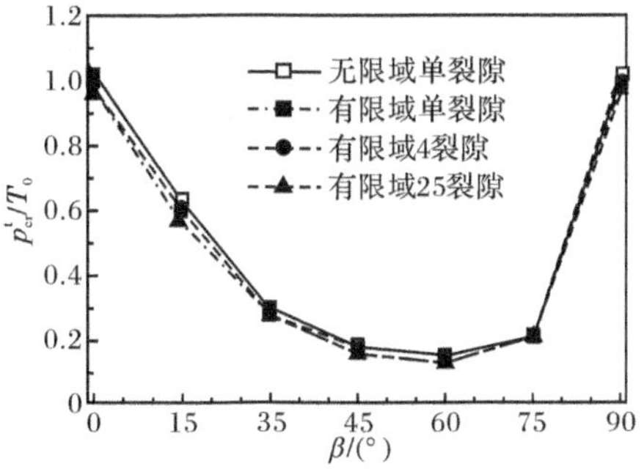

图 5.81　四种模型的拉破裂临界荷载与抗拉强度之比 p_{cr}^t/T_0 随裂隙倾角 β 变化曲线

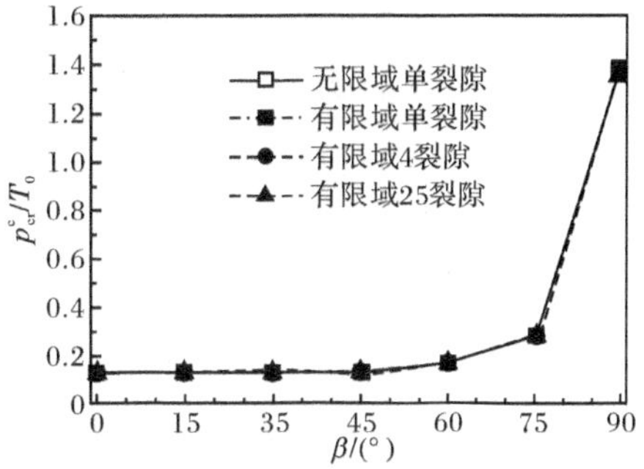

图 5.82　四种模型的剪破裂临界荷载与抗拉强度之比 p_{cr}^c/T_0 随裂隙倾角 β 变化曲线

5.4　与裂隙岩体起裂的试验结果对比

根据以上对裂隙岩体主拉应力和主压应力集中系数的分布特点及两种不同起裂判据对应的破裂函数、起裂位置及临界荷载的理论和数值模拟计算结果，可以进一步对不同裂隙倾角下岩体的起裂机制进行分析。

上述的理论分析和有限元数值模拟分析表明，无论是对单裂隙还是多裂隙岩体，节理倾角 $\beta=0°$ 试件的拉破裂将发生在预制裂隙的中部，节理倾角 $15°\leqslant\beta\leqslant 90°$ 试件的拉破裂将发生在预制裂隙的端部附近。对各节理倾角的多裂隙试件，剪破裂都将发生在预制裂隙的端部附近。

图 5.83 给出了第 2 章的单轴压缩试验中观察到的椭圆轴比 $b/a=0.05$（节理连通率 $k=0.2$）多裂隙石膏试件在不同裂隙倾角下的破坏局部放大照片。可以看出，试验中的裂隙岩体模拟试件起裂位置与理论分析结果完全吻合，$\beta=0°$ 的水平节理试件起裂位置在预制裂隙的中部，而其他节理倾角试件的起裂位置在预制裂

隙的端部。

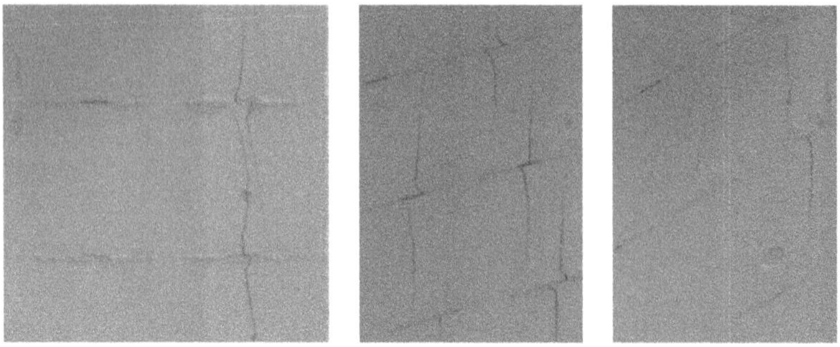

(a) $\beta=0°$　(b) $\beta=15°$　(c) $\beta=30°$

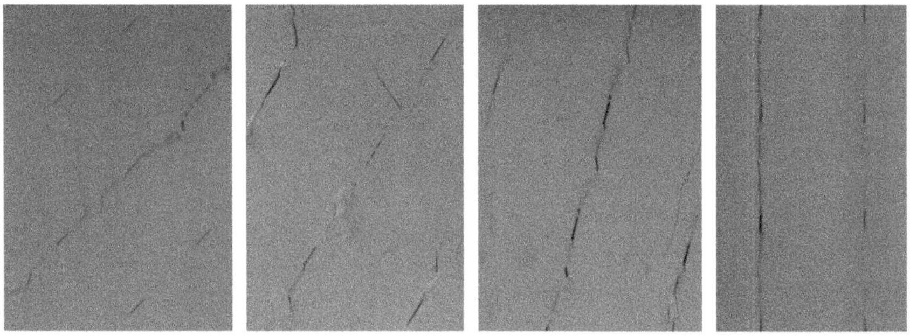

(d) $\beta=45°$　(e) $\beta=60°$　(f) $\beta=75°$　(g) $\beta=90°$

图 5.83　轴比 $b/a=0.05$ 的预制节理试件起裂及贯通模式

对缓倾角的节理试件($\beta=0°$、15°、30°)，剪破裂临界荷载远小于拉破裂临界荷载，在裂隙端部将首先发生剪破裂，然后才在裂隙的中部或端部发生拉破裂。一般情况下，由于压剪破裂区范围很小而不易观察到，如图 5.83(a)中在裂隙端部出现的剥落现象，即为压剪破裂引起的。而随后在裂隙中部或端部的大面积拉应力集中区内将发生大量的拉伸破裂，这些拉伸破裂逐渐沿着加载轴扩展成为翼形裂纹，并与原裂隙及压碎区组成了多个块体，导致试件发生劈裂、压碎或阶梯状破坏。

当裂隙倾角较大时($\beta=45°$、60°、75°、90°)，拉破裂临界荷载略小于剪破裂临界荷载，将首先发生拉破裂，并紧接着发生剪破裂。从图 5.83(d)～(f)中可以看到，在 $\beta=45°$、60°、75°的节理试件中，裂隙端部几乎同时出现与预制裂隙面共面的剪切裂纹和倾斜的拉裂纹，它们与预制裂隙汇合贯通导致了试件发生剪切滑移破坏。从图 5.83(g)中可以看到，在 $\beta=90°$的节理试件中，在裂隙端部出现了与预制裂隙面共面的拉裂纹，它们与原裂隙汇合贯通导致了试件发生劈裂破坏。

5.5 本章小结

本章引入 Rankine 最大拉应力准则和 Mohr-Coulomb 抗剪强度准则分别作为岩桥的拉伸和压剪破裂判据，分析了单轴压缩下多裂隙岩体的起裂机制。根据含单个椭圆裂隙无限大弹性体在远场压力下的应力解析解，编制了 Matlab 程序，计算分析了不同轴比 b/a 和倾角 β（加载面与裂隙面间的夹角）下两种不同起裂机制的裂隙周围应力集中系数、破裂函数值、开裂位置和开裂临界荷载。对多裂隙岩体，采用 ABAQUS 有限元软件进行了应力场计算和起裂机制分析[23]。

计算结果表明：

(1) 与单裂隙岩体相比，多裂隙岩体的岩桥内应力集中系数略大、起裂临界荷载略小，但起裂位置相同。

(2) 随着裂隙倾角 β 的增大，岩桥内的主拉应力集中区由裂隙中部的大面积区域逐渐变为裂隙端部附近很小的区域，而主压应力集中区则反之。

(3) 存在临界裂隙倾角 β_0，其值在 45°附近。当 $0°\leqslant\beta\leqslant\beta_0$ 时，尽管拉破裂临界荷载大于压剪破裂临界荷载，但首先发生在裂隙端部的压剪破裂区范围很小，而随后将在裂隙中部或端部发生大量的拉破裂。当裂隙倾角 $\beta_0<\beta\leqslant 90°$时，在裂隙端部同时有拉应力和压剪应力集中，拉破裂临界荷载略小于剪破裂临界荷载，但随着裂隙轴比的减小二者趋于相等，表明岩体内拉破裂和压剪破裂的共同影响越来越明显。

参考文献

[1] Shen B, Stephansson O, Einstein H H, et al. Coalescence of fractures under shear stresses in experiments. Journal of Geophysical Research, 1995, 100(B4): 5975－5990.

[2] Bobet A, Einstein H H. Fracture coalescence in rock-type material under uniaxial and biaxial compression. International Journal of Rock Mechanics and Mining Sciences, 1998, 35(7): 836－888.

[3] Wong L N Y, Einstein H H. Systematic evaluation of cracking behavior in specimens containing single flaws under uniaxial compression. International Journal of Rock Mechanics & Mining Sciences, 2009, 46(2): 239－249.

[4] Wong L N Y, Einstein H H. Crack coalescence in molded gypsum and Carrara marble: Part1-macroscopic observations and interpretation. Rock Mechanics and Rock Engineering, 2009, 42(3): 475－511.

[5] 陈新，廖志红，李德建. 节理倾角及连通率对岩体强度、变形影响的单轴压缩试验研究. 岩石力学与工程学报，2011，30(4)：781－789.

[6] Lin P, Wong R H C, Chau K T, et al. Multi-crack coalescence in rock-like material under uniaxial and biaxial loading. Key Engineering Materials, 2000, 183(1): 809—814.

[7] Prudencio M, Jan M V S. Strength and failure modes of rock mass models with non-persistent joints. International Journal of Rock Mechanics & Mining Sciences, 2007, 44(6): 890—902.

[8] Lajtai E Z. Strength of discontinuous rocks in direct shear. Geotechnique, 1969, 19(2): 218—233.

[9] Gehle C, Kutter H K. Breakage and shear behaviour of intermittent rock joints. International Journal of Rock Mechanics & Mining Sciences, 2003, 40(5): 687—700.

[10] 白世伟,任伟中,丰定祥,等. 共面闭合断续节理岩体强度特性直剪试验研究. 岩土力学, 1999, 20(2): 10—16.

[11] Inglis C E. Stresses in a plate due to the presence of cracks and sharp corners. Institution of Naval Architects, London, 1913, 55: 219—230.

[12] Muskhelishvili N I. Some Basic Problems of the Mathematical Theory of Elasticity. 4th ed. Noordhoff, Groningen, 1953: 361.

[13] Stevenson A C. Complex potentials in two-dimensional elasticity // Proceeding of the Royal Society. London, UK, 1945, A184: 129—179.

[14] Griffith A A. The theory of rupture // Proceedings of the 1st International Congress for Applied Mechanics. Delft, Netherlands, 1924: 55—63.

[15] Hoek E, Bieniawski Z T. Brittle fracture propagation in rock under compression. International Journal of Fracture Mechanics, 1965, 1(3): 137—155.

[16] Hoek E, Brown E T. Empirical strength criterion for rock masses. Journal of Geotechnical and Geoenvironmental Engineering, ASCE, 1980, 106(GT9): 1013—1035.

[17] Lajtai E Z. A theoretical and experimental evaluation of the Griffith theory of brittle fracture. Tectonophysics, 1971, 11(2): 129—156.

[18] Kawakata H, Shimada M. Theoretical approach to dependence of crack growth mechanism on confining pressure. Earth Planets Space, 2000, 52(5): 315—320.

[19] 张敦福,朱维申,李术才,等. 围压和裂隙水压力对岩石中椭圆裂纹初始开裂的影响. 岩石力学与工程学报, 2004, 23(Supp. 2): 4721—4725.

[20] 郭少华,孙宗颀. 压应力下脆性椭圆型裂纹的断裂规律. 中南工业大学学报, 2001, 32(5): 457—460.

[21] 李世愚,尹祥础. 岩石断裂力学. 中国科学院研究生院教材, 2006: 37—48.

[22] 耶格 J C,库克 N G W. 岩石力学基础. 中国科学院工程力学研究所译. 北京:科学出版社, 1981: 326—330.

[23] 陈新,彭曦,李东威,等. 基于两种破裂判据的裂隙岩体单轴压缩起裂分析. 工程力学, 2013, 30(10): 227—235.

第 6 章　方向分布函数及其组构张量

在物理和工程问题的描述中，不仅要采用标量，还涉及矢量和张量。在相关的试验研究中，不仅要测量数值，还要测量方向，如速度、应力或应变主轴、结晶轴的方向等，这些与方向有关的参数统称为方向型数据。方向型数据的统计理论是一个古老的课题，可以追溯至 Gauss、Bernouli、Rayleigh 和 von Mises，以及现代统计方法的创始人如 Pearson、Fisher 和 Rao 等，见 Mardia 的综述[1]。这些研究者主要侧重于非物理问题的研究，如地理学(geograhpy)、生物学(biology)、生态学(ecology)及社会学(sociology)的研究。由于物理定律的描述应具有某种形式不变性，因此需采用如张量这样的具有坐标变换不变性的量来建立方程。在获取方向型数据后，如何采用张量形式的量来描述它，是建立物理方程的重要步骤。

当考虑岩体结构，基于细观力学分析来推求岩体的宏观各向异性本构响应时，方向分布函数(orientation distribution function，ODF)分析是不可或缺的数学工具。标量的方向分布函数及其组构张量的概念，最初由 Kanatani[2] 提出，并给出了其表达式。Lubarda 和 Krajcinovic[3] 将它用于研究裂纹密度分布及损伤力学效应。Yang 等[4] 研究了四阶组构张量与二阶组构张量之间的近似表示关系，将四阶损伤弹性柔度张量写为二阶组构张量函数。陈新[5] 和 Yang 等[6] 研究了方向分布标量函数的高阶和低阶组构张量间的一般关系，并应用于裂隙密度损伤张量中。矢量方向分布函数及其各阶组构张量的概念和表达式，由陈新[5] 和 Yang 等[7] 提出，并应用到各向异性损伤屈服准则研究中(相关内容可见第 7 章)。

本章首先讨论与方向有关的标量及其组构张量，包括方向分布标量函数(scalar-valued ODF)和它的第一类和第二类组构张量，继而提出第三类组构张量以研究高阶与低阶组构张量之间的表示关系。对与方向有关的矢量，提出方向分布矢量函数(vector-valued ODF)的概念，基于它的法向分量第一类组构张量，建立方向分布矢量函数的第一类和第二类组构张量表达式。对矢量和它的法向分量，提出它们的第三类组构张量，研究高阶与低阶组构张量之间的表示关系。

6.1　方向分布标量函数及其组构张量

任何一个“方向”和“方位”，都可以理解为“轴”，用它的单位方向矢量 $\boldsymbol{n}$ 来表示。方向分布标量函数是指以单位方向矢量 $\boldsymbol{n}$ 为自变量的标量。下面在笛卡儿(Cartesian)坐标系中讨论方向分布标量函数 $\rho(\boldsymbol{n})$ 与其方向矢量并积构成的两类组构张量，讨论仅限于关于中心对称的方向分布标量函数，即对于一对相反的方向 $\boldsymbol{n}$ 和 $-\boldsymbol{n}$，有 $\rho(\boldsymbol{n})=\rho(-\boldsymbol{n})$。由于方向分布函数 $\rho(\boldsymbol{n})$ 具有中心对称性，因此组构张量的奇数阶项为零，仅出现组构张量的偶数阶项。

6.1.1 单位方向矢量各阶并矢及其方向平均

在笛卡儿坐标系 $oxyz$ 中，设三个坐标轴 x、y 和 z 的单位基矢量分别为 $\boldsymbol{e}_1$、$\boldsymbol{e}_2$ 和 $\boldsymbol{e}_3$。则任意单位方向矢量 $\boldsymbol{n}$ 都可与单位球面上一点 P 的矢径向量 OP 相对应，如图 6.1 所示，设点 P 在单位球面上的立体角坐标为 ϕ 和 θ，则矢径 OP 所代表的单位方向矢量 $\boldsymbol{n}$ 可表示为

$$\boldsymbol{n}=n_i\boldsymbol{e}_i=n_1\boldsymbol{e}_1+n_2\boldsymbol{e}_2+n_3\boldsymbol{e}_3,\quad i=1,2,3 \tag{6.1}$$

分量为

$$\begin{cases}n_1=\sin\phi\cos\theta\\ n_2=\sin\phi\sin\theta\\ n_3=\cos\phi\end{cases} \tag{6.2}$$

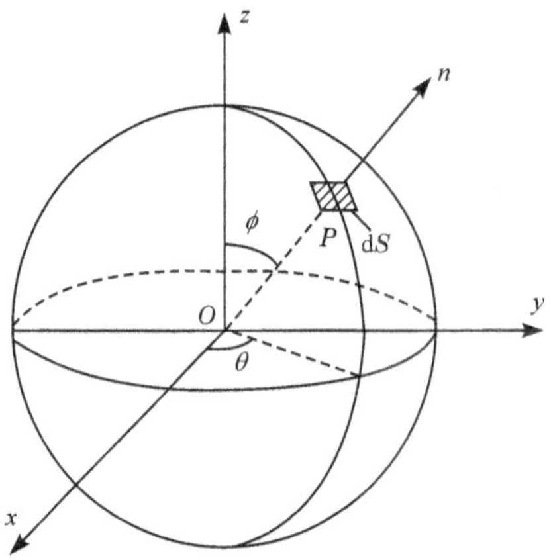

图 6.1 单位方向矢量与单位球面示意图

以 $\mathrm{d}S=\sin\phi\mathrm{d}\phi\mathrm{d}\theta$ 代表在单位球面上矢径向量所对应点 P 的面积微元，则任意方向性数据或参量关于所有方向的平均定义为其单位球面积分除以单位球面的面积：

$$\overline{(\cdot)}=\frac{1}{4\pi}\oint(\cdot)\mathrm{d}S=\frac{1}{4\pi}\int_0^{2\pi}\left(\int_0^{\pi}(\cdot)\sin\phi\mathrm{d}\phi\right)\mathrm{d}\theta \tag{6.3}$$

式中，4π 为单位球面的面积，可由定义计算：

$$S=\oint\mathrm{d}S=\int_0^{2\pi}\left(\int_0^{\pi}\sin\phi\mathrm{d}\phi\right)\mathrm{d}\theta=4\pi \tag{6.4}$$

单位方向矢量的 $2m(m=1,2,\cdots)$ 阶并矢(积)为 $2m$ 阶张量 $\mathbf{N}_{2m}(m=1,2,\cdots)$：

$$\boldsymbol{N}_{2m}=\underbrace{\boldsymbol{nn}\cdots\boldsymbol{n}}_{2m}=n_{i_1}n_{i_2}\cdots n_{i_{2m}}\boldsymbol{e}_{i_1}\boldsymbol{e}_{i_2}\cdots\boldsymbol{e}_{i_{2m}},\quad i_1,i_2,\cdots,i_{2m}=1,2,3 \tag{6.5}$$

定义 $\boldsymbol{N}_{2m}(m=1,2,\cdots)$的方向平均为

$$\overline{\boldsymbol{N}_{2m}}=\overline{\underbrace{\boldsymbol{nn}\cdots\boldsymbol{n}}_{2m}}=\frac{1}{4\pi}\oint\underbrace{\boldsymbol{nn}\cdots\boldsymbol{n}}_{2m}\mathrm{d}S,\quad m=1,2,\cdots \tag{6.6a}$$

其分量为

$$\overline{N_{i_1i_2\cdots i_{2m}}}=\overline{n_{i_1}n_{i_2}\cdots n_{i_{2m}}}=\frac{1}{4\pi}\oint n_{i_1}n_{i_2}\cdots n_{i_{2m}}\mathrm{d}S,\quad i_1,i_2,\cdots,i_{2m}=1,2,3 \tag{6.6b}$$

利用三角函数幂函数积分的如下性质：

$$\int_0^{\pi/2}(\sin\theta)^n\mathrm{d}\theta=\int_0^{\pi/2}(\cos\theta)^n\mathrm{d}\theta=\begin{cases}\dfrac{n-1}{n}\cdot\cdots\cdot\dfrac{4}{5}\cdot\dfrac{2}{3}\cdot 1, & n=1,3,5,\cdots\\[2mm] \dfrac{n-1}{n}\cdot\cdots\cdot\dfrac{3}{4}\cdot\dfrac{1}{2}\cdot\dfrac{\pi}{2}, & n=2,4,6,\cdots\end{cases} \tag{6.7}$$

可以证明，$2m$ 阶并矢张量的方向平均为[2]

$$\overline{N_{i_1i_2\cdots i_{2m}}}=\frac{1}{2m+1}I_{i_1i_2\cdots i_{2m}} \tag{6.8}$$

$\boldsymbol{I}_{2m}=I_{i_1i_2\cdots i_{2m}}\boldsymbol{e}_{i_1}$、$\boldsymbol{e}_{i_2}\cdots\boldsymbol{e}_{i_{2m}}(m=1,2,\cdots)$为 $2m$ 阶单位张量，$I_{i_1i_2\cdots i_{2m}}$ 可按下式计算：

$$I_{i_1i_2\cdots i_{2m}}=\frac{2^m m!}{(2m)!}\delta_{(i_1i_2}\delta_{i_3i_4}\cdots\delta_{i_{2m-1}i_{2m})} \tag{6.9}$$

式中，$\delta_{(i_1i_2}\delta_{i_3i_4}\cdots\delta_{i_{2m-1}i_{2m})}$表示从 $2m$ 个下标中任意两两配对组成 Kronecker delta 张量分量的乘积之和。Kronecker delta 张量分量 δ_{ij}，定义为

$$\delta_{ij}=\begin{cases}1, & i=j\\ 0, & i\neq j\end{cases} \tag{6.10}$$

从 $2m$ 个下标中任意两两配对组成 Kronecker delta 张量分量乘积(不排序)的数目为

$$\frac{1}{m!}C_{2m}^2C_{2m-2}^2\cdots C_2^2=\frac{1}{m!}\left[\frac{(2m)!}{(2m-2)!2!}\right]\left[\frac{(2m-2)!}{(2m-4)!2!}\right]\cdots\left[\frac{2!}{0!2!}\right]=\frac{(2m)!}{2^m m!} \tag{6.11}$$

这表明 $I_{i_1i_2\cdots i_{2m}}$ 为将所有指标两两配对组成 Kronecker delta 张量分量的乘积求和后除以其个数，它具有如下性质：

(1) $I_{i_1i_2\cdots i_{2m}}$ 关于指标 $i_1,i_2,\cdots,i_{2m}$完全对称，即对任意两个指标 i 和 j，当指标的位置互换时其值不变，有 $I_{i_1i_2\cdots i\cdots j\cdots i_{2m}}=I_{i_1i_2\cdots j\cdots i\cdots i_{2m}}$。这是因为张量 $N_{2m}(m=1,2,\cdots)$是单位方向矢量的并失，其值与单位方向矢量的排列顺序无关。当对 N_{2m}的任意两个指标 i 和 j 互换位置时，它的值不变：

$$N_{i_1 i_2 \cdots i \cdots j \cdots i_{2m}} = n_{i_1} n_{i_2} \cdots n_i \cdots n_j \cdots n_{i_{2m}} = n_{i_1} n_{i_2} \cdots n_j \cdots n_i \cdots n_{i_{2m}} = N_{i_1 i_2 \cdots j \cdots i \cdots i_{2m}} \tag{6.12}$$

由式(6.8)可知，当对 $I_{i_1 i_2 \cdots i_{2m}}$ 的任意两个指标 i 和 j 互换位置时，它的值也不变：

$$I_{i_1 i_2 \cdots i \cdots j \cdots i_{2m}} = I_{i_1 i_2 \cdots j \cdots i \cdots i_{2m}} \tag{6.13}$$

(2) 仅当 $i_1, i_2, \cdots, i_{2m}$ 两两相等时，$I_{i_1 i_2 \cdots i_{2m}}$ 不为零。这一性质可由式(6.9)得出，两两配对组成 Kronecker delta 张量分量的乘积非零的充分必要条件是指标 $i_1, i_2, \cdots, i_{2m}$ 两两相等。

(3) 根据 $I_{i_1 i_2 \cdots i_{2m}}$ 的定义，可得到它的高阶张量与低阶张量有如下的递推关系：

$$I_{i_1 i_2 \cdots i_{2m}} = \frac{1}{2m-1}\left(\delta_{i_1 i_2} I_{i_3 i_4 \cdots i_{2m}} + \delta_{i_1 i_3} I_{i_2 i_4 \cdots i_{2m}} + \cdots + \delta_{i_1 i_{2m}} I_{i_2 i_3 \cdots i_{2m-1}}\right) \tag{6.14}$$

例如，当 $m=1,2,3,4$ 时，$2m$ 阶并矢张量 $N_{i_1 i_2 \cdots i_{2m}}$ 的方向平均为

$$\overline{N_{ij}} = \overline{n_i n_j} = \frac{1}{4\pi}\oint n_i n_j \mathrm{d}S = \frac{1}{3} I_{ij} \tag{6.15}$$

$$\overline{N_{ijkl}} = \overline{n_i n_j n_k n_l} = \frac{1}{4\pi}\oint n_i n_j n_k n_l \mathrm{d}S = \frac{1}{5} I_{ijkl} \tag{6.16}$$

$$\overline{N_{ijklpq}} = \overline{n_i n_j n_k n_l n_p n_q} = \frac{1}{4\pi}\oint n_i n_j n_k n_l n_p n_q \mathrm{d}S = \frac{1}{7} I_{ijklpq} \tag{6.17}$$

$$\overline{N_{ijklpq\alpha\beta}} = \overline{n_i n_j n_k n_l n_p n_q n_\alpha n_\beta} = \frac{1}{4\pi}\oint n_i n_j n_k n_l n_p n_q n_\alpha n_\beta \mathrm{d}S = \frac{1}{9} I_{ijklpq\alpha\beta} \tag{6.18}$$

其中，各阶单位张量的递推关系为

$$I_{ij} = \delta_{ij} \tag{6.19}$$

$$I_{ijkl} = \frac{1}{3}\left(\delta_{ij} I_{kl} + \delta_{ik} I_{jl} + \delta_{il} I_{jk}\right) \tag{6.20}$$

$$I_{ijklpq} = \frac{1}{5}\left(\delta_{ij} I_{klpq} + \delta_{ik} I_{jlpq} + \delta_{il} I_{jkpq} + \delta_{ip} I_{jklq} + \delta_{iq} I_{jklp}\right) \tag{6.21}$$

$$I_{ijklpq\alpha\beta} = \frac{1}{7}\left(\delta_{ij} I_{klpq\alpha\beta} + \delta_{ik} I_{jlpq\alpha\beta} + \delta_{il} I_{jkpq\alpha\beta} + \delta_{ip} I_{jklq\alpha\beta} + \delta_{iq} I_{jklp\alpha\beta} + \delta_{i\alpha} I_{jklpq\beta} + \delta_{i\beta} I_{jklpq\alpha}\right) \tag{6.22}$$

根据并矢张量方向平均的定义，利用式(6.2)和三角函数幂函数积分计算式(6.7)，可对计算式(6.8)进行验证。下面对 $m=1$ 时的情况加以验证。

命题 1：当 $m=1$ 时，$\overline{N_{ij}} = \overline{n_i n_j} = \frac{1}{4\pi}\oint n_i n_j \mathrm{d}S = \frac{1}{3} I_{ij} = \frac{1}{3}\delta_{ij}$

证明：

$$\overline{n_1 n_1} = \frac{1}{4\pi}\oint n_1 n_1 \mathrm{d}S = \frac{1}{4\pi}\int_0^{2\pi}\int_0^{\pi} n_1^2 \sin\phi \mathrm{d}\phi \mathrm{d}\theta$$

$$= \frac{1}{4\pi}\int_0^{2\pi}\int_0^{\pi}(\sin\phi\cos\theta)^2\sin\phi\mathrm{d}\phi\mathrm{d}\theta$$

$$= \frac{1}{4\pi}\int_0^{2\pi}\cos^2\theta\mathrm{d}\theta\int_0^{\pi}\sin^3\phi\mathrm{d}\phi$$

$$= \frac{1}{4\pi}\left(4\int_0^{\pi/2}\cos^2\theta\mathrm{d}\theta\right)\left(2\int_0^{\pi/2}\sin^3\phi\mathrm{d}\phi\right)$$

$$= \frac{1}{4\pi}\left(4\cdot\frac{1}{2}\cdot\frac{\pi}{2}\right)\left(2\cdot\frac{2}{3}\cdot 1\right) = \frac{1}{3}$$

$$\overline{n_2 n_2} = \frac{1}{4\pi}\oint n_2 n_2\mathrm{d}S = \frac{1}{4\pi}\int_0^{2\pi}\int_0^{\pi} n_2^2\sin\phi\mathrm{d}\phi\mathrm{d}\theta$$

$$= \frac{1}{4\pi}\int_0^{2\pi}\int_0^{\pi}(\sin\phi\sin\theta)^2\sin\phi\mathrm{d}\phi\mathrm{d}\theta$$

$$= \frac{1}{4\pi}\int_0^{2\pi}\sin^2\theta\mathrm{d}\theta\int_0^{\pi}\sin^3\phi\mathrm{d}\phi$$

$$= \frac{1}{4\pi}\left(4\int_0^{\pi/2}\sin^2\theta\mathrm{d}\theta\right)\left(2\int_0^{\pi/2}\sin^3\phi\mathrm{d}\phi\right)$$

$$= \frac{1}{4\pi}\left(4\cdot\frac{1}{2}\cdot\frac{\pi}{2}\right)\left(2\cdot\frac{2}{3}\cdot 1\right) = \frac{1}{3}$$

$$\overline{n_3 n_3} = \frac{1}{4\pi}\oint n_3 n_3\mathrm{d}S = \frac{1}{4\pi}\int_0^{2\pi}\int_0^{\pi} n_3^2\sin\phi\mathrm{d}\phi\mathrm{d}\theta$$

$$= \frac{1}{4\pi}\int_0^{2\pi}\int_0^{\pi}\cos^2\phi\sin\phi\mathrm{d}\phi\mathrm{d}\theta = \frac{1}{4\pi}\int_0^{2\pi}\mathrm{d}\theta\left(-\frac{1}{3}\cos^3\phi\right)_0^{\pi}$$

$$= \frac{1}{4\pi}\cdot 2\pi\cdot\frac{2}{3} = \frac{1}{3}$$

$$\overline{n_1 n_2} = \overline{n_2 n_1} = \frac{1}{4\pi}\oint n_1 n_2\mathrm{d}S = \frac{1}{4\pi}\int_0^{2\pi}\int_0^{\pi} n_1 n_2\sin\phi\mathrm{d}\phi\mathrm{d}\theta$$

$$= \frac{1}{4\pi}\int_0^{2\pi}\int_0^{\pi}\sin\phi\cos\theta\sin\phi\sin\theta\sin\phi\mathrm{d}\phi\mathrm{d}\theta$$

$$= \frac{1}{4\pi}\int_0^{2\pi}\sin\theta\cos\theta\mathrm{d}\theta\int_0^{\pi}\sin^3\phi\mathrm{d}\phi = 0$$

$$\overline{n_1 n_3} = \overline{n_1 n_3} = \frac{1}{4\pi}\oint n_1 n_3\mathrm{d}S = \frac{1}{4\pi}\int_0^{2\pi}\int_0^{\pi} n_1 n_3\sin\phi\mathrm{d}\phi\mathrm{d}\theta$$

$$= \frac{1}{4\pi}\int_0^{2\pi}\int_0^{\pi}\sin\phi\cos\theta\cos\phi\sin\phi\mathrm{d}\phi\mathrm{d}\theta$$

$$= \frac{1}{4\pi}\int_0^{2\pi}\cos\theta\mathrm{d}\theta\int_0^{\pi}\sin^2\phi\cos\phi\mathrm{d}\phi = 0$$

$$\overline{n_2 n_3} = \overline{n_2 n_3} = \frac{1}{4\pi}\oint n_2 n_3\mathrm{d}S = \frac{1}{4\pi}\int_0^{2\pi}\int_0^{\pi} n_2 n_3\sin\phi\mathrm{d}\phi\mathrm{d}\theta$$

$$= \frac{1}{4\pi}\int_0^{2\pi}\int_0^{\pi}\sin\phi\sin\theta\cos\phi\sin\phi\mathrm{d}\phi\mathrm{d}\theta$$

$$= \frac{1}{4\pi}\int_0^{2\pi}\sin\theta\mathrm{d}\theta\int_0^{\pi}\sin^2\phi\cos\phi\mathrm{d}\phi = 0$$

即

$$\overline{n_1n_1} = \overline{n_2n_2} = \overline{n_3n_3} = \frac{1}{3},\overline{n_1n_2} = \overline{n_2n_1} = \overline{n_1n_3} = \overline{n_1n_3} = \overline{n_2n_3} = \overline{n_2n_3} = 0$$

有$\overline{N_{ij}}=\overline{n_in_j}=\frac{1}{3}\delta_{ij}$，得证。

(4) 利用单位方向矢量模为 1 的性质：$\boldsymbol{n}\cdot\boldsymbol{n}=n_in_i=1$，在 $N_{i_1i_2\cdots i_{2m}}$ 中对后两个指标 i_{2m} 和 i_{2m-1} 进行缩并，令 $i_{2m}=i_{2m-1}$ 可得到

$$N_{i_1i_2\cdots i_{2m-2}\underbrace{i_{2m-1}i_{2m-1}}_{2}} = n_{i_1}n_{i_2}\cdots n_{i_{2m-2}}(n_{i_{2m-1}}n_{i_{2m-1}})$$

$$= n_{i_1}n_{i_2}\cdots n_{i_{2m-2}} = N_{i_1i_2\cdots i_{2m-2}} \tag{6.23}$$

代入式(6.8)可得到 $I_{i_1i_2\cdots i_{2m-2}i_{2m-1}i_{2m}}$ 的缩并为

$$I_{i_1i_2\cdots i_{2m-2}i_{2m-1}i_{2m-1}} = \frac{2m+1}{2m-1}I_{i_1i_2\cdots i_{2m-2}} \tag{6.24}$$

在 $2m$ 阶并矢 $N_{i_1i_2\cdots i_{2p}i_{2p+1}\cdots i_{2m}}$ 中对后 $2m-2p$ 个指标进行 $m-p$ 次两两连续缩并，令 $i_{2m}=i_{2m-1},\cdots,i_{2p+2}=i_{2p+1}$，可得

$$N_{i_1i_2\cdots i_{2p}\underbrace{i_{2p+1}i_{2p+1}\cdots i_{2m-1}i_{2m-1}}_{2m-2p}} = n_{i_1}n_{i_2}\cdots n_{i_{2p}}(n_{i_{2p+1}}n_{i_{2p+1}})\cdots(n_{i_{2m-1}}n_{i_{2m-1}})$$

$$= n_{i_1}n_{i_2}\cdots n_{i_{2p}} = N_{i_1i_2\cdots i_{2p}}$$

即

$$N_{i_1i_2\cdots i_{2p}\underbrace{i_{2p+1}i_{2p+1}\cdots i_{2m-1}i_{2m-1}}_{2m-2p}} = N_{i_1i_2\cdots i_{2p}},\quad 0\leqslant p\leqslant m=1,2,\cdots \tag{6.25}$$

同理有

$$I_{i_1i_2\cdots i_{2p}\underbrace{i_{2p+1}i_{2p+1}\cdots i_{2m-1}i_{2m-1}}_{2m-2p}} = \frac{2m+1}{2p+1}I_{i_1i_2\cdots i_{2p}},\quad 0\leqslant p\leqslant m=1,2,\cdots \tag{6.26}$$

对 $2m$ 阶并矢 $N_{i_1i_2\cdots i_{2m}}$ 中对 $2m$ 个指标进行 m 次两两连续缩并，令 $i_{2m}=i_{2m-1},\cdots,i_2=i_1$，可得

$$N_{\underbrace{i_1i_1i_3i_3\cdots i_{2m-1}i_{2m-1}}_{2m}} = (n_{i_1}n_{i_1})(n_{i_3}n_{i_3})\cdots(n_{i_{2m-1}}n_{i_{2m-1}})=1 \tag{6.27}$$

$$I_{\underbrace{i_1i_1i_3i_3\cdots i_{2m-1}i_{2m-1}}_{2m}} = 2m+1 \tag{6.28}$$

例如，$m=1$ 时，并矢张量的缩并 N_{ii} 为

$$N_{ii} = n_in_i = 1 \tag{6.29}$$

$m=2$ 时，并矢张量的一次缩并 N_{ijkk} 和二次缩并 N_{iikk} 为

$$N_{ijkk} = n_in_jn_kn_k = n_in_j = N_{ij} \tag{6.30}$$

$$N_{iikk} = n_i n_i n_k n_k = 1 \tag{6.31}$$

$m=3$ 时,并矢张量的一次缩并 N_{ijklpp}、二次缩并 N_{ijkkpp} 和三次缩并 N_{iikkpp} 为

$$N_{ijklpp} = n_i n_j n_k n_l n_p n_p = n_i n_j n_k n_l = N_{ijkl} \tag{6.32}$$

$$N_{ijkkpp} = n_i n_j n_k n_k n_p n_p = n_i n_j = N_{ij} \tag{6.33}$$

$$N_{iikkpp} = n_i n_i n_k n_k n_p n_p = 1 \tag{6.34}$$

单位张量的缩并既可由式(6.26)计算,也可以由其递推关系式(6.14)导出。例如,$m=1$ 时,单位张量的缩并 I_{ii} 为

$$I_{ii} = \delta_{ii} = 3 \tag{6.35}$$

$m=2$ 时,单位张量的一次 I_{ijkk} 缩并和二次缩并 I_{iikk} 为

$$I_{ijkk} = \frac{1}{3}(\delta_{ij} I_{kk} + \delta_{ik} I_{jk} + \delta_{ik} I_{jk}) = \frac{5}{3}\delta_{ij} = \frac{5}{3} I_{ij} \tag{6.36}$$

$$I_{iikk} = \frac{5}{3} I_{ii} = 5 \tag{6.37}$$

$m=3$ 时,单位张量的一次缩并 I_{ijklpp}、二次缩并 I_{ijkkpp} 和三次缩并 I_{iikkpp} 为

$$I_{ijklpp} = \frac{1}{5}(\delta_{ij} I_{klpp} + \delta_{ik} I_{jlpp} + \delta_{il} I_{jkpp} + \delta_{ip} I_{jklp} + \delta_{ip} I_{jklp}) = \frac{7}{5} I_{ijkl} \tag{6.38}$$

$$I_{ijkkpp} = \frac{7}{5} I_{ijkk} = \frac{7}{5} \cdot \frac{5}{3} I_{ij} = \frac{7}{3} I_{ij} \tag{6.39}$$

$$I_{iikkpp} = \frac{7}{3} I_{ii} = 7 \tag{6.40}$$

6.1.2　两个张量并积关于指标完全对称化的记法

设有任意两个对称二阶张量 $\boldsymbol{A}=A_{ij}\boldsymbol{e}_i\boldsymbol{e}_j\,(i,j=1,2,3)$ 和 $\boldsymbol{B}=B_{ij}\boldsymbol{e}_i\boldsymbol{e}_j\,(i,j=1,2,3)$。它们的并积构成的四阶张量为 $\boldsymbol{AB}$,将其完全对称化处理后的张量记为 $(\boldsymbol{AB})$,则有

$$(\boldsymbol{AB}) = A_{(ij}B_{kl)}\boldsymbol{e}_i\boldsymbol{e}_j\boldsymbol{e}_k\boldsymbol{e}_l, \quad i,j,k,l = 1,2,3 \tag{6.41}$$

其分量为

$$A_{(ij}B_{kl)} = (A_{ij}B_{kl} + A_{ik}B_{jl} + A_{il}B_{jk}) + (A_{jk}B_{il} + A_{jl}B_{ik}) + A_{kl}B_{ij} \tag{6.42}$$

任意对称二阶张量 $\boldsymbol{A}=A_{ij}\boldsymbol{e}_i\boldsymbol{e}_j\,(i,j=1,2,3)$ 和完全对称四阶张量 $\boldsymbol{C}=C_{ijkl}\boldsymbol{e}_i\boldsymbol{e}_j\boldsymbol{e}_k\boldsymbol{e}_l\,(i,j,k,l=1,2,3)$ 的并积构成的六阶完全对称张量 $(\boldsymbol{AC})$ 定义为

$$(\boldsymbol{AC}) = A_{(ij}C_{klpq)}\boldsymbol{e}_i\boldsymbol{e}_j\boldsymbol{e}_k\boldsymbol{e}_l\boldsymbol{e}_p\boldsymbol{e}_q, \quad i,j,k,l,p,q = 1,2,3 \tag{6.43}$$

其分量为

$$\begin{aligned} A_{(ij}C_{klpq)} = &(A_{ij}C_{klpq} + A_{ik}C_{jlpq} + A_{il}C_{jkpq} + A_{ip}C_{jklq} + A_{iq}C_{jklp}) \\ &+ (A_{jk}C_{ilpq} + A_{jl}C_{ikpq} + A_{jp}C_{iklq} + A_{jq}C_{iklp}) \\ &+ (A_{kl}C_{ijpq} + A_{kp}C_{ijlq} + A_{kq}C_{ijlp}) \\ &+ (A_{lp}C_{ijkq} + A_{lq}C_{ijkp}) \end{aligned}$$

$$+A_{pq}C_{ijkl} \tag{6.44}$$

6.1.3　方向分布标量函数的第一类组构张量

若给定与方向有关的标量 $\rho(\boldsymbol{n})$ 沿 N 组单位方向矢量 $\boldsymbol{n}^{(\alpha)}(\alpha=1,2,\cdots,N)$ 的观测数据为 $\rho^{(\alpha)}=\rho(\boldsymbol{n}^{(\alpha)})$，$\alpha=1,2,\cdots,N$，则可以构造如下的标量方向分布点函数 $\rho(\boldsymbol{n})$[2]：

$$\rho(\boldsymbol{n})=\sum_{\alpha=1}^{N}\rho^{(\alpha)}\delta(\boldsymbol{n}-\boldsymbol{n}^{(\alpha)}) \tag{6.45}$$

式中，$\delta(\boldsymbol{n}-\boldsymbol{n}^{(\alpha)})=\delta(\theta-\theta^{(\alpha)})\delta(\phi-\phi^{(\alpha)})/\sin\phi^{(\alpha)}$，$\phi^{(\alpha)}$ 和 $\theta^{(\alpha)}$ 为矢量 $\boldsymbol{n}^{(\alpha)}$ 在单位球面上的立体角坐标；$\delta(\cdot)$为 Dirac delta 函数：

$$\delta(x)=\begin{cases}1, & x=0\\ 0, & x\neq 0\end{cases} \tag{6.46}$$

例如，$N=1$，即只有一个单位方向矢量 $\boldsymbol{m}=\boldsymbol{n}^{(1)}$ 上的观测数据 $\rho(\boldsymbol{m})=\rho^{(1)}$，该方向对应的立体角为 $\phi^{(1)}$ 和 $\theta^{(1)}$，则点函数为

$$\rho(\boldsymbol{n})=\rho(\boldsymbol{m})\delta(\boldsymbol{n}-\boldsymbol{m})=\frac{\rho^{(1)}\delta(\theta-\theta^{(1)})\delta(\phi-\phi^{(1)})}{\sin\phi^{(1)}} \tag{6.47}$$

该观测数据的标量方向分布点函数 $\rho(\boldsymbol{n})$ 的方向平均为

$$\begin{aligned}\overline{\rho(\boldsymbol{n})}&=\frac{1}{4\pi}\oint\rho(\boldsymbol{n})\mathrm{d}S=\frac{1}{4\pi}\oint\rho(\boldsymbol{m})\delta(\boldsymbol{n}-\boldsymbol{m})\mathrm{d}S\\&=\frac{1}{4\pi}\int_0^{2\pi}\int_0^{\pi}\frac{\rho^{(1)}\delta(\theta-\theta^{(1)})\delta(\phi-\phi^{(1)})}{\sin\phi^{(1)}}\sin\phi\mathrm{d}\phi\mathrm{d}\theta=\frac{1}{4\pi}\rho^{(1)}\end{aligned} \tag{6.48}$$

一般地，有 N 个观测数据的标量方向分布点函数 $\rho(\boldsymbol{n})$ 的方向平均为

$$\begin{aligned}\overline{\rho(\boldsymbol{n})}&=\frac{1}{4\pi}\oint\rho(\boldsymbol{n})\mathrm{d}S=\frac{1}{4\pi}\oint\Big[\sum_{\alpha=1}^{N}\rho^{(\alpha)}\delta(n-n^{(\alpha)})\Big]\mathrm{d}S\\&=\frac{1}{4\pi}\int_0^{2\pi}\int_0^{\pi}\sum_{\alpha=1}^{N}\frac{\rho^{(\alpha)}\delta(\theta-\theta^{(\alpha)})\delta(\phi-\phi^{(\alpha)})}{\sin\phi^{(\alpha)}}\sin\phi\mathrm{d}\phi\mathrm{d}\theta\\&=\frac{1}{4\pi}\sum_{\alpha=1}^{N}\rho^{(\alpha)}\end{aligned} \tag{6.49}$$

即标量方向分布点函数 $\rho(\boldsymbol{n})$ 的方向平均为单位球面上的所有观测数据值之和除以单位球面的面积。

为了进一步表征方向性数据的各向异性分布特征，定义方向分布标量函数 $\rho(\boldsymbol{n})$ 的 $2m(m=0,1,2,\cdots)$ 阶第一类组构张量 $\boldsymbol{\Omega}_{2m}=\Omega_{i_1i_2\cdots i_{2m}}\boldsymbol{e}_{i_1}\boldsymbol{e}_{i_2}\cdots\boldsymbol{e}_{i_{2m}}(i_1,i_2,\cdots,i_{2m}=1,2,3)$ 为 $\rho(\boldsymbol{n})$ 与 $2m$ 阶单位矢量并矢乘积的方向平均：

$$\boldsymbol{\Omega}_{2m}=\overline{\rho(\boldsymbol{n})\boldsymbol{N}_{2m}}=\frac{1}{4\pi}\oint\rho(\boldsymbol{n})\boldsymbol{N}_{2m}\mathrm{d}S$$

$$=\overline{\rho(\boldsymbol{n})\underbrace{\boldsymbol{nn}\cdots\boldsymbol{n}}_{2m}}=\frac{1}{4\pi}\oint\rho(\boldsymbol{n})\underbrace{\boldsymbol{nn}\cdots\boldsymbol{n}}_{2m}\mathrm{d}S \tag{6.50a}$$

其分量为

$$\begin{aligned}\Omega_{i_1i_2\cdots i_{2m}}&=\overline{\rho(\boldsymbol{n})N_{i_1i_2\cdots i_{2m}}}=\frac{1}{4\pi}\oint\rho(\boldsymbol{n})N_{i_1i_2\cdots i_{2m}}\mathrm{d}S\\&=\overline{\rho(\boldsymbol{n})n_{i_1}n_{i_2}\cdots n_{i_{2m}}}=\frac{1}{4\pi}\oint\rho(\boldsymbol{n})n_{i_1}n_{i_2}\cdots n_{i_{2m}}\mathrm{d}S\end{aligned} \tag{6.50b}$$

例如，当 $m=0$ 时，$\rho(\boldsymbol{n})$ 的零阶第一类组构张量 ω_0 为

$$\omega_0=\overline{\rho(\boldsymbol{n})}=\frac{1}{4\pi}\oint\rho(\boldsymbol{n})\mathrm{d}S \tag{6.51}$$

当 $m=1$ 时，二阶第一类组构张量 $\boldsymbol{\Omega}_2=\Omega_{ij}\boldsymbol{e}_i\boldsymbol{e}_j(i,j=1,2,3)$ 为

$$\boldsymbol{\Omega}_2=\overline{\rho(\boldsymbol{n})\boldsymbol{N}_2}=\frac{1}{4\pi}\oint\rho(\boldsymbol{n})\boldsymbol{N}_2\mathrm{d}S=\overline{\rho(\boldsymbol{n})\boldsymbol{nn}}=\frac{1}{4\pi}\oint\rho(\boldsymbol{n})\boldsymbol{nn}\mathrm{d}S \tag{6.52a}$$

其分量为

$$\Omega_{ij}=\overline{\rho(\boldsymbol{n})N_{ij}}=\frac{1}{4\pi}\oint\rho(\boldsymbol{n})N_{ij}\mathrm{d}S=\overline{\rho(\boldsymbol{n})n_in_j}=\frac{1}{4\pi}\oint\rho(\boldsymbol{n})n_in_j\mathrm{d}S \tag{6.52b}$$

当 $m=2$ 时，四阶第一类组构张量 $\boldsymbol{\Omega}_4=\Omega_{ijkl}\boldsymbol{e}_i\boldsymbol{e}_j\boldsymbol{e}_k\boldsymbol{e}_l(i,j,k,l=1,2,3)$ 为

$$\boldsymbol{\Omega}_4=\overline{\rho(\boldsymbol{n})\boldsymbol{N}_4}=\frac{1}{4\pi}\oint\rho(\boldsymbol{n})\boldsymbol{N}_4\mathrm{d}S=\overline{\rho(\boldsymbol{n})\boldsymbol{nnnn}}=\frac{1}{4\pi}\oint\rho(\boldsymbol{n})\boldsymbol{nnnn}\mathrm{d}S \tag{6.53a}$$

其分量为

$$\begin{aligned}\Omega_{ijkl}&=\overline{\rho(\boldsymbol{n})N_{ijkl}}=\frac{1}{4\pi}\oint\rho(\boldsymbol{n})N_{ijkl}\mathrm{d}S\\&=\overline{\rho(\boldsymbol{n})n_in_jn_kn_l}=\frac{1}{4\pi}\oint\rho(\boldsymbol{n})n_in_jn_kn_l\mathrm{d}S\end{aligned} \tag{6.53b}$$

当 $m=3$ 时，六阶第一类组构张量 $\boldsymbol{\Omega}_6=\Omega_{ijklpq}\boldsymbol{e}_i\boldsymbol{e}_j\boldsymbol{e}_k\boldsymbol{e}_l\boldsymbol{e}_p\boldsymbol{e}_q(i,j,k,l,p,q=1,2,3)$ 为

$$\begin{aligned}\boldsymbol{\Omega}_6&=\overline{\rho(\boldsymbol{n})\boldsymbol{N}_6}=\frac{1}{4\pi}\oint\rho(\boldsymbol{n})\boldsymbol{N}_6\mathrm{d}S\\&=\overline{\rho(\boldsymbol{n})\boldsymbol{nnnnnn}}=\frac{1}{4\pi}\oint\rho(\boldsymbol{n})\boldsymbol{nnnnnn}\mathrm{d}S\end{aligned} \tag{6.54a}$$

其分量为

$$\begin{aligned}\Omega_{ijklpq}&=\overline{\rho(\boldsymbol{n})N_{ijklpq}}=\frac{1}{4\pi}\oint\rho(\boldsymbol{n})N_{ijklpq}\mathrm{d}S\\&=\overline{\rho(\boldsymbol{n})n_in_jn_kn_ln_pn_q}=\frac{1}{4\pi}\oint\rho(\boldsymbol{n})n_in_jn_kn_ln_pn_q\mathrm{d}S\end{aligned} \tag{6.54b}$$

当 $\rho(\boldsymbol{n})$ 为式(6.45)所给出的标量方向分布点函数时，其 $2m$ 阶第一类组构张量 $\boldsymbol{\Omega}_{2m}(m=0,1,2,\cdots)$ 为

$$\boldsymbol{\Omega}_{2m} = \frac{1}{4\pi}\sum_{\alpha=1}^{N}\rho^{(\alpha)}\mathbf{N}_{2m}^{(\alpha)}, \quad m = 0,1,2,\cdots \tag{6.55a}$$

分量形式为

$$\Omega_{i_1 i_2 \cdots i_{2m}} = \frac{1}{4\pi}\sum_{\alpha=1}^{N}\rho^{(\alpha)} N_{i_1 i_2 \cdots i_{2m}}^{(\alpha)} \tag{6.55b}$$

式中，

$$N_{i_1 i_2 \cdots i_{2m}}^{(\alpha)} = n_{i_1}^{(\alpha)} n_{i_2}^{(\alpha)} \cdots n_{i_{2m}}^{(\alpha)}, \quad m = 0,1,2,\cdots \tag{6.56}$$

例如，当 $m=0,1,2,3$ 时，标量方向分布点函数 $\rho(\boldsymbol{n})$ 的零阶、二阶、四阶和六阶第一类组构张量为

$$\omega_0 = \frac{1}{4\pi}\sum_{\alpha=1}^{N}\rho^{(\alpha)} \tag{6.57}$$

$$\Omega_{ij} = \frac{1}{4\pi}\sum_{\alpha=1}^{N}\rho^{(\alpha)} N_{ij}^{(\alpha)} = \frac{1}{4\pi}\sum_{\alpha=1}^{N}\rho^{(\alpha)} n_i^{(\alpha)} n_j^{(\alpha)} \tag{6.58}$$

$$\Omega_{ijkl} = \frac{1}{4\pi}\sum_{\alpha=1}^{N}\rho^{(\alpha)} N_{ijkl}^{(\alpha)} = \frac{1}{4\pi}\sum_{\alpha=1}^{N}\rho^{(\alpha)} n_i^{(\alpha)} n_j^{(\alpha)} n_k^{(\alpha)} n_l^{(\alpha)} \tag{6.59}$$

$$\Omega_{ijklpq} = \frac{1}{4\pi}\sum_{\alpha=1}^{N}\rho^{(\alpha)} N_{ijklpq}^{(\alpha)} = \frac{1}{4\pi}\sum_{\alpha=1}^{N}\rho^{(\alpha)} n_i^{(\alpha)} n_j^{(\alpha)} n_k^{(\alpha)} n_l^{(\alpha)} n_p^{(\alpha)} n_q^{(\alpha)} \tag{6.60}$$

由于 $\boldsymbol{n}\cdot\boldsymbol{n}=n_i n_i=1$，在 $2m$ 阶第一类组构张量 $\Omega_{i_1 i_2 \cdots i_{2m-2} i_{2m-1} i_{2m}}$ 中对后两个指标 i_{2m} 和 i_{2m-1} 进行缩并，令 $i_{2m}=i_{2m-1}$ 可得到

$$\Omega_{i_1 i_2 \cdots i_{2m-2} \underbrace{i_{2m-1} i_{2m-1}}_{2}} = \Omega_{i_1 i_2 \cdots i_{2m-2}} \tag{6.61}$$

对后 $2m-2p$ 个指标进行两两连续缩并，令 $i_{2m}=i_{2m-1},\cdots,i_{2p+2}=i_{2p+1}$，可得

$$\Omega_{i_1 i_2 \cdots i_{2p} \underbrace{i_{2p+1} i_{2p+1} \cdots i_{2m-1} i_{2m-1}}_{2m-2p}} = \Omega_{i_1 i_2 \cdots i_{2p}}, \quad 0 \leqslant p < m = 1,2,\cdots \tag{6.62}$$

对所有 $2m$ 个指标进行两两连续缩并，令 $i_{2m}=i_{2m-1},\cdots,i_2=i_1$，可得

$$\Omega_{\underbrace{i_1 i_1 i_3 i_3 \cdots i_{2m-1} i_{2m-1}}_{2m}} = \omega_0, \quad m = 1,2,\cdots \tag{6.63}$$

例如，$m=1$ 时，二阶第一类组构张量的缩并为

$$\Omega_{ii} = \frac{1}{4\pi}\oint\rho(\boldsymbol{n}) n_i n_i \mathrm{d}S = \frac{1}{4\pi}\oint\rho(\boldsymbol{n})\mathrm{d}S = \omega_0 \tag{6.64}$$

$m=2$ 时，四阶第一类组构张量的一次和二次缩并为

$$\Omega_{ijkk} = \frac{1}{4\pi}\oint\rho(\boldsymbol{n}) n_i n_j n_k n_k \mathrm{d}S = \frac{1}{4\pi}\oint\rho(\boldsymbol{n}) n_i n_j \mathrm{d}S = \Omega_{ij} \tag{6.65}$$

$$\Omega_{iikk} = \frac{1}{4\pi}\oint\rho(\boldsymbol{n}) n_i n_i n_k n_k \mathrm{d}S = \frac{1}{4\pi}\oint\rho(\boldsymbol{n})\mathrm{d}S = \omega_0 \tag{6.66}$$

$m=3$ 时，六阶第一类组构张量的一次、二次和三次缩并为

$$\Omega_{ijklpp} = \frac{1}{4\pi}\oint\rho(\boldsymbol{n}) n_i n_j n_k n_l n_p n_p \mathrm{d}S = \frac{1}{4\pi}\oint\rho(\boldsymbol{n}) n_i n_j n_k n_l \mathrm{d}S = \Omega_{ijkl} \tag{6.67}$$

$$\Omega_{ijkkpp}=\frac{1}{4\pi}\oint\rho(\boldsymbol{n})n_in_jn_kn_kn_pn_p\,\mathrm{dS}=\frac{1}{4\pi}\oint\rho(\boldsymbol{n})n_in_j\,\mathrm{dS}=\Omega_{ij} \tag{6.68}$$

$$\Omega_{iikkpp}=\frac{1}{4\pi}\oint\rho(\boldsymbol{n})n_in_in_kn_kn_pn_p\,\mathrm{dS}=\frac{1}{4\pi}\oint\rho(\boldsymbol{n})\,\mathrm{dS}=\omega_0 \tag{6.69}$$

可将二阶、四阶和六阶第一类组构张量的缩并总结为

$$\begin{cases}\Omega_{iikkpp}=\Omega_{iikk}=\Omega_{ii}=\omega_0\\ \Omega_{ijkkpp}=\Omega_{ijkk}=\Omega_{ij}\\ \Omega_{ijklpp}=\Omega_{ijkl}\end{cases} \tag{6.70}$$

6.1.4 方向分布标量函数的第二类组构张量

上述的方向分布标量函数 $\rho(\boldsymbol{n})$，其测量数据是一组定义在观测单位方向矢量 $\boldsymbol{n}^{(\alpha)}(\alpha=1,2,\cdots,N)$上的离散点 $\rho^{(\alpha)}=\rho(\boldsymbol{n}^{(\alpha)})$，$\alpha=1,2,\cdots,N$。参量 $\rho(\boldsymbol{n})$的方向分布特征，可用单位方向矢量 $\boldsymbol{n}$ 的某类光滑连续分布函数来近似，以预测该参量在其他方向上的函数值。

方向分布标量函数 $\rho(\boldsymbol{n})$的 $2m$ 阶第二类组构张量 $\boldsymbol{\rho}_{2m}$ 表示为

$$\boldsymbol{\rho}_{2m}=\rho_{i_1i_2\cdots i_{2m}}\boldsymbol{e}_{i_1}\boldsymbol{e}_{i_2}\cdots\boldsymbol{e}_{i_{2m}},\quad i_1,i_2,\cdots,i_{2m}=1,2,3 \tag{6.71}$$

采用 $\boldsymbol{\rho}_{2m}$ 与 $\mathbf{N}_{2m}$ 的 $2m$ 次缩并构成的标量方向函数 $\rho_{2m}(\boldsymbol{n})(m=0,1,2,\cdots)$作为光滑的方向分布标量函数，来近似离散的方向分布标量函数 $\rho(\boldsymbol{n})$：

$$\rho(\boldsymbol{n})\approx\rho_{2m}(\boldsymbol{n})=\boldsymbol{\rho}_{2m}\cdot\mathbf{N}_{2m}=\rho_{i_1i_2\cdots i_{2m}}N_{i_1i_2\cdots i_{2m}},\quad m=0,1,2,\cdots \tag{6.72}$$

例如，$m=0,1,2,3$ 时，标量方向函数 $\rho(\boldsymbol{n})$的第一类组构张量近似函数 ρ_0、ρ_2、ρ_4、ρ_6 分别为

$$\rho(\boldsymbol{n})\approx\rho_0 \tag{6.73}$$

$$\rho(\boldsymbol{n})\approx\rho_2(\boldsymbol{n})=\boldsymbol{\rho}_2\cdot\mathbf{N}_2=\rho_{ij}N_{ij} \tag{6.74}$$

$$\rho(\boldsymbol{n})\approx\rho_4(\boldsymbol{n})=\boldsymbol{\rho}_4\cdot\mathbf{N}_4=\rho_{ijkl}N_{ijkl} \tag{6.75}$$

$$\rho(\boldsymbol{n})\approx\rho_6(\boldsymbol{n})=\boldsymbol{\rho}_6\cdot\mathbf{N}_6=\rho_{ijklpq}N_{ijklpq} \tag{6.76}$$

第二类组构张量构造的光滑方向分布标量函数 $\rho_{2m}(\boldsymbol{n})(m=0,1,2,\cdots)$对标量方向函数 $\rho(\boldsymbol{n})$的逼近程度，可采用某种误差估计准则来度量，并可按照误差最小的原则确定第二类组构张量的值。这里采用最小二乘误差估计准则，要求第二类组构张量的近似函数 $\rho_{2m}(\boldsymbol{n})$与标量方向函数 $\rho(\boldsymbol{n})$之差的平方在单位球面上的平均 Δ_{2m} 取最小值，即

$$\Delta_{2m}=\frac{1}{4\pi}\oint(\rho(\boldsymbol{n})-\rho_{2m}(\boldsymbol{n}))^2\mathrm{dS},\quad\frac{\partial\Delta_{2m}}{\partial\rho_{i_1i_2\cdots i_{2m}}}=0,\quad m=0,1,2,\cdots \tag{6.77}$$

例如，对 $m=0,1,2,3$，分别要求：

$$\Delta_0 = \frac{1}{4\pi}\oint [\rho(\boldsymbol{n}) - \rho_0]^2 \mathrm{d}S, \quad \frac{\partial \Delta_0}{\partial \rho_0} = 0 \tag{6.78}$$

$$\Delta_2 = \frac{1}{4\pi}\oint [\rho(\boldsymbol{n}) - \rho_2(\boldsymbol{n})]^2 \mathrm{d}S, \quad \frac{\partial \Delta_2}{\partial \rho_{ij}} = 0 \tag{6.79}$$

$$\Delta_4 = \frac{1}{4\pi}\oint [\rho(\boldsymbol{n}) - \rho_4(\boldsymbol{n})]^2 \mathrm{d}S, \quad \frac{\partial \Delta_4}{\partial \rho_{ijkl}} = 0 \tag{6.80}$$

$$\Delta_6 = \frac{1}{4\pi}\oint [\rho(\boldsymbol{n}) - \rho_6(\boldsymbol{n})]^2 \mathrm{d}S, \quad \frac{\partial \Delta_6}{\partial \rho_{ijklpq}} = 0 \tag{6.81}$$

最小二乘误差估计式(6.77)可展开为

$$\frac{\partial \Delta_{2m}}{\partial \rho_{i_1 i_2 \cdots i_{2m}}} = \frac{1}{4\pi}\oint \left\{ 2[\rho(\boldsymbol{n}) - \rho_{2m}(\boldsymbol{n})]\left(-\frac{\partial \rho_{2m}(\boldsymbol{n})}{\partial \rho_{i_1 i_2 \cdots i_{2m}}}\right)\right\} \mathrm{d}S = 0, \quad m = 0,1,2,\cdots \tag{6.82}$$

由式(6.72)可知:

$$\frac{\partial \rho_{2m}(\boldsymbol{n})}{\partial \rho_{i_1 i_2 \cdots i_{2m}}} = N_{i_1 i_2 \cdots i_{2m}} = n_{i_1} n_{i_2} \cdots n_{i_{2m}}, \quad m = 0,1,2,\cdots \tag{6.83}$$

将式(6.83)代入式(6.82),有

$$\frac{1}{4\pi}\oint \rho_{2m}(\boldsymbol{n}) N_{i_1 i_2 \cdots i_{2m}} \mathrm{d}S = \frac{1}{4\pi}\oint \rho(\boldsymbol{n}) N_{i_1 i_2 \cdots i_{2m}} \mathrm{d}S, \quad m = 0,1,2,\cdots \tag{6.84}$$

注意到式(6.84)右边即为方向分布函数 $\rho(\boldsymbol{n})$ 的第一类组构张量式(6.50),有

$$\frac{1}{4\pi}\oint \rho_{2m}(\boldsymbol{n}) N_{i_1 i_2 \cdots i_{2m}} \mathrm{d}S = \Omega_{i_1 i_2 \cdots i_{2m}}, \quad m = 0,1,2,\cdots \tag{6.85}$$

将第二类组构张量近似函数 ρ_{2m} 的表达式(6.72)代入,得到方向分布函数 $\rho(\boldsymbol{n})$ 的第二类组构张量与第一类组构张量之间的表示关系为

$$\rho_{j_1 j_2 \cdots j_{2m}} \left(\frac{1}{4\pi}\oint N_{j_1 j_2 \cdots j_{2m}} N_{i_1 i_2 \cdots i_{2m}} \mathrm{d}S\right) = \Omega_{i_1 i_2 \cdots i_{2m}}, \quad m = 0,1,2,\cdots \tag{6.86}$$

注意到式(6.86)左边括号内即为 $4m$ 阶单位方向矢量并失张量 $\mathbf{N}_{4m}$($m=1,2,\cdots$)的方向平均:

$$\begin{aligned}
\frac{1}{4\pi}\oint N_{j_1 j_2 \cdots j_{2m}} N_{i_1 i_2 \cdots i_{2m}} \mathrm{d}S &= \overline{N_{j_1 j_2 \cdots j_{2m}} N_{i_1 i_2 \cdots i_{2m}}} \\
&= \overline{(n_{j_1} n_{j_2} \cdots n_{j_{2m}})(n_{i_1} n_{i_2} \cdots n_{i_{2m}})} = \overline{N_{j_1 j_2 \cdots j_{2m} i_1 i_2 \cdots i_{2m}}} \\
&= \frac{1}{4m+1} I_{j_1 j_2 \cdots j_{2m} i_1 i_2 \cdots i_{2m}}, \quad m = 0,1,2,\cdots
\end{aligned} \tag{6.87}$$

得到以第二类组构张量表示的第一类组构张量为

$$\rho_{j_1 j_2 \cdots j_{2m}} \overline{N_{j_1 j_2 \cdots j_{2m} i_1 i_2 \cdots i_{2m}}} = \Omega_{i_1 i_2 \cdots i_{2m}}, \quad m = 0,1,2,\cdots \tag{6.88}$$

或

$$\frac{1}{4m+1}\rho_{j_1j_2\cdots j_{2m}} I_{j_1j_2\cdots j_{2m}i_1i_2\cdots i_{2m}} = \Omega_{i_1i_2\cdots i_{2m}}, \quad m=0,1,2,\cdots \tag{6.89}$$

采用逐级缩并的方法，可以得到用各阶第一类组构张量的分量表示的第二类组构张量的分量。例如，对 $m=0,1,2,3$，有

$$\rho_0 = \omega_0 \tag{6.90}$$

$$\rho_{ij} = \frac{3}{2}(5\Omega_{ij} - \omega_0\delta_{ij}) \tag{6.91}$$

$$\rho_{ijkl} = \frac{15}{8}(21\Omega_{ijkl} - 14\Omega_{(ij}\delta_{kl)} + \omega_0 I_{ijkl}) \tag{6.92}$$

$$\rho_{ijklpq} = \frac{7}{16}(429\Omega_{ijklpq} - 495\Omega_{(ijkl}\delta_{pq)} + 135\Omega_{(ij}I_{klpq)} - 5\omega_0 I_{ijklpq}) \tag{6.93}$$

式中，指标符号中的括号表示对所有下标进行对称化处理(根据式(6.41)～式(6.44)的定义)，有

$$\Omega_{(ij}\delta_{kl)} = \Omega_{ij}\delta_{kl} + \Omega_{ik}\delta_{jl} + \Omega_{il}\delta_{jk} + \Omega_{jk}\delta_{il} + \Omega_{jl}\delta_{ik} + \Omega_{kl}\delta_{ij} \tag{6.94}$$

$$\begin{aligned}\Omega_{(ijkl}\delta_{pq)} =& \delta_{ij}\Omega_{klpq} + \delta_{ik}\Omega_{jlpq} + \delta_{il}\Omega_{jkpq} + \delta_{ip}\Omega_{jklq} + \delta_{iq}\Omega_{jklp}\\ &+ \delta_{jk}\Omega_{ilpq} + \delta_{jl}\Omega_{ikpq} + \delta_{jp}\delta_{iklq} + \delta_{jq}\Omega_{iklp}\\ &+ \delta_{kl}\Omega_{ijpq} + \delta_{kp}\Omega_{ijlq} + \delta_{kq}\Omega_{ijlp}\\ &+ \delta_{lp}\Omega_{ijkq} + \delta_{lq}\Omega_{ijkp}\\ &+ \delta_{pq}\Omega_{ijkl}\end{aligned} \tag{6.95}$$

$$\begin{aligned}\Omega_{(ij}I_{klpq)} =& \Omega_{ij}I_{klpq} + \Omega_{ik}I_{jlpq} + \Omega_{il}I_{jkpq} + \Omega_{ip}I_{jklq} + \Omega_{iq}I_{jklp}\\ &+ \Omega_{jk}I_{ilpq} + \Omega_{jl}I_{ikpq} + \Omega_{jp}I_{iklq} + \Omega_{jq}I_{iklp}\\ &+ \Omega_{kl}I_{ijpq} + \Omega_{kp}I_{ijlq} + \Omega_{kq}I_{ijlp}\\ &+ \Omega_{lp}I_{ijkq} + \Omega_{lq}I_{ijkp}\\ &+ \Omega_{pq}I_{ijkl}\end{aligned} \tag{6.96}$$

下面以 $m=1$ 为例，来说明逐级缩并方法求解第二类组构张量表达式的过程。$m=1$ 时，由式(6.88)得到

$$\rho_{ij}\overline{N_{ijkl}} = \frac{1}{5}\rho_{ij}I_{ijkl} = \Omega_{kl} \tag{6.97}$$

将 I_{ijkl} 的递推关系式(6.20)代入，得到以第二类组构张量表示的第一类组构张量：

$$\frac{1}{15}(\rho_{ii}\delta_{kl} + 2\rho_{kl}) = \Omega_{kl} \tag{6.98}$$

对指标 k、l 进行缩并，令 $k=l$，有

$$\frac{1}{15}(\rho_{ii}\delta_{kk} + 2\rho_{kk}) = \Omega_{kk} \tag{6.99}$$

得到

$$\rho_{ii} = 3\Omega_{kk} = 3\omega_0 = 3\rho_0 \tag{6.100}$$

将式(6.100)代回到式(6.98)中，可得到二阶第一类组构张量表示的二阶第二类组构张量，即式(6.91)。

将第一类组构张量表示的第二类组构张量显式表达式(6.90)～式(6.93)代入式(6.73)～式(6.76)，得到以第一类组构张量表示的零阶、二阶、四阶、六阶近似光滑连续方向分布函数 ρ_0、ρ_2、ρ_4、ρ_6 分别为

$$\rho_0 = \omega_0 \tag{6.101}$$

$$\rho_2 = \frac{3}{2}(5\Omega_{ij}n_i n_j - \omega_0) \tag{6.102}$$

$$\rho_4 = \frac{15}{8}(21\Omega_{ijkl}n_i n_j n_k n_l - 14\Omega_{ij}n_i n_j + \omega_0) \tag{6.103}$$

$$\rho_6 = \frac{7}{16}(429\Omega_{ijklpq}n_i n_j n_k n_l n_p n_q - 495\Omega_{ijkl}n_i n_j n_k n_l + 135\Omega_{ij}n_i n_j - 5\omega_0) \tag{6.104}$$

6.1.5 方向分布标量函数的第三类组构张量

方向分布标量函数 $\rho(\boldsymbol{n})$ 的 $2m$ 阶第三类组构张量 $\boldsymbol{\Omega}_{2m}^{(2p)}$ 表示为

$$\boldsymbol{\Omega}_{2m}^{(2p)} = \Omega_{i_1 i_2 \cdots i_{2m}}^{(2p)} \boldsymbol{e}_{i_1} \boldsymbol{e}_{i_2} \cdots \boldsymbol{e}_{i_{2m}}, \quad i_1, i_2, \cdots, i_{2m} = 1,2,3 \tag{6.105}$$

它是在 $2m(m=0,1,2,\cdots)$ 阶第一类组构张量计算式(6.50)中，用 $2p$ 阶第二类组构张量构造的光滑连续方向分布函数 $\rho_{2p}(p=0,1,2,\cdots)$ 代替实际的方向分布函数 $\rho(\boldsymbol{n})$ 得到的，即

$$\begin{aligned}\boldsymbol{\Omega}_{2m}^{(2p)} &= \overline{\rho_{2p}\boldsymbol{N}_{2m}} = \frac{1}{4\pi}\oint \rho_{2p}\boldsymbol{N}_{2m}\mathrm{d}S \\ &= \overline{\rho_{2p}\underbrace{\boldsymbol{nn}\cdots\boldsymbol{n}}_{2m}} = \frac{1}{4\pi}\oint \rho_{2p}\underbrace{\boldsymbol{nn}\cdots\boldsymbol{n}}_{2m}\mathrm{d}S\end{aligned} \tag{6.106a}$$

其分量为

$$\begin{aligned}\Omega_{i_1 i_2 \cdots i_{2m}}^{(2p)} &= \overline{\rho_{2p}N_{i_1 i_2 \cdots i_{2m}}} = \frac{1}{4\pi}\oint \rho_{2p}N_{i_1 i_2 \cdots i_{2m}}\mathrm{d}S \\ &= \overline{\rho_{2p}n_{i_1}n_{i_2}\cdots n_{i_{2m}}} = \frac{1}{4\pi}\oint \rho_{2p}n_{i_1}n_{i_2}\cdots n_{i_{2m}}\mathrm{d}S\end{aligned} \tag{6.106b}$$

将第三类组构张量 $\boldsymbol{\Omega}_{2m}^{(2p)}(p,m=0,1,2,\cdots)$ 称为对 $2m$ 阶第一类组构张量 $\boldsymbol{\Omega}_{2m}$ 的 $2p$ 阶近似。将光滑连续方向分布函数 ρ_{2p} 的表达式(6.72)代入式(6.106)，得到第三类组构张量与第二类组构张量的关系为

$$\boldsymbol{\Omega}_{2m}^{(2p)} = \overline{\boldsymbol{\rho}_{2p} \cdot \boldsymbol{N}_{2p}\boldsymbol{N}_{2m}} = \boldsymbol{\rho}_{2p} \cdot \overline{\boldsymbol{N}_{2p}\boldsymbol{N}_{2m}} = \boldsymbol{\rho}_{2p} \cdot \overline{\boldsymbol{N}_{2p+2m}} \tag{6.107a}$$

其分量为

$$\Omega_{i_1 i_2 \cdots i_{2m}}^{(2p)} = \overline{(\rho_{j_1 j_2 \cdots j_{2p}} N_{j_1 j_2 \cdots j_{2p}})N_{i_1 i_2 \cdots i_{2m}}}$$

$$= \rho_{j_1 j_2 \cdots j_{2p}} \overline{N_{j_1 j_2 \cdots j_{2p}} N_{i_1 i_2 \cdots i_{2m}}}$$
$$= \rho_{j_1 j_2 \cdots j_{2p}} \overline{N_{j_1 j_2 \cdots j_{2p} i_1 i_2 \cdots i_{2m}}} \tag{6.107b}$$

下面分 $p \geqslant m$ 和 $p < m$ 两种情况来讨论 $\boldsymbol{\Omega}_{2m}^{(2p)}$ 对 $\boldsymbol{\Omega}_{2m}$ 近似的精确度。

(1) $p \geqslant m$。

当 $p \geqslant m = 0,1,2,\cdots$ 时，在式(6.107)中增加 $2p-2m$ 个单位方向矢量的 $p-m$ 次两两缩并，根据式(6.25)和式(6.88)，可以证明第三类组构张量 $\boldsymbol{\Omega}_{2m}^{(2p)}$ 与第一类组构张量 $\boldsymbol{\Omega}_{2m}$ 关系为

$$\begin{aligned}
\Omega_{i_1 i_2 \cdots i_{2m}}^{(2p)} &= \rho_{j_1 j_2 \cdots j_{2p}} \overline{N_{j_1 j_2 \cdots j_{2p} i_1 i_2 \cdots i_{2m}}} \\
&= \rho_{j_1 j_2 \cdots j_{2p}} \overline{N_{j_1 j_2 \cdots j_{2p} i_1 i_2 \cdots i_{2m} \underbrace{i_{2m+1} i_{2m+1} \cdots i_{2p-1} i_{2p-1}}_{2p-2m}}} \\
&= \Omega_{i_1 i_2 \cdots i_{2m} \underbrace{i_{2m+1} i_{2m+1} \cdots i_{2p-1} i_{2p-1}}_{2p-2m}}
\end{aligned}$$

注意到式(6.62)，则有

$$\Omega_{i_1 i_2 \cdots i_{2m}}^{(2p)} = \Omega_{i_1 i_2 \cdots i_{2m}}, \quad p \geqslant m = 0,1,2,\cdots \tag{6.108}$$

这表明，采用同阶或更高阶($p \geqslant m$)的第二类组构张量光滑连续方向分布函数 ρ_{2p} 代替 $\rho(\boldsymbol{n})$ 和 $2m$ 阶单位方向矢量并积构造的第三类组构张量 $\boldsymbol{\Omega}_{2m}^{(2p)}$，与直接采用 $\rho(\boldsymbol{n})$ 和 $2m$ 阶单位方向矢量并积构造的第一类组构张量 $\boldsymbol{\Omega}_{2m}$ 完全等价。

(2) $p < m$。

一般地，当 $p < m$ 时，$\boldsymbol{\Omega}_{2m}^{(2p)} \neq \boldsymbol{\Omega}_{2m}$ $(p < m = 1,2,\cdots)$，表明采用低阶($p < m$)第二类组构张量光滑连续方向分布函数 ρ_{2p} 代替 $\rho(\boldsymbol{n})$ 和 $2m$ 阶单位方向矢量并积构造的第三类组构张量 $\boldsymbol{\Omega}_{2m}^{(2p)}$，与直接采用 $\rho(\boldsymbol{n})$ 和 $2m$ 阶单位方向矢量并积构造的第一类组构张量 $\boldsymbol{\Omega}_{2m}$ 不完全相同，但 $\boldsymbol{\Omega}_{2m}^{(2p)}$ 可作为第一类组构张量 $\boldsymbol{\Omega}_{2m}$ 的 $2p$ 阶近似，即 $\boldsymbol{\Omega}_{2m} \approx \boldsymbol{\Omega}_{2m}^{(2p)}$。

综上所述，第三类组构张量 $\boldsymbol{\Omega}_{2m}^{(2p)}$ 与第一类组构张量 $\boldsymbol{\Omega}_{2m}$ 存在如下关系：

$$\boldsymbol{\Omega}_{2m} \begin{cases} = \boldsymbol{\Omega}_{2m}^{(2p)}, & p \geqslant m \\ \approx \boldsymbol{\Omega}_{2m}^{(2p)}, & p < m \end{cases} \tag{6.109}$$

例如，当 $m=1$ 时，可得到二阶第一类组构张量 $\boldsymbol{\Omega}_2$ 的第三类组构张量零阶近似 $\boldsymbol{\Omega}_2^{(0)}$ 为

$$\boldsymbol{\Omega}_2^{(0)} = \overline{\rho_0 \boldsymbol{N}_2} = \frac{1}{4\pi}\oint \rho_0 \boldsymbol{N}_2 \,\mathrm{d}S = \overline{\rho_0 \boldsymbol{nn}} = \frac{1}{4\pi}\oint \rho_0 \boldsymbol{nn} \,\mathrm{d}S \tag{6.110a}$$

其分量为

$$\Omega_{ij}^{(0)} = \overline{\rho_0 N_{ij}} = \frac{1}{4\pi}\oint \rho_0 N_{ij} \,\mathrm{d}S = \overline{\rho_0 n_i n_j} = \frac{1}{4\pi}\oint \rho_0 n_i n_j \,\mathrm{d}S \tag{6.110b}$$

当 $m=2$ 时，可得到四阶第一类组构张量 $\boldsymbol{\Omega}_4$ 的第三类组构张量零阶近

似 $\boldsymbol{\Omega}_4^{(0)}$：

$$\boldsymbol{\Omega}_4^{(0)}=\overline{\rho_0\mathbf{N}_4}=\frac{1}{4\pi}\oint\rho_0\mathbf{N}_4\mathrm{d}S=\overline{\rho_0\boldsymbol{nnnn}}=\frac{1}{4\pi}\oint\rho_0\boldsymbol{nnnn}\mathrm{d}S \tag{6.111a}$$

其分量为

$$\Omega_{ijkl}^{(0)}=\overline{\rho_0 N_{ijkl}}=\frac{1}{4\pi}\oint\rho_0 N_{ijkl}\mathrm{d}S=\overline{\rho_0 n_i n_j n_k n_l}=\frac{1}{4\pi}\oint\rho_0 n_i n_j n_k n_l\mathrm{d}S \tag{6.111b}$$

$\boldsymbol{\Omega}_4$的第三类组构张量二阶近似 $\boldsymbol{\Omega}_4^{(2)}$ 为

$$\boldsymbol{\Omega}_4^{(2)}=\overline{\rho_2\mathbf{N}_4}=\frac{1}{4\pi}\oint\rho_2\mathbf{N}_4\mathrm{d}S=\overline{\rho_2\boldsymbol{nnnn}}=\frac{1}{4\pi}\oint\rho_2\boldsymbol{nnnn}\mathrm{d}S \tag{6.112a}$$

其分量为

$$\Omega_{ijkl}^{(2)}=\overline{\rho_2\mathbf{N}_{ijkl}}=\frac{1}{4\pi}\oint\rho_2 N_{ijkl}\mathrm{d}S=\overline{\rho_2 n_i n_j n_k n_l}=\frac{1}{4\pi}\oint\rho_2 n_i n_j n_k n_l\mathrm{d}S \tag{6.112b}$$

当 $m=3$ 时，可得到六阶第一类组构张量 $\boldsymbol{\Omega}_6$ 的第三类组构张量零阶近似为

$$\boldsymbol{\Omega}_6^{(0)}=\overline{\rho_0\mathbf{N}_6}=\frac{1}{4\pi}\oint\rho_0\mathbf{N}_6\mathrm{d}S=\overline{\rho_0\boldsymbol{nnnnnn}}=\frac{1}{4\pi}\oint\rho_0\boldsymbol{nnnnnn}\mathrm{d}S \tag{6.113a}$$

其分量为

$$\begin{aligned}\Omega_{ijklpq}^{(0)}&=\overline{\rho_0 N_{ijklpq}}=\frac{1}{4\pi}\oint\rho_0 N_{ijklpq}\mathrm{d}S\\&=\overline{\rho_0 n_i n_j n_k n_l n_p n_q}=\frac{1}{4\pi}\oint\rho_0 n_i n_j n_k n_l n_p n_q\mathrm{d}S\end{aligned} \tag{6.113b}$$

$\boldsymbol{\Omega}_6$的第三类组构张量二阶近似 $\boldsymbol{\Omega}_6^{(2)}$ 为

$$\boldsymbol{\Omega}_6^{(2)}=\overline{\rho_2\mathbf{N}_6}=\frac{1}{4\pi}\oint\rho_2\mathbf{N}_6\mathrm{d}S=\overline{\rho_2\boldsymbol{nnnnnn}}=\frac{1}{4\pi}\oint\rho_2\boldsymbol{nnnnnn}\mathrm{d}S \tag{6.114a}$$

其分量为

$$\begin{aligned}\Omega_{ijklpq}^{2}&=\overline{\rho_2 N_{ijklpq}}=\frac{1}{4\pi}\oint\rho_2 N_{ijklpq}\mathrm{d}S\\&=\overline{\rho_2 n_i n_j n_k n_l n_p n_q}=\frac{1}{4\pi}\oint\rho_2 n_i n_j n_k n_l n_p n_q\mathrm{d}S\end{aligned} \tag{6.114b}$$

$\boldsymbol{\Omega}_6$ 的第三类组构张量四阶近似 $\boldsymbol{\Omega}_6^{(4)}$ 为

$$\boldsymbol{\Omega}_6^{(4)}=\overline{\rho_4\mathbf{N}_6}=\frac{1}{4\pi}\oint\rho_4\mathbf{N}_6\mathrm{d}S=\overline{\rho_4\boldsymbol{nnnnnn}}=\frac{1}{4\pi}\oint\rho_4\boldsymbol{nnnnnn}\mathrm{d}S \tag{6.115a}$$

其分量为

$$\begin{aligned}\Omega_{ijklpq}^{(4)}&=\overline{\rho_4 N_{ijklpq}}=\frac{1}{4\pi}\oint\rho_4 N_{ijklpq}\mathrm{d}S\\&=\overline{\rho_4 n_i n_j n_k n_l n_p n_q}=\frac{1}{4\pi}\oint\rho_4 n_i n_j n_k n_l n_p n_q\mathrm{d}S\end{aligned} \tag{6.115b}$$

将第一类组构张量表示的第二类组构张量显式表达式(6.101)～式(6.104)代入,得到以低阶第一类组构张量的分量表示的高阶第三类组构张量的分量计算式:

$$\Omega_{ij}^{(0)} = \frac{1}{3}\omega_0\delta_{ij} \tag{6.116}$$

$$\Omega_{ijkl}^{(0)} = \frac{1}{5}\omega_0 I_{ijkl} \tag{6.117}$$

$$\Omega_{ijkl}^{(2)} = \frac{1}{7}\Omega_{(ij}\delta_{kl)} - \frac{3}{35}\omega_0 I_{ijkl} \tag{6.118}$$

$$\Omega_{ijklpq}^{(0)} = \frac{1}{7}\omega_0 I_{ijklpq} \tag{6.119}$$

$$\Omega_{ijklpq}^{(2)} = \frac{1}{21}\Omega_{(ij} I_{klpq)} - \frac{2}{21}\omega_0 I_{ijklpq} \tag{6.120}$$

$$\Omega_{ijklpq}^{(4)} = \frac{1}{11}\Omega_{(ijkl}\delta_{pq)} - \frac{1}{33}\Omega_{(ij} I_{klpq)} + \frac{5}{231}\omega_0 I_{ijklpq} \tag{6.121}$$

定义第三类组构张量 $\boldsymbol{\Omega}_{2m}^{(2p)}$ $(p<m)$关于第一类组构张量 $\boldsymbol{\Omega}_{2m}$ 近似的相对误差为

$$\Delta_{2m}^{(2p)} = \frac{|\boldsymbol{\Omega}_{2m} - \boldsymbol{\Omega}_{2m}^{(2p)}|}{|\boldsymbol{\Omega}_{2m}|}, \quad p < m = 0,1,2,\cdots \tag{6.122}$$

式中,$|\boldsymbol{\Omega}_{2m}|$为张量的模。

$$|\boldsymbol{\Omega}_{2m}| = (\Omega_{i_1 i_2 \cdots i_{2m}}\Omega_{i_1 i_2 \cdots i_{2m}})^{1/2}, \quad m = 0,1,2,\cdots \tag{6.123}$$

下面以一组平行分布裂纹的裂纹密度组构张量为例,说明第三类组构张量对第一类组构张量的近似精度。

设体积为 V 的固体内含有 N 条币形微裂纹,每条裂纹的半径为 $r_{(\alpha)}$ $(\alpha=1,2,\cdots,N)$,单位法线方向矢量为 $\boldsymbol{n}^{(\alpha)}$ $(\alpha=1,2,\cdots,N)$。注意到单位方向矢量 $\boldsymbol{n}$ 和 $-\boldsymbol{n}$代表了同一个方位的裂纹,构造与裂纹尺寸、密度损伤力学效应有关的标量方向分布点函数为

$$\rho(\boldsymbol{n}) = \sum_{\alpha=1}^{N} \frac{\rho^{(\alpha)}}{2}[\delta(\boldsymbol{n} - \boldsymbol{n}^{(\alpha)}) + \delta(\boldsymbol{n} + \boldsymbol{n}^{(\alpha)})] \tag{6.124}$$

式中,

$$\rho^{(\alpha)} = \frac{4\pi}{V} r_{(\alpha)}^3 \tag{6.125}$$

则零阶、二阶和四阶的裂纹密度第一类组构张量的分量形式为

$$\omega_0 = \frac{1}{V}\sum_{\alpha=1}^{N} r_{(\alpha)}^3 \tag{6.126}$$

$$\Omega_{ij} = \frac{1}{V}\sum_{\alpha=1}^{N} r_{(\alpha)}^3 n_i^{(\alpha)} n_j^{(\alpha)} \tag{6.127}$$

$$\Omega_{ijkl} = \frac{1}{V}\sum_{\alpha=1}^{N} r_{(\alpha)}^3 3n_i^{(\alpha)} n_j^{(\alpha)} n_k^{(\alpha)} n_l^{(\alpha)} \tag{6.128}$$

考察该组裂纹互相平行的特殊情况，设各裂纹的单位法线方向矢量的三个分量为

$$n_i^{(\alpha)} = m_i, \quad \alpha = 1,2,\cdots,N; i = 1,2,3 \tag{6.129}$$

可得到平行裂纹的二阶和四阶裂纹密度第一类组构张量的分量为

$$\Omega_{ij} = \omega_0 m_i m_j \tag{6.130}$$

$$\Omega_{ijkl} = \omega_0 m_i m_j m_k m_l \tag{6.131}$$

不妨取裂纹的法线方向平行于 z 轴，即

$$m_1 = 0, \quad m_2 = 0, \quad m_3 = 1 \tag{6.132}$$

则二阶裂纹密度第一类组构张量的各分量 Ω_{ij} 可以表示为矩阵的形式：

$$\Omega_{ij} = \omega_0 m_i m_j = \omega_0 \begin{bmatrix} 0 & 0 & 0 \\ 0 & 0 & 0 \\ 0 & 0 & 1 \end{bmatrix} \tag{6.133}$$

由于组构张量关于各指标具有完全对称性，即其任意两个下标互换后张量分量的值不改变，因此四阶第一类组构张量分量 Ω_{ijkl} 满足 Voigt 对称性，其分量可以写为矩阵形式：

$$\Omega_{ijkl} = \begin{bmatrix} \Omega_{1111} & \Omega_{1122} & \Omega_{1133} & \Omega_{1112} & \Omega_{1123} & \Omega_{1131} \\ & \Omega_{2222} & \Omega_{2233} & \Omega_{2212} & \Omega_{2223} & \Omega_{2231} \\ & & \Omega_{3333} & \Omega_{2212} & \Omega_{3323} & \Omega_{3331} \\ & \text{对} & & \Omega_{1212} & \Omega_{1223} & \Omega_{3331} \\ & & \text{称} & & \Omega_{2323} & \Omega_{2331} \\ & & & & & \Omega_{3131} \end{bmatrix} \tag{6.134}$$

对上述的平行裂纹，四阶裂纹密度第一类组构张量分量 Ω_{ijkl} 矩阵形式为

$$\Omega_{ijkl} = \omega_0 m_i m_j m_k m_l = \omega_0 \begin{bmatrix} 0 & 0 & 0 & 0 & 0 & 0 \\ & 0 & 0 & 0 & 0 & 0 \\ & & 1 & 0 & 0 & 0 \\ & \text{对} & & 0 & 0 & 0 \\ & & \text{称} & & 0 & 0 \\ & & & & & 0 \end{bmatrix} \tag{6.135}$$

可以得到二阶裂纹密度第一类组构张量分量 Ω_{ij} 的零阶近似第三类组构张量分量 Ω_{ij}^0 为

$$\Omega_{ij}^{(0)} = \frac{1}{3}\omega_0 \delta_{ij} = \omega_0 \begin{bmatrix} 1/3 & 0 & 0 \\ 0 & 1/3 & 0 \\ 0 & 0 & 1/3 \end{bmatrix} \tag{6.136}$$

可以计算出对二阶裂纹密度第一类组构张量分量 Ω_{ij} 的第三类组构张量零阶近似张量分量为 $\Omega_{ij}^{(0)}$，相对误差 Δ_2^0 为

$$\Delta_2^{(0)} = \frac{|\boldsymbol{\Omega}_2 - \boldsymbol{\Omega}_2^{(0)}|}{|\boldsymbol{\Omega}_2|} = \frac{\sqrt{(\Omega_{ij} - \Omega_{ij}^{(0)})(\Omega_{ij} - \Omega_{ij}^{(0)})}}{\sqrt{\Omega_{ij}\Omega_{ij}}} = \sqrt{\frac{2}{3}} = 0.816\ 497 \tag{6.137}$$

四阶裂纹密度第一类组构张量分量 Ω_{ijkl} 的零阶和二阶近似的第三类组构张量分量 $\Omega_{ijkl}^{(0)}$ 和 $\Omega_{ijkl}^{(2)}$ 为

$$\Omega_{ijkl}^{(0)} = \frac{1}{5}\omega_0 I_{ijkl} = \omega_0 \begin{bmatrix} 1/5 & 1/15 & 1/15 & 0 & 0 & 0 \\ & 1/5 & 1/15 & 0 & 0 & 0 \\ & & 1/5 & 0 & 0 & 0 \\ & \text{对} & & 1/15 & 0 & 0 \\ & & \text{称} & & 1/15 & 0 \\ & & & & & 1/15 \end{bmatrix} \tag{6.138}$$

$$\Omega_{ijkl}^{(2)} = \frac{1}{7}\Omega_{(ij}\delta_{kl)} - \frac{3}{35}\omega_0 I_{ijkl} = \omega_0 \begin{bmatrix} -3/35 & -1/35 & 4/35 & 0 & 0 & 0 \\ & -3/35 & 4/35 & 0 & 0 & 0 \\ & & 27/35 & 0 & 0 & 0 \\ & \text{对} & & -1/35 & 0 & 0 \\ & & \text{称} & & 4/35 & 0 \\ & & & & & 4/35 \end{bmatrix} \tag{6.139}$$

对四阶裂纹密度第一类组构张量分量 Ω_{ijkl}，零阶和二阶近似第三类组构张量分量分别为 $\Omega_{ijkl}^{(0)}$ 和 $\Omega_{ijkl}^{(2)}$，可以计算出相对误差 $\Delta_4^{(0)}$ 和 $\Delta_4^{(2)}$ 分别为

$$\Delta_4^{(0)} = \frac{|\boldsymbol{\Omega}_4 - \boldsymbol{\Omega}_4^{(0)}|}{|\boldsymbol{\Omega}_4|} = \frac{\sqrt{(\Omega_{ijkl} - \Omega_{ijkl}^{(0)})(\Omega_{ijkl} - \Omega_{ijkl}^{(0)})}}{\sqrt{\Omega_{ijkl}\Omega_{ijkl}}} = \sqrt{\frac{4}{5}} = 0.894\ 427 \tag{6.140}$$

$$\Delta_4^{(2)} = \frac{|\boldsymbol{\Omega}_4 - \boldsymbol{\Omega}_4^{(2)}|}{|\boldsymbol{\Omega}_4|} = \frac{\sqrt{(\Omega_{ijkl} - \Omega_{ijkl}^{(2)})(\Omega_{ijkl} - \Omega_{ijkl}^{(2)})}}{\sqrt{\Omega_{ijkl}\Omega_{ijkl}}} = \sqrt{\frac{8}{35}} = 0.478\ 091 \tag{6.141}$$

采用相同的步骤，还可以求出六阶裂纹密度第一类组构张量分量 Ω_{ijklpq} 的第三类组构张量零阶近似分量 $\Omega_{ijklpq}^{(0)}$、二阶近似分量 $\Omega_{ijklpq}^{(2)}$ 和四阶近似分量 $\Omega_{ijklpq}^{(4)}$，计算出相对误差 $\Delta_6^{(0)}$、$\Delta_6^{(2)}$ 和 $\Delta_6^{(4)}$ 分别为

$$\Delta_6^{(0)} = \frac{|\boldsymbol{\Omega}_6 - \boldsymbol{\Omega}_6^{(0)}|}{|\boldsymbol{\Omega}_6|} = \frac{\sqrt{(\Omega_{ijklpq} - \Omega_{ijklpq}^{(0)})(\Omega_{ijklpq} - \Omega_{ijklpq}^{(0)})}}{\sqrt{\Omega_{ijklpq}\Omega_{ijklpq}}} = \sqrt{\frac{6}{7}} = 0.925\ 860 \tag{6.142}$$

$$\Delta_6^{(2)}=\frac{\left|\boldsymbol{\Omega}_6-\boldsymbol{\Omega}_6^{(2)}\right|}{\left|\boldsymbol{\Omega}_6\right|}=\frac{\sqrt{(\Omega_{ijklpq}-\Omega_{ijklpq}^{(2)})(\Omega_{ijklpq}-\Omega_{ijklpq}^{(2)})}}{\sqrt{\Omega_{ijklpq}\Omega_{ijklpq}}}=0.592\ 215 \tag{6.143}$$

$$\Delta_6^{(4)}=\frac{\left|\boldsymbol{\Omega}_6-\boldsymbol{\Omega}_6^{(4)}\right|}{\left|\boldsymbol{\Omega}_6\right|}=\frac{\sqrt{(\Omega_{ijklpq}-\Omega_{ijklpq}^{(4)})(\Omega_{ijklpq}-\Omega_{ijklpq}^{(4)})}}{\sqrt{\Omega_{ijklpq}\Omega_{ijklpq}}}=0.238\ 789 \tag{6.144}$$

可以看出，对于所有裂纹都平行分布的极端各向异性情况，各向同性的零阶第三类组构张量的近似误差较大。而随着阶数的提高，第三类组构张量的近似精度有了明显的提高。一般地，$\Omega_{2r}^{2r-2}(r=2,3,\cdots)$的精度可以满足要求。

6.2　方向分布矢量函数及其组构张量

在与方向有关的基本物理量中，除了标量外，还有速度、应力或应变主轴、结晶轴的方向等矢量。方向分布矢量函数是指以单位方向矢量 $\boldsymbol{n}=n_i\boldsymbol{e}_i(i=1,2,3)$ 为自变量的矢量，如作用在法向为 $\boldsymbol{n}$ 的截面上的力矢量 $\boldsymbol{v}=v_i\boldsymbol{e}_i(i=1,2,3)$。采用与方向分布标量函数相同的研究方法，在笛卡儿坐标系中讨论方向分布矢量函数 $\boldsymbol{v}(\boldsymbol{n})$与其单位方向矢量$\boldsymbol{n}$ 并积构成的两类组构张量。这里的讨论仅限于关于中心反对称的方向分布矢量函数，即对于一对相反的方向 $\boldsymbol{n}$ 和 $-\boldsymbol{n}$，有 $\boldsymbol{v}(\boldsymbol{n})=-\boldsymbol{v}(-\boldsymbol{n})$。由于方向分布矢量函数 $\boldsymbol{v}(\boldsymbol{n})$和方向 $\boldsymbol{n}$ 都具有中心反对称性，因此它与方向矢量 $\boldsymbol{n}$ 构成的奇数阶组构张量为零，仅出现偶数阶组构张量。

6.2.1　单位张量和任意矢量与单位方向矢量并矢组成的两个特殊张量

在建立方向分布矢量函数 $\boldsymbol{v}(\boldsymbol{n})$ 的两类组构张量之前，为了反映组构张量关于某些指标的完全对称性(在这些指标中，任意两个指标互换位置时张量的值不变)，仍采用括号记法来表示对这些指标进行完全对称化处理。本节介绍两个特殊的完全对称张量 $\boldsymbol{L}_{2m+1}$ 和 $\boldsymbol{M}_{2m}(m=1,2,\cdots)$。

两个特殊张量 $\boldsymbol{L}_{2m+1}$ 和 $\boldsymbol{M}_{2m}(m=1,2,\cdots)$定义如下：

(1) $2m+1$ 阶关于后 $2m$ 个指标完全对称的张量$\boldsymbol{L}_{2m+1}(m=1,2,\cdots)$：

$$\boldsymbol{L}_{2m+1}=L_{ri_1i_2i_3\cdots i_{2m}}\boldsymbol{e}_r\boldsymbol{e}_{i_1}\boldsymbol{e}_{i_2}\cdots\boldsymbol{e}_{i_{2m}},\quad r,i_1,i_2,\cdots i_{2m}=1,2,3 \tag{6.145}$$

是由二阶单位张量$\boldsymbol{I}=\delta_{ij}\boldsymbol{e}_i\boldsymbol{e}_j(i,j=1,2,3)$(Kronecker delta)与 $2m-1$ 阶单位方向矢量的并积 $\boldsymbol{N}_{2m-1}$构成的对称张量：

$$\boldsymbol{L}_{2m+1}=(\boldsymbol{I}\boldsymbol{N}_{2m-1})=\Big(\boldsymbol{I}\underbrace{\boldsymbol{n}\cdots\boldsymbol{n}}_{2m-1}\Big) \tag{6.146a}$$

其分量为

$$L_{ri_1i_2i_3\cdots i_{2m}}=\delta_{r(i_1}N_{i_2i_3\cdots i_{2m})}=\delta_{r(i_1}n_{i_2}n_{i_3}\cdots n_{i_{2m})} \tag{6.146b}$$

式中，$\delta_{r(i_1}n_{i_2}n_{i_3}\cdots n_{i_{2m})}$ 表示对括号内的指标进行对称化处理并除以其数目：

$$\delta_{r(i_1}n_{i_2}n_{i_3}\cdots n_{i_{2m})}=\frac{1}{2m}(\delta_{ri_1}n_{i_2}n_{i_3}\cdots n_{i_{2m}}+\delta_{ri_2}n_{i_1}n_{i_3}\cdots n_{i_{2m}}+\cdots+\delta_{ri_{2m}}n_{i_1}n_{i_2}\cdots n_{i_{2m-1}})\tag{6.147}$$

例如，$m=1$ 时，二阶单位张量 $\boldsymbol{I}$ 与单位方向矢量 $\boldsymbol{n}$ 组成的三阶对称张量 $\boldsymbol{L}_3$ 为

$$\boldsymbol{L}_3=(\boldsymbol{IN}_1)=(\boldsymbol{In})=L_{rij}\boldsymbol{e}_r\boldsymbol{e}_i\boldsymbol{e}_j,\quad r,i,j=1,2,3\tag{6.148}$$

其分量 L_{rij} 为

$$L_{rij}=\delta_{r(i}N_{j)}=\delta_{r(i}n_{j)}=\frac{1}{2}(\delta_{ri}n_j+\delta_{rj}n_i)\tag{6.149}$$

$m=2$ 时，二阶单位张量 $\boldsymbol{I}$ 与三阶单位方向矢量 $\boldsymbol{n}$ 并积组成的五阶对称张量 $\boldsymbol{L}_5$ 为

$$\boldsymbol{L}_5=(\boldsymbol{IN}_3)=(\boldsymbol{Innn})=L_{rijkl}\boldsymbol{e}_r\boldsymbol{e}_i\boldsymbol{e}_j\boldsymbol{e}_k\boldsymbol{e}_l,\quad r,i,j,k,l=1,2,3\tag{6.150}$$

其分量 L_{rijkl} 为

$$L_{rijkl}=\delta_{r(i}N_{jkl)}=\delta_{r(i}n_jn_kn_{l)}=\frac{1}{4}(\delta_{ri}n_jn_kn_l+\delta_{rj}n_in_kn_l+\delta_{rk}n_in_jn_l+\delta_{rl}n_in_jn_k)\tag{6.151}$$

$m=3$ 时，二阶单位张量 $\boldsymbol{I}$ 与五阶单位方向矢量 $\boldsymbol{n}$ 并积组成的七阶对称张量 $\boldsymbol{L}_7$ 为

$$\boldsymbol{L}_7=(\boldsymbol{IN}_5)=(\boldsymbol{Innnnn})=L_{rijklpq}\boldsymbol{e}_r\boldsymbol{e}_i\boldsymbol{e}_j\boldsymbol{e}_k\boldsymbol{e}_l\boldsymbol{e}_p\boldsymbol{e}_q,\quad r,i,j,k,l,p,q=1,2,3\tag{6.152}$$

其分量 $L_{rijklpq}$ 为

$$\begin{aligned}L_{rijklpq}&=\delta_{r(i}N_{jklpq)}\\&=\delta_{r(i}n_jn_kn_ln_pn_{q)}\\&=\frac{1}{6}(\delta_{ri}n_jn_kn_ln_pn_q+\delta_{rj}n_in_kn_ln_pn_q+\delta_{rk}n_in_jn_ln_pn_q\\&\quad+\delta_{rl}n_in_jn_kn_pn_q+\delta_{rp}n_in_jn_kn_ln_q+\delta_{rq}n_in_jn_kn_ln_p)\end{aligned}\tag{6.153}$$

对 $2m+1$ 阶张量 $\boldsymbol{L}_{2m+1}$ 的后两个指标进行 1 次缩并，得到

$$\begin{aligned}L_{ri_1i_2\cdots i_{2m-2}\underbrace{i_{2m-1}i_{2m-1}}_{2}}&=\delta_{r(i_1}N_{i_2i_3\cdots i_{2m-2}\underbrace{i_{2m-1}i_{2m-1}}_{2})}\\&=\delta_{r(i_1}n_{i_2}n_{i_3}\cdots n_{i_{2m-2}}n_{i_{2m-1}}n_{i_{2m-1})}\\&=\frac{1}{2m}\begin{bmatrix}(\delta_{ri_1}n_{i_2}n_{i_3}\cdots n_{i_{2m-2}}n_{i_{2m-1}}n_{i_{2m-1}}+\cdots\\+\delta_{ri_{2m-2}}n_{i_1}n_{i_2}\cdots n_{i_{2m-3}}n_{i_{2m-1}}n_{i_{2m-1}})\\+(\delta_{ri_{2m-1}}n_{i_1}n_{i_2}\cdots n_{i_{2m-2}}n_{i_{2m-1}}+\delta_{ri_{2m-1}}n_{i_1}n_{i_2}\cdots n_{i_{2m-2}}n_{i_{2m-1}})\end{bmatrix}\\&=\frac{1}{m}[(m-1)\delta_{r(i_1}n_{i_2}n_{i_3}\cdots n_{i_{2m-2})}+n_r(n_{i_1}n_{i_2}\cdots n_{i_{2m-2}})]\end{aligned}\tag{6.154}$$

即

$$L_{ri_1i_2\cdots i_{2m-2}\underbrace{i_{2m-1}i_{2m-1}}_{2}}=\frac{1}{m}[(m-1)L_{ri_1i_2\cdots i_{2m-2}}+n_rN_{i_1i_2\cdots i_{2m-2}}],\quad m=1,2,\cdots \tag{6.155}$$

继续将张量$\boldsymbol{L}_{2m+1}$的后$2m-2p$个指标进行$m-p$次两两连续缩并，令$i_{2m}=i_{2m-1},\cdots,i_{2p+2}=i_{2p+1}$，可得

$$L_{ri_1i_2\cdots i_{2p}\underbrace{i_{2p+1}i_{2p+1}\cdots i_{2m-1}i_{2m-1}}_{2m-2p}}=\frac{1}{m}[(m-p)L_{ri_1i_2\cdots i_{2p}}+pn_rN_{i_1i_2\cdots i_{2p}}],\quad 0\leqslant p\leqslant m=1,2,\cdots \tag{6.156}$$

将张量$\boldsymbol{L}_{2m+1}$的后$2m$个指标进行m次两两连续缩并，令$i_{2m}=i_{2m-1},\cdots,i_2=i_1$，可得

$$L_{\underbrace{ri_1i_1\cdots i_{2m-1}i_{2m-1}}_{2m}}=n_r,\quad m=1,2,\cdots \tag{6.157}$$

例如，三阶张量$\boldsymbol{L}_3$的1次缩并($m=p=1$)，为

$$L_{rii}=\delta_{r(i}N_{i)}=\delta_{r(i}n_{i)}=\frac{1}{2}(\delta_{ri}n_i+\delta_{ri}n_i)=n_i \tag{6.158}$$

五阶张量$\boldsymbol{L}_5$的1次缩并($m=2,p=1$)为

$$\begin{aligned}L_{rijkk}&=\delta_{r(i}N_{jkk)}=\delta_{r(i}n_jn_kn_{k)}\\&=\frac{1}{4}(\delta_{ri}n_j+\delta_{rj}n_i+2n_rn_in_j)\\&=\frac{1}{2}(L_{rij}+n_rN_{ij})\end{aligned} \tag{6.159}$$

五阶张量$\boldsymbol{L}_5$的2次缩并($m=2,p=2$)为

$$L_{riikk}=\delta_{r(i}N_{ikk)}=\delta_{r(i}n_in_kn_{k)}=\frac{1}{2}(L_{rii}+n_rN_{ii})=n_r \tag{6.160}$$

(2) $2m$阶完全对称张量$\boldsymbol{M}_{2m}(m=1,2,\cdots)$：

$$\boldsymbol{M}_{2m}=M_{i_1i_2\cdots i_{2m}}\boldsymbol{e}_{i_1}\boldsymbol{e}_{i_2}\cdots\boldsymbol{e}_{i_{2m}},\quad i_1,i_2,\cdots i_{2m}=1,2,3 \tag{6.161}$$

是由方向分布矢量函数$\boldsymbol{v}(\boldsymbol{n})$与$2m-1$阶单位方向矢量并积$\boldsymbol{N}_{2m-1}$构成的对称张量：

$$\boldsymbol{M}_{2m}=(\boldsymbol{v}\boldsymbol{N}_{2m-1})=(\boldsymbol{v}\underbrace{\boldsymbol{n}\cdots\boldsymbol{n}}_{2m-1})=\frac{1}{2m}[\boldsymbol{vn}\cdots\boldsymbol{n}+\boldsymbol{nv}\cdots\boldsymbol{n}+\cdots+\boldsymbol{n}\cdots\boldsymbol{nv}] \tag{6.162}$$

其分量$M_{i_1i_2\cdots i_{2m}}(i_1,i_2,\cdots,i_{2m}=1,2,3)$为

$$\begin{aligned}M_{i_1i_2\cdots i_{2m}}&=v_{(r}N_{i_1i_2\cdots i_{2m})}=v_{(i_1}n_{i_2}n_{i_3}\cdots n_{i_{2m})}\\&=\frac{1}{2m}(v_{i_1}n_{i_2}n_{i_3}\cdots n_{i_{2m}}+n_{i_1}v_{i_2}n_{i_3}\cdots n_{i_{2m}}\\&\quad+\cdots+n_{i_1}n_{i_2}\cdots n_{i_{2m-1}}v_{i_{2m}})\end{aligned} \tag{6.163}$$

容易证明：

$$v_r\delta_{r(i_1}n_{i_2}n_{i_3}\cdots n_{(i_{2m})} = v_{(i_1}n_{i_2}n_{i_3}\cdots n_{i_{2m})} \tag{6.164}$$

即

$$v_rL_{ri_1i_2\cdots i_{2m}} = M_{i_1i_2\cdots i_{2m}} \quad 或 \quad \boldsymbol{v}\cdot\boldsymbol{L}_{2m+1} = \boldsymbol{M}_{2m} \tag{6.165a,b}$$

对 $\boldsymbol{v}=\boldsymbol{n}$ 的特殊情况，有

$$n_r\delta_{r(i_1}n_{i_2}n_{i_3}\cdots n_{i_{2m})} = n_{(i_1}n_{i_2}n_{i_3}\cdots n_{i_{2m})} = n_{i_1}n_{i_2}n_{i_3}\cdots n_{i_{2m}} \tag{6.166}$$

即

$$\boldsymbol{n}\cdot\boldsymbol{L}_{2m+1} = \boldsymbol{N}_{2m} \tag{6.167a}$$

分量形式为

$$n_rL_{ri_1i_2\cdots i_{2m}} = N_{i_1i_2\cdots i_{2m}} \tag{6.167b}$$

例如，当 $m=1$ 时，$\boldsymbol{v}(\boldsymbol{n})$ 与单位方向矢量 $\boldsymbol{n}$ 组成的二阶完全对称张量 $\boldsymbol{M}_2=M_{ij}\boldsymbol{e}_i\boldsymbol{e}_j\,(i,j=1,2,3)$ 为

$$\boldsymbol{M}_2 = (\boldsymbol{v}\boldsymbol{N}_1) = (\boldsymbol{vn}) = \frac{1}{2}(\boldsymbol{vn}+\boldsymbol{nv}) = v_{(i}n_{j)}\boldsymbol{e}_i\boldsymbol{e}_j,\quad i,j=1,2,3 \tag{6.168}$$

其分量 M_{ij} 为

$$M_{ij} = v_{(i}N_{j)} = v_{(i}n_{j)} = \frac{1}{2}(v_in_j+n_iv_j) \tag{6.169}$$

当 $m=2$ 时，$\boldsymbol{v}(\boldsymbol{n})$ 与三阶单位方向矢量 $\boldsymbol{n}$ 并积组成的四阶完全对称张量 $\boldsymbol{M}_4=M_{ijkl}\boldsymbol{e}_i\boldsymbol{e}_j\boldsymbol{e}_k\boldsymbol{e}_l\,(i,j,k,l=1,2,3)$ 为

$$\boldsymbol{M}_4 = (\boldsymbol{v}\boldsymbol{N}_3) = (\boldsymbol{vnnn}) = \frac{1}{4}(\boldsymbol{vnnn}+\boldsymbol{nvnn}+\boldsymbol{nnvn}+\boldsymbol{nnnv}) \tag{6.170}$$

其分量 M_{ijkl} 为

$$\begin{aligned}M_{ijkl} &= v_{(i}N_{jkl)} = v_{(i}n_jn_kn_{l)}\\ &= \frac{1}{4}(v_in_jn_kn_l+n_iv_jn_kn_l+n_in_jv_kn_l+n_in_jn_kv_l)\end{aligned} \tag{6.171}$$

当 $m=3$ 时，$\boldsymbol{v}(\boldsymbol{n})$ 与五阶单位方向矢量 $\boldsymbol{n}$ 并积组成的六阶完全对称张量 $\boldsymbol{M}_6=M_{ijklpq}\boldsymbol{e}_i\boldsymbol{e}_j\boldsymbol{e}_k\boldsymbol{e}_l\boldsymbol{e}_p\boldsymbol{e}_q\,(i,j,k,l,p,q=1,2,3)$ 为

$$\begin{aligned}\boldsymbol{M}_6 &= (\boldsymbol{v}\boldsymbol{N}_5) = (\boldsymbol{vnnnnn})\\ &= \frac{1}{6}(\boldsymbol{vnnnnn}+\boldsymbol{nvnnnn}+\boldsymbol{nnvnnn}+\boldsymbol{nnnvnn}\\ &\quad+\boldsymbol{nnnnvn}+\boldsymbol{nnnnnv})\end{aligned} \tag{6.172}$$

其分量 M_{ijklpq} 为

$$\begin{aligned}M_{ijklpq} &= v_{(i}N_{jklpq)} = v_{(i}n_jn_kn_ln_pn_{q)}\\ &= \frac{1}{6}(v_in_jn_kn_ln_pn_q+n_iv_jn_kn_ln_pn_q+n_in_jv_kn_ln_pn_q\\ &\quad+n_in_jn_kv_ln_pn_q+n_in_jn_kn_lv_pn_q+n_in_jn_kn_lv_qn_p)\end{aligned} \tag{6.173}$$

对 $2m$ 阶张量 $\boldsymbol{M}_{2m}$ 的后两个指标进行1次缩并，得到

$$M_{i_1 i_2 \cdots i_{2m-2} \underbrace{i_{2m-1} i_{2m-1}}_{2}} = v_{(i_1} N_{i_2 i_3 \cdots i_{2m-2} \underbrace{i_{2m-1} i_{2m-1}}_{2})} = v_{(i_1} n_{i_2} n_{i_3} \cdots n_{i_{2m-2}} n_{i_{2m-1}} n_{i_{2m-1})}$$

$$= \frac{1}{2m}[(v_{i_1} n_{i_2} n_{i_3} \cdots n_{i_{2m-2}} n_{i_{2m-1}} n_{i_{2m-1}} + \cdots + v_{i_{2m-2}} n_{i_1} n_{i_2} \cdots n_{i_{2m-3}} n_{i_{2m-1}} n_{i_{2m-1}})$$

$$+ (v_{i_{2m-1}} n_{i_1} n_{i_2} \cdots n_{i_{2m-2}} n_{i_{2m-1}} + v_{i_{2m-1}} n_{i_1} n_{i_2} \cdots n_{i_{2m-2}} n_{i_{2m-1}})]$$

$$= \frac{1}{2m}[(2m-2) v_{(i_1} n_{i_2} n_{i_3} \cdots n_{i_{2m-2})} + 2(v_r n_r)(n_{i_1} n_{i_2} \cdots n_{i_{2m-2}})]$$

$$= \frac{1}{m}[(m-1) v_{(i_1} N_{i_2 i_3 \cdots i_{2m-2})} + (v_r n_r) N_{i_2 i_3 \cdots i_{2m-2}}] \tag{6.174}$$

即

$$M_{i_1 i_2 \cdots i_{2m-2} \underbrace{i_{2m-1} i_{2m-1}}_{2}} = \frac{1}{m}[(m-1) M_{i_1 i_2 \cdots i_{2m-2}} + (v_r n_r) N_{i_1 i_2 \cdots i_{2m-2}}], \quad m = 1,2,\cdots \tag{6.175}$$

继续将张量 $\boldsymbol{L}_{2m+1}$ 的后 $2m-2p$ 个指标进行 $m-p$ 次两两连续缩并，令 $i_{2m} = i_{2m-1}, \cdots, i_{2p+2} = i_{2p+1}$，可得

$$M_{i_1 i_2 \cdots i_{2p} \underbrace{i_{2p+1} i_{2p+1} \cdots i_{2m-1} i_{2m-1}}_{2m-2p}} = \frac{1}{m}[(m-p) M_{i_1 i_2 \cdots i_{2p}} + p(v_r n_r) N_{i_1 i_2 \cdots i_{2p}}], \quad 0 \leqslant p \leqslant m = 1,2,\cdots \tag{6.176}$$

对将张量 $\boldsymbol{L}_{2m+1}$ 的后 $2m$ 个指标进行 m 次两两连续缩并，令 $i_{2m} = i_{2m-1}, \cdots, i_2 = i_1$，可得

$$M_{\underbrace{i_1 i_1 \cdots i_{2m-1} i_{2m-1}}_{2m}} = (v_r n_r), \quad m = 1,2,\cdots \tag{6.177}$$

例如，二阶张量 $\boldsymbol{M}_2$ 的 1 次缩并($m=p=1$)，为

$$M_{ii} = v_{(i} N_{i)} = v_{(i} n_{i)} = \frac{1}{2}(v_i n_i + n_i v_i) = v_r n_r \tag{6.178}$$

四阶张量 $\boldsymbol{M}_4$ 的 1 次缩并($m=2, p=1$)为

$$M_{ijkk} = v_{(i} N_{jkk)} = \frac{1}{2}[M_{ij} + (v_r n_r) N_{ij}] \tag{6.179}$$

四阶张量 $\boldsymbol{M}_4$ 的 2 次缩并($m=2, p=2$)为

$$M_{iikk} = v_{(i} N_{ikk)} = \frac{1}{2}[M_{ii} + (v_r n_r) N_{ii}] = \frac{1}{2}[v_r n_r + (v_r n_r)] = v_r n_r \tag{6.180}$$

六阶张量 $\boldsymbol{M}_6$ 的 1 次缩并($m=3, p=1$)为

$$M_{ijklpp} = v_{(i} N_{jklpp)} = \frac{1}{3}[2M_{ijkl} + (v_r n_r) N_{ijkl}] \tag{6.181}$$

六阶张量 $\boldsymbol{M}_6$ 的 2 次缩并($m=3, p=2$)为

$$M_{ijkkpp}=v_{(i}N_{jkkpp)}=\frac{1}{3}[2M_{ijkk}+(v_rn_r)N_{ijkk}]=\frac{1}{3}[M_{ij}+2(v_rn_r)N_{ij}] \tag{6.182}$$

六阶张量 $\boldsymbol{M}_6$ 的 3 次缩并($m=3,p=3$)为

$$M_{iikk}=v_{(i}N_{ikkpp)}=\frac{1}{3}[M_{ii}+2(v_rn_r)N_{ii}]=v_rn_r \tag{6.183}$$

6.2.2 方向分布矢量函数法向分量(标量)的第一类组构张量

在讨论方向分布矢量函数 $\boldsymbol{v}(\boldsymbol{n})$ 的组构张量之前,先对讨论它的法向分量。方向分布矢量函数 $\boldsymbol{v}(\boldsymbol{n})$ 的法向分量也是一个定义在单位方向矢量 $\boldsymbol{n}$ 上的标量方向函数,记为 $\rho(\boldsymbol{n})$。

$$\rho(\boldsymbol{n})=\boldsymbol{v}\cdot\boldsymbol{n}=v_rn_r,\quad r=1,2,3 \tag{6.184}$$

它的 $2m$ 阶第一类组构张量 $\boldsymbol{\Omega}_{2m}(m=0,1,2,\cdots)$ 为

$$\boldsymbol{\Omega}_{2m}=\Omega_{i_1i_2\cdots i_{2m}}\boldsymbol{e}_{i_1}\boldsymbol{e}_{i_2}\cdots\boldsymbol{e}_{i_{2m}},\quad i_1,i_2,\cdots,i_{2m}=1,2,3 \tag{6.185}$$

为方向分布标量函数 $\rho(\boldsymbol{n})=\boldsymbol{v}\cdot\boldsymbol{n}$ 与 $2m$ 阶单位方向矢量并失 $\boldsymbol{N}_{2m}$ 乘积的方向平均:

$$\begin{aligned}\boldsymbol{\Omega}_{2m}&=\overline{(\boldsymbol{v}\cdot\boldsymbol{n})\boldsymbol{N}_{2m}}=\frac{1}{4\pi}\oint(\boldsymbol{v}\cdot\boldsymbol{n})\boldsymbol{N}_{2m}\mathrm{d}S\\&=\overline{(\boldsymbol{v}\cdot\boldsymbol{n})\underbrace{\boldsymbol{n}\boldsymbol{n}\cdots\boldsymbol{n}}_{2m}}=\frac{1}{4\pi}\oint(\boldsymbol{v}\cdot\boldsymbol{n})\underbrace{\boldsymbol{n}\boldsymbol{n}\cdots\boldsymbol{n}}_{2m}\mathrm{d}S,\quad m=0,1,2,\cdots\end{aligned} \tag{6.186a}$$

其分量为

$$\begin{aligned}\Omega_{i_1i_2\cdots i_{2m}}&=\overline{(v_rn_r)N_{i_1i_2\cdots i_{2m}}}=\frac{1}{4\pi}\oint(v_rn_r)N_{i_1i_2\cdots i_{2m}}\mathrm{d}S\\&=\overline{(v_rn_r)n_{i_1}n_{i_2}\cdots n_{i_{2m}}}\\&=\frac{1}{4\pi}\oint(v_rn_r)n_{i_1}n_{i_2}\cdots n_{i_{2m}}\mathrm{d}S,\quad r,i_1,i_2,\cdots,i_{2m}=1,2,3\end{aligned} \tag{6.186b}$$

例如,当 $m=0$ 时,$\rho(\boldsymbol{n})=\boldsymbol{v}\cdot\boldsymbol{n}$ 的零阶第一类组构张量 ω_0 为

$$\omega_0=\frac{1}{4\pi}\oint(\boldsymbol{v}\cdot\boldsymbol{n})\mathrm{d}S=\frac{1}{4\pi}\oint(v_rn_r)\mathrm{d}S,\quad r=1,2,3 \tag{6.187}$$

当 $m=1$ 时,$\rho(\boldsymbol{n})=v\cdot n$ 的二阶第一类组构张量 $\boldsymbol{\Omega}_2=\Omega_{ij}\boldsymbol{e}_i\boldsymbol{e}_j(i,j=1,2,3)$ 为

$$\begin{aligned}\boldsymbol{\Omega}_2&=\overline{(\boldsymbol{v}\cdot\boldsymbol{n})\boldsymbol{N}_2}=\frac{1}{4\pi}\oint(\boldsymbol{v}\cdot\boldsymbol{n})\boldsymbol{N}_2\mathrm{d}S\\&=\overline{(\boldsymbol{v}\cdot\boldsymbol{n})\boldsymbol{n}\boldsymbol{n}}=\frac{1}{4\pi}\oint(\boldsymbol{v}\cdot\boldsymbol{n})\boldsymbol{n}\boldsymbol{n}\mathrm{d}S\end{aligned} \tag{6.188a}$$

其分量为

$$\Omega_{ij}=\overline{(v_rn_r)N_{ij}}=\frac{1}{4\pi}\oint(v_rn_r)N_{ij}\mathrm{d}S$$

$$= \overline{(v_r n_r) n_i n_j} = \frac{1}{4\pi}\oint (v_r n_r) n_i n_j \mathrm{d}S \tag{6.188b}$$

当 $m=2$ 时，$\rho(\boldsymbol{n})=v\cdot n$ 的四阶第一类组构张量 $\boldsymbol{\Omega}_4=\Omega_{ijkl}\boldsymbol{e}_i\boldsymbol{e}_j\boldsymbol{e}_k\boldsymbol{e}_l(i,j,k,l=1,2,3)$ 为

$$\boldsymbol{\Omega}_4 = \overline{(\boldsymbol{v}\cdot\boldsymbol{n})\boldsymbol{N}_4} = \frac{1}{4\pi}\oint (\boldsymbol{v}\cdot\boldsymbol{n})\boldsymbol{N}_4 \mathrm{d}S$$

$$= \overline{(\boldsymbol{v}\cdot\boldsymbol{n})\boldsymbol{nnnn}} = \frac{1}{4\pi}\oint (\boldsymbol{v}\cdot\boldsymbol{n})\boldsymbol{nnnn}\mathrm{d}S \tag{6.189a}$$

其分量为

$$\Omega_{ijkl} = \overline{(v_r n_r) N_{ijkl}} = \frac{1}{4\pi}\oint (v_r n_r) N_{ijkl} \mathrm{d}S$$

$$= \overline{(v_r n_r) n_i n_j n_k n_l} = \frac{1}{4\pi}\oint (v_r n_r) n_i n_j n_k n_l \mathrm{d}S \tag{6.189b}$$

当 $m=3$ 时，$\rho(\boldsymbol{n})=\boldsymbol{v}\cdot\boldsymbol{n}$ 的六阶第一类组构张量 $\boldsymbol{\Omega}_6=\Omega_{ijklpq}\boldsymbol{e}_i\boldsymbol{e}_j\boldsymbol{e}_k\boldsymbol{e}_l\boldsymbol{e}_p\boldsymbol{e}_q(i,j,k,l,p,q=1,2,3)$ 为

$$\boldsymbol{\Omega}_6 = \overline{(\boldsymbol{v}\cdot\boldsymbol{n})\boldsymbol{N}_6} = \frac{1}{4\pi}\oint (\boldsymbol{v}\cdot\boldsymbol{n})\boldsymbol{N}_6 \mathrm{d}S$$

$$= \overline{(\boldsymbol{v}\cdot\boldsymbol{n})\boldsymbol{nnnnnn}} = \frac{1}{4\pi}\oint (\boldsymbol{v}\cdot\boldsymbol{n})\boldsymbol{nnnnnn}\mathrm{d}S \tag{6.190a}$$

其分量为

$$\Omega_{ijklpq} = \overline{(v_r n_r) N_{ijklpq}} = \frac{1}{4\pi}\oint (v_r n_r) N_{ijklpq} \mathrm{d}S$$

$$= \overline{(v_r n_r) n_i n_j n_k n_l n_p n_q} = \frac{1}{4\pi}\oint (v_r n_r) n_i n_j n_k n_l n_p n_q \mathrm{d}S \tag{6.190b}$$

在 6.2 节中讨论的方向分布标量函数的各阶第一类、第二类、第三类组构张量的性质，都适用于方向分布标量函数 $\rho(\boldsymbol{n})=\boldsymbol{v}\cdot\boldsymbol{n}$。若给定矢量 $\boldsymbol{v}(\boldsymbol{n})$ 沿 N 组单位方向矢量 $\boldsymbol{n}^{(\alpha)}(\alpha=1,2,\cdots,N)$ 的观测数据为 $\boldsymbol{v}^{(\alpha)}=\boldsymbol{v}(\boldsymbol{n}^{(\alpha)})(\alpha=1,2,\cdots,N)$，可得到方向分布矢量函数 $\boldsymbol{v}(\boldsymbol{n})$ 的法向分量 $\rho(\boldsymbol{n})=\boldsymbol{v}\cdot\boldsymbol{n}$ 沿 N 组单位方向矢量 $\boldsymbol{n}^{(\alpha)}(\alpha=1,2,\cdots,N)$ 的观测数据为

$$\rho^{(\alpha)} = \rho(\boldsymbol{n}^{(\alpha)}) = \boldsymbol{v}^{(\alpha)}\cdot\boldsymbol{n}^{(\alpha)} = v_r^{(\alpha)} n_r^{(\alpha)}, \quad i=1,2,3;\alpha=1,2,\cdots,N \tag{6.191}$$

相应地，标量方向分布点函数 $\rho(\boldsymbol{n})=\boldsymbol{v}\cdot\boldsymbol{n}$ 定义为

$$\rho(\boldsymbol{n}) = \sum_{\alpha=1}^{N}\rho^{(\alpha)}\delta(\boldsymbol{n}-\boldsymbol{n}^{(\alpha)}) = \sum_{\alpha=1}^{N}(\boldsymbol{v}^{(\alpha)}\cdot\boldsymbol{n}^{(\alpha)})\delta(\boldsymbol{n}-\boldsymbol{n}^{(\alpha)}) \tag{6.192}$$

它的 $2m$ 阶第一类组构张量 $\boldsymbol{\Omega}_{2m}(m=0,1,2,\cdots)$ 为

$$\boldsymbol{\Omega}_{2m} = \frac{1}{4\pi}\sum_{\alpha=1}^{N}(\boldsymbol{v}\cdot\boldsymbol{n})^{(\alpha)}\boldsymbol{N}_{2m}^{(\alpha)} \tag{6.193a}$$

其分量形式为

$$\Omega_{i_1 i_2 \cdots i_{2m}} = \frac{1}{4\pi}\sum_{\alpha=1}^{N}(v_r^{(\alpha)} n_r^{(\alpha)}) N_{i_1 i_2 \cdots i_{2m}}^{(\alpha)}, \quad r, i_1, i_2, \cdots, i_{2m} = 1,2,3 \tag{6.193b}$$

例如，当 $m=0,1,2,3$ 时，可得到标量方向分布点函数 $\rho(\boldsymbol{n})=\boldsymbol{v}\cdot\boldsymbol{n}$ 的零阶、二阶、四阶和六阶第一类组构张量的分量为

$$\omega_0 = \frac{1}{4\pi}\sum_{\alpha=1}^{N} v_r^{(\alpha)} n_r^{(\alpha)} \tag{6.194}$$

$$\Omega_{ij} = \frac{1}{4\pi}\sum_{\alpha=1}^{N}(v_r^{(\alpha)} n_r^{(\alpha)}) N_{ij}^{(\alpha)} = \frac{1}{4\pi}\sum_{\alpha=1}^{N}(v_r^{(\alpha)} n_r^{(\alpha)}) n_i^{(\alpha)} n_j^{(\alpha)} \tag{6.195}$$

$$\Omega_{ijkl} = \frac{1}{4\pi}\sum_{\alpha=1}^{N}(v_r^{(\alpha)} n_r^{(\alpha)}) N_{ijkl}^{(\alpha)} = \frac{1}{4\pi}\sum_{\alpha=1}^{N}(v_r^{(\alpha)} n_r^{(\alpha)}) n_i^{(\alpha)} n_j^{(\alpha)} n_k^{(\alpha)} n_l^{(\alpha)} \tag{6.196}$$

$$\Omega_{ijklpq} = \frac{1}{4\pi}\sum_{\alpha=1}^{N}(v_r^{(\alpha)} n_r^{(\alpha)}) N_{ijklpq}^{(\alpha)} = \frac{1}{4\pi}\sum_{\alpha=1}^{N}(v_r^{(\alpha)} n_r^{(\alpha)}) n_i^{(\alpha)} n_j^{(\alpha)} n_k^{(\alpha)} n_l^{(\alpha)} n_p^{(\alpha)} n_q^{(\alpha)} \tag{6.197}$$

6.2.3　方向分布矢量函数的第一类组构张量

方向分布矢量函数 $\boldsymbol{v}(\boldsymbol{n})$ 的 $2m$ 阶第一类组构张量 $\boldsymbol{D}_{2m}(m=1,2,\cdots)$ 为

$$\boldsymbol{D}_{2m} = D_{i_1 i_2 \cdots i_{2m}} \boldsymbol{e}_{i_1} \boldsymbol{e}_{i_2} \cdots \boldsymbol{e}_{i_{2m}}, \quad i_1, i_2, \cdots, i_{2m} = 1,2,3 \tag{6.198}$$

定义为 $2m$ 阶张量 $\boldsymbol{M}_{2m}(m=1,2,\cdots)$ 的方向平均

$$\boldsymbol{D}_{2m} = \overline{\boldsymbol{M}_{2m}} = \frac{1}{4\pi}\oint \boldsymbol{M}_{2m} \mathrm{d}S, \quad m = 1,2,\cdots \tag{6.199a}$$

其分量为

$$D_{i_1 i_2 \cdots i_{2m}} = \overline{M_{i_1 i_2 \cdots i_{2m}}} = \frac{1}{4\pi}\oint M_{i_1 i_2 \cdots i_{2m}} \mathrm{d}S, \quad m = 1,2,\cdots \tag{6.199b}$$

式中，$\boldsymbol{M}_{2m}$ 和 $M_{i_1 i_2 \cdots i_{2m}}$ 分别见式(6.162)和式(6.163)。

例如，当 $m=1$ 时，$\boldsymbol{v}(\boldsymbol{n})$ 的二阶第一类组构张量 $\boldsymbol{D}_2 = D_{ij}\boldsymbol{e}_i\boldsymbol{e}_j\ (i,j=1,2,3)$ 为

$$\boldsymbol{D}_2 = \overline{\boldsymbol{M}_2} = \frac{1}{4\pi}\oint \boldsymbol{M}_2 \mathrm{d}S = \frac{1}{4\pi}\oint\left[\frac{1}{2}(\boldsymbol{vn}+\boldsymbol{nv})\right]\mathrm{d}S \tag{6.200a}$$

其分量为

$$D_{ij} = \overline{M_{ij}} = \frac{1}{4\pi}\oint M_{ij}\mathrm{d}S = \frac{1}{4\pi}\oint\left[\frac{1}{2}(v_i n_j + v_j n_i)\right]\mathrm{d}S \tag{6.200b}$$

当 $m=2$ 时，$\boldsymbol{v}(\boldsymbol{n})$ 的四阶第一类组构张量 $\boldsymbol{D}_4 = D_{ijkl}\boldsymbol{e}_i\boldsymbol{e}_j\boldsymbol{e}_k\boldsymbol{e}_l\ (i,j,k,l=1,2,3)$ 为

$$\boldsymbol{D}_4 = \overline{\boldsymbol{M}_4} = \frac{1}{4\pi}\oint \boldsymbol{M}_4 \mathrm{d}S = \frac{1}{4\pi}\oint\left[\frac{1}{4}(\boldsymbol{vnnn}+\boldsymbol{nvnn}+\boldsymbol{nnvn}+\boldsymbol{nnnv})\right]\mathrm{d}S \tag{6.201a}$$

其分量为

$$D_{ijkl}=\overline{M_{ijkl}}=\frac{1}{4\pi}\oint M_{ijkl}\,\mathrm{d}S$$
$$=\frac{1}{4\pi}\oint\left[\frac{1}{4}(v_in_jn_kn_l+v_jn_in_kn_l+v_kn_in_jn_l+v_ln_in_jn_k)\right]\mathrm{d}S \quad (6.201\text{b})$$

当 $m=3$ 时，$\boldsymbol{v}(\boldsymbol{n})$ 的六阶第一类组构张量 $\boldsymbol{D}_6=D_{ijklpq}\boldsymbol{e}_i\boldsymbol{e}_j\boldsymbol{e}_k\boldsymbol{e}_l\boldsymbol{e}_p\boldsymbol{e}_q\,(i,j,k,l,p,q=1,2,3)$ 为

$$\boldsymbol{D}_6=\overline{\boldsymbol{M}_6}=\frac{1}{4\pi}\oint\boldsymbol{M}_6\,\mathrm{d}S \quad (6.202\text{a})$$

其分量为

$$D_{ijklpq}=\overline{M_{ijklpq}}=\frac{1}{4\pi}\oint\boldsymbol{M}_{ijklpq}\,\mathrm{d}S \quad (6.202\text{b})$$

式中，$\boldsymbol{M}_6$ 和 M_{ijklpq} 分别见式(6.172)和式(6.173)。

若给定矢量方向分布点函数 $\boldsymbol{v}(\boldsymbol{n})$ 沿 N 组单位方向矢量 $\boldsymbol{n}^{(\alpha)}\,(\alpha=1,2,\cdots,N)$ 的观测数据为 $\boldsymbol{v}^{(\alpha)}=\boldsymbol{v}(\boldsymbol{n}^{(\alpha)})\,(\alpha=1,2,\cdots,N)$。相应地，矢量方向分布点函数 $\boldsymbol{v}(\boldsymbol{n})$ 定义为

$$\boldsymbol{v}(\boldsymbol{n})=\sum_{\alpha=1}^{N}\boldsymbol{v}^{(\alpha)}\delta(\boldsymbol{n}-\boldsymbol{n}^{(\alpha)}) \quad (6.203)$$

当 $\boldsymbol{v}(\boldsymbol{n})$ 为矢量方向分布点函数时，其 $2m$ 阶第一类组构张量的分量 $D_{i_1i_2\cdots i_{2m}}$ 为

$$D_{i_1i_2\cdots i_{2m}}=\frac{1}{4\pi}\sum_{\alpha=1}^{N}M^{(\alpha)}_{i_1i_2\cdots i_{2m}}=\frac{1}{4\pi}\sum_{\alpha=1}^{N}v^{(\alpha)}_{(i_1}n^{(\alpha)}_{i_2}n^{(\alpha)}_{i_3}\cdots n^{(\alpha)}_{i_{2m})},\quad m=0,1,2,\cdots \quad (6.204)$$

例如，当 $m=0,1,2,3$ 时，可得到矢量方向分布点函数 $\boldsymbol{v}(\boldsymbol{n})$ 的零阶、二阶、四阶和六阶第一类组构张量分量为

$$D_{ij}=\frac{1}{4\pi}\sum_{\alpha=1}^{N}M^{(\alpha)}_{ij}=\frac{1}{4\pi}\sum_{\alpha=1}^{N}v^{(\alpha)}_{(i}n^{(\alpha)}_{j)} \quad (6.205)$$

$$D_{ijkl}=\frac{1}{4\pi}\sum_{\alpha=1}^{N}M^{(\alpha)}_{ijkl}=\frac{1}{4\pi}\sum_{\alpha=1}^{N}v^{(\alpha)}_{(i}n^{(\alpha)}_{j}n^{(\alpha)}_{k}n^{(\alpha)}_{l)} \quad (6.206)$$

$$D_{ijklpq}=\frac{1}{4\pi}\sum_{\alpha=1}^{N}M^{(\alpha)}_{ijklpq}=\frac{1}{4\pi}\sum_{\alpha=1}^{N}v^{(\alpha)}_{(i}n^{(\alpha)}_{j}n^{(\alpha)}_{k}n^{(\alpha)}_{l}n^{(\alpha)}_{p}n^{(\alpha)}_{q)} \quad (6.207)$$

在 $2m$ 阶方向分布矢量函数 $\boldsymbol{v}(\boldsymbol{n})$ 的第一类组构张量分量 $D_{i_1i_1\cdots i_{2m-2}i_{2m-1}i_{2m}}$ 中对后两个指标 i_{2m} 和 i_{2m-1} 进行缩并，令 $i_{2m}=i_{2m-1}$，有

$$D_{i_1i_2\cdots i_{2m-2}\underbrace{i_{2m-1}i_{2m-1}}_{2}}=\overline{M_{i_1i_2\cdots i_{2m-2}\underbrace{i_{2m-1}i_{2m-1}}_{2}}}=\frac{1}{4\pi}\oint M_{i_1i_2\cdots i_{2m-2}\underbrace{i_{2m-1}i_{2m-1}}_{2}}\,\mathrm{d}S \quad (6.208)$$

利用式(6.175)，式(6.208)可写为

$$D_{i_1 i_2 \cdots i_{2m-2} \underbrace{i_{2m-1} i_{2m-1}}_{2}} = \frac{1}{4\pi}\oint\left[\frac{m-1}{m}M_{i_1 i_2 \cdots i_{2m-2}} + \frac{1}{m}(\boldsymbol{v}_r n_r)N_{i_1 i_2 \cdots i_{2m-2}}\right]\mathrm{d}S \tag{6.209}$$

注意到右边第一项的单位球面积分为 $2m-2$ 阶第一类组构张量分量：

$$\frac{1}{4\pi}\oint M_{i_1 i_2 \cdots i_{2m-2}}\mathrm{d}S = \overline{M_{i_1 i_2 \cdots i_{2m-2}}} = D_{i_1 i_2 \cdots i_{2m-2}} \tag{6.210}$$

右边第二项的单位球面积分为方向分布矢量函数 $\boldsymbol{v}(\boldsymbol{n})$ 法向分量 $\rho(\boldsymbol{n})=\boldsymbol{v}\cdot\boldsymbol{n}$ 的 $2m-2$ 阶第一类组构张量分量：

$$\frac{1}{4\pi}\oint(v_r n_r)N_{i_1 i_2 \cdots i_{2m-2}}\mathrm{d}S = \overline{(v_r n_r)N_{i_1 i_2 \cdots i_{2m-2}}} = \Omega_{i_1 i_2 \cdots i_{2m-2}} \tag{6.211}$$

将式(6.210)和式(6.211)代入式(6.209)，得到 $2m$ 阶方向分布矢量函数 $\boldsymbol{v}(\boldsymbol{n})$ 的第一类组构张量的后两个指标进行 1 次缩并为

$$D_{i_1 i_2 \cdots i_{2m-2} \underbrace{i_{2m-1} i_{2m-1}}_{2}} = \frac{1}{m}[(m-1)D_{i_1 i_2 \cdots i_{2m-2}} + \Omega_{i_1 i_2 \cdots i_{2m-2}}],\quad m=1,2,\cdots \tag{6.212}$$

同理，利用式(6.146)，将方向分布矢量函数 $\boldsymbol{v}(\boldsymbol{n})$ 的 $2m$ 阶第一类组构张量的后 $2m-2p$ 个指标进行 $m-p$ 次两两连续缩并，令 $i_{2m}=i_{2m-1},\cdots,i_{2p+2}=i_{2p+1}$，可得

$$D_{i_1 i_2 \cdots i_{2p} \underbrace{i_{2p+1} i_{2p+1} \cdots i_{2m-1} i_{2m-1}}_{2m-2p}} = \frac{1}{m}[(m-p)D_{i_1 i_2 \cdots i_{2p}} + p\Omega_{i_1 i_2 \cdots i_{2p}}],\quad 0\leqslant p<m=1,2,\cdots \tag{6.213}$$

对方向分布矢量函数 $\boldsymbol{v}(\boldsymbol{n})$ 的 $2m$ 阶第一类组构张量的所有 $2m$ 个指标进行 m 次两两连续缩并，令 $i_{2m}=i_{2m-1},\cdots,i_2=i_1$，可得

$$D_{\underbrace{i_1 i_1 \cdots i_{2m-1} i_{2m-1}}_{2m}} = \omega_0,\quad m=1,2,\cdots \tag{6.214}$$

例如，$m=1$ 时，方向分布矢量函数 $\boldsymbol{v}(\boldsymbol{n})$ 的二阶第一类组构张量的 1 次缩并为

$$D_{ii} = \overline{M_{ii}} = \overline{v_r n_r} = \frac{1}{4\pi}\oint v_r n_r \mathrm{d}S = \omega_0 \tag{6.215}$$

$m=2$ 时，方向分布矢量函数 $\boldsymbol{v}(\boldsymbol{n})$ 的四阶第一类组构张量的 1 次缩并($p=1$)为

$$D_{ijkk} = \overline{M_{ijkk}} = \frac{1}{2}[\overline{M_{ij}} + \overline{(v_r n_r)N_{ij}}] = \frac{1}{2}(D_{ij} + \Omega_{ij}) \tag{6.216}$$

2 次缩并($p=2$)为

$$D_{iikk} = \frac{1}{2}(D_{ii} + \Omega_{ii}) = \frac{1}{2}(\omega_0 + \omega_0) = \omega_0 \tag{6.217}$$

$m=3$ 时，可得到方向分布矢量函数 $\boldsymbol{v}(\boldsymbol{n})$ 的六阶第一类组构张量的 1 次、2 次和 3 次缩并分别为

$$D_{ijklpp}=\frac{1}{3}[2\overline{M_{ijkl}}+\overline{(v_rn_r)N_{ijkl}}]=\frac{1}{3}(2D_{ijkl}+\Omega_{ijkl}) \tag{6.218}$$

$$D_{ijkkpp}=\frac{1}{3}(2D_{ijkk}+\Omega_{ijkk})=\frac{1}{3}(D_{ij}+2\Omega_{ij}) \tag{6.219}$$

$$D_{iikkpp}=\frac{1}{3}(D_{ii}+2\Omega_{ii})=\omega_0 \tag{6.220}$$

将方向分布矢量函数 $\boldsymbol{v}(\boldsymbol{n})$ 的二阶、四阶和六阶第一类组构张量的缩并总结为

$$\begin{cases}D_{iikkaa}=D_{iikk}=D_{ii}=\omega_0\\ D_{ijkk}=\dfrac{1}{2}(D_{ij}+\Omega_{ij})\\ D_{ijkkaa}=\dfrac{1}{3}(D_{ij}+2\Omega_{ij})\\ D_{ijklaa}=\dfrac{1}{3}(2D_{ijkl}+\Omega_{ijkl})\end{cases} \tag{6.221}$$

6.2.4 方向分布矢量函数的第二类组构张量

与方向分布标量函数类似，可用定义在单位方向矢量 $\boldsymbol{n}$ 的某类光滑连续分布函数来近似离散分布的矢量方向分布点函数 $\boldsymbol{v}(\boldsymbol{n})$，以表征参量 $\boldsymbol{v}(\boldsymbol{n})$ 的各向异性方向分布特征和预测其他方向上的参量值。

方向分布矢量函数 $\boldsymbol{v}(\boldsymbol{n})$ 的 $2m$ 阶第二类组构张量 $\boldsymbol{\rho}_{2m}(m=0,1,2,\cdots)$ 为

$$\boldsymbol{\rho}_{2m}=\varrho_{i_1i_2\cdots i_{2m}}\boldsymbol{e}_{i_1}\boldsymbol{e}_{i_2}\cdots\boldsymbol{e}_{i_{2m}},\quad i_1,i_2,\cdots,i_{2m}=1,2,3 \tag{6.222}$$

例如，方向分布矢量函数的零阶、二阶、四阶和六阶第二类组构张量分量分别为 ϱ_0、$\boldsymbol{\rho}_2=\varrho_{ij}\boldsymbol{e}_i\boldsymbol{e}_j$、$\boldsymbol{\rho}_4=\varrho_{ijkl}\boldsymbol{e}_i\boldsymbol{e}_j\boldsymbol{e}_k\boldsymbol{e}_l$ 和 $\boldsymbol{\rho}_6=\varrho_{ijklpq}\boldsymbol{e}_i\boldsymbol{e}_j\boldsymbol{e}_k\boldsymbol{e}_l\boldsymbol{e}_p\boldsymbol{e}_q$。

当 $m=0$ 时，矢量方向分布点函数 $\boldsymbol{v}(\boldsymbol{n})$ 的零阶光滑矢量分布方向函数 $\boldsymbol{w}_0$ 取为单位方向矢量与零阶第二类组构张量 ϱ_0 的乘积组成的矢量：

$$\boldsymbol{w}_0(\boldsymbol{n})=\varrho_0\boldsymbol{n}=\varrho_0n_r\boldsymbol{e}_r \tag{6.223}$$

当 $m=1,2,\cdots$ 时，矢量方向分布点函数 $\boldsymbol{v}(\boldsymbol{n})$ 的 $2m(m=1,2,\cdots)$ 阶光滑矢量分布方向函数 $\boldsymbol{w}_{2m}(\boldsymbol{n})$ 取为 $2m+1$ 阶张量 $\boldsymbol{L}_{2m+1}$ 与 $\boldsymbol{v}(\boldsymbol{n})$ 的 $2m$ 阶第二类组构张量 $\boldsymbol{\rho}_{2m}$ 的 $2m$ 次缩并组成的矢量：

$$\begin{aligned}\boldsymbol{w}_{2m}&=\boldsymbol{L}_{2m+1}\cdot\boldsymbol{\rho}_{2m}\\&=L_{ri_1i_2i_3\cdots i_{2m}}\varrho_{i_1i_2\cdots i_{2m}}\boldsymbol{e}_r\\&=\delta_{r(i_1}n_{i_2}n_{i_3}\cdots n_{i_{2m})}\varrho_{i_1i_2\cdots i_{2m}}\boldsymbol{e}_r,\quad m=0,1,2,\cdots\end{aligned} \tag{6.224}$$

例如，矢量方向分布点函数 $\boldsymbol{v}(\boldsymbol{n})$ 的二阶、四阶和六阶近似方向分布矢量函数 $\boldsymbol{w}_2$、$\boldsymbol{w}_4$、$\boldsymbol{w}_6$ 分别为

$$\boldsymbol{w}_2(\boldsymbol{n})=\boldsymbol{L}_3\cdot\boldsymbol{\rho}_2=L_{rij}\varrho_{ij}\boldsymbol{e}_r=\delta_{r(i}n_{j)}\varrho_{ij}\boldsymbol{e}_r \tag{6.225}$$

$$\boldsymbol{w}_4(\boldsymbol{n})=\boldsymbol{L}_5\cdot\boldsymbol{\rho}_4=L_{rijkl}\varrho_{ijkl}\boldsymbol{e}_r=\delta_{r(i}n_jn_kn_{l)}\varrho_{ijkl}\boldsymbol{e}_r \tag{6.226}$$

$$\boldsymbol{w}_6(\boldsymbol{n}) = \boldsymbol{L}_7 \cdot \boldsymbol{\rho}_6 = L_{rijklpq}\varrho_{ijklpq}\boldsymbol{e}_r = \delta_{r(i}n_j n_k n_l n_p n_{q)}\varrho_{ijklpq}\boldsymbol{e}_r \tag{6.227}$$

以光滑的方向分布矢量函数 $\boldsymbol{w}_{2m}(\boldsymbol{n})(m=0,1,2,\cdots)$ 作为对离散的矢量方向分布点函数 $\boldsymbol{v}(\boldsymbol{n})=v_r\boldsymbol{e}_r$ 的近似：

$$\boldsymbol{v}(\boldsymbol{n}) \approx \boldsymbol{w}_{2m}, \quad m = 0,1,2,\cdots \tag{6.228}$$

类似的，各阶第二类组构张量的分量 $\varrho_{i_1 i_2 \cdots i_{2m}}(m=0,1,2,\cdots)$ 可根据最小二乘误差估计来确定。第二类组构张量近似函数 $\boldsymbol{w}_{2m}(\boldsymbol{n})$ 与矢量方向分布点函数 $\boldsymbol{v}(\boldsymbol{n})$ 之差的模平方在单位球面上平均值 Δ_{2m} 为

$$\Delta_{2m} = \frac{1}{4\pi}\oint(\boldsymbol{v} - \boldsymbol{w}_{2m}) \cdot (\boldsymbol{v} - \boldsymbol{w}_{2m})\mathrm{d}S \tag{6.229}$$

要求误差 Δ_{2m} 取最小值：

$$\frac{\partial \Delta_{2m}}{\partial \varrho_{i_1 i_2 \cdots i_{2m}}} = 0, \quad m = 0,1,2,\cdots \tag{6.230}$$

例如，对 $m=0,1,2,3$，分别要求：

$$\Delta_0 = \frac{1}{4\pi}\oint(\boldsymbol{v} - \boldsymbol{w}_0) \cdot (\boldsymbol{v} - \boldsymbol{w}_0)\mathrm{d}S, \quad \frac{\partial \Delta_0}{\partial \varrho_0} = 0 \tag{6.231}$$

$$\Delta_2 = \frac{1}{4\pi}\oint(\boldsymbol{v} - \boldsymbol{w}_2) \cdot (\boldsymbol{v} - \boldsymbol{w}_2)\mathrm{d}S, \quad \frac{\partial \Delta_2}{\partial \varrho_{ij}} = 0 \tag{6.232}$$

$$\Delta_4 = \frac{1}{4\pi}\oint(\boldsymbol{v} - \boldsymbol{w}_4) \cdot (\boldsymbol{v} - \boldsymbol{w}_4)\mathrm{d}S, \quad \frac{\partial \Delta_4}{\partial \varrho_{ijkl}} = 0 \tag{6.233}$$

将式(6.229)代入式(6.230)，有

$$\frac{\partial \Delta_{2m}}{\partial \varrho_{i_1 i_2 \cdots i_{2m}}} = -\frac{1}{4\pi}\oint\left[\frac{\partial \boldsymbol{w}_{2m}}{\partial \varrho_{i_1 i_2 \cdots i_{2m}}} \cdot 2(\boldsymbol{v} - \boldsymbol{w}_{2m})\right]\mathrm{d}S = 0, \quad m = 0,1,2,\cdots \tag{6.234}$$

移项后，有

$$\frac{1}{4\pi}\oint\left(\frac{\partial \boldsymbol{w}_{2m}}{\partial \varrho_{i_1 i_2 \cdots i_{2m}}} \cdot \boldsymbol{w}_{2m}\right)\mathrm{d}S = \frac{1}{4\pi}\oint\left(\frac{\partial \boldsymbol{w}_{2m}}{\partial \varrho_{i_1 i_2 \cdots i_{2m}}} \cdot \boldsymbol{v}\right)\mathrm{d}S, \quad m = 0,1,2,\cdots \tag{6.235}$$

对 $m=0$，由式(6.223)有

$$\frac{\partial \boldsymbol{w}_0}{\partial \varrho_0} = n_r\boldsymbol{e}_r \tag{6.236}$$

将式(6.236)代入式(6.235)，有

$$\frac{1}{4\pi}\oint \varrho_0(n_r n_r)\mathrm{d}S = \frac{1}{4\pi}\oint(n_r v_r)\mathrm{d}S, \tag{6.237}$$

注意到 $n_r n_r=1$ 和式(6.187)，可得到方向分布矢量函数 $\boldsymbol{v}(\boldsymbol{n})$ 的零阶第二类组构张量与它的法向分量零阶第一类组构张量之间的关系为

$$\varrho_0 = \omega_0 \tag{6.238}$$

对 $m=1,2,\cdots$，由式(6.224)有

$$\frac{\partial \boldsymbol{w}_{2m}}{\partial \varrho_{i_1 i_2 \cdots i_{2m}}} = L_{ri_1 i_2 i_3 \cdots i_{2m}} \boldsymbol{e}_r = \delta_{r(i_1} n_{i_2} n_{i_3} \cdots n_{i_{2m})} \boldsymbol{e}_r, \quad m = 1,2,\cdots \tag{6.239}$$

将式(6.239)代入式(6.223)左边，有

$$\begin{aligned}\frac{1}{4\pi}\oint\left(\frac{\partial \boldsymbol{w}_{2m}}{\partial \varrho_{i_1 i_2 \cdots i_{2m}}} \cdot \boldsymbol{w}_{2m}\right)\mathrm{d}S &= \frac{1}{4\pi}\oint(L_{ri_1 i_2 i_3 \cdots i_{2m}} \boldsymbol{e}_r \cdot \boldsymbol{w}_{2m})\mathrm{d}S \\ &= \frac{1}{4\pi}\oint(L_{ri_1 i_2 i_3 \cdots i_{2m}} L_{rj_1 j_2 \cdots j_{2m}} \varrho_{j_1 j_2 \cdots j_{2m}})\mathrm{d}S \\ &= \varrho_{j_1 j_2 \cdots j_{2m}} \overline{L_{rj_1 j_2 \cdots j_{2m}} L_{ri_1 i_2 i_3 \cdots i_{2m}}}\end{aligned} \tag{6.240}$$

将式(6.239)代入式(6.235)右边，并注意到式(6.165)和式(6.199)，有

$$\begin{aligned}\frac{1}{4\pi}\oint\left(\frac{\partial \boldsymbol{w}_{2m}}{\partial \varrho_{i_1 i_2 \cdots i_{2m}}} \cdot \boldsymbol{v}\right)\mathrm{d}S &= \frac{1}{4\pi}\oint v_r L_{ri_1 i_2 i_3 \cdots i_{2m}} \mathrm{d}S \\ &= \frac{1}{4\pi}\oint M_{i_1 i_2 i_3 \cdots i_{2m}} \mathrm{d}S \\ &= \overline{M_{i_1 i_2 i_3 \cdots i_{2m}}} = D_{i_1 i_2 \cdots i_{2m}}\end{aligned} \tag{6.241}$$

将式(6.241)和式(6.240)代入式(6.235)，得到方向分布矢量函数 $\boldsymbol{v}(\boldsymbol{n})$ 的 $2m$ 阶第二类组构张量与第一类组构张量的隐式表达式：

$$\varrho_{j_1 j_2 \cdots j_{2m}} \overline{L_{rj_1 j_2 \cdots j_{2m}} L_{ri_1 i_2 i_3 \cdots i_{2m}}} = D_{i_1 i_2 \cdots i_{2m}}, \quad m = 1,2,\cdots \tag{6.242}$$

采用逐级缩并的方法，可以求得以方向分布矢量函数 $\boldsymbol{v}(\boldsymbol{n})$ 的第一类组构张量 $\boldsymbol{D}_{2m}$ 和它的法向分量的第一类组构张量 $\boldsymbol{\Omega}_{2m}$ 表示的第二类组构张量 $\boldsymbol{\rho}_{2m}$。例如，对 $m=1,2,3$，有

$$\varrho_{ij} = 3D_{ij} \tag{6.243}$$

$$\varrho_{ijkl} = \frac{5}{22}[77D_{ijkl} - 21(D_{(ij}\delta_{kl)} + \Omega_{(ij}\delta_{kl)}) + 3D_{rrss}I_{ijkl}] \tag{6.244}$$

$$\begin{aligned}\varrho_{ijklpq} = &\frac{1}{112}[9702D_{ijklpq} - 3465(2D_{(ijkl}\delta_{pq)} + \Omega_{(ijkl}\delta_{pq)}) \\ &+ 1900(D_{(ij}I_{klpq)} + 2\Omega_{(ij}I_{klpq)}) - 285\omega_0 I_{ijklpq}]\end{aligned} \tag{6.245}$$

将式(6.238)和式(6.243)～式(6.245)代入式(6.223)和式(6.225)～式(6.227)，可得到矢量方向函数 $\boldsymbol{v}(\boldsymbol{n})$ 的零阶、二阶、四阶和六阶第二类组构张量构造的光滑分布矢量方向函数的分量 $(\boldsymbol{w}_0)_r$、$(\boldsymbol{w}_2)_r$、$(\boldsymbol{w}_4)_r$ 和 $(\boldsymbol{w}_6)_r$ 依次为

$$(\boldsymbol{w}_0)_r = \varrho_0 n_r = \omega_0 n_r \tag{6.246}$$

$$(\boldsymbol{w}_2)_r = \varrho_{rj} n_j = 3D_{rj} n_j \tag{6.247}$$

$$(\boldsymbol{w}_4)_r = \varrho_{rjkl} n_j n_k n_l = \frac{5}{44}[154D_{rjkl} n_j n_k n_l - 21(D_{rj} + \Omega_{rj}) n_j + \omega_4 n_r] \tag{6.248}$$

$$\begin{aligned}(\boldsymbol{w}_6)_r &= \varrho_{rjkl\alpha\beta} n_j n_k n_l n_p n_q \\ &= \frac{1}{112}[9702D_{rjklpq} n_j n_k n_l n_p n_q\end{aligned}$$

$$-2310(2D_{rjkl}+\Omega_{rjkl})n_jn_kn_l+\frac{1900}{3}(D_{rj}+2\Omega_{rj})n_j+\omega_6n_r\Big] \tag{6.249}$$

式中，ω_4 和 ω_6 分别为

$$\omega_4=-21(D_{ij}+\Omega_{ij})n_in_j+6\omega_0 \tag{6.250}$$

$$\omega_6=-1155(2D_{ijkl}+\Omega_{ijkl})n_in_jn_kn_l+\frac{3800}{3}(D_{ij}+2\Omega_{ij})-285\omega_0 \tag{6.251}$$

6.2.5 方向分布矢量函数的第三类组构张量

在式(6.186)中以 $\rho_{2p}=\boldsymbol{w}_{2p}\cdot\boldsymbol{n}$ 代替 $\rho(\boldsymbol{n})=\boldsymbol{v}\cdot\boldsymbol{n}=v_rn_r$，则可以得到矢量的法向分量方向分布函数 $\rho(\boldsymbol{n})=\boldsymbol{v}\cdot\boldsymbol{n}$ 第一类组构张量 $\boldsymbol{\Omega}_{2m}$ 的近似第三类组构张量 $\boldsymbol{\Omega}_{2m}^{(2p)}(p,m=0,1,2,\cdots)$：

$$\begin{aligned}\boldsymbol{\Omega}_{2m}^{(2p)}&=\overline{\rho_{2p}\boldsymbol{N}_{2m}}=\overline{(\boldsymbol{w}_{2p}\cdot\boldsymbol{n})\boldsymbol{N}_{2m}}=\frac{1}{4\pi}\oint\rho_{2p}\boldsymbol{N}_{2m}\mathrm{dS}\\&=\frac{1}{4\pi}\oint(\boldsymbol{w}_{2p}\cdot\boldsymbol{n})\boldsymbol{N}_{2m}\mathrm{dS},\quad m,p=0,1,2,\cdots\end{aligned} \tag{6.252a}$$

其分量形式为

$$\begin{aligned}\Omega_{i_1i_2\cdots i_{2m}}^{(2p)}&=\overline{\rho_{2p}N_{i_1i_2\cdots i_{2m}}}=\overline{(\boldsymbol{w}_{2p}\cdot\boldsymbol{n})N_{i_1i_2\cdots i_{2m}}}=\frac{1}{4\pi}\oint\rho_{2p}N_{i_1i_2\cdots i_{2m}}\mathrm{dS}\\&=\frac{1}{4\pi}\oint(\boldsymbol{w}_{2p}\cdot\boldsymbol{n})N_{i_1i_2\cdots i_{2m}}\mathrm{dS},\quad m,p=0,1,2,\cdots\end{aligned} \tag{6.252b}$$

注意到式(6.224)和式(6.167)，有

$$\boldsymbol{w}_{2p}\cdot\boldsymbol{n}=\boldsymbol{n}\cdot\boldsymbol{w}_{2p}=n_rL_{rj_1j_2j_3\cdots j_{2p}}\varrho_{j_1j_2j_3\cdots j_{2p}}=\varrho_{j_1j_2\cdots j_{2p}}N_{j_1j_2\cdots j_{2p}} \tag{6.253}$$

得到矢量的法向分量方向分布函数 $\rho(\boldsymbol{n})=\boldsymbol{v}\cdot\boldsymbol{n}$ 的第三类组构张量分量 $\Omega_{i_1i_2\cdots i_{2m}}^{(2p)}$ 与矢量分量 $\boldsymbol{v}(\boldsymbol{n})$ 的第二类组构张量分量 $\varrho_{j_1j_2\cdots j_{2p}}$ 关系为

$$\Omega_{i_1i_2\cdots i_{2m}}^{(2p)}=\varrho_{j_1j_2\cdots j_{2p}}\overline{N_{j_1j_2\cdots j_{2p}}N_{i_1i_2\cdots i_{2m}}} \tag{6.254}$$

对方向分布矢量函数 $\boldsymbol{v}(\boldsymbol{n})$ 的第一类组构张量 $\boldsymbol{D}_{2m}$，定义它的第三类组构张量 $\boldsymbol{D}_{2m}^{(2p)}(p,m=0,1,2,\cdots)$，作为对 $2m$ 阶 $\boldsymbol{D}_{2m}$ 的 $2p$ 阶近似。

在式(6.165)中，以近似光滑分布函数 $\boldsymbol{w}_{2p}(p=0,1,2,\cdots)$ 代替方向分布矢量函数 $\boldsymbol{v}(\boldsymbol{n})$，则可以定义张量 $\boldsymbol{M}_{2m}=\boldsymbol{v}\cdot\boldsymbol{L}_{2m+1}$ 的 $2p$ 阶近似张量 $\boldsymbol{M}_{2m}^{(2p)}$：

$$\boldsymbol{M}_{2m}^{(2p)}=\boldsymbol{w}_{2p}\cdot\boldsymbol{L}_{2m+1} \tag{6.255a}$$

其分量形式为

$$M_{i_1i_2\cdots i_{2m}}^{(2p)}=(\boldsymbol{w}_{2p})_rL_{ri_1i_2\cdots i_{2m}} \tag{6.255b}$$

将式(6.224)代入式(6.255b)，有

$$\boldsymbol{M}_{2m}^{(2p)}=(\boldsymbol{L}_{2p+1}\cdot\boldsymbol{\rho}_{2p})\cdot\boldsymbol{L}_{2m+1} \tag{6.256a}$$

其分量形式为

$$M_{i_1i_2\cdots i_{2m}}^{(2p)}=\varrho_{j_1j_2j_3\cdots j_{2p}}L_{rj_1j_2j_3\cdots j_{2p}}L_{ri_1i_2\cdots i_{2m}} \tag{6.256b}$$

在式(6.199)中以 $\boldsymbol{M}_{2m}^{(2p)}$ 代替 $\boldsymbol{M}_{2m}$，可得到方向分布矢量函数 $\boldsymbol{v}(\boldsymbol{n})$ 的第一类组构张量 $\boldsymbol{D}_{2m}$ 的近似第三类组构张量 $\boldsymbol{D}_{2m}^{(2p)}$ $(p,m=0,1,2,\cdots)$：

$$\boldsymbol{D}_{2m}^{(2p)}=\overline{\boldsymbol{M}_{2m}^{(2p)}}=\frac{1}{4\pi}\oint\boldsymbol{M}_{2m}^{(2p)}\,\mathrm{d}S,\quad m,p=0,1,2,\cdots \tag{6.257a}$$

其分量为

$$D_{i_1i_2\cdots i_{2m}}^{(2p)}=\overline{M_{i_1i_2\cdots i_{2m}}^{(2p)}}=\frac{1}{4\pi}\oint M_{i_1i_2\cdots i_{2m}}^{(2p)}\,\mathrm{d}S,\quad m=1,2,\cdots \tag{6.257b}$$

将式(6.256)代入式(6.257)，得到方向分布矢量函数 $\boldsymbol{v}(\boldsymbol{n})$ 的第三类组构张量分量 $D_{i_1i_2\cdots i_{2m}}^{(2p)}$ 与它的第二类组构张量分量 $\varrho_{j_1j_2\cdots j_{2p}}$ 关系为

$$D_{i_1i_2\cdots i_{2m}}^{(2p)}=\varrho_{j_1j_2j_3\cdots j_{2p}}\overline{L_{rj_1j_2j_3\cdots j_{2p}}L_{ri_1i_2\cdots i_{2m}}} \tag{6.258}$$

讨论 $p\geqslant m=0,1,2,\cdots$ 的情况。当 $p\geqslant m=0,1,2,\cdots$ 时，式(6.156)可改写为

$$(p-m)L_{ri_1i_2\cdots i_{2m}}=pL_{ri_1i_2\cdots i_{2m}\underbrace{i_{2m+1}i_{2m+1}\cdots i_{2p-1}i_{2p-1}}_{2p-2m}}-mn_rN_{i_1i_2\cdots i_{2m}},\quad p\geqslant m=0,1,2,\cdots \tag{6.259}$$

将式(6.259)代入式(6.258)，有

$$\begin{aligned}(p-m)D_{i_1i_2\cdots i_{2m}}^{(2p)}&=(p-m)\varrho_{j_1j_2j_3\cdots j_{2p}}\overline{L_{rj_1j_2j_3\cdots j_{2p}}L_{ri_1i_2\cdots i_{2m}}}\\&=p\,\varrho_{j_1j_2j_3\cdots j_{2p}}\overline{L_{rj_1j_2j_3\cdots j_{2p}}L_{ri_1i_2\cdots i_{2m}\underbrace{i_{2m+1}i_{2m+1}\cdots i_{2p-1}i_{2p-1}}_{2p-2m}}}\\&\quad-m\,\varrho_{j_1j_2j_3\cdots j_{2p}}\overline{n_rL_{rj_1j_2j_3\cdots j_{2p}}N_{i_1i_2\cdots i_{2m}}}\end{aligned} \tag{6.260}$$

由式(6.242)和式(6.212)，有

$$\begin{aligned}&p\,\varrho_{j_1j_2j_3\cdots j_{2p}}\overline{L_{rj_1j_2j_3\cdots j_{2p}}L_{ri_1i_2\cdots i_{2m}\underbrace{i_{2m+1}i_{2m+1}\cdots i_{2p-1}i_{2p-1}}_{2p-2m}}}\\&=pD_{i_1i_2\cdots i_{2m}\underbrace{i_{2m+1}i_{2m+1}\cdots i_{2p-1}i_{2p-1}}_{2p-2m}}\\&=(p-m)D_{i_1i_2\cdots i_{2m}}+m\Omega_{i_1i_2\cdots i_{2m}}\end{aligned} \tag{6.261}$$

由式(6.167)和式(6.254)，有

$$\begin{aligned}\varrho_{j_1j_2j_3\cdots j_{2p}}\overline{n_rL_{rj_1j_2j_3\cdots j_{2p}}N_{i_1i_2\cdots i_{2m}}}&=\varrho_{j_1j_2j_3\cdots j_{2p}}\overline{N_{j_1j_2j_3\cdots j_{2p}}N_{i_1i_2\cdots i_{2m}}}\\&=\varrho_{j_1j_2j_3\cdots j_{2p}}\overline{N_{j_1j_2\cdots j_{2p}i_1i_2\cdots i_{2m}}}\\&=\Omega_{i_1i_2\cdots i_{2m}}^{(2p)}\end{aligned} \tag{6.262}$$

将式(6.261)和式(6.262)代入式(6.260)，有

$$(p-m)D_{i_1i_2\cdots i_{2m}}^{(2p)}=(p-m)D_{i_1i_2\cdots i_{2m}}+m\Omega_{i_1i_2\cdots i_{2m}}-m\Omega_{i_1i_2\cdots i_{2m}}^{(2p)} \tag{6.263}$$

将式(6.263)移项，得到 $p\geqslant m=0,1,2,\cdots$ 时，方向分布矢量函数 $\boldsymbol{v}(\boldsymbol{n})$ 的第三类组构张量 $\boldsymbol{D}_{2m}^{(2p)}$、方向分布矢量函数的法向分量 $\rho(\boldsymbol{n})=\boldsymbol{v}\cdot\boldsymbol{n}$ 的第三类组构张量 $\boldsymbol{\Omega}_{2m}^{(2p)}$ 与方向分布矢量函数 $\boldsymbol{v}(\boldsymbol{n})$ 的第一类组构张量 $\boldsymbol{D}_{2m}$、方向分布矢量函数的法向分量 $\varrho(\boldsymbol{n})=\boldsymbol{v}\cdot\boldsymbol{n}$ 的第一类组构张量 $\boldsymbol{\Omega}_{2m}$ 之间存在如下关系：

$$(p-m)D_{i_1i_2\cdots i_{2m}}^{(2p)}+m\Omega_{i_1i_2\cdots i_{2m}}^{(2p)}=(p-m)D_{i_1i_2\cdots i_{2m}}+m\Omega_{i_1i_2\cdots i_{2m}},\quad p\geqslant m=0,1,2,\cdots \tag{6.264a}$$

其张量形式为

$$(m-p)\boldsymbol{\Omega}_{2m}+p\boldsymbol{D}_{2m}=(m-p)\boldsymbol{\Omega}_{2m}^{(2p)}+m\boldsymbol{D}_{2m}^{(2p)},\quad p\geqslant m=0,1,2,\cdots \tag{6.264b}$$

一般地，方向分布矢量函数的法向分量$\varrho(\boldsymbol{n})=\boldsymbol{v}\cdot\boldsymbol{n}$的第三类组构张量与它的第一类组构张量不相等，即$\boldsymbol{\Omega}_{2m}^{(2p)}\neq\boldsymbol{\Omega}_{2m}$。由式(6.265)可知，也有方向分布矢量函数$\boldsymbol{v}(\boldsymbol{n})$的第三类组构张量与它的第一类组构张量不相等，即$\boldsymbol{D}_{2m}^{(2p)}\neq\boldsymbol{D}_{2m}$。这表明，即使$p\geqslant m=0,1,2,\cdots$的情况，也有$\boldsymbol{D}_{2m}^{(2p)}\neq\boldsymbol{D}_{2m}$和$\boldsymbol{\Omega}_{2m}^{(2p)}\neq\boldsymbol{\Omega}_{2m}$。而当$p<m=0,1,2,\cdots$时，式(6.265)不成立，一般也有：$\boldsymbol{D}_{2m}^{(2p)}\neq\boldsymbol{D}_{2m}$和$\boldsymbol{\Omega}_{2m}^{(2p)}\neq\boldsymbol{\Omega}_{2m}$。

例如，$m=1$，$p=2$时，有方向分布矢量函数的法向分量$\varrho(\boldsymbol{n})=\boldsymbol{v}\cdot\boldsymbol{n}$的二阶第三类组构张量分量$\Omega_{ij}^{(4)}$为

$$\Omega_{ij}^{(4)}=\frac{1}{4\pi}\oint(\boldsymbol{\omega}_4\cdot\boldsymbol{n})N_{ij}\,\mathrm{d}S=\frac{1}{4\pi}\oint(\boldsymbol{\omega}_4)_r n_r n_i n_j\,\mathrm{d}S \tag{6.265}$$

方向分布矢量函数的二阶第三类组构张量为

$$D_{ij}^{(4)}=\frac{1}{4\pi}\oint M_{ij}^{(4)}\,\mathrm{d}S \tag{6.266}$$

式中

$$M_{ij}^{(4)}=(\boldsymbol{\omega}_4)_r L_{rij} \tag{6.267}$$

利用$(\boldsymbol{w}_4)_r$的表达式(6.248)和L_{rij}的表达式(6.149)，略去详细推导过程，得到

$$\Omega_{ij}^{(4)}=\frac{1}{11}[4(D_{ij}+\Omega_{ij})+\omega_0\delta_{ij}] \tag{6.268}$$

$$D_{ij}^{(4)}=\frac{1}{11}[7(D_{ij}+\Omega_{ij})-\omega_0\delta_{ij}] \tag{6.269}$$

可以证明：

$$D_{ij}^{(4)}+\Omega_{ij}^{(4)}=D_{ij}+\Omega_{ij} \tag{6.270}$$

但是，

$$D_{ij}^{(4)}\neq D_{ij},\quad \Omega_{ij}^{(4)}\neq\Omega_{ij} \tag{6.271}$$

6.3 本章小结

根据单位球面上的一点和它的矢径与单位方向矢量$\boldsymbol{n}$的映射关系，本章研究了以单位方向矢量$\boldsymbol{n}$为自变量的标量函数$\rho(\boldsymbol{n})$和矢量函数$\boldsymbol{v}(\boldsymbol{n})$，以及它们的各类组构张量的性质。

在单位球面上，讨论了与单位方向矢量有关的三个特殊张量：

(1) 单位方向矢量并积组成的张量 $\boldsymbol{N}_{2m}(m=1,2,\cdots)$ 及其方向平均$\overline{\boldsymbol{N}_{2m}}=\oint\boldsymbol{N}_{2m}\mathrm{d}S/(4\pi)$ 的计算式及各次缩并。

(2) 二阶单位张量 $\boldsymbol{I}$ 与 $2m-1$ 阶张量 $\boldsymbol{N}_{2m-1}$ 组成的关于后个 $2m$ 指标完全对称的张量 $\boldsymbol{L}_{2m+1}=(\boldsymbol{I}\boldsymbol{N}_{2m-1})$ 及各次缩并。

(3) 矢量 $\boldsymbol{v}(\boldsymbol{n})$ 与 $2m-1$ 阶单位方向矢量并积 $\boldsymbol{N}_{2m-1}$ 构成 $2m$ 阶完全对称张量 $\boldsymbol{M}_{2m}=(\boldsymbol{v}\boldsymbol{N}_{2m-1})(m=1,2,\cdots)$ 及各次缩并。

对方向分布标量函数 $\rho(\boldsymbol{n})$，定义了 $\rho(\boldsymbol{n})$ 的三类组构张量分别为

(1) 第一类组构张量$\boldsymbol{\Omega}_{2m}=\overline{\rho(\boldsymbol{n})\boldsymbol{N}_{2m}}=\frac{1}{4\pi}\sum\limits_{\alpha=1}^{N}\rho^{(\alpha)}\boldsymbol{N}_{2m}^{(\alpha)},\alpha=0,1,2,\cdots,N$。

(2) 第二类组构张量 $\boldsymbol{\rho}_{2m}$，它与 $\boldsymbol{N}_{2m}$ 的 $2m$ 次缩并为光滑的方向分布标量函数 $\rho_{2m}(\boldsymbol{n})=\boldsymbol{\rho}_{2m}\cdot\boldsymbol{N}_{2m}$。在单位球面上，由光滑的方向分布标量函数 $\rho_{2m}(\boldsymbol{n})$ 与离散的方向分布标量函数 $\rho(\boldsymbol{n})$ 误差估计的最小二乘法，可建立它与第一类组构张量间的关系和显式表达式。

(3) 第三类组构张量 $\boldsymbol{\Omega}_{2m}^{(2p)}$ 是在第一类组构张量计算中，以第二类组构张量的方向分布标量函数 $\rho_{2p}(\boldsymbol{n})$ 代替实际的 $\rho(\boldsymbol{n})$ 得到的，它可以作为第一类组构张量 $\boldsymbol{\Omega}_{2m}$ 的近似。

① 当 $p\geqslant m$ 时，有 $\boldsymbol{\Omega}_{2m}=\boldsymbol{\Omega}_{2m}^{(2p)}$。

② 当 $p<m$ 时，$\boldsymbol{\Omega}_{2m}\neq\boldsymbol{\Omega}_{2m}^{(2p)}$。

对方向分布矢量函数 $\boldsymbol{v}(\boldsymbol{n})$，它的法向分量和它自身的各类组构张量分别为：

(1) 它的法向分量 $\rho(\boldsymbol{n})=\boldsymbol{v}\cdot\boldsymbol{n}$ 的第一类组构张量$\boldsymbol{\Omega}_{2m}$。

$$\boldsymbol{\Omega}_{2m}=\overline{(\boldsymbol{v}\cdot\boldsymbol{n})\boldsymbol{N}_{2m}}=\frac{1}{4\pi}\sum_{\alpha=1}^{N}(\boldsymbol{v}\cdot\boldsymbol{n})^{(\alpha)}\boldsymbol{N}_{2m}^{(\alpha)},\quad\alpha=0,1,2,\cdots,N$$

(2) 第一类组构张量 $\boldsymbol{D}_{2m}=\overline{\boldsymbol{M}_{2m}}=\oint\boldsymbol{M}_{2m}\mathrm{d}S/(4\pi)$。

(3) 第二类组构张量$\boldsymbol{\rho}_{2m}$，它与 $\boldsymbol{L}_{2m+1}$ 的 $2m$ 次缩并为光滑的方向分布矢量函数 $\boldsymbol{w}_{2m}=\boldsymbol{L}_{2m+1}\cdot\boldsymbol{\rho}_{2m}$。在单位球面上，由光滑的方向分布标量函数 $\boldsymbol{w}_{2m}(\boldsymbol{n})$ 与离散的方向分布矢量函数 $\boldsymbol{v}(\boldsymbol{n})$ 误差估计的最小二乘法，可建立第二类组构张量$\boldsymbol{\rho}_{2m}$与它的第一类组构张量 $\boldsymbol{D}_{2m}$、它的法向分量的第一类组构张量$\boldsymbol{\Omega}_{2m}$间的关系和显式表达式。

(4) 以 $\boldsymbol{w}_{2m}(\boldsymbol{n})$ 代替 $\boldsymbol{v}(\boldsymbol{n})$，可建立它的法向分量的第三类组构张量 $\boldsymbol{\Omega}_{2m}^{(2p)}$ 和它的第三类组构张量 $\boldsymbol{D}_{2m}^{(2p)}$，分别作为$\boldsymbol{\Omega}_{2m}$和 $\boldsymbol{D}_{2m}$ 的近似。存在如下关系：

① 当 $p\geqslant m$ 时，有 $(m-p)\boldsymbol{\Omega}_{2m}+p\boldsymbol{D}_{2m}=(m-p)\boldsymbol{\Omega}_{2m}^{(2p)}+m\boldsymbol{D}_{2m}^{(2p)}$。

② 对任意 p、m，一般 $\boldsymbol{D}_{2m}^{(2p)}\neq\boldsymbol{D}_{2m}$ 和 $\boldsymbol{\Omega}_{2m}^{(2p)}\neq\boldsymbol{\Omega}_{2m}$。

参考文献

[1] Mardia K V. Statistics of Directional Data. London: Academic Press, 1972: 1－16.

[2] Kanatani K. Distribution of directional data and fabric tensors. International Journal of Engineering Science, 1984, 22: 149－164.

[3] Lubarda V A, Krajcinovic D. Damage tensors and the crack density distribution. International Journal of Solids and Structures, 1993, 30: 2859－2877.

[4] Yang Q, Li Z K, Tham L G. An explicit expression of second order fabric-tensor dependent elastic compliance tensor. Mechanics Research Communications, 2001, 28: 255－260.

[5] 陈新. 从细观到宏观的岩体各向异性塑性损伤耦合分析及应用(博士学位论文). 北京:清华大学, 2004.

[6] Yang Q, Chen X, Tham L G. Relationship of crack fabric tensors of different orders. Mechanics Research Communications, 2004, 31(6): 661－666.

[7] Yang Q, Chen X, Zhou W Y. Effective stress and vector-valued orientational distribution functions. International Journal of Damage Mechanics, 2008, 17(2): 101－121.

第7章　基于组构张量的岩体各向异性屈服或强度准则

本章讨论微平面模型的宏细观联系框架，建立微平面物理量与其代表性体积单元的宏观物理量间的联系。根据第6章的方向分布标量函数和矢量函数的性质，分别从有效应力原理和强度参数各向异性分布两个角度，将各向同性材料的屈服准则或强度准则拓展到各向异性损伤情形，建立岩体的各向异性屈服准则和各向异性强度准则[1~6]。

7.1　微平面模型的宏细观联系框架

微平面模型(microplane model)最早由Bazant[1]提出。微平面理论的基本思想是以微平面上的应力矢量和应变的矢量而不是宏观应力张量和应变张量建立本构关系。这方面的研究综述可参见Carol和Bazant[2]。

在微平面模型中，含缺陷固体的一个宏观物理点，其细观结构可用代表性体积单元来描述。微平面是代表性体积单元内沿某个方向的切平面，它反映了单元体沿该方向的总体力学行为。微平面模型的本构关系是在微平面水平上建立的，为微平面应力矢量和应变矢量之间的关系。而代表性体积单元的宏观应力张量与宏观应变张量之间的关系，则可通过微平面的应力、应变矢量与宏观应力张量、应变张量间的宏细观联系框架来导出。

7.1.1　代表性体积单元的宏观物理量和微平面上的细观物理量

考察宏观物理点的代表性体积单元，它的任意微平面可用其法向单位矢量$\boldsymbol{n}=n_i\boldsymbol{e}_i(i=1,2,3)$来代表。代表性体积单元的宏观物理量包括宏观应力张量$\boldsymbol{\Sigma}=\Sigma_{ij}\boldsymbol{e}_i\boldsymbol{e}_j(i,j=1,2,3)$和宏观应变张量$\boldsymbol{E}=E_{ij}\boldsymbol{e}_i\boldsymbol{e}_j(i,j=1,2,3)$。微平面物理量(细观物理量)包括微平面上的应力矢量$\boldsymbol{\sigma}(\boldsymbol{n})=\sigma_i\boldsymbol{e}_i(i=1,2,3)$和应变矢量$\boldsymbol{\varepsilon}(\boldsymbol{n})=\varepsilon_i\boldsymbol{e}_i(i=1,2,3)$，如图7.1所示。

在微平面上，应力矢量$\boldsymbol{\sigma}(\boldsymbol{n})$可以分解为沿法向的应力矢量$\boldsymbol{\sigma}_N(\boldsymbol{n})=\sigma_{Ni}\boldsymbol{e}_i(i=1,2,3)$和切向的应力矢量$\boldsymbol{\sigma}_T(\boldsymbol{n})=\sigma_{Ti}\boldsymbol{e}_i(i=1,2,3)$，即

$$\boldsymbol{\sigma}=\boldsymbol{\sigma}_N+\boldsymbol{\sigma}_T \tag{7.1a}$$

其分量形式为

$$\sigma_i=\sigma_{Ni}+\sigma_{Ti},\quad i=1,2,3 \tag{7.1b}$$

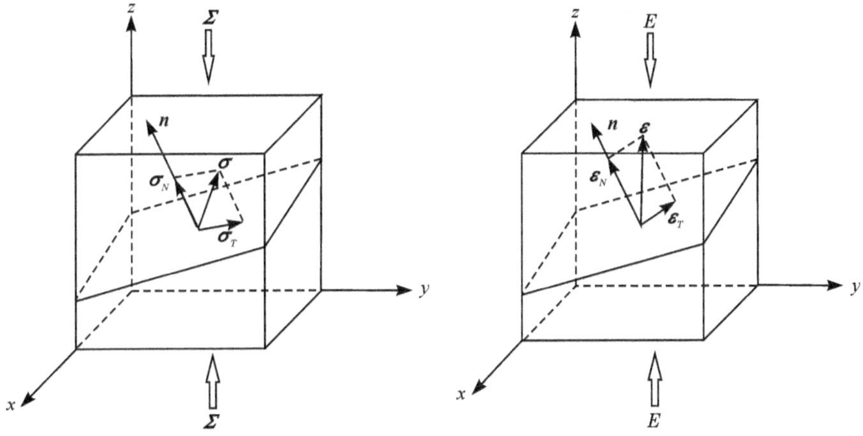

(a) 宏观应力张量和微平面应力矢量　　(b) 宏观应变张量和微平面应变矢量

图 7.1　代表性体积单元的宏观物理量和微平面上的物理量

正应力(法向应力矢量的模)σ_N 可按下式计算：

$$\sigma_N = \sqrt{\sigma_{Ni}\sigma_{Ni}} = (\sigma \cdot n) = \boldsymbol{\sigma}_r \boldsymbol{n}_r, \quad r = 1,2,3 \tag{7.2}$$

法向应力矢量 $\boldsymbol{\sigma}_N$ 为

$$\boldsymbol{\sigma}_N = (\boldsymbol{\sigma} \cdot \boldsymbol{n})\boldsymbol{n} \tag{7.3a}$$

其分量形式为

$$\sigma_{Ni} = (\sigma_r n_r) n_i, \quad r,i = 1,2,3 \tag{7.3b}$$

切向应力矢量 $\boldsymbol{\sigma}_T$ 可按下式计算：

$$\boldsymbol{\sigma}_T = \boldsymbol{\sigma} - \boldsymbol{\sigma}_N = \boldsymbol{\sigma} - (\boldsymbol{\sigma} \cdot \boldsymbol{n})\boldsymbol{n} \tag{7.4a}$$

其分量形式为

$$\sigma_{Ti} = \sigma_i - \sigma_{Ni} = \sigma_i - (\sigma_r n_r) n_i, \quad r,i = 1,2,3 \tag{7.4b}$$

剪应力(切向应力矢量的模)τ_N 为

$$\tau_N = \sqrt{\sigma_{Ti}\sigma_{Ti}} = \sqrt{(\boldsymbol{\sigma} \cdot \boldsymbol{\sigma}) - (\boldsymbol{\sigma} \cdot \boldsymbol{n})^2} = \sqrt{\sigma_i \sigma_i - (\sigma_r n_r)^2}, \quad r,i = 1,2,3 \tag{7.5}$$

同样,应变矢量 $\boldsymbol{\varepsilon}(\boldsymbol{n})$ 可以分解为沿法向的应变矢量 $\boldsymbol{\varepsilon}_N(\boldsymbol{n}) = \varepsilon_{Ni}\boldsymbol{e}_i (i=1,2,3)$ 和切向的应变矢量 $\boldsymbol{\varepsilon}_T(\boldsymbol{n}) = \varepsilon_{Ti}\boldsymbol{e}_i (i=1,2,3)$,即

$$\boldsymbol{\varepsilon} = \boldsymbol{\varepsilon}_N + \boldsymbol{\varepsilon}_T \tag{7.6a}$$

其分量形式为

$$\varepsilon_i = \varepsilon_{Ni} + \varepsilon_{Ti}, \quad i = 1,2,3 \tag{7.6b}$$

正应变(法向应变矢量的模)ε_N 可按下式计算：

$$\varepsilon_N = \sqrt{\varepsilon_{Ni}\varepsilon_{Ni}} = (\boldsymbol{\varepsilon} \cdot \boldsymbol{n}) = \varepsilon_r n_r, \quad r,i = 1,2,3 \tag{7.7}$$

法向应变矢量 $\boldsymbol{\varepsilon}_N$ 为

$$\boldsymbol{\varepsilon}_N = (\boldsymbol{\varepsilon} \cdot \boldsymbol{n})\boldsymbol{n} \tag{7.8a}$$

其分量形式为

$$\varepsilon_{Ni} = (\varepsilon_r n_r)n_i, \quad r,i = 1,2,3 \tag{7.8b}$$

切向应变矢量 $\boldsymbol{\varepsilon}_T(\boldsymbol{n})$可按下式计算：

$$\boldsymbol{\varepsilon}_T = \boldsymbol{\varepsilon} - \boldsymbol{\varepsilon}_N = \boldsymbol{\varepsilon} - (\boldsymbol{\varepsilon} \cdot \boldsymbol{n})\boldsymbol{n} \tag{7.9a}$$

其分量形式为

$$\varepsilon_{Ti} = \varepsilon_i - \varepsilon_{Ni} = \varepsilon_i - (\varepsilon_r n_r)n_i, \quad r,i = 1,2,3 \tag{7.9b}$$

剪应变(切向应变矢量的模)γ_N 为

$$\gamma_N = \sqrt{\varepsilon_{Ti}\varepsilon_{Ti}} = \sqrt{(\boldsymbol{\varepsilon} \cdot \boldsymbol{\varepsilon}) - (\boldsymbol{\varepsilon} \cdot \boldsymbol{n})^2} = \sqrt{\varepsilon_i\varepsilon_i - (\varepsilon_r n_r)^2}, \quad r,i = 1,2,3 \tag{7.10}$$

7.1.2 微平面物理量和宏观物理量间的联系

在微平面模型中，代表性体积单元的宏细物理量与微平面上的细观物理量之间的联系方式，最基本的有两类：几何约束条件和静力约束条件。

在几何约束条件中，宏观应变张量与微平面应变矢量间满足投影关系，而宏观应力张量与微平面应力矢量间则不能精确满足平衡关系，而是满足基于最小二乘近似的虚功等效弱平衡方程，即宏观应力张量等于各微平面应力矢量的方向积分。几何约束模型适用于描述微平面应变沿各方向连续变化，而微平面应力沿各方向变化不连续的情形。

在静力约束条件中，宏观应力张量与微平面应力矢量间满足投影关系，即静力平衡条件精确满足，而宏观应变张量与微平面应变矢量间的变形协调关系不能精确满足，二者之间满足基于最小二乘近似的弱变形协调关系，即宏观应变张量等于所有微平面应变矢量的方向积分。静力约束模型适用于描述微平面应力沿各方向连续变化不大，而微平面应变沿各方向变化不连续的情形。

在某些特殊情况下，几何约束条件和静力约束条件同时满足，称为双重约束条件。对双重约束条件，微平面的应变矢量与宏观应变张量之间、微平面的应力矢量和宏观应力张量之间都严格地满足投影关系。

下面对几何约束条件和静力约束条件进行详细的说明。

1）几何约束条件

在几何约束条件下，微平面的应变矢量 $\boldsymbol{\varepsilon}(\boldsymbol{n})=\varepsilon_i\boldsymbol{e}_i(i=1,2,3)$与代表性体积单元的宏观应变张量 $\boldsymbol{E}=E_{ij}\boldsymbol{e}_i\boldsymbol{e}_j(i,j=1,2,3)$之间满足投影关系：

$$\boldsymbol{\varepsilon} = \boldsymbol{E} \cdot \boldsymbol{n} \tag{7.11a}$$

其分量形式为

$$\varepsilon_i = E_{ij}n_j, \quad i,j = 1,2,3 \tag{7.11b}$$

将式(7.11a)和式(7.11b)代入式(7.8)，可以得到几何约束条件下微平面的正应变矢量 $\boldsymbol{\varepsilon}_N$ 与宏观应变张量 $\boldsymbol{E}$ 之间关系为

$$\boldsymbol{\varepsilon}_N = [\boldsymbol{n}\cdot(\boldsymbol{E}\cdot\boldsymbol{n})]\boldsymbol{n} = (\boldsymbol{E}:\boldsymbol{nn})\boldsymbol{n} \tag{7.12a}$$

其分量形式为

$$\varepsilon_{Ni} = (E_{kl}n_k n_l)n_i,\quad i,k,l = 1,2,3 \tag{7.12b}$$

将式(7.12a)和式(7.12b)代入式(7.9)，可以得到微平面的剪应变矢量 $\boldsymbol{\varepsilon}_T$ 与宏观应力张量 $\boldsymbol{E}$ 之间关系为

$$\boldsymbol{\varepsilon}_T = \boldsymbol{E}\cdot\boldsymbol{n} - (\boldsymbol{E}:\boldsymbol{nn})\boldsymbol{n} \tag{7.13a}$$

其分量形式为

$$\varepsilon_{Ti} = E_{ij}n_j - (E_{kl}n_k n_l)n_i,\quad i,j,k,l = 1,2,3 \tag{7.13b}$$

将式(7.13a)和式(7.13b)代入式(7.7)，可以得到微平面的正应变 ε_N 与宏观应变张量 $\boldsymbol{E}$ 之间关系为

$$\begin{aligned}\varepsilon_N &= \boldsymbol{E}:\boldsymbol{N}_2 = \boldsymbol{E}:\boldsymbol{nn}\\ &= E_{kl}N_{kl} = E_{kl}n_k n_l,\quad k,l = 1,2,3\end{aligned} \tag{7.14}$$

式中，$N_2 = N_{ij}\boldsymbol{e}_i\boldsymbol{e}_j(i,j=1,2,3)$为两个单位方向矢量的并积：

$$\boldsymbol{N}_2 = \boldsymbol{nn} \tag{7.15a}$$

其分量形式为

$$N_{ij} = n_i n_j,\quad k,l = 1,2,3 \tag{7.15b}$$

将式(7.15a)和式(7.15b)代入式(7.10)，可得到微平面的剪应变 γ_N 与宏观应变张量 $\boldsymbol{\Sigma}$ 之间关系为

$$\begin{aligned}\gamma_N &= \sqrt{(\boldsymbol{E}\cdot\boldsymbol{n})\cdot(\boldsymbol{E}\cdot\boldsymbol{n}) - (\boldsymbol{E}:\boldsymbol{nn})^2}\\ &= \sqrt{\boldsymbol{E}:\boldsymbol{T}:\boldsymbol{E}} = \sqrt{E_{ki}E_{kj}n_i n_j - E_{ij}E_{kl}n_i n_j n_k n_l}\\ &= \sqrt{E_{ij}T_{ijkl}E_{kl}},\quad i,j,k,l = 1,2,3\end{aligned} \tag{7.16}$$

利用应变张量的对称性，四阶张量 $\boldsymbol{T}(\boldsymbol{n}) = T_{ijkl}\boldsymbol{e}_i\boldsymbol{e}_j\boldsymbol{e}_k\boldsymbol{e}_l(i,j,k,l=1,2,3)$为

$$\boldsymbol{T} = \boldsymbol{L}'_4 - \boldsymbol{N}_4 \tag{7.17a}$$

其分量形式为

$$T_{ijkl} = L'_{ijkl} - N_{ijkl},\quad i,j,k,l = 1,2,3 \tag{7.17b}$$

其中，$\boldsymbol{N}_4 = N_{ijkl}\boldsymbol{e}_i\boldsymbol{e}_j\boldsymbol{e}_k\boldsymbol{e}_l(i,j,k,l=1,2,3)$为四个单位方向矢量的并积：

$$\boldsymbol{N}_4 = \boldsymbol{nnnn} \tag{7.18a}$$

其分量 N_{ijkl} 为

$$N_{ijkl} = n_i n_j n_k n_l \tag{7.18b}$$

四阶张量 $\boldsymbol{L}'_4 = L'_{ijkl}\boldsymbol{e}_i\boldsymbol{e}_j\boldsymbol{e}_k\boldsymbol{e}_l(i,j,k,l=1,2,3)$关于指标完全对称，为二阶单位张量 $\boldsymbol{I} = \delta_{ij}\boldsymbol{e}_i\boldsymbol{e}_j(i,j=1,2,3)$与 $\boldsymbol{N}_2$ 的并积：

$$\boldsymbol{L}'_4 = (\boldsymbol{IN}_2) = (\boldsymbol{Inn}) \tag{7.19a}$$

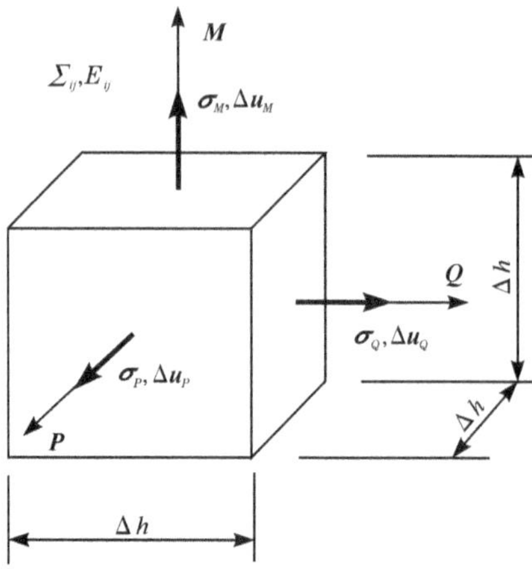

图 7.2　任意三对互相垂直微平面组成的代表性体积单元

其分量为

$$L'_{ijkl}=\frac{1}{4}(N_{ik}\delta_{jl}+N_{il}\delta_{jk}+N_{jl}\delta_{ik}+N_{jk}\delta_{il})$$
$$=\frac{1}{4}(n_in_k\delta_{jl}+n_in_l\delta_{jk}+n_jn_l\delta_{ik}+n_jn_k\delta_{il})\tag{7.19b}$$

在几何约束条件下，宏观应力张量 $\boldsymbol{\Sigma}=\Sigma_{ij}\boldsymbol{e}_i\boldsymbol{e}_j(i,j=1,2,3)$ 与微平面的应力矢量 $\boldsymbol{\sigma}(\boldsymbol{n})=\sigma_i\boldsymbol{e}_i(i=1,2,3)$ 之间一般不再满足投影关系。考察图 7.2 所示的由任意三对互相垂直微平面组成的代表性体积单元，是一个边长为 Δh 的立方体，它的三对互相垂直的微平面的单位法向矢量分别为 $\boldsymbol{M}$、$\boldsymbol{P}$、$\boldsymbol{Q}$。代表性体积单元的宏观应力张量仍记为 $\boldsymbol{\Sigma}$，宏观应变张量记为 $\boldsymbol{E}$。三对微平面上应力矢量分别记为 $\boldsymbol{\sigma}_M$、$\boldsymbol{\sigma}_P$、$\boldsymbol{\sigma}_Q$，各对微平面的相对位移分别记为 $\Delta\boldsymbol{u}_M$、$\Delta\boldsymbol{u}_P$、$\Delta\boldsymbol{u}_Q$（包括弹性和非弹性变形引起的位移），则三对微平面上应变矢量 $\boldsymbol{\varepsilon}_M$、$\boldsymbol{\varepsilon}_P$、$\boldsymbol{\varepsilon}_Q$ 与它们的相对位移关系为

$$\boldsymbol{\varepsilon}_M=\frac{\Delta\boldsymbol{u}_M}{h},\quad \boldsymbol{\varepsilon}_P=\frac{\Delta\boldsymbol{u}_P}{h},\quad \boldsymbol{\varepsilon}_Q=\frac{\Delta\boldsymbol{u}_Q}{h}\tag{7.20}$$

假设代表性体积单元的这三对微平面上有一个位移矢量变分 $\delta\Delta\boldsymbol{u}_M$、$\delta\Delta\boldsymbol{u}_P$、$\delta\Delta\boldsymbol{u}_Q$，则相应的三对微平面上应变矢量变分为 $\delta\boldsymbol{\varepsilon}_M$、$\delta\boldsymbol{\varepsilon}_P$、$\delta\boldsymbol{\varepsilon}_Q$，代表性体积单元的宏观应变的变分为 $\delta\boldsymbol{E}$。对所取的由任意三对互相垂直微平面组成的代表性体积单元，宏观水平上的虚功即为虚内功，是代表性体积单元的宏观应力在宏观应变上做的功。虚内功的变分为

$$\delta W_I=(\Delta h)^3(\boldsymbol{\Sigma}:\delta\boldsymbol{E})\tag{7.21}$$

微观水平上的虚功则是虚外功，为代表性体积单元的三对微平面上的力在其位移上做的功。虚外功的变分为

$$\delta W_E=(\Delta h)^2(\boldsymbol{\sigma}_M\cdot\delta\Delta\boldsymbol{u}_M+\boldsymbol{\sigma}_P\cdot\delta\Delta\boldsymbol{u}_P+\boldsymbol{\sigma}_Q\cdot\delta\Delta\boldsymbol{u}_Q)\tag{7.22}$$

由式(7.20)可知,三对微平面上的位移变分与应变矢量变分关系为

$$\delta\Delta\boldsymbol{u}_M = \Delta h\delta\boldsymbol{\varepsilon}_M, \quad \delta\Delta\boldsymbol{u}_P = \Delta h\delta\boldsymbol{\varepsilon}_P, \quad \delta\Delta\boldsymbol{u}_Q = \Delta h\delta\boldsymbol{\varepsilon}_Q \tag{7.23}$$

将式(7.23)代入式(7.22),可将虚外功的变分改写为

$$\delta W_E = (\Delta h)^3(\boldsymbol{\sigma}_M \cdot \delta\boldsymbol{\varepsilon}_M + \boldsymbol{\sigma}_P \cdot \delta\boldsymbol{\varepsilon}_P + \boldsymbol{\sigma}_Q \cdot \delta\boldsymbol{\varepsilon}_Q) \tag{7.24}$$

对该代表性体积单元,要求虚外功的变分等于虚内功的变分,即宏观水平上的虚功与细观水平(微平面水平)的虚功完全等价,$\delta W_I = \delta W_E$,称之为虚功原理[2]。由虚功原理,可以得到

$$\boldsymbol{\Sigma}:\delta\boldsymbol{E} = \boldsymbol{\sigma}_M \cdot \delta\boldsymbol{\varepsilon}_M + \boldsymbol{\sigma}_P \cdot \delta\boldsymbol{\varepsilon}_P + \boldsymbol{\sigma}_Q \cdot \delta\boldsymbol{\varepsilon}_Q \tag{7.25}$$

考虑到所取的三对互相垂直的微平面的任意性,将式(7.25)对单位球面上的所有微平面方向取平均,有

$$\frac{1}{4\pi}\oint(\boldsymbol{\Sigma}:\delta\boldsymbol{E})\mathrm{d}S = \frac{1}{4\pi}\oint(\boldsymbol{\sigma}_M \cdot \delta\boldsymbol{\varepsilon}_M + \boldsymbol{\sigma}_P \cdot \delta\boldsymbol{\varepsilon}_P + \boldsymbol{\sigma}_Q \cdot \delta\boldsymbol{\varepsilon}_Q)\mathrm{d}S \tag{7.26}$$

注意到:

$$\frac{1}{4\pi}\oint(\boldsymbol{\Sigma}:\delta\boldsymbol{E})\mathrm{d}S = \boldsymbol{\Sigma}:\delta\boldsymbol{E} \tag{7.27}$$

$$\begin{aligned}\frac{1}{4\pi}\oint(\sigma_M \cdot \delta\boldsymbol{\varepsilon}_M)\mathrm{d}S &= \frac{1}{4\pi}\oint(\boldsymbol{\sigma}_P \cdot \delta\boldsymbol{\varepsilon}_P)\mathrm{d}S \\ &= \frac{1}{4\pi}\oint(\boldsymbol{\sigma}_Q \cdot \delta\boldsymbol{\varepsilon}_Q)\mathrm{d}S = \frac{1}{4\pi}\oint(\boldsymbol{\sigma} \cdot \delta\boldsymbol{\varepsilon})\mathrm{d}S\end{aligned} \tag{7.28}$$

式(7.25)的虚功原理可写为

$$\boldsymbol{\Sigma}:\delta\boldsymbol{E} = \frac{1}{4\pi}\oint 3(\boldsymbol{\sigma} \cdot \delta\boldsymbol{\varepsilon})\mathrm{d}S \tag{7.29a}$$

其分量形式为

$$\Sigma_{ij}\delta E_{ij} = \frac{1}{4\pi}\oint 3(\sigma_i\delta\varepsilon_i)\mathrm{d}S \tag{7.29b}$$

在几何约束条件下,微平面的应变矢量变分 $\delta\boldsymbol{\varepsilon}$ 与代表性体积单元的宏观应变张量变分 $\delta\boldsymbol{E}$ 之间满足投影关系:

$$\delta\boldsymbol{\varepsilon} = \delta\boldsymbol{E} \cdot \boldsymbol{n} \tag{7.30a}$$

其分量形式为

$$\delta\boldsymbol{\varepsilon}_i = n_j\delta E_{ij}, \quad i,j = 1,2,3 \tag{7.30b}$$

将式(7.30b)代入式(7.29b),得到几何约束条件下的虚功原理表达式为

$$\Sigma_{ij}\delta E_{ij} = \left[\frac{1}{4\pi}\oint\frac{3}{2}(\sigma_i n_j + n_i\sigma_j)\mathrm{d}S\right]\delta E_{ij}, \quad i,j = 1,2,3 \tag{7.31}$$

即在几何约束条件下,宏观应力张量分量 Σ_{ij} 与微平面的应力矢量分量 σ_i 所需满足的积分关系[2]为

$$\boldsymbol{\Sigma} = \frac{1}{4\pi}\oint\frac{3}{2}(\boldsymbol{\sigma}\boldsymbol{n} + \boldsymbol{n}\boldsymbol{\sigma})\mathrm{d}S \tag{7.32a}$$

其分量形式为

$$\Sigma_{ij} = \frac{1}{4\pi}\oint \frac{3}{2}(\sigma_i n_j + n_i\sigma_j)\mathrm{d}S, \quad i,j=1,2,3 \tag{7.32b}$$

这表明，在几何约束条件下，尽管宏观应力张量分量 Σ_{ij} 与微平面的应力矢量分量 σ_i 不再满足投影关系即强平衡条件，但是二者在方向平均意义上满足弱平衡条件。式(7.32)的宏观应力张量分量 Σ_{ij} 与微平面的应力矢量分量 σ_i 的积分关系，可以根据第6章所建立的方向分布矢量函数的组构张量导出。将微平面上的应力矢量 $\boldsymbol{\sigma}(\boldsymbol{n})=\sigma_i\boldsymbol{e}_i(i=1,2,3)$ 作为方向分布矢量函数，则由式(6.200)可知它的二阶第一类组构张量为

$$\boldsymbol{D}_2 = \overline{\boldsymbol{M}_2} = \frac{1}{4\pi}\oint \boldsymbol{M}_2\mathrm{d}S = \frac{1}{4\pi}\oint\left[\frac{1}{2}(\boldsymbol{\sigma n}+\boldsymbol{n\sigma})\right]\mathrm{d}S \tag{7.33a}$$

式中，$\overline{(\cdot)}$ 代表方向平均。

其分量为

$$D_{ij} = \overline{M_{ij}} = \frac{1}{4\pi}\oint M_{ij}\mathrm{d}S = \frac{1}{4\pi}\oint\left[\frac{1}{2}(\sigma_i n_j + \sigma_j n_i)\right]\mathrm{d}S, \quad i,j=1,2,3 \tag{7.33b}$$

以宏观应力张量 $\boldsymbol{\Sigma}=\Sigma_{ij}\boldsymbol{e}_i\boldsymbol{e}_j(i,j=1,2,3)$ 作为它的二阶第二类组构张量，由式(6.225)和可知 $\boldsymbol{\Sigma}$ 构造的光滑方向分布矢量函数为 $\boldsymbol{w}_2(\boldsymbol{n})$：

$$\boldsymbol{w}_2(\boldsymbol{n}) = \boldsymbol{L}_3\cdot\boldsymbol{\Sigma} = L_{rij}\Sigma_{ij}\boldsymbol{e}_r, \quad r,i,j=1,2,3 \tag{7.34}$$

将 L_{rij} 的表达式(6.149)代入，注意到宏观应力张量的对称性，式(7.34)中的 $L_{rij}\Sigma_{ij}$ 可写为

$$L_{rij}\Sigma_{ij} = \delta_{r(i}n_{j)}\Sigma_{ij} = \frac{1}{2}(\delta_{ri}n_j + \delta_{ri}n_j)\Sigma_{ij} = \Sigma_{rj}n_j, \quad r,i,j=1,2,3 \tag{7.35}$$

则 $\boldsymbol{w}_2(\boldsymbol{n})$ 可写为

$$\boldsymbol{w}_2(\boldsymbol{n}) = \Sigma_{rj}n_j\boldsymbol{e}_r = \boldsymbol{\Sigma}\cdot\boldsymbol{n}, \quad r,j=1,2,3 \tag{7.36}$$

可见由 $\boldsymbol{\Sigma}$ 构造的光滑方向分布矢量函数 $\boldsymbol{w}_2(\boldsymbol{n})$ 为宏观应力张量 Σ 在微平面上的投影。将光滑方向分布矢量函数为 $\boldsymbol{w}_2(\boldsymbol{n})$ 作为对微平面上的应力矢量 $\boldsymbol{\sigma}(\boldsymbol{n})$ 的近似，若要求这一近似满足最小二乘，即二者之差模平方的方向平均最小，根据式(6.243)得到宏观应力张量与应力矢量的二阶第一类组构张量关系为

$$\Sigma_{ij} = 3D_{ij}, \quad i,j=1,2,3 \tag{7.37}$$

将式(7.33b)代入式(7.37)，即可得到式(7.32b)。上面的分析表明，虚功原理与最小二乘估计方法等价[2]。

利用式(6.15)，容易以证明，若宏观应变张量 $\boldsymbol{E}$ 与微平面的应变矢量 $\boldsymbol{E}$ 之间满足投影关系，则二者之间也必然满足如下的积分关系：

$$\boldsymbol{E} = \frac{1}{4\pi}\oint \frac{3}{2}(\boldsymbol{\varepsilon n} + \boldsymbol{n\varepsilon})\mathrm{d}S \tag{7.38a}$$

其分量形式为

$$E_{ij} = \frac{1}{4\pi}\oint \frac{3}{2}(\varepsilon_i n_j + n_i \varepsilon_j)\mathrm{d}S \tag{7.38b}$$

2) 静力约束条件

在静力约束条件下，微平面的应力矢量 $\boldsymbol{\sigma}(\boldsymbol{n}) = \sigma_i \boldsymbol{e}_i (i=1,2,3)$ 与宏观应力张量 $\boldsymbol{\Sigma} = \boldsymbol{\Sigma}_{ij}\boldsymbol{e}_i\boldsymbol{e}_j (i,j=1,2,3)$ 之间满足投影关系，即

$$\boldsymbol{\sigma}(\boldsymbol{n}) = \boldsymbol{\Sigma} \cdot \boldsymbol{n} \tag{7.39a}$$

其分量形式为

$$\sigma_i = \Sigma_{ij} n_j \tag{7.39b}$$

微平面的法向应力矢量 $\boldsymbol{\sigma}_N$ 与宏观应力张量 $\boldsymbol{\Sigma}$ 之间关系为

$$\boldsymbol{\sigma}_N = [\boldsymbol{n} \cdot (\boldsymbol{\Sigma} \cdot \boldsymbol{n})]\boldsymbol{n} = (\boldsymbol{\Sigma} : \boldsymbol{nn})\boldsymbol{n} \tag{7.40a}$$

其分量形式为

$$\sigma_{Ni} = (\Sigma_{kl} n_k n_l) n_i, \quad i,k,l = 1,2,3 \tag{7.40b}$$

微平面的切向应力矢量 $\boldsymbol{\sigma}_T$ 与宏观应力张量 $\boldsymbol{\Sigma}$ 之间关系为

$$\boldsymbol{\sigma}_T = \boldsymbol{\Sigma} \cdot \boldsymbol{n} - (\boldsymbol{\Sigma} : \boldsymbol{nn})\boldsymbol{n} \tag{7.41a}$$

其分量形式为

$$\sigma_{Ti} = \Sigma_{ij} n_j - (\Sigma_{kl} n_k n_l) n_i, \quad i,j,k,l = 1,2,3 \tag{7.41b}$$

微平面的正应力 σ_N 与宏观应力张量 $\boldsymbol{\Sigma}$ 之间关系为

$$\begin{aligned}\sigma_N &= \boldsymbol{\Sigma} : \boldsymbol{N}_2 = \boldsymbol{\Sigma} : \boldsymbol{nn} \\ &= \Sigma_{kl} N_{kl} = \Sigma_{kl} n_k n_l, \quad k,l = 1,2,3\end{aligned} \tag{7.42}$$

微平面的剪应力 τ_N 与宏观应力张量 $\boldsymbol{\Sigma}$ 之间关系为

$$\begin{aligned}\tau_N &= \sqrt{(\boldsymbol{\Sigma} \cdot \boldsymbol{n}) \cdot (\boldsymbol{\Sigma} \cdot \boldsymbol{n}) - (\boldsymbol{\Sigma} : \boldsymbol{nn})^2} = \sqrt{\boldsymbol{\Sigma} : \boldsymbol{T} : \boldsymbol{\Sigma}} \\ &= \sqrt{\Sigma_{ki}\Sigma_{kj} n_i n_j - \Sigma_{ij}\Sigma_{kl} n_i n_j n_k n_l} \\ &= \sqrt{\Sigma_{ij} T_{ijkl} \Sigma_{kl}}, \quad i,j,k,l = 1,2,3\end{aligned} \tag{7.43}$$

在静力约束条件下，根据虚余功原理或最小二乘估计，得到宏观应变张量分量 E_{ij} 与微平面的应变矢量分量 ε_i 所需满足的积分关系式(7.38b)。这表明，在静力约束条件下，尽管应变张量分量 E_{ij} 与微平面的应变矢量分量 ε_i 不再满足投影关系式(7.11b)即强变形协调条件，但是在二者在方向平均意义上满足弱变形协调条件。

7.2　基于微平面有效应力的岩体各向异性损伤屈服准则

在 7.1 节中，根据微平面模型的宏细观联系框架，分别建立了几何约束条件

和静力约束条件下的宏观应力、应变张量与微平面的应力、应变矢量间的联系。在静力约束条件下，本节将给出以微平面上应力矢量表示的宏观应力张量不变量，从而将传统的以主应力、应力不变量表示的各向同性屈服准则表示为微平面应力矢量函数的形式。根据第 6 章建立的方向分布矢量函数组构张量数学工具，将微平面上的有效应力视为方向分布矢量函数，建立考虑各向异性损伤、基于宏观有效应力张量不变量的各向异性损伤屈服准则。

7.2.1 宏观应力张量不变量的微平面表达式

在弹塑性力学中，宏观应力张量 $\boldsymbol{\Sigma}=\Sigma_{ij}\boldsymbol{e}_i\boldsymbol{e}_j\,(i,j=1,2,3)$ 的偏量 $\boldsymbol{\Sigma}'=\Sigma'_{ij}\boldsymbol{e}_i\boldsymbol{e}_j$ $(i,j=1,2,3)$ 定义为

$$\boldsymbol{\Sigma}'=\boldsymbol{\Sigma}-\frac{1}{3}\mathrm{tr}(\boldsymbol{\Sigma})\boldsymbol{I} \tag{7.44a}$$

式中，$\mathrm{tr}(\boldsymbol{\Sigma})=\Sigma_{kk}$ 为宏观应力张量的迹。

其分量形式为

$$\Sigma'_{ij}=\Sigma_{ij}-\frac{1}{3}\Sigma_{kk}\delta_{ij},\quad i,j,k=1,2,3 \tag{7.44b}$$

宏观应力张量 $\boldsymbol{\Sigma}$ 的第一不变量 I_1 为

$$I_1=\mathrm{tr}(\boldsymbol{\Sigma})=\Sigma_{kk}=\Sigma_{11}+\Sigma_{22}+\Sigma_{33},\quad k=1,2,3 \tag{7.45}$$

宏观应力张量偏量 $\boldsymbol{\Sigma}'$ 的第二不变量 J_2 为

$$\begin{aligned}J_2&=\frac{1}{2}\boldsymbol{\Sigma}':\boldsymbol{\Sigma}'=\frac{1}{2}\Sigma'_{ij}\Sigma'_{ij}\\&=\frac{1}{6}[(\Sigma_{11}-\Sigma_{22})^2+(\Sigma_{22}-\Sigma_{33})^2\\&\quad+(\Sigma_{33}-\Sigma_{11})^2+6\Sigma_{12}^2+6\Sigma_{23}^2+6\Sigma_{31}^2]\end{aligned} \tag{7.46}$$

在静力约束条件下，微平面的应力矢量 $\boldsymbol{\sigma}(\boldsymbol{n})$ 与宏观应力张量 $\boldsymbol{\Sigma}$ 间满足投影关系式(7.39a)，微平面的正应力 σ_N 和剪应力 τ_N 与宏观应力张量 $\boldsymbol{\Sigma}$ 之间的关系分别为式(7.42)和(7.43)。将式(7.44a)代入式(7.43)，则微平面的剪应力平方 τ_N^2 可表示为

$$\begin{aligned}\tau_N^2&=\boldsymbol{\Sigma}:\boldsymbol{T}:\boldsymbol{\Sigma}=\left[\boldsymbol{\Sigma}'+\frac{1}{3}\mathrm{tr}(\boldsymbol{\Sigma})\boldsymbol{I}\right]:\boldsymbol{T}:\left[\boldsymbol{\Sigma}'+\frac{1}{3}\mathrm{tr}(\boldsymbol{\Sigma})\boldsymbol{I}\right]\\&=\boldsymbol{\Sigma}':\boldsymbol{T}:\boldsymbol{\Sigma}'+\frac{1}{3}\mathrm{tr}(\Sigma)(\boldsymbol{I}:\boldsymbol{T}:\boldsymbol{\Sigma}'+\boldsymbol{\Sigma}':\boldsymbol{T}:\boldsymbol{I})+\frac{1}{9}[\mathrm{tr}(\boldsymbol{\Sigma})]^2\boldsymbol{I}:\boldsymbol{T}:\boldsymbol{I}\end{aligned} \tag{7.47}$$

利用式(7.17)～式(7.19)，并注意到 $\boldsymbol{N}_2$ 的对称性和 $\boldsymbol{N}_4$ 的缩并性质(式(6.30))，有

$$\begin{aligned}\boldsymbol{I}:\boldsymbol{T}:\boldsymbol{\Sigma}'&=\boldsymbol{I}:\boldsymbol{L}'_4:\boldsymbol{\Sigma}'-\boldsymbol{I}:\boldsymbol{N}_4:\boldsymbol{\Sigma}'\\&=\delta_{ij}L'_{ijkl}\Sigma'_{kl}-\delta_{ij}N_{ijkl}\Sigma'_{kl}\end{aligned}$$

$$= \delta_{ij} \frac{1}{4}(N_{ik}\delta_{jl} + N_{il}\delta_{jk} + N_{jl}\delta_{ik} + N_{jk}\delta_{il})\Sigma'_{kl} - N_{iikl}\Sigma'_{kl}$$

$$= N_{kl}\Sigma'_{kl} - N_{kl}\Sigma'_{kl} = 0 \tag{7.48}$$

类似地，有

$$\boldsymbol{\Sigma}' : \boldsymbol{T} : \boldsymbol{I} = \boldsymbol{I} : \boldsymbol{T} : \boldsymbol{I} = 0 \tag{7.49}$$

将式(7.48)和式(7.49)代入式(7.47)，在静力约束条件下，微平面的剪应力平方 τ_N^2 可表示为宏观应力张量偏量 $\boldsymbol{\Sigma}'$ 的如下函数：

$$\tau_N^2 = \boldsymbol{\Sigma}' : \boldsymbol{T} : \boldsymbol{\Sigma}' = \Sigma'_{ij} T_{ijkl} \Sigma'_{kl} \tag{7.50}$$

下面来考察微平面正应力 σ_N 和剪应力平方 τ_N^2 的方向平均：

$$\overline{\sigma_N} = \frac{1}{4\pi}\oint \sigma_N \mathrm{d}S \tag{7.51}$$

$$\overline{\tau_N^2} = \frac{1}{4\pi}\oint \tau_N^2 \mathrm{d}S \tag{7.52}$$

将式(7.42)代入式(7.51)，得到

$$\overline{\sigma_N} = \frac{1}{4\pi}\oint \boldsymbol{\Sigma} : \boldsymbol{N}_2 \mathrm{d}S = \boldsymbol{\Sigma} : \frac{1}{4\pi}\oint \boldsymbol{N}_2 \mathrm{d}S = \boldsymbol{\Sigma} : \overline{\boldsymbol{N}_2}$$

$$= \frac{1}{4\pi}\oint \Sigma_{kl} N_{kl} \mathrm{d}S = \Sigma_{kl} \frac{1}{4\pi}\oint N_{kl} \mathrm{d}S = \Sigma_{kl} \overline{N_{kl}}, \quad k,l = 1,2,3 \tag{7.53}$$

将式(6.15)和式(6.19)代入式(7.53)，得到

$$\overline{\sigma_N} = \frac{1}{3}\boldsymbol{\Sigma} : \boldsymbol{I} = \frac{1}{3}\Sigma_{kl}\delta_{kl} = \frac{1}{3}\Sigma_{kk}, \quad k,l = 1,2,3 \tag{7.54}$$

注意到式(7.45)，可得到宏观应力张量 $\boldsymbol{\Sigma}$ 的第一不变量 I_1 与微平面正应力的方向平均关系为

$$\frac{1}{3}I_1 = \overline{\sigma_N} = \frac{1}{4\pi}\oint \sigma_N \mathrm{d}S \tag{7.55}$$

将式(7.50)代入式(7.52)，得到

$$\overline{\tau_N^2} = \frac{1}{4\pi}\oint (\boldsymbol{\Sigma}' : \boldsymbol{T} : \boldsymbol{\Sigma}')\mathrm{d}S = \boldsymbol{\Sigma}' : \overline{\boldsymbol{T}} : \boldsymbol{\Sigma}'$$

$$= \frac{1}{4\pi}\oint (\Sigma'_{ij} T_{ijkl} \Sigma'_{kl})\mathrm{d}S = \Sigma'_{ij}\overline{T_{ijkl}}\Sigma'_{kl} \tag{7.56}$$

式中，$\overline{\boldsymbol{T}} = \overline{T}_{ijkl}\boldsymbol{e}_i\boldsymbol{e}_j\boldsymbol{e}_k\boldsymbol{e}_l (i,j,k,l=1,2,3)$ 为 $\boldsymbol{T}$ 的方向平均：

$$\overline{\boldsymbol{T}} = \frac{1}{4\pi}\oint \boldsymbol{T}\mathrm{d}S, \quad \overline{T_{ijkl}} = \frac{1}{4\pi}\oint T_{ijkl}\mathrm{d}S \tag{7.57a,b}$$

利用式(7.17)，有

$$\overline{\boldsymbol{T}} = \overline{\boldsymbol{L}'_4} - \overline{\boldsymbol{N}_4}, \quad \overline{T_{ijkl}} = \overline{L'_{ijkl}} - \overline{N_{ijkl}} \tag{7.58a,b}$$

利用式(6.16)和式(6.20)，有

$$\overline{N_{ijkl}} = \frac{1}{15}(\delta_{ij}\delta_{kl} + \delta_{ik}\delta_{jl} + \delta_{il}\delta_{jk}) \tag{7.59}$$

$$\overline{L'_{ijkl}} = \frac{1}{4}(\overline{N_{ik}}\delta_{jl} + \overline{N_{il}}\delta_{jk} + \overline{N_{jl}}\delta_{ik} + \overline{N_{jk}}\delta_{il})$$

$$= \frac{1}{12}(\delta_{ik}\delta_{jl} + \delta_{il}\delta_{jk} + \delta_{jl}\delta_{ik} + \delta_{jk}\delta_{il}) = \frac{1}{6}(\delta_{ik}\delta_{jl} + \delta_{il}\delta_{jk}) \tag{7.60}$$

将式(7.59)和式(7.60)代入式(7.58)，得到

$$\overline{T_{ijkl}} = \frac{1}{10}(\delta_{ik}\delta_{jl} + \delta_{il}\delta_{jk}) - \frac{1}{15}\delta_{ij}\delta_{kl} \tag{7.61}$$

将式(7.61)代入式(7.58)，并注意到应力偏张量的缩并为零：$\Sigma'_{ii}=0$，有

$$\Sigma_{ij}\Sigma_{ij} = \left(\Sigma'_{ij} + \frac{1}{3}\Sigma_{kk}\delta_{ij}\right)\left(\Sigma'_{ij} + \frac{1}{3}\Sigma_{kk}\delta_{ij}\right)$$

$$= \Sigma'_{ij}\Sigma'_{ij} + \frac{1}{3}(\Sigma_{kk})^2 \tag{7.62}$$

将式(7.51)～式(7.53)代入式(7.56)，有

$$\overline{\tau_N^2} = \Sigma'_{ij}\,\overline{T_{ijkl}}\Sigma'_{kl} = \left[\frac{1}{10}(\delta_{ik}\delta_{jl} + \delta_{il}\delta_{jk}) - \frac{1}{15}\delta_{ij}\delta_{kl}\right]\Sigma'_{ij}\Sigma'_{kl}$$

$$= \frac{1}{5}\Sigma'_{ij}\Sigma'_{ij} - \frac{1}{15}\Sigma'_{ii}\Sigma'_{kk} = \frac{1}{5}\Sigma'_{ij}\Sigma'_{ij} \tag{7.63}$$

利用式(7.46)和式(7.52)，可得到宏观应力偏张量$\boldsymbol{\Sigma}'$的第二不变量J_2与微平面剪应力平方的方向平均关系为

$$\frac{2}{5}J_2 = \overline{\tau_N^2} = \frac{1}{4\pi}\oint \tau_N^2 \mathrm{d}S \tag{7.64}$$

上述分析表明，所有微平面正应力的方向平均是宏观应力张量$\boldsymbol{\Sigma}$的第一不变量I_1的三分之一，而所有微平面剪应力平方的方向平均是宏观应力偏张量$\boldsymbol{\Sigma}'$的第二不变量J_2的五分之二。

7.2.2　各向同性强度准则及其微平面表述

从微平面的屈服来看，经典塑性力学中的常用强度理论可分为两大类：

(1) 沿某个最不利微平面破坏的强度理论。认为当某个微平面上的应力最先满足破坏条件时，材料即发生宏观破坏，且破坏仅沿该最不利微平面发生。以主应力或最大剪应力表示的强度理论都属于此类强度理论，如最大拉应力强度准则(Rankine 准则)、最大剪应力强度准则(Tresca 准则)、Mohr-Coulomb 抗剪强度准则等。

在最大拉应力强度准则(Rankine 准则)中，认为当最大主应力(或第一主应力)σ_1达到材料的抗拉强度T时，材料发生破坏：

$$\sigma_1 = T \tag{7.65}$$

对材料宏观物理点的代表性体积单元来说，它的最大主应力就是其所有方向微平面上正应力的最大值：

$$\sigma_1 = \max_{\boldsymbol{n}}[\sigma_N(\boldsymbol{n})] \tag{7.66}$$

定义 $F_t(\boldsymbol{n})$为微平面的抗拉破坏函数：

$$F_t(\boldsymbol{n}) = \sigma_N(\boldsymbol{n}) - T \tag{7.67}$$

则 Rankine 准则可以表述为：当某个最不利微平面上的抗拉破坏函数最大值或临界值达到零时，该微平面将发生拉破坏，材料也将发生宏观拉破坏：

$$F_{t\_cr} = \max_{\boldsymbol{n}}[F_t(\boldsymbol{n})] = 0 \tag{7.68}$$

事实上，以微平面破坏条件表达的 Rankine 准则更清楚地揭示了破坏的物理本质，当某个最不利微平面上的正应力达到抗拉强度时，材料即沿着该方向微平面发生拉破坏。

在最大剪应力强度准则(Tresca 准则)中，认为当最大剪应力 τ_{max} 达到材料的抗剪强度 τ_s 时，材料发生破坏：

$$\tau_{max} = \tau_s \tag{7.69}$$

对材料宏观物理点的代表性体积单元来说，它的最大剪应力就是其所有方向微平面上切向应力的最大值：

$$\tau_{max} = \max_{\boldsymbol{n}}[\tau_N(\boldsymbol{n})] \tag{7.70}$$

定义 $F_s(\boldsymbol{n})$为微平面的抗剪破坏函数：

$$F_s(\boldsymbol{n}) = \tau_N(\boldsymbol{n}) - \tau_s \tag{7.71}$$

则 Tresca 准则可以表述为：当某个最不利微平面上的抗剪破坏函数最大值或临界值达到零时，该微平面将发生剪切破坏，材料也将发生宏观剪切破坏：

$$F_{s\_cr} = \max_{\boldsymbol{n}}[F_s(\boldsymbol{n})] = 0 \tag{7.72}$$

岩土材料中常用的 Mohr-Coulomb 抗剪强度准则，最初实际上就是以微平面形式表述的。Mohr-Coulomb 抗剪强度准则认为，在材料的某个最不利方向上的正应力和剪应力满足 Mohr-Coulomb 抗剪破坏条件时，材料即发生剪切破坏。它的微平面的抗剪破坏函数 $F_s(\boldsymbol{n})$可定义为

$$F_s(\boldsymbol{n}) = f\sigma_N(\boldsymbol{n}) + \tau_N(\boldsymbol{n}) - c \tag{7.73}$$

式中，f 和 c 分别是岩土材料的摩擦系数和内聚力。

当某个最不利微平面抗剪破坏函数式(7.73)最先满足式(7.72)时，材料整体即达到抗剪能力极限，发生剪切破坏。

(2) 所有微平面整体屈服的强度理论。认为当所有微平面应力的某个平均值达到材料的屈服极限时，材料将发生宏观屈服和破坏，此时屈服沿所有微平面同时发生。由于应力不变量可以表示为所有微平面应力的某种平均，因此以应力不变量表示的强度理论都属于此类强度理论，如 Mises 强度准则、Drucker-Prager 准则等。

在 Mises 强度准则中，认为当宏观应力偏张量 $\boldsymbol{\Sigma}'$ 的第二不变量 J_2 与满足下

式时，材料由于形状改变比能达到某一极限值而发生屈服：

$$\sqrt{J_2} = k \tag{7.74}$$

由式(7.64)可知，J_2 为所有微平面剪应力平方之方向平均的2.5倍：

$$J_2 = \overline{\frac{5}{2}\tau_N(\boldsymbol{n})^2} = \frac{1}{4\pi}\oint \frac{5}{2}\tau_N(\boldsymbol{n})^2 \mathrm{d}S \tag{7.75}$$

Mises 屈服准则的屈服函数可定义为

$$F_{\mathrm{cr}} = \sqrt{J_2} - k = 0 \tag{7.76}$$

Mises 强度准则可表述为：当所有微平面上剪应力平方的方向平均达到式(7.76)的屈服极限时，材料的各微平面将整体发生宏观屈服。

对岩土材料，考虑静水压力对屈服的影响，引入相应的材料参数 α，可将 Mises 强度准则推广为 Drucker-Prager 屈服准则，认为当宏观应力张量 $\boldsymbol{\Sigma}$ 的第一不变量 I_1、宏观应力偏张量 $\boldsymbol{\Sigma}'$ 的第二不变量 J_2 满足下式时，材料发生宏观屈服：

$$\alpha I_1 + \sqrt{J_2} = k \tag{7.77}$$

由式(7.55)可知，I_1 为所有微平面正应力之方向平均的3倍：

$$I_1 = \overline{3\sigma_N(\boldsymbol{n})} = \frac{1}{4\pi}\oint 3\sigma_N(\boldsymbol{n}) \mathrm{d}S \tag{7.78}$$

Drucker-Prager 屈服准则的屈服函数可定义为

$$F_{\mathrm{cr}} = \alpha I_1 + \sqrt{J_2} - k = 0 \tag{7.79}$$

Drucker-Prager 屈服准则可表述为：当所有微平面上正应力的方向平均和剪应力平方的方向平均达到式(7.79)的屈服极限时，材料的各微平面将整体发生宏观屈服。

以上的分析表明，无论是沿某个最不利微平面破坏的强度理论，还是所有微平面整体屈服的强度理论，都可采用微平面上的正应力和剪应力以及它们的方向平均来统一地表达。

7.2.3　微平面有效应力矢量、宏观有效应力张量及其不变量

前述的经典塑性力学中的强度准则或屈服准则，适用于各向同性材料。当代表性体积单元内部有各向异性的分布缺陷时，它的损伤力学效应是各向异性的，由此导致了代表性体积单元的宏观屈服或破坏行为也将是各向异性的。为此，需建立与材料内部细观结构有关的各向异性屈服准则或各向异性强度准则。

为了考虑含缺陷材料的各向异性损伤力学效应，本节从损伤力学中的面积损伤概念出发，基于方向分布矢量函数分析，将 Mises 强度准则和 Drucker-prager 屈服准则进行推广，建立相应的各向异性损伤屈服准则。

针对一维等截面杆件受轴向拉伸的问题，Kachanov[3] 和 Rabotnov[4] 提出了面积损伤的概念。设拉杆所受的轴向力为 F，它的横截面面积为 A。假设横截面

由两部分组成:第一部分为所有缺陷组成的损伤部分,无承载能力;第二部分为无损部分,有承载能力。横截面面积 A 等于无损部分和有损部分这两部分的面积之和:

$$A = A_d + A_e \tag{7.80}$$

式中,A_d 为横截面上损伤部分的面积;A_e 为横截面上无损部分的面积。

定义损伤变量 ω 为横截面上损伤部分所占的面积比例:

$$\omega = \frac{A_d}{A} \tag{7.81}$$

截面上的名义应力 σ 为单位横截面积上的作用力:

$$\sigma = \frac{F}{A} \tag{7.82}$$

截面上的有效应力 $\tilde{\sigma}$ 则定义为无损部分单位面积上的作用力:

$$\tilde{\sigma} = \frac{F}{A_e} \tag{7.83}$$

将式(7.80)~式(7.82)代入式(7.83),则可得到有效应力与名义应力和损伤变量的关系式:

$$\tilde{\sigma} = \frac{\sigma}{1-\omega} \tag{7.84}$$

对三维应力状态,直接把 Kachanov-Robotnov 的一维面积损伤和有效应力概念进行推广是相当困难的。考察三维含缺陷的代表性体积单元,记名义应力张量和有效应力张量分别为 $\boldsymbol{\Sigma}=\Sigma_{ij}\boldsymbol{e}_i\boldsymbol{e}_j\ (i,j=1,2,3)$ 和 $\tilde{\boldsymbol{\Sigma}}=\tilde{\Sigma}_{ij}\boldsymbol{e}_i\boldsymbol{e}_j\ (i,j=1,2,3)$。Murakami和 Ohno[5~7]创立了三维各向异性几何损伤理论,提出了有效应力张量的概念。例如,Murakami[5]以二阶几何损伤张量 $\hat{\boldsymbol{\Omega}}=\hat{\Omega}_{ij}\boldsymbol{e}_i\boldsymbol{e}_j\ (i,j=1,2,3)$ 来反映各向异性几何缺陷的损伤力学效应,与之对偶的二阶连续度张量 $\boldsymbol{\Psi}=\Psi_{ij}\boldsymbol{e}_i\boldsymbol{e}_j\ (i,j=1,2,3)$ 定义为

$$\boldsymbol{\Psi} = (\boldsymbol{I}-\hat{\boldsymbol{\Omega}})^{-1}, \quad i,j=1,2,3 \tag{7.85a}$$

$$\Psi_{ij} = (\delta_{ij}-\hat{\Omega}_{ij})^{-1}, \quad i,j=1,2,3 \tag{7.85b}$$

他们给出的有效应力张量与名义应力张量、二阶连续度张量的关系为

$$\tilde{\boldsymbol{\Sigma}} = \frac{1}{2}(\boldsymbol{\Sigma}\cdot\boldsymbol{\Psi}+\boldsymbol{\Psi}\cdot\boldsymbol{\Sigma}), \quad i,j,k=1,2,3 \tag{7.86a}$$

$$\tilde{\Sigma}_{ij} = \frac{1}{2}(\Sigma_{ik}\Psi_{kj}+\Psi_{ik}\Sigma_{kj}), \quad i,j,k=1,2,3 \tag{7.86b}$$

下面从方向分布函数分析的角度,将 Kachanov-Robotnov 的一维面积损伤和有效应力概念直接推广至三维情形,并与 Murakami 给出的有效应力张量进行比较。

对材料宏观物理点的某个代表性体积单元,考虑各向异性的缺陷分布情况。

由于各方向横截面的有损部分面积不同,它所占的面积比例是一个与方向有关的标量函数。即对法向单位矢量为 $\boldsymbol{n}=n_i\boldsymbol{e}_i(i=1,2,3)$ 的微平面,面积损伤 ω 是一个与方向有关的标量方向分布函数:

$$\omega=\omega(\boldsymbol{n}) \tag{7.87}$$

该微平面上的名义应力矢量记为 $\boldsymbol{\sigma}(\boldsymbol{n})=\sigma_i\boldsymbol{e}_i(i=1,2,3)$,有效应力矢量记为 $\tilde{\boldsymbol{\sigma}}(\boldsymbol{n})=\tilde{\sigma}_i\boldsymbol{e}_i(i=1,2,3)$。显然,微平面上的有效应力矢量与名义应力矢量和损伤变量仍有与式(7.84)相同的关系:

$$\tilde{\boldsymbol{\sigma}}(\boldsymbol{n})=\frac{\boldsymbol{\sigma}(\boldsymbol{n})}{1-\omega(\boldsymbol{n})} \tag{7.88a}$$

其分量形式为

$$\tilde{\sigma}_i(\boldsymbol{n})=\frac{\sigma_i(\boldsymbol{n})}{1-\omega(\boldsymbol{n})},\quad i=1,2,3 \tag{7.88b}$$

在微平面上,也可将有效应力矢量 $\tilde{\boldsymbol{\sigma}}(\boldsymbol{n})$ 分解为沿法向的有效应力矢量 $\tilde{\boldsymbol{\sigma}}_N(\boldsymbol{n})=\tilde{\sigma}_{Ni}\boldsymbol{e}_i(i=1,2,3)$ 和切向的有效应力矢量 $\tilde{\boldsymbol{\sigma}}_T(\boldsymbol{n})=\tilde{\sigma}_{Ti}\boldsymbol{e}_i(i=1,2,3)$,即

$$\tilde{\boldsymbol{\sigma}}=\tilde{\boldsymbol{\sigma}}_N+\tilde{\boldsymbol{\sigma}}_T \tag{7.89a}$$

其分量形式为

$$\tilde{\sigma}_i=\tilde{\sigma}_{Ni}+\tilde{\sigma}_{Ti},\quad i=1,2,3 \tag{7.89b}$$

有效正应力(法向有效应力矢量的模)$\tilde{\sigma}_N$ 可按下式计算:

$$\tilde{\sigma}_N=\sqrt{\tilde{\sigma}_{Ni}\tilde{\sigma}_{Ni}}=(\tilde{\boldsymbol{\sigma}}\cdot\boldsymbol{n})=\tilde{\sigma}_r n_r,\quad r=1,2,3 \tag{7.90}$$

法向应力矢量 $\boldsymbol{\sigma}_N$ 为

$$\tilde{\boldsymbol{\sigma}}_N=(\tilde{\boldsymbol{\sigma}}\cdot\boldsymbol{n})\boldsymbol{n} \tag{7.91a}$$

其分量形式为

$$\tilde{\sigma}_{Ni}=(\tilde{\sigma}_r n_r)n_i,\quad r,i=1,2,3 \tag{7.91b}$$

有效切向应力矢量 $\tilde{\boldsymbol{\sigma}}_T$ 可按下式计算:

$$\tilde{\boldsymbol{\sigma}}_T=\tilde{\boldsymbol{\sigma}}-\tilde{\boldsymbol{\sigma}}_N=\tilde{\boldsymbol{\sigma}}-(\tilde{\boldsymbol{\sigma}}\cdot\boldsymbol{n})\boldsymbol{n} \tag{7.92a}$$

其分量形式为

$$\tilde{\sigma}_{Ti}=\tilde{\sigma}_i-\tilde{\sigma}_{Ni}=\tilde{\sigma}_i-(\tilde{\sigma}_r n_r)n_i,\quad r,i=1,2,3 \tag{7.92b}$$

有效剪应力(有效切向应力矢量的模)$\tilde{\tau}_N$ 为

$$\tilde{\tau}_N=\sqrt{\tilde{\sigma}_{Ti}\tilde{\sigma}_{Ti}}=\sqrt{(\tilde{\boldsymbol{\sigma}}\cdot\tilde{\boldsymbol{\sigma}})-(\tilde{\boldsymbol{\sigma}}\cdot\boldsymbol{n})^2}=\sqrt{\tilde{\sigma}_i\tilde{\sigma}_i-(\tilde{\sigma}_r n_r)^2},\quad r,i=1,2,3 \tag{7.93}$$

将式(7.88)代入式(7.90)和式(7.93),利用式(7.1)~式(7.5),得到微平面的有效正应力 $\tilde{\sigma}_N$、有效剪应力 $\tilde{\tau}_N$ 与名义正应力 σ_N、名义剪应力 τ_N 和损伤变量仍有如式(7.88)所示的关系为

$$\tilde{\sigma}_N=\frac{\sigma_N}{1-\omega(\boldsymbol{n})} \tag{7.94}$$

$$\tilde{\tau}_N = \frac{\tau_N}{1-\omega(\boldsymbol{n})} \tag{7.95}$$

对材料的各向异性损伤情形，根据有效应力原理(应变等价原理)假设宏观有效应力张量 $\tilde{\boldsymbol{\Sigma}}$ 及其不变量 $\tilde{I}_1$、$\tilde{J}_2$ 与微平面的有效应力矢量 $\tilde{\boldsymbol{\sigma}}(\boldsymbol{n})$ 之间存在着与无损材料相同的关系式。根据这一假设，损伤材料的宏观有效应力张量 $\tilde{\boldsymbol{\Sigma}}$ 为微平面有效应力矢量 $\tilde{\boldsymbol{\sigma}}$ 的二阶第二类组构张量：

$$\tilde{\boldsymbol{\Sigma}} = \frac{1}{4\pi}\oint \frac{3}{2}(\tilde{\boldsymbol{\sigma}}\boldsymbol{n} + \boldsymbol{n}\tilde{\boldsymbol{\sigma}})\mathrm{d}S \tag{7.96a}$$

其分量形式为

$$\tilde{\Sigma}_{ij} = \frac{1}{4\pi}\oint \frac{3}{2}(\tilde{\sigma}_i n_j + n_i\tilde{\sigma}_j)\mathrm{d}S \tag{7.96b}$$

损伤材料的宏观有效应力张量的第一不变量 $\tilde{I}_1$ 为所有微平面有效正应力之方向平均的 3 倍：

$$\tilde{I}_1 = \overline{3\tilde{\sigma}_N(\boldsymbol{n})} = \frac{1}{4\pi}\oint 3\tilde{\sigma}_N(\boldsymbol{n})\mathrm{d}S \tag{7.97}$$

损伤材料的宏观有效应力偏张量的第二不变量 $\tilde{J}_2$ 为所有微平面有效剪应力平方之方向平均的 2.5 倍：

$$\tilde{J}_2 = \overline{\frac{5}{2}\tilde{\tau}_N(\boldsymbol{n})^2} = \frac{1}{4\pi}\oint \frac{5}{2}\tilde{\tau}_N(\boldsymbol{n})^2\mathrm{d}S \tag{7.98}$$

将式(7.94)代入式(7.96a)，可以得到宏观有效应力张量 $\tilde{\boldsymbol{\Sigma}}$ 与微平面名义应力矢量 $\boldsymbol{\sigma}$ 和损伤变量 ω 的关系为

$$\tilde{\boldsymbol{\Sigma}} = \frac{1}{4\pi}\oint \frac{3}{2}\,\frac{\boldsymbol{\sigma n} + \boldsymbol{n\sigma}}{1-\omega(\boldsymbol{n})}\mathrm{d}S \tag{7.99a}$$

其分量形式为

$$\tilde{\Sigma}_{ij} = \frac{1}{4\pi}\oint \frac{3}{2}\,\frac{\sigma_i n_j + \sigma_j n_i}{1-\omega(\boldsymbol{n})}\mathrm{d}S \tag{7.99b}$$

将式(7.94)代入式(7.97)，可以得到 $\tilde{I}_1$ 与微平面名义正应力 σ_N 和损伤变量 ω 的关系为

$$\tilde{I}_1 = \frac{1}{4\pi}\oint 3\,\frac{\sigma_N}{1-\omega(\boldsymbol{n})}\mathrm{d}S \tag{7.100}$$

将式(7.95)代入式(7.98)，可以得到 $\tilde{J}_2$ 与微平面名义剪应力 τ_N 和损伤变量 ω 的关系为

$$\tilde{J}_2 = \frac{1}{4\pi}\oint \frac{5}{2}\,\frac{\tau_N^2}{[1-\omega(\boldsymbol{n})]^2}\mathrm{d}S \tag{7.101}$$

定义方向分布函数 $\rho'(\boldsymbol{n})$ 为

$$\rho'(\boldsymbol{n}) = \frac{3}{1-\omega(\boldsymbol{n})} \tag{7.102}$$

它的二阶第一类组构张量 $\boldsymbol{\Omega}'=\Omega'_{ij}\boldsymbol{e}_i\boldsymbol{e}_j(i,j=1,2,3)$ 为

$$\begin{aligned}\boldsymbol{\Omega}' &= \overline{\rho'(\boldsymbol{n})\mathbf{N}_2} = \frac{1}{4\pi}\oint\rho'(\boldsymbol{n})\mathbf{N}_2\,\mathrm{d}S = \frac{1}{4\pi}\oint\frac{3\mathbf{N}_2}{1-\omega(\boldsymbol{n})}\mathrm{d}S\\ &= \overline{\rho'(\boldsymbol{n})\boldsymbol{nn}} = \frac{1}{4\pi}\oint\rho'(\boldsymbol{n})\boldsymbol{nn}\,\mathrm{d}S = \frac{1}{4\pi}\oint\frac{3\boldsymbol{nn}}{1-\omega(\boldsymbol{n})}\mathrm{d}S\end{aligned} \tag{7.103a}$$

其分量形式为

$$\begin{aligned}\Omega'_{ij} &= \overline{\rho'(\boldsymbol{n})N_{ij}} = \frac{1}{4\pi}\oint\rho'(\boldsymbol{n})N_{ij}\,\mathrm{d}S = \frac{1}{4\pi}\oint\frac{3N_{ij}}{1-\omega(\boldsymbol{n})}\mathrm{d}S = \overline{\rho'(\boldsymbol{n})n_in_j}\\ &= \frac{1}{4\pi}\oint\rho'(\boldsymbol{n})n_in_j\,\mathrm{d}S = \frac{1}{4\pi}\oint\frac{3n_in_j}{1-\omega(\boldsymbol{n})}\mathrm{d}S,\quad i,j=1,2,3\end{aligned} \tag{7.103b}$$

设代表性体积单元满足静力约束条件，即宏观名义应力张量与微平面上的名义应力矢量满足投影关系式(7.39)，利用式(7.102)，则式(7.99)可写为

$$\begin{aligned}\widetilde{\boldsymbol{\Sigma}} &= \frac{1}{4\pi}\oint\frac{1}{2}\rho'(\boldsymbol{n})(\boldsymbol{\Sigma}\cdot\boldsymbol{nn}+\boldsymbol{nn}\cdot\boldsymbol{\Sigma})\mathrm{d}S\\ &= \frac{1}{2}\left[\boldsymbol{\Sigma}\cdot\overline{\rho'(\boldsymbol{n})\boldsymbol{nn}}+\overline{\rho'(\boldsymbol{n})\boldsymbol{nn}}\cdot\boldsymbol{\Sigma}\right]\end{aligned} \tag{7.104a}$$

其分量形式为

$$\begin{aligned}\widetilde{\Sigma}_{ij} &= \frac{1}{4\pi}\oint\frac{1}{2}\rho'(\boldsymbol{n})\left[(\Sigma_{ik}n_k)n_j+n_i(\Sigma_{jk}n_k)\right]\mathrm{d}S\\ &= \Sigma_{ik}\,\overline{\rho'(\boldsymbol{n})n_kn_j}+\overline{\rho'(\boldsymbol{n})n_in_k}\Sigma_{jk},\quad i,j=1,2,3\end{aligned} \tag{7.104b}$$

利用式(7.103)和宏观名义应力张量的对称性，得到以 $\rho'(\boldsymbol{n})$ 的二阶第一类组构张量 $\boldsymbol{\Omega}'$ 表示的宏观有效应力张量 $\widetilde{\boldsymbol{\Sigma}}$ 为

$$\widetilde{\boldsymbol{\Sigma}} = \frac{1}{2}(\boldsymbol{\Sigma}\cdot\boldsymbol{\Omega}'+\boldsymbol{\Omega}'\cdot\boldsymbol{\Sigma}) \tag{7.105a}$$

其分量形式为

$$\widetilde{\Sigma}_{ij} = \Sigma_{ik}\Omega'_{kj}+\Omega'_{ik}\Sigma_{kj},\quad i,j=1,2,3 \tag{7.105b}$$

对比 Murakami 的有效应力张量式(7.85)和式(7.86)可知，它的连续度张量 $\boldsymbol{\Psi}=(\boldsymbol{I}-\hat{\boldsymbol{\Omega}})^{-1}$ 与 $\rho'(\boldsymbol{n})$ 的二阶第一类组构张量 $\boldsymbol{\Omega}'$ 等价。

将式(7.42)和式(7.102)代入式(7.100)，得到 $\widetilde{I}_1$ 为

$$\begin{aligned}\widetilde{I}_1 &= \frac{1}{4\pi}\oint\rho'(\boldsymbol{n})\boldsymbol{\Sigma}:\boldsymbol{nn}\,\mathrm{d}S = \boldsymbol{\Sigma}:\overline{\rho'(\boldsymbol{n})\boldsymbol{nn}}\\ &= \Sigma_{kl}\,\overline{\rho'(\boldsymbol{n})n_kn_l},\quad k,l=1,2,3\end{aligned} \tag{7.106}$$

利用式(7.103)，得到以 $\rho'(\boldsymbol{n})$ 的二阶第一类组构张量 $\boldsymbol{\Omega}'$ 表示的宏观有效应力张量的第一不变量 $\widetilde{I}_1$ 为

$$\widetilde{I}_1 = \boldsymbol{\Sigma}:\boldsymbol{\Omega}' = \Sigma_{kl}\Omega'_{kl},\quad k,l=1,2,3 \tag{7.107}$$

定义方向分布函数 $\rho(\boldsymbol{n})$ 为

$$\rho(\boldsymbol{n}) = \frac{1}{(1-\omega(\boldsymbol{n}))^2} \tag{7.108}$$

$\rho(\boldsymbol{n})$ 的零阶第一类组构张量 ω_0 为

$$\omega_0 = \overline{\rho(\boldsymbol{n})} = \frac{1}{4\pi}\oint \rho(\boldsymbol{n})\mathrm{d}S = \frac{1}{4\pi}\oint \frac{1}{(1-\omega(\boldsymbol{n}))^2}\mathrm{d}S \tag{7.109}$$

$\rho(\boldsymbol{n})$ 的二阶第一类组构张量 $\boldsymbol{\Omega}=\boldsymbol{\Omega}_{ij}\boldsymbol{e}_i\boldsymbol{e}_j(i,j=1,2,3)$ 为

$$\begin{aligned}\boldsymbol{\Omega} &= \overline{\rho(\boldsymbol{n})\boldsymbol{N}_2} = \frac{1}{4\pi}\oint \rho(\boldsymbol{n})\boldsymbol{N}_2\mathrm{d}S = \frac{1}{4\pi}\oint \frac{\boldsymbol{N}_2}{(1-\omega(\boldsymbol{n}))^2}\mathrm{d}S \\ &= \overline{\rho(\boldsymbol{n})\boldsymbol{nn}} = \frac{1}{4\pi}\oint \rho(\boldsymbol{n})\boldsymbol{nn}\mathrm{d}S = \frac{1}{4\pi}\oint \frac{\boldsymbol{nn}}{(1-\omega(\boldsymbol{n}))^2}\mathrm{d}S\end{aligned} \tag{7.110a}$$

其分量形式为

$$\begin{aligned}\Omega_{ij} &= \overline{\rho(\boldsymbol{n})N_{ij}} = \frac{1}{4\pi}\oint \rho(\boldsymbol{n})N_{ij}\mathrm{d}S = \frac{1}{4\pi}\oint \frac{N_{ij}}{(1-\omega(\boldsymbol{n}))^2}\mathrm{d}S = \overline{\rho(\boldsymbol{n})n_in_j} \\ &= \frac{1}{4\pi}\oint \rho(\boldsymbol{n})n_in_j\mathrm{d}S = \frac{1}{4\pi}\oint \frac{n_in_j}{(1-\omega(\boldsymbol{n}))^2}\mathrm{d}S,\quad i,j=1,2,3\end{aligned} \tag{7.110b}$$

将式(7.50)和式(7.108)代入式(7.101)，得到 $\widetilde{J}_2$ 为

$$\begin{aligned}\widetilde{J}_2 &= \frac{1}{4\pi}\oint \frac{5}{2}\rho(\boldsymbol{n})\boldsymbol{\Sigma}':\boldsymbol{T}:\boldsymbol{\Sigma}'\mathrm{d}S = \frac{5}{2}\boldsymbol{\Sigma}':\overline{\rho(\boldsymbol{n})\boldsymbol{T}}:\boldsymbol{\Sigma}' \\ &= \frac{1}{4\pi}\oint \frac{5}{2}\rho(\boldsymbol{n})\Sigma'_{ij}T_{ijkl}\Sigma'_{kl}\mathrm{d}S = \frac{5}{2}\Sigma'_{ij}\,\overline{\rho(\boldsymbol{n})T_{ijkl}}\Sigma'_{kl}\end{aligned} \tag{7.111}$$

定义 $\boldsymbol{J}=J_{ijkl}\boldsymbol{e}_i\boldsymbol{e}_j\boldsymbol{e}_k\boldsymbol{e}_l(i,j,k,l=1,2,3)$ 为

$$\boldsymbol{J} = \frac{5}{2}\overline{\rho(\boldsymbol{n})\boldsymbol{T}} = \frac{1}{4\pi}\oint \frac{5}{2}\rho(\boldsymbol{n})\boldsymbol{T}\mathrm{d}S \tag{7.112a}$$

其分量形式为

$$J_{ijkl} = \frac{5}{2}\overline{\rho(\boldsymbol{n})T_{ijkl}} = \frac{1}{4\pi}\oint \frac{5}{2}\rho(\boldsymbol{n})T_{ijkl}\mathrm{d}S \tag{7.112b}$$

则宏观有效应力张量偏量的不变量 $\widetilde{J}_2$ 为

$$\widetilde{J}_2 = \boldsymbol{\Sigma}':\boldsymbol{J}:\boldsymbol{\Sigma}' = \Sigma'_{ij}J_{ijkl}\Sigma'_{kl} \tag{7.113}$$

若用 ρ_2 近似 $\rho(\boldsymbol{n})$，利用式(6.102)，有

$$\begin{aligned}\boldsymbol{J} &\approx \frac{5}{2}\overline{\rho_2\boldsymbol{T}} = \frac{15}{4}\overline{(5\Omega_{pq}n_pn_q-\omega_0)\boldsymbol{T}} \\ &= \frac{15}{4}(5\Omega_{pq}\overline{n_pn_q\boldsymbol{T}}-\omega_0\overline{\boldsymbol{T}})\end{aligned} \tag{7.114a}$$

其分量形式为

$$J_{ijkl} \approx \frac{5}{2}\overline{\rho_2 T_{ijkl}} = \frac{15}{4}\overline{(5\Omega_{pq}n_p n_q - \omega_0)T_{ijkl}}$$

$$= \frac{15}{4}(5\Omega_{pq}\overline{n_p n_q T_{ijkl}} - \omega_0 \overline{T_{ijkl}}) \tag{7.114b}$$

将式(7.61)、式(7.17)和式(7.19)代入式(7.114b),略去详细推导过程,得到

$$J_{ijkl} \approx \frac{1}{14}\omega_0(\delta_{ij}\delta_{kl} + \delta_{ik}\delta_{jl} + \delta_{il}\delta_{jk}) - \frac{4}{7}(\Omega_{ij}\delta_{kl} + \delta_{ij}\Omega_{kl})$$

$$+ \frac{15}{56}(\Omega_{ik}\delta_{jl} + \delta_{jl}\Omega_{ik} + \Omega_{il}\delta_{jk} + \delta_{jk}\Omega_{il}) \tag{7.115}$$

将式(7.115)代入式(7.113),可以得到以 $\rho(\boldsymbol{n})$ 的二阶第一类组构张量 $\boldsymbol{\Omega}$ 和宏观应力偏张量表示的 $\widetilde{J}_2$ 为

$$\widetilde{J}_2 = \boldsymbol{\Sigma}' : \boldsymbol{J} : \boldsymbol{\Sigma}' \approx \frac{\omega_0}{7}\boldsymbol{\Sigma}' : \boldsymbol{\Sigma}' + \frac{15}{14}(\boldsymbol{\Sigma}' \cdot \boldsymbol{\Omega}) : \boldsymbol{\Sigma}'$$

$$= \Sigma'_{ij} J_{ijkl} \Sigma'_{kl} \approx \frac{\omega_0}{7}\Sigma'_{ij}\Sigma'_{ij} + \frac{15}{14}\Sigma'_{ik}\Omega_{kj}\Sigma'_{ij} \tag{7.116}$$

7.2.4 材料主轴坐标系内的岩体各向异性屈服准则

一般地,二阶组构张量 $\boldsymbol{\Omega}'$ 与二阶组构张量 $\boldsymbol{\Omega}$ 的主轴不完全重合,但二者的主方向差别不大,可以近似地认为重合。将二阶组构张量 $\boldsymbol{\Omega}$ 的主轴坐标系称为材料的主轴坐标系。在材料的主轴坐标系内,组构张量 $\boldsymbol{\Omega}$、$\boldsymbol{\Omega}'$ 和应力张量 $\boldsymbol{\Sigma}$ 的分量可分别用矩阵表示为

$$\Omega_{ij} = \begin{bmatrix} \omega_1 & 0 & 0 \\ 0 & \omega_2 & 0 \\ 0 & 0 & \omega_3 \end{bmatrix}, \quad \Omega'_{ij} = \begin{bmatrix} \omega'_1 & 0 & 0 \\ 0 & \omega'_2 & 0 \\ 0 & 0 & \omega'_3 \end{bmatrix}, \quad \Sigma_{ij} = \begin{bmatrix} \Sigma_{xx} & \Sigma_{xy} & \Sigma_{xz} \\ \Sigma_{yx} & \Sigma_{yy} & \Sigma_{yz} \\ \Sigma_{zx} & \Sigma_{zy} & \Sigma_{zz} \end{bmatrix} \tag{7.117}$$

式中,$\omega_i(i=1,2,3)$ 和 $\omega'_i(i=1,2,3)$ 分别为 $\boldsymbol{\Omega}$ 和 $\boldsymbol{\Omega}'$ 的三个主值。

在材料的主轴坐标系内,有

$$3\boldsymbol{\Sigma}' : \boldsymbol{\Sigma}' = (\Sigma_{yy} - \Sigma_{zz}^2) + (\Sigma_{zz} - \Sigma_{xx}^2) + (\Sigma_{xx} - \Sigma_{yy}^2)$$

$$+ 6(\Sigma_{xy}^2 + \Sigma_{yz}^2 + \Sigma_{zx}^2) \tag{7.118}$$

$$(\boldsymbol{\Sigma}' \cdot \boldsymbol{\Omega}) : \boldsymbol{\Sigma}' = \frac{2\omega_0 - 3\omega_1}{9}(\Sigma_{yy} - \Sigma_{zz}^2) + \frac{2\omega_0 - 3\omega_2}{9}(\Sigma_{zz} - \Sigma_{xx}^2)$$

$$+ \frac{2\omega_0 - 3\omega_3}{9}(\Sigma_{xx} - \Sigma_{yy}^2) + (\omega_2 + \omega_3)\Sigma_{yz}^2$$

$$+ (\omega_3 + \omega_1)\Sigma_{zx}^2 + (\omega_1 + \omega_2)\Sigma_{xy}^2 \tag{7.119}$$

将式(7.118)和式(7.119)代入式(7.116),得到宏观有效应力张量偏量的第二不变量 $\widetilde{J}_2$ 为

$$\widetilde{J}_2 \approx \chi_1 (\Sigma_{yy} - \Sigma_{zz}^2) + \chi_2 (\Sigma_{zz} - \Sigma_{xx}^2) + \chi_3 (\Sigma_{xx} - \Sigma_{yy}^2) + 2\chi_4 \Sigma_{yz}^2 + 2\chi_5 \Sigma_{zx}^2 + 2\chi_6 \Sigma_{xy}^2 \tag{7.120}$$

式中，$\chi_i(i=1,2,\cdots,6)$为与材料二阶组构张量 $\boldsymbol{\Omega}$ 的三个主值有关的参数。

$$\begin{cases} \chi_1 = \dfrac{1}{14}(4\omega_2 + 4\omega_3 - \omega_1) \\ \chi_2 = \dfrac{1}{14}(4\omega_3 + 4\omega_1 - \omega_2) \\ \chi_3 = \dfrac{1}{14}(4\omega_1 + 4\omega_2 - \omega_3) \\ \chi_4 = \dfrac{1}{28}(19\omega_2 + 19\omega_3 + 4\omega_1) \\ \chi_5 = \dfrac{1}{28}(19\omega_3 + 19\omega_1 + 4\omega_2) \\ \chi_6 = \dfrac{1}{28}(19\omega_1 + 19\omega_2 + 4\omega_3) \end{cases} \tag{7.121}$$

在材料的主轴坐标系内，由式(7.107)可知，宏观有效应力张量的第一不变量 $\widetilde{I}_1$ 为

$$\widetilde{I}_1 = \boldsymbol{\Sigma}:\boldsymbol{\Omega}' \approx \omega_1' \Sigma_{xx} + \omega_2' \Sigma_{yy} + \omega_3' \Sigma_{zz} \tag{7.122}$$

假设若无损材料的屈服满足式(7.79)的 Drucker-prager 准则时，各向异性损伤材料的屈服也具有与式(7.79)相同的形式，只要在其中将名义应力张量的第一不变量 I_1、名义应力张量偏量的第二不变量 J_2 分别以有效应力张量的第一不变量 $\widetilde{I}_1$、有效应力张量偏量的第二不变量 $\widetilde{J}_2$ 来代替。根据这一广义的有效应力原理，可非常方便地将无损材料的 Drucker-prager 准则推广为考虑材料各向异性损伤的屈服准则，其屈服函数为

$$\widetilde{F}_{\mathrm{cr}} = \alpha \widetilde{I}_1 + \widetilde{J}_2^{1/2} - k \tag{7.123}$$

将式(7.120)和式(7.122)代入式(7.123)，得到考虑材料各向异性损伤的推广 Drucker-Prager 屈服准则的屈服函数为

$$\widetilde{F}_{\mathrm{cr}} = \chi_7 \Sigma_{xx} + \chi_8 \Sigma_{yy} + \chi_9 \Sigma_{zz} + [\chi_1 (\Sigma_{yy} - \Sigma_{zz})^2 + \chi_2 (\Sigma_{zz} - \Sigma_{xx})^2 + \chi_3 (\Sigma_{xx} - \Sigma_{yy})^2 + 2\chi_4 \Sigma_{yz}^2 + 2\chi_5 \Sigma_{zx}^2 + 2\chi_6 \Sigma_{xy}^2]^{1/2} - k = 0 \tag{7.124}$$

式中，$\chi_i(i=7,8,9)$为与材料二阶组构张量 $\boldsymbol{\Omega}'$的三个主值有关的参数：

$$\chi_7 = \alpha\omega_1', \quad \chi_8 = \alpha\omega_2', \quad \chi_9 = \alpha\omega_3' \tag{7.125}$$

式(7.124)的推广的各向异性损伤屈服准则与 Liu 等[8]提出的扩展 Hill 准则有相同的形式。若不考虑微平面正应力对屈服的影响，取 $\alpha=0$，各向异性损伤屈

服准则与 Hill 准则[9]具有相同的形式。

以体积为 V 的单元内含有一组平行裂纹为例，说明本章提出的各向异性损伤剪切屈服准则的特点。在主应力空间内，该组裂纹的法向为：$n_1=1, n_2=0, n_3=0$，即裂纹面法向与最大主应力轴平行，损伤面积与总面积之比为 $\omega(n)=\omega_N$。

考虑微平面损伤变量 ω_N 的四种取值：$\omega_N=0$、0.2、0.5、0.8。图 7.3～图 7.5 分别给出了 ω_N 的四种取值下主应力空间内屈服曲面、偏平面内屈服曲线和罗德角 $\theta_\omega=0°$ 的子午面内屈服曲线，屈服面和屈服曲线从外到内依次为 $\omega_N=0$、0.2、0.5、0.8。图 7.5 中，$r(\theta)=\sqrt{2J_2}$。

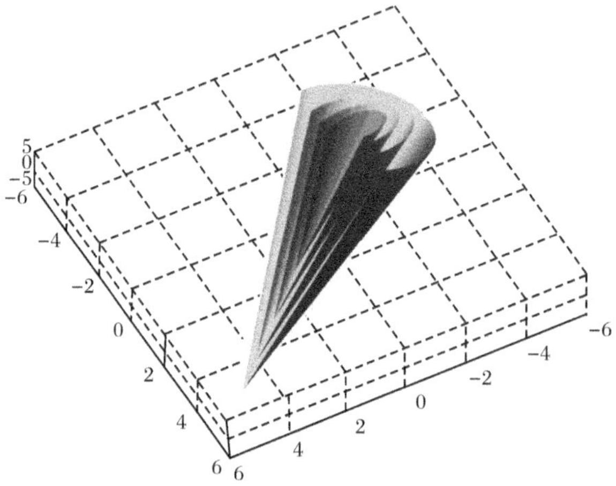

图 7.3　各向异性损伤屈服准则的屈服曲面图

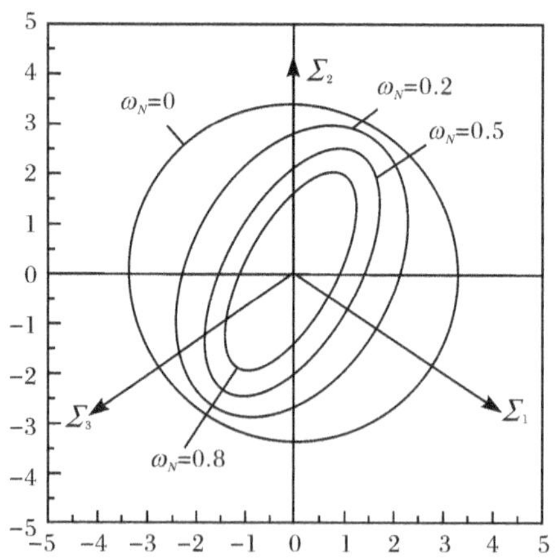

图 7.4　各向异性损伤屈服准则偏平面内屈服曲线

可以看出，随着微平面损伤变量 ω_N 的逐渐增加，屈服面逐渐缩小，屈服的各

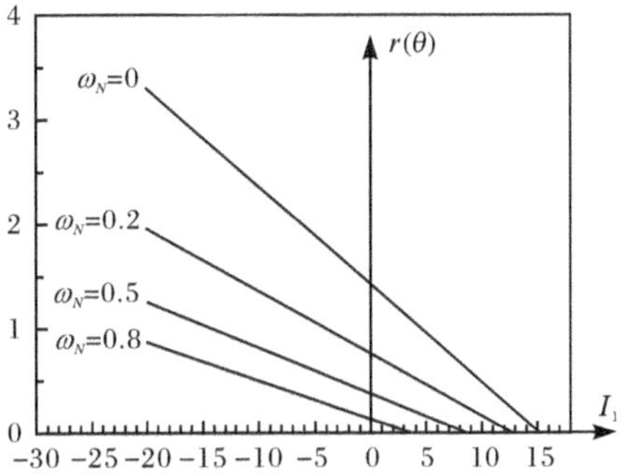

图 7.5 各向异性损伤屈服准则罗德角 $\theta_\omega=0°$ 的子午面内屈服曲线

向异性特性也增强，法向为最大主应力轴的损伤不仅影响最大主应力方向微平面的屈服，也影响其他方向微平面的屈服。

7.3 考虑材料参数方向分布的岩体各向异性强度准则

岩体中通常含有各向异性分布的节理裂隙，使得其强度也呈现出各向异性，可用材料强度参数的各向异性分布来表征。利用 7.2.1 节中以微平面破坏函数极值问题表述的岩体各向同性强度准则，只要考虑材料参数的各向异性分布，就可以很方便地将这些各向同性强度准则推广为各向异性的损伤强度准则。

7.3.1 岩体强度参数的各向异性分布

考察含有节理裂隙的各向异性岩体的代表性体积单元，将岩体的微平面视为由岩石和节理面两个力学基元共同承载。设微平面上岩体的总抗拉强度、摩擦系数和黏聚力分别为 T、f 和 c，岩石基元的抗拉强度、摩擦系数和黏聚力分别为 $T^{(R)}$、$f^{(R)}$ 和 $c^{(R)}$，节理面基元的抗拉强度、摩擦系数和黏聚力分别为 $T^{(J)}$、$f^{(J)}$ 和 $c^{(J)}$。

在单位法向矢量为 $\boldsymbol{n}$ 的微平面上，设节理面基元所占的面积比例为 $\omega(\boldsymbol{n})$，称为节理连通率。该微平面上岩石基元所占的比例为 $\phi(\boldsymbol{n})=1-\omega(\boldsymbol{n})$，称为岩石连续度。微平面上的节理连通率 $\omega(\boldsymbol{n})$ 与岩石连续度 $\phi(\boldsymbol{n})$ 是一对不互相独立的方向分布标量函数，与节理裂隙的几何分布有关，可任选其一作为各向异性损伤力学效应的度量。岩体微平面上的总抗拉和抗剪强度参数可按照两个力学基元的抗拉和抗剪强度参数及所占比例进行加权平均：

$$T(\boldsymbol{n}) = T^{(R)}[1-\omega(\boldsymbol{n})]+T^{(J)}\omega(\boldsymbol{n}) \tag{7.126}$$

$$f(\boldsymbol{n}) = f^{(R)}[1-\omega(\boldsymbol{n})]+f^{(J)}\omega(\boldsymbol{n}) \tag{7.127}$$

$$c(\boldsymbol{n}) = c^{(R)}[1-\omega(\boldsymbol{n})]+c^{(J)}\omega(\boldsymbol{n}) \tag{7.128}$$

式(7.126)～式(7.128)表明，由于节理网络的各向异性分布，岩体的强度参数也是与方向有关的标量分布函数，它依赖于节理连通率 $\omega(\boldsymbol{n})$ 的方向分布特征。

记节理连通率 $\omega(\boldsymbol{n})$ 的二阶第二类组构张量为 $\boldsymbol{\rho}=\rho_{ij}\boldsymbol{e}_i\boldsymbol{e}_j\ (i,j=1,2,3)$。采用 $\boldsymbol{\rho}_2$ 构造的光滑分布函数来近似 $\omega(\boldsymbol{n})$ 时，节理连通率 $\omega(\boldsymbol{n})$ 可表示为 $\boldsymbol{\rho}$ 和 $\boldsymbol{n}$ 的函数：

$$\omega(\boldsymbol{n}) \approx \omega(\boldsymbol{\rho},\boldsymbol{n}) = \boldsymbol{\rho} \cdot \mathbf{N}_2 = \boldsymbol{\rho} : \mathbf{N}_2 = \rho_{ij} N_{ij} = \rho_{ij} n_i n_j,\quad i,j = 1,2,3 \tag{7.129}$$

将式(7.129)代入式(7.126)～式(7.129)，得到以 $\omega(\boldsymbol{n})$ 的二阶第二类组构张量 $\boldsymbol{\rho}$ 和 $\boldsymbol{n}$ 表示的岩体微平面抗拉和抗剪强度参数：

$$T(\boldsymbol{\rho},\boldsymbol{n}) = T^{(\mathrm{R})} - (T^{(\mathrm{R})} - T^{(\mathrm{J})})\boldsymbol{\rho} : \mathbf{N}_2 = T^{(\mathrm{R})} - (T^{(\mathrm{R})} - T^{(\mathrm{J})})\rho_{ij} N_{ij} \tag{7.130}$$

$$f(\boldsymbol{\rho},\boldsymbol{n}) = f^{(\mathrm{R})} - (f^{(\mathrm{R})} - f^{(\mathrm{J})})\boldsymbol{\rho} : \mathbf{N}_2 = f^{(\mathrm{R})} - (f^{(\mathrm{R})} - f^{(\mathrm{J})})\rho_{ij} N_{ij} \tag{7.131}$$

$$c(\boldsymbol{\rho},\boldsymbol{n}) = c^{(\mathrm{R})} - (c^{(\mathrm{R})} - c^{(\mathrm{J})})\boldsymbol{\rho} : \mathbf{N}_2 = c^{(\mathrm{R})} - (c^{(\mathrm{R})} - c^{(\mathrm{J})})\rho_{ij} N_{ij} \tag{7.132}$$

7.3.2 各向异性岩体的拉、剪破坏条件

对各向异性岩体的代表性体积单元，设微平面的物理量和宏观物理量间满足静力平衡条件。则岩体微平面的名义应力矢量 $\boldsymbol{\sigma}=\boldsymbol{\sigma}_i\boldsymbol{e}_i\ (i=1,2,3)$ 与单元的宏观名义应力张量 $\boldsymbol{\Sigma}=\Sigma_{ij}\boldsymbol{e}_i\boldsymbol{e}_j\ (i,j=1,2,3)$ 间满足式(7.39)的投影关系。

由式(7.42)可知，岩体微平面上的名义正应力 σ_N（拉为正）与宏观名义应力张量 $\boldsymbol{\Sigma}$ 关系为

$$\sigma_N(\boldsymbol{\Sigma},\boldsymbol{n}) = \boldsymbol{\Sigma} : \mathbf{N}_2 = \boldsymbol{\Sigma} : \boldsymbol{nn} = \Sigma_{kl} N_{kl} = \Sigma_{kl} n_k n_l,\quad k,l = 1,2,3 \tag{7.133}$$

由式(7.43)和式(7.50)可知，岩体微平面上的名义剪应力 τ_N 与宏观名义应力张量 $\boldsymbol{\Sigma}$ 关系为

$$\tau_N(\boldsymbol{\Sigma},\boldsymbol{n}) = \sqrt{\boldsymbol{\Sigma} : \boldsymbol{T} : \boldsymbol{\Sigma}} = \sqrt{\boldsymbol{\Sigma}' : \boldsymbol{T} : \boldsymbol{\Sigma}'} = \sqrt{\Sigma_{ij} T_{ijkl} \Sigma_{kl}} = \sqrt{\boldsymbol{\Sigma}'_{ij} T_{ijkl} \boldsymbol{\Sigma}'_{kl}} \tag{7.134}$$

在 Rankine 准则中，考虑岩体抗拉强度的各向异性分布，在式(7.67)中以抗拉方向分布标量函数 $T(\boldsymbol{\rho},\boldsymbol{n})$ 代替各向同性材料的抗拉强度 T，则岩体微平面上的抗拉破坏函数 $F_{\mathrm{t}}(\boldsymbol{n})$ 可表示为

$$F_{\mathrm{t}}(\boldsymbol{\Sigma},\boldsymbol{\rho},\boldsymbol{n}) = \sigma_N(\boldsymbol{\Sigma},\boldsymbol{n}) - T(\boldsymbol{\rho},\boldsymbol{n}) \tag{7.135}$$

将式(7.130)和式(7.133)代入式(7.135)，岩体微平面上的抗拉破坏函数 $F_{\mathrm{t}}(\boldsymbol{\Sigma},\boldsymbol{\rho}_2,\boldsymbol{n})$ 可写为

$$F_{\mathrm{t}}(\boldsymbol{\Sigma},\boldsymbol{\rho},\boldsymbol{n}) = [\boldsymbol{\Sigma} + (T^{(\mathrm{R})} - T^{(\mathrm{J})})\boldsymbol{\rho}] : \mathbf{N}_2 - T^{(\mathrm{R})} \tag{7.136}$$

各向异性岩体的最大拉应力破坏条件可表述为：当岩体的某个最不利微平面上的抗拉破坏函数最大值或临界值达到零时，该微平面将发生拉破坏，从而岩体将发生宏观拉破坏：

$$F_{\mathrm{t\_cr}}(\boldsymbol{\Sigma},\boldsymbol{\rho}) = \max_{\boldsymbol{n}}[F_{\mathrm{t}}(\boldsymbol{\Sigma},\boldsymbol{\rho},\boldsymbol{n})] = 0 \tag{7.137}$$

在 Mohr-Coulomb 抗剪强度准则中，考虑岩体抗剪强度的各向异性分布，在式(7.73)中以摩擦系数和黏聚力方向分布标量函数 $f(\boldsymbol{\rho}_2,\boldsymbol{n})$ 和 $c(\boldsymbol{\rho}_2,\boldsymbol{n})$ 分别代替

各向同性材料的摩擦系数 f 和黏聚力 c，则岩体微平面上的抗剪破坏函数 $F_s(\boldsymbol{n})$ 可表示为

$$F_s(\boldsymbol{\Sigma},\boldsymbol{\rho},\boldsymbol{n}) = f(\boldsymbol{\rho},\boldsymbol{n})\sigma_N(\boldsymbol{\Sigma},\boldsymbol{n}) + \tau_N(\boldsymbol{\Sigma},\boldsymbol{n}) - c(\boldsymbol{\rho},\boldsymbol{n}) \tag{7.138}$$

将式(7.131)～式(7.134)代入式(7.138)，岩体微平面上的抗剪破坏函数 $F_s(\boldsymbol{\Sigma},\boldsymbol{\rho},\boldsymbol{n})$ 可写为

$$\begin{aligned} F_s(\boldsymbol{\Sigma},\boldsymbol{\rho},\boldsymbol{n}) = & \left[f^{(\mathrm{R})} - (f^{(\mathrm{R})} - f^{(\mathrm{J})})(\boldsymbol{\rho} : \boldsymbol{N}_2)\right](\boldsymbol{\Sigma} : \boldsymbol{N}_2) \\ & + \sqrt{\boldsymbol{\Sigma} : \boldsymbol{T} : \boldsymbol{\Sigma}} - \left[c^{(\mathrm{R})} - (c^{(\mathrm{R})} - c^{(\mathrm{J})})(\boldsymbol{\rho} : \boldsymbol{N}_2)\right] \end{aligned} \tag{7.139}$$

各向异性岩体的剪切破坏条件可表述为：当岩体的某个最不利微平面上的抗剪破坏函数最大值或临界值达到零时，该微平面将发生剪切破坏，从而岩体将发生宏观剪切破坏：

$$F_{\mathrm{s\_cr}}(\boldsymbol{\Sigma},\boldsymbol{\rho}) = \max_{\boldsymbol{n}}\left[F_s(\boldsymbol{\Sigma},\boldsymbol{\rho},\boldsymbol{n})\right] = 0 \tag{7.140}$$

7.3.3 岩体的各向异性抗拉强度准则

对各向异性岩体，考虑材料的抗拉强度参数各向异性分布，发生宏观抗拉破坏时，宏观应力张量 $\boldsymbol{\Sigma}$ 和节理连通率 $\omega(\boldsymbol{n})$ 的二阶第二类组构张量 $\boldsymbol{\rho}$ 所需满足的条件为式(7.137)，它是岩体各向异性抗拉损伤强度准则的隐式表达式。对隐式破坏条件进行求解，找到发生拉破坏的最不利微平面，则可以得到以宏观应力张量 $\boldsymbol{\Sigma}$、节理连通率组构张量 $\boldsymbol{\rho}$ 表示的显式抗拉强度准则。

定义修正宏观应力张量 $\widetilde{\boldsymbol{\Sigma}} = \widetilde{\Sigma}_{ij}\boldsymbol{e}_i\boldsymbol{e}_j\ (i,j=1,2,3)$ 为

$$\widetilde{\boldsymbol{\Sigma}}(\boldsymbol{\Sigma},\boldsymbol{\rho}) = \boldsymbol{\Sigma} + (T^{(\mathrm{R})} - T^{(\mathrm{J})})\boldsymbol{\rho} \tag{7.141a}$$

其分量形为

$$\widetilde{\Sigma}_{ij} = \Sigma_{ij} + (T^{(\mathrm{R})} - T^{(\mathrm{J})})\rho_{ij} \tag{7.141b}$$

则式(7.136)的岩体微平面上的抗拉破坏函数 $F_t(\boldsymbol{\Sigma},\boldsymbol{\rho}_2,\boldsymbol{n})$ 可改写为

$$F_t(\widetilde{\boldsymbol{\Sigma}},\boldsymbol{n}) = \widetilde{\boldsymbol{\Sigma}} : \boldsymbol{N}_2 - T^{(\mathrm{R})} = \widetilde{\sigma}_N - T^{(\mathrm{R})} \tag{7.142}$$

式中，$\widetilde{\sigma}_N = \widetilde{\boldsymbol{\Sigma}} : \boldsymbol{N}_2$ 为微平面法向修正应力，它是与修正宏观应力张量 $\widetilde{\boldsymbol{\Sigma}}$ 满足投影关系的微平面修正应力矢量的法向分量。

式(7.142)表明，对各向异性岩体，法向修正应力为最大值的微平面是抗拉最不利的微平面，当该微平面上法向修正应力达到岩石基元的抗拉强度极限 $T^{(\mathrm{R})}$ 时，将沿该平面发生拉破坏。

设修正宏观应力张量 $\widetilde{\boldsymbol{\Sigma}}$ 的三个主值分别为 $\widetilde{\Sigma}_1$、$\widetilde{\Sigma}_2$、$\widetilde{\Sigma}_3$，且 $\widetilde{\Sigma}_1 \geqslant \widetilde{\Sigma}_2 \geqslant \widetilde{\Sigma}_3$，对应的三个主方向分别为 $\boldsymbol{n}^{(1)}$、$\boldsymbol{n}^{(2)}$、$\boldsymbol{n}^{(3)}$。显然，第一主应力 $\widetilde{\Sigma}_1$ 所在的微平面是发生拉破坏的最不利微平面，其单位法向矢量 $\boldsymbol{n}^{\mathrm{t\_cr}}$ 为

$$\boldsymbol{n}^{\mathrm{t\_cr}} = \boldsymbol{n}^{(1)} \tag{7.143}$$

在该微平面上，法向修正应力取最大值，为修正宏观应力张量 $\tilde{\boldsymbol{\Sigma}}$ 的第一主应力 $\tilde{\Sigma}_1$。当 $\tilde{\Sigma}_1$ 达到岩石基元的抗拉强度极限 $T^{(R)}$ 时，该微平面将发生拉破坏，引起岩体的宏观拉破坏，得到到显式的岩体各向异性抗拉强度准则为

$$\bar{F}_t(\boldsymbol{\Sigma},\boldsymbol{\rho})=\tilde{\Sigma}_1(\boldsymbol{\Sigma},\boldsymbol{\rho})-T^{(R)}=0 \tag{7.144}$$

显然，对含有随机分布裂隙的各向同性损伤岩体，各微平面上的节理连通率都相同，$\omega(\boldsymbol{n})\equiv\omega_0$，它的二阶第二类组构张量为各向同性二阶张量 $\boldsymbol{\rho}=\omega_0\boldsymbol{I}$，分量为 $\rho_{ij}=\omega_0\delta_{ij}$，岩体各微平面上的抗拉强度为 $T(\boldsymbol{n})\equiv T^{(R)}-(T^{(R)}-T^{(J)})\omega_0=T_0$。修正宏观应力张量 $\tilde{\boldsymbol{\Sigma}}=\boldsymbol{\Sigma}+(T^{(R)}-T^{(J)})\omega_0\boldsymbol{I}$，分量为 $\tilde{\Sigma}_{ij}=\Sigma_{ij}+(T^{(R)}-T^{(J)})\omega_0\delta_{ij}$，其主方向与宏观应力张量 $\boldsymbol{\Sigma}$ 的主方向完全重合，第一主应力为 $\tilde{\Sigma}_1=\Sigma_1+(T^{(R)}-T^{(J)})\omega_0$，岩体的各向异性抗拉强度准则退化为

$$\bar{F}_t(\boldsymbol{\Sigma},\boldsymbol{\rho})=\tilde{\Sigma}_1-T^{(R)}=\Sigma_1-T_0=0 \tag{7.145}$$

对不含裂隙的岩体即完整岩石，节理连通率为 $\omega(\boldsymbol{n})\equiv\omega_0=0$，岩体各微平面上的抗拉强度为 $T(\boldsymbol{n})\equiv T^{(R)}$。岩体的修正宏观应力张量退化为宏观应力张量 $\tilde{\boldsymbol{\Sigma}}=\boldsymbol{\Sigma}$，岩体的各向异性抗拉强度准则退化为岩石的抗拉强度准则：

$$\bar{F}_t(\boldsymbol{\Sigma},\boldsymbol{\rho})=\Sigma_1-T^{(R)}=0 \tag{7.146}$$

对完全由节理裂隙材料组成的岩体，节理连通率为 $\omega(\boldsymbol{n})\equiv\omega_0=1$，它的二阶第二类组构张量为各向同性二阶张量 $\boldsymbol{\rho}=\boldsymbol{I}$，岩体各微平面上的抗拉强度为 $T(\boldsymbol{n})\equiv T^{(R)}-(T^{(R)}-T^{(J)})=T^{(J)}$，即节理面材料的抗拉强度。修正宏观应力张量 $\tilde{\boldsymbol{\Sigma}}=\boldsymbol{\Sigma}+(T^{(R)}-T^{(J)})\boldsymbol{I}$ 的主方向与宏观应力张量 $\boldsymbol{\Sigma}$ 的主方向完全重合，修正宏观应力张量 $\tilde{\boldsymbol{\Sigma}}$ 的第一主应力为 $\tilde{\Sigma}_1=\Sigma_1+(T^{(R)}-T^{(J)})$，岩体的各向异性抗拉强度准则退化为节理材料的抗拉强度准则：

$$\bar{F}_t(\boldsymbol{\Sigma},\boldsymbol{\rho})=\tilde{\Sigma}_1-T^{(R)}=\Sigma_1-T^{(J)}=0 \tag{7.147}$$

7.3.4 岩体的各向异性抗剪强度准则

对各向异性岩体，考虑抗剪强度参数各向异性分布，发生宏观剪切破坏时，宏观应力张量 $\boldsymbol{\Sigma}$ 和节理连通率 $\omega(\boldsymbol{n})$ 的二阶第二类组构张量 $\boldsymbol{\rho}$ 所需满足的条件为式(7.140)，它是岩体各向异性抗剪强度准则的隐式表达式。对隐式破坏条件进行求解，找到发生剪切破坏的最不利微平面，则可以得到以宏观应力张量 $\boldsymbol{\Sigma}$、节理连通率组构张量 $\boldsymbol{\rho}$ 表示的显式强度准则。

剪切破坏条件式(7.140)可转化为求解如下的抗剪破坏函数条件极值问题：

$$L_s(\boldsymbol{\Sigma},\boldsymbol{\rho},\boldsymbol{n})=F_s(\boldsymbol{\Sigma},\boldsymbol{\rho},\boldsymbol{n})+\lambda_s(\boldsymbol{n}\cdot\boldsymbol{n}-1),\quad \frac{\partial L_s}{\partial \boldsymbol{n}}=0 \tag{7.148}$$

求解式(7.148)，得到剪切破坏的最不利微平面的法向单位矢量 $\boldsymbol{n}^{s\_cr}$，在最不利微

平面上抗剪破坏函数达到零，即为岩体各向异性损伤抗剪强度准则的显式表达式：

$$F_{\mathrm{s\_cr}}(\boldsymbol{\Sigma},\boldsymbol{\rho}) = F_{\mathrm{s}}(\boldsymbol{\Sigma},\boldsymbol{\rho},\boldsymbol{n}^{\mathrm{s\_cr}}) = 0 \tag{7.149}$$

直接求解式(7.148)和式(7.149)的条件极值问题非常困难，为此，我们在主应力空间内研究其渐近解。在宏观应力的主轴坐标系($\Sigma_1 \geqslant \Sigma_2 \geqslant \Sigma_3$)内，岩体的宏观应力张量 $\boldsymbol{\Sigma}$ 和节理连通率 $\omega(\boldsymbol{n})$ 的二阶第二类组构张量 $\boldsymbol{\rho}$ 的分量可用矩阵分别表示为

$$\Sigma_{ij} = \begin{bmatrix} \Sigma_1 & 0 & 0 \\ 0 & \Sigma_2 & 0 \\ 0 & 0 & \Sigma_3 \end{bmatrix}, \quad \rho_{ij} = \begin{bmatrix} \rho_{11} & \rho_{12} & \rho_{13} \\ \rho_{21} & \rho_{22} & \rho_{23} \\ \rho_{31} & \rho_{32} & \rho_{33} \end{bmatrix} \tag{7.150}$$

将节理连通率 $\omega(\boldsymbol{n})$ 的二阶第二类组构张量 $\boldsymbol{\rho}$ 分解为各向同性部分和偏量部分：

$$\boldsymbol{\rho} = \rho_0 \boldsymbol{I} + \boldsymbol{\rho}' \tag{7.151}$$

其分量形式为

$$\rho_{ij} = \rho_0 \delta_{ij} + \rho'_{ij}, \quad i,j = 1,2,3 \tag{7.152}$$

式中，$\boldsymbol{\rho}'$ 为节理连通率 $\omega(\boldsymbol{n})$ 的二阶第二类组构张量的偏量；ρ_0 为节理连通率 $\omega(\boldsymbol{n})$ 的零阶第二类组构张量，它与 $\boldsymbol{\rho}$、节理连通率 $\omega(\boldsymbol{n})$ 的零阶第一类组构张量 ω_0 关系为(式(6.100))

$$\rho_0 = \frac{1}{3}\mathrm{tr}(\boldsymbol{\rho}) = \frac{1}{3}\rho_{kk} = \omega_0 = \overline{\omega(\boldsymbol{n})}, \quad k = 1,2,3 \tag{7.153}$$

将式(7.151)～式(7.153)代入式(7.129)，则节理连通率 $\omega(\boldsymbol{n})$ 的二阶光滑近似可写为

$$\omega(\boldsymbol{\rho},\boldsymbol{n}) = \boldsymbol{\rho} : \mathbf{N}_2 = \rho_0 \boldsymbol{I} : \mathbf{N}_2 + \boldsymbol{\rho}' : \mathbf{N}_2 = \rho_0 \delta_{ij} N_{ij} + \rho'_{ij} N_{ij}, \quad i,j = 1,2,3 \tag{7.154}$$

注意到 $\delta_{ij} N_{ij} = N_{ii} = 1$ 和式(7.153)代入式(7.154)，则节理连通率 $\omega(\boldsymbol{n})$ 的二阶光滑近似也可以相应地分解为各向同性部分 ω_0 和偏量部分 $\omega_1(\boldsymbol{\rho},\boldsymbol{n})$：

$$\omega(\boldsymbol{\rho},\boldsymbol{n}) = \omega_0 + \omega_1(\boldsymbol{\rho},\boldsymbol{n}) \tag{7.155}$$

$$\omega_1(\boldsymbol{\rho},\boldsymbol{n}) = \boldsymbol{\rho}' : \mathbf{N}_2 = \rho'_{ij} N_{ij} = \rho'_{ij} n_i n_j, \quad i,j = 1,2,3 \tag{7.156}$$

将式(7.155)代入式(7.127)，则岩体微平面上的摩擦系数 $f(\boldsymbol{\rho},\boldsymbol{n})$ 可以分解为各向同性部分 f_0 和偏量部分 $f_1(\boldsymbol{\rho},\boldsymbol{n})$：

$$f(\boldsymbol{\rho},\boldsymbol{n}) = f_0(\boldsymbol{\rho}) + f_1(\boldsymbol{\rho},\boldsymbol{n}) \tag{7.157}$$

$$f_0 = f^{(\mathrm{R})} - (f^{(\mathrm{R})} - f^{(\mathrm{J})})\omega_0 \tag{7.158}$$

$$f_1(\boldsymbol{\rho},\boldsymbol{n}) = -(f^{(\mathrm{R})} - f^{(\mathrm{J})})\omega_1(\boldsymbol{\rho},\boldsymbol{n}) \tag{7.159}$$

将式(7.155)代入式(7.128)，则岩体微平面上的黏聚力 $c(\boldsymbol{\rho},\boldsymbol{n})$ 可以分解为各

向同性部分 c_0 和偏量部分 $c_1(\boldsymbol{\rho},\boldsymbol{n})$：

$$c(\boldsymbol{\rho},\boldsymbol{n})=c_0(\boldsymbol{\rho})+c_1(\boldsymbol{\rho},\boldsymbol{n}) \tag{7.160}$$

$$c_0=c^{(\mathrm{R})}-(c^{(\mathrm{R})}-c^{(\mathrm{J})})\omega_0 \tag{7.161}$$

$$c_1(\boldsymbol{\rho},\boldsymbol{n})=-(c^{(\mathrm{R})}-c^{(\mathrm{J})})\omega_1(\boldsymbol{\rho},\boldsymbol{n}) \tag{7.162}$$

将式(7.157)～式(7.162)代入式(7.138)，则微平面的抗剪屈服函数 $F_{\mathrm{s}}(\boldsymbol{\Sigma},\boldsymbol{\rho},\boldsymbol{n})$ 也可以分解为各向同性部分 $F_{\mathrm{s0}}(\boldsymbol{\Sigma},\boldsymbol{\rho},\boldsymbol{n})$ 和偏量部分 $F_{\mathrm{s1}}(\boldsymbol{\Sigma},\boldsymbol{\rho},\boldsymbol{n})$：

$$F_{\mathrm{s}}(\boldsymbol{\Sigma},\boldsymbol{\rho},\boldsymbol{n})=F_{\mathrm{s0}}(\boldsymbol{\Sigma},\boldsymbol{\rho},\boldsymbol{n})+F_{\mathrm{s1}}(\boldsymbol{\Sigma},\boldsymbol{\rho},\boldsymbol{n}) \tag{7.163}$$

式中，$F_{\mathrm{s0}}(\boldsymbol{\Sigma},\boldsymbol{\rho},\boldsymbol{n})$ 和 $F_{\mathrm{s1}}(\boldsymbol{\Sigma},\boldsymbol{\rho},\boldsymbol{n})$ 分别为

$$F_{\mathrm{s0}}(\boldsymbol{\Sigma},\boldsymbol{\rho},\boldsymbol{n})=f_0(\boldsymbol{\rho})\sigma_N(\boldsymbol{\Sigma},\boldsymbol{n})+\tau_N(\boldsymbol{\Sigma},\boldsymbol{n})-c_0(\boldsymbol{\rho}) \tag{7.164}$$

$$F_{\mathrm{s1}}(\boldsymbol{\Sigma},\boldsymbol{\rho},\boldsymbol{n})=f_1(\boldsymbol{\rho})\sigma_N(\boldsymbol{\Sigma},\boldsymbol{n})-c_1(\boldsymbol{\rho},\boldsymbol{n}) \tag{7.165}$$

下面分两种情况进行讨论：

(1) 当 $\boldsymbol{\rho}$ 为各向同性张量时($\boldsymbol{\rho}'=0$)。

此时 $\omega_1(\boldsymbol{\rho},\boldsymbol{n})=0$，从而 $f_1(\boldsymbol{\rho},\boldsymbol{n})=0$，$c_1(\boldsymbol{\rho},\boldsymbol{n})=0$，$F_{\mathrm{s1}}(\boldsymbol{\Sigma},\boldsymbol{\rho},\boldsymbol{n})=0$。式(7.148)的条件极值问题可写为

$$\frac{\partial L_{\mathrm{s}}}{\partial n_k}=\frac{\partial F_{\mathrm{s0}}}{\partial n_k}+2\lambda_{\mathrm{s}}n_k=f_0\frac{\partial\sigma_N}{\partial n_k}+\frac{\partial\tau_N}{\partial n_k}+2\lambda_{\mathrm{s}}n_k=0,\quad k=1,2,3 \tag{7.166}$$

由式(7.42)，在宏观主应力空间内有

$$\frac{\partial\sigma_N}{\partial n_k}=2\Sigma_{kl}n_l=2\Sigma_k n_k,\quad k,l=1,2,3 \tag{7.167}$$

式中，对 k 不求和。

由式(7.43)和式(7.168)，有

$$\begin{aligned}\frac{\partial\tau_N}{\partial n_k}&=\frac{1}{2\tau_N}\frac{\partial\tau_N^2}{\partial n_k}=\frac{1}{\tau_N}(\Sigma_{kl}\sigma_l-2\sigma_N\sigma_k)\\&=\frac{1}{\tau_N}(\Sigma_k^2 n_k-2\sigma_N\Sigma_k n_k),\quad k,l=1,2,3\end{aligned} \tag{7.168}$$

式中，对 k 不求和。

将式(7.167)和式(7.168)代入式(7.166)，得到

$$\frac{\partial L_{\mathrm{s}}}{\partial n_1}=\left[\frac{1}{\tau_N}(f_0\tau_N+\Sigma_1-2\sigma_N)\Sigma_1+2\lambda_{\mathrm{s}}\right]n_1=0 \tag{7.169a}$$

$$\frac{\partial L_{\mathrm{s}}}{\partial n_2}=\left[\frac{1}{\tau_N}(f_0\tau_N+\Sigma_2-2\sigma_N)\Sigma_2+2\lambda_{\mathrm{s}}\right]n_2=0 \tag{7.169b}$$

$$\frac{\partial L_{\mathrm{s}}}{\partial n_3}=\left[\frac{1}{\tau_N}(f_0\tau_N+\Sigma_3-2\sigma_N)\Sigma_3+2\lambda_{\mathrm{s}}\right]n_3=0 \tag{7.169c}$$

若 n_k 全不为零，则有下式成立：

$$\begin{cases}(\Sigma_1-\Sigma_3)(f_0\tau_N+\Sigma_1+\Sigma_3-2\sigma_N)=0\\(\Sigma_2-\Sigma_3)(f_0\tau_N+\Sigma_2+\Sigma_3-2\sigma_N)=0\end{cases} \tag{7.170}$$

显然，无法找到 σ_N 和 τ_N 满足式(7.170)。从而式(7.169)有解的条件是 n_k 中至少有一个为零，由于最不利微平面应有较大剪应力，因此有 $n_2^{s\text{-}cr}=0$。即最不利微平面的法向单位矢量 $\boldsymbol{n}^{s\text{-}cr}$ 可表示为

$$n_1^{s\text{-}cr}=\cos\theta_0,\quad n_2^{s\text{-}cr}=0,\quad n_3^{s\text{-}cr}=\sin\theta_0 \tag{7.171}$$

求解最不利微平面向单位矢量 $\boldsymbol{n}^{s\text{-}cr}$ 的问题可简化为求解最不利微平面的倾角 θ_0(临界角)。将式(7.171)代入式(7.42)和式(7.43)，则最不利微平面上的正应力和剪应力可以表示为

$$\begin{cases}\sigma_N=\dfrac{1}{2}[(\Sigma_1+\Sigma_3)+(\Sigma_1-\Sigma_3)\cos(2\theta_0)]\\ \tau_N=\dfrac{1}{2}(\Sigma_1-\Sigma_3)\sin(2\theta_0)\end{cases} \tag{7.172}$$

对各向同性损伤，式(7.163)的微平面抗剪屈服函数可写为

$$F_s(\boldsymbol{\Sigma},\boldsymbol{\rho},\theta_0)=F_{s0}(\boldsymbol{\Sigma},\boldsymbol{\rho},\theta_0)=f_0(\boldsymbol{\rho})\sigma_N(\boldsymbol{\Sigma},\theta_0)+\tau_N(\boldsymbol{\Sigma},\theta_0)-c_0(\boldsymbol{\rho}) \tag{7.173}$$

条件极值问题可写为

$$\frac{\mathrm{d}F_{s0}}{\mathrm{d}\theta_0}=F'_{s0}=0 \tag{7.174}$$

可以求得临界角 θ_0 为

$$\theta_0=\frac{1}{2}\tan^{-1}\left(\frac{1}{f_0}\right) \tag{7.175}$$

将最不利微平面的临界角 θ_0 和式(7.171)的单位法向矢量 $\boldsymbol{n}^{s\text{-}cr}$ 代入式(7.149)，可以得到各向同性损伤岩体的宏观抗剪强度准则为

$$(\Sigma_1+\Sigma_3)\sin\phi_0+(\Sigma_1-\Sigma_3)-2c_0\cos\phi_0=0 \tag{7.176}$$

式中，ϕ_0 为各向同性损伤岩体的内摩擦角。

$$\phi_0=\tan^{-1}f_0 \tag{7.177}$$

式(7.176)的各向同性损伤岩体的宏观抗剪强度准则与岩石的 Mohr-Coulomb抗剪强度准则形式完全相同，只是其中的 ϕ_0 和 c_0 不再是岩石的内摩擦角和黏聚力，而是为各向同性损伤岩体的内摩擦角和黏聚力。

(2) 当 $\boldsymbol{\rho}$ 为各向异性张量时($\boldsymbol{\rho}'\neq0$)。

一般地，岩体内部含有优势方位的节理裂隙组，使得组构张量 $\boldsymbol{\rho}$ 的偏量部分 $\boldsymbol{\rho}'$ 不为零。假设最不利微平面仍位于 Σ_1、Σ_3 平面内，即 $n_2^{s\text{-}cr}=0$，即最不利微平面的法向单位矢量 $\boldsymbol{n}^{s\text{-}cr}$ 可表示为

$$n_1^{s\text{-}cr}=\cos\theta,\quad n_2^{s\text{-}cr}=0,\quad n_3^{s\text{-}cr}=\sin\theta \tag{7.178}$$

式中，θ 为各向异性损伤岩体的最不利微平面倾角(临界角)。

最不利微平面上的正应力和剪应力为

$$\begin{cases}\sigma_N = \dfrac{1}{2}\left[(\Sigma_1+\Sigma_3)+(\Sigma_1-\Sigma_3)\cos(2\theta)\right]\\ \tau_N = \dfrac{1}{2}(\Sigma_1-\Sigma_3)\sin(2\theta)\end{cases} \tag{7.179}$$

对各向异性损伤,式(7.163)的微平面抗剪屈服函数可写为

$$F_s(\boldsymbol{\Sigma},\boldsymbol{\rho},\theta)=F_{s0}(\boldsymbol{\Sigma},\boldsymbol{\rho},\theta)+F_{s1}(\boldsymbol{\Sigma},\boldsymbol{\rho},\theta) \tag{7.180}$$

条件极值问题可写为

$$F'_s(\theta)=\frac{\mathrm{d}F_s}{\mathrm{d}\theta}=\frac{\mathrm{d}F_{s0}}{\mathrm{d}\theta}+\frac{\mathrm{d}F_{s1}}{\mathrm{d}\theta}=F'_{s0}+F'_{s1}=0 \tag{7.181}$$

式中,

$$F'_{s1}=\frac{\mathrm{d}F_{s1}}{\mathrm{d}\theta} \tag{7.182}$$

若以 $\boldsymbol{\rho}$ 的各向同性部分来近似,即 $\boldsymbol{\rho}\approx\boldsymbol{\rho}_0$,则 $\theta\approx\theta_0$,则由组构张量的各向同性部分确定的岩体宏观抗剪强度准则可以作为各向异性岩体抗剪强度准则的零阶近似。将各向异性岩体抗剪破坏最不利微平面的临界角 θ 在 θ_0 附近进行泰勒级数展开,取其线性项,并注意到 $F'_0(\theta_0)=0$,可以得到

$$F'_s(\theta)=F'_{s1}(\theta_0)+(F''_{s0}(\theta_0)+F''_{s1}(\theta_0))(\theta-\theta_0)=0 \tag{7.183}$$

式中,

$$F''_{s0}(\theta)=\frac{\mathrm{d}^2F_{s0}}{\mathrm{d}\theta^2},F''_{s1}(\theta)=\frac{\mathrm{d}^2F_{s1}}{\mathrm{d}\theta^2} \tag{7.184}$$

可以求出最不利微平面的临界角 θ:

$$\theta=\theta_0-\frac{F'_{s1}(\theta_0)}{F''_{s0}(\theta_0)+F''_{s1}(\theta_0)} \tag{7.185}$$

将式(7.178)代入式(7.149),得到岩体的各向异性宏观抗剪强度准则显式表达式为

$$F_0(\theta_0)+F_1(\theta_0)-\frac{(F'_1(\theta_0))^2}{F''_0(\theta_0)+F''_1(\theta_0)}=0 \tag{7.186}$$

略去中间推导过程,可以得到以宏观主应力二次函数、节理连通率 $\omega(\boldsymbol{n})$ 的二阶第二类组构张量 $\boldsymbol{\rho}$ 表示的节理岩体宏观各向异性抗剪强度准则:

$$\begin{aligned}\bar{F}_s(\boldsymbol{\Sigma},\boldsymbol{\rho})=&a_1(\boldsymbol{\rho})(\Sigma_1+\Sigma_3)^2+a_2(\boldsymbol{\rho})(\Sigma_1-\Sigma_3)^2+a_3(\boldsymbol{\rho})(\Sigma_1+\Sigma_3)(\Sigma_1-\Sigma_3)\\&+a_4(\boldsymbol{\rho})(\Sigma_1+\Sigma_3)+a_5(\boldsymbol{\rho})(\Sigma_1-\Sigma_3)+a_6(\boldsymbol{\rho})=0\end{aligned} \tag{7.187}$$

式中,$a_i(\boldsymbol{\rho})$ $(i=1,2,\cdots,6)$为与岩体节理连通率 $\omega(\boldsymbol{n})$ 的二阶第二类组构张量 $\boldsymbol{\rho}$ 表示的材料参数,定义为

$$\begin{cases} a_1(\boldsymbol{\rho}) = (b_{21})^2 - b_{31}\left(b_{11} + \dfrac{1}{2}f_0\right) \\ a_2(\boldsymbol{\rho}) = (b_{22})^2 - \left(b_{12} + \dfrac{1}{2}\sec\phi\right)(b_{32} - 2\sec\phi) \\ a_3(\boldsymbol{\rho}) = 2b_{21}b_{22} - b_{31}\left(b_{12} + \dfrac{1}{2}\sec\phi\right) + \left(b_{11} + \dfrac{1}{2}f_0\right)(b_{32} - 2\sec\phi) \\ a_4(\boldsymbol{\rho}) = b_{31}(c_0 + b_{13}) + b_{33}\left(b_{11} + \dfrac{1}{2}f_0\right) - 2b_{21}b_{23} \\ a_5(\boldsymbol{\rho}) = b_{33}\left(b_{12} + \dfrac{1}{2}\sec\phi\right) + (c_0 + b_{13})(b_{32} - 2\sec\phi) - 2b_{22}b_{23} \\ a_6(\boldsymbol{\rho}) = (b_{23})^2 - b_{33}(c_0 + b_{13}) \end{cases} \tag{7.188}$$

式中，b_{11}、b_{12}、b_{13}为与 θ_0 和 $\boldsymbol{\rho}$ 有关的材料参数。

$$\begin{cases} b_{11} = -\dfrac{1}{4}(f^{(\mathrm{R})} - f^{(\mathrm{J})})[(\rho'_{11} + \rho'_{33}) + (\rho'_{11} - \rho'_{33})\cos(2\theta_0) + 2\rho'_{13}\sin(2\theta_0)] \\ b_{12} = b_{11}\cos(2\theta_0) \\ b_{13} = 2b_{11}\dfrac{c^{(\mathrm{R})} - c^{(\mathrm{J})}}{f^{(\mathrm{R})} - f^{(\mathrm{J})}} \end{cases} \tag{7.189}$$

$b_{2i}(i=1,2,3)$和 $b_{3i}(i=1,2,3)$分别为 $b_{1i}(i=1,2,3)$关于 θ_0 的一阶和二阶导数：

$$b_{2i} = \frac{\mathrm{d}b_{1i}}{\mathrm{d}\theta_0}, \quad b_{3i} = \frac{\mathrm{d}^2 b_{1i}}{\mathrm{d}\theta_0^2}, \quad i = 1,2,3$$

最不利微平面的临界角 θ 为

$$\theta = \theta_0 - \frac{b_{21}(\Sigma_1 + \Sigma_3) + b_{22}(\Sigma_1 - \Sigma_3) - b_{23}}{b_{31}(\Sigma_1 + \Sigma_3) + (b_{32} - 2\sec\phi)(\Sigma_1 - \Sigma_3) - b_{33}} \tag{7.190}$$

需要指出的是，式(7.187)给出的节理岩体宏观各向异性抗剪强度准则显式表达式，它是隐式节理岩体宏观抗剪破坏条件式(7.140)的具有一阶精度的解析解。

7.3.5　主应力空间内的岩体各向异性强度准则破坏面

岩体的各向异性抗拉强度准则式(7.144)是各向异性岩体宏观拉破坏条件式(7.137)的精确解，而岩体的各向异性抗剪强度准则式(7.187)则是各向异性岩体宏观剪切破坏条件式(7.140)的近似解析解。各向异性岩体宏观剪切破坏条件式(7.137)还可以采用数值方法求出精确解。在宏观应力三个主轴组成的三维空间内，所有满足上述强度准则或破坏条件的宏观破坏主应力(Σ_1，Σ_2，Σ_3)构成了岩体强度准则的破坏面。

一般地，当含有节理裂隙的岩体各向异性损伤采用节理连通率 $\omega(\boldsymbol{n})$的二阶第

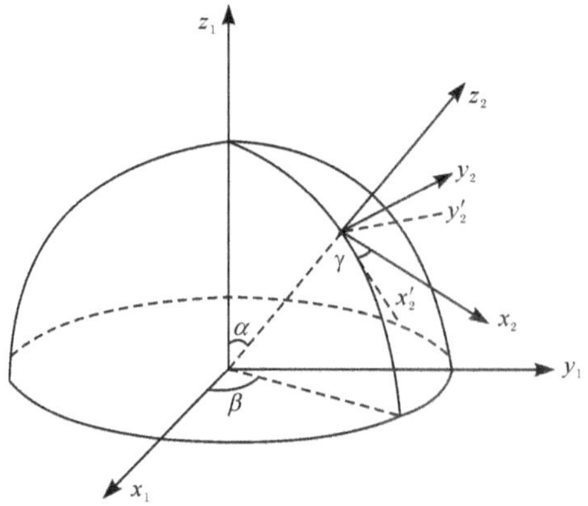

图 7.6 正交各向异性岩体的三个材料主轴与宏观应力主轴的欧拉角 α、β、γ

二类组构张量 $\boldsymbol{\rho}$(以下简称为岩体二阶组构张量)来近似时,由于 $\boldsymbol{\rho}$ 为二阶对称张量,其所等效的岩体为正交各向异性材料。设宏观应力张量的主轴坐标系为 $x_1y_1z_1$,而岩体二阶组构张量 $\boldsymbol{\rho}$ 的三个主轴对应的材料主轴坐标系为 $x_2y_2z_2$。岩体二阶组构张量 $\boldsymbol{\rho}$ 的三个主值分别为 ρ_1、ρ_2 和 ρ_3,对应的三个材料主轴与三个宏观主应力轴的欧拉角为 α、β、γ,如图 7.6 所示。则在主应力空间内,岩体二阶组构张量 $\boldsymbol{\rho}$ 的三个主轴单位矢量 $\boldsymbol{m}^{(i)}=m_j^{(i)}\boldsymbol{e}_j\,(i,j=1,2,3)$ 的分量可用欧拉角 α、β、γ 表示为

$$\boldsymbol{m}^{(1)}=\begin{bmatrix}\cos\alpha\cos\beta\cos\gamma-\sin\beta\sin\gamma\\ \cos\alpha\sin\beta\cos\gamma+\cos\beta\sin\gamma\\ -\sin\alpha\sin\gamma\end{bmatrix} \tag{7.191}$$

$$\boldsymbol{m}^{(2)}=\begin{bmatrix}-\cos\alpha\cos\beta\sin\gamma-\sin\beta\cos\gamma\\ -\cos\alpha\sin\beta\sin\gamma+\cos\beta\cos\gamma\\ \sin\alpha\cos\gamma\end{bmatrix} \tag{7.192}$$

$$\boldsymbol{m}^{(3)}=[\sin\alpha\cos\beta,\sin\alpha\sin\beta,\cos\alpha]^{\mathrm{T}} \tag{7.193}$$

在主应力空间内,岩体二阶组构张量 $\boldsymbol{\rho}=\rho_{ij}\boldsymbol{e}_i\boldsymbol{e}_j\,(i,j=1,2,3)$ 为

$$\boldsymbol{\rho}=\rho_1\boldsymbol{m}^{(1)}\boldsymbol{m}^{(1)}+\rho_2\boldsymbol{m}^{(2)}\boldsymbol{m}^{(2)}+\rho_3\boldsymbol{m}^{(3)}\boldsymbol{m}^{(3)} \tag{7.194a}$$

其分量形式为

$$\rho_{ij}=\rho_1 m_i^{(1)}m_j^{(1)}+\rho_2 m_i^{(2)}m_j^{(2)}+\rho_3 m_i^{(3)}m_j^{(3)},\quad i,j=1,2,3 \tag{7.194b}$$

求解上述岩体各向异性抗拉和抗剪强度准则破坏面上的宏观破坏主应力(Σ_1,Σ_2,Σ_3)的数值方法如下:

(1) 给定岩体二阶组构张量 $\boldsymbol{\rho}$ 的三个主值 ρ_1、ρ_2 和 ρ_3 及三个材料主轴与宏观主应力轴的欧拉角 α、β、γ,按式(7.191)~式(7.194)计算宏观主应力空间内的岩体二阶组构张量的分量 $\rho_{ij}\,(i,j=1,2,3)$。

(2) 对某种比例加载方式 $\Sigma_1:\Sigma_2:\Sigma_3=1:k_2:k_3$,保持 k_2,k_3 恒定,不断变化 Σ_1,

采用试算法求出满足宏观初始屈服条件的 Σ_1，得到一组初始屈服应力值为(Σ_1，$k_2\Sigma_1$，$k_3\Sigma_1$)。

(3) 变化 k_2、k_3，对所有比例加载方式，重复第(2)步，得到所有破坏宏观应力。有了所有加载方式下的破坏应力，不难得出宏观应力主轴空间内的破坏面。

计算四种岩体参数下的宏观各向异性抗拉和抗剪屈服面，其中岩体二阶组构张量 $\boldsymbol{\rho}$ 的三个主值 ρ_1、ρ_2 和 ρ_3 和三个主轴与宏观主应力轴的欧拉角 α、β、γ 列于表 7.1。岩体的微平面上岩石和节理面基元的材料参数为：①岩石基元：内摩擦系数 $f^{(R)}=1.2$，黏聚力 $c^{(R)}=2.4\text{MPa}$，抗拉极限强度 $T^{(R)}=0.24\text{MPa}$；②节理面基元：内摩擦系数 $f^{(J)}=0.3$，黏聚力 $c^{(J)}=0.4\text{MPa}$，抗拉极限强度 $T^{(J)}=0.04\text{MPa}$。

表 7.1　四种裂隙岩体的计算参数

编号	说明	$\boldsymbol{\rho}$ 的欧拉角			$\boldsymbol{\rho}$ 的三个主值		
		α	β	γ	ρ_1	ρ_2	ρ_3
岩体 1	各向同性岩体	0°	0°	0°	0.2	0.2	0.2
岩体 2	材料主轴与宏观应力主轴重合的横观各向同性岩体	0°	0°	0°	0.2	0.2	0.6
岩体 3	材料主轴与宏观应力主轴重合的正交各向异性岩体	0°	0°	0°	0.2	0.4	0.6
岩体 4	材料主轴与宏观应力主轴不重合的正交各向异性岩体	0°	30°	30°	0.2	0.4	0.6

图 7.7 给出了岩体 1 和岩体 4 的宏观各向异性抗拉强度准则破坏面，可以看出，岩体 1(各向同性岩体)的宏观抗拉强度准则破坏面为正三棱锥，而岩体 4(材料主轴与主应力轴不重合的正交各向异性岩体)的宏观抗拉强度准则破坏面为曲面的棱锥。

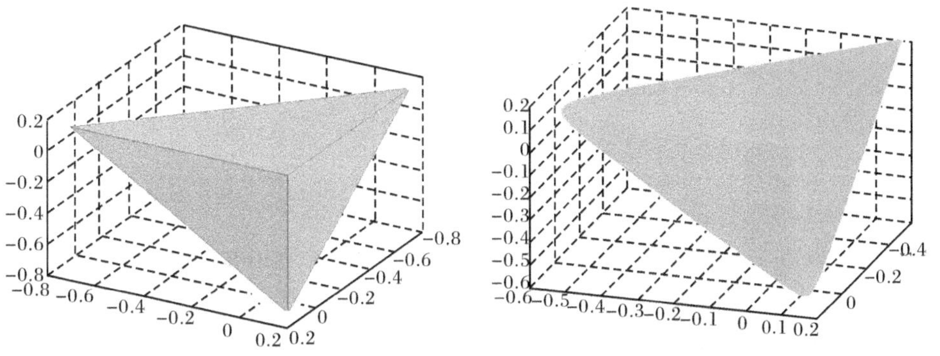

(a) 岩体 1　　　　(b) 岩体 4

图 7.7　岩体宏观各向异性抗拉强度准则的破坏面

图 7.8 和图 7.9 分别给出了四种岩体的宏观各向异性抗拉强度准则偏平面和子午面内的破坏包络线，从外到内依次对应的宏观应力张量的第一不变量（宏观静水压力）为 $I_1 = 0.3\text{MPa}$、0MPa、-0.3MPa。

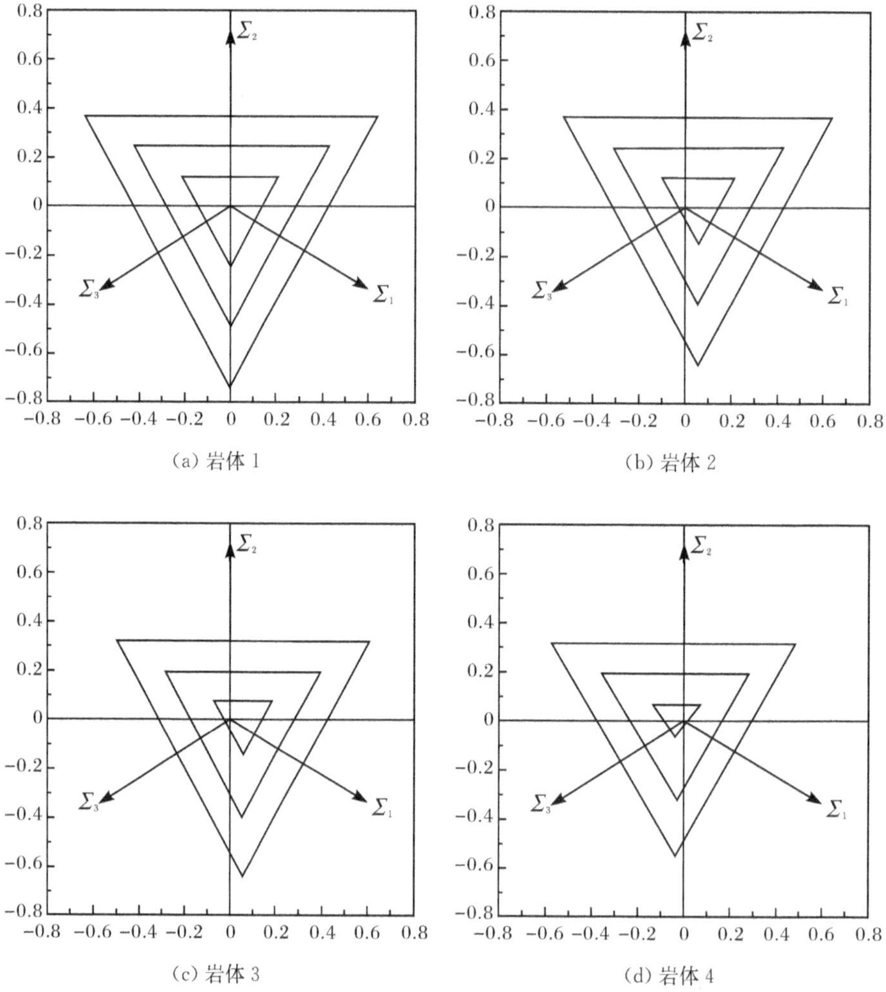

(a) 岩体 1　(b) 岩体 2

(c) 岩体 3　(d) 岩体 4

图 7.8　岩体宏观各向异性抗拉强度准则偏平面内的破坏包络线

由于岩体 1 为各向同性，其宏观各向异性抗拉强准则退化为传统的各向同性材料的 Rankie 抗拉强度准则，相应地，其破坏曲面也与 Rankie 抗拉强度准则的破坏曲面相同。

可以看出，岩体 1（各向同性岩体）的宏观抗拉强度准则在偏平面内的破坏包络线为正三角形，形心在偏平面坐标系的原点处。而岩体 2（材料主轴与宏观应力主轴重合的横观各向同性岩体）和岩体 3（材料主轴与主应力轴重合的正交各向异性岩体)在偏平面内的破坏包络线为不等边三角形,且形心不再位于原点。而岩体 4(材料主轴与宏观应力主轴不重合的正交各向异性岩体)在偏平面内的破坏包络线接近为三角形,形心不再位于原点。

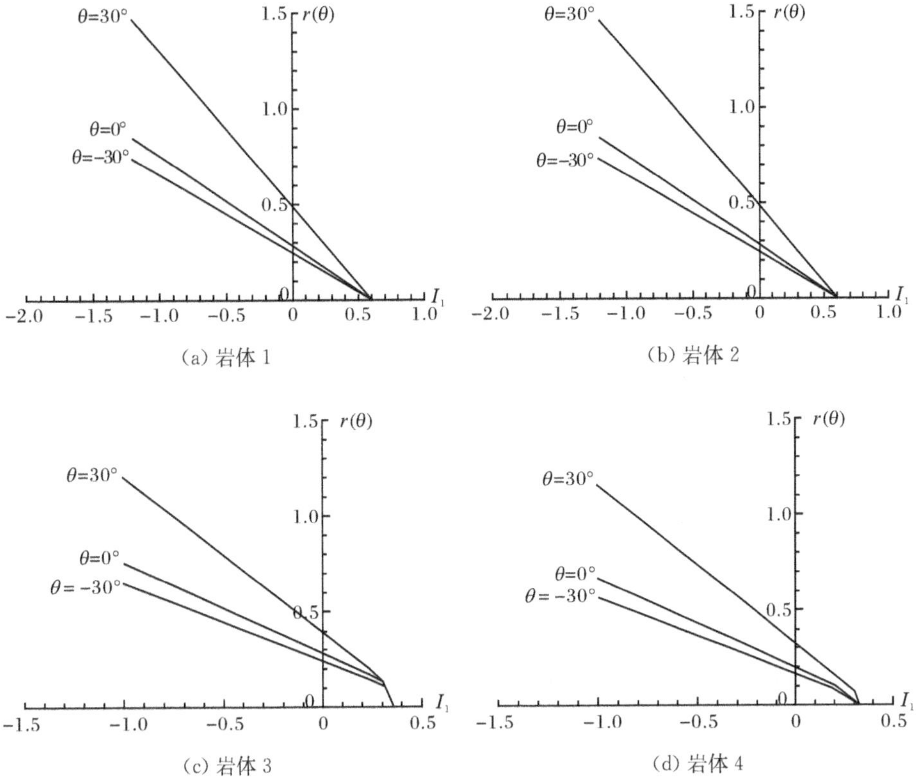

(a) 岩体 1　(b) 岩体 2　(c) 岩体 3　(d) 岩体 4

图 7.9　岩体的宏观各向异性抗拉强度准则子午面内的破坏包络线

岩体 1 和岩体 2 的宏观抗拉强度准则在子午面内的破坏包络线为直线,而岩体 3 和岩体 4 的宏观抗拉强度准则在子午面内的破坏包络线则不再为直线。

对岩体各向异性抗剪强度准则的隐式表达式(7.140),采用数值解计算了宏观应力主轴空间内四种岩体的破坏应力,并与岩体各向异性抗剪强度准则的近似解析解显式表达式(7.187)计算的破坏应力进行了对比。

对各向同性的岩体 1,其宏观各向异性抗剪强准则退化为传统的各向同性材料的 Mohr-Counlomb 抗剪强度准则,相应地,其破坏曲面也与 Mohr-Counlomb 强度准则的破坏曲面相同。

图 7.10 给出了岩体 1 和岩体 4 的宏观各向异性抗剪强度准则破坏面,可以看出,岩体 1(各向同性岩体)的宏观抗剪强度准则破坏面为等边六棱锥,而岩体 4(材料主轴与主应力轴不重合的正交各向异性岩体)的宏观抗剪强度准则破坏面为曲

面锥体。

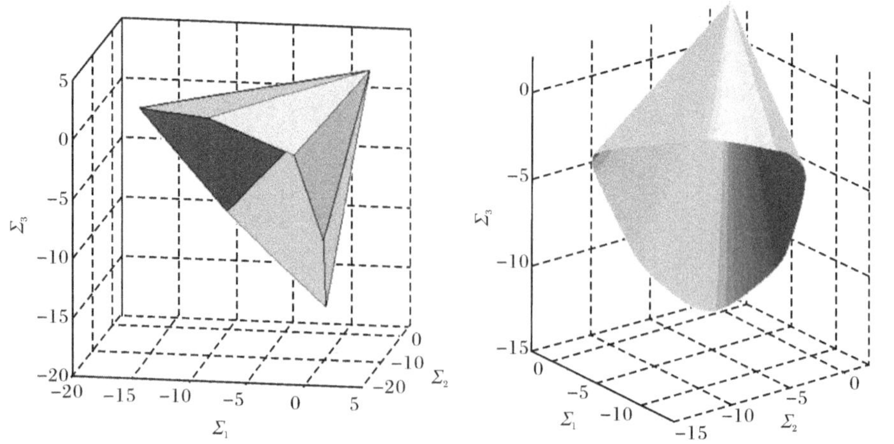

(a) 岩体 1　　(b) 岩体 4

图 7.10　岩体宏观各向异性抗剪强度准则的破坏面

图 7.11 和图 7.12 分别给出了四种岩体的宏观各向异性抗剪强度准则偏平面和子午面内的破坏包络线，从外到内依次对应的宏观应力张量的第一不变量（宏观静水压力）为 $I_1=-20\text{MPa}$、-15MPa、-10MPa、-5MPa、0MPa。

可以看出，当宏观应力的主轴与岩体的二阶组构张量的主轴重合时，近似解析解与数值精确解几乎完全重合，当二者的主轴不重合时，近似解析解也有相当高的精度。

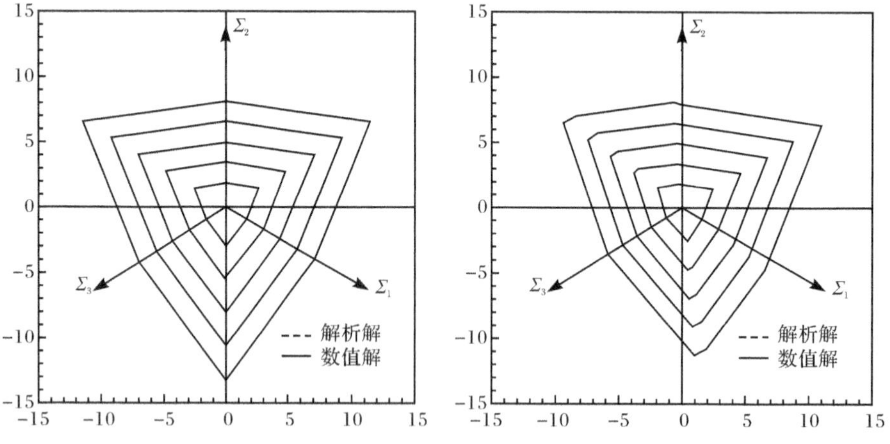

(a) 岩体 1　　(b) 岩体 2

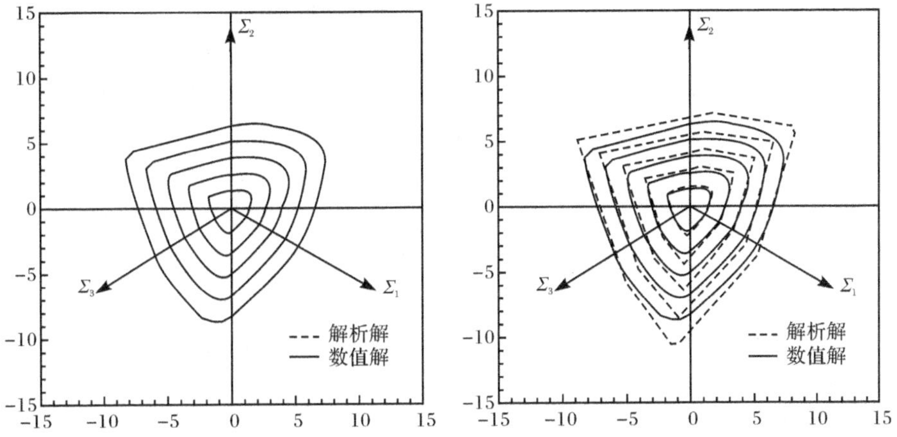

(c) 岩体 3　　(d) 岩体 4

图 7.11　岩体宏观各向异性抗剪强度准则偏平面内的破坏包络线

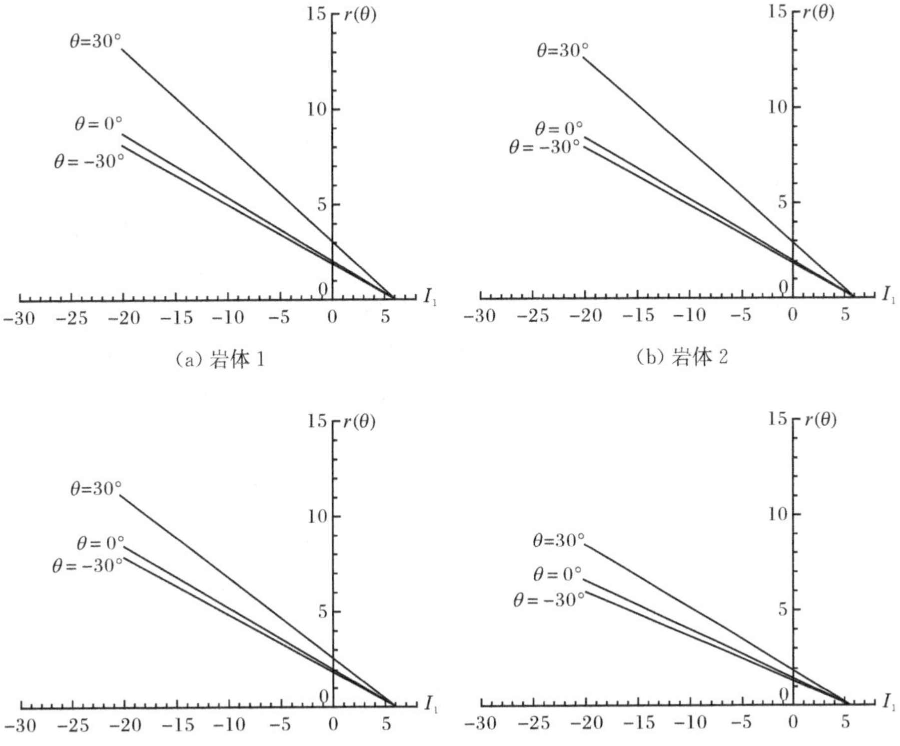

(a) 岩体 1　　(b) 岩体 2

(c) 岩体 3　　(d) 岩体 4

图 7.12　岩体宏观各向异性抗剪强度准则子午面内的破坏包络线

对岩体 1(各向同性岩体),宏观抗剪强度准则的近似解析解与数值精确解,在偏平面内的破坏包络线均为等边的六边形,形心在偏平面坐标系的原点处。对岩体 2(材料主轴与宏观应力主轴重合的横观各向同性岩体)和岩体 3(材料主轴与主应力轴重合的正交各向异性岩体),在偏平面内近似解析解与数值精确解的抗剪破坏包络线仍大致为六边形,但形心不再位于原点。对岩体 4(材料主轴与宏观应力主轴不重合的正交各向异性岩体),近似解析解在偏平面内的抗剪破坏包络线大致为六边形,而数值精确解在偏平面内的破坏包络线则变为闭合曲线,它们的形心都不再位于原点。

对四种岩体,宏观各向异性抗剪强度准则的近似解析解与数值精确解在子午面内的破坏包络线都为直线。

上述分析表明,对含有节理裂隙的各向异性岩体,一旦岩体的二阶组构张量 $\boldsymbol{\rho}$ 给定,它的三个主值 ρ_1、ρ_2 和 ρ_3 将不变。但二阶组构张量 $\boldsymbol{\rho}$ 与宏观应力张量的主轴欧拉角 α、β、γ 不同时,节理岩体的宏观破坏应力和宏观破坏面也不同,也即岩体的破坏呈现各向异性的特点。一般来说,节理岩体的破坏面为不规则的曲面。

7.4 本章小结

在微平面模型的理论框架下,分别给出了几何约束条件和静力约束条件下的微平面物理量(应力矢量、应变矢量)与宏观物理量(应力张量和应变张量)间的联系。在几何约束条件下,宏观应变张量的分量 E_{ij} 与微平面应变矢量的分量 ε_i 间满足投影关系即强变形协调条件,而宏观应力张量的分量 Σ_{ij} 与微平面应力矢量的分量 σ_i 满足积分关系即弱平衡条件。在静力约束条件下,宏观应力张量的分量 Σ_{ij} 与微平面应力矢量的分量 σ_i 间满足投影关系即强平衡条件,而宏观应变张量的分量 E_{ij} 与微平面应变矢量的分量 ε_i 满足积分关系即弱变形协调条件。宏观张量与微平面矢量间的积分关系既可以根据虚位移原理得到,也可以从方向分布矢量函数角度导出。将微平面的应力或应变矢量视为方向分布矢量函数,则宏观应力或应变张量则是应力或应变矢量的二阶第二类组构张量,与宏观应力或应变张量满足投影关系的微平面应力或应变矢量则是宏观应力或应变张量所构造的光滑分布方向矢量函数,是实际的微平面应力或应变矢量在方向平均意义上的最小二乘近似。

由于最大正应力、最大剪应力可以表示为微平面正应力和剪应力的最大值,而应力张量的第一不变量为各微平面正应力方向平均的 3 倍,应力张量偏量的第二不变量为各微平面剪应力平方方向平均的 2.5 倍。从而可将塑性力学中的经典各向同性强度准则或屈服准则表示为微平面应力的函数,并可分为两大类:①沿某个最不利微平面破坏的强度理论,包括最大拉应力强度准则(Rankine 准则)、最大剪应力强度准则(Tresca 准则)和 Mohr-Coulomb 抗剪强度准则;②所有微平面整体屈服的强度理论,包括 Mises 屈服准则和 Drucker-prager 屈服准则。

在 Kachanov 的一维有效应力概念中,建立了微平面上的有效应力矢量与名义应力矢量和面积损伤间的联系。假设宏观名义应力张量与微平面的名义应力矢量间满足静力约束条件,并将各方向微平面的面积损伤和有效应力矢量分别视为方向分布的标量函数和矢量函数,则 Kachanov 的一维有效应力原理可直接推广到三维,由此建立了各向异性损伤材料的宏观有效应力张量及其不变量与宏观名义应力张量、微平面面积损伤的二阶组构张量之间的关系。根据有效应力原理,可将无损材料的 Drucker-Prager 屈服准则推广到有损材料,只要将宏观名义应力张量的不变量以宏观有效应力张量的不变量来代替。在材料主轴坐标系下,导出的岩体各向异性损伤屈服准则与 Liu 等[8]的扩展 Hill 准则具有相同的形式,其材料参数为二阶组构张量的函数。当不考虑静水应力对屈服的影响时,它与 Hill[9]的各向异性屈服准则具有相同的形式。

对含有各向异性节理裂隙网络的岩体,将微平面视为由岩石基元和节理面基元组成的二元介质,将节理面基元所占比例——微平面的节理连通率视为方向分布标量函数。考虑岩体的各向异性节理分布时,岩体的抗拉强度、内摩擦系数、黏聚力都不再是与方向无关的常数,而成为依赖于节理连通率的方向分布标量函数。在各向同性的 Rankine 抗拉强度准则和 Mohr-Coulomb 抗剪强度准则的微平面破坏函数中考虑岩体抗拉和抗剪强度参数的各向异性分布,可建立以岩体的拉破坏和剪破坏条件,即岩体的各向异性抗拉和抗剪强度准则隐式表达式。以二阶组构张量来作为微平面节理连通率的光滑近似方向分布时,导出了宏观各向异性抗拉强度准则的精确解析解和宏观各向异性抗剪强度准则的近似解析解。宏观各向异性抗拉强度准则指出,当基于宏观应力张量和二阶组构张量的修正宏观应力张量在某个最不利微平面的正应力最先达到岩石基元的抗拉强度时,该微平面将发生拉破坏,同时岩体也将发生宏观拉破坏。宏观各向异性抗剪强度准则的近似解析解是宏观应力张量三个主值的二次函数形式,其系数是岩体二阶组构张量的函数。

这里建立的岩体各向异性屈服准则和各向异性强度准则,都以二阶组构张量描述岩体各向异性结构的损伤力学效应。一般来说,二阶组构张量是刻画各向异性损伤的最低阶张量,可以精确描述正交各向异性材料,如含三组正交节理的岩体。对一般的各向异性材料,如含非正交节理裂隙网络的岩体,则需引入高阶组构张量才能进行精确描述。显然,在方向分布函数分析中,高阶的组构张量(四阶、六阶等)必然带来更高的精度。

参考文献

[1] Bazant Z P. Imbricate continuum and its variational derivation. Journal of Engineering Mechanics, ASCE, 1984, 110: 1693－1712.

[2] Carol I, Bazant Z P. Damage and plasticity in microplane theory. International Journal of Solids and Structures, 1997, 34: 3807－3835.

[3] Kachanov L M. Time of rupture process under creep conditions. Izvestia Akademii Nauk, USSR, 1958, 8: 26－31.

[4] Rabotnov Y N. On the equations of state for creep. Progress in Applied Mechanics, 1963, 8: 307－305.

[5] Murakami S. Mechanical modeling of material damage. Journal of Applied Mechanics, ASME, 1988, 55: 280－286.

[6] Murakami S, Ohno N. A continuum theory of creep and creep damage // The 3rd IUTAM Symposium on creep in structures. Leicester, UK, 1980: 422－443.

[7] Murakami S. Notion of continuum damage mechanics and its application to anisotropic creep damage theory. Journal of Engineering Materials and Technology, 1983, 105: 99－105.

[8] Liu C, Huang Y, Stout M G. On the asymmetric yield surface of plastically orthotropic materials: A phenomenological study. Acta Materialia, 1997, 45: 2397－2406.

[9] Hill, R. The Mathematical Theory of Plasticity. Oxford: Clarendon Press, 1950.

[10] 陈新. 从细观到宏观的岩体各向异性塑性损伤耦合分析及应用(博士学位论文). 北京: 清华大学, 2004.

[11] 陈新, 杨强. 基于微面有效应力矢量的各向异性屈服准则. 力学学报, 2006, 38(5): 692－697.

[12] Yang Q, Chen X, Zhou W Y. On the structure of anisotropic damage-yield criteria. Mechanics of Materials, 2005, 37(10): 1049－1058.

[13] Yang Q, Chen X, Zhou W Y. Microplane-damage-based effective stress and invariants. International Journal of Damage Mechcanics, 2005, 14(2): 179－191.

[14] 陈新, 杨强, 何满潮, 等. 考虑深部岩体各向异性强度的井壁稳定分析. 岩石力学与工程学报, 2005, 24(16): 2882－2888.

[15] Chen X, Yang Q, Qiu K B, et al. An anisotropic strength criterion for jointed rock masses and Its application in wellbore stability analyses. International Journal for Numerical and Analytical Methods in Geomechanics, 2008, 32(6): 607－631.

第 8 章　岩体的各向异性损伤本构模型

在第 7 章中考虑强度参数各向异性分布建立岩体的各向异性强度准则时，认为在岩体代表性体积单元的微平面上，岩石和裂隙面（包括节理、割理、层理和裂纹等不连续面）两个力学基元共同承载，从而将岩体微平面的抗拉和抗剪强度参数表示为两个力学基元的抗拉和抗剪强度参数、微平面节理连通率的函数。

本章考察岩体的变形力学特性（包括弹性变形和非弹性变形）时，仍在岩体代表性体积单元的微平面上采用二元介质模型，假设岩石和裂隙面两个力学基元共同承载、协调变形。分别采用两个力学基元不解耦的弹塑性理论和解耦的应力边界方程两个研究思路，结合相应的损伤演化方程来描述岩体微平面上的非弹性变形[1,2]。

8.1　岩体微平面二元介质模型的宏细观联系框架

8.1.1　岩体微平面二元介质模型的基本假设

考察图 8.1(a)所示含节理裂隙的岩体代表性体积单元，岩体的微平面二元介质模型的基本假设如下：

(1) 基本假设Ⅰ：在每个微平面上，岩石和裂隙面两个力学基元并联组成了岩体的微平面，如图 8.1(b)所示。在微平面上，两个力学基元共同承担荷载，即作用在岩体微平面上的合力等于微平面上两个基元所受的力之和；两个力学基元变形一致，即具有相同的微平面位移。

(2) 基本假设Ⅱ：各微平面的本构关系只与该微平面的裂隙损伤力学效应有关，如图 8.1(c)所示。各微平面的力学响应相互独立，其他方向裂隙对该微平面力学行为的影响仅通过微平面物理量与宏观物理量间的联系来间接地加以考虑。

(3)基本假设Ⅲ：微平面上岩体的应力矢量和应变矢量与岩体的宏观应力张量和宏观应变张量之间满足几何约束条件，即强变形协调条件和弱平衡条件。Bažant 和 Oh[3,4]关于微平面模型的研究表明，在描述脆性材料的应变软化行为时，几何约束条件能保证数值计算的稳定性，而静力约束条件则会引起峰后阶段的数值计算不收敛。

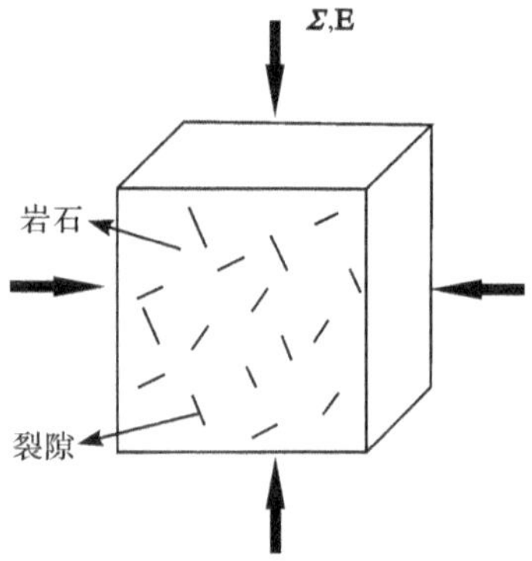

(a) 岩体的代表性体积单元

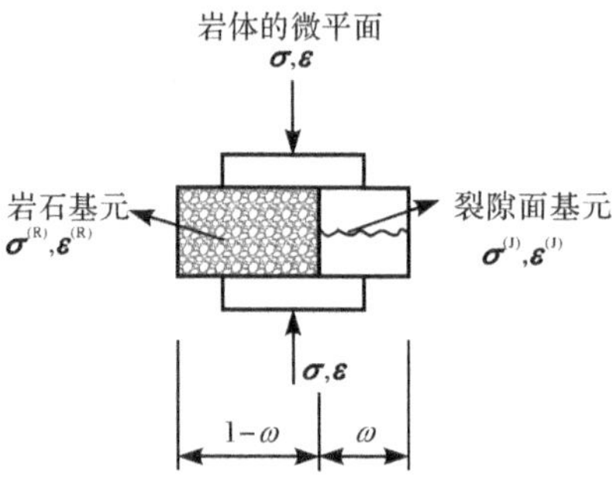

(b) 微平面上的两个力学基元

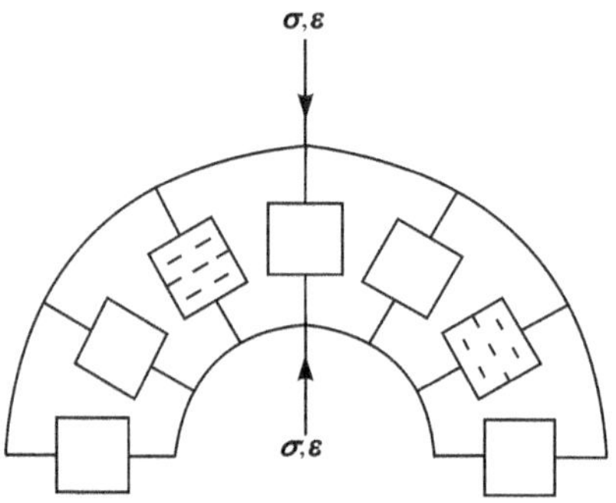

(c) 代表性体积单元的各微平面

图 8.1　岩体微平面的二元介质模型示意图

设岩体代表性体积单元的整体坐标系为 $x_1x_2x_3$，三个坐标轴的基矢量分别为 $\boldsymbol{e}_1$、$\boldsymbol{e}_2$、$\boldsymbol{e}_3$。记岩体代表性体积单元的宏观应力张量为 $\boldsymbol{\Sigma}=\Sigma_{ij}\boldsymbol{e}_i\boldsymbol{e}_j\,(i=1,2,3)$，宏观应变张量为 $\boldsymbol{E}=E_{ij}\boldsymbol{e}_i\boldsymbol{e}_j\,(i,j=1,2,3)$。

对任意的岩体微平面，它的法向单位矢量记为 $\boldsymbol{n}=n_i\boldsymbol{e}_i\,(i=1,2,3)$。微平面上岩体的应力矢量为 $\boldsymbol{\sigma}(\boldsymbol{n})=\sigma_i\boldsymbol{e}_i\,(i=1,2,3)$，岩体的应变矢量为 $\boldsymbol{\varepsilon}(\boldsymbol{n})=\varepsilon_i\boldsymbol{e}_i\,(i=1,2,3)$。选取微平面的损伤变量为节理连通率 $\omega(\boldsymbol{n})$，它是微平面上二元介质模型中节理基元所占的比例，反映了该方向上裂隙组的总体平均损伤力学效应。设微平面上岩石基元的应力矢量和应变矢量分别为 $\boldsymbol{\sigma}^{(\mathrm{R})}=\sigma_i^{(\mathrm{R})}\boldsymbol{e}_i\,(i=1,2,3)$ 和 $\boldsymbol{\varepsilon}^{(\mathrm{R})}=\varepsilon_i^{(\mathrm{R})}\boldsymbol{e}_i\,(i=1,2,3)$，裂隙面基元的应力矢量和应变矢量分别为 $\boldsymbol{\sigma}^{(\mathrm{J})}=\sigma_i^{(\mathrm{J})}\boldsymbol{e}_i\,(i=1,2,3)$ 和 $\boldsymbol{\varepsilon}^{(\mathrm{J})}=\varepsilon_i^{(\mathrm{J})}\boldsymbol{e}_i\,(i=1,2,3)$。

由基本假设Ⅰ可知，在微平面上岩石基元和节理面基元变形协调，即岩石基元、节理面基元与微平面上的岩体三者的位移增量相同，从而在微平面上三者的应变矢量也相等：

$$\boldsymbol{\varepsilon}=\boldsymbol{\varepsilon}^{(\mathrm{R})}=\boldsymbol{\varepsilon}^{(\mathrm{J})} \tag{8.1a}$$

其分量形式为

$$\varepsilon_i=\varepsilon_i^{(\mathrm{R})}=\varepsilon_i^{(\mathrm{J})},\quad i=1,2,3 \tag{8.1b}$$

在微平面上岩石基元和节理面基元共同承载，即岩石基元、节理面基元所受的力之和为岩体在该微平面所受的力，从而微平面上三者的应力矢量满足：

$$\boldsymbol{\sigma}=(1-\omega)\boldsymbol{\sigma}^{(\mathrm{R})}+\omega\boldsymbol{\sigma}^{(\mathrm{J})} \tag{8.2a}$$

其分量形式为

$$\sigma_i=(1-\omega)\sigma_i^{(\mathrm{R})}+\omega\sigma_i^{(\mathrm{J})},\quad i=1,2,3 \tag{8.2b}$$

由基本假设Ⅲ可知，岩体的微平面物理量与宏观物理量间满足几何约束条件，即微平面的岩体应变矢量 $\boldsymbol{\varepsilon}$ 与代表性体积单元的岩体宏观应变张量 $\boldsymbol{E}$ 之间满足如下的投影关系[3~5]：

$$\boldsymbol{\varepsilon}=\boldsymbol{E}\cdot\boldsymbol{n} \tag{8.3a}$$

其分量形式为

$$\varepsilon_i=E_{ij}n_j \tag{8.3b}$$

从而也必然满足如下的积分关系：

$$\boldsymbol{E}=\frac{1}{4\pi}\oint\frac{3}{2}(\boldsymbol{\varepsilon n}+\boldsymbol{n\varepsilon})\mathrm{d}S \tag{8.4a}$$

其分量形式为

$$E_{ij}=\frac{1}{4\pi}\oint\frac{3}{2}(\varepsilon_i n_j+n_i\varepsilon_j)\mathrm{d}S \tag{8.4b}$$

岩体的宏观应力张量 $\boldsymbol{\Sigma}$ 与岩体的微平面应力矢量 $\boldsymbol{\sigma}$ 间不满足投影关系，只满足如下的积分关系：

$$\boldsymbol{\Sigma}=\frac{1}{4\pi}\oint\frac{3}{2}(\boldsymbol{\sigma n}+\boldsymbol{n\sigma})\mathrm{d}S \tag{8.5a}$$

其分量形式为

$$\Sigma_{ij}=\frac{1}{4\pi}\oint\frac{3}{2}(\sigma_i n_j+n_i\sigma_j)\mathrm{d}S \tag{8.5b}$$

8.1.2　微平面法向和切向都不分解形式的宏细观联系框架

在岩体的微平面上，若将微平面上的岩体应力(应变)矢量分解为法向应力(应变)和剪应力(应变)，而不对它们进一步分解时，可建立岩体代表性体积单元的宏观应力张量或应变张量与微平面相应物理量间的联系。

如图 8.2 所示，将微平面上岩体的应变矢量 $\boldsymbol{\varepsilon}(\boldsymbol{n})=\varepsilon_i\boldsymbol{e}_i$ 分解为法向应变矢量 $\boldsymbol{\varepsilon}_N=\varepsilon_{Ni}\boldsymbol{e}_i=\varepsilon_N\boldsymbol{n}\ (i=1,2,3)$ 和剪应变矢量 $\boldsymbol{\varepsilon}_T=\varepsilon_{T_i}\boldsymbol{e}_i=\gamma_N\boldsymbol{t}\ (i=1,2,3)$：

$$\boldsymbol{\varepsilon}=\boldsymbol{\varepsilon}_N+\boldsymbol{\varepsilon}_T=\varepsilon_N\boldsymbol{n}+\gamma_N\boldsymbol{t} \tag{8.6a}$$

式中，$\boldsymbol{t}=t_i\boldsymbol{e}_i\ (i=1,2,3)$ 为微平面剪应变矢量的单位方向矢量。

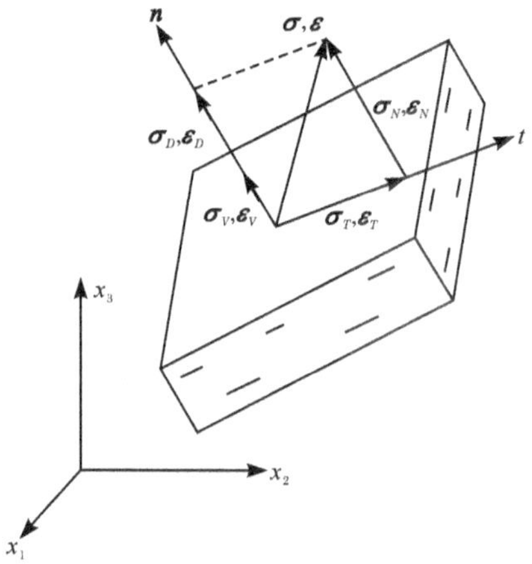

图 8.2 岩体微平面上的法向分量分解及不分解、切向分量不分解的示意图

其分量形式为

$$\varepsilon_i=\varepsilon_{Ni}+\varepsilon_{Ti}=\varepsilon_N n_i+\gamma_N t_i,\quad i=1,2,3 \tag{8.6b}$$

微平面上岩体的正应变 ε_N(法向应变矢量的模)为

$$\varepsilon_N=\sqrt{\varepsilon_{Ni}\varepsilon_{Ni}}=(\boldsymbol{\varepsilon}\cdot\boldsymbol{n})=\varepsilon_r n_r,\quad r=1,2,3 \tag{8.7}$$

微平面上岩体的剪应变为 γ_N(剪应变矢量的模)为

$$\gamma_N=\sqrt{\varepsilon_{T_i}\varepsilon_{T_i}},\quad i=1,2,3 \tag{8.8}$$

在几何约束条件下,微平面上的岩体应变矢量与岩体的宏观应变张量之间满足投影关系式(8.3),将其代入式(8.7),可得到微平面上的岩体正应变 ε_N 与岩体的宏观应变张量 $\boldsymbol{E}$ 之间满足如下关系:

$$\varepsilon_N=\boldsymbol{E}:\boldsymbol{N}=\boldsymbol{E}:\boldsymbol{nn}=E_{ij}N_{ij}=E_{ij}n_i n_j,\quad i,j=1,2,3 \tag{8.9}$$

由式(8.6)可得到微平面上的岩体剪应变矢量 $\boldsymbol{\varepsilon}_T$ 与岩体的宏观应变张量 $\boldsymbol{E}$ 之间满足如下关系:

$$\boldsymbol{\varepsilon}_T=\boldsymbol{\varepsilon}-\varepsilon_N\boldsymbol{n}=\boldsymbol{E}\cdot\boldsymbol{n}-(\boldsymbol{E}:\boldsymbol{N})\boldsymbol{n} \tag{8.10a}$$

其分量形式为

$$\varepsilon_{T_r}=\varepsilon_r-\varepsilon_N n_r=E_{rj}n_j-E_{ij}n_i n_j n_r,\quad r,i,j=1,2,3 \tag{8.10b}$$

利用宏观应变张量的对称性,式(8.10b)可改写为

$$\varepsilon_{T_r}=\frac{1}{2}E_{ij}(n_i\delta_{jr}+n_j\delta_{ir}-2n_i n_j n_r),\quad r,i,j=1,2,3 \tag{8.10c}$$

将式(8.6)代入式(8.4),得到微平面法向分量分解、切向分量不分解形式的微平面上的岩体应变矢量与宏观应变张量的积分关系式:

$$\boldsymbol{E}=\frac{1}{4\pi}\oint 3\left[\varepsilon_N\boldsymbol{nn}+\frac{1}{2}(\boldsymbol{\varepsilon}_T\boldsymbol{n}+\boldsymbol{n}\boldsymbol{\varepsilon}_T)\right]\mathrm{d}S \tag{8.11a}$$

其分量形式为

$$E_{ij}=\frac{1}{4\pi}\oint 3\left[\varepsilon_N n_i n_j+\frac{1}{2}(\varepsilon_{T_i}n_j+n_i\varepsilon_{T_j})\right]\mathrm{d}S,\quad r,i,j=1,2,3 \tag{8.11b}$$

或写为

$$E_{ij}=\frac{1}{4\pi}\oint 3\left[\varepsilon_N n_i n_j+\frac{1}{2}\varepsilon_{T_r}(n_i\delta_{rj}+n_j\delta_{ri})\right]\mathrm{d}S,\quad r,i,j=1,2,3 \tag{8.11c}$$

同样，微平面上的岩体应力矢量也可分解为法向应力矢量 $\boldsymbol{\sigma}_N=\sigma_N\boldsymbol{n}(i=1,2,3)$ 和剪应力矢量 $\boldsymbol{\sigma}_T=\sigma_{T_i}\boldsymbol{e}_i=\tau_N\boldsymbol{t}'(i=1,2,3)$：

$$\boldsymbol{\sigma}=\sigma_N\boldsymbol{n}+\boldsymbol{\sigma}_T=\sigma_N\boldsymbol{n}+\tau_N\boldsymbol{t}' \tag{8.12a}$$

其分量形式为

$$\sigma_i=\sigma_N n_i+\sigma_{T_i}=\sigma_N n_i+\tau_N t'_i,\quad i=1,2,3 \tag{8.12b}$$

式中，$\boldsymbol{t}'=t_i\boldsymbol{e}_i(i=1,2,3)$ 为微平面切向应力矢量的单位方向矢量。

微平面上岩体的正应力 σ_N（法向应力矢量的模）为

$$\sigma_N=\sqrt{\sigma_{Ni}\sigma_{Ni}}=(\boldsymbol{\sigma}\cdot\boldsymbol{n})=\sigma_r n_r,\quad r=1,2,3 \tag{8.13}$$

微平面上岩体的剪应力为 τ_N（剪应力矢量的模）为

$$\tau_N=\sqrt{\sigma_{T_i}\sigma_{T_i}},\quad i=1,2,3 \tag{8.14}$$

将式(8.12)代入式(8.5)，得到微平面法向分量和切向分量不分解形式的微平面岩体应力矢量与岩体宏观应力张量的积分关系式：

$$\boldsymbol{\Sigma}=\frac{1}{4\pi}\oint 3\left[\sigma_N\boldsymbol{nn}+\frac{1}{2}(\boldsymbol{\sigma}_T\boldsymbol{n}+\boldsymbol{n}\boldsymbol{\sigma}_T)\right]\mathrm{d}S \tag{8.15a}$$

其分量形式为

$$\Sigma_{ij}=\frac{1}{4\pi}\oint 3\left[\sigma_N n_i n_j+\frac{1}{2}(\sigma_{T_i}n_j+n_i\sigma_{T_j})\right]\mathrm{d}S,\quad r,i,j=1,2,3 \tag{8.15b}$$

或写为

$$\Sigma_{ij}=\frac{1}{4\pi}\oint 3\left[\sigma_N n_i n_j+\frac{1}{2}\sigma_{T_r}(n_i\delta_{rj}+n_j\delta_{ri})\right]\mathrm{d}S,\quad r,i,j=1,2,3 \tag{8.15c}$$

8.1.3　微平面法向分解、切向不分解形式的宏细观联系框架

如图 8.2 所示，在岩体的微平面上，可进一步将法向应力（应变）矢量分解为体积应力（应变）矢量和法向偏量应力（应变）矢量，可建立岩体代表性体积单元的宏观应力张量或应变张量与微平面相应物理量间的联系。

在微平面上，以岩体代表性体积单元的宏观应变张量迹的三分之一作为微平面的岩体法向应变的体积分量 ε_V：

$$\varepsilon_V=\frac{1}{3}\mathrm{tr}(\boldsymbol{E})=\frac{1}{3}E_{ii}=\frac{1}{3}E_{ij}\delta_{ij} \tag{8.16}$$

则微平面上的岩体法向应变可进一步分解为体积分量和偏量分量 ε_D 之和：

$$\varepsilon_N=\varepsilon_D+\varepsilon_V \tag{8.17}$$

利用式(8.9)和式(8.16)，可以得到微平面上的岩体法向应变偏量 ε_D 与宏观应变张量 $\boldsymbol{E}$ 之间的关系为

$$\varepsilon_D=\varepsilon_N-\varepsilon_V=E_{ij}\left(n_in_j-\frac{1}{3}\delta_{ij}\right) \tag{8.18}$$

微平面上的岩体应变矢量按照法向分量分解、切向分量不分解的形式的进行分解，得到以法向应变矢量的体积分量 $\boldsymbol{\varepsilon}_V=\varepsilon_V\boldsymbol{n}(i=1,2,3)$、偏量分量 $\boldsymbol{\varepsilon}_D=\varepsilon_D\boldsymbol{n}(i=1,2,3)$和剪应变矢量 $\boldsymbol{\varepsilon}_T$ 表示的分解式为

$$\boldsymbol{\varepsilon}=\boldsymbol{\varepsilon}_V+\boldsymbol{\varepsilon}_D+\boldsymbol{\varepsilon}_T=\varepsilon_V\boldsymbol{n}+\varepsilon_D\boldsymbol{n}+\boldsymbol{\varepsilon}_T \tag{8.19a}$$

其分量形式为

$$\varepsilon_i=\varepsilon_Vn_i+\varepsilon_Dn_i+\varepsilon_{T_i},\quad i=1,2,3 \tag{8.19b}$$

将式(8.19)代入式(8.4)，得到微平面法向分量分解、切向分量不分解形式的微平面上的岩体应变矢量与宏观应变张量的积分关系式：

$$\boldsymbol{E}=\frac{1}{4\pi}\oint 3\left[(\varepsilon_V+\varepsilon_D)\boldsymbol{nn}+\frac{1}{2}(\boldsymbol{\varepsilon}_T\boldsymbol{n}+\boldsymbol{n\varepsilon}_T)\right]\mathrm{d}S \tag{8.20a}$$

其分量形式为

$$E_{ij}=\frac{1}{4\pi}\oint 3\left[(\varepsilon_V+\varepsilon_D)n_in_j+\frac{1}{2}(\varepsilon_{T_i}n_j+n_i\varepsilon_{T_j})\right]\mathrm{d}S,\quad r,i,j=1,2,3 \tag{8.20b}$$

或写为

$$E_{ij}=\frac{1}{4\pi}\oint 3\left[(\varepsilon_V+\varepsilon_D)n_in_j+\frac{1}{2}\varepsilon_{T_r}(n_i\delta_{rj}+n_j\delta_{ri})\right]\mathrm{d}S,\quad r,i,j=1,2,3 \tag{8.20c}$$

同样，微平面上的岩体应力矢量也可按照法向分量分解、切向分量不分解的形式进行分解，得到以法向应力矢量的体积分量 $\boldsymbol{\sigma}_V=\sigma_V\boldsymbol{n}(i=1,2,3)$、偏量分量 $\boldsymbol{\sigma}_D=\sigma_D\boldsymbol{n}(i=1,2,3)$和剪应变矢量 $\boldsymbol{\sigma}_T=\sigma_{T_i}\boldsymbol{e}_i(i=1,2,3)$表示的分解式为

$$\boldsymbol{\sigma}=\boldsymbol{\sigma}_V+\boldsymbol{\sigma}_D+\boldsymbol{\sigma}_T=\sigma_V\boldsymbol{n}+\sigma_D\boldsymbol{n}+\boldsymbol{\sigma}_T \tag{8.21a}$$

其分量形式为

$$\sigma_i=\sigma_Vn_i+\sigma_Dn_i+\sigma_{T_i},\quad i=1,2,3 \tag{8.21b}$$

式中，σ_V 为微平面岩体法向应力的体积分量，定义为岩体宏观应力张量迹的三分之一。

$$\sigma_V=\frac{1}{3}\mathrm{tr}(\boldsymbol{\Sigma})=\frac{1}{3}\Sigma_{ii}=\frac{1}{3}\Sigma_{ij}\delta_{ij} \tag{8.22}$$

将式(8.21)代入式(8.5)，得到微平面法向分量分解、切向分量不分解形式的微平面上的岩体应力矢量与宏观应力张量的积分关系式：

$$\boldsymbol{\Sigma}=\frac{1}{4\pi}\oint 3\left[(\sigma_V+v_D)\boldsymbol{nn}+\frac{1}{2}(\boldsymbol{\sigma}_T\boldsymbol{n}+\boldsymbol{n}\boldsymbol{\sigma}_T)\right]\mathrm{d}S \tag{8.23a}$$

其分量形式为

$$\Sigma_{ij}=\frac{1}{4\pi}\oint 3\left[(\sigma_V+\sigma_D)n_in_j+\frac{1}{2}(\sigma_{T_i}n_j+n_i\sigma_{T_j})\right]\mathrm{d}S,\quad r,i,j=1,2,3 \tag{8.23b}$$

或写为：

$$\Sigma_{ij}=\frac{1}{4\pi}\oint 3\left[(\sigma_V+\sigma_D)n_in_j+\frac{1}{2}\sigma_{T_r}(n_i\delta_{rj}+n_j\delta_{ri})\right]\mathrm{d}S,\quad r,i,j=1,2,3 \tag{8.23c}$$

8.1.4 微平面法向不分解、切向分解形式的宏细观联系框架

在岩体的微平面上，若进一步将剪应力(应变)沿着微平面局部坐标系分解为两个方向的切向应力(应变)分量，可建立岩体代表性体积单元的宏观应力张量或应变张量与微平面相应物理量间的联系。

如图 8.3 所示，在岩体的微平面上，可任意取两个互相正交的方向，对应的单位方向矢量分别为 $\boldsymbol{m}=m_i\boldsymbol{e}_i$ 和 $\boldsymbol{l}=l_i\boldsymbol{e}_i(i=1,2,3)$，它们与微平面法向单位矢量 $\boldsymbol{n}=n_i\boldsymbol{e}_i(i=1,2,3)$ 组成局部笛卡儿坐标系 $x'_1x'_2x'_3$，即 $\boldsymbol{l}=\boldsymbol{m}\times\boldsymbol{n}$。

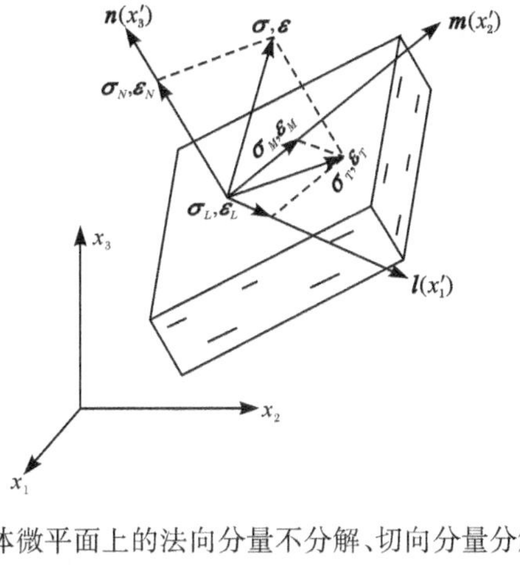

图 8.3　岩体微平面上的法向分量不分解、切向分量分解的示意图

特别地，我们可以取 $\boldsymbol{m}$ 垂直于 x_3 轴[1,6]：

$$m_1=\frac{n_2}{\sqrt{n_1^2+n_2^2}},\quad m_2=-\frac{n_1}{\sqrt{n_1^2+n_2^2}},\quad m_3=0 \tag{8.24}$$

在微平面局部坐标系下，将微平面上的岩体应变矢量 $\boldsymbol{\varepsilon}(\boldsymbol{n})=\varepsilon_i\boldsymbol{e}_i$ 沿局部坐标系的三个坐标轴方向分解，得到微平面上的沿 $\boldsymbol{n}$、$\boldsymbol{m}$ 和 $\boldsymbol{l}$ 方向的岩体应变矢量分别为 $\boldsymbol{\varepsilon}_N=\varepsilon_N\boldsymbol{n}$，$\boldsymbol{\varepsilon}_M=\varepsilon_M\boldsymbol{m}$ 和 $\boldsymbol{\varepsilon}_L=\boldsymbol{\varepsilon}_L\boldsymbol{l}$，它们的模分别为 ε_N、ε_M 和 ε_L，即

$$\boldsymbol{\varepsilon}=\boldsymbol{\varepsilon}_N+\boldsymbol{\varepsilon}_M+\boldsymbol{\varepsilon}_L=\varepsilon_N\boldsymbol{n}+\varepsilon_M\boldsymbol{m}+\varepsilon_L\boldsymbol{l} \tag{8.25a}$$

其分量形式为

$$\varepsilon_i=\varepsilon_N n_i+\varepsilon_M m_i+\varepsilon_L l_i,\quad i=1,2,3 \tag{8.25b}$$

式中，ε_N 为微平面上的岩体法向应变。

记微平面上的岩体剪应变为 γ_N，它与微平面上沿 $\boldsymbol{m}$ 和 $\boldsymbol{l}$ 方向的切应变分量 ε_M 和 ε_L 的关系为

$$\gamma_N=\sqrt{(\varepsilon_M)^2+(\varepsilon_L)^2} \tag{8.26}$$

由式(8.25)和式(8.3)，并注意到 $\boldsymbol{n}$、$\boldsymbol{m}$、$\boldsymbol{l}$ 的正交性，可以得到几何约束条件下微平面上的岩体法向应变 ε_N、沿 $\boldsymbol{m}$ 和 $\boldsymbol{l}$ 方向的岩体切向应变 ε_M 和 ε_L 与宏观应变张量 $\boldsymbol{E}$ 的关系为

$$\varepsilon_N=\boldsymbol{n}\cdot\boldsymbol{\varepsilon}=\boldsymbol{n}\cdot(\boldsymbol{E}\cdot\boldsymbol{n})=\boldsymbol{E}:\boldsymbol{nn}=\boldsymbol{E}:\boldsymbol{N} \tag{8.27a}$$

$$\varepsilon_M=\boldsymbol{m}\cdot\boldsymbol{\varepsilon}=\boldsymbol{m}\cdot(\boldsymbol{E}\cdot\boldsymbol{n})=\boldsymbol{E}:\frac{1}{2}(\boldsymbol{mn}+\boldsymbol{nm})=\boldsymbol{E}:\boldsymbol{M} \tag{8.28a}$$

$$\varepsilon_L=\boldsymbol{l}\cdot\boldsymbol{\varepsilon}=\boldsymbol{l}\cdot(\boldsymbol{E}\cdot\boldsymbol{n})=\boldsymbol{E}:\frac{1}{2}(\boldsymbol{ln}+\boldsymbol{nl})=\boldsymbol{E}:\boldsymbol{L} \tag{8.29a}$$

其分量形式为

$$\varepsilon_N=\varepsilon_i n_i=E_{ij}n_i n_j=E_{ij}N_{ij} \tag{8.27b}$$

$$\varepsilon_M=\varepsilon_i m_i=E_{ij}m_i n_j=E_{ij}\frac{1}{2}(m_i n_j+m_j n_i)=E_{ij}M_{ij} \tag{8.28b}$$

$$\varepsilon_L=\varepsilon_i l_i=E_{ij}l_i n_j=E_{ij}\frac{1}{2}(l_i n_j+l_j n_i)=E_{ij}L_{ij} \tag{8.29b}$$

式中，$\boldsymbol{N}$、$\boldsymbol{M}$、$\boldsymbol{L}$ 为微平面局部坐标系 $\boldsymbol{n}$、$\boldsymbol{m}$、$\boldsymbol{l}$ 组成的二阶张量，定义如下：

$$\boldsymbol{N}=\boldsymbol{nn},\quad \boldsymbol{M}=\frac{1}{2}(\boldsymbol{mn}+\boldsymbol{nm}),\quad \boldsymbol{L}=\frac{1}{2}(\boldsymbol{ln}+\boldsymbol{nl}) \tag{8.30a}$$

其分量形式为

$$N_{ij}=n_i n_j,\quad M_{ij}=\frac{1}{2}(m_i n_j+m_j n_i),\quad L_{ij}=\frac{1}{2}(l_i n_j+l_j n_i) \tag{8.30b}$$

同样，在微平面局部坐标系下，可将微平面上的岩体应力矢量 $\boldsymbol{\sigma}(\boldsymbol{n})=\sigma_i\boldsymbol{e}_i$ 沿局部坐标系的三个坐标轴方向分解，得到微平面上的沿 $\boldsymbol{n}$、$\boldsymbol{m}$ 和 $\boldsymbol{l}$ 方向的岩体应力矢量分别为 $\boldsymbol{\sigma}_N=\sigma_N\boldsymbol{n}$，$\boldsymbol{\sigma}_M=\sigma_M\boldsymbol{m}$ 和 $\boldsymbol{\sigma}_L=\sigma_L\boldsymbol{l}$，它们的模分别为 σ_N、σ_M 和 σ_L，即

$$\boldsymbol{\sigma}=\boldsymbol{\sigma}_N+\boldsymbol{\sigma}_M+\boldsymbol{\sigma}_L=\sigma_N\boldsymbol{n}+\sigma_M\boldsymbol{m}+\sigma_L\boldsymbol{l} \tag{8.31a}$$

其分量形式为

$$\sigma_i=\sigma_N n_i+\sigma_M m_i+\sigma_L l_i,\quad i=1,2,3 \tag{8.31b}$$

式中，σ_N 为微平面上的岩体法向应力。

记微平面上的岩体剪应力为 τ_N，它与微平面上沿 $\boldsymbol{m}$ 和 $\boldsymbol{l}$ 方向的切应力分量 σ_M 和 σ_L 关系为

$$\tau_N=\sqrt{(\sigma_M)^2+(\sigma_L)^2} \tag{8.32}$$

将式(8.31)代入式(8.5)，得到微平面法向分量不分解、切向分量分解形式的岩体宏观应力张量与微平面法向应力、切向应力分量的方向积分关系式：

$$\boldsymbol{\Sigma}=\frac{1}{4\pi}\oint 3(\sigma_N\boldsymbol{N}+\sigma_M\boldsymbol{M}+\sigma_L\boldsymbol{L})\mathrm{d}S \tag{8.33a}$$

其分量形式为

$$\Sigma_{ij}=\frac{1}{4\pi}\oint 3(\sigma_N N_{ij}+\sigma_M M_{ij}+\sigma_L L_{ij})\mathrm{d}S \tag{8.33b}$$

同样，将式(8.25)代入式(8.4)，得到微平面法向分量不分解、切向分量分解形式的岩体宏观应变张量与微平面法向应变、切向应变分量的方向积分关系式：

$$\boldsymbol{E}=\frac{1}{4\pi}\oint 3(\varepsilon_N\boldsymbol{N}+\varepsilon_M\boldsymbol{M}+\varepsilon_L\boldsymbol{L})\mathrm{d}S \tag{8.34a}$$

其分量形式为

$$E_{ij}=\frac{1}{4\pi}\oint 3(\varepsilon_N N_{ij}+\varepsilon_M M_{ij}+\varepsilon_L L_{ij})\mathrm{d}S \tag{8.34b}$$

8.1.5　微平面模型建立宏观本构方程的步骤及单位球面数值积分

在微平面模型的几何约束条件下，可采用从细观(微平面水平)到宏观(代表性体积单元水平)的分析方法建立材料的宏观本构方程，其流程如图 8.4 所示。

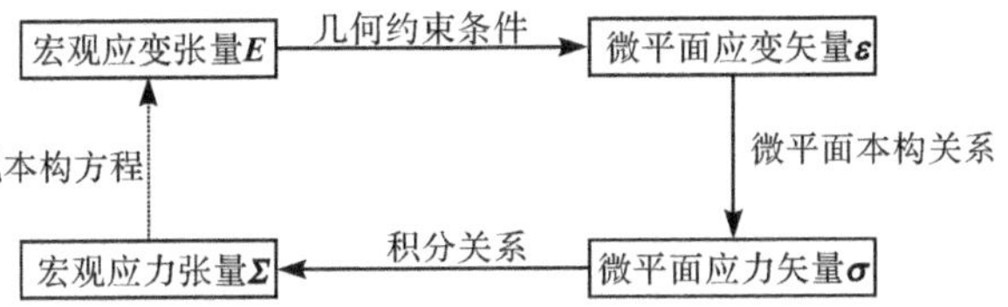

图 8.4　微平面模型建立宏观本构方程的流程图

对材料的代表性体积单元，由宏观应变张量确定宏观应力张量的计算步骤为：

(1) 对于给定的宏观应变张量 $\boldsymbol{E}$，由几何约束条件的投影关系式(8.3)可确定每个微平面的应变矢量 $\boldsymbol{\varepsilon}(\boldsymbol{n})$。

(2) 对所有微平面，根据微平面的本构关系 $\boldsymbol{\sigma}=\boldsymbol{\sigma}(\boldsymbol{\varepsilon})$，由微平面的应变矢量计算出微平面的应力矢量。

(3) 根据积分关系式(8.5)，由所有微平面的应力矢量求出宏观应力张量 $\boldsymbol{\Sigma}$。

可采用有限元软件，根据上述计算步骤由给定的宏观应变张量推求宏观应力张量。此时，涉及式(8.5)、式(8.15)、式(8.23)和式(8.33)的单位球面积分，可采用数值方法进行计算。

一般地，设 $f(\boldsymbol{n})$ 为定义在单位球面上的方向分布标量函数，采用多面体来近似单位球面，则它的方向平均 $\bar{f}$ 可用数值积分计算[3]：

$$\bar{f} = \frac{1}{4\pi}\int f(\boldsymbol{n})\,\mathrm{d}S \approx \sum_{\alpha=1}^{N_m} w_\alpha f^{(\alpha)} \tag{8.35}$$

式中，$\alpha=1,2,\cdots,N_m$ 为单位球面上的数值积分点；$w_\alpha(\alpha=1,2,\cdots,N_m)$ 为各数值积分点的权系数；$f^{(\alpha)}=f(\boldsymbol{n}^{(\alpha)})$ 为各积分点对应的单位方向矢量 $\boldsymbol{n}^{(\alpha)}=n_i^{(d)}\boldsymbol{e}_i(i=1,2,3)$ 上的函数值。

在采用微平面模型对岩体工程问题进行有限元分析时，对每个加载步中每个单元的每个积分点，都要进行上述的方向积分，因此选择高效的方向数值积分方案是非常重要的。单位球面数值积分的方法可参见 Stoud 的著作[7]。对裂纹等缺陷引起的损伤力学效应，有 $f(\boldsymbol{n})=f(-\boldsymbol{n})$，故通常只需要对单位半球面进行积分。

对正交各向异性材料，Bažant 和 Oh[3] 给出了积分点数目 N_m 分别为 2×21、2×33、2×37 和 2×61 时单位半球面积分的积分点单位方向矢量 $\boldsymbol{n}^{(\alpha)}$ 及相应的权系数 w_α 取值情况，并分析了不同积分点数目下材料弹性响应的计算精度。他们的研究表明，$N_m=2\times21$ 个积分点的单位球面数值积分已经有足够的计算精度。图 8.5 给出了 $N_m=2\times21$ 个积分点时的四分之一单位球面上的积分点位置示意图。表 8.1～表 8.3 分别给出了 $N_m=2\times21$、2×37 和 2×61 时，单位半球面上的积分点法向单位矢量的三个分量 $n_1^{(\alpha)}=\sin\phi^{(\alpha)}\cos\theta^{(\alpha)}$、$n_2^{(\alpha)}=\sin\phi^{(\alpha)}\sin\theta^{(\alpha)}$、$n_3^{(\alpha)}=\cos\phi^{(\alpha)}$ 和权系数 w_α。

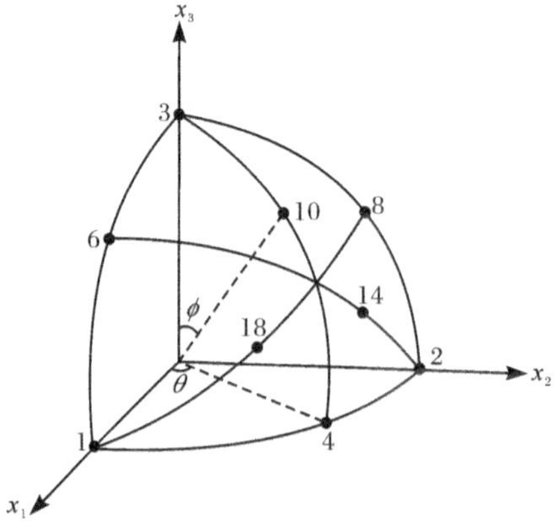

图 8.5　$N_m=2\times21$ 个积分点时的四分之一单位球面示意图

表 8.1 $N_m = 2 \times 21$ 个积分点时的单位半球面法向单位矢量的三个分量和权系数

α	$n_1^{(\alpha)}$	$n_2^{(\alpha)}$	$n_3^{(\alpha)}$	w_α
1	1	0	0	0.026 521 424 409 3
2	0	1	0	0.026 521 424 409 3
3	0	0	1	0.026 521 424 409 3
4	0.707 106 781 187	0.707 106 781 187	0	0.019 930 147 631 2
5	0.707 106 781 187	−0.707 106 781 187	0	0.019 930 147 631 2
6	0.707 106 781 187	0	0.707 106 781 187	0.019 930 147 631 2
7	0.707 106 781 187	0	−0.707 106 781 187	0.019 930 147 631 2
8	0	0.707 106 781 187	0.707 106 781 187	0.019 930 147 631 2
9	0	0.707 106 781 187	−0.707 106 781 187	0.019 930 147 631 2
10	0.387 907 304 067	0.387 907 304 067	0.836 095 596 749	0.025 071 236 748 7
11	0.387 907 304 067	0.387 907 304 067	−0.836 095 596 749	0.025 071 236 748 7
12	0.387 907 304 067	−0.387 907 304 067	0.836 095 596 749	0.025 071 236 748 7
13	0.387 907 304 067	−0.387 907 304 067	−0.836 095 596 749	0.025 071 236 748 7
14	0.387 907 304 067	0.836 095 596 749	0.387 907 304 067	0.025 071 236 748 7
15	0.387 907 304 067	0.836 095 596 749	−0.387 907 304 067	0.025 071 236 748 7
16	0.387 907 304 067	−0.836 095 596 749	0.387 907 304 067	0.025 071 236 748 7
17	0.387 907 304 067	−0.836 095 596 749	−0.387 907 304 067	0.025 071 236 748 7
18	0.836 095 596 749	0.387 907 304 067	0.387 907 304 067	0.025 071 236 748 7
19	0.836 095 596 749	0.387 907 304 067	−0.387 907 304 067	0.025 071 236 748 7
20	0.836 095 596 749	−0.387 907 304 067	0.387 907 304 067	0.025 071 236 748 7
21	0.836 095 596 749	−0.387 907 304 067	−0.387 907 304 067	0.025 071 236 748 7

表 8.2 $N_m = 2 \times 37$ 个积分点时的单位半球面法向单位矢量的三个分量和权系数

α	$n_1^{(\alpha)}$	$n_2^{(\alpha)}$	$n_3^{(\alpha)}$	w_α
1	1	0	0	0.010 723 885 730
2	0	1	0	0.010 723 885 730
3	0	0	1	0.010 723 885 730
4	0.707 106 781 187	0.707 106 781 187	0	0.021 141 609 520
5	0.707 106 781 187	−0.707 106 781 187	0	0.021 141 609 520
6	0.707 106 781 187	0	0.707 106 781 187	0.021 141 609 520
7	0.707 106 781 187	0	−0.707 106 781 187	0.021 141 609 520
8	0	0.707 106 781 187	0.707 106 781 187	0.021 141 609 520

续表

α	$n_1^{(\alpha)}$	$n_2^{(\alpha)}$	$n_3^{(\alpha)}$	w_α
9	0	0.707 106 781 187	−0.707 106 781 187	0.021 141 609 520
10	0.951 077 869 651	0.308 951 267 775	0	0.005 355 055 908
11	0.951 077 869 651	−0.308 951 267 775	0	0.005 355 055 908
12	0.308 951 267 775	0.951 077 869 651	0	0.005 355 055 908
13	0.308 951 267 775	−0.951 077 869 651	0	0.005 355 055 908
14	0.951 077 869 651	0	0.308 951 267 775	0.005 355 055 908
15	0.951 077 869 651	0	−0.308 951 267 775	0.005 355 055 908
16	0.308 951 267 775	0	0.951 077 869 651	0.005 355 055 908
17	0.308 951 267 775	0	−0.951 077 869 651	0.005 355 055 908
18	0	0.951 077 869 651	0.308 951 267 775	0.005 355 055 908
19	0	0.951 077 869 651	−0.308 951 267 775	0.005 355 055 908
20	0	0.308 951 267 775	0.951 077 869 651	0.005 355 055 908
21	0	0.308 951 267 775	−0.951 077 869 651	0.005 355 055 908
22	0.335 154 591 939	0.335 154 591 939	0.880 535 518 310	0.016 777 090 916
23	0.335 154 591 939	0.335 154 591 939	−0.880 535 518 310	0.016 777 090 916
24	0.335 154 591 939	−0.335 154 591 939	0.880 535 518 310	0.016 777 090 916
25	0.335 154 591 939	−0.335 154 591 939	−0.880 535 518 310	0.016 777 090 916
26	0.335 154 591 939	0.880 535 518 310	0.335 154 591 939	0.016 777 090 916
27	0.335 154 591 939	0.880 535 518 310	−0.335 154 591 939	0.016 777 090 916
28	0.335 154 591 939	−0.880 535 518 310	0.335 154 591 939	0.016 777 090 916
29	0.335 154 591 939	−0.880 535 518 310	−0.335 154 591 939	0.016 777 090 916
30	0.880 535 518 310	0.335 154 591 939	0.335 154 591 939	0.016 777 090 916
31	0.880 535 518 310	0.335 154 591 939	−0.335 154 591 939	0.016 777 090 916
32	0.880 535 518 310	−0.335 154 591 939	0.335 154 591 939	0.016 777 090 916
33	0.880 535 518 310	−0.335 154 591 939	−0.335 154 591 939	0.016 777 090 916
34	0.577 350 269 190	0.577 350 269 190	0.577 350 269 190	0.018 848 230 951
35	0.577 350 269 190	0.577 350 269 190	−0.577 350 269 190	0.018 848 230 951
36	0.577 350 269 190	−0.577 350 269 190	0.577 350 269 190	0.018 848 230 951
37	0.577 350 269 190	−0.577 350 269 190	−0.577 350 269 190	0.018 848 230 951

表 8.3　$N_m=2\times61$ 个积分点时的单位半球面法向单位矢量的三个分量和权系数

α	$n_1^{(\alpha)}$	$n_2^{(\alpha)}$	$n_3^{(\alpha)}$	w_α
1	1	0	0	0.007 958 442 046 8
2	0.745 355 992 500	0	0.666 666 666 667	0.007 958 442 046 8
3	0.745 355 992 500	−0.577 350 269 190	−0.333 333 333 333	0.007 958 442 046 8
4	0.745 355 992 500	0.577 350 269 190	−0.333 333 333 333	0.007 958 442 046 8
5	0.333 333 333 333	0.577 350 269 190	0.745 355 992 500	0.007 958 442 046 8
6	0.333 333 333 333	−0.577 350 269 190	0.745 355 992 500	0.007 958 442 046 8
7	0.333 333 333 333	−0.934 172 358 963	0.127 322 003 750	0.007 958 442 046 8
8	0.333 333 333 333	−0.356 822 089 773	−0.872 677 996 250	0.007 958 442 046 8
9	0.333 333 333 333	0.356 822 089 773	−0.872 677 996 250	0.007 958 442 046 8
10	0.333 333 333 333	0.934 172 358 963	0.127 322 003 750	0.007 958 442 046 8
11	0.794 654 472 292	−0.525 731 112 119	0.303 530 999 103	0.010 515 524 289 2
12	0.794 654 472 292	0	−0.607 061 998 207	0.010 515 524 289 2
13	0.794 654 472 292	0.525 731 112 119	0.303 530 999 103	0.010 515 524 289 2
14	0.187 592 474 085	0	0.982 246 946 377	0.010 515 524 289 2
15	0.187 592 474 085	−0.850 650 808 352	−0.491 123 473 188	0.010 515 524 289 2
16	0.187 592 474 085	0.850 650 808 352	−0.491 123 473 188	0.010 515 524 289 2
17	0.934 172 358 963	0	0.356 822 089 773	0.010 011 936 427 2
18	0.934 172 358 963	−0.309 016 994 375	−0.178 411 044 887	0.010 011 936 427 2
19	0.934 172 358 963	0.309 0169 943 75	−0.178 411 044 887	0.010 011 936 427 2
20	0.577 350 269 190	0.309 016 994 375	0.755 761 314 076	0.010 011 936 427 2
21	0.577 350 269 190	−0.309 016 994 375	0.755 761 314 076	0.010 011 936 427 2
22	0.577 350 269 190	−0.809 016 994 375	−0.110 264 089 708	0.010 011 936 427 2
23	0.577 350 269 190	−0.500000000000	−0.645 497 224 368	0.010 011 936 427 2
24	0.577 350 269 190	0.500000000000	−0.645 497 224 368	0.010 011 936 427 2
25	0.577 350 269 190	0.809 016 994 375	−0.110 264 089 708	0.010 011 936 427 2
26	0.356 822 089 773	−0.809 016 994 375	0.467 086 179 481	0.010 011 936 427 2
27	0.356 822 089 773	0	−0.934 172 358 963	0.010 011 936 427 2
28	0.356 822 089 773	0.809 016 994 375	0.467 086 179 481	0.010 011 936 427 2
29	0	0.500000000000	0.866 025 403 784	0.010 011 936 427 2
30	0	−1	0	0.010 011 936 427 2
31	0	0.500000000000	−0.866 025 403 784	0.010 011 936 427 2
32	0.947 273 580 412	−0.277 496 978 165	0.160 212 955 043	0.006 904 779 579 7

续表

α	$n_1^{(\alpha)}$	$n_2^{(\alpha)}$	$n_3^{(\alpha)}$	w_α
33	0.812 864 676 392	−0.277 496 978 165	0.512 100 034 157	0.006 904 779 579 7
34	0.595 386 501 297	−0.582 240 127 941	0.553 634 669 695	0.006 904 779 579 7
35	0.595 386 501 297	−0.770 581 752 342	0.227 417 407 053	0.006 904 779 579 7
36	0.812 864 676 392	−0.582 240 127 941	−0.015 730 584 514	0.006 904 779 579 7
37	0.492 438 766 306	−0.753 742 692 223	−0.435 173 546 254	0.006 904 779 579 7
38	0.274 960 591 212	−0.942 084 316 623	−0.192 025 554 687	0.006 904 779 579 7
39	−0.076 926 487 903	−0.942 084 316 623	−0.326 434 458 707	0.006 904 779 579 7
40	−0.076 926 487 903	−0.753 742 692 223	−0.652 651 721 349	0.006 904 779 579 7
41	0.274 960 591 212	−0.637 341 166 847	−0.719 856 173 359	0.006 904 779 579 7
42	0.947 273 580 412	0	−0.320 425 910 085	0.006 904 779 579 7
43	0.812 864 676 392	−0.304 743 149 777	−0.496 369 449 643	0.006 904 779 579 7
44	0.595 386 501 297	−0.188 341 624 401	−0.781 052 076 747	0.006 904 779 579 7
45	0.595 386 501 297	0.188 341 624 401	−0.781 052 076 747	0.006 904 779 579 7
46	0.812 864 676 392	0.304 743 149 777	−0.496 369 449 643	0.006 904 779 579 7
47	0.492 438 766 306	0.753 742 692 223	−0.435 173 546 254	0.006 904 779 579 7
48	0.274 960 591 212	0.637 341 166 847	−0.719 856 173 359	0.006 904 779 579 7
49	−0.076 926 487 903	0.753 742 692 223	−0.652 651 721 349	0.006 904 779 579 7
50	−0.076 926 487 903	0.942 084 316 623	−0.326 434 458 707	0.006 904 779 579 7
51	0.274 960 591 212	0.942 084 316 623	−0.192 025 554 687	0.006 904 779 579 7
52	0.947 273 580 412	0.277 496 978 165	0.160 212 955 043	0.006 904 779 579 7
53	0.812 864 676 392	0.582 240 127 941	−0.015 730 584 514	0.006 904 779 579 7
54	0.595 386 501 297	0.770 581 752 342	0.227 417 407 053	0.006 904 779 579 7
55	0.595 386 501 297	0.582 240 127 941	0.553 634 669 695	0.006 904 779 579 7
56	0.812 864 676 392	0.277 496 978 165	0.512 100 034 157	0.006 904 779 579 7
57	0.492 438 766 306	0	0.870 347 092 509	0.006 904 779 579 7
58	0.274 960 591 212	0.304 743 149 777	0.911 881 728 046	0.006 904 779 579 7
59	−0.076 926 487 903	0.188 341 624 401	0.979 086 180 056	0.006 904 779 579 7
60	−0.07 692 648 790 3	−0.188 341 624 401	0.979 086 180 056	0.006 904 779 579 7
61	0.274 960 591 212	−0.304 743 149 777	0.911 881 728 046	0.006 904 779 579 7

8.2　各向同性材料的微平面弹性本构关系及弹性常数

对材料的弹性力学响应，只要给出微平面上的弹性本构关系，即可导出宏观应力张量 $\boldsymbol{\Sigma}$ 与宏观应变张量 $\boldsymbol{E}$ 所需满足显式函数关系，即材料的弹性本构方程。本节将针对微平面物理量的三种分解形式：①法向和切向都不分解；②法向分解、切向不分解；③法向不分解、切向分解，分别建立材料的微平面弹性本构关系，继而通过微平面模型的宏细观联系框架导出三种形式下的各向同性材料宏观弹性本构方程。

8.2.1　法向和切向都不分解形式的微平面弹性本构关系及弹性常数

对微平面上物理量的法向和切向都不分解形式，微平面的应变矢量 $\boldsymbol{\varepsilon}(\boldsymbol{n})=\varepsilon_i\boldsymbol{e}_i$ 分解为法向应变矢量 $\boldsymbol{\varepsilon}_N=\varepsilon_{Ni}\boldsymbol{e}_i=\varepsilon_N\boldsymbol{n}\,(i=1,2,3)$ 和剪应变矢量 $\boldsymbol{\varepsilon}_T=\varepsilon_{T_i}\boldsymbol{e}_i=\gamma_N\boldsymbol{t}\,(i=1,2,3)$。相应地，微平面的应力矢量 $\boldsymbol{\sigma}(\boldsymbol{n})=\sigma_i\boldsymbol{e}_i$ 分解为法向应力矢量$\boldsymbol{\sigma}_N=\sigma_{Ni}\boldsymbol{e}_i=\sigma_N\boldsymbol{n}\,(i=1,2,3)$ 和剪应力矢量 $\boldsymbol{\sigma}_T=\sigma_{T_i}\boldsymbol{e}_i=\tau_N\boldsymbol{t}'\,(i=1,2,3)$。

设微平面上的法向弹性常数为 E_N，则在弹性变形时，微平面上的法向应力与法向应变的关系为

$$\sigma_N=E_N\varepsilon_N \tag{8.36}$$

设微平面上的切向弹性常数为 E_T，则在弹性变形时，微平面上的剪应力与剪应变的关系为

$$\tau_N=E_T\gamma_N \tag{8.37}$$

设剪应力矢量与剪应变矢量平行，$\boldsymbol{t}=\boldsymbol{t}'$，即微平面的剪切变形是沿着剪切应力方向发生的，则微平面上的剪应力分量与剪应变分量关系为

$$\sigma_{T_r}=E_T\varepsilon_{T_r},\quad r=1,2,3 \tag{8.38}$$

在几何约束条件下，将式(8.9)代入式(8.36)，得到微平面上的法向应力与岩体宏观应变张量 $\boldsymbol{E}$ 的关系为

$$\sigma_N=E_NN_{kl}E_{kl}=E_Nn_kn_lE_{kl},\quad k,l=1,2,3 \tag{8.39}$$

将式 (8.10c)代入式 (8.38)，得到微平面上的剪应力分量与岩体宏观应变张量 $\boldsymbol{E}$ 的关系为

$$\sigma_{T_r}=\frac{1}{2}E_T(n_k\delta_{lr}+n_l\delta_{kr}-2n_kn_ln_r)E_{kl},\quad r,k,l=1,2,3 \tag{8.40}$$

将式(8.39)和式(8.40)代入微平面应力矢量与宏观应力张量间的方向积分关系式(8.15c)，得到岩体宏观应力张量 $\boldsymbol{\Sigma}$ 与宏观应变张量 $\boldsymbol{E}$ 的关系为

$$\boldsymbol{\Sigma}=\boldsymbol{L}:\boldsymbol{E},\quad \Sigma_{ij}=L_{ijkl}E_{kl} \tag{8.41}$$

式中，$\boldsymbol{L}=L_{ijkl}\boldsymbol{e}_i\boldsymbol{e}_j\boldsymbol{e}_k\boldsymbol{e}_l\,(i,j,k,l=1,2,3)$为四阶弹性刚度张量，它与微平面弹性参数

关系为

$$L_{ijkl}=\frac{1}{4\pi}\oint 3(E_N n_i n_j n_k n_l)\mathrm{d}S$$
$$+\frac{1}{4\pi}\oint\frac{3}{4}E_T(n_k\delta_{lr}+n_l\delta_{kr}-2n_k n_l n_r)(n_i\delta_{rj}+n_j\delta_{ri})\mathrm{d}S \quad (8.42)$$

利用式(7.18b)和式(7.19b),有

$$(n_k\delta_{lr}+n_l\delta_{kr})(n_i\delta_{rj}+n_j\delta_{ri})=(n_i n_k\delta_{jl}+n_i n_l\delta_{jk}+n_j n_l\delta_{ik}+n_j n_k\delta_{il})=4L'_{ijkl} \quad (8.43)$$

$$n_k n_l n_r(n_i\delta_{rj}+n_j\delta_{ri})=2n_i n_j n_k n_l=2N_{ijkl} \quad (8.44)$$

利用式(7.17b),有

$$L_{ijkl}=3(E_N\overline{N_{ijkl}}+E_T\overline{T_{ijkl}}),\quad i,j,k,l=1,2,3 \quad (8.45)$$

式中,T_{ijkl}为四阶张量,定义为

$$T_{ijkl}=L'_{ijkl}-N_{ijkl},\quad i,j,k,l=1,2,3 \quad (8.46)$$

由式(7.59)和式(7.61)可知:

$$\overline{N_{ijkl}}=\frac{1}{15}(\delta_{ij}\delta_{kl}+\delta_{ik}\delta_{jl}+\delta_{il}\delta_{jk})$$

$$\overline{T_{ijkl}}=\frac{1}{10}(\delta_{ik}\delta_{jl}+\delta_{il}\delta_{jk})-\frac{1}{15}\delta_{ij}\delta_{kl}$$

将式(7.59)和式(7.61) 代入式(8.45),得到L_{ijkl}与微平面弹性参数的关系为

$$L_{ijkl}=\frac{1}{5}(E_N-E_T)\delta_{ij}\delta_{kl}+\frac{1}{10}(2E_N+3E_T)(\delta_{ik}\delta_{jl}+\delta_{il}\delta_{jk}) \quad (8.47)$$

由式(8.41)和式(8.47),得到在法向和切向都不分解的形式下,宏观应力张量与宏观应变张量间的关系为[5]

$$\Sigma_{ij}=\frac{1}{5}(E_N-E_T)E_{kk}\delta_{ij}+\frac{1}{5}(2E_N+3E_T)E_{ij} \quad (8.48)$$

另一方面,由弹塑性力学可知,四阶弹性刚度张量L_{ijkl}与材料的宏观弹性参数的关系为

$$L_{ijkl}=\lambda\delta_{ij}\delta_{kl}+\mu(\delta_{ik}\delta_{jl}+\delta_{il}\delta_{jk}) \quad (8.49)$$

式中,λ和μ为材料的 Lame 常数,它与宏观弹性模量E和泊松比ν的关系为

$$\lambda=\frac{E\nu}{(1+\nu)(1-2\nu)},\quad \mu=\frac{E}{2(1+\nu)} \quad (8.50)$$

从细观分析得到的四阶弹性刚度张量式(8.47)应该与直接宏观分析得到的四阶弹性刚度张量式(8.49)相同,得到微平面的弹性常数与宏观弹性参数应满足如下关系:

$$\begin{cases}\dfrac{1}{5}(E_N-E_T)=\lambda\\ \dfrac{1}{10}(2E_N+3E_T)=\mu\end{cases} \quad (8.51)$$

解得以宏观弹性参数 E 和 ν 表示的微平面的弹性常数 E_N 和 E_T[5] 为

$$E_N=\frac{E}{1-2\nu},\quad E_T=E_N\frac{1-4\nu}{1+\nu} \tag{8.52}$$

由于微平面的弹性常数 E_N 和 E_T 应为非负值，采用法向和切向都不分解的形式，要求泊松比的取值范围为 $-1<\nu<0.25$。

8.2.2 法向分解、切向不分解形式的微平面弹性本构关系及弹性常数

对微平面上物理量的法向分解、切向不分解形式，微平面的应变矢量 $\boldsymbol{\varepsilon}(\boldsymbol{n})=\varepsilon_i\boldsymbol{e}_i$ 分解为法向体积应变矢量 $\boldsymbol{\varepsilon}_V=\varepsilon_V\boldsymbol{n}$、法向偏量应变矢量 $\boldsymbol{\varepsilon}_D=\varepsilon_D\boldsymbol{n}$ 和剪应变矢量 $\boldsymbol{\varepsilon}_T=\varepsilon_{T_i}\boldsymbol{e}_i(i=1,2,3)$。相应地，微平面的应力矢量 $\boldsymbol{\sigma}(\boldsymbol{n})=\sigma_i\boldsymbol{e}_i$ 分解为法向体积应力矢量 $\boldsymbol{\sigma}_V=\sigma_V\boldsymbol{n}$、法向偏量应力矢量 $\boldsymbol{\sigma}_D=\sigma_D\boldsymbol{n}$ 和剪应力矢量 $\boldsymbol{\sigma}_T=\sigma_{T_i}\boldsymbol{e}_i(i=1,2,3)$。

设微平面上的法向体积弹性常数为 E_V，则在弹性变形时，微平面上的法向体积应力与法向体积应变的关系为

$$\sigma_V=E_V\varepsilon_V \tag{8.53}$$

微平面上的法向偏量弹性常数为 E_D，则在弹性变形时，微平面上的法向偏量应力与法向偏量应变的关系为

$$\sigma_D=E_D\varepsilon_D \tag{8.54}$$

微平面上的切向弹性常数为 E_T，则在弹性变形时，微平面上的剪应力与剪应变的关系仍为式(8.36)，微平面上的剪应力分量与剪应变分量关系仍为式(8.37)。

在几何约束条件下，将式(8.16)代入式(8.53)，得到微平面上的法向体积应力与岩体宏观应变张量 $\boldsymbol{E}$ 的关系为

$$\sigma_V=\frac{1}{3}E_V\delta_{kl}E_{kl},\quad k,l=1,2,3 \tag{8.55}$$

将式(8.18)代入式(8.54)，得到微平面上的法向偏量应力与岩体宏观应变张量 $\boldsymbol{E}$ 的关系为

$$\sigma_D=E_D\left(n_kn_l-\frac{1}{3}\delta_{kl}\right)E_{kl},\quad k,l=1,2,3 \tag{8.56}$$

微平面上的剪应力分量与岩体宏观应变张量 $\boldsymbol{E}$ 的关系仍为式(8.40)。

法向分解、切向不分解形式下，将式(8.55)、式(8.56)和式(8.40)代入微平面应力矢量与宏观应力张量间的方向积分关系式(8.23c)，得到岩体宏观应力张量 $\boldsymbol{\Sigma}$ 与宏观应变张量 $\boldsymbol{E}$ 的关系仍为式(8.41)。其中，四阶弹性刚度张量 L_{ijkl} 与微平面弹性参数关系为

$$\begin{aligned}L_{ijkl}=&\frac{1}{4\pi}\oint(E_V-E_D)n_in_j\delta_{kl}\mathrm{d}S+\frac{1}{4\pi}\oint3(E_Dn_in_jn_kn_l)\mathrm{d}S\\&+\frac{1}{4\pi}\oint\frac{3}{4}E_T(n_k\delta_{lr}+n_l\delta_{kr}-2n_kn_ln_r)(n_i\delta_{rj}+n_j\delta_{ri})\mathrm{d}S\end{aligned} \tag{8.57}$$

利用式(7.17b)～(7.19b)，经化简，有

$$L_{ijkl}=(E_V-E_D)\overline{N_{ij}}\delta_{kl}+3(E_D\overline{N_{ijkl}}+E_T\overline{T_{ijkl}}),\quad i,j,k,l=1,2,3 \tag{8.58}$$

利用式(6.15)和式(6.19)，可知

$$\overline{N_{ij}}=\overline{n_in_j}=\frac{1}{3}\delta_{ij} \tag{8.59}$$

将式(8.59)、式(7.59)和式(7.61) 代入式(8.58)，得到 L_{ijkl} 与微平面弹性参数的关系为

$$L_{ijkl}=\frac{1}{15}(5E_V-2E_D-3E_T)\delta_{ij}\delta_{kl}+\frac{1}{10}(2E_D+3E_T)(\delta_{ik}\delta_{jl}+\delta_{il}\delta_{jk}) \tag{8.60}$$

由式(8.40)和式(8.60)，得到宏观应力张量与宏观应变张量间的关系为

$$\Sigma_{ij}=\frac{1}{15}(5E_V-2E_D-3E_T)E_{kk}\delta_{ij}+\frac{1}{5}(2E_D+3E_T)E_{ij} \tag{8.61}$$

同样，法向分解、切向不分解形式下，从细观分析得到的四阶弹性刚度张量式(8.60)应该与直接宏观分析得到的四阶弹性刚度张量式(8.49)相同，可以微平面的弹性常数与宏观弹性参数应满足如下关系：

$$\begin{cases}\dfrac{1}{15}(5E_V-2E_D-3E_T)=\lambda\\[2mm]\dfrac{1}{10}(2E_D+3E_T)=\mu\end{cases} \tag{8.62}$$

记切向弹性常数为 E_T 与法向偏量的弹性常数 E_D 之比为 χ_0，可解得以 χ_0、宏观弹性参数 E 和 ν 表示的微平面的弹性常数 E_V、E_D 和 E_T[5]：

$$E_V=\frac{E}{(1-2\nu)},\quad E_D=\frac{5E}{(1+\nu)(2+3\chi_0)},\quad E_T=\chi_0E_D \tag{8.63}$$

由于微平面的弹性常数 E_V、E_D 和 E_T 应为非负值，采用法向分解、切向不分解形式时，要求泊松比的取值范围为 $-1<\nu<0.5$，χ_0 的取值范围为 $\chi_0\geqslant 0$。

下面讨论 χ_0 的两种取值情况：

(1) 当系数 $\chi_0=(1-4\nu)/(1+\nu)$ 时，$E_V=E_D$，法向分解、切向不分解形式和法向和切向不分解形式的弹性本构关系完全相同。

(2) 双重约束条件下，要求 $\chi_0=1$。

在双重约束条件下，几何约束条件和静力约束条件同时成立，不仅微平面的应变矢量与宏观应变张量间满足投影和积分关系，微平面的应力矢量与宏观应力张量间也满足投影和积分关系。在法向分解、切向不分解形式下，微平面的法向体积应力、法向偏量应力、切向应力分量与宏观应力张量间的投影关系为：

$$\sigma_V=\frac{1}{3}\mathrm{tr}(\boldsymbol{\Sigma})=\frac{1}{3}\Sigma_{ii}=\frac{1}{3}\Sigma_{ij}\delta_{ij},\quad i,j=1,2,3 \tag{8.64}$$

$$\sigma_D=\sigma_N-\sigma_V=\Sigma_{ij}\left(n_in_j-\frac{1}{3}\delta_{ij}\right) \tag{8.65}$$

$$\sigma_{T_r}=\frac{1}{2}\Sigma_{ij}(n_i\delta_{jr}+n_j\delta_{ir}-2n_in_jn_r),\quad r,i,j=1,2,3 \tag{8.66}$$

将式(8.61)代入式(8.64)～式(8.66)，并注意到 $n_in_i=1$，以及式(8.16)、式(8.18)和式(8.10)，得到双重约束条件下的微平面的法向体积应力、法向偏量应力、切向应力分量与相应的微平面应变分量间的关系为

$$\sigma_V=\frac{1}{3}E_VE_{kk}=E_V\varepsilon_V \tag{8.67}$$

$$\sigma_D=\frac{1}{5}(2E_D+3E_T)E_{ij}\left(n_in_j-\frac{1}{3}\delta_{ij}\right)=\frac{1}{5}(2E_D+3E_T)\varepsilon_D \tag{8.68}$$

$$\sigma_{T_r}=\frac{1}{10}(2E_D+3E_T)E_{ij}(n_i\delta_{jr}+n_j\delta_{ir}-2n_in_jn_r)=\frac{1}{5}(2E_D+3E_T)\varepsilon_{T_r} \tag{8.69}$$

在双重约束条件下，式(8.67)～式(8.69)的微平面弹性本构关系要与式(8.53)、式(8.54)和式(8.37)的微平面弹性本构关系应相同，要求：

$$\frac{1}{5}(2E_D+3E_T)=E_D=E_T \tag{8.70}$$

由式(8.63)可知，式(8.70)要求 $\chi_0=1$。即 $\chi_0=1$ 时，满足双重约束条件。

将 $\chi_0=1$ 代入式(8.63)，得到双重约束条件下以宏观弹性参数 E 和 ν 表示的微平面的弹性常数 E_V、E_D 和 E_T[5]：

$$E_V=\frac{E}{1-2\nu},\quad E_D=E_T=\frac{E}{1+\nu} \tag{8.71}$$

8.2.3 法向不分解、切向分解形式的微平面弹性本构关系及弹性常数

对微平面上物理量的法向不分解、切向分解形式，微平面的应变矢量 $\boldsymbol{\varepsilon}(\boldsymbol{n})=\varepsilon_i\boldsymbol{e}_i$ 沿微平面局部坐标系分解为法向应变矢量 $\boldsymbol{\varepsilon}_N=\varepsilon_N\boldsymbol{n}$、切向应变矢量 $\boldsymbol{\varepsilon}_M=\varepsilon_M\boldsymbol{m}$ 和 $\boldsymbol{\varepsilon}_L=\varepsilon_L\boldsymbol{l}$。相应地，微平面的应力矢量 $\boldsymbol{\sigma}(\boldsymbol{n})=\sigma_i\boldsymbol{e}_i$ 分解为法向应力矢量 $\boldsymbol{\sigma}_N=\sigma_N\boldsymbol{n}$、切向应力矢量 $\boldsymbol{\sigma}_M=\sigma_M\boldsymbol{m}$ 和切向应力矢量 $\boldsymbol{\sigma}_L=\sigma_L\boldsymbol{l}$。

微平面上的法向和切向弹性常数分别为 E_N 和 E_T，并假设总切向应力矢量与总切向应变矢量平行，则微平面上的应力与应变的弹性关系为

$$\begin{cases}\sigma_N=E_N\varepsilon_N\\ \sigma_M=E_T\varepsilon_M\\ \sigma_L=E_T\varepsilon_L\end{cases} \tag{8.72}$$

在几何约束条件下，将微平面应变矢量与宏观应变张量间的投影关系式(8.27)～式(8.29)代入式(8.72)，得到法向不分解、切向分解形式下，微平面上

的应力与宏观应变张量间的关系为

$$\begin{cases}\sigma_N = E_N N_{kl} E_{kl} \\ \sigma_M = E_T M_{kl} E_{kl}, \quad k,l=1,2,3 \\ \sigma_L = E_T L_{kl} E_{kl}\end{cases} \tag{8.73}$$

将式(8.73)代入微平面应力矢量与宏观应力张量间的方向积分关系式(8.33b)，得到法向不分解、切向分解形式下，岩体宏观应力张量 $\boldsymbol{\Sigma}$ 与宏观应变张量 $\boldsymbol{E}$ 的关系仍为式(8.40)，其中四阶弹性刚度张量 L_{ijkl} 与微平面弹性参数关系为

$$L_{ijkl} = 3E_N \overline{N_{ij} N_{kl}} + 3E_T (\overline{M_{ij} M_{kl}} + \overline{L_{ij} L_{kl}}), \quad i,j,k,l=1,2,3 \tag{8.74}$$

注意到：

$$N_{ij} N_{kl} = n_i n_j n_k n_l = N_{ijkl} \tag{8.75}$$

由于 $\boldsymbol{n}$、$\boldsymbol{m}$ 和 $\boldsymbol{l}$ 为三个正交的单位矢量，它们的分量组成了如下的正交单位矩阵：

$$\begin{bmatrix} n_1 & n_2 & n_3 \\ m_1 & m_2 & m_3 \\ l_1 & l_2 & l_3 \end{bmatrix} \tag{8.76}$$

从而有

$$n_i n_j + m_i m_j + l_i l_j = \delta_{ij} \tag{8.77}$$

可以证明：

$$M_{ij} M_{kl} + L_{ij} L_{kl} = T_{ijkl} \tag{8.78}$$

将式(8.75)和式(8.78)代入式(8.74)，可以得到法向不分解、切向分解形式的四阶弹性刚度张量 L_{ijkl} 与微平面弹性参数关系为式(8.45)，即与法向和切向不分解形式的四阶弹性刚度张量 L_{ijkl} 表达式相同，由此得到的微平面弹性常数与宏观弹性常数的关系式相同。上述分析表明，切向分量是否进一步分解对宏观本构方程无影响。

8.3　岩体的塑性损伤耦合微平面模型

本节采用法向分解、切向不分解形式，在微平面理论、二元介质模型和弹塑性力学框架下，考虑两个力学基元的耦合非弹性行为，建立岩体的微平面塑性损伤耦合本构关系，推求岩体的各向异性塑性损伤耦合本构方程[2]。

8.3.1　微平面损伤变量的组构张量

在微平面上采用二元介质模型，法向单位矢量为 $\boldsymbol{n} = n_i \boldsymbol{e}_i$ 的岩体微平面上，损伤变量为微平面上的节理连通率 $\omega(\boldsymbol{n})$，它是微平面上裂隙面基元所占的比例，反

映了该方向上裂隙组的总体平均损伤力学效应，与节理组的几何分布有关，是一个方向分布标量函数。

设岩体内含有 N 组节理裂隙，它们的单位方向矢量为 $\boldsymbol{n}^{(\alpha)}$ $(\alpha=1,2,\cdots,N)$，各组节理的节理连通率量测数据为

$$\omega^{(\alpha)}=\omega(\boldsymbol{n}^{(\alpha)}),\quad \alpha=1,2,\cdots,N \tag{8.79}$$

则岩体微平面上的节理连通率 $\omega(\boldsymbol{n})$ 为如下的点函数：

$$\omega(\boldsymbol{n})=\sum_{\alpha=1}^{N}\frac{1}{2}\omega(\boldsymbol{n}^{(\alpha)})[\delta(\boldsymbol{n}-\boldsymbol{n}^{(\alpha)})+\delta(\boldsymbol{n}+\boldsymbol{n}^{(\alpha)})],\quad \alpha=1,2,\cdots,N \tag{8.80}$$

微平面上的节理连通率 $\omega(\boldsymbol{n})$ 的零阶、二阶和四阶第一类宏观组构张量 ω_0、Ω_{ij} 和 Ω_{ijkl} $(i,j,k,l=1,2,3)$ 分别为

$$\omega_0=\frac{1}{4\pi}\oint\omega(\boldsymbol{n})\mathrm{d}S=\frac{1}{4\pi}\sum_{\alpha=1}^{N}\omega^{(\alpha)} \tag{8.81}$$

$$\Omega_{ij}=\frac{1}{4\pi}\oint\omega(\boldsymbol{n})n_in_j\mathrm{d}S=\frac{1}{4\pi}\sum_{\alpha=1}^{N}\omega^{(\alpha)}n_i^{(\alpha)}n_j^{(\alpha)} \tag{8.82}$$

$$\Omega_{ijkl}=\frac{1}{4\pi}\oint\omega(\boldsymbol{n})n_in_jn_kn_l\mathrm{d}S=\frac{1}{4\pi}\sum_{\alpha=1}^{N}\omega^{(\alpha)}n_i^{(\alpha)}n_j^{(\alpha)}n_k^{(\alpha)}n_l^{(\alpha)} \tag{8.83}$$

相应地，该微平面上岩石基元所占的比例为称为微平面上的岩石连续度 $\phi(\boldsymbol{n})$，它与微平面上的节理连通率 $\omega(\boldsymbol{n})$ 是一对互余的方向分布标量函数：

$$\phi(\boldsymbol{n})=1-\omega(\boldsymbol{n}) \tag{8.84}$$

由式(8.84)可得到各组节理的岩石连续度量测数据为

$$\phi^{(\alpha)}=\phi(\boldsymbol{n}^{(\alpha)})=1-\omega^{(\alpha)},\quad \alpha=1,2,\cdots,N \tag{8.85}$$

微平面上的岩石连续度 $\phi(\boldsymbol{n})$ 的零阶、二阶和四阶第一类宏观组构张量 ϕ_0、Φ_{ij} 和 Φ_{ijkl} $(i,j,k,l=1,2,3)$ 分别为

$$\phi_0=\frac{1}{4\pi}\oint\phi(\boldsymbol{n})\mathrm{d}S=\frac{1}{4\pi}\sum_{\alpha=1}^{N}\phi^{(\alpha)} \tag{8.86}$$

$$\Phi_{ij}=\frac{1}{4\pi}\oint\phi(\boldsymbol{n})n_in_j\mathrm{d}S=\frac{1}{4\pi}\sum_{\alpha=1}^{N}\phi^{(\alpha)}n_i^{(\alpha)}n_j^{(\alpha)} \tag{8.87}$$

$$\Phi_{ijkl}=\frac{1}{4\pi}\oint\phi(\boldsymbol{n})n_in_jn_kn_l\mathrm{d}S=\frac{1}{4\pi}\sum_{\alpha=1}^{N}\phi^{(\alpha)}n_i^{(\alpha)}n_j^{(\alpha)}n_k^{(\alpha)}n_l^{(\alpha)} \tag{8.88}$$

利用第 6 章方向分布函数分析理论，可以证微平面上的岩石连续度的各阶第一类组构张量与微平面上的节理连通率 $\omega(\boldsymbol{n})$ 的各阶第一类组构张量关系为

$$\phi_0=1-\omega_0 \tag{8.89}$$

$$\Phi_{ij}=\frac{1}{3}\delta_{ij}-\Omega_{ij} \tag{8.90}$$

$$\Phi_{ijkl}=\frac{1}{5}I_{ijkl}-\Omega_{ijkl} \tag{8.91}$$

式中，I_{ijkl}见式(6.19)和式(6.20)，可表示为

$$I_{ijkl}=\frac{1}{3}(\delta_{ij}\delta_{kl}+\delta_{ik}\delta_{jl}+\delta_{il}\delta_{jk}) \tag{8.92}$$

对完整岩石，各微平面的节理连通率$\omega(\boldsymbol{n})\equiv 0$，由式(8.81)～式(8.88)可知$\omega_0$、$\Omega_{ij}$、$\Omega_{ijkl}$和$\phi_0$、$\Phi_{ij}$、$\Phi_{ijkl}$分别为

$$\omega_0=0,\quad \Omega_{ij}=0,\quad \Omega_{ijkl}=0 \tag{8.93}$$

$$\phi_0=1,\quad \Phi_{ij}=\frac{1}{3}\delta_{ij},\quad \Phi_{ijkl}=\frac{1}{5}I_{ijkl} \tag{8.94}$$

对完全由裂隙面材料组成的各向同性节理材料，节理连通率$\omega(\boldsymbol{n})\equiv 1$，由式(8.81)～式(8.88)可知$\omega_0$、$\Omega_{ij}$、$\Omega_{ijkl}$和$\phi_0$、$\Phi_{ij}$、$\Phi_{ijkl}$分别为

$$\omega_0=1,\quad \Omega_{ij}=\frac{1}{3}\delta_{ij},\quad \Omega_{ijkl}=\frac{1}{5}I_{ijkl} \tag{8.95}$$

$$\phi_0=0,\quad \Phi_{ij}=0,\quad \Phi_{ijkl}=0 \tag{8.96}$$

当各微平面上的节理连通率都相同时，即岩体的裂隙损伤为各向同性，$\omega(\boldsymbol{n})\equiv\omega_0$，由式(8.81)～式(8.88)可知$\Omega_{ij}$、$\Omega_{ijkl}$和$\phi_0$、$\Phi_{ij}$、$\Phi_{ijkl}$分别为

$$\Omega_{ij}=\frac{1}{3}\omega_0\delta_{ij},\quad \Omega_{ijkl}=\frac{1}{5}\omega_0 I_{ijkl} \tag{8.97}$$

$$\phi_0=1-\omega_0,\quad \Phi_{ij}=\frac{1}{3}\phi_0\delta_{ij},\quad \Phi_{ijkl}=\frac{1}{5}\phi_0 I_{ijkl} \tag{8.98}$$

8.3.2 岩体的损伤弹性本构方程

在微平面上采用二元介质模型，法向单位矢量为$\boldsymbol{n}=n_i\boldsymbol{e}_i$的岩体微平面上，岩体的应力矢量和应变矢量分别为$\boldsymbol{\sigma}(\boldsymbol{n})=\sigma_i\boldsymbol{e}_i$和$\boldsymbol{\varepsilon}(\boldsymbol{n})=\varepsilon_i\boldsymbol{e}_i(i=1,2,3)$，岩石基元的应力矢量和应变矢量分别为$\boldsymbol{\sigma}^{(R)}=\sigma_i^{(R)}\boldsymbol{e}_i$和$\boldsymbol{\varepsilon}^{(R)}=\varepsilon_i^{(R)}\boldsymbol{e}_i(i=1,2,3)$，裂隙面基元的应力矢量和应变矢量分别为$\boldsymbol{\sigma}^{(J)}=\sigma_i^{(J)}\boldsymbol{e}_i$和$\boldsymbol{\varepsilon}^{(J)}=\varepsilon_i^{(J)}\boldsymbol{e}_i(i=1,2,3)$。

采用法向分解、切向不分解形式时，对微平面上的岩体，其应变矢量$\boldsymbol{\varepsilon}$可分解为法向体积应变矢量$\boldsymbol{\varepsilon}_V=\varepsilon_V\boldsymbol{n}$、法向偏量应变矢量$\boldsymbol{\varepsilon}_D=\varepsilon_D\boldsymbol{n}$和剪应变矢量$\boldsymbol{\varepsilon}_T=\varepsilon_{T_i}\boldsymbol{e}_i(i=1,2,3)$，其应力矢量$\boldsymbol{\sigma}$可分解为法向应力矢量$\boldsymbol{\sigma}_V=\sigma_V\boldsymbol{n}$、法向偏量应力矢量$\boldsymbol{\sigma}_D=\sigma_D\boldsymbol{n}$和剪应力矢量$\boldsymbol{\sigma}_T=\sigma_{T_i}\boldsymbol{e}_i(i=1,2,3)$，它们的关系见式(8.19)和式(8.21)。

对微平面上的岩石基元，其应变矢量$\boldsymbol{\varepsilon}^{(R)}$可分解为法向体积应变矢量$\boldsymbol{\varepsilon}_V^{(R)}=\varepsilon_V^{(R)}\boldsymbol{n}$、法向偏量应变矢量$\boldsymbol{\varepsilon}_D^{(R)}=\varepsilon_D^{(R)}\boldsymbol{n}$和剪应变矢量$\boldsymbol{\varepsilon}_T^{(R)}=\varepsilon_{T_i}^{(R)}\boldsymbol{e}_i(i=1,2,3)$，其应力矢量$\boldsymbol{\sigma}^{(R)}$可分解为法向应力矢量$\boldsymbol{\sigma}_V^{(R)}=\sigma_V^{(R)}\boldsymbol{n}$、法向偏量应力矢量$\boldsymbol{\sigma}_D^{(R)}=\sigma_D^{(R)}\boldsymbol{n}$和剪应力矢量$\boldsymbol{\sigma}_T^{(R)}=\sigma_T^{(R)}\boldsymbol{e}_i(i=1,2,3)$。它们的关系为

$$\boldsymbol{\varepsilon}^{(R)}=\boldsymbol{\varepsilon}_V^{(R)}+\boldsymbol{\varepsilon}_D^{(R)}+\boldsymbol{\varepsilon}_T^{(R)}=\varepsilon_V^{(R)}\boldsymbol{n}+\varepsilon_D^{(R)}\boldsymbol{n}+\boldsymbol{\varepsilon}_T^{(R)} \tag{8.99a}$$

其分量形式为

$$\varepsilon_i^{(R)} = \varepsilon_V^{(R)} n_i + \varepsilon_D^{(R)} n_i + \varepsilon_{T_i}^{(R)}, \quad i=1,2,3 \tag{8.99b}$$

和

$$\boldsymbol{\sigma}^{(R)} = \boldsymbol{\sigma}_V^{(R)} + \boldsymbol{\sigma}_D^{(R)} + \boldsymbol{\sigma}_T^{(R)} = \sigma_V^{(R)} \boldsymbol{n} + \sigma_D^{(R)} \boldsymbol{n} + \boldsymbol{\sigma}_T^{(R)} \tag{8.100a}$$

其分量形式为

$$\sigma_i^{(R)} = \sigma_V^{(R)} n_i + \sigma_D^{(R)} n_i + \sigma_{T_i}^{(R)}, \quad i=1,2,3 \tag{8.100b}$$

对微平面上的裂隙面基元，其应变矢量 $\boldsymbol{\varepsilon}^{(J)}$ 可分解为法向体积应变矢量 $\boldsymbol{\varepsilon}_V^{(J)} = \varepsilon_V^{(J)} \boldsymbol{n}$、法向偏量应变矢量 $\boldsymbol{\varepsilon}_D^{(J)} = \varepsilon_D^{(J)} \boldsymbol{n}$ 和剪应变矢量 $\boldsymbol{\varepsilon}_T^{(J)} = \varepsilon_{T_i}^{(J)} \boldsymbol{e}_i (i=1,2,3)$，其应力矢量 $\boldsymbol{\sigma}^{(J)}$ 可分解为法向应力矢量 $\boldsymbol{\sigma}_V^{(J)} = \sigma_V^{(J)} \boldsymbol{n}$、法向偏量应力矢量 $\boldsymbol{\sigma}_D^{(J)} = \sigma_D^{(J)} \boldsymbol{n}$ 和剪应力矢量 $\boldsymbol{\sigma}_T^{(J)} = \sigma_{T_i}^{(J)} \boldsymbol{e}_i (i=1,2,3)$。它们的关系为

$$\boldsymbol{\varepsilon}^{(J)} = \boldsymbol{\varepsilon}_V^{(J)} + \boldsymbol{\varepsilon}_D^{(J)} + \boldsymbol{\varepsilon}_T^{(J)} = \varepsilon_V^{(J)} \boldsymbol{n} + \varepsilon_D^{(J)} \boldsymbol{n} + \boldsymbol{\varepsilon}_T^{(J)} \tag{8.101a}$$

其分量形式为

$$\varepsilon_i^{(J)} = \varepsilon_V^{(J)} n_i + \varepsilon_D^{(J)} n_i + \varepsilon_{T_i}^{(J)}, \quad i=1,2,3 \tag{8.101b}$$

和

$$\boldsymbol{\sigma}^{(J)} = \boldsymbol{\sigma}_V^{(J)} + \boldsymbol{\sigma}_D^{(J)} + \boldsymbol{\sigma}_T^{(J)} = \sigma_V^{(J)} \boldsymbol{n} + \sigma_D^{(J)} \boldsymbol{n} + \boldsymbol{\sigma}_T^{(J)} \tag{8.102a}$$

其分量形式为

$$\sigma_i^{(J)} = \sigma_V^{(J)} n_i + \sigma_D^{(J)} n_i + \sigma_{T_i}^{(J)}, \quad i=1,2,3 \tag{8.102b}$$

由于微平面上的岩体、岩石基元、裂隙面基元的应变矢量相等(见式(8.1))，从而微平面上的岩体、岩石基元、裂隙面基元的法向体积应变矢量、法向偏量应变矢量和剪应变矢量也相等：

$$\begin{cases} \boldsymbol{\varepsilon}_V = \boldsymbol{\varepsilon}_V^{(R)} = \boldsymbol{\varepsilon}_V^{(J)} \\ \boldsymbol{\varepsilon}_D = \boldsymbol{\varepsilon}_D^{(R)} = \boldsymbol{\varepsilon}_D^{(J)} \\ \boldsymbol{\varepsilon}_T = \boldsymbol{\varepsilon}_T^{(R)} = \boldsymbol{\varepsilon}_T^{(J)} \end{cases} \tag{8.103a}$$

其分量形式为

$$\begin{cases} \varepsilon_V = \varepsilon_V^{(R)} = \varepsilon_V^{(J)} \\ \varepsilon_D = \varepsilon_D^{(R)} = \varepsilon_D^{(J)}, \quad i=1,2,3 \\ \varepsilon_{T_i} = \varepsilon_{T_i}^{(R)} = \varepsilon_{T_i}^{(J)} \end{cases} \tag{8.103b}$$

在微平面上岩石基元和节理面基元共同承载，微平面上的岩体、岩石基元、裂隙面基元的应力矢量满足式(8.2)，微平面上的岩体、岩石基元、裂隙面基元的法向体积应力矢量、法向偏量应力矢量和切向应力矢量也满足：

$$\begin{cases} \boldsymbol{\sigma}_V = (1-\omega)\boldsymbol{\sigma}_V^{(R)} + \omega\boldsymbol{\sigma}_V^{(J)} \\ \boldsymbol{\sigma}_D = (1-\omega)\boldsymbol{\sigma}_D^{(R)} + \omega\boldsymbol{\sigma}_D^{(J)} \\ \boldsymbol{\sigma}_T = (1-\omega)\boldsymbol{\sigma}_T^{(R)} + \omega\boldsymbol{\sigma}_T^{(J)} \end{cases} \tag{8.104a}$$

其分量形式为

$$\begin{cases}\sigma_V=(1-\omega)\sigma_V^{(R)}+\omega\sigma_V^{(J)}\\ \sigma_D=(1-\omega)\sigma_D^{(R)}+\omega\sigma_D^{(J)}, \quad i=1,2,3\\ \sigma_{T_i}=(1-\omega)\sigma_{T_i}^{(R)}+\omega_{T_i}^{(J)}\end{cases} \tag{8.104b}$$

假设在弹性状态下,由岩石基元和节理面基元分别组成的各向同性材料均满足双重约束条件。设岩石基元和节理面基元的法向体积、法向偏量、切向弹性常数分别为 $E_V^{(R)}$、$E_D^{(R)}$、$E_T^{(R)}$ 和 $E_V^{(J)}$、$E_D^{(J)}$、$E_T^{(J)}$,岩石基元和节理面基元的宏观弹性常数分别为 $E^{(R)}$、$\nu^{(R)}$ 和 $E^{(J)}$、$\nu^{(J)}$。则由式(8.71)可知,它们的微平面弹性常数和宏观弹性常数间满足:

$$E_V^{(R)}=\frac{E^{(R)}}{1-2\nu^{(R)}}, \quad E_D^{(R)}=E_T^{(R)}=\frac{E^{(R)}}{1+\nu^{(R)}} \tag{8.105}$$

$$E_V^{(J)}=\frac{E^{(J)}}{1-2\nu^{(J)}}, \quad E_D^{(J)}=E_T^{(J)}=\frac{E^{(J)}}{1+\nu^{(J)}} \tag{8.106}$$

岩石基元的法向体积、法向偏量、切向弹性应力应变关系为

$$\begin{cases}\sigma_V^{(R)}=E_V^{(R)}\varepsilon_V^{(R)}\\ \sigma_D^{(R)}=E_D^{(R)}\varepsilon_D^{(R)}, \quad r=1,2,3\\ \sigma_{T_r}^{(R)}=E_T^{(R)}\varepsilon_{T_r}^{(R)}\end{cases} \tag{8.107}$$

节理面基元的法向体积、法向偏量、切向弹性应力应变关系分别为

$$\begin{cases}\sigma_V^{(J)}=E_V^{(J)}\varepsilon_V^{(J)}\\ \sigma_D^{(J)}=E_D^{(J)}\varepsilon_D^{(J)}, \quad r=1,2,3\\ \sigma_{T_r}^{(J)}=E_T^{(J)}\varepsilon_{T_r}^{(J)}\end{cases} \tag{8.108}$$

设岩体微平面上的法向体积、法向偏量、切向弹性参数分别为 E_V、E_D、E_T,则微面上岩体的法向弹性应力应变关系为

$$\begin{cases}\sigma_V=E_V\varepsilon_V\\ \sigma_D=E_D\varepsilon_D, \quad r=1,2,3\\ \sigma_{T_r}=E_T\varepsilon_{T_r}\end{cases} \tag{8.109}$$

将式(8.107)～式(8.109)代入式(8.104b),并注意到式(8.103b),可以得到岩体弹性参数 E_V、E_D、E_T 与岩石基元和节理基元的弹性常数 $E_V^{(R)}$、$E_D^{(R)}$、$E_T^{(R)}$ 和 $E_V^{(J)}$、$E_D^{(J)}$、$E_T^{(J)}$ 以及微平面损伤变量 $\omega(\boldsymbol{n})$ 的关系为

$$\begin{cases}E_V(\boldsymbol{n})=E_V^{(R)}[1-\omega(\boldsymbol{n})]+E_V^{(J)}\omega(\boldsymbol{n})\\ E_D(\boldsymbol{n})=E_D^{(R)}[1-\omega(\boldsymbol{n})]+E_D^{(J)}\omega(\boldsymbol{n})\\ E_T(\boldsymbol{n})=E_T^{(R)}[1-\omega(\boldsymbol{n})]+E_T^{(J)}\omega(\boldsymbol{n})\end{cases} \tag{8.110a}$$

注意到式(8.84),式(8.110a)还可写为

$$\begin{cases}E_V(\boldsymbol{n})=E_V^{(\mathrm{R})}\phi(\boldsymbol{n})+E_V^{(\mathrm{J})}\omega(\boldsymbol{n})\\E_D(\boldsymbol{n})=E_D^{(\mathrm{R})}\phi(\boldsymbol{n})+E_D^{(\mathrm{J})}\omega(\boldsymbol{n})\\E_T(\boldsymbol{n})=E_T^{(\mathrm{R})}\phi(\boldsymbol{n})+E_T^{(\mathrm{J})}\omega(\boldsymbol{n})\end{cases} \tag{8.110b}$$

显然，由于各微平面上的节理连通率 $\omega(\boldsymbol{n})$ 是与方向有关的分布函数，因此各微平面上的岩体弹性参数也不再是常数，而是一个与岩石基元和节理基元的弹性常数有关，且依赖于微平面节理连通率 $\omega(\boldsymbol{n})$ 的方向分布函数。

对裂隙岩体，微平面上的岩体应力矢量和应变矢量与岩体的宏观应力张量和应变张量间满足几何约束条件，即微平面上的岩体法向体积、法向偏量、切向应变矢量 ε_V、ε_D、ε_{T_r} 与岩体宏观应变张量 $\boldsymbol{E}$ 之间满足投影关系式(8.16)、式(8.18)和式(8.10)，汇总如下：

$$\begin{cases}\varepsilon_V=\dfrac{1}{3}E_{ij}\delta_{ij}\\\varepsilon_D=E_{ij}\left(n_in_j-\dfrac{1}{3}\delta_{ij}\right)\\\varepsilon_{T_r}=\dfrac{1}{2}E_{ij}(n_i\delta_{jr}+n_j\delta_{ir}-2n_in_jn_r)\end{cases},\quad r,i,j=1,2,3 \tag{8.111}$$

微平面上的岩体法向体积、法向偏量、切向应力矢量与岩体宏观应力张量之间满足积分关系式(8.23c)：

$$\Sigma_{ij}=\frac{1}{4\pi}\oint 3\left[(\sigma_V+\sigma_D)n_in_j+\frac{1}{2}\sigma_{T_r}(n_i\delta_{rj}+n_j\delta_{ri})\right]\mathrm{d}S,\quad r,i,j=1,2,3$$

将式(8.109)和式(8.111)式代入积分关系式(8.23c)，注意到此时微平面上的岩体法向体积、法向偏量、切向弹性参数 $E_V(\boldsymbol{n})$、$E_D(\boldsymbol{n})$、$E_T(\boldsymbol{n})$ 是方向分布标量函数，得到岩体宏观应力张量 $\boldsymbol{\Sigma}$ 与宏观应变张量 $\boldsymbol{E}$ 的弹性关系式为

$$\boldsymbol{\Sigma}=\boldsymbol{L}^{\mathrm{e}}:\boldsymbol{E},\quad \Sigma_{ij}=L_{ijkl}^{\mathrm{e}}E_{kl} \tag{8.112}$$

式中，$\boldsymbol{L}^{\mathrm{e}}=L_{ijkl}^{\mathrm{e}}\boldsymbol{e}_i\boldsymbol{e}_j\boldsymbol{e}_k\boldsymbol{e}_l(i,j,k,l=1,2,3)$ 为岩体的四阶弹性刚度张量，它与微平面上的岩体弹性参数关系为

$$\begin{aligned}L_{ijkl}^{\mathrm{e}}=&\frac{1}{4\pi}\oint(E_V(\boldsymbol{n})-E_D(\boldsymbol{n}))n_in_j\delta_{kl}\mathrm{d}S+\frac{1}{4\pi}\oint 3E_D(\boldsymbol{n})n_in_jn_kn_l\mathrm{d}S\\&+\frac{1}{4\pi}\oint\frac{3}{4}E_T(\boldsymbol{n})(n_k\delta_{lr}+n_l\delta_{kr}-2n_kn_ln_r)(n_i\delta_{rj}+n_j\delta_{ri})\mathrm{d}S\end{aligned} \tag{8.113}$$

将式(8.110b)代入式(8.113)，则 L_{ijkl}^{e} 可表示为 $\phi(\boldsymbol{n})$ 和 $\omega(\boldsymbol{n})$ 的方向函数积分：

$$\begin{aligned}L_{ijkl}^{\mathrm{e}}=&\frac{1}{4\pi}\oint(E_V^{(\mathrm{R})}-E_D^{(\mathrm{R})})\phi(\boldsymbol{n})n_in_j\delta_{kl}\mathrm{d}S+\frac{1}{4\pi}\oint 3E_D^{(\mathrm{R})}\phi(\boldsymbol{n})n_in_jn_kn_l\mathrm{d}S\\&+\frac{1}{4\pi}\oint\frac{3}{4}E_T^{(\mathrm{R})}\phi(\boldsymbol{n})(n_k\delta_{lr}+n_l\delta_{kr}-2n_kn_ln_r)(n_i\delta_{rj}+n_j\delta_{ri})\mathrm{d}S\end{aligned}$$

$$+\frac{1}{4\pi}\oint(E_V^{(J)}-E_D^{(J)})\omega(\boldsymbol{n})n_in_j\delta_{kl}\mathrm{d}S+\frac{1}{4\pi}\oint 3E_D^{(J)}\omega(\boldsymbol{n})n_in_jn_kn_l\mathrm{d}S$$
$$+\frac{1}{4\pi}\oint\frac{3}{4}E_T^{(J)}\omega(\boldsymbol{n})(n_k\delta_{lr}+n_l\delta_{kr}-2n_kn_ln_r)(n_i\delta_{rj}+n_j\delta_{ri})\mathrm{d}S \tag{8.114}$$

注意到式(8.81)～式(8.88)，则 L_{ijkl}^{e} 可表示为 $\phi(\boldsymbol{n})$ 和 $\omega(\boldsymbol{n})$ 的各阶第一类组构张量的函数：

$$\begin{aligned}L_{ijkl}^{e}=&(E_V^{(R)}-E_D^{(R)})\Phi_{ij}\delta_{kl}+3(E_D^{(R)}-E_T^{(R)})\Phi_{ijkl}\\&+\frac{3}{4}E_T^{(R)}(\Phi_{ik}\delta_{jl}+\Phi_{il}\delta_{jk}+\Phi_{jl}\delta_{ik}+\Phi_{jk}\delta_{il})\\&+(E_V^{(J)}-E_D^{(J)})\Omega_{ij}\delta_{kl}+3(E_D^{(J)}-E_T^{(J)})\Omega_{ijkl}\\&+\frac{3}{4}E_T^{(J)}(\Omega_{ik}\delta_{jl}+\Omega_{il}\delta_{jk}+\Omega_{jl}\delta_{ik}+\Omega_{jk}\delta_{il})\end{aligned} \tag{8.115}$$

利用式(8.105)和式(8.106)，则岩体的四阶弹性刚度张量 L_{ijkl}^{e} 可表示为

$$\begin{aligned}L_{ijkl}^{e}=&\frac{3}{2}[2\lambda^{(R)}\Phi_{ij}\delta_{kl}+\mu^{(R)}(\Phi_{ik}\delta_{jl}+\Phi_{il}\delta_{jk}+\Phi_{jl}\delta_{ik}+\Phi_{jk}\delta_{il})]\\&+\frac{3}{2}[2\lambda^{(J)}\Omega_{ij}\delta_{kl}+\mu^{(J)}(\Omega_{ik}\delta_{jl}+\Omega_{il}\delta_{jk}+\Omega_{jl}\delta_{ik}+\Omega_{jk}\delta_{il})]\end{aligned} \tag{8.116}$$

式中，$\lambda^{(R)}$、$\mu^{(R)}$ 和 $\lambda^{(J)}$、$\mu^{(J)}$ 分别为岩石基元和节理面基元的宏观 Lame 常数。

$$\begin{cases}\lambda^{(R)}=\dfrac{E^{(R)}\nu^{(R)}}{(1+\nu^{(R)})(1-2\nu^{(R)})}, & \mu^{(R)}=\dfrac{E^{(R)}}{2(1+\nu^{(R)})}\\[2ex]\lambda^{(J)}=\dfrac{E^{(J)}\nu^{(J)}}{(1+\nu^{(J)})(1-2\nu^{(J)})}, & \mu^{(J)}=\dfrac{E^{(J)}}{2(1+\nu^{(J)})}\end{cases} \tag{8.117}$$

注意到岩体的四阶弹性刚度张量 L_{ijkl}^{e} 需满足 Voigt 对称性，将其对称化，得到节岩体的四阶弹性损伤刚度张量 L_{ijkl}^{e} 为[2]

$$\begin{aligned}L_{ijkl}^{e}=&\frac{3}{2}[\lambda^{(R)}(\Phi_{ij}\delta_{kl}+\Phi_{kl}\delta_{ij})+\mu^{(R)}(\Phi_{ik}\delta_{jl}+\Phi_{il}\delta_{jk}+\Phi_{jl}\delta_{ik}+\Phi_{jk}\delta_{il})\\&+\lambda^{(J)}(\Omega_{ij}\delta_{kl}+\Omega_{kl}\delta_{ij})+\mu^{(J)}(\Omega_{ik}\delta_{jl}+\Omega_{il}\delta_{jk}+\Omega_{jl}\delta_{ik}+\Omega_{jk}\delta_{il})]\end{aligned} \tag{8.118}$$

对完整岩石，各微平面的节理连通率 $\omega(\boldsymbol{n})\equiv 0$，由式(8.93)和式(8.94)可知，岩体的弹性损伤刚度张量 L_{ijkl}^{e} 退化为岩石的弹性刚度张量 $L_{ijkl}^{e(R)}$：

$$L_{ijkl}^{e(R)}=\lambda^{(R)}\delta_{ij}\delta_{kl}+\mu^{(R)}(\delta_{ik}\delta_{jl}+\delta_{il}\delta_{jk}) \tag{8.119}$$

对完全由节理面材料组成的各向同性节理材料，节理连通率 $\omega(\boldsymbol{n})\equiv 1$，由式(8.95)和式(8.96)可知，岩体的弹性损伤刚度张量 L_{ijkl}^{e} 退化为节理的弹性刚度张量 $L_{ijkl}^{e(J)}$：

$$L_{ijkl}^{e(J)}=\lambda^{(J)}\delta_{ij}\delta_{kl}+\mu^{(J)}(\delta_{ik}\delta_{jl}+\delta_{il}\delta_{jk}) \tag{8.120}$$

当各微平面上的节理连通率都相同时，即岩体的裂隙损伤为各向同性，

$\omega(\boldsymbol{n})\equiv\omega_0$，由式(8.97)和式(8.98)可知，岩体的弹性损伤刚度张量 L_{ijkl}^{e} 为各向同性材料的弹性刚度张量：

$$L_{ijkl}^{e}=\lambda\delta_{ij}\delta_{kl}+\mu(\delta_{ik}\delta_{jl}+\delta_{il}\delta_{jk}) \tag{8.121}$$

式中，λ、μ 为各向同性裂隙岩体的 Lame 常数。

$$\begin{cases}\lambda=(1-\omega_0)\lambda^{(R)}+\omega_0\lambda^{(J)}\\ \mu=(1-\omega_0)\mu^{(R)}+\omega_0\mu^{(J)}\end{cases} \tag{8.122}$$

8.3.3 岩体微平面的损伤弹塑性本构关系

岩体的代表性体积单元在宏观应力(应变)的作用下，当某一微平面上的岩体应力满足给定的屈服条件时，在该微平面上将产生非弹性变形和裂隙扩展。在微平面上，若不区分岩石和节理面基元各自的非弹性变形，只考察两个基元非弹性变形的总和，可在塑性力学和损伤力学框架下，建立微平面上的应力增量与应变增量间的关系，即岩体微平面的损伤弹塑性本构关系。

在弹塑性状态下，微平面上的岩体应变增量 $\mathrm{d}\boldsymbol{\varepsilon}$ 可以分解为弹性应变增量 $\mathrm{d}\boldsymbol{\varepsilon}^{e}$ 和塑性应变增量 $\mathrm{d}\boldsymbol{\varepsilon}^{p}$ 两部分之和：

$$\mathrm{d}\boldsymbol{\varepsilon}=\mathrm{d}\boldsymbol{\varepsilon}^{e}+\mathrm{d}\boldsymbol{\varepsilon}^{p} \tag{8.123}$$

相应地，微平面上的法向体积、法向偏量、切向岩体应变增量 $\mathrm{d}\varepsilon_V$、$\mathrm{d}\varepsilon_D$、$\mathrm{d}\varepsilon_{T_r}$ $(r=1,2,3)$ 也可以分解为法向体积、法向偏量、切向岩体弹性应变增量 $\mathrm{d}\varepsilon_V^{e}$、$\mathrm{d}\varepsilon_D^{e}$、$\mathrm{d}\varepsilon_{T_r}^{e}$ $(r=1,2,3)$ 和法向体积、法向偏量、切向塑性应变增量 $\mathrm{d}\varepsilon_V^{p}$、$\mathrm{d}\varepsilon_D^{p}$、$\mathrm{d}\varepsilon_{T_r}^{p}$ $(r=1,2,3)$ 两部分之和：

$$\begin{cases}\mathrm{d}\varepsilon_V=\mathrm{d}\varepsilon_V^{e}+\mathrm{d}\varepsilon_V^{p}\\ \mathrm{d}\varepsilon_D=\mathrm{d}\varepsilon_D^{e}+\mathrm{d}\varepsilon_D^{p}\\ \mathrm{d}\varepsilon_{T_r}=\mathrm{d}\varepsilon_{T_r}^{e}+\mathrm{d}\varepsilon_{T_r}^{p}\end{cases},\quad r=1,2,3 \tag{8.124}$$

微平面上的法向体积、法向偏量、切向岩体应力增量 $\mathrm{d}\sigma_V$、$\mathrm{d}\sigma_D$、$\mathrm{d}\sigma_{T_r}$ $(r=1,2,3)$ 与微平面上的法向体积、法向偏量、切向岩体弹性应变增量 $\mathrm{d}\varepsilon_V^{e}$、$\mathrm{d}\varepsilon_D^{e}$、$\mathrm{d}\varepsilon_{T_r}^{e}$ $(r=1,2,3)$ 之间满足弹性本构关系：

$$\begin{cases}\mathrm{d}\sigma_V=E_V\mathrm{d}\varepsilon_V^{e}=E_V(\mathrm{d}\varepsilon_V-\mathrm{d}\varepsilon_V^{p})\\ \mathrm{d}\sigma_D=E_D\mathrm{d}\varepsilon_D^{e}=E_D(\mathrm{d}\varepsilon_D-\mathrm{d}\varepsilon_D^{p})\\ \mathrm{d}\sigma_{T_r}=E_T\mathrm{d}\varepsilon_{T_r}^{e}=E_T(\mathrm{d}\varepsilon_{T_r}-\mathrm{d}\varepsilon_{T_r}^{p})\end{cases},\quad r=1,2,3 \tag{8.125}$$

在微平面上，岩体的非弹性变形和损伤是耦合作用的。一方面，微平面上非弹性变形的发展将引起该微平面上的损伤演化。当微平面上的岩体应力满足屈服条件时，岩体将发生非弹性变形，非弹性变形的发展将伴随着岩石基元内部次生节理裂隙的产生和发展，引起微平面上节理基元的比例增加和岩石基元的比例减少，导致微平面上的损伤演化。另一方面，由于微平面上原始损伤的存在，使得微平面上的岩体强度降低,在应力水平较低时就出现岩体屈服,导致微平面上的非弹性变形发展。

由于微平面上的岩体法向应力为拉和压时,微平面的非弹性变形与损伤演化机理不同,需分别建立拉伸和压剪条件下的塑性屈服函数与损伤演化方程。下面分微平面上的岩体法向应力 $\sigma_N=\sigma_V+\sigma_D>0$ 和 $\sigma_N\leqslant 0$ 两种情况讨论塑性屈服函数与损伤演化方程。

(1) 微平面的岩体法向应力为拉时($\sigma_N>0$)。

当微平面的岩体法向应力为拉时,微平面上的非弹性变形来自于岩体的法向张开位移,包括裂隙面基元和岩石基元内部微裂纹的张开位移。将微平面上的损伤变量,即节理连通率简记为 $\omega_N=\omega(\boldsymbol{n})$,微平面上的岩体抗拉屈服条件可以用 Rankine 准则来描述:

$$F_{\mathrm{t}}=(\sigma_V+\sigma_D)-T(\omega_N,\kappa_{\mathrm{t}})=0 \tag{8.126}$$

式中,κ_{t} 为微平面的拉伸软化参量;T 为该方向微平面上的岩体抗拉强度,它与岩石基元的抗拉强度 $T^{(\mathrm{R})}$、节理面基元的抗拉强度 $T^{(\mathrm{J})}$ 和节理连通率 ω_N 的关系为

$$T(\omega_N,\kappa_{\mathrm{t}})=T^{(\mathrm{R})}(\kappa_{\mathrm{t}})(1-\omega_{5N})+T^{(\mathrm{J})}\omega_N \tag{8.127}$$

设岩石基元的抗拉强度随微平面的岩体非弹性变形的发展而逐渐减少,它与微平面的拉伸软化参量 κ_{t} 间有如下的指数关系:

$$T^{(\mathrm{R})}(\kappa_{\mathrm{t}})=T_1^{(\mathrm{R})}+(T_0^{(\mathrm{R})}-T_1^{(\mathrm{R})})\mathrm{e}^{-a_1\kappa_t^{p_1}} \tag{8.128}$$

式中,$T_0^{(\mathrm{R})}$、$T_1^{(\mathrm{R})}$ 分别为岩石基元的初始抗拉强度和残余抗拉强度;a_1 和 p_1 为岩石基元的材料常数。

可取微平面上的岩体法向塑性应变作为微平面上的拉伸软化参量 κ_{t}:

$$\kappa_{\mathrm{t}}=\varepsilon_N^{\mathrm{p}}=\int \mathrm{d}\varepsilon_N^{\mathrm{p}} \tag{8.129}$$

其中,微平面上的岩体法向塑性应变增量为

$$\mathrm{d}\varepsilon_N^{\mathrm{p}}=\mathrm{d}\varepsilon_V^{\mathrm{p}}+\mathrm{d}\varepsilon_D^{\mathrm{p}} \tag{8.130}$$

在法向拉应力作用下,微平面将发生拉伸非弹性变形,岩石基元内部由于局部拉应力集中而产生微破裂面并汇合贯通为次生节理裂隙。微平面的损伤演化与非弹性变形的耦合作用为法向拉伸塑性变形驱动机制。在微平面的损伤演化中考虑拉伸塑性应变驱动机制,参考 Gurson 基于孔洞损伤模型提出的微孔洞成核损伤演化率方程[8],微平面由于拉伸塑性变形引起的损伤变量增量可取为[2]

$$\mathrm{d}\omega_N=A\mathrm{d}\varepsilon_N^{\mathrm{p}} \tag{8.131}$$

式中,系数 A 服从如下的正态分布:

$$A=\frac{f_{\mathrm{m1}}}{S_1\sqrt{2\pi}}\exp\left[-\frac{1}{2}\left(\frac{\varepsilon_N^{\mathrm{p}}-\varepsilon_{\mathrm{m1}}}{S_1}\right)^2\right] \tag{8.132}$$

式中,f_{m1}、$\varepsilon_{\mathrm{m1}}$、$S_1$ 分别为微平面拉伸时岩石基元转化为裂隙面基元的百分比、平均

法向塑性应变和方差。

采用关联流动法则，则微平面上的法向体积、法向偏量、切向岩体塑性应变增量为

$$\begin{cases} d\varepsilon_V^p = d\lambda_t \dfrac{\partial F}{\partial \sigma_V} = d\lambda_t \\ d\varepsilon_D^p = d\lambda_t \dfrac{\partial F}{\partial \sigma_D} = d\lambda_t \\ d\varepsilon_{T_r}^p = \lambda_t \dfrac{\partial F}{\partial \sigma_{T_r}} = 0 \end{cases} \tag{8.133}$$

式中，$d\lambda_t$ 为微平面的拉伸塑性流动乘子。

法向拉伸屈服的一致性条件为

$$dF_t(\sigma_V, \sigma_D, \omega_N, \kappa_t) = \frac{\partial F_t}{\partial \sigma_V} d\sigma_V + \frac{\partial F_t}{\partial \sigma_D} d\sigma_D - \frac{\partial T}{\partial \lambda_t} d\lambda_t = 0 \tag{8.134}$$

将式(8.125)和式(8.133)代入式(8.134)，可以确定微平面的法向拉伸塑性流动乘子 $d\lambda_t$ 为

$$d\lambda_t = \frac{1}{H_t}(E_V d\varepsilon_V + E_D d\varepsilon_D) \tag{8.135}$$

式中，

$$H_t = h_t + E_V + E_D \tag{8.136}$$

h_t 为拉伸软化模量，定义为

$$h_t = \frac{\partial T}{\partial \lambda_t} = \left(\frac{\partial T}{\partial \kappa_t} \frac{\partial \kappa_t}{\partial \varepsilon_N^p} + \frac{\partial T}{\partial \omega_N} \frac{\partial \omega_N}{\partial \varepsilon_N^p} \right) \frac{\partial \varepsilon_N^p}{\partial \lambda_t} \tag{8.137}$$

拉伸塑性加卸载条件为

$$l_t = \frac{\partial F_t}{\partial \sigma_V} d\sigma_V + \frac{\partial F_t}{\partial \sigma_D} d\sigma_D + \frac{\partial F_t}{\partial \sigma_{T_r}} d\sigma_{T_r} \begin{cases} <0, & \text{拉伸塑性加载} \\ =0, & \text{拉伸中性加载} \\ >0, & \text{拉伸弹性卸载} \end{cases} \tag{8.138}$$

微平面的拉伸塑性加载系数 η_t 可定义为拉伸塑性加卸载条件参数 l_t 的 Heviside 函数：

$$\eta_t = H(l_t) = \begin{cases} 1, & l_t > 0 \\ 0, & l_t \leqslant 0 \end{cases} \tag{8.139}$$

将式(8.135)和式(8.133)代入式(8.125)，注意到式(8.138)和式(8.139)，得到在拉伸屈服时的微平面应力增量与应变增量的弹塑性本构关系为

$$\begin{cases} d\sigma_V = E_V d\varepsilon_V - \eta_t E_V \dfrac{E_V d\varepsilon_V + E_D d\varepsilon_D}{H_t} \\ d\sigma_D = E_D d\varepsilon_D - \eta_t E_D \dfrac{E_V d\varepsilon_V + E_D d\varepsilon_D}{H_t} \\ d\sigma_{T_r} = E_T d\varepsilon_{T_r} \end{cases} \tag{8.140}$$

(2) 微平面的岩体法向应力为压($\sigma_N \leqslant 0$)时。

当微平面的岩体法向应力为压时，非弹性变形是由岩体沿微平面的摩擦滑移引起的，包括裂隙面基元和岩石基元内部微裂纹的剪切滑移。

微平面上的岩体抗剪屈服条件可以用 Mohr-Coulomb 准则来描述：

$$F_{\mathrm{s}}=f_N(\omega_N)(\sigma_V+\sigma_D)+\tau_N-c_N(\omega_N,\kappa_{\mathrm{s}})=0 \tag{8.141}$$

式中，κ_{s} 为微平面的剪切塑性软化参量；f_N 和 c_N 为微平面的岩体内摩擦系数与黏聚力。

不考虑微平面的岩体内摩擦系数 f_N 的塑性软化，它与岩石基元和节理基元的内摩擦系数 $f^{(\mathrm{R})}$、$f^{(\mathrm{J})}$ 和及微平面的节理连通率关系为

$$f_N(\omega_N)=f^{(\mathrm{R})}(1-\omega_N)+f^{(\mathrm{J})}\omega_N \tag{8.142}$$

考虑微平面的岩体黏聚力 c_N 的塑性软化，它与岩石基元和节理基元的黏聚力 $c^{(\mathrm{R})}$、$c^{(\mathrm{J})}$ 和微平面的节理连通率、微平面的剪切塑性软化参量 κ_{s} 关系分别为

$$c_N(\omega_N,\kappa_{\mathrm{s}})=c^{(\mathrm{R})}(\kappa_{\mathrm{s}})(1-\omega_N)+c^{(\mathrm{J})}\omega_N \tag{8.143}$$

设岩石基元的黏聚力 $c^{(\mathrm{R})}$ 与微平面的剪切塑性软化参量 κ_{s} 满足指数关系：

$$c^{(\mathrm{R})}(\kappa_{-})=c_1^{(\mathrm{R})}+(c_0^{(\mathrm{R})}-c_1^{(\mathrm{R})})\mathrm{e}^{-a_2\kappa_{\mathrm{s}}^{p_2}} \tag{8.144}$$

式中，$c_0^{(\mathrm{R})}$、$c_1^{(\mathrm{R})}$ 分别为岩石基元的初始黏聚力和残余黏聚力；a_2 和 p_2 为岩石基元的材料常数。

取剪切塑性应变为压剪塑性软化参量 κ_{s}：

$$\kappa_{\mathrm{s}}=\gamma_N^{\mathrm{p}}=\int \mathrm{d}\gamma_N^{\mathrm{p}} \tag{8.145}$$

剪切塑性应变增量 $\mathrm{d}\gamma_N^{\mathrm{p}}$ 为

$$\mathrm{d}\gamma_N^{\mathrm{p}}=\sqrt{\mathrm{d}\varepsilon_{T_r}^{\mathrm{p}}\,\mathrm{d}\varepsilon_{T_r}^{\mathrm{p}}} \tag{8.146}$$

在法向压应力和剪切应力作用下，微平面将发生剪切滑移非弹性变形，岩石基元内部由于局部剪切应力的集中而产生剪切微破裂面并汇合贯通形成次生剪切节理裂隙。微平面的损伤演化与非弹性变形的耦合作用为剪切塑性变形驱动机制。微平面由于压剪非弹性变形引起的损伤演化可取为

$$\mathrm{d}\omega_N=B\mathrm{d}\gamma_N^{\mathrm{p}} \tag{8.147}$$

式中，系数 B 服从如下的正态分布：

$$B=\frac{f_{\mathrm{m2}}}{S_2\sqrt{2\pi}}\exp\left[-\frac{1}{2}\left(\frac{\gamma_N^{p}-\varepsilon_{\mathrm{m2}}}{S_2}\right)^2\right] \tag{8.148}$$

式中，f_{m2}、$\varepsilon_{\mathrm{m2}}$、$S_2$ 分别为压剪屈服时岩石基元转化为裂隙面基元的百分比、平均剪切塑性应变和方差。

不考虑剪胀效应，微平面的塑性应变率可采用如下的非关联流动法则：

$$\begin{cases} \mathrm{d}\varepsilon_V^{\mathrm{p}}=0 \\ \mathrm{d}\varepsilon_D^{\mathrm{p}}=0 \\ \mathrm{d}\varepsilon_{T_r}^{\mathrm{p}}=\mathrm{d}\lambda_{\mathrm{s}}\dfrac{\partial F}{\partial \sigma_{T_r}}=\mathrm{d}\lambda_{\mathrm{s}} t_r \end{cases},\quad r=1,2,3 \tag{8.149}$$

式中，$\mathrm{d}\lambda_{\mathrm{s}}$ 为微平面的压剪塑性流动乘子；$t_r(r=1,2,3)$为微平面上岩体切向应力的单位方向矢量 $\boldsymbol{t}=t_r\boldsymbol{e}_r(r=1,2,3)$的分量：

$$t_r=\frac{\sigma_{T_r}}{\tau_N},\quad r=1,2,3 \tag{8.150}$$

微平面上岩体压剪屈服的一致性条件为

$$\mathrm{d}F_{\mathrm{s}}(\sigma_V,\sigma_D,\tau_N,\omega_N,\kappa_{\mathrm{s}})=\frac{\partial F_{\mathrm{s}}}{\partial \sigma_V}\mathrm{d}\sigma_V+\frac{\partial F_{\mathrm{s}}}{\partial \sigma_D}\mathrm{d}\sigma_D+\frac{\partial F_{\mathrm{s}}}{\partial \tau_N}\mathrm{d}\tau_N-\frac{\partial F_{\mathrm{s}}}{\partial \lambda_{\mathrm{s}}}\mathrm{d}\lambda_{\mathrm{s}}=0 \tag{8.151}$$

将式(8.125)和式(8.149)代入式(8.151)，可以确定微平面的压剪塑性流动乘子 $\mathrm{d}\lambda_{\mathrm{s}}$ 为

$$\mathrm{d}\lambda_{\mathrm{s}}=\frac{1}{H_{\mathrm{s}}}[f_N(E_V\mathrm{d}\varepsilon_V+E_D\mathrm{d}\varepsilon_D)+E_T t_p\mathrm{d}\varepsilon_{T_p}] \tag{8.152}$$

式中，

$$H_{\mathrm{s}}=h_{\mathrm{s}}+E_T \tag{8.153}$$

h_{s} 为压剪塑性硬化模量，定义为

$$h_{\mathrm{s}}=\left\{\frac{\partial c_N}{\partial \kappa_{\mathrm{s}}}\frac{\partial \kappa_{\mathrm{s}}}{\partial \gamma_N^{\mathrm{p}}}+\left[\frac{\partial c_N}{\partial \omega_N}-\frac{\partial f_N}{\partial \omega_N}(\sigma_V+\sigma_D)\right]\frac{\partial \omega_N}{\partial \gamma_N^{p}}\right\}\frac{\partial \gamma_N^{\mathrm{p}}}{\partial \lambda_{\mathrm{s}}} \tag{8.154}$$

微平面的压剪塑性加卸载准则为

$$l_{\mathrm{s}}=\frac{\partial F_{\mathrm{s}}}{\partial \sigma_V}\mathrm{d}\sigma_V+\frac{\partial F_{\mathrm{s}}}{\partial \sigma_D}\mathrm{d}\sigma_D+\frac{\partial F_{\mathrm{s}}}{\partial \sigma_{T_r}}\mathrm{d}\sigma_{T_r}\begin{cases} <0, & \text{压剪塑性加载} \\ =0, & \text{压剪中性加载} \\ >0, & \text{压剪弹性卸载} \end{cases} \tag{8.155}$$

微平面的压剪塑性加载系数 η_{s} 可定义为压剪塑性加卸载条件参数 l_{s} 的 Heviside函数：

$$\eta_{\mathrm{s}}=\mathrm{H}(l_{\mathrm{s}})=\begin{cases} 1, & l_{\mathrm{s}}>0 \\ 0, & l_{\mathrm{s}}\leqslant 0 \end{cases} \tag{8.156}$$

将式(8.152)、式(8.149)代入式(8.125)，注意到式(8.155)和式(8.156)，得到在压剪屈服时的微平面应力增量与应变增量的弹塑性本构关系为

$$\begin{cases} \mathrm{d}\sigma_V=E_V\mathrm{d}\varepsilon_V \\ \mathrm{d}\sigma_D=E_D\mathrm{d}\varepsilon_D \\ \mathrm{d}\sigma_{T_r}=E_T\mathrm{d}\varepsilon_{T_r}-\eta_{\mathrm{s}}\dfrac{E_T}{H_{\mathrm{s}}}[f_N(E_V\mathrm{d}\varepsilon_V+E_D\mathrm{d}\varepsilon_D)+E_T t_p\mathrm{d}\varepsilon_{T_p}]t_r \end{cases} \tag{8.157}$$

综合拉伸和压剪屈服两种情况，得到微平面的应力应变弹塑性增量本构关系为

$$\{d\sigma^{mic}\}=[D]^{mic}\{d\varepsilon^{mic}\} \tag{8.158}$$

式中，$\{d\sigma^{mic}\}$和$\{d\varepsilon^{mic}\}$分别为微平面上岩体的应力增量和应变增量列向量：

$$\{d\sigma^{mic}\}=\begin{Bmatrix} d\sigma_V \\ d\sigma_D \\ d\sigma_{T_p} \end{Bmatrix},\quad \{d\varepsilon^{mic}\}=\begin{Bmatrix} d\varepsilon_V \\ d\varepsilon_D \\ d\varepsilon_{T_r} \end{Bmatrix} \tag{8.159}$$

$[D]^{mic}$为微平面的切线应力应变弹塑性矩阵：

$$[D]^{mic}=\begin{bmatrix} D_{VV}^{mic} & D_{VD}^{mic} & D_{VT_r}^{mic} \\ D_{DV}^{mic} & D_{DD}^{mic} & D_{DT_r}^{mic} \\ D_{T_pV}^{mic} & D_{T_pD}^{mic} & D_{T_pT_r}^{mic} \end{bmatrix},\quad p,r=1,2,3 \tag{8.160a}$$

式中，

$$\begin{cases} D_{VV}^{mic}=\left(1-\eta_t\dfrac{E_V}{H_t}\right)E_V,\quad D_{VD}^{mic}=-\eta_t E_D\dfrac{E_V}{H_t} \\ D_{DV}^{mic}=-\eta_t E_V\dfrac{E_D}{H_t},\quad D_{DD}^{mic}=\left(1-\eta_t\dfrac{E_D}{H_t}\right)E_D \\ D_{VT_r}^{mic}=D_{DT_r}^{mic}=0 \\ D_{T_pV}^{mic}=-\eta_s\dfrac{E_T}{H_s}f_N E_V t_p,\quad D_{T_pD}^{mic}=-\eta_s\dfrac{E_T}{H_s}f_N E_D t_p \\ D_{T_pT_r}^{mic}=\left(\delta_{pr}-\eta_s\dfrac{E_T}{H_s}t_p t_r\right)E_T \end{cases} \tag{8.160b}$$

8.3.4 岩体的宏观弹塑性本构方程

根据岩体的微平面弹塑性增量本构关系，由微平面模型的宏细观联系框架可导出岩体的宏观各向异性弹塑性损伤增量本构方程。

在几何约束条件下，微平面上的岩体法向体积、法向偏量、切向岩体塑性应变增量 $d\varepsilon_V$、$d\varepsilon_D$、$d\varepsilon_{T_r}$ $(r=1,2,3)$与岩体的宏观应变张量增量 $d\boldsymbol{E}=dE_{ij}\boldsymbol{e}_i\boldsymbol{e}_j$ $(i,j=1,2,3)$之间满足如下的投影关系：

$$\begin{cases} d\varepsilon_V=\dfrac{1}{3}dE_{ij}\delta_{ij} \\ d\varepsilon_D=dE_{ij}\left(n_i n_j-\dfrac{1}{3}\delta_{ij}\right) \\ d\varepsilon_{T_r}=\dfrac{1}{2}dE_{ij}(n_i\delta_{jr}+n_j\delta_{ir}-2n_i n_j n_r) \end{cases} \tag{8.161}$$

岩体的宏观应力张量增量 $d\boldsymbol{\Sigma}=d\Sigma_{ij}\boldsymbol{e}_i\boldsymbol{e}_j$ $(i,j=1,2,3)$与微平面上的岩体法向

体积、法向偏量、切向塑性应力增量 $d\sigma_V$、$d\sigma_D$、$d\sigma_{T_r}$ $(r=1,2,3)$ 之间满足积分关系：

$$d\Sigma_{ij} = \frac{1}{4\pi}\oint 3(d\sigma_V + d\sigma_D)n_i n_j dS + \frac{1}{4\pi}\oint \frac{3}{2}d\sigma_{T_r}(n_i\delta_{rj} + n_j\delta_{ri})dS \quad (8.162)$$

将微平面上的岩体弹塑性增量本构关系式(8.158)、微平面的应变增量与宏观应变张量增量之间的投影关系式(8.161)代入岩体的宏观应力张量与微平面的岩体应力增量积分关系式(8.162)中，经整理可得到岩体的宏观弹塑性增量本构方程为[2]

$$d\boldsymbol{\Sigma}=\boldsymbol{L}^{(ep)}:d\boldsymbol{E}, \quad d\Sigma_{ij}=L_{ijkl}^{(ep)}dE_{kl} \quad (8.163)$$

式中，$\boldsymbol{L}^{(ep)}=L_{ijkl}^{(ep)}\boldsymbol{e}_i\boldsymbol{e}_j\boldsymbol{e}_k\boldsymbol{e}_l$ $(i,j,k,l=1,2,3)$ 为岩体的四阶弹塑性刚度张量，可以分解为岩体的四阶弹性刚度张量 $L_{ijkl}^{(e)}$、岩体的四阶拉伸塑性刚度张量 $\boldsymbol{L}^{(p_t)}=L_{ijkl}^{(p_t)}\boldsymbol{e}_i\boldsymbol{e}_j\boldsymbol{e}_k\boldsymbol{e}_l$ (i,j,k,l) 和岩体的四阶压剪塑性刚度张量 $\boldsymbol{L}^{(p_s)}=L_{ijkl}^{(p_s)}\boldsymbol{e}_i\boldsymbol{e}_j\boldsymbol{e}_k\boldsymbol{e}_l$ (i,j,k,l) 三部分：

$$\boldsymbol{L}^{(ep)}=\boldsymbol{L}^{(e)}-\boldsymbol{L}^{(p_t)}-\boldsymbol{L}^{(p_s)}, \quad L_{ijkl}^{(ep)}=L_{ijkl}^{(e)}-L_{ijkl}^{(p_t)}-L_{ijkl}^{(p_s)} \quad (8.164)$$

岩体的拉伸和压剪塑性刚度张量 $L_{ijkl}^{(p_t)}$ 和 $L_{ijkl}^{(p_s)}$ 分别定义为

$$L_{ijkl}^{(p_t)} = \frac{1}{4\pi}\oint L_{ijkl}^{mic(p_t)}dS, \quad L_{ijkl}^{(p_s)} = \frac{1}{4\pi}\oint L_{ijkl}^{mic(p_s)}dS \quad (8.165)$$

式中，$L_{ijkl}^{mic(p_t)}$ 和 $L_{ijkl}^{mic(p_s)}$ 分别为微平面拉伸或压剪屈服对宏观塑性刚度张量的贡献，分别为

$$L_{ijkl}^{mic(p_t)}=\frac{\eta_t}{H_t}(E_V+E_D)\left[\frac{1}{2}(E_V-E_D)(N_{ij}\delta_{kl}+N_{kl}\delta_{ij})+3E_T N_{ij}N_{kl}\right] \quad (8.166)$$

$$L_{ijkl}^{mic(p_s)}=\frac{3}{2}\frac{\eta_s}{H_s}(P_{ij}Q_{kl}+P_{kl}Q_{ij}) \quad (8.167)$$

式中，P_{ij} 和 Q_{ij} $(i,j=1,2,3)$ 分别为

$$P_{ij}=\frac{1}{2}E_T(n_i t_j+t_i n_j) \quad (8.168)$$

$$Q_{ij}=\frac{1}{3}f_N(E_V-E_D)\delta_{ij}+f_N E_D n_i n_j+P_{ij} \quad (8.169)$$

式(6.165)的球面积分可采用如下的数值积分方法计算：

$$L_{ijkl}^{(p_t)} \approx \sum_{\alpha=1}^{N_m} w_\alpha L_{ijkl}^{mic(p_t)}(\boldsymbol{n}^{(\alpha)}), \quad L_{ijkl}^{(p_s)} \approx \sum_{\alpha=1}^{N_m} w_\alpha L_{ijkl}^{mic(p_s)}(\boldsymbol{n}^{(\alpha)}) \quad (8.170)$$

式中，w_α $(\alpha=1,2,\cdots,N_m)$ 是单位球面上法向为 $\boldsymbol{n}^{(\alpha)}$ 的积分点的权系数。

8.3.5 岩体的塑性损伤耦合微平面模型计算流程

在岩体的弹塑性损伤微平面模型中，所需的基本材料参数有：

(1) 岩石和节理面材料的宏观弹性参数：弹性模量 $E^{(R)}$、$E^{(J)}$，泊松比 $\nu^{(R)}$、$\nu^{(J)}$。

(2) 岩石基元和节理面基元的微平面强度参数：岩石基元的初始抗拉强度和残余抗拉强度 $T_0^{(R)}$、$T_1^{(R)}$，节理基元的抗拉强度 $T^{(J)}$；岩石基元和节理基元的内摩擦系数 $f^{(R)}$、$f^{(J)}$；岩石基元的初始抗内聚力和残余内聚力：$c_0^{(R)}$、$c_1^{(R)}$，节理面基元的内聚力 $c^{(J)}$。

(3) 岩石基元的抗拉和抗剪强度塑性软化材料参数：a_1、p_1；a_2、p_2。

(4) 岩石基元的损伤演化材料参数：微平面拉伸和压剪屈服时岩石基元转化为裂隙面基元的百分比、平均法向塑性应变和方差 f_{m1}、ε_{m1}、S_1 和 f_{m2}、ε_{m2}、S_2。

考察岩体单元积分点的第 i 个加载步，给定宏观应变张量各分量的增量为 $dE_{ij}^{(i)}$。本计算步开始时，宏观应力张量的分量为 $\Sigma_{ij}^{(i)}$，每个单位球面积分点 $\alpha=1,2,\cdots,N_m$ 所代表的各微平面上的历史变量分别为：微平面上的岩体应力 $\{\sigma_{(i)}^{\text{mic}}\}$、法向塑性应变 $\varepsilon_{N(i)}^{\text{p}}$、剪切塑性应变 $\gamma_{N(i)}^{\text{p}}$ 和节理连通率 $\omega_N^{(i)}$。本加载步的本构响应计算步骤如下：

(1) 对每个微平面，计算岩体的弹性参数和强度参数当前值。包括：根据式(8.105)和式(8.106)由岩石和节理面材料的宏观弹性参数 $E^{(R)}$、$\nu^{(R)}$、$E^{(J)}$、$\nu^{(J)}$ 计算微平面上岩石基元和节理基元的弹性常数 $E_V^{(R)}$、$E_D^{(R)}$、$E_T^{(R)}$ 和 $E_V^{(J)}$、$E_D^{(J)}$、$E_T^{(J)}$。根据式(8.110)由岩石基元和节理基元的弹性常数、微平面的节理连通率当前值计算微平面上岩体弹性参数的当前值 $E_V(\boldsymbol{n})$、$E_D(\boldsymbol{n})$、$E_T(\boldsymbol{n})$。根据式(8.127)、式(8.128)和式(8.142)～式(8.144)由岩石和节理面基元的微平面强度参数、抗拉和抗剪强度塑性软化材料参数计算微平面的抗拉和抗剪强度参数当前值 $T(\boldsymbol{n})$、$f(\boldsymbol{n})$、$c(\boldsymbol{n})$。

(2) 对每个微平面，根据几何约束条件下的宏观应变张量增量与微平面应变增量的投影关系式(8.161)，由 $dE_{ij}^{(i)}$ 计算微平面的应变增量列向量 $\{d\varepsilon_{(i)}^{\text{mic}}\}$。

(3) 对每个微平面，根据加卸载条件判断各微平面的弹塑性状态，由式(8.160)计算各微平面的弹塑性刚度矩阵，继而由式(8.158)计算出微平面的应力增量列向量 $\{d\sigma_{(i)}^{\text{mic}}\}$。则本步结束时微平面的应力列向量为

$$\{\sigma_{(i+1)}^{\text{mic}}\}=\{\sigma_{(i)}^{\text{mic}}\}+\{d\sigma_{(i)}^{\text{mic}}\} \tag{8.171}$$

(4) 对每个微平面，更新塑性和损伤历史变量。根据微平面是否发生拉伸或剪切屈服，采用式式(8.133)或式(8.149)计算微平面的法向塑性应变增量 $d\varepsilon_{N(i)}^{\text{p}}$ 或剪切塑性应变增量 $d\gamma_{N(i)}^{\text{p}}$，然后采用式(8.131)或式(8.147)计算微平面的节理连通率增量 $d\omega_N^{(i)}$。本步结束时的微平面法向塑性应变 $\varepsilon_{N(i+1)}^{\text{p}}$ 为

$$\{\varepsilon_{N(i+1)}^{\text{p}}\}=\{\varepsilon_{N(i)}^{\text{p}}\}+\{d\varepsilon_{N(i)}^{\text{p}}\} \tag{8.172}$$

本步结束时的微平面剪切塑性应变 $\gamma_{N(i+1)}^{\text{p}}$ 为

$$\{\gamma_{N(i+1)}^{\text{p}}\}=\{\gamma_{N(i)}^{\text{p}}\}+\{d\gamma_{N(i)}^{\text{p}}\} \tag{8.173}$$

本步结束时的微平面节理连通率 $\omega_N^{(i+1)}$ 为

$$\{\omega_N^{(i+1)}\}=\{\omega_N^{(i)}\}+\{d\omega_N^{(i)}\} \tag{8.174}$$

记录本步结束时的每个单位球面积分点 $\alpha=1,2,\cdots,N_m$ 代表的微平面历史变量值,作为下一步开始时的微平面历史变量值。

(5) 根据各微平面的节理连通率和应力当前值,由式(8.118)可以计算得到岩体的宏观弹性刚度张量,由式(8.166)和式(8.166)可以计算得到各微平面的拉伸和压剪塑性损伤刚度张量 $L_{ijkl}^{\mathrm{mic}(\mathrm{p}_+)}$ 和 $L_{ijkl}^{\mathrm{mic}(\mathrm{p}_-)}$,然后由式(8.170) 可以计算得到岩体的宏观拉伸和压剪塑性刚度张量 $L_{ijkl}^{(\mathrm{p_t})}$ 和 $L_{ijkl}^{(\mathrm{p_s})}$。由式(8.164)最终可计算得到岩体的宏观弹塑性刚度张量 $L_{ijkl}^{(\mathrm{ep})}$,然后由式(8.163)根据宏观应变张量增量 $\mathrm{d}E_{ij}^{(i)}$ 来计算出宏观应力张量增量 $\mathrm{d}\Sigma_{ij}^{(i)}$。得到本增量不结束时的宏观应力张量为

$$\Sigma_{ij}^{(i+1)}=\Sigma_{ij}^{(i)}+\mathrm{d}\Sigma_{ij}^{(i)} \tag{8.175}$$

8.3.6 算例

根据上述步骤,编制了单位球面积分点 $N_m=2\times21$ 的岩体单元高斯积分点微平面弹塑性损伤模型计算程序[2]。分别针对两种节理裂隙分布情况:①完整岩石,材料为初始各向同性,各微平面的初始节理连通率为零 $\omega_N^{(\alpha)}\equiv0(\alpha=1,2,\cdots,21)$;②含一组节理的岩体,材料为初始各向异性。节理组所在的微平面为第 21 个微平面,节理组的连通率为 $\omega_N^{(21)}=0.90$,其余微平面的节理连通率为零 $\omega_N^{(\alpha)}\equiv0(\alpha=1,2,\cdots,20)$。同时考虑单轴拉伸和单轴压缩两种宏观应变加载方式,以研究岩体微平面塑性损伤模型的宏观本构响应。

岩体的材料参数为:①岩石和节理材料的弹性参数:$E^{\mathrm{R}}=2100\mathrm{MPa}$,$E^{\mathrm{J}}=210\mathrm{MPa}$,$\nu^{\mathrm{R}}=\nu^{\mathrm{J}}=0.3$;②岩石和节理面基元的强度参数:岩石和节理面基元的抗拉极限强度:$T_0^{\mathrm{R}}=0.2\mathrm{MPa}$,$T_1^{\mathrm{R}}=T^{\mathrm{J}}=0.0002\mathrm{MPa}$;岩石和节理面基元的内摩擦系数:$f^{\mathrm{R}}=1.2$,$f^{\mathrm{J}}=0.3$;岩石和节理面基元的内聚力:$c_0^{\mathrm{R}}=2.4\mathrm{MPa}$,$c_1^{\mathrm{R}}=c^{\mathrm{J}}=0.004\mathrm{MPa}$;岩石的抗拉和抗剪塑性软化指数:$a_1=3\times10^2$,$a_2=9\times10^4$,$p_1=1$,$p_2=1$;③岩石基元的损伤演化参数:$f_{\mathrm{m1}}=f_{\mathrm{m2}}=0.04$,$\varepsilon_{\mathrm{m1}}=\varepsilon_{\mathrm{m2}}=0.3$,$S_1=S_2=0.1$。

图 8.6 给出了单轴拉伸时两种岩体的宏观轴向应力随宏观轴向应变的变化曲线,可以看出,节理岩体的强度和弹性模量比完整岩石的要低,两种岩体都有拉伸应变软化。图 8.7 和图 8.8 分别给出了单轴拉伸时完整岩石和节理岩体的微平面的节理连通率随宏观轴向应变的变化曲线,图 8.9 给出了单轴拉伸时两种岩体的微平面法向塑性应变随宏观轴向应变的变化曲线。可以看出,在单轴拉伸下,节理岩体由于 $\alpha=21$ 微平面的初始损伤对其他微平面加载过程中非弹性变形发展和损伤演化的影响较小,而对该微平面加载过程中非弹性变形发展的影响较大。

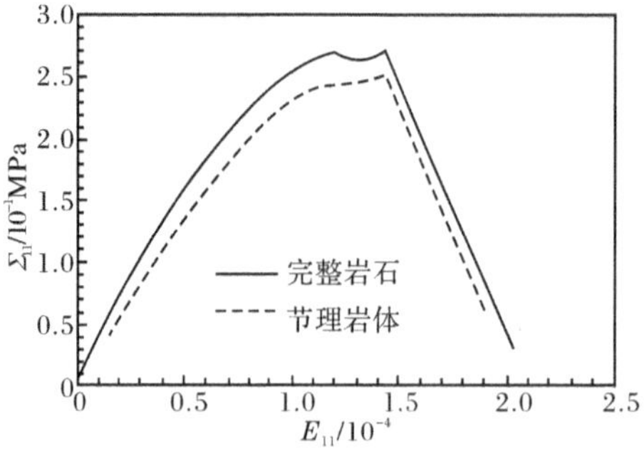

图 8.6　单轴拉伸时两种岩体的宏观轴向应力随宏观轴向应变的变化曲线

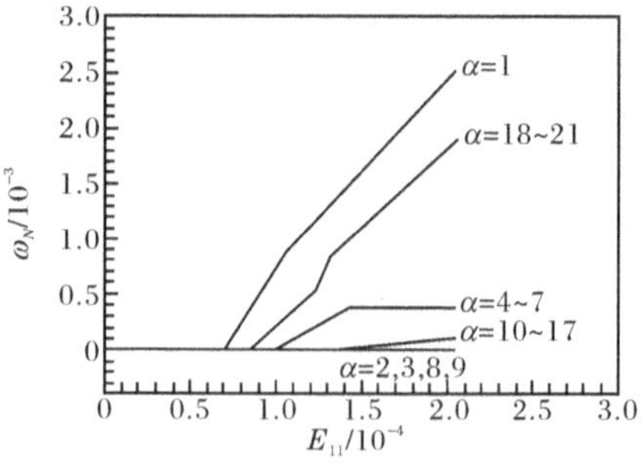

图 8.7　单轴拉伸时完整岩石的微平面节理连通率随宏观轴向应变的变化曲线

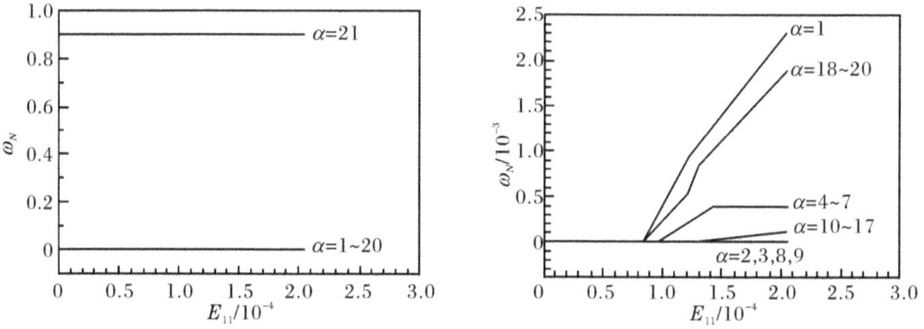

(a) 所有微平面　　(b) μ=1～20 微平面

图 8.8　单轴拉伸时节理岩体的微平面节理连通率随宏观轴向应变的变化曲线

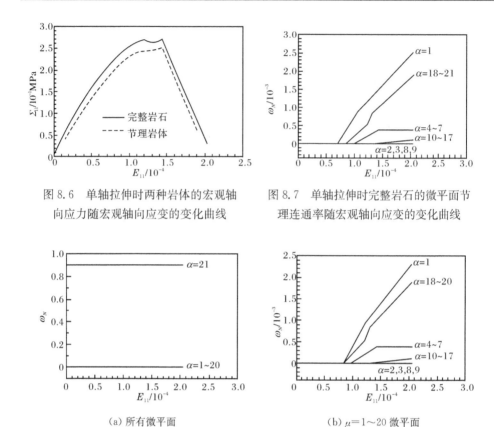

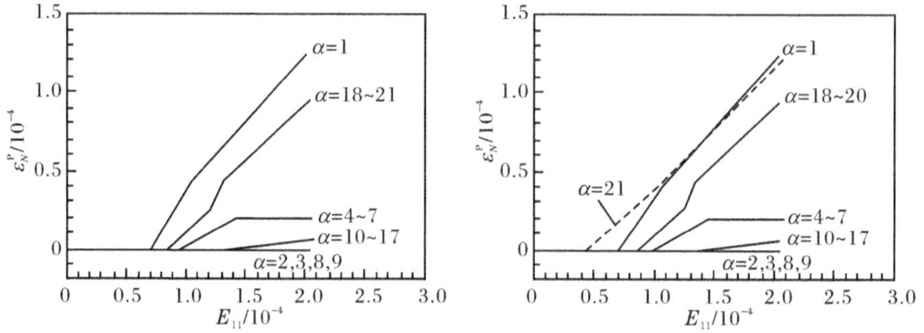

(a) 完整岩石　　(b) 节理岩体

图 8.9　单轴拉伸时两种岩体的微平面法向塑性应变随宏观轴向应变的变化曲线

单轴拉伸时，随着微平面与加载轴(x_1轴)夹角的减小，两种岩体的损伤演化速度都减小，如垂直于加载轴的 $\alpha=1$ 的微平面上的拉伸屈服、损伤演化和法向非弹性变形的发展速度最快，与加载轴夹角较小的 $\alpha=18\sim21$ 的微平面损伤发展速度次之，平行于加载轴的 $\alpha=2,3,8,9$ 的微平面上则没有拉伸屈服、损伤演化和法向非弹性变形的发展，节理岩体和岩石在宏观上都表现为轴向劈裂的破坏形式。

图 8.10 给出了单轴压缩时两种岩体的宏观轴向应力随宏观轴向应变的变化曲线，可以看出，节理岩体的强度和弹性模量比完整岩石的要低，两种岩体都经历了屈服平台后的软化和残余变形阶段。图 8.11 和图 8.12 分别给出了单轴压缩时完整岩石和节理岩体的微平面的节理连通率随宏观轴向应变的变化曲线，图 8.13 给出了单轴压缩时两种岩体的微平面切向塑性应变随宏观轴向应变的变化曲线。

可以看出，在单轴压缩下，节理岩体由于 $\alpha=21$ 微平面的初始损伤对其他微平面加载过程中非弹性变形发展和损伤演化的影响也较小，而对该微平面加载过程中非弹性变形发展的影响较大。单轴压缩时，$\alpha=4\sim7$ 微平面上由于剪应力较

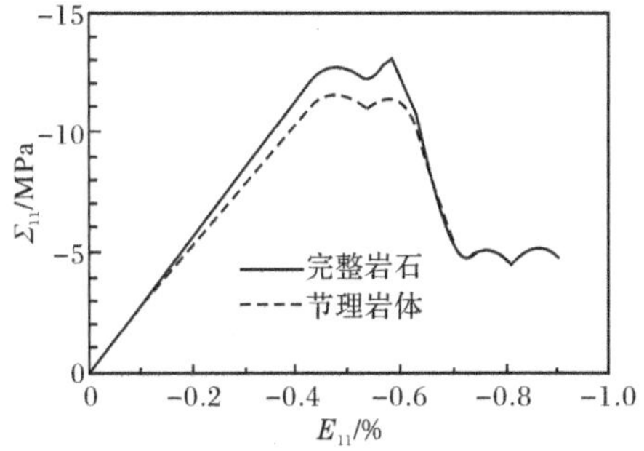

图 8.10　单轴压缩时两种岩体的宏观轴向应力与轴向应变曲线

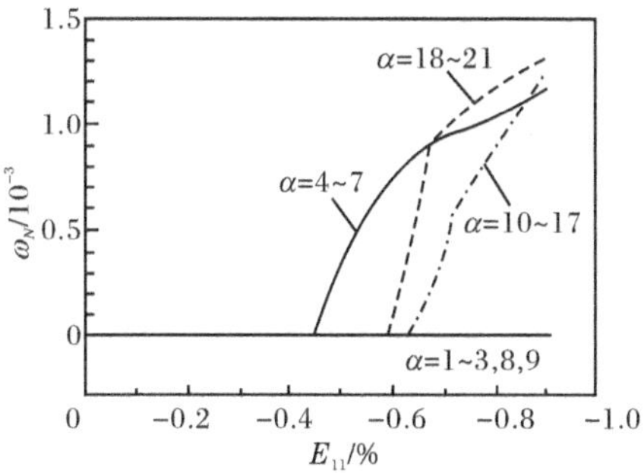

图 8.11　单轴压缩时完整岩石的微平面节理连通率随宏观轴向应变的变化曲线

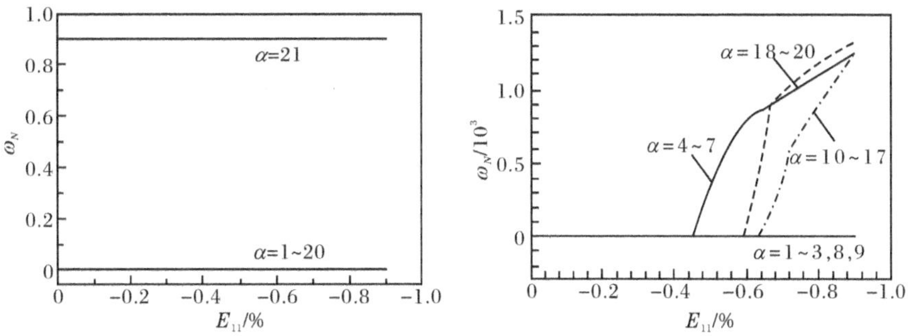

(a) 所有微平面　　(b) $\mu=1\sim20$ 微平面

图 8.12　单轴压缩时节理岩体的微平面节理连通率随宏观轴向应变的变化曲线

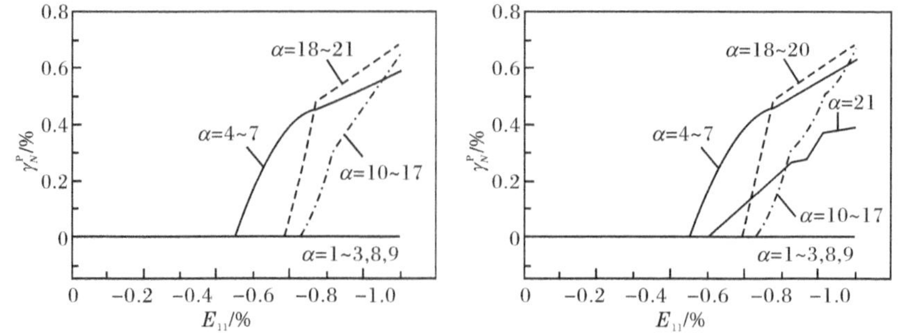

(a) 完整岩石　　(b) 节理岩体

图 8.13　单轴压缩时两种岩体的微平面切向塑性应变随宏观轴向应变的变化曲线

大而最先发生压剪屈服，且损伤和切向塑性变形发展速度最快，$\alpha=18\sim21$ 的微平面上的压剪屈服、损伤发展和切向塑性变形发展则次之，$\alpha=1\sim3$、8、9 的微平面上则没有压剪屈服、损伤演化和非弹性变形的发展，节理岩体和岩石在宏观上都表现为斜截面压剪破坏的形式。

8.4　基于应力边界的岩体各向异性损伤微平面模型

本节仍在微平面上采用二元介质模型，即将节理岩体的微平面视为由岩石和裂隙面两个力学基元并联而成，裂隙面力学基元所占的比例 ω 定义为微平面的损伤变量。采用法向不分解、切向分解形式，对微平面上的岩石和裂隙面两个力学基元的非弹性力学响应进行解耦，对两个力学基元独立地建立它们在法向拉伸、法向压缩和压剪条件下的微平面应力边界方程，以及损伤演化方程作为岩体的微平面非弹性损伤本构关系[1]。

根据微平面二元介质模型的基本假设，微平面上的岩体微观物理量（微平面的岩体应力与应变矢量）与岩体代表性体积单元的宏观物理量（岩体的宏观应力与应变张量）之间满足几何约束条件，由此导出岩体宏观各向异性非弹性损伤本构响应的计算方法。

8.4.1　微平面上岩体和两个力学基元的应变增量

考察岩体代表性体积单元的某个加载步，设岩体的宏观应变张量增量为$\Delta\boldsymbol{E}=\Delta E_{ij}\boldsymbol{e}_i\boldsymbol{e}_j\ (i,j=1,2,3)$。微平面上的岩体应变矢量增量为 $\Delta\boldsymbol{\varepsilon}=\Delta\varepsilon_i\boldsymbol{e}_i\ (i=1,2,3)$，微平面上岩石基元和裂隙面基元的应变矢量增量分别为 $\Delta\boldsymbol{\varepsilon}^{(R)}=\Delta\varepsilon_i^{(R)}\boldsymbol{e}_i$ 和 $\Delta\boldsymbol{\varepsilon}^{(J)}=\Delta\varepsilon_i^{(J)}\boldsymbol{e}_i\ (i=1,2,3)$。

两个力学基元在微平面上并联连接，由变形协调式(8.1)可知微平面上岩石基元、裂隙面基元和岩体的应变矢量增量三者相等：

$$\Delta\boldsymbol{\varepsilon}=\Delta\boldsymbol{\varepsilon}^{(R)}=\Delta\boldsymbol{\varepsilon}^{(J)} \tag{8.176a}$$

其分量形式

$$\Delta\varepsilon_i=\Delta\varepsilon_i^{(R)}=\Delta\varepsilon_i^{(J)},\quad i=1,2,3 \tag{8.176b}$$

采用法向不分解、切向分解形式时，将微平面上的岩体应变矢量增量 $\Delta\boldsymbol{\varepsilon}$ 沿微平面局部坐标系分解，得到 $\boldsymbol{n}$、$\boldsymbol{m}$ 和 $\boldsymbol{l}$ 方向的岩体应变矢量增量分别为 $\Delta\boldsymbol{\varepsilon}_N=\Delta\varepsilon_N\boldsymbol{n}$、$\Delta\boldsymbol{\varepsilon}_M=\Delta\varepsilon_M\boldsymbol{m}$ 和 $\Delta\boldsymbol{\varepsilon}_L=\Delta\varepsilon_L\boldsymbol{l}$：

$$\Delta\boldsymbol{\varepsilon}=\Delta\boldsymbol{\varepsilon}_N+\Delta\boldsymbol{\varepsilon}_M+\Delta\boldsymbol{\varepsilon}_L=\Delta\varepsilon_N\boldsymbol{n}+\Delta\varepsilon_M\boldsymbol{m}+\Delta\varepsilon_L\boldsymbol{l} \tag{8.177a}$$

其分量形式为

$$\Delta\varepsilon_i=\Delta\varepsilon_N n_i+\Delta\varepsilon_M m_i+\Delta\varepsilon_L l_i,\quad i=1,2,3 \tag{8.177b}$$

由式(8.27)～式(8.29)可知，在几何约束条件下，微平面的岩体应变矢量增量与宏观应变张量增量间满足如下的投影关系：

$$\begin{cases}\Delta\varepsilon_N=\Delta E_{ij}N_{ij}\\ \Delta\varepsilon_M=\Delta E_{ij}M_{ij}\\ \Delta\varepsilon_L=\Delta E_{ij}L_{ij}\end{cases} \tag{8.178}$$

将微平面上的岩石基元应变矢量增量沿着 $\boldsymbol{n}$、$\boldsymbol{m}$ 和 $\boldsymbol{l}$ 方向分解，得到岩石基元应变矢量增量的三个分矢量为 $\Delta\boldsymbol{\varepsilon}_N^{(R)}=\Delta\varepsilon_N^{(R)}\boldsymbol{n}$、$\Delta\boldsymbol{\varepsilon}_M^{(R)}=\Delta\varepsilon_M^{(R)}\boldsymbol{m}$ 和 $\Delta\boldsymbol{\varepsilon}_L^{(R)}=\Delta\varepsilon_L^{(R)}\boldsymbol{l}$：

$$\Delta\boldsymbol{\varepsilon}^{(R)}=\Delta\boldsymbol{\varepsilon}_N^{(R)}+\Delta\boldsymbol{\varepsilon}_M^{(R)}+\Delta\boldsymbol{\varepsilon}_L^{(R)}=\Delta\varepsilon_N^{(R)}\boldsymbol{n}+\Delta\varepsilon_M^{(R)}\boldsymbol{m}+\Delta\varepsilon_L^{(R)}\boldsymbol{l} \tag{8.179a}$$

其分量形式为

$$\Delta\varepsilon_i^{(R)}=\Delta\varepsilon_N^{(R)}n_i+\Delta\varepsilon_M^{(R)}m_i+\Delta\varepsilon_L^{(R)}l_i,\quad i=1,2,3 \tag{8.179b}$$

将微平面上的裂隙面基元应变矢量增量沿着 $\boldsymbol{n}$、$\boldsymbol{m}$ 和 $\boldsymbol{l}$ 方向分解，得到节理面基元应变矢量增量的三个分矢量为分别为 $\Delta\boldsymbol{\varepsilon}_N^{(J)}=\Delta\varepsilon_N^{(J)}\boldsymbol{n}$、$\Delta\boldsymbol{\varepsilon}_M^{(J)}=\Delta\varepsilon_M^{(J)}\boldsymbol{m}$ 和 $\Delta\boldsymbol{\varepsilon}_L^{(J)}=\Delta\varepsilon_L^{(J)}\boldsymbol{l}$：

$$\Delta\boldsymbol{\varepsilon}^{(J)}=\Delta\boldsymbol{\varepsilon}_N^{(J)}+\Delta\boldsymbol{\varepsilon}_M^{(J)}+\Delta\boldsymbol{\varepsilon}_L^{(J)}=\Delta\varepsilon_N^{(J)}\boldsymbol{n}+\Delta\varepsilon_M^{(J)}\boldsymbol{m}+\Delta\varepsilon_L^{(J)}\boldsymbol{l} \tag{8.180a}$$

其分量形式为

$$\Delta\varepsilon_i^{(J)}=\Delta\varepsilon_N^{(J)}n_i+\Delta\varepsilon_M^{(J)}m_i+\Delta\varepsilon_L^{(J)}l_i,\quad i=1,2,3 \tag{8.180b}$$

由式(8.176)可得到局部坐标下微平面上的岩体、岩石基元和节理面基元三者的应变矢量增量的分量也相等：

$$\Delta\varepsilon_i=\Delta\varepsilon_i^{(R)}=\Delta\varepsilon_i^{(J)},\quad i=N,L,M \tag{8.181}$$

8.4.2　微平面上两个力学基元的弹性试应力

设微平面上岩石基元的法向和切向弹性常数分别为 $E_N^{(R)}$ 和 $E_T^{(R)}$，裂隙面基元的法向和切向弹性常数分别为 $E_N^{(J)}$ 和 $E_T^{(J)}$。设岩石基元材料的代表性体积单元宏观弹性常数为：弹性模量 $E^{(R)}$ 和泊松比 $\nu^{(R)}$，裂隙面基元材料的代表性体积单元宏观弹性常数为:弹性模量 $E^{(J)}$ 和泊松比 $\nu^{(J)}$。在弹性状态下,岩石基元材料或裂隙基元材料组成的代表性体积单元也都满足几何约束条件。由式(8.52)可知,岩石基元和裂隙面基元的法向和切向弹性常数与岩石材料和裂隙面材料的宏观弹性常数间的关系为

$$E_N^{(R)}=\frac{E^{(R)}}{1-2\nu^{(R)}},\quad E_T^{(R)}=E_N^{(R)}\frac{1-4\nu^{(R)}}{1+\nu^{(R)}} \tag{8.182}$$

$$E_N^{(J)}=\frac{E^{(J)}}{1-2\nu^{(J)}},\quad E_T^{(J)}=E_N^{(J)}\frac{1-4\nu^{(J)}}{1+\nu^{(J)}} \tag{8.183}$$

设本计算步开始时,岩石基元沿 $\boldsymbol{n}$、$\boldsymbol{m}$ 和 $\boldsymbol{l}$ 方向的应力矢量分别为 $\boldsymbol{\sigma}_N^{o(R)}=\sigma_N^{o(R)}\boldsymbol{n}$、$\boldsymbol{\sigma}_M^{o(R)}=\sigma_M^{o(R)}\boldsymbol{m}$ 和 $\boldsymbol{\sigma}_L^{o(R)}=\sigma_L^{o(R)}\boldsymbol{l}$,裂隙面基元沿 $\boldsymbol{n}$、$\boldsymbol{m}$ 和 $\boldsymbol{l}$ 方向的应力矢量分别为 $\boldsymbol{\sigma}_N^{o(J)}=\sigma_N^{o(J)}\boldsymbol{n}$、$\boldsymbol{\sigma}_M^{o(J)}=\sigma_M^{o(J)}\boldsymbol{m}$ 和 $\boldsymbol{\sigma}_L^{o(J)}=\sigma_L^{o(J)}\boldsymbol{l}$。在本计算步,先假设岩石基元和裂隙面基元都处于弹性状态,则由微平面岩体应变增量 $\Delta\boldsymbol{\varepsilon}$ 引起的弹性响应应力增量称为弹性试应力增量,对应的本计算步结束时的弹性响应应力称为弹性试应力。记岩石基元和裂隙面基元沿 $\boldsymbol{n}$、$\boldsymbol{m}$ 和 $\boldsymbol{l}$ 的弹性试应力增量分别为 $\Delta\sigma_N^{e(R)}$、$\Delta\sigma_M^{e(R)}$、$\Delta\sigma_L^{e(R)}$ 和 $\Delta\sigma_N^{e(J)}$、$\Delta\sigma_M^{e(J)}$、$\Delta\sigma_L^{e(J)}$。根据它们各自的微平面弹性本构关系,有

$$\begin{cases}\Delta\sigma_N^{e(K)}=E_N^{(K)}\Delta\varepsilon_N^{(K)}\\ \Delta\sigma_L^{e(K)}=E_T^{(K)}\Delta\varepsilon_L^{(K)},\quad K=R,J\\ \Delta\sigma_M^{e(K)}=E_T^{(K)}\Delta\varepsilon_M^{(K)}\end{cases} \tag{8.184}$$

记岩石基元和裂隙面基元沿 $\boldsymbol{n}$、$\boldsymbol{m}$ 和 $\boldsymbol{l}$ 的弹性试应力分别为 $\sigma_N^{e(R)}$、$\sigma_M^{e(R)}$、$\sigma_L^{e(R)}$ 和 $\sigma_N^{e(J)}$、$\sigma_M^{e(J)}$、$\sigma_L^{e(J)}$,有

$$\begin{cases}\sigma_N^{e(K)}=\sigma_N^{o(K)}+\Delta\sigma_N^{e(K)}\\ \sigma_L^{e(K)}=\sigma_L^{o(K)}+\Delta\sigma_L^{e(K)},\quad K=R,J\\ \sigma_M^{e(K)}=\sigma_M^{o(K)}+\Delta\sigma_M^{e(K)}\end{cases} \tag{8.185}$$

微平面上岩石基元和裂隙面基元的剪切弹性试应力分别记为 $\sigma_T^{e(R)}$ 和 $\sigma_T^{e(J)}$:

$$\sigma_T^{e(K)}=\sqrt{(\sigma_L^{e(K)})^2+(\sigma_M^{e(K)})^2},\quad K=R,J \tag{8.186}$$

8.4.3 微平面上两个力学基元的应力-应变边界方程

在微平面上,岩石和裂隙面两个力学基元的非弹性响应可分别用它们基于微平面应变的应力边界(stress-strain boundaries)方程[6]来表示。应力边界方程给出了依赖于微平面应变的屈服面方程。当弹性试应力不超过应力边界时,则微平面上的材料响应是线弹性的。反过来,一旦弹性试应力超过应力边界,则需要将它拉回应力边界,从而材料的响应为非弹性和非线性的。采用应力边界方程的优点是:①对微平面的各应力分量(法向应力、切向应力、体积应力和法向应力偏量),可独立地建立它们与微平面应变分量(法向应变、切向应变、体积应变和法向

应变偏量)的函数,能方便地刻画混凝土、岩石和岩体等准脆性材料与裂隙面摩擦、滑移、张开等细观损伤力学机制密切相关的宏观各向异性非线性、非弹性力学行为;②由于各微平面上的应力状态和材料参数不同,在不同的加载步中将不会同时达到应力边界,因此宏观应力-应变曲线将呈现出光滑的非线性特征。

在 Caner 和 Bažant[6] 关于混凝土材料的最新版本微平面模型 M7 中,法向拉应力边界方程不再分解为体积拉应力边界方程和法向偏量拉应力边界方程。法向拉应力边界方程不分解的形式,可以避免在单轴拉伸卸载或重新加载的软化段产生不符合实际的过大的侧向应变。而对于法向压应力的边界方程,仍将其分解为体积压应力边界方程和法向偏量压应力边界方程。其中,体积压应力边界方程控制材料在高围压下的应变硬化力学行为,而法向偏量压应力边界方程控制材料在低围压下的应变软化行为。

在本节的岩体微平面损伤模型中,微平面上的岩体非弹性总响应依赖于两个力学基元各自的非弹性响应及它们所占的比例。岩石基元强度较高,是应变硬化材料,能承受微平面的法向拉应力、法向压应力和切向应力。而裂隙面基元则强度较低,主要承受微平面的法向压应力和切向应力,承受微平面法向拉应力的能力很低或不能抗拉。在低围压下,微平面上的岩体应变软化行为是微平面的损伤演化引起的。随着裂隙面基元比例的增加,将引起微平面上的岩体总承载力下降。

为了反映微平面上岩体在不同应力状态下的力学响应,下面分别对岩石和裂隙面基元建立法向拉应力、法向压应力和切向应力的边界方程。

1) 岩石和节理面基元的法向拉应力边界方程

岩石和裂隙面基元的微平面法向拉应力边界方程相当于它们的微平面抗拉屈服条件,一旦它们各自的微平面法向试应力超过该边界,则它们将分别进入抗拉非弹性状态。将岩石和裂隙面基元法向拉应力边界值分别记为 $\sigma_N^{b+(R)}$ 和 $\sigma_N^{b+(J)}$。

对两个力学基元,都采用常数作为它们的微平面法向拉应力边界。设 $T^{(R)}$ 和 $T^{(J)}$ 分别为岩石基元和裂隙面基元的微平面抗拉强度常数。相应地,岩石基元和裂隙面基元的法向拉应力边界方程为

$$\sigma_N^{b+(R)} = T^{(R)} \tag{8.187}$$

$$\sigma_N^{b+(J)} = T^{(J)} \tag{8.188}$$

显然,对于完整岩石,这一法向拉应力边界方程与 Rankine 准则相同。对某个加载步,若某个最不利微平面上的岩石法向弹性试应力达到它的抗拉强度,则岩石宏观上将进入非弹性状态。

2) 岩石和裂隙面基元的法向压应力边界方程

岩石和裂隙面基元的微平面法向压应力边界方程相当于微平面的抗压屈服条件,一旦它们各自的微平面法向试应力超过该边界,则它们将分别进入抗压非

弹性状态。将岩石和裂隙面基元法向拉应力边界值分别记为 $\sigma_N^{b-(R)}$ 和 $\sigma_N^{b-(J)}$。

对岩石基元，在微平面法向压应力作用下，由于内部微孔隙的闭合将发生应变硬化，而孔隙的闭合情况则与该微平面的法向压应变和围压有关，采用如下的非线性拉应力边界方程：

$$\sigma_N^{b-(R)}=-\xi T^{(R)} \tag{8.189a}$$

$$\xi=\xi_0\left[1+\left(\frac{\langle-\varepsilon_N-\varepsilon_N^{o}\rangle}{c_1\xi_1}\right)^{1.5}\right] \tag{8.189b}$$

$$\xi_1=\frac{1}{1+\tanh\left(\frac{\langle-\varepsilon_V-\varepsilon_V^{o}\rangle}{c_2}\right)} \tag{8.189c}$$

式中，ξ_0 为微平面上岩石基元的最小法向抗压强度与抗拉强度的比值；ε_N^{o} 为微平面上岩石基元的法向压应变阈值，仅当超过该阈值时才发生应变硬化；ε_V^{o} 为微平面上岩石基元体积压缩应变阈值，仅当超过该阈值时，压应变硬化参数 ξ_1 才小于1；c_1 和 c_2 为岩石的微平面材料常数，分别用于控制岩石基元的法向压应变硬化随微平面法向压应变和体积应变的变化速度。

对裂隙面基元，考虑到裂隙面的凸凹不平，它的上下盘在微平面法向压应力作用下将逐渐接触，从而导致法向压应力的传递，其值随着微平面法向压应变的增加而逐渐提高。引入 β 作为裂隙面压应力传递系数，来反映裂隙面的接触比例和传递法向压应力的情况。为反映裂隙面基元法向压应力与该微平面的法向压应变和围压的相关性，采用如下的非线性压应力边界方程：

$$\sigma_N^{b-(J)}=-\xi_0\beta T^{(R)} \tag{8.190a}$$

$$\beta=\beta_0(1-e^{-\xi_2}) \tag{8.190b}$$

$$\xi_2=\left[\frac{\langle-\varepsilon_N\rangle}{(\varepsilon_{\mathrm{I}}^{o}-\varepsilon_{\mathrm{III}}^{o})+a}\right]^{0.5} \tag{8.190c}$$

式中，β_0 为裂隙面基元压应力传递系数的最大值；$\varepsilon_{\mathrm{I}}^{o}$ 和 $\varepsilon_{\mathrm{III}}^{o}$ 为当前加载步开始时的各微平面法向应变的最大值和最小值；a 是一个接近于零的小数，以避免计算中的浮点溢出。

3) 岩石和节理面基元的剪应力边界方程

岩石和裂隙面基元的微平面剪应力边界方程相当于它们的微平面压剪屈服条件，一旦它们各自的微平面上剪切弹性试应力超过该边界，则它们将分别进入压剪非弹性状态。将岩石和裂隙面基元的剪应力边界值分别记为 $\sigma_T^{b(R)}$ 和 $\sigma_T^{b(J)}$。

岩石基元和裂隙面基元在压剪状态下的响应相同，其抗剪能力都随着微平面法向压应力的增加而提高。这里，采用与混凝土 M4 微平面模型[9]和 M7 微平面模型[7]形式类似的非线性剪应力-应变边界方程作为岩石基元和裂隙面基元的剪应力边界方程：

$$\sigma_T^{b(K)}=\frac{E_T'^{(K)}c_3\langle\hat{\sigma}_N^{o(K)}-\sigma_N^{(K)}\rangle}{E_T'^{(K)}+c_3\langle\hat{\sigma}_N^{o(K)}-\sigma_N^{(K)}\rangle},\quad K=R,J \tag{8.191a}$$

式中，c_3 为材料常数，用于控制微平面抗剪能力随法向压应力的变化速度；$\hat{\sigma}_N^{o(R)}$ 和 $\hat{\sigma}_N^{o(J)}$ 分别为岩石和裂隙面基元的抗剪法向应力阈值，当岩石或节理面的法向压应力超过该阈值时才有抗剪能力，它们依赖于微平面的体积应变：

$$\hat{\sigma}_N^{o(K)}=E_T'^{(K)}c_4\langle 1-\frac{\langle\varepsilon_V\rangle}{\varepsilon_V^o}\rangle,\quad K=R,J \tag{8.191b}$$

式中，c_4 为材料常数，用于控制微平面抗剪能力随体积应变的变化速度；$E_T'^{(K)}$（K=R,J）为与岩石和裂隙面基元的宏观弹性常数有关的修正剪切弹性材料常数。

$$E_T'^{(K)}=\frac{E^{(K)}}{1+v^{(K)}},\quad K=R,J \tag{8.191c}$$

在上述岩石和裂隙面基元的法向压应力边界方程、剪应力边界方程中，各应力边界都与微平面的体积应变有关。由于微平面的体积应变等于宏观体积应变，使得在岩体的微平面力学响应中间接地考虑了各微平面间的相互作用。

当材料参数取值为：$\xi_0=10$，$\beta_c=0.5$，$\varepsilon_N^o=0.0005$，$\varepsilon_V^o=0.001$，$c_1=0.2$，$c_2=0.005$，$c_3=0.3$，$c_4=0.5$，$v=0.18$ 时，图 8.14 和图 8.15 分别给出了岩石和裂隙面基元的法向拉应力和压应力边界随法向拉应变的变化曲线，图 8.16 给出了体积应变 $\varepsilon_V=0$、0.01 时岩石和裂隙面基元的剪应力边界随法向应力的变化曲线。可以看出，随着微平面法向应变的增加，岩石基元和裂隙面基元的法向拉应力边界值不变，岩石基元的法向压应力边界值由最小值逐渐增大，裂隙面基元的法向压应力边界值由零逐渐增大到最大值后保持不变。随着微平面法向压应力的增大，岩石和裂隙面基元的剪应力边界值逐渐增大，随着体积应变由零变为拉应变，岩石裂隙面基元的剪应力边界值减小。

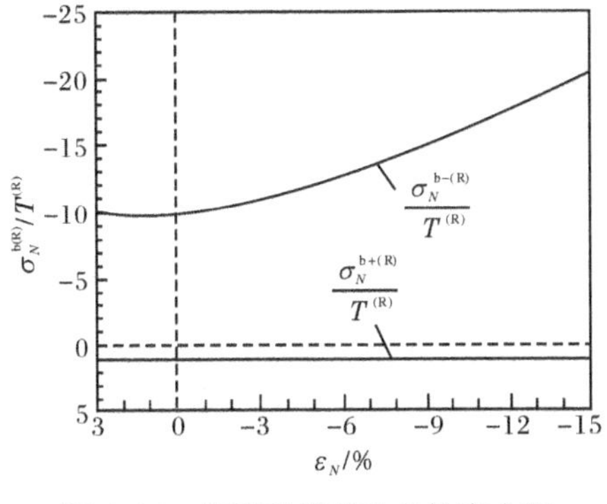

图 8.14　岩石基元的法向拉应力和压应力边界随法向应变的变化曲线

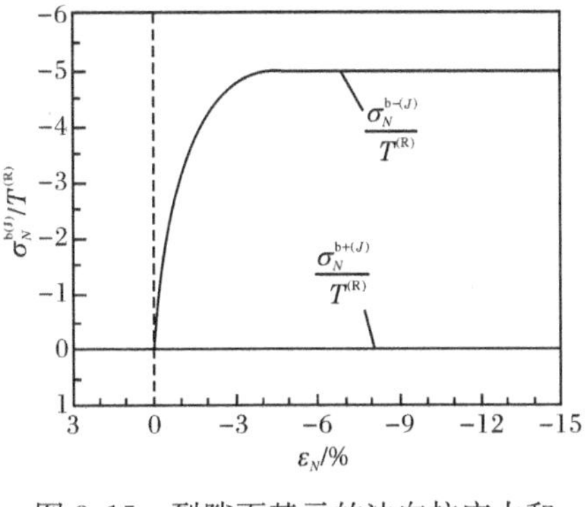

图 8.15　裂隙面基元的法向拉应力和压应力边界随法向应变的变化曲线

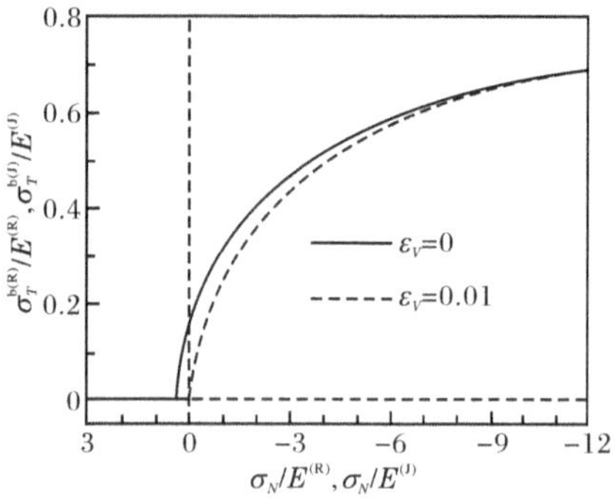

图 8.16　岩石和裂隙面基元的剪应力边界随法向应力的变化曲线

8.4.4　微平面上的岩体应力矢量和岩体宏观应力张量

当岩石和裂隙面基元各自的弹性试应力分别超过上述应力边界时，保持微平面上两个基元的应变分量不变，将弹性试应力拉回到应力边界上，得到本加载步结束时两个基元的最终应力。记岩石和裂隙面基元本加载步结束时的法向应力、剪切应力分别为 $\sigma_N^{f(R)}$、$\sigma_T^{f(R)}$ 和 $\sigma_N^{f(J)}$、$\sigma_T^{f(J)}$，则它们可表示为

$$\sigma_N^{f(K)}=\max(\min(\sigma_N^{e(K)},\sigma_N^{b+(K)}),\sigma_N^{b-(K)}),\quad K=R,J \tag{8.192}$$

$$\sigma_T^{f(K)}=\min\{\sigma_T^{e(K)},\sigma_T^{b(K)}\},\quad K=R,J \tag{8.193}$$

假设将岩石和裂隙面基元的剪切弹性试应力矢量拉回到应力边界时，不改变它们的剪切应力矢量方向，可得到岩石和裂隙面基元沿 $\boldsymbol{m}$、$\boldsymbol{l}$ 方向的切应力最终值 $\sigma_M^{f(R)}$、$\sigma_L^{f(R)}$ 和 $\sigma_M^{f(J)}$、$\sigma_L^{f(J)}$ 为

$$\sigma_M^{f(K)}=\frac{\sigma_M^{e(K)}}{\sigma_T^{e(K)}}\sigma_T^{f(K)},\quad K=R,J \tag{8.194}$$

$$\sigma_L^{f(K)}=\frac{\sigma_L^{e(K)}}{\sigma_T^{e(K)}}\sigma_T^{f(K)},\quad K=R,J \tag{8.195}$$

两个力学基元在微平面上共同承载，由式(8.2)可以得到本加载步结束时微平面上的岩体应力矢量的分量为

$$\sigma_i^f=(1-\omega)\sigma_i^{f(R)}+\omega\sigma_i^{f(J)},\quad i=N,L,M \tag{8.196}$$

在几何约束条件下，本加载步结束时岩体的宏观应力张量为此时微平面上岩体各应力分量的方向积分：

$$\Sigma_{ij}^f=\frac{1}{4\pi}\oint 3(\sigma_N^f N_{ij}+\sigma_M^f M_{ij}+\sigma_L^f L_{ij})\mathrm{d}S \tag{8.197}$$

8.4.5　微平面的损伤演化方程

在微平面上损伤变量定义为裂隙面力学基元所占的比例 ω，损伤变量的演化即裂隙面基元比例的变化。随着微平面上的岩石和裂隙面基元非弹性变形的发展,岩石基元内部将有新的裂隙面产生,引起裂隙面基元比例的增加,即损伤的演化。一般地,在低围压下岩石材料为轴向劈裂破坏,次生的裂隙面以平行于最大压应力轴的拉裂隙为主;随着围压的增加,岩石材料将产生脆延转换,轴向劈裂将受到抑制,次生的裂隙面以剪裂隙为主。而在单轴拉伸时,将产生垂直于拉应力轴的次生拉裂隙面。

岩石基元的上述损伤力学机制与它的非弹性变形发展是密切相关的。围压高时,宏观体积膨胀应变小。在产生次生拉裂隙面的微平面上,法向偏应变为较大的拉应变。在次生剪裂隙产生的微平面上,法向剪应变较大。将体积膨胀应变、微平面的法向偏量拉应变和微平面的剪应变的历史最大值分别记为 $\varepsilon_V^{+\mathrm{h}}$、$\varepsilon_D^{+\mathrm{h}}$ 和 $\varepsilon_T^{\mathrm{h}}$,其中微平面的体积应变和法向偏量应变按照式(8.16)和式(8.18)计算。基于上述分析,将损伤演化方程表示为 $\varepsilon_V^{+\mathrm{h}}$、$\varepsilon_D^{+\mathrm{h}}$ 和 $\varepsilon_T^{\mathrm{h}}$ 的如下指数函数[10,11]:

$$\omega=1-\mathrm{e}^{-[(\varepsilon_V^{+\mathrm{h}}/a_1)^{q_1}+(\varepsilon_D^{+\mathrm{h}}/a_2)^{q_2}+(\varepsilon_T^{\mathrm{h}}/a_3)^{q_3}]} \tag{8.198}$$

式中,a_1、a_2、a_3 和 q_1、q_2、q_3 分别为与体积膨胀应变、微平面的法向偏量拉应变、微平面的剪应变有关的损伤演化系数和指数。

当体积膨胀应变、微平面法向偏量拉应变和微平面剪应变的非弹性变形对应的损伤演化机制单独存在时,以微平面应变 ε 代表 $\varepsilon_V^{+\mathrm{h}}$、$\varepsilon_D^{+\mathrm{h}}$、$\varepsilon_T^{\mathrm{h}}$ 其中之一,a、q 分别代表 a_1、a_2、a_3 和 q_1、q_2、q_3 其中之一,则损伤演化方程可简写为

$$\omega=1-\mathrm{e}^{-(\varepsilon/a)^q} \tag{8.199}$$

图 8.17 给出了 a、q 在不同取值下的微平面损伤变量 ω 随微平面应变的变化曲线。

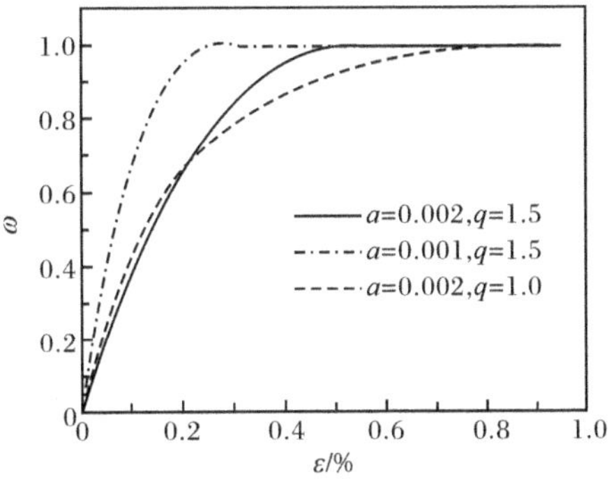

图 8.17　微平面损伤变量随微平面应变的变化曲线

对给定体积膨胀应变、微平面的法向偏量拉应变和微平面的剪应变的历史最大值增量 $\Delta\varepsilon_V^{+\mathrm{h}}$、$\Delta\varepsilon_D^{+\mathrm{h}}$ 和 $\Delta\varepsilon_T^{\mathrm{h}}$,微平面的损伤变量增量 $\Delta\omega$ 为

$$\Delta\omega=(1-\omega)\left[\frac{q_1}{a_1}\left(\frac{\varepsilon_V^{+h}}{a_1}\right)^{q_1-1}\Delta\varepsilon_V^{+h}+\frac{q_2}{a_2}\left(\frac{\varepsilon_D^{+h}}{a_2}\right)^{q_2-1}\Delta\varepsilon_D^{+h}+\frac{q_3}{a_3}\left(\frac{\varepsilon_T^{h}}{a_3}\right)^{q_3-1}\Delta\varepsilon_T^{h}\right] \tag{8.200}$$

8.4.6 基于应力边界的岩体各向异性损伤微平面模型计算流程

考察岩体单元积分点的某加载步，给定的宏观应变张量增量为 dE_{ij}。本计算步开始时，每个单位球面积分点 $\alpha=1,2,\cdots,N_m$ 所代表的各微平面上的历史变量分别为：微平面上岩石和裂隙面基元的加载前的应力 $\sigma_N^{o(K)}$，$\sigma_L^{o(K)}$，$\sigma_M^{o(K)}$，K＝R，J；体积膨胀应变、微平面的法向偏量拉应变、微平面的剪应变历史最大值分别为 ε_V^{+h}、ε_D^{+h} 和 ε_T^{h}；微平面的节理连通率 ω_N。在本加载步中，由宏观应变张量增量计算宏观应力张量及历史变量的计算步骤如下：

(1) 对每个微平面，根据几何约束条件下的宏观应变张量增量与微平面应变增量的投影关系式(8.178)，由 dE_{ij} 计算微平面的岩体应变增量 $d\varepsilon_N$、$d\varepsilon_M$、$d\varepsilon_L$。根据微平面上的二元介质并联模型，由式(8.181)得到微平面的岩石和裂隙面基元应变增量 $d\varepsilon_N^{(R)}$、$d\varepsilon_M^{(R)}$、$d\varepsilon_L^{(R)}$ 和 $d\varepsilon_N^{(J)}$，$d\varepsilon_M^{(J)}$，$d\varepsilon_L^{(J)}$。

(2) 对每个微平面，根据岩石和裂隙面基元的弹性本构关系式(8.184)和式(8.185)计算两个力学基元的弹性试应力 $\sigma_N^{e(K)}$、$\sigma_L^{e(K)}$、$\sigma_M^{e(K)}$，K＝R，J。

(3) 对每个微平面，根据各微平面的法向应变、剪应变、体积应变当前值，由岩石和裂隙面基元的法向拉应力、法向压应力和剪切应力边界方程式(8.187)～式(8.189)计算两个力学基元相应边界应力的当前值：$\sigma_N^{b+(R)}$、$\sigma_N^{b-(R)}$、$\sigma_T^{b(R)}$ 和 $\sigma_N^{b+(J)}$、$\sigma_N^{b-(J)}$、$\sigma_T^{b(J)}$。

(4) 对每个微平面，由式(8.192)～式(8.195)计算微平面上岩石和裂隙面基元的最终应力 $\sigma_N^{f(K)}$、$\sigma_L^{f(K)}$、$\sigma_M^{f(K)}$（K＝R，J）。由式(8.196)计算微平面上的岩体最终应力 σ_N^{f}、σ_L^{f}、σ_M^{f}。

(5) 根据所有微平面的岩体最终应力，由式(8.197)计算本步结束时的岩体宏观应力张量分量 Σ_{ij}^{f}。

(6) 计算本加载步的宏观应变张量 $E_{ij}^{(i+1)}=E_{ij}^{(i)}+dE_{ij}$，由式(8.27)～式(8.29)计算本加载步结束时的各微平面的体积膨胀应变、微平面的法向偏量拉应变、微平面的剪应变，计算它们的历史最大值增量 $\Delta\varepsilon_V^{+h}$、$\Delta\varepsilon_D^{+h}$ 和 $\Delta\varepsilon_T^{h}$，由式(8.200)计算计算损伤变量的增量 $\Delta\omega$，并按照式(8.174)更新微平面节理连通率的当前值。

在基于应力边界的岩体微平面损伤二元介质模型中，所需的基本材料参数共20个，将它们列于表8.4。可将模型的20个材料常数分为三大类：

(1) 岩石和裂隙面基元材料的宏观弹性常数：$E^{(R)}$、$\nu^{(R)}$ 和 $E^{(J)}$、$\nu^{(J)}$。

(2) 岩石和裂隙面基元的微平面强度常数：$T^{(R)}$、$T^{(J)}$，ξ_0、β_0，ε_N^{o}、ε_V^{o}，c_1、c_2、

c_3、c_4。

(3) 岩石基元的损伤演化常数：a_1、q_1，a_2、q_2，a_3、q_3。

表 8.4　基于应力边界的岩体微平面损伤二元介质模型材料参数

编号	参数	物理意义
1	$E^{(R)}$	岩石基元材料的弹性模量
2	$E^{(J)}$	裂隙面基元材料的弹性模量
3	$\nu^{(R)}$	岩石基元材料的泊松比
4	$\nu^{(J)}$	裂隙面基元材料的泊松比
5	$T^{(R)}$	岩石基元的微平面抗拉强度
6	$T^{(J)}$	裂隙面基元的微平面抗拉强度
7	ξ_0	微平面上岩石基元的最小法向抗压强度与抗拉强度的比值
8	β_0	裂隙面基元压应力传递系数的最大值
9	ε_V^0	微平面上岩石基元体积压缩应变阈值
10	ε_N^0	微平面上岩石基元的法向压应变阈值
11	c_1	控制岩石基元法向压应变硬化随微平面法向压应变变化速度的材料常数
12	c_2	控制岩石基元法向压应变硬化随微平面体积应变变化速度的材料常数
13	c_3	控制岩石和裂隙面抗剪强度随法向压应力变化速度的材料常数
14	c_4	控制岩石和裂隙面抗剪强度随体积应变变化速度的材料常数
15	a_1	与体积膨胀应变历史最大值有关的损伤演化系数
16	a_2	与微平面的法向偏量拉应变历史最大值有关的损伤演化系数
17	a_3	与微平面的剪应变历史最大值有关的损伤演化系数
18	q_1	与体积膨胀应变历史最大值有关的损伤演化指数
19	q_2	与微平面的法向偏量拉应变历史最大值有关的损伤演化指数
20	q_3	与微平面的剪应变历史最大值有关的损伤演化指数

对给定的岩石类型和其裂隙面，可通过宏观材料力学试验测定其宏观弹性常数，而岩石和裂隙面基元的微平面强度常数 ε_N^0、ε_V^0、c_1、c_2、c_3、c_4 和岩石基元的损伤演化常数 a_1、q_1、a_2、q_2、a_3、q_3 主要用来控制岩石基元和裂隙面基元的非线性应力-应变边界的曲线形状，对相同类型的岩石它们取值可相同。用于控制岩石和裂隙面基元微平面强度绝对值的常数 $T^{(R)}$、$T^{(J)}$、ξ_0、β_0 则可通过拟合宏观试验数据来得到。

8.4.7　算例

根据上述步骤，编制了基于应力边界的岩体微平面损伤二元介质模型 FORTRAN 计算程序，为了更好地模拟岩体的非线性力学响应，选取的单位球面积分

点数目为 $N_m=2\times37$。分别对 Gowd 和 Rummel[12] 的砂岩三轴压缩试验和 Kawamoto 等[13] 的含裂隙石膏试件单轴压缩试验进行了模拟。

在砂岩三轴压缩试验中，岩样取自德国的西南部，其中灰色胶结物中含有中等尺寸的多边形或圆形石英矿物。在轴向压应力较小时，岩石的力学响应为线弹性。继续增加轴向压应力将出现明显的非线性和非弹性变形。发生脆延转换的围压约为 90MPa。模拟计算所采用的材料参数列于表 8.5。为计算简便，将岩石和裂隙面基元的弹性参数取相同值。

表 8.5 砂岩三轴压缩试验模拟的材料参数

$E^{(R)}$/GPa	$E^{(J)}$/GPa	$\nu^{(R)}$	$\nu^{(J)}$	$T^{(R)}$/MPa	$T^{(J)}$/MPa		
25	25	0.18	0.18	50	0		
ξ_0	β_0	ε_V^{o}	ε_N^{o}	c_1	c_2	c_3	c_4
10	0.5	0.001	0.0005	0.2	0.005	0.001	0.05
a_1	a_2	a_3	q_1	q_2	q_3		
0.002	0.0025	0.05	1.5	1.5	1		

在整体坐标系 $ox_1x_2x_3$ 下，最大压应力和围压分别沿着 x_1 轴、x_2 轴、x_3 轴施加。表 8.6 列出了法向与 x_2 轴垂直的 $\alpha=1$、15、7、17、3 微平面的单位方向矢量和立体角，这些微平面的倾向都为 $\theta^{(\alpha)}=0°$，与 x_1 轴倾角 $\phi'^{(\alpha)}=\phi^{(\alpha)}-90°$分别为 0°、18°、45°、72°、90°，如图 8.18 所示。

表 8.6 $N_m=2\times37$ 时，$\alpha=1$、15、7、17 和 3 微平面的单位方向矢量和立体角

α	$n_1^{(\alpha)}$	$n_2^{(\alpha)}$	$n_3^{(\alpha)}$	$\theta^{(\alpha)}$	$\phi^{(\alpha)}$	$\phi'^{(\alpha)}$
1	1	0	0	0°	90°	0°
15	0.95107787	0	−0.3089513	0°	108°	18°
7	0.70710678	0	−0.7071068	0°	135°	45°
17	0.30895127	0	−0.9510779	0°	162°	72°
3	0	0	1	0°	180°	90°

图 8.19 和图 8.20 分别给出了围压分别为 $p=10$MPa、30MPa、60MPa、100MPa 时的宏观轴向应力随宏观轴向应变和宏观体积应变的变化曲线，其中散点为试验数据，实线为模型的计算结果。可以看出，当围压 $p=10$MPa、30MPa、60MPa 时，随着轴向压应变的增加砂岩发生应变软化和体积膨胀。当围压 $p=100$MPa 时，随着轴向压应变的增加砂岩发生应变硬化且无体积膨胀。说明该模型能很好地模拟砂岩与围压有关的非线性力学响应和脆延转换特性。

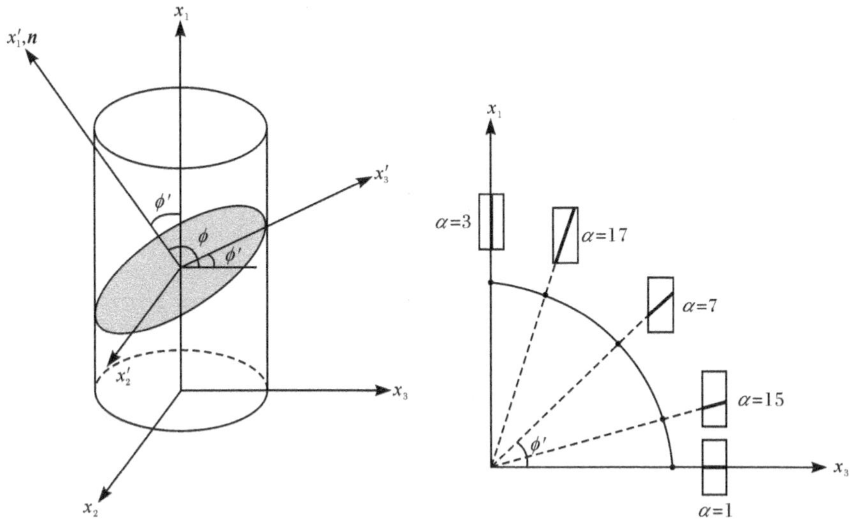

图 8.18　α=1、15、7、17、3 微平面的方位

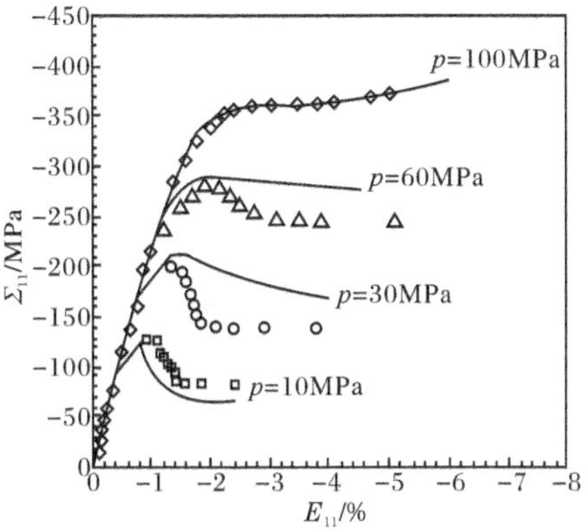

图 8.19　砂岩三轴压缩试验的宏观轴向应力随宏观轴向应变的变化曲线

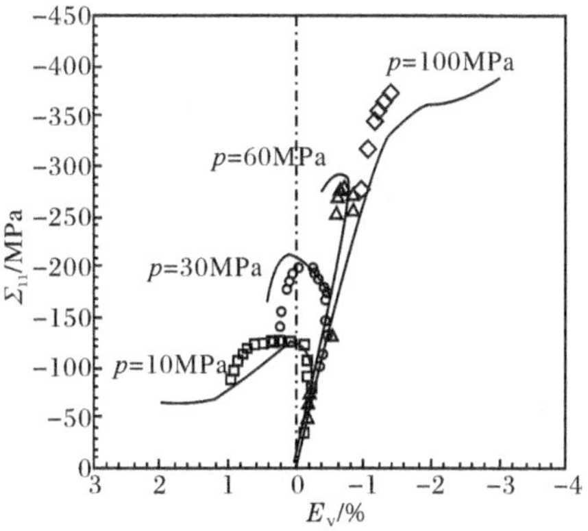

图 8.20　砂岩三轴压缩试验宏观轴向应力随宏观体积应变的变化曲线

对各微平面，微平面的体积应变、岩石和裂隙面基元的微平面抗剪法向应力阈值都相同。图 8.21 给出了各围压情况下的微平面体积应变随宏观轴向应变的变化曲线。可以看出，当围压 p=10MPa、30MPa、60MPa 时，各微平面的体积应变随着宏观轴向应变的增加先增大后减小，而当围压 p=100MPa 时，各微平面的体积应变则随着宏观轴向应变的增加而增大；围压较小时（p=10MPa、30MPa），随着宏观轴向应变的增加各微平面的体积应变由负值变为正值。

在本算例中，由于岩石和裂隙面基元的弹性常数取值相同，两个基元的抗剪微平面法向应力阈值相同 $\widehat{\sigma}_N^{o(R)}=\widehat{\sigma}_N^{o(J)}$。图 8.22 分别给出了各围压情况下的两个基元的微平面抗剪法向应力阈值 $\widehat{\sigma}_N^{o}$ 随宏观轴向应变的变化曲线。实际上，在微平面的剪应力-应变边界方程中，微平面抗剪法向应力阈值和微平面的法向应力对抗剪能力的贡献，分别对应于黏聚力抗剪机制和摩擦力抗剪机制。可以看出，当围压较低时(p=10MPa、30MPa)，随着微平面体积应变由压缩变为膨胀，两个基元的微平面抗剪法向应力阈值 $\widehat{\sigma}_N^{o}$ 迅速降低，代表着微平面上岩石和裂隙面基元黏聚力的快速降低。

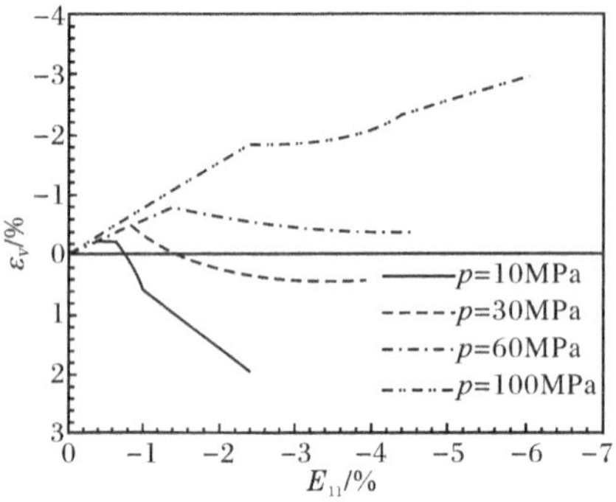

图 8.21　微平面的体积应变随宏观轴向应变的变化曲线

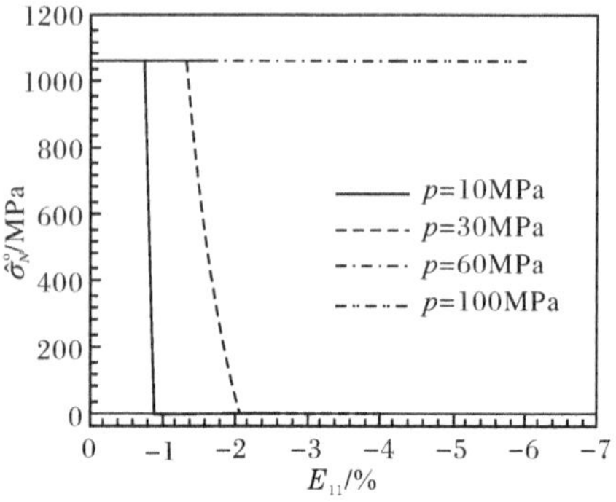

图 8.22　微平面的抗剪法向应力阈值随宏观轴向应变的变化曲线

图 8.23 给出了各围压情况下的 α=1、15、7、17、3 微平面的损伤变量即节理连通率随宏观轴向应变的变化曲线。可以看出，在各围压下，当宏观轴向应变相同时，随着微平面倾角 ϕ' 的增大，微平面的损伤变量值增大，平行于加载轴的 α=3 微平面损伤变量值最大、损伤发展最快，而垂直于加载轴的 α=1 微平面损伤变量值最小、损伤发展最慢。当围压较高时(p=60MPa、100MPa)，垂直于加载轴的 α=1 微平面无损伤发展，而缓倾角 α= 7、15 微平面的损伤发展速度显著降低，说明围压的增大抑制了微平面上损伤的演化。

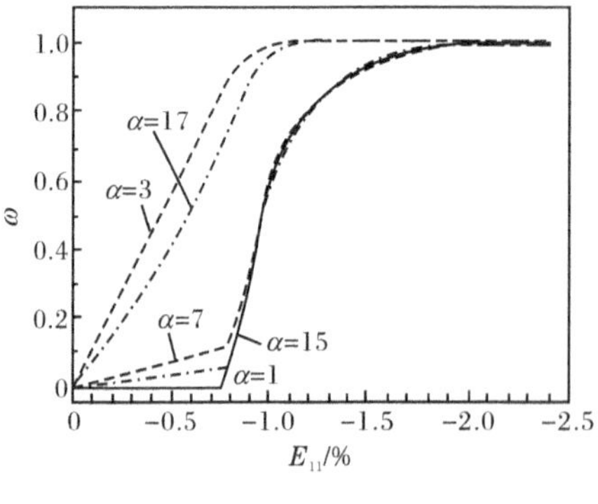

(a) p=10MPa

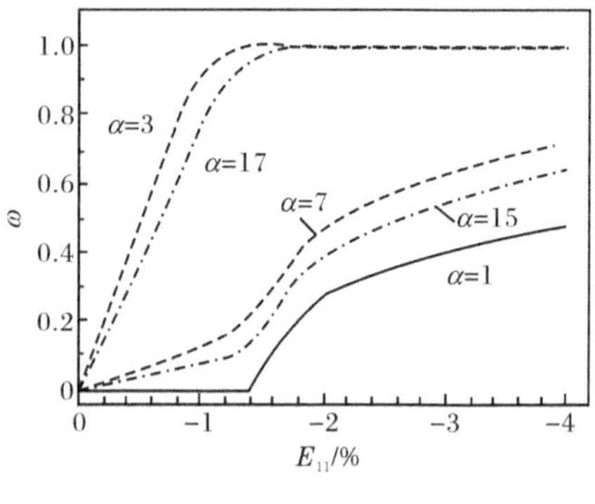

(b) p=30MPa

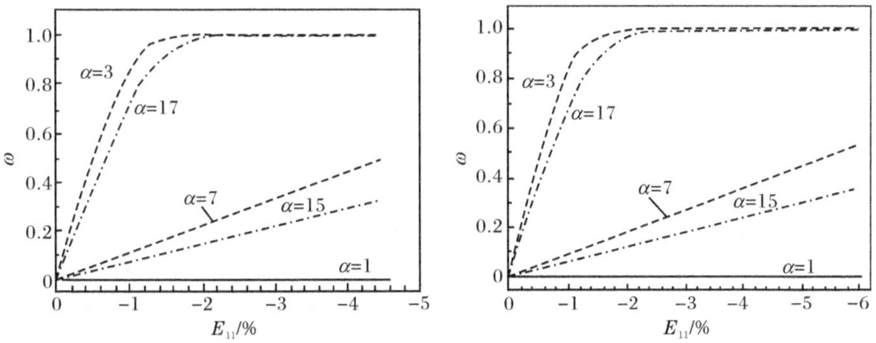

(c) p=60MPa　　(d) p=100MPa

图 8.23　各微平面上的节理连通率随宏观轴向应变的变化曲线

图 8.24 给出了各围压情况下的 $\alpha=1$、3 的微平面上的法向应变随宏观轴向应变的变化曲线。图 8.25 给出了各围压情况下的 $\alpha=7$ 的微平面上的法向应变和剪应变随宏观轴向应变的变化曲线。在 $\alpha=1$、3 微平面上，剪应变接近为零。可以看出，除 $p=10\text{MPa}$ 时 $\alpha=7$ 的微平面上的法向应变外，在各围压下，随着宏观轴向应变的增加上述微平面上的法向应变和剪应变都单调增加。

为了说明各微平面上的岩体和岩石、裂隙面基元的不同力学响应，图 8.26～图 8.28 分别给出了 $\alpha=1$、3、7 的微平面上岩石、裂隙面基元和岩体的法向应力随宏观轴向应变的变化曲线。

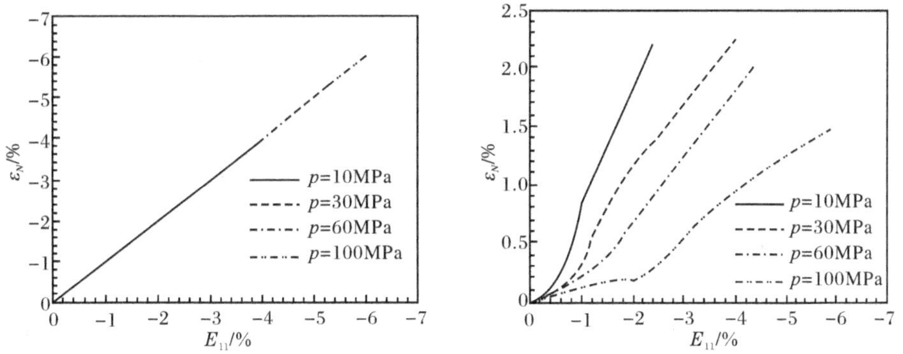

(a) α=1　　(b) α=3

图 8.24　α=1、3 的微平面上的法向应变随宏观轴向应变的变化曲线

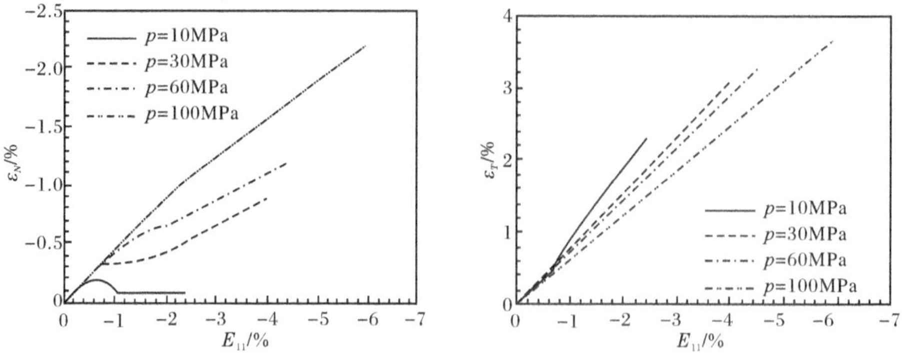

(a) 微平面的法向应变　　(b) 微平面的剪应变

图 8.25　$\alpha=7$ 的微平面上的法向应变和剪应变随宏观轴向应变的变化曲线

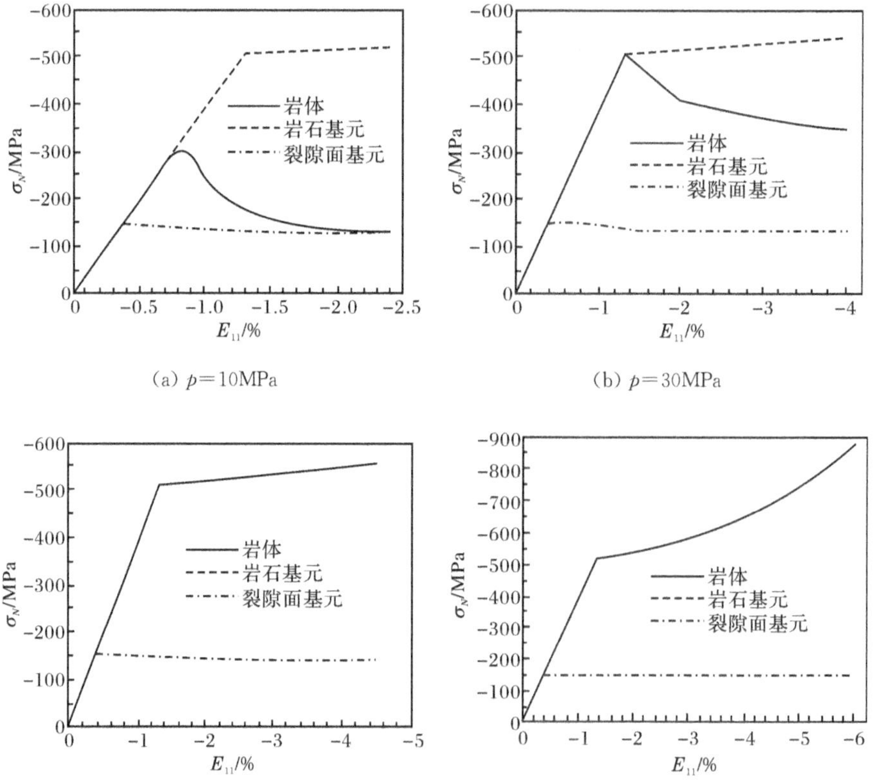

(a) $p=10$MPa　　(b) $p=30$MPa

(c) $p=60$MPa　　(d) $p=100$MPa

图 8.26　$\alpha=1$ 的微平面上岩石、节理面基元和岩体的法向应力随宏观轴向应变的变化曲线

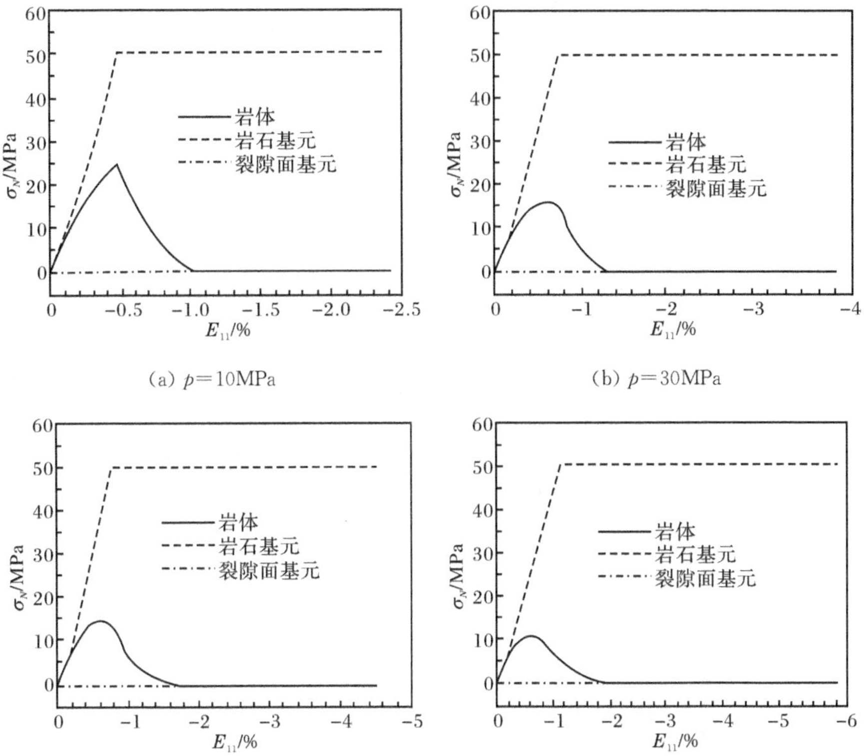

(a) p=10MPa　　(b) p=30MPa

(c) p=60MPa　　(d) p=100MPa

图 8.27　α=3 的微平面上岩石、节理面基元和岩体的法向应力随宏观轴向应变的变化曲线

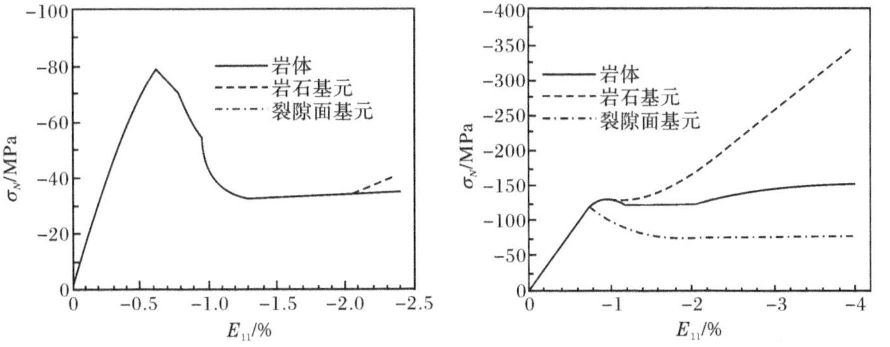

(a) p=10MPa　　(b) p=30MPa

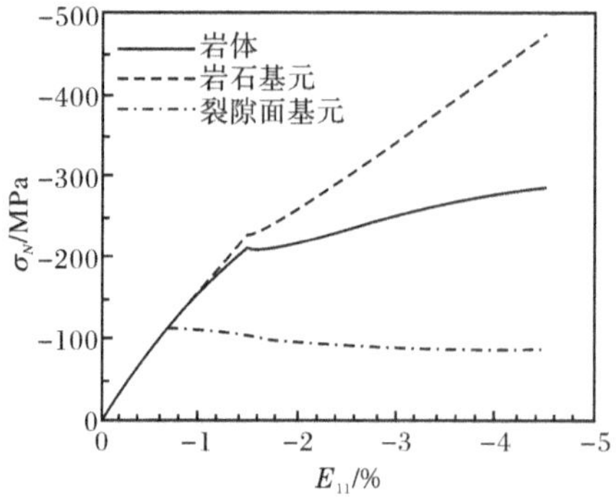

(c) p=60MPa

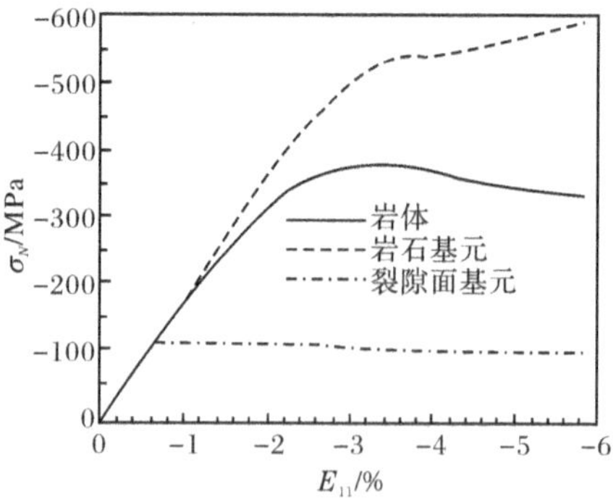

(d) p=100MPa

图 8.28　α=7 的微平面上岩石、节理面基元和岩体的法向应力随宏观轴向应变的变化曲线

可以看出，在垂直于加载轴的 α=1 微平面上，各围压下都处于法向压应力状态。当围压较低时（p=10MPa、30MPa），微平面上的岩石基元经历了线弹性和斜率较小的硬化阶段，而裂隙面基元经历了线弹性和近似为理想塑性阶段且其强度远远低于岩石基元的强度，由于该微平面上的损伤发展岩石基元比例逐渐减小、裂隙面基元比例逐渐增大，使得微平面上的岩体（岩石和裂隙面基元的并联体）表现为线弹性及随后的显著软化行为。当围压较高时（p=60MPa、100MPa），由于 α=1 的微平面上没有损伤发展，该微平面上的岩体力学响应与岩石基元的力学响应完全相同，表现为线弹性及硬化。

在 α=3 的微平面上，在各围压下，微平面上岩石和裂隙面基元都处于法向拉应力状态，岩石基元的力学响应为理想弹塑性，裂隙面基元则无抗拉能力从而承受的法向应力为零。随着围压的增大，该微平面上的损伤发展速度加快，因此该微平面上的岩体法向承载力降低并表现为非线性软化。

在 α=7 的微平面上，在各围压下，微平面上岩石和裂隙面基元都处于法向压应力状态。当围压 p=10MPa 时，体积膨胀的影响较大，而微平面的法向压应力较小，岩石基元和裂隙面基元都表现为应变软化的行为，从而微平面上的岩体也表现为应变软化的行为。当围压 p=30MPa、60MPa 时，岩石基元表现为应变硬化行为，裂隙面基元为应变软化但强度较高，因此微平面上的岩体表现为理想弹塑性或应变硬化的行为。当围压 p=100MPa 时，岩石基元表现为应变硬化行为，裂隙面基元为应变软化但强度较低，从而微平面上的岩体表现为应变软化的行为。

图 8.29 给出了 α= 7 的微平面上岩石、节理面基元和岩体的剪应力随宏观轴向应变的变化曲线。可以看出，当低围压较低时（p=10MPa、30MPa），由于微平

面体积应变由压缩变为膨胀导致两个基元的微平面抗剪法向应力阈值 $\widehat{\sigma}_N^0$ 迅速降低，黏聚力对应的抗剪能力降低，且围压较低时摩擦力对应的抗剪能力也较低，因此岩石和节理面基元的剪应力都随着宏观轴向应变的增加而迅速降低且二者非常接近，从而使得该微平面上的岩体剪应力与两个力学基元有相同的变化趋势。当围压较高时(p=60MPa、100MPa)，两个力学基元的黏聚力和摩擦力对应的抗剪能力都显著提高，当裂隙面基元由于未完全接触而抗剪承载力低于岩石基元，导致该微平面上的岩体剪应力随着宏观轴向应变的增大先增大后略有减小。

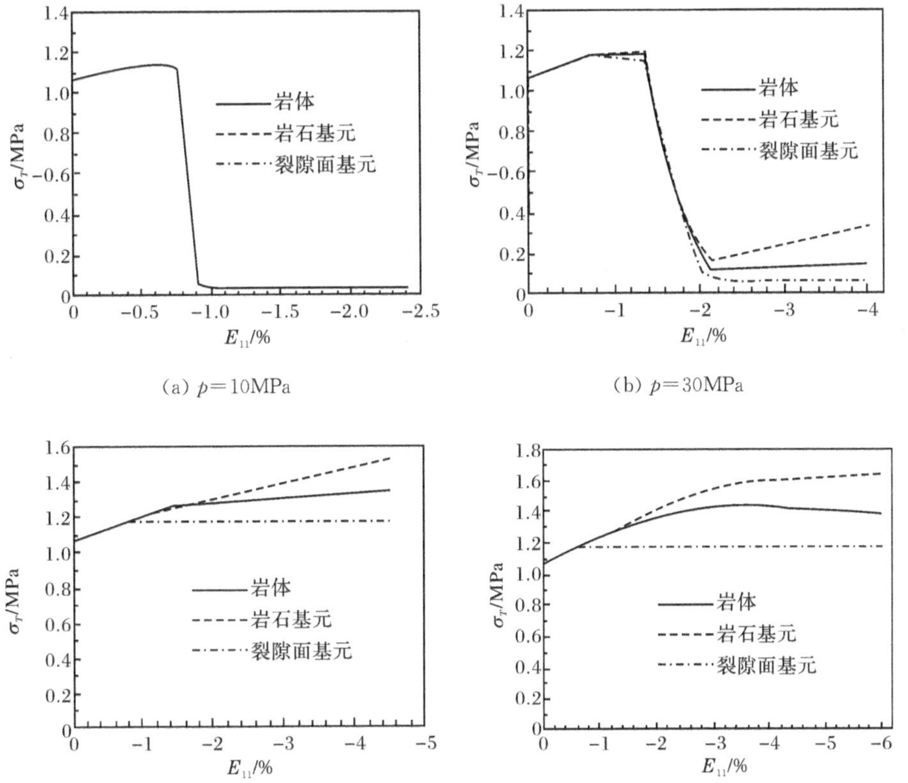

(a) p=10MPa　(b) p=30MPa

(c) p=60MPa　(d) p=100MPa

图 8.29　α=7 的微平面上岩石、节理面基元和岩体的剪应力随宏观轴向应变的变化曲线

采用基于应力边界的岩体微平面损伤二元介质模型，对 Kawamoto 等[4]的含预制裂隙石膏试件单轴压缩试验进行了数值模拟。试件中的裂隙排列方式和几何参数如图 8.30 所示。计算中所采用的材料参数列于表 8.7，其中参数 ε_V^0、ε_N^0、c_2、c_3、c_4、a_1、q_1、q_2、q_3 的取值与砂岩算例相同。考虑到预制裂隙为张开型，故而裂隙面基元的压应力传递系数最大值取的较小，为 β_0=0.01。

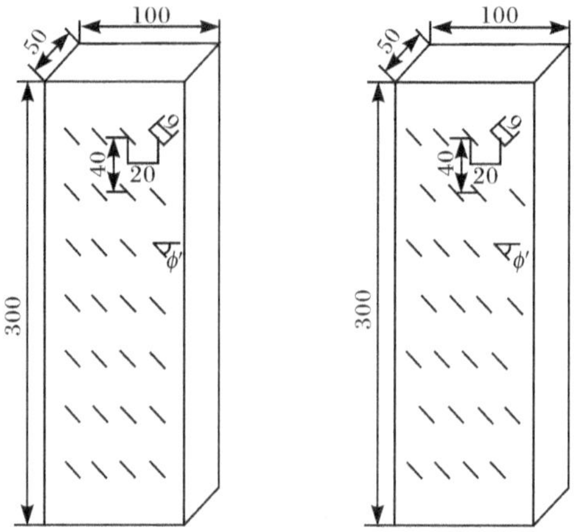

(a) 中心对齐排列　　(b) 中心错排排列

图 8.30　Kawamoto 等[13]的含预制裂隙石膏试件(单位:mm)

表 8.7　含裂隙石膏试件单轴压缩试验模拟的材料参数

$E^{(R)}$/MPa	$E^{(J)}$/MPa	$\nu^{(R)}$	$\nu^{(J)}$	$T^{(R)}$/MPa	$T^{(J)}$/MPa		
1110	1110	0.17	0.17	0.5	0		
ξ_0	β_0	ε_V^0	ε_N^0	c_1	c_2	c_3	c_4
5	0.01	0.001	0.0005	0.15	0.005	0.001	0.05
a_1	a_2	a_3	q_1	q_2	q_3		
0.002	0.001	0.025	1.5	1.5	1		

设预制裂隙的材料主轴坐标系为 $ox_1'x_2'x_3'$,其中 x_2' 轴与整体坐标系的 x_2 轴重合,x_1' 轴为预制裂隙面的法向。从而预制裂隙面与加载主轴所在平面(水平面,法向沿着 x_1 轴)的夹角等于预制裂隙面的倾角 ϕ'(定义为裂隙面的法向与加载主轴 x_1 轴的夹角),如图 8.18(a)所示。含有一组预制裂隙的试件,若该组预制裂隙的连通率为 ω_0,则节理连通率的二阶第二类组构张量 ρ_{ij}' 可表示为

$$\rho_{ij}'=\begin{bmatrix}\omega_0 & 0 & 0\\ 0 & 0 & 0\\ 0 & 0 & 0\end{bmatrix} \tag{8.201}$$

任意微平面上的节理连通率可用 ρ_{ij}' 的光滑函数近似:

$$\omega^{(\alpha)}=\omega(\boldsymbol{n}^{(\alpha)})\approx\rho_{ij}'n_i'^{(\alpha)}n_j'^{(\alpha)} \tag{8.202}$$

式中,$n_i'(i=1,2,3)$为材料主轴坐标系下的各微平面法向单位矢量。

在该含预制裂隙的石膏试件中,预制裂隙的连通率 $\omega_0=0.45$。根据表 8.7 给

出的材料参数，对无裂隙试件和预制裂隙倾角 $\phi'=0°$、$30°$、$45°$、$60°$、$90°$试件的单轴压缩试验进行了模拟。图 8.31 和图 8.32 分别给出了无裂隙试件和预制裂隙倾角 $\phi'=0°$、$45°$、$90°$试件的宏观轴向应力随宏观轴向应变和宏观体积应变的变化曲线。图 8.33 和图 8.34 分别给出了试件的无量纲化弹性模量（试件的弹性模量 E_{JR} 与无裂隙试件弹性模量 E_R 之比）和试件的无量纲化单轴抗压强度（试件的峰值强度 σ_{JR} 与无裂隙试件峰值强度 σ_R 之比）随宏观轴向应变的变化曲线，其中散点为试验数据，实线为数值模拟结果。

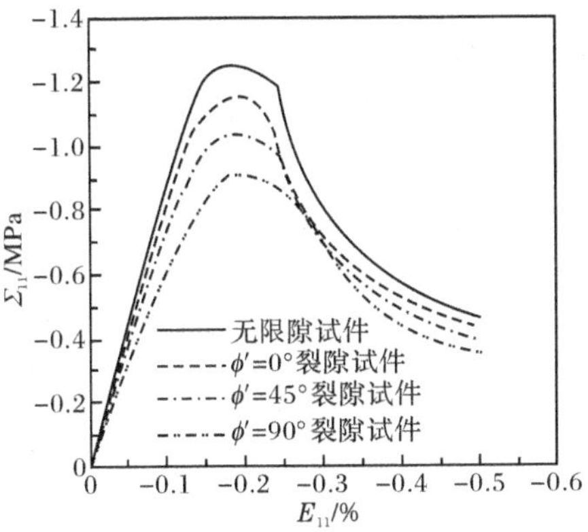

图 8.31　含预制裂隙石膏试件单轴压缩试验的宏观轴向应力随宏观轴向应变变化曲线

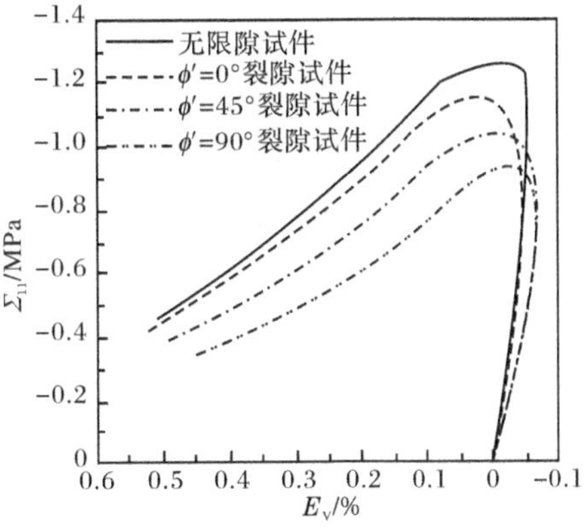

图 8.32　含预制裂隙石膏试件单轴压缩试验的宏观轴向应力随宏观体积应变变化曲线

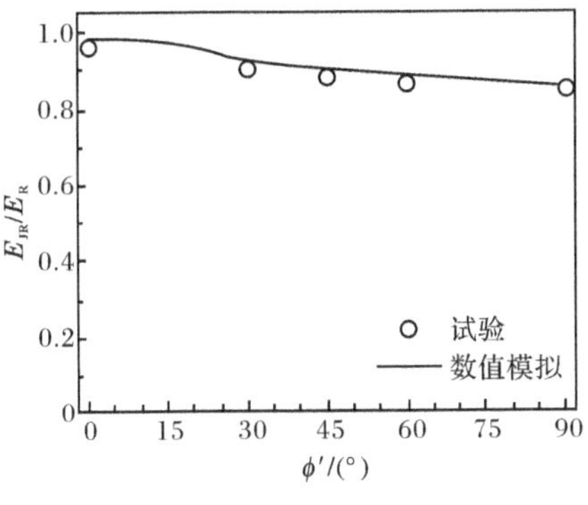

图 8.33　石膏试件弹性模量随预制裂隙倾角的变化曲线

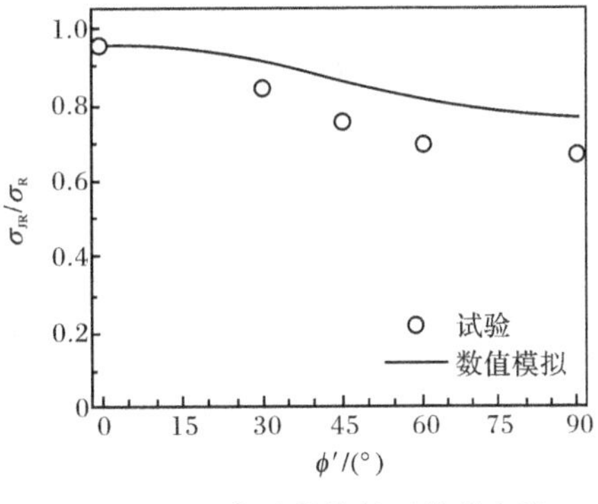

图 8.34　石膏试件单轴压缩强度随预制裂隙倾角的变化曲线

可以看出，对无裂隙试件和各倾角的含裂隙试件，它们在单轴压缩下都表现出了应变软化和体积膨胀的特性。本构模型能较好地模拟初始各向异性损伤材料的各向异性力学特性，随着预制裂隙倾角 ϕ 的增大，试件的弹性模量和峰值强度都降低，水平裂隙($\phi=0°$)的弹性模量和峰值强度最高，垂直裂隙($\phi=90°$)的弹性模量和强度最低。弹性模量的计算结果与试验数据几乎完全吻合，而峰值强度计算结果与试验数据的偏差，主要是由于试件的裂隙排列方式对其强度影响较大。

注意到 $\alpha=1$、3、7 微平面的倾角分别为 90°、0°、45°。图 8.35 给出了 $\alpha=1$、3、7 的微平面上的节理连通率随宏观轴向应变的变化曲线。在加载前的各微平面上，当预制裂隙平面与该微平面重合时，其损伤变量达到最大值 $\omega_0=0.45$，也即在 $\alpha=1$、3、7 的微平面上，当裂隙倾角 ϕ' 分别为 90°(水平裂隙)、0°(垂直裂隙)和 45°时，微平面的损伤变量达到 $\omega_0=0.45$。在相同的宏观轴向应变下，当各微平面上含预制裂隙时，由于初始损伤的存在其损伤变量值也最大，而无裂隙试件的损伤变量值最小。对无裂隙试件和各倾角预制裂隙试件，$\alpha=3$ 微平面(平行于加载轴的平面)上的损伤演化速度最快，表现为单轴压缩下的轴向劈裂破坏为主。

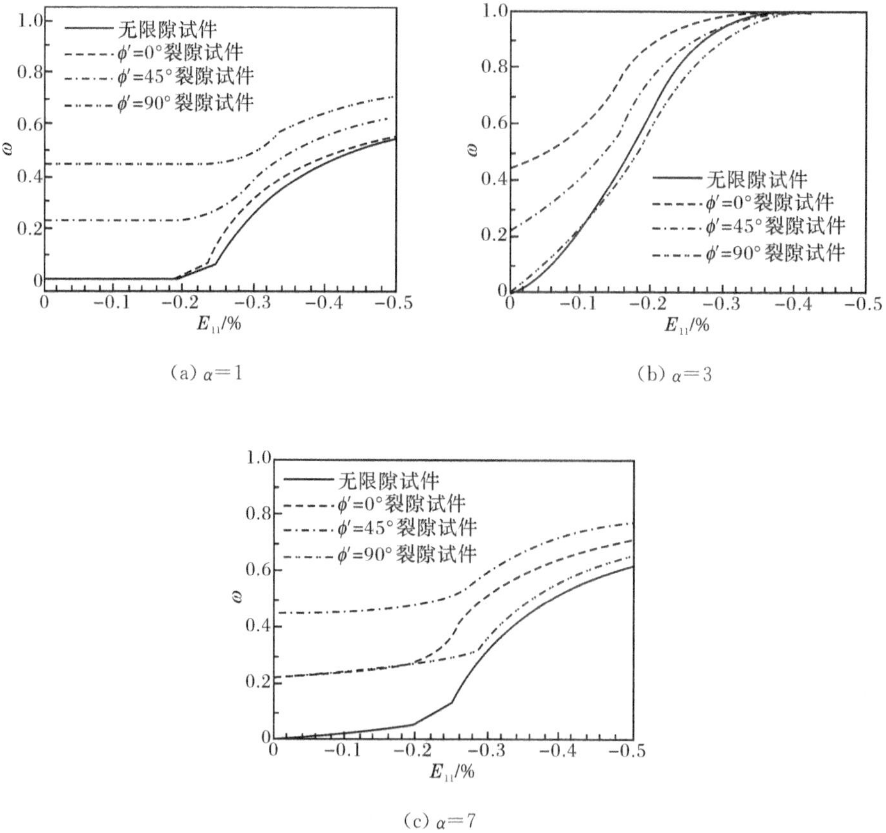

(a) $\alpha=1$　　(b) $\alpha=3$

(c) $\alpha=7$

图 8.35　$\alpha=1$、3、7 的微平面上的节理连通率随宏观轴向应变的变化曲线

8.5 本章小结

本章基于微平面理论和二元介质模型研究了岩体的各向异性损伤本构模型的建立方法。在微平面上，将岩体视为由岩石基元和裂隙面基元并联组成，以裂隙面基元所占的比例为微平面的损伤变量。在宏细观联系框架中，假设微平面上的岩体应力、应变矢量与岩体的宏观应力、应变张量间满足几何约束条件。

针对微平面上应力、应变矢量的三种分解形式：①法向和切向都不分解；②法向分解为体积分量和偏量分量、切向不分解；③法向不分解、切向沿着微平面局部坐标系进行分解，给出了微平面模型宏细观联系框架的具体表达式。在三种分解形式下，对各向同性材料导出了微平面弹性常数与宏观弹性常数间的关系。采用微平面二元介质模型，基于岩石和裂隙面的微平面弹性常数，建立了微平面上的岩体损伤弹性本构关系，并推导了岩体的宏观各向异性弹性损伤本构方程，给出了基于岩石和裂隙面材料宏观弹性常数、节理连通率组构张量的岩体损伤弹性刚度张量的表达式。

采用岩石和裂隙面基元非弹性力学响应不解耦的形式，在微平面上基于弹塑性理论的屈服函数和塑性势函数，以及与塑性变形相关的损伤演化方程，建立了岩体的微平面弹塑性损伤本构关系，并推导出相应的岩体宏观各向异性弹塑性本构方程。编制了岩体微平面弹塑性损伤本构模型的 Fortran 计算程序，对完整岩石和含一组节理裂隙岩体进行了单轴压缩和单轴拉伸条件下的对比模拟计算。算例分析表明该模型能较好地模拟拉压不同损伤机理以及塑性和损伤耦合机制下各微平面的各向异性力学响应，以及初始各向异性损伤的力学效应。

采用岩石和裂隙面基元非弹性力学响应解耦的形式，分别建立了两个力学基元的非线性应力-应变边界方程，包括法向拉应力、法向压应力和剪应力的边界方程，以考虑岩石基元抗拉而裂隙面基元不抗拉、岩石基元有压硬性而裂隙面基元抗压强度与接触情况有关、两个力学基元的抗剪都与法向压应力有关。以应力边界方程代替塑性理论中的屈服函数和塑性势函数，通过保持微平面应变不变而将弹性试应力拉回到应力边界的方式来刻画微平面上的非弹性、非线性力学响应。考虑拉伸和剪切破坏的损伤形成机制，以微平面的体积膨胀应变、法向偏量拉应变和剪应变为自变量建立了指数形式的微平面损伤演化方程。根据两个力学基元的非线性应力-应变边界和损伤演化方程，建立了由宏观应变张量推求宏观应力张量的岩体微平面二元介质本构模型算法，并编制了 Fortran 计算程序。对文献[12]中砂岩三轴压缩试验及文献[13]中含裂隙石膏试件单轴压缩试验进行了模拟分析，结果表明该模型能很好地拟合岩石及岩体材料在低围压下的应变软化、体积膨胀和高围压下的应变硬化、脆延转换特性，且能揭示各方向微平面上由于岩石和裂隙面基元的力学响应不同、所占比例不同而引起的岩体微平面力学响应的不同,并最终引起材料宏观的非线性、非弹性力学响应的损伤力学机理。

本章的研究表明,微平面模型在建立岩体各向异性本构模型方面具有形式简单、材料参数有明确物理意义的优点,且便于考虑准脆性材料在复杂荷载下的裂隙面损伤力学效应(次生裂隙的形成及裂隙面的张开、接触、摩擦滑移等),能揭示岩体各向异性、非弹性、非线性宏观力学行为的物理本质。

参考文献

[1] Chen X, Bažant Z P. Microplane damage model for jointed rock masses. International Journal for Numerical and Analytical Methods in Geomechanics, 2014, 38(14): 1431—1452.

[2] 陈新,杨强. 深部节理岩体塑性损伤耦合微面模型. 力学学报, 2008, 40(5): 672—683.

[3] Bažant Z P, Oh B H. Microplane model for progressive fracture of concrete and rock. Journal of Engineering Mechanics, ASCE, 1985, 111(4): 559—582.

[4] Bažant Z P, Oh B H. Microplane model for fracture analysis of concrete structures//Proceedings of Symposium on the Interaction of Non-Nuclear Munitions with Structures. Colorado, US, 1983: 49—53.

[5] Carol I, Bažant Z P. Damage and plasticity in microplane theory. International Journal of Solids and Structure, 1997, 34(29): 3807—3835.

[6] Caner F C, Bažant Z P. Microplane model M7 for plain concrete I. Formulation, II. Calibration and verification. Journal of Engineering Mechanics, ASCE, 2013, 139: 1714—1735.

[7] Stoud A H. Approximate Calculation of Multiple Integrals. Englewood Cliffs: Prentice-Hall, 1971: 40—43.

[8] Gurson A L. Continuum theory of ductile rupture by void nucleation and growth: Part I—yield criteria and flow rules for porous ductile media. Journal of Engineering Materials and Technology, 1977, 99(1): 2—15.

[9] Bažant Z P, Caner F C, Carol I, et al. Microplane model M4 for concrete: I. Formulation with work-conjugate deviatoric stress. Journal of Engineering Mechanics, ASCE, 2000, 126(9): 944—953.

[10] Frantziskonis G, Desai C S. Elastoplastic model with damage for strain softening geomaterials. Acta Mechanica, 1987, 68(3/4): 151—170.

[11] Carol I, Bažant Z P, Prat P C. Geometric damage tensor based on microplane model. Journal of Engineering Mechanics, ASCE, 1991, 117(10): 2429—2448.

[12] Gowd T N, Rummel F. Effect of confining pressure on the fracture behaviour of a porous rock. International Journal of Rock Mechanics and Mining Science & Geomechanics Abstracts, 1980, 17(4): 225—229.

[13] Kawamoto T, Ichikawa Y, Kyoya T. Deformation and fracturing behavior of discontinuous

rock mass and damage mechanics theory. International Journal for Numerical and Analytical Methods in Geomechanics, 1988, 12(1): 1—30.

第 9 章　考虑岩体各向异性的油井井筒稳定性分析

在石油工程中，井壁稳定分析具有非常重要的工程和经济意义。井壁稳定分析方面的研究综述可参见文献[1]和[2]。井壁稳定分析模型主要有两类：

(1) 弹性模型。在弹性模型中，采用弹性本构关系计算井壁附近应力集中，以岩体的强度准则作为稳定判据，判断应力状态是否满足稳定条件。如 Bradley[3] 采用应力云图对井壁弹性稳定分析结果进行了分析。Cui 等[4] 采用各向异性孔隙材料的弹性模型，用有限元方法研究了井筒的弹性稳定问题。

(2) 弹塑性模型。在弹塑性模型中，采用弹塑性本构关系计算井壁附近的应力和变形，以塑性变形极限值等作为稳定判据。如 Westergaard[5]、Bratli 和 Risnes[6] 对井壁进行理想弹塑性稳定分析，Veeken 等[7] 采用考虑硬化和应变软化的塑性模型分析了井壁稳定问题，Vardoulakis 等[8] 采用刚塑性模型对井壁进行了稳定和分叉分析，Chau[9]、Chau 和 Choi[10] 研究了岩体的横观各向同性对井筒分叉模式的影响。

相对于弹性模型，弹塑性模型更能反映井壁失稳前岩体的工作状态，但是由于塑性失稳判据的确定很复杂且有很大的任意性，难以应用到实际工程中去，因此目前在石油工程中，井壁稳定分析还主要采用弹性模型，而弹塑性模型尚处于研究阶段。

目前在井壁稳定弹性分析中，未能考虑岩体内各向异性裂隙分布对岩体的弹性、强度的影响，井壁附近的应力计算多采用各向同性弹性本构模型，稳定性判据均采用各向同性的强度准则，其计算结果对井壁稳定的评价是不准确的。本章将在第 7 章和第 8 章研究的基础上，考虑岩体的各向异性弹性本构关系和岩体的各向异性抗拉和抗剪强度准则，建立井壁稳定的各向异性弹性分析模型[11~13]。此外，根据第 8 章建立的岩体弹塑性损伤微平面模型，来对井壁稳定性问题进行弹塑性分析[14]。

9.1　考虑岩体各向异性的井壁稳定弹性分析

通常，岩体中存在有地应力，在钻井过程中，会引起井壁附近的应力集中，需采用注入泥浆的方法来维持井壁的稳定，泥浆压力过高将使井壁附近拉应力过大导致劈裂破坏，泥浆压力过低又将引起井壁附近压应力过大导致压碎破坏。

考虑岩体各向异性时，井壁稳定弹性分析主要包括两个方面的计算内容：①在给定的地应力和泥浆压力下，确定井壁附近岩体的弹性应力分布情况；②对所计算的井壁岩体弹性应力，给出抗拉和抗压强度准则判断岩体是否稳定。

9.1.1　地应力主轴、岩体材料主轴和井筒的坐标系

将地应力主轴坐标系和岩体材料主轴坐标系分别记为 $x_1y_1z_1$ 和 $x_2y_2z_2$，如图 9.1 所示。岩体的材料主轴坐标系与地应力主轴坐标系之间的欧拉角为 α、β、γ。材料主轴坐标系的 z_2 轴在地应力主轴坐标系的倾向和倾角分别为 α 和 β，而它的 x_2 轴和 y_2 轴则是由经线和纬线的切线绕 z_2 轴按右手螺旋法则逆时针旋转 γ 角得到。

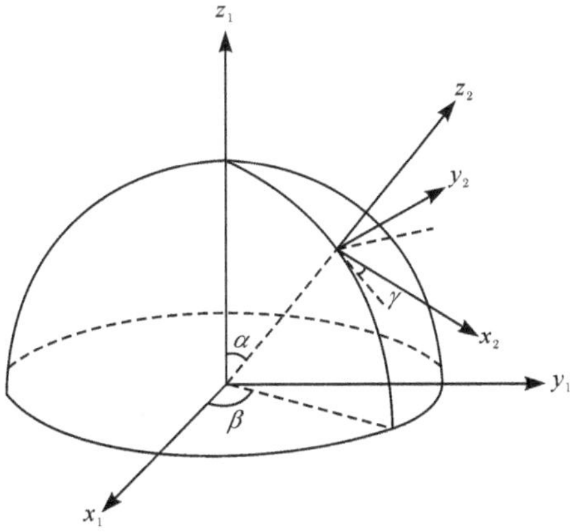

图 9.1　地应力主轴坐标系与岩体材料主轴坐标系

将井筒固定坐标系和井筒随动坐标系分别记为 $x_3y_3z_3$ 和 $x_4y_4z_4$。地应力主轴坐标系与井筒固定坐标系关系见图 9.2(a)，井轴(z_3 轴)与地应力主轴坐标系 z_1 轴的夹角为 θ_z(倾角)，其在 x_1y_1 面上的投影与 x_1 轴夹角为 θ_x(倾向)，x_3 轴的倾角和倾向则分别为($90°+\theta_z$)和 θ_x。井筒固定坐标系与井筒随动坐标系关系见图 9.2(b)，θ 为井壁的极坐标角。显然，井筒随动坐标系随井壁极坐标角的变化而变化，是流动的正交曲线坐标系。

岩体的材料主轴坐标系与地应力主轴坐标系之间坐标转换系数 $L_{ij}^{(21)}$ $(i,j=x,y,z)$ 组成如下的矩阵 $[\boldsymbol{L}]^{(21)}$：

$$[\boldsymbol{L}]^{(21)}=\begin{bmatrix} L_{xx}^{(21)} & L_{xy}^{(21)} & L_{xz}^{(21)} \\ L_{yx}^{(21)} & L_{yy}^{(21)} & L_{yz}^{(21)} \\ L_{zx}^{(21)} & L_{zy}^{(21)} & L_{zz}^{(21)} \end{bmatrix} \tag{9.1}$$

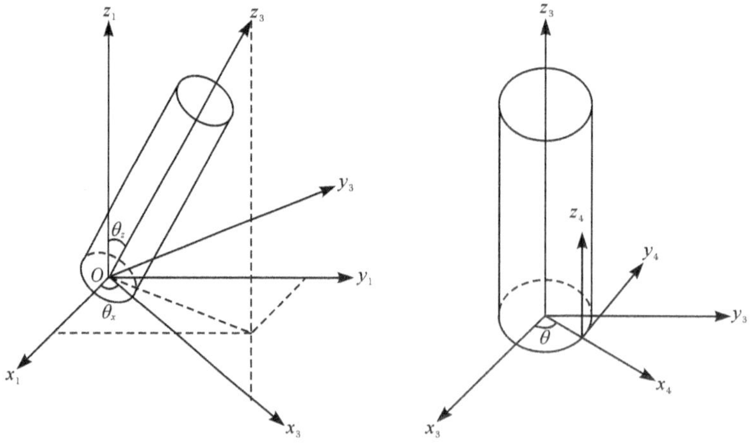

(a) 井筒固定坐标系　　(b) 井筒随动坐标系

图 9.2　地应力主轴坐标系与井筒坐标系

式中，$L_{ij}^{(21)}$ 可由图 9.1 所示的几何关系确定：

$$\begin{cases} L_{xx}^{(21)}=\cos\alpha\cos\beta\cos\gamma-\sin\beta\sin\gamma \\ L_{xy}^{(21)}=\cos\alpha\sin\beta\cos\gamma+\cos\beta\sin\gamma \\ L_{xz}^{(21)}=-\sin\alpha\cos\gamma \\ L_{yx}^{(21)}=-\cos\alpha\cos\beta\sin\gamma-\sin\beta\cos\gamma \\ L_{yy}^{(21)}=-\cos\alpha\sin\beta\sin\gamma+\cos\beta\cos\gamma \\ L_{yz}^{(21)}=\sin\alpha\sin\gamma \\ L_{zx}^{(21)}=\sin\alpha\cos\beta \\ L_{zy}^{(21)}=\sin\alpha\sin\beta \\ L_{zz}^{(21)}=\cos\alpha \end{cases}$$

设井筒固定坐标系与地应力主轴坐标系之间的坐标转换系数 $L_{ij}^{(31)}$ $(i,j=x,y,z)$ 组成如下的矩阵 $[\boldsymbol{L}]^{(31)}=[L_{ij}^{(31)}]$，则 $L_{ij}^{(31)}$ 可由图 9.2(a)所示的几何关系确定：

$$[\boldsymbol{L}]^{(31)}=\begin{bmatrix} L_{xx}^{(31)} & L_{xy}^{(31)} & L_{xz}^{(31)} \\ L_{yx}^{(31)} & L_{yy}^{(31)} & L_{yz}^{(31)} \\ L_{zx}^{(31)} & L_{zy}^{(31)} & L_{zz}^{(31)} \end{bmatrix}=\begin{bmatrix} \cos\theta_x\cos\theta_z & \sin\theta_x\cos\theta_z & -\sin\theta_z \\ -\sin\theta_x & \cos\theta_x & 0 \\ \cos\theta_x\sin\theta_z & \sin\theta_x\sin\theta_z & \cos\theta_z \end{bmatrix} \tag{9.2}$$

由图 9.2(b)的几何关系可知，井筒局部坐标系与井筒的固定坐标系之间的坐标转换系数 $L_{ij}^{(43)}$ $(i,j=x,y,z)$ 组成如下的矩阵 $[\boldsymbol{L}]^{(43)}=[L_{ij}^{(43)}]$：

$$[\boldsymbol{L}]^{(43)}=\begin{bmatrix}L_{xx}^{(43)} & L_{xy}^{(43)} & L_{xz}^{(43)}\\ L_{yx}^{(43)} & L_{yy}^{(43)} & L_{yz}^{(43)}\\ L_{zx}^{(43)} & L_{zy}^{(43)} & L_{zz}^{(43)}\end{bmatrix}=\begin{bmatrix}\cos\theta & \sin\theta & 0\\ -\sin\theta & \cos\theta & 0\\ 0 & 0 & 1\end{bmatrix} \tag{9.3}$$

各坐标系间的变换系数矩阵都是正交矩阵，其逆变换矩阵等于它的转置矩阵：

$$[\boldsymbol{L}]^{(ji)}=([\boldsymbol{L}]^{(ij)})^{\mathrm{T}} \tag{9.4}$$

设空间某点 P 在四个坐标系内的坐标分别为 $\boldsymbol{r}=r_k^{(i)}\boldsymbol{e}_k^{(i)}\ (i=1,2,3,4)$，其中 $\boldsymbol{e}_k^{(i)}\ (k=x,y,z)$ 为第 i 个坐标系的单位基矢量。P 点在各坐标系下的坐标间存在如下的变换关系（见图 9.3）：

$$r_k^{(i)}=L_{kl}^{(ij)}r_l^{(j)},\quad i,j=1,2,3,4;k,l=x,y,z \tag{9.5a}$$

或写成矩阵形式：

$$\{\boldsymbol{r}\}^{(i)}=[\boldsymbol{L}]^{(ij)}\{\boldsymbol{r}\}^{(j)},\quad i,j=1,2,3,4 \tag{9.5b}$$

式中，括号内的重复指标不是哑指标，不对其进行求和运算。

对各坐标系间物理量的坐标变换，其坐标变换矩阵如图 9.3 所示。例如，对任意矢量 $\boldsymbol{v}^{(i)}=v_k^{(i)}\boldsymbol{e}_k^{(i)}\ (i=1,2,3,4;k=x,y,z)$，其在各坐标系下的分量间的坐标变换关系为

$$v_k^{(i)}=L_{kl}^{(ij)}v_l^{(j)},\quad i,j=1,2,3,4;k,l=x,y,z \tag{9.6a}$$

或写成矩阵形式：

$$\{\boldsymbol{v}\}^{(i)}=[\boldsymbol{L}]^{(ij)}\{\boldsymbol{v}\}^{(j)} \tag{9.6b}$$

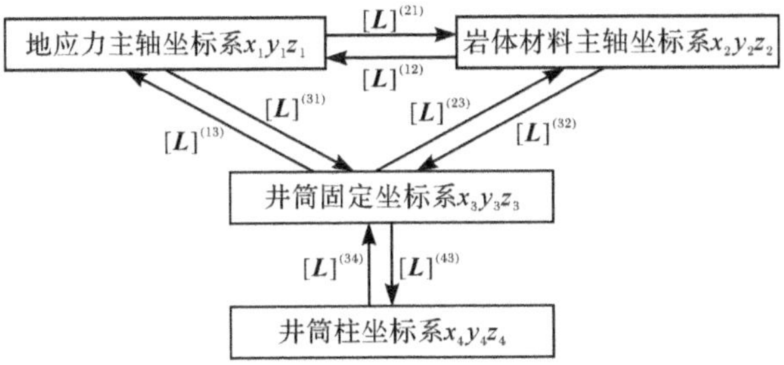

图 9.3　四个坐标系间的坐标变换矩阵示意图

对任意二阶张量 $\boldsymbol{A}=A_{kl}^{(i)}\boldsymbol{e}_k^{(i)}\boldsymbol{e}_l^{(i)}\ (i=1,2,3,4;k,l=x,y,z)$，其在各坐标系下的分量间的坐标变换关系为

$$A_{pq}^{(i)}=L_{pk}^{(ij)}A_{kl}^{(j)}L_{ql}^{(ij)},\quad i,j=1,2,3,4;k,l,p,q=x,y,z \tag{9.7a}$$

或写成矩阵形式：

$$[\boldsymbol{A}]^{(i)}=[\boldsymbol{L}]^{(ij)}[\boldsymbol{A}]^{(j)}([\boldsymbol{L}]^{(ij)})^{\mathrm{T}} \tag{9.7b}$$

在地应力主轴坐标系 $x_1y_1z_1$ 下，设 x_1、y_1 和 z_1 轴方向的地应主值分别为 S_x、S_y 和 S_z。则地应力主轴坐标系下的地应力二阶张量 $\boldsymbol{S}=S_{kl}^{(1)}\boldsymbol{e}_k^{(1)}\boldsymbol{e}_l^{(1)}\ (k,l=x,y,z)$

的分量组成的矩阵$[\boldsymbol{S}]^{(1)}$为

$$[\boldsymbol{S}]^{(1)}=\begin{bmatrix} S_x & 0 & 0 \\ 0 & S_y & 0 \\ 0 & 0 & S_z \end{bmatrix} \tag{9.8}$$

在井筒局部坐标系 $x_3y_3z_3$ 下，地应力二阶张量为 $\boldsymbol{S}=S_{kl}^{(3)}\boldsymbol{e}_k^{(3)}\boldsymbol{e}_l^{(3)}(k,l=x,y,z)$，将其分量简记为 $S'_{ij}=S_{kl}^{(3)}(i,j=x,y,z)$，如图 9.4 所示。则在井筒局部坐标系下，地应力二阶张量的分量矩阵$[\boldsymbol{S}]^{(3)}=[S_{kl}^{(3)}]=[S'_{kl}]$为

$$[\boldsymbol{S}]^{(3)}=\begin{bmatrix} S_{xx}^{(3)} & S_{xy}^{(3)} & S_{xz}^{(3)} \\ S_{yx}^{(3)} & S_{yy}^{(3)} & S_{yz}^{(3)} \\ S_{zx}^{(3)} & S_{zy}^{(3)} & S_{zz}^{(3)} \end{bmatrix}=\begin{bmatrix} S'_{xx} & S'_{xy} & S'_{xz} \\ S'_{yx} & S'_{yy} & S'_{yz} \\ S'_{zx} & S'_{zy} & S'_{zz} \end{bmatrix} \tag{9.9}$$

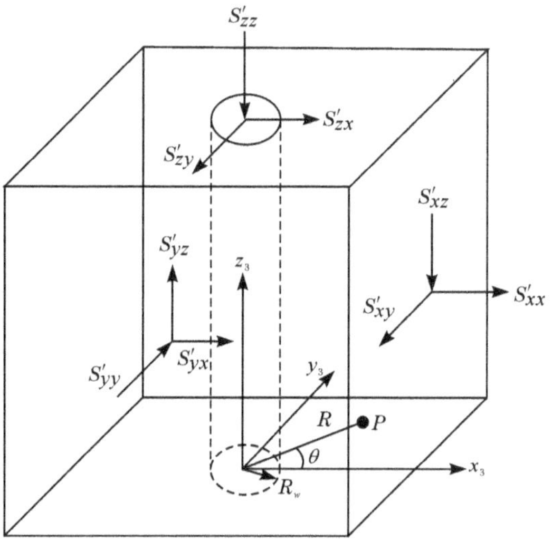

图 9.4　在井筒固定坐标系下的地应力张量分量

由式(9.7b)可知，$[\boldsymbol{S}]^{(1)}$和$[\boldsymbol{S}]^{(3)}$间存在如下的变换关系：

$$[\boldsymbol{S}]^{(3)}=[\boldsymbol{L}]^{(31)}[\boldsymbol{S}]^{(1)}([\boldsymbol{L}]^{(31)})^{\mathrm{T}} \tag{9.10}$$

记岩体二阶组构张量在岩体材料主轴坐标系下的矩阵为 $\boldsymbol{\rho}^{(2)}=\rho_{kl}^{(2)}\boldsymbol{e}_k^{(2)}\boldsymbol{e}_l^{(2)}(k,l=x,y,z)$，在井筒固定坐标系下的矩阵为 $\boldsymbol{\rho}^{(3)}=\rho_{kl}^{(3)}\boldsymbol{e}_k^{(3)}\boldsymbol{e}_l^{(3)}(k,l=x,y,z)$：

在岩体材料主轴坐标系 $x_2y_2z_2$ 下，设损伤变量(节理连通率)的二阶第二类组构张量 $\boldsymbol{\rho}$ 沿着 x_2、y_2 和 z_2 轴方向的主值分别为 ρ_x、ρ_y 和 ρ_z。在岩体材料主轴坐标系下，张量 $\boldsymbol{\rho}=\rho_{kl}^{(2)}\boldsymbol{e}_k^{(2)}\boldsymbol{e}_l^{(2)}(k,l=x,y,z)$的分量组成的矩阵$[\boldsymbol{\rho}]^{(2)}=[\rho_{kl}^{(2)}]$为

$$[\boldsymbol{\rho}]^{(2)}=\begin{bmatrix} \rho_x & 0 & 0 \\ 0 & \rho_y & 0 \\ 0 & 0 & \rho_z \end{bmatrix} \tag{9.11}$$

在井筒固定坐标系下，岩体二阶组构张量 $\boldsymbol{\rho}=\rho_{kl}^{(3)}\boldsymbol{e}_k^{(3)}\boldsymbol{e}_l^{(3)}(k,l=x,y,z)$ 的分量组成的矩阵 $[\boldsymbol{\rho}]^{(3)}=\rho_{kl}^{(3)}$ 为

$$[\boldsymbol{\rho}]^{(3)}=\begin{bmatrix}\rho_{xx}^{(3)} & \rho_{xy}^{(3)} & \rho_{xz}^{(3)}\\ \rho_{yx}^{(3)} & \rho_{yy}^{(3)} & \rho_{yz}^{(3)}\\ \rho_{zx}^{(3)} & \rho_{zy}^{(3)} & \rho_{zz}^{(3)}\end{bmatrix} \tag{9.12}$$

$[\boldsymbol{\rho}]^{(2)}$ 和 $[\boldsymbol{\rho}]^{(3)}$ 间存在如下的变换关系：

$$[\boldsymbol{\rho}]^{(3)}=[\boldsymbol{L}]^{(32)}\cdot[\boldsymbol{\rho}]^{(2)}\cdot([\boldsymbol{L}]^{(32)})^{\mathrm{T}} \tag{9.13}$$

式中，$[\boldsymbol{L}]^{(32)}=[L_{ij}^{(32)}](i,j=x,y,z)$ 为岩体的材料主轴坐标系与井筒固定坐标系之间坐标转换系数矩阵，可以按下式计算：

$$[\boldsymbol{L}]^{(32)}=[\boldsymbol{L}]^{(31)}[\boldsymbol{L}]^{(12)}=[\boldsymbol{L}]^{(31)}([\boldsymbol{L}]^{(21)})^{\mathrm{T}} \tag{9.14}$$

9.1.2　井筒周围岩体的弹性应力场

在地应力和井筒的注浆压力 P_{w} 共同作用下，井壁周围各向同性岩体内极坐标为 (R,θ) 的任意点 P 的弹性应力解析解是在井筒随动坐标系中给出的[5]：

$$\left\{\begin{aligned}
\Sigma_{xx}^{(4)}&=\Sigma_{rr}=P_{\mathrm{w}}\frac{R_{\mathrm{w}}^2}{R^2}+\frac{1}{2}(S_{x'x'}+S_{y'y'})\left(1-\frac{R_{\mathrm{w}}^2}{R^2}\right)\\
&\qquad+\left[\frac{1}{2}(S_{x'x'}-S_{y'y'})\cos(2\theta)+S_{x'y'}\sin(2\theta)\right]\left(1-4\frac{R_{\mathrm{w}}^2}{R^2}+3\frac{R_{\mathrm{w}}^4}{R^4}\right)\\
\Sigma_{yy}^{(4)}&=\Sigma_{\theta\theta}=-P_{\mathrm{w}}\frac{R_{\mathrm{w}}^2}{R^2}+\frac{1}{2}(S_{x'x'}+S_{y'y'})\left(1+\frac{R_{\mathrm{w}}^2}{R^2}\right)\\
&\qquad-\left[\frac{1}{2}(S_{x'x'}-S_{y'y'})\cos(2\theta)+S_{x'y'}\sin(2\theta)\right]\left(1+3\frac{R_{\mathrm{w}}^4}{R^4}\right)\\
\Sigma_{zz}^{(4)}&=\Sigma_{zz}=S_{z'z'}-4\nu\left[\frac{1}{2}(S_{x'x'}-S_{y'y'})\cos(2\theta)+S_{x'y'}\sin(2\theta)\right]\frac{R_{\mathrm{w}}^2}{R^2}\\
\Sigma_{xy}^{(4)}&=\Sigma_{r\theta}=\left[-\frac{1}{2}(S_{x'x'}-S_{y'y'})\sin(2\theta)+S_{x'y'}\cos(2\theta)\right]\left(1+2\frac{R_{\mathrm{w}}^2}{R^2}-3\frac{R_{\mathrm{w}}^4}{R^4}\right)\\
\Sigma_{xz}^{(4)}&=\Sigma_{rz}=(S_{x'z'}\cos\theta+S_{y'z'}\sin\theta)\left(1-\frac{R_{\mathrm{w}}^2}{R^2}\right)\\
\Sigma_{yz}^{(4)}&=\Sigma_{\theta z}=(-S_{x'z'}\sin\theta+S_{y'z'}\cos\theta)\left(1+\frac{R_{\mathrm{w}}^2}{R^2}\right)
\end{aligned}\right. \tag{9.15}$$

式中，$\Sigma_{ij}^{(4)}(i,j=x,y,z)$ 为岩体应力张量在井筒随动坐标系下的分量；ν 为岩体的泊松比；R_{w} 为井筒的半径。

井壁处 $(R=R_{\mathrm{w}})$ 的岩体弹性应力为

$$\begin{cases}\Sigma_{xx}^{(4)}=\Sigma_{rr}=P_{\mathrm{w}}\\ \Sigma_{yy}^{(4)}=\Sigma_{\theta\theta}=(S'_{xx}+S'_{yy}-P_{\mathrm{w}})-2(S'_{xx}-S'_{yy})\cos 2\theta-4S'_{xy}\sin(2\theta)\\ \Sigma_{zz}^{(4)}=\Sigma_{zz}=S'^{(3)}_{zz}-2\nu(S'_{xx}-S_{yy})\cos(2\theta)-4\nu S'_{xy}\sin(2\theta)\\ \sigma_{xy}^{(4)}=\Sigma_{r\theta}=0\\ \Sigma_{xz}^{(4)}=\Sigma_{rz}=0\\ \Sigma_{yz}^{(4)}=\Sigma_{\theta z}=2(-S'_{xz}\sin\theta+S'_{yz}\cos\theta)\end{cases}\tag{9.16}$$

对各向异性岩体,在地应力和井筒的注浆压力 P_{w} 作用下的井壁附近岩体弹性应力没有解析解,因此只能采用有限元等软件进行数值计算。

对含有节理裂隙的各向异性岩体,采用第 8 章的弹性损伤本构关系式(8.112):

$$\Sigma_{ij}=L_{ijkl}^{(\mathrm{e})}E_{kl}\tag{9.17}$$

式中,$L_{ijkl}^{(\mathrm{e})}$ 为岩体的四阶弹性损伤刚度张量,它与节理连通率的二阶第一类组构张量 Ω_{ij}、岩石连续度的二阶第一类组构张量 $\Phi_{ij}=\delta_{ij}/3-\Omega_{ij}$ 的函数为式(8.118):

$$\begin{aligned}L_{ijkl}^{(\mathrm{e})}=\frac{3}{2}[&\lambda^{(\mathrm{R})}(\Phi_{ij}\delta_{kl}+\Phi_{kl}\delta_{ij})+\mu^{(\mathrm{R})}(\Phi_{ik}\delta_{jl}+\Phi_{il}\delta_{jk}+\Phi_{jl}\delta_{ik}+\Phi_{jk}\delta_{il})\\&+\lambda^{(\mathrm{J})}(\Omega_{ij}\delta_{kl}+\Omega_{kl}\delta_{ij})+\mu^{(\mathrm{J})}(\Omega_{ik}\delta_{jl}+\Omega_{il}\delta_{jk}+\Omega_{jl}\delta_{ik}+\Omega_{jk}\delta_{il})]\end{aligned}\tag{9.18}$$

式中,$\lambda^{(\mathrm{R})}$、$\mu^{(\mathrm{R})}$ 和 $\lambda^{(\mathrm{J})}$、$\mu^{(\mathrm{J})}$ 分别为岩石基元和节理面基元的宏观 Lame 常数,与岩石岩石基元和节理面基元材料的宏观弹性常数即弹性模量 $E^{(\mathrm{R})}$、$E^{(\mathrm{J})}$ 和泊松比 $\nu^{(\mathrm{R})}$、$\nu^{(\mathrm{J})}$ 的关系为

$$\begin{cases}\lambda^{(\mathrm{R})}=\dfrac{E^{(\mathrm{R})}\nu^{(\mathrm{R})}}{(1+\nu^{(\mathrm{R})})(1-2\nu^{(\mathrm{R})})},\quad \mu^{(\mathrm{R})}=\dfrac{E^{(\mathrm{R})}}{2(1+\nu^{(\mathrm{R})})}\\ \lambda^{(\mathrm{J})}=\dfrac{E^{(\mathrm{J})}\nu^{(\mathrm{J})}}{(1+\nu^{(\mathrm{J})})(1-2\nu^{(\mathrm{J})})},\quad \mu^{(\mathrm{J})}=\dfrac{E^{(\mathrm{J})}}{2(1+\nu^{(\mathrm{J})})}\end{cases}\tag{9.19}$$

采用有限元商业软件 MARC 的正交各向异性弹性材料模型,在井筒局部坐标系下对地应力和单位泥浆压力 $P_{\mathrm{w}}=1$ 单独作用下井壁附近岩体的弹性应力场进行了计算。采用的有限元计算网格见图 9.5,其中井筒半径与计算区域之比为 1/20。

计算中所取的材料弹性参数和地应力参数为:

(1) 岩石基元弹性参数:弹性模量 $E^{(\mathrm{R})}=21\mathrm{GPa}$,泊松比 $\nu^{(\mathrm{R})}=0.3$。

(2) 裂隙面基元弹性参数:与岩石基元材料的弹性模量之比为 $E^{(\mathrm{J})}/E^{(\mathrm{R})}=0.2$,泊松比 $\nu^{(\mathrm{R})}=\nu^{(\mathrm{J})}=0.3$。

(3) 地应力主值为:$S_x=S_y=0.85\mathrm{MPa}$,$S_z=1.0\mathrm{MPa}$。

计算中取材料主轴坐标系与地应力主轴坐标系重合:$\alpha=\beta=\gamma=0°$。取井筒轴向位于地应力主轴坐标系的 x_1z_1 平面内,即 $\theta_x=0°$,分别计算 $\theta_z=0°$、30°、60°和 90°四种井筒方位。

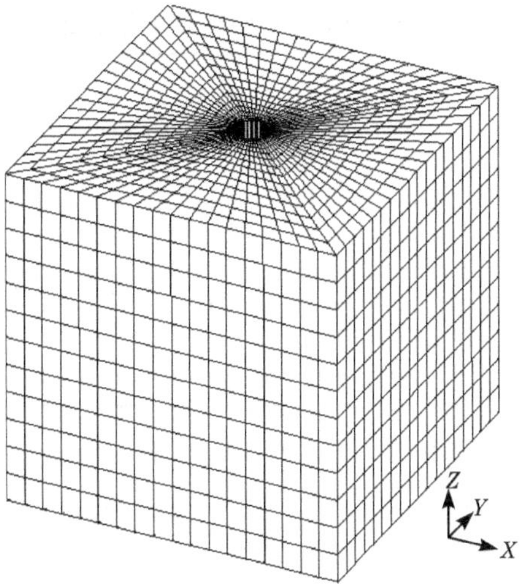

图 9.5　井筒周围岩体弹性应力计算的有限元网格

分别计算四种岩体，其节理连通率的二阶第一类组构张量主值的取值情况分别为：

(1) 岩体 1：各向同性，$\Omega_1=\Omega_2=\Omega_3=0.2$；

(2) 岩体 2：各向同性，$\Omega_1=\Omega_2=\Omega_3=0.33$；

(3) 岩体 3：横观各向同性，$\Omega_1=\Omega_2=0.4$，$\Omega_3=0.2$；

(4) 岩体 4：正交各向异性，$\Omega_1=0.5$，$\Omega_2=0.3$，$\Omega_3=0.2$。

其中，岩体 1 和岩体 2 都为各向同性岩体，但节理连通率的第一不变量 $\Omega_{kk}=\Omega_1+\Omega_2+\Omega_3$ 不同，分别为 0.6 和 1.0；岩体 2、3、4 的节理连通率的第一不变量相同，均为 1.0，但三种岩体的节理连通率二阶第一类组构张量的偏张量不同。

为了分析有限元软件的计算精度，对各向同性岩体 1 井壁 $R=R_w$ 处的弹性应力也采用解析解(式(9.15))进行了计算。在井筒固定坐标系下，单位泥浆压力和地应力作用下井壁处的各向同性岩体 1 非零应力分量的计算结果列于表 9.1 和表 9.2。

表 9.1　单位泥浆压力 $P_w=1$ 作用下各向同性岩体 1 井壁处的弹性应力(单位：MPa)

$\theta/(°)$	$\Sigma_{xx}^{(3)}$		$\Sigma_{yy}^{(3)}$		$\Sigma_{zz}^{(3)}$		$\Sigma_{xy}^{(3)}$	
	解析解	FEM	解析解	FEM	解析解	FEM	解析解	FEM
0	−1.0000	−0.9300	1.0000	1.0472	0.0000	0.0291	0.0000	−0.0360
22.5	−0.7071	−0.6469	0.7071	0.7716	0.0000	0.0313	−0.7071	−0.6726
45.0	0.0000	0.0691	0.0000	0.0691	0.0000	0.0353	−1.0000	−0.9595
67.5	0.7071	0.7716	−0.7071	−0.6469	0.0000	0.0313	−0.7071	−0.6726
90.0	1.0000	1.0472	−1.0000	−0.9300	0.0000	0.0291	0.0000	−0.0360

表 9.2　地应力作用下各向同性岩体 1 井壁处的弹性应力（单位：MPa）

θ/(°)	$\Sigma_{xx}^{(3)}$		$\Sigma_{yy}^{(3)}$		$\Sigma_{zz}^{(3)}$		$\Sigma_{xy}^{(3)}$	
	解析解	FEM	解析解	FEM	解析解	FEM	解析解	FEM
0	0.0000	−0.0595	−1.7000	−1.7401	−1.0000	−1.0247	0.0000	0.0306
22.5	−0.2490	−0.3002	−1.4510	−1.5059	−1.0000	−1.0266	0.6010	0.5717
45.0	−0.8500	−0.9087	−0.8500	−0.9087	−1.0000	−1.0300	0.8500	0.8156
67.5	−1.4510	−1.5059	−0.2490	−0.3002	−1.0000	−1.0266	0.6010	0.5717
90.0	−1.7000	−1.7401	0.0000	−0.0595	−1.0000	−1.0247	0.0000	0.0306

图 9.6 和图 9.7 分别给出了采用解析解、有限元方法计算的单位泥浆压力和地应力作用下各向同性岩体 1 井壁处应力随 θ 的变化曲线。可以看出，有限元方法的计算误差在 10%范围内，满足精度要求。

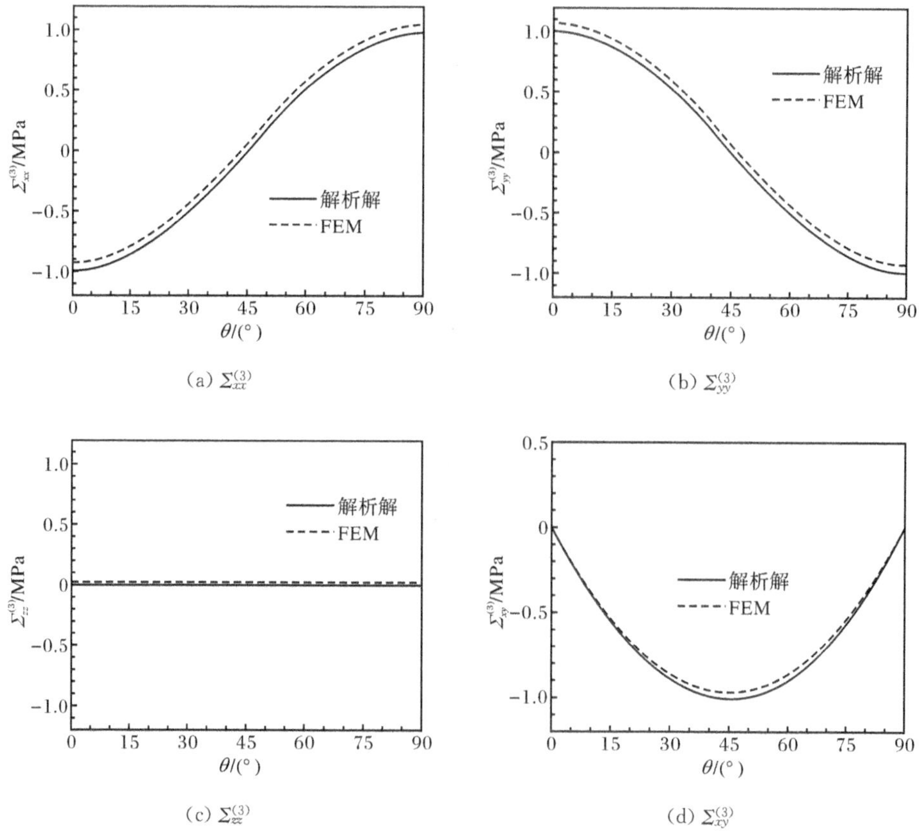

(a) $\Sigma_{xx}^{(3)}$　(b) $\Sigma_{yy}^{(3)}$

(c) $\Sigma_{zz}^{(3)}$　(d) $\Sigma_{xy}^{(3)}$

图 9.6　单位泥浆压力作用下各向同性岩体 1 井壁处的弹性应力（P_w＝1MPa，$\Omega_1=\Omega_2=\Omega_3=0.2$）

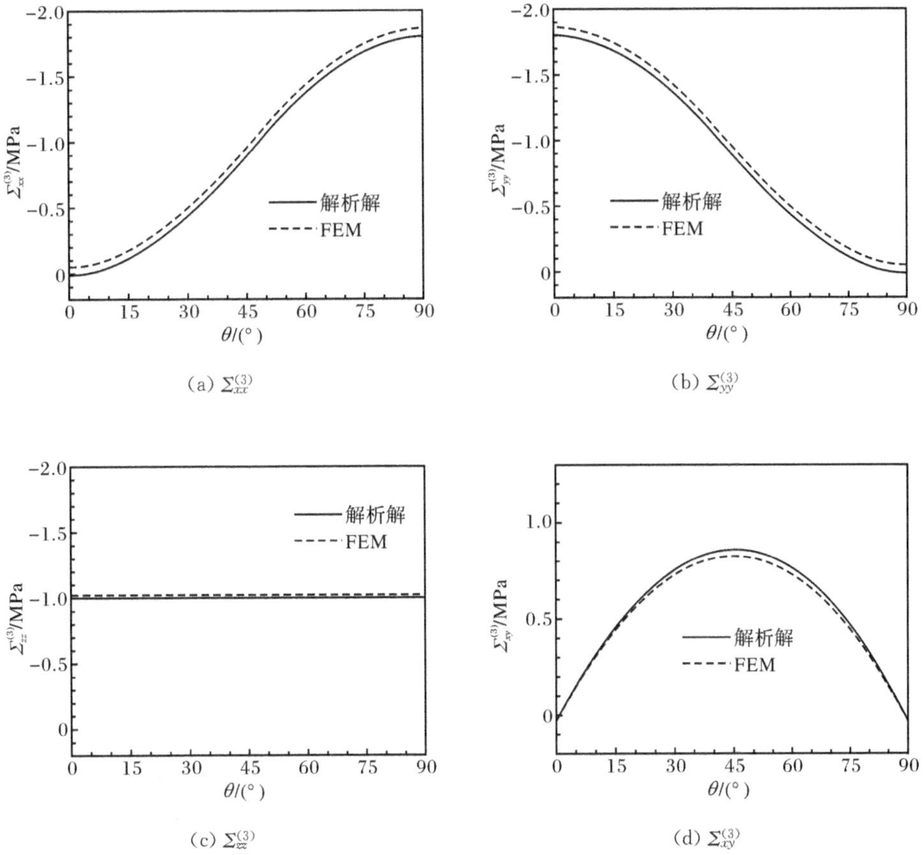

图 9.7　地应力作用下各向同性岩体 1 井壁处的弹性应力

($S_x=S_y=0.85$MPa, $S_z=1$MPa, $\Omega_1=\Omega_2=\Omega_3=0.2$)

对岩体 2、3 和 4，井筒方位角 θ_z 的变化对单位泥浆压力、地应力作用下的井壁处弹性应力分量 $\Sigma_{xx}^{(3)}$、$\Sigma_{yy}^{(3)}$ 和 $\Sigma_{xy}^{(3)}$ 几乎没有影响，而对应力分量 $\Sigma_{zz}^{(3)}$ 有较小的影响。

图 9.8 和图 9.9 分别给出了在单位泥浆压力下井筒方位 $\theta_z=0°$时岩体 2～4 在井壁 $R=R_w$ 处应力 $\Sigma_{xx}^{(3)}$、$\Sigma_{yy}^{(3)}$ 和 $\Sigma_{xy}^{(3)}$ 随 θ 的变化曲线和在 $\theta=0°$处应力 $\Sigma_{xx}^{(3)}$、$\Sigma_{yy}^{(3)}$ 和 $\Sigma_{xy}^{(3)}$ 随 R/R_w 的变化曲线。

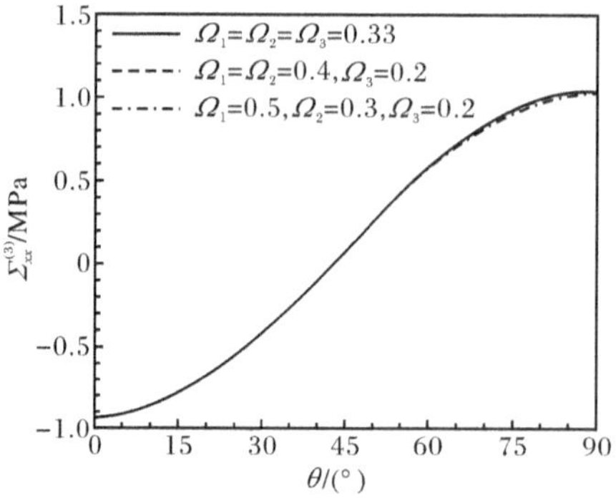

(a) $\Sigma_{xx}^{(3)}$

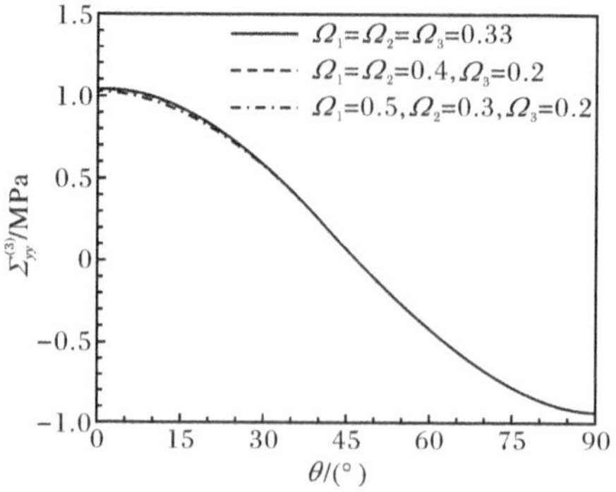

(b) $\Sigma_{yy}^{(3)}$

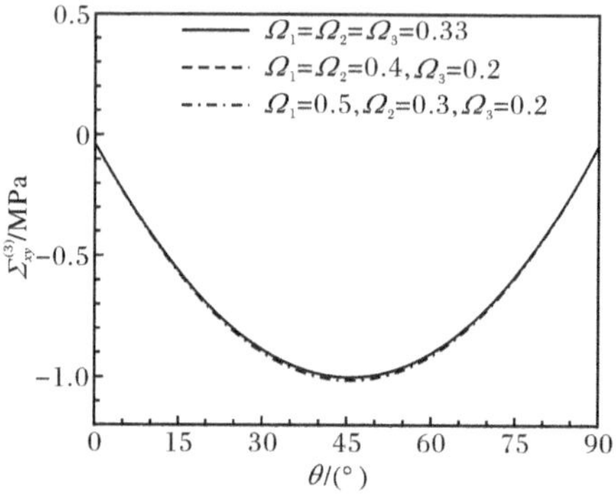

(c) $\Sigma_{xy}^{(3)}$

图 9.8 单位泥浆压力作用下井筒方位 $\theta_z=0°$时岩体 2～4 在井壁 $R=R_w$ 处的弹性应力 $\Sigma_{xx}^{(3)}$、$\Sigma_{yy}^{(3)}$ 和 $\Sigma_{xy}^{(3)}$ 随 θ 的变化曲线($P_w=1$MPa, $\theta_z=0°$)

图 9.10 和图 9.11 分别给出了各井筒方位时岩体 2～4 在井壁 $R=R_w$ 处应力 $\Sigma_{zz}^{(3)}$ 随 θ 的变化曲线和在 $\theta=0°$处应力 $\Sigma_{zz}^{(3)}$ 随 R/R_w 的变化曲线。

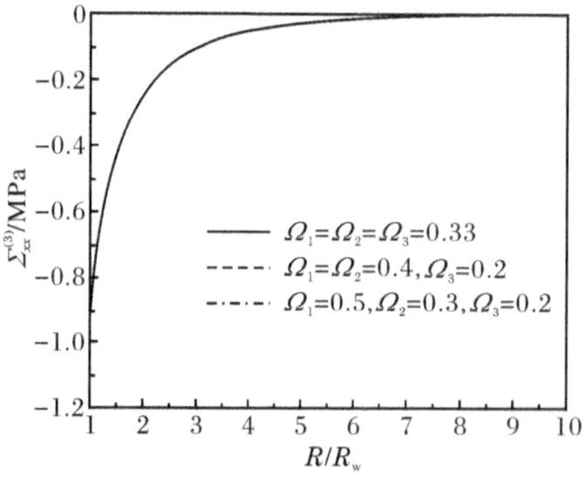

(a) $\Sigma_{xx}^{(3)}$

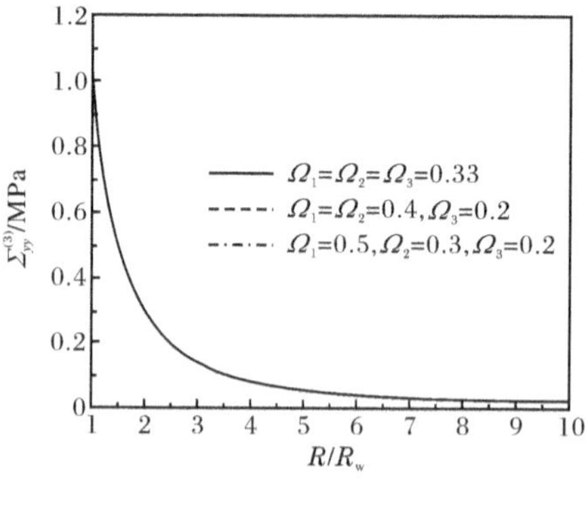

(b) $\Sigma_{yy}^{(3)}$

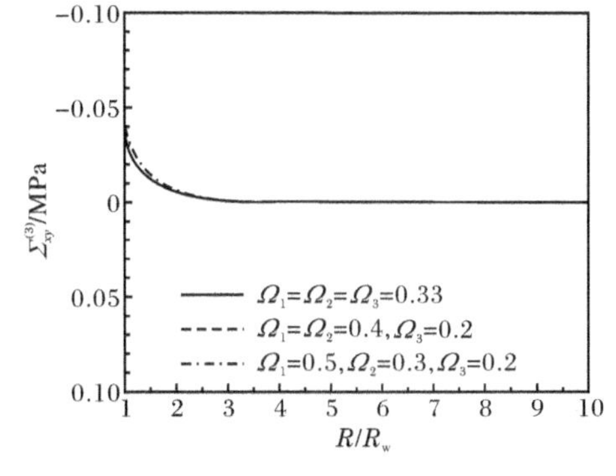

(c) $\Sigma_{xy}^{(3)}$

图 9.9　单位泥浆压力作用下井筒方位 $\theta_z=0°$时岩体 2～4 在 $\theta=0°$处的弹性应力 $\Sigma_{xx}^{(3)}$、$\Sigma_{yy}^{(3)}$ 和 $\Sigma_{xy}^{(3)}$ 随 R/R_w 的变化曲线($P_w=1$MPa, $\theta_z=0°$)

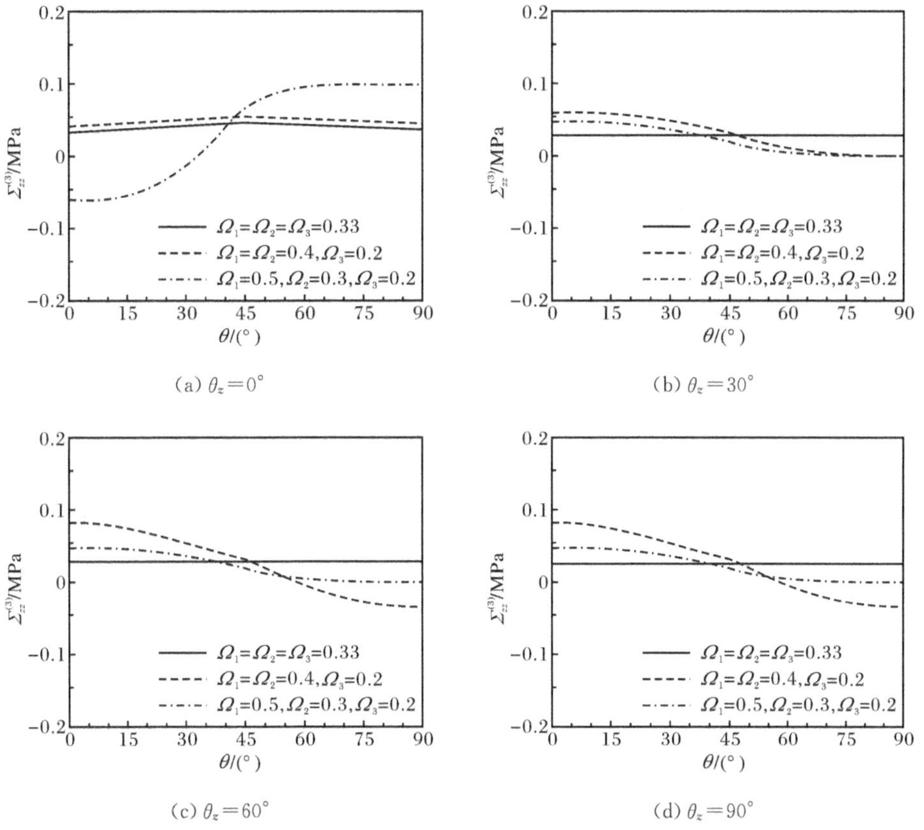

图 9.10　单位泥浆压力作用下各井筒方位时岩体 2～4 在井壁 $R=R_w$ 处的弹性应力 $\Sigma_{zz}^{(3)}$ 随 θ 的变化曲线($P_w=1$MPa)

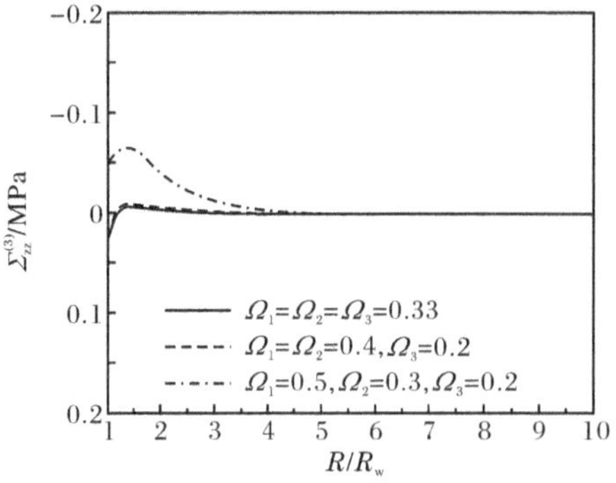

(a) $\theta_z=0°$

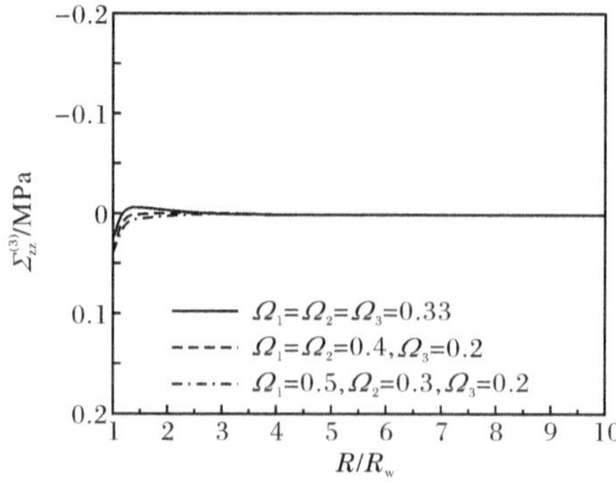

(b) $\theta_z=30°$

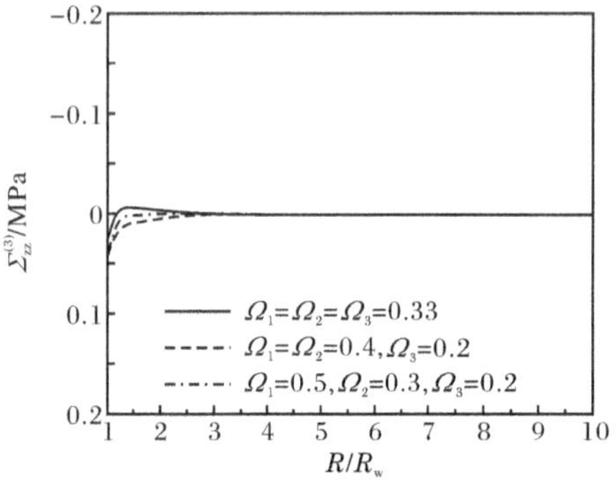

(c) $\theta_z=60°$

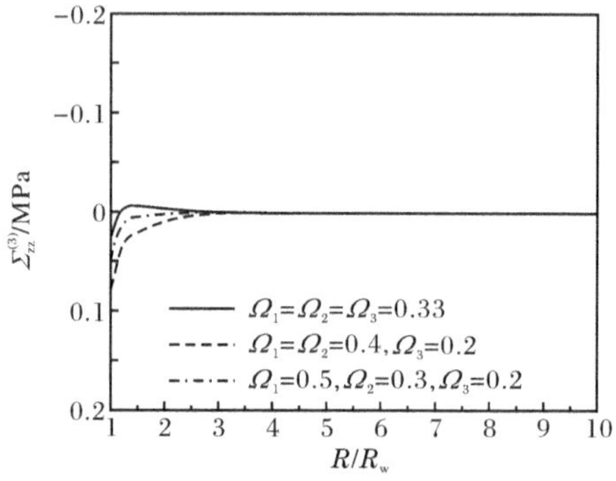

(d) $\theta_z=90°$

图 9.11　各井筒方位时单位泥浆压力作用下单位泥浆压力作用下岩体 2～4 在 $\theta=0°$ 方向的弹性应力 $\Sigma_{zz}^{(3)}$ 随 R/R_w 的变化曲线（$P_w=1$MPa）

图 9.12 和图 9.13 分别给出了在地应力作用下井筒方位 $\theta_z=0°$时岩体 2～4 在井壁 $R=R_w$ 处应力 $\Sigma_{xx}^{(3)}$、$\Sigma_{yy}^{(3)}$ 和 $\Sigma_{xy}^{(3)}$ 随 θ 的变化曲线和在 $\theta=0°$处应力 $\Sigma_{xx}^{(3)}$、$\Sigma_{yy}^{(3)}$ 和 $\Sigma_{xy}^{(3)}$ 随 R/R_w 的变化曲线。

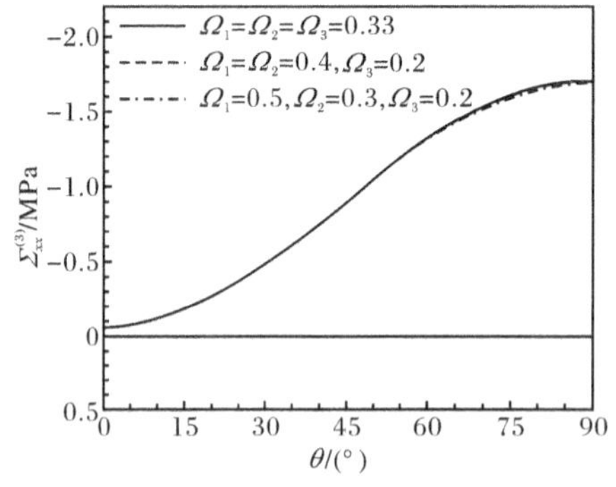

(a) $\Sigma_{xx}^{(3)}$

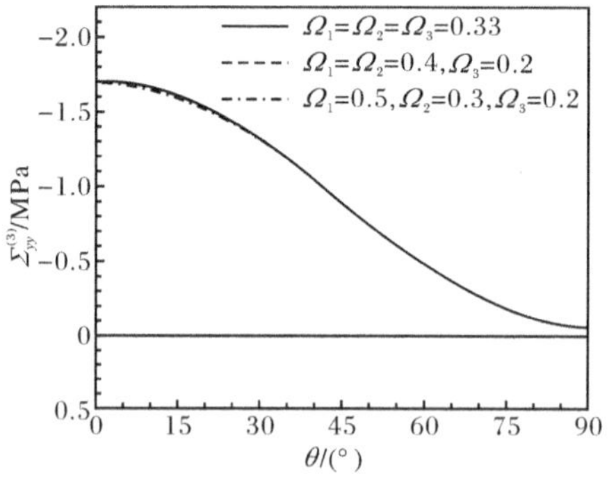

(b) $\Sigma_{yy}^{(3)}$

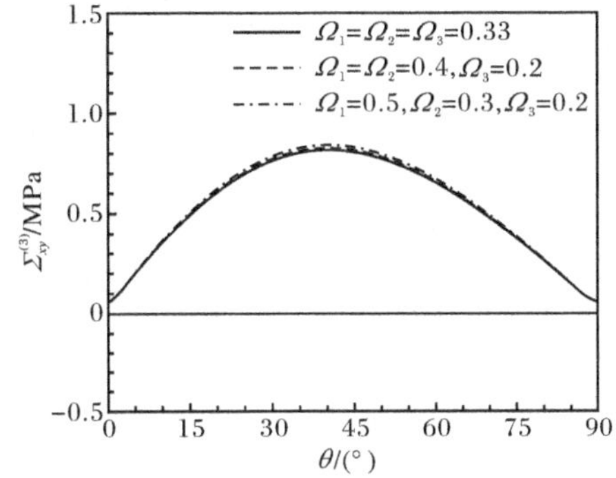

(c) $\Sigma_{xy}^{(3)}$

图 9.12　地应力作用下井筒方位 $\theta_z=0°$ 时岩体 2～4 井壁处的弹性应力 $\Sigma_{xx}^{(3)}$、$\Sigma_{yy}^{(3)}$ 和 $\Sigma_{xy}^{(3)}$ 随 θ 的变化曲线（$S_x=S_y=0.85\text{MPa}$，$S_z=1\text{MPa}$）

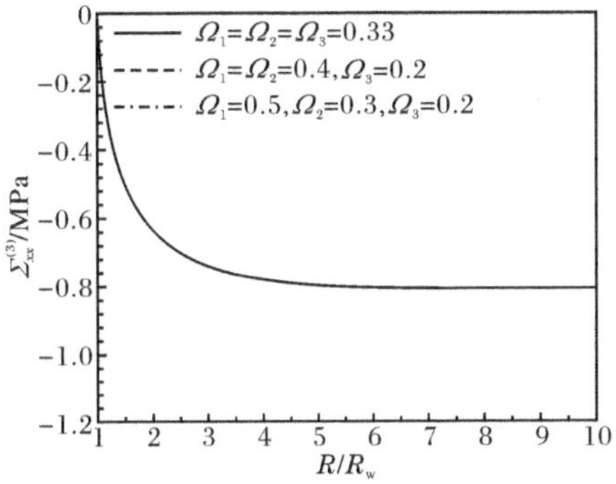

(a) $\Sigma_{xx}^{(3)}$

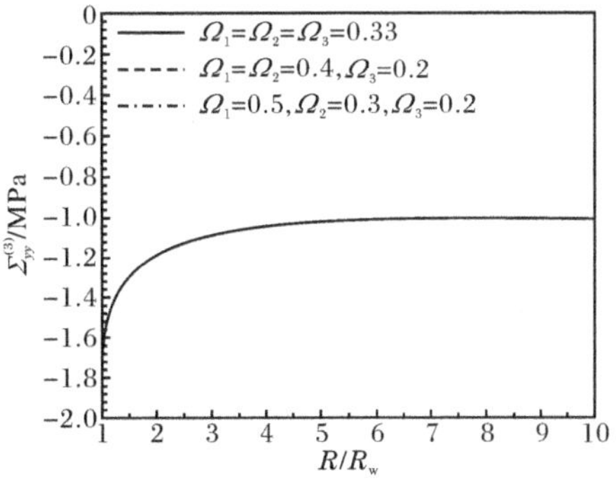

(b) $\Sigma_{yy}^{(3)}$

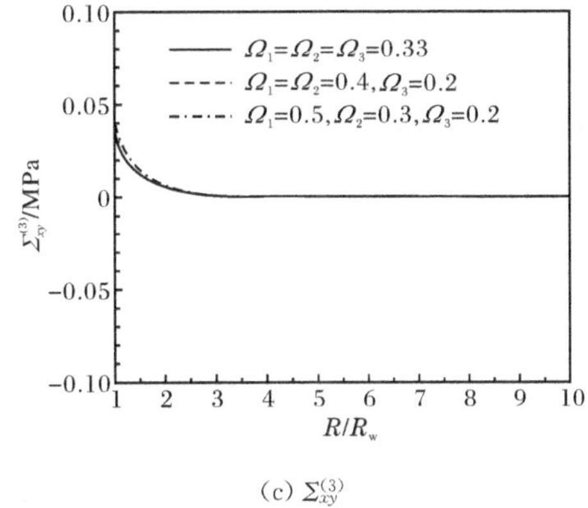

(c) $\Sigma_{xy}^{(3)}$

图 9.13　井筒方位 $\theta_z=0°$ 时地应力压力作用下岩体 2～4 在 $\theta=0°$ 处的弹性应力 $\Sigma_{xx}^{(3)}$、$\Sigma_{yy}^{(3)}$ 和 $\Sigma_{xy}^{(3)}$ 随 R/R_w 的变化曲线（$S_x=S_y=0.85\text{MPa}$，$S_z=1\text{MPa}$）

图 9.14 和图 9.15 分别给出了在地应力作用下各井筒方位时岩体 2～4 在井壁 $R=R_w$ 处应力 $\Sigma_{zz}^{(3)}$ 随 θ 的变化曲线和在 $\theta=0°$ 处应力 $\Sigma_{zz}^{(3)}$ 随 R/R_w 的变化曲线。

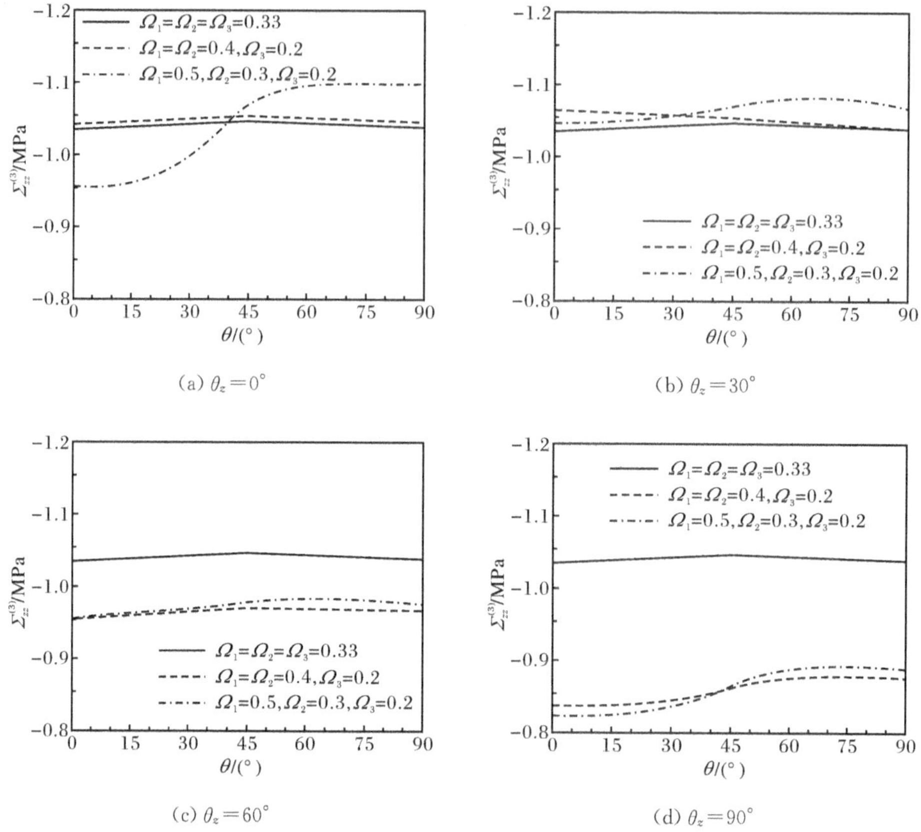

(a) $\theta_z=0°$　　(b) $\theta_z=30°$

(c) $\theta_z=60°$　　(d) $\theta_z=90°$

图 9.14　地应力作用下各井筒方位时岩体 2～4 井壁处的弹性应力 $\Sigma_{zz}^{(3)}$ 随 θ 的变化曲线($S_x=S_y=0.85$MPa, $S_z=1$MPa)

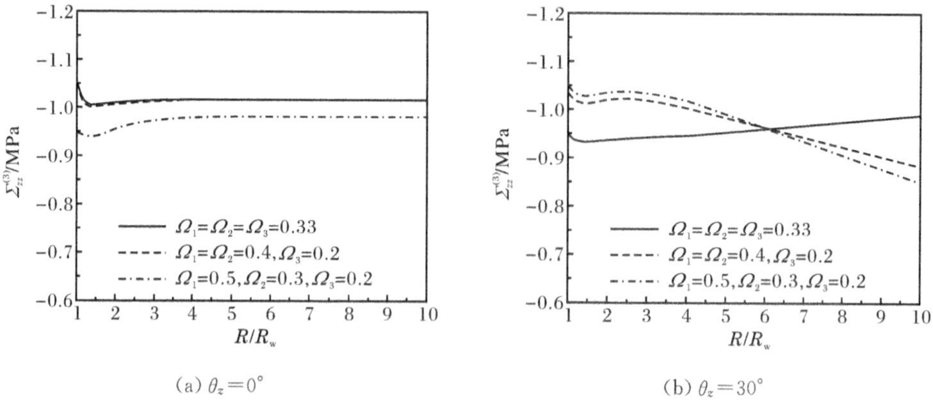

(a) $\theta_z=0°$　　(b) $\theta_z=30°$

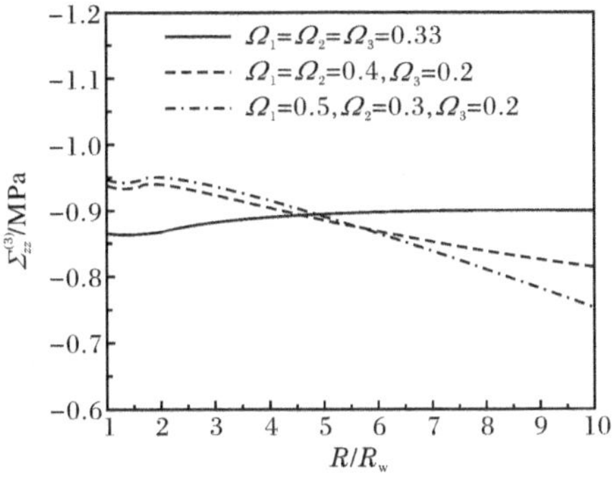

(c) $\theta_z=60°$

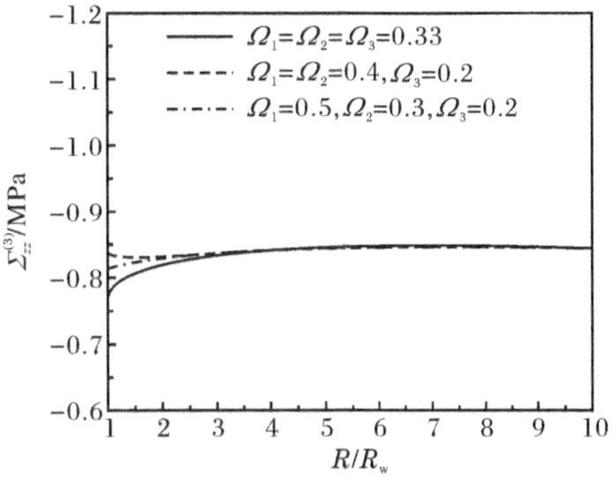

(d) $\theta_z=90°$

图 9.15　各井筒方位时单位地应力作用下单位泥浆压力作用下岩体 2～4 在 $\theta=0°$处的弹性应力 $\Sigma_{zz}^{(3)}$ 随随 R/R_w 的变化曲线($S_x=S_y=0.85$MPa,$S_z=1$MPa)

可以看出,在地应力和注浆压力作用下,岩体的各向异性对井壁附近岩体各应力分量的总体影响较小,在 5%范围内。其中对应力分量 $\Sigma_{xx}^{(3)}$、$\Sigma_{yy}^{(3)}$ 和 $\Sigma_{xy}^{(3)}$ 分布的影响很小,对应力分量 $\Sigma_{zz}^{(3)}$ 的影响相对较大。因此,在计算井壁附近岩体的弹性应力时,可以略去岩体各向异性的影响。

9.1.3　考虑岩体各向异性的井壁稳定弹性分析模型及软件

在 7.3 节中,我们基于材料强度参数的各向异性分布,建立了以宏观应力和节理连通率二阶第二类组构张量显式表示的岩体各向异性抗拉强度准则和抗剪强度准则。

节理连通率的二阶第二类组构张量 $\boldsymbol{\rho}=\rho_{ij}\boldsymbol{e}_i\boldsymbol{e}_j\,(i,j=1,2,3)$ 与它的二阶第一类组构张量 $\boldsymbol{\Omega}=\Omega_{ij}\boldsymbol{e}_i\boldsymbol{e}_j\,(i,j=1,2,3)$ 之间的关系为

$$\rho_{ij}=\frac{3}{2}(5\Omega_{ij}-\omega_0\delta_{ij}) \tag{9.20}$$

式中,$\omega_0=\omega_{kk}/3$、$\rho_0=\rho_{kk}/3\,(k=1,2,3)$ 为节理连通率的零阶第二类、第一类组构张量。它们之间的关系为

$$\rho_0=\omega_0 \tag{9.21}$$

设微平面上的岩石和裂隙面基元抗拉强度分别为 $T^{(R)}$ 和 $T^{(J)}$,宏观名义应力张量 $\boldsymbol{\Sigma}=\Sigma_{ij}\boldsymbol{e}_i\boldsymbol{e}_j\,(i,j=1,2,3)$。显式的岩体各向异性抗拉强度准则(式(7.144))为

$$\bar{F}_t(\boldsymbol{\Sigma},\boldsymbol{\rho})=\tilde{\Sigma}_1(\boldsymbol{\Sigma},\boldsymbol{\rho})-T^{(R)}=0 \tag{9.22}$$

式中,$\tilde{\Sigma}_1$ 为修正宏观应力张量 $\tilde{\boldsymbol{\Sigma}}=\boldsymbol{\Sigma}+(T^{(R)}-T^{(J)})\boldsymbol{\rho}$ 的第一主应力,按下式计算:

$$\tilde{\Sigma}_1=\Sigma_1+(T^{(R)}-T^{(J)})\rho_0 \tag{9.23}$$

设微平面上的岩石和裂隙面基元的抗剪强度参数摩擦系数为 $f^{(R)}$、$f^{(J)}$ 和黏聚力为 $c^{(R)}$、$c^{(J)}$。在宏观主应力空间内，以宏观主应力二次函数、节理连通率$\omega(\boldsymbol{n})$的二阶第二类组构张量 $\boldsymbol{\rho}$ 表示的节理岩体宏观各向异性抗剪强度准则为(式(7.187))

$$\bar{F}_s(\boldsymbol{\Sigma},\boldsymbol{\rho})=a_1(\boldsymbol{\rho})(\Sigma_1+\Sigma_3)^2+a_2(\boldsymbol{\rho})(\Sigma_1-\Sigma_3)^2+a_3(\boldsymbol{\rho})(\Sigma_1+\Sigma_3)(\Sigma_1-\Sigma_3)$$
$$+a_4(\boldsymbol{\rho})(\Sigma_1+\Sigma_3)+a_5(\boldsymbol{\rho})(\Sigma_1-\Sigma_3)+a_6(\boldsymbol{\rho})=0 \tag{9.24}$$

式中，Σ_1 和 Σ_3 为宏观应力张量的第一和第三主应力；$a_i(\boldsymbol{\rho})(i=1,2,\cdots,6)$为与 $\boldsymbol{\rho}$ 和岩石和裂隙面基元抗剪强度参数 $f^{(R)}$、$c^{(R)}$、$f^{(J)}$、$c^{(J)}$ 有关的材料参数，见式(7.188)。

井壁稳定的岩体抗拉稳定安全度为

$$k_t=-\bar{F}_t(\boldsymbol{\Sigma},\boldsymbol{\rho}) \tag{9.25}$$

$k_t\geqslant0$ 表示岩体不会发生拉破坏、抗拉安全，$k_t<0$ 则会发生抗拉破坏、抗拉不安全，其数值越大则抗拉稳定的安全程度越高。

井壁稳定的抗压稳定安全度 k_s 定义为

$$k_s=-\bar{F}_s(\boldsymbol{\Sigma},\boldsymbol{\rho}) \tag{9.26}$$

$k_s\geqslant0$ 表示岩体不会发生压剪破坏、抗压强度安全，$k_s<0$ 则会发生压剪破坏、抗压强度不安全，其数值越大则抗压稳定的安全程度越高。

考虑岩体各向异性的井壁稳定弹性分析模型所需的计算参数为：

(1) 岩石和节理面基元的弹性常数：弹性模量 $E^{(R)}$、$E^{(J)}$ 和泊松比 $\nu^{(R)}$、$\nu^{(J)}$。

(2) 岩石和节理面基元的微平面强度参数：抗拉强度 $T^{(R)}$ 和 $T^{(J)}$；摩擦系数 $f^{(R)}$、$f^{(J)}$；黏聚力为 $c^{(R)}$、$c^{(J)}$。

(3) 岩体节理连通率的二阶第一类组构张量：ρ_{ij} 的三个主值 ρ_1、ρ_2、ρ_3 和其主轴与地应力主轴的欧拉角 α、β、γ。

(4) 地应力的三个主值：S_x、S_y、S_z。

(5) 井轴方位：井轴在地应力主轴坐标系下的倾向 θ_x 和倾角 θ_z。

通常井壁稳定分析包括两种类型的计算：

(1) 确定在各种钻井方位下使井壁岩体不发生抗拉和抗压破坏的适宜泥浆压力范围。

(2) 在指定泥浆压力和钻井方位下，评价井壁岩体是否抗拉和抗压稳定。

根据上述的岩体各向异性损伤弹性本构关系、岩体的抗拉、抗压(压剪)强度准则和抗拉、抗压稳定条件，编制了具有应力计算、稳定性分析、结果图形显示功能的各向异性井壁稳定弹性分析软件。井壁岩体各向异性弹性稳定分析软件的程序框图、计算参数输入界面和计算结果显示界面分别如图 9.16～图 9.18 所示。图 9.18 中，Split Mud Weight 和 Breakout Mud Weight 分别代表抗拉和抗压极限泥浆压力，该图显示了在各钻井方位球坐标投影下，抗拉极限泥浆压力的云图。

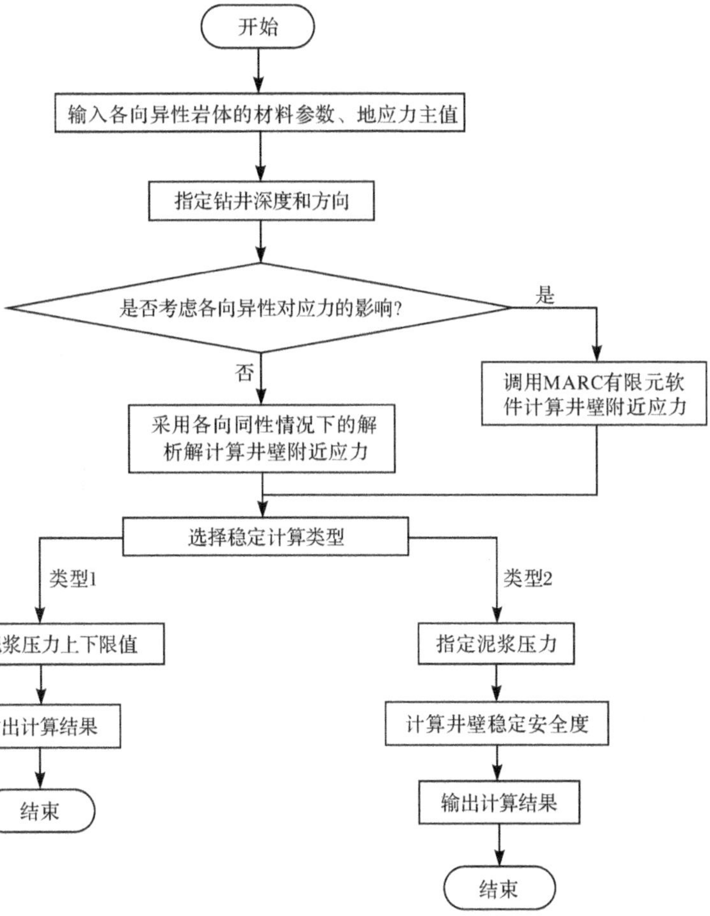

图 9.16　井壁岩体各向异性弹性稳定分析软件的程序框图

在软件中，分别提供了弹性应力计算的两种方法：

(1) 不考虑各向异性对弹性应力的影响，直接按照解析解计算井壁处的岩体弹性应力。

(2) 考虑各向异性对弹性应力的影响，采用岩体的各向异性本构关系计算弹性刚度矩阵，调用 MARC 有限元软件的正交各向异性弹性模型计算分析井壁处的岩体弹性应力。根据 9.1.2 节的研究，是否考虑岩体的各向异性对井壁附近岩体的弹性应力影响较小，因此两种弹性应力计算方法对井壁岩体各向异性弹性稳定分析结果也影响较小。

例如，在指定泥浆压力 P_w 下，按照弹性应力解析解对油井井壁的岩体进行抗拉稳定性分析的步骤为：

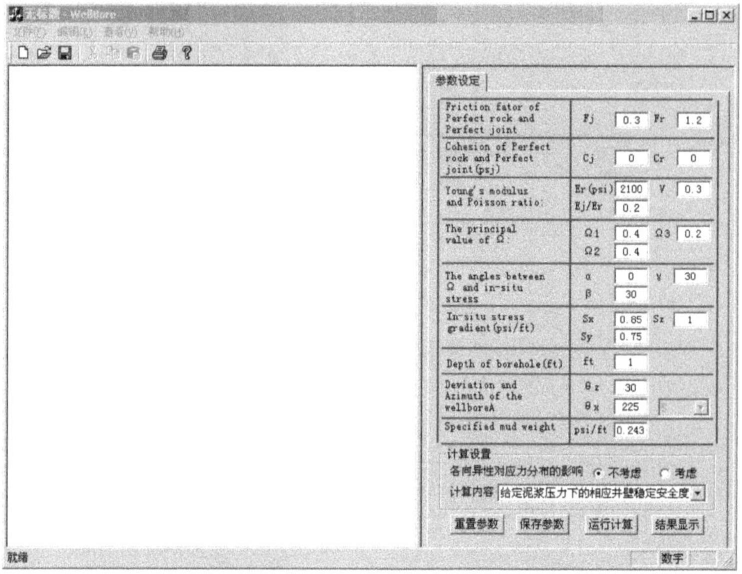

图 9.17　井壁岩体各向异性弹性稳定分析软件的输入参数界面

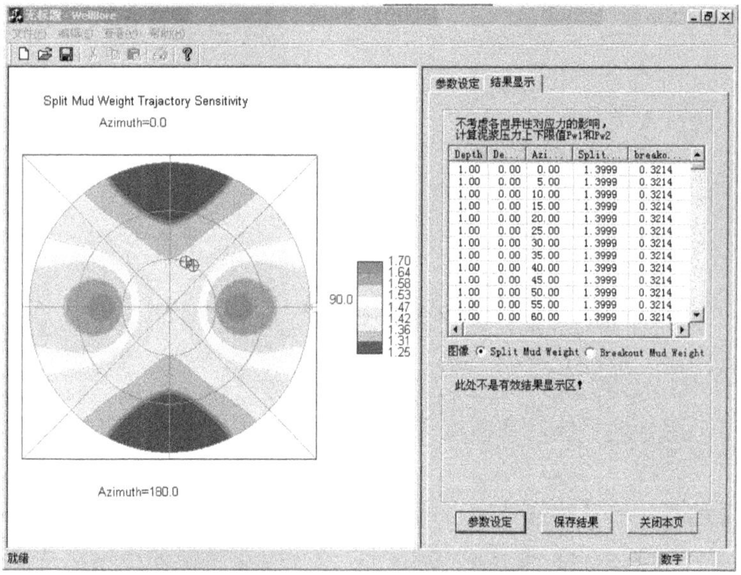

图 9.18　井壁岩体各向异性弹性稳定分析软件的计算结果显示界面

(1) 对岩体的极坐标角 $\theta \in [0, 2\pi]$ 所有取值，按照弹性应力解析解计算地应力和指定泥浆压力下的井壁处岩体的弹性应力。具体如下：

① 按式(9.1)～式(9.3)、式(9.14)计算坐标转换矩阵 $L_{ij}^{(21)}$、$L_{ij}^{(31)}$、$L_{ij}^{(43)}$、$L_{ij}^{(32)}$ $(i,j=x,y,z)$。

② 按式(9.10)由地应力主值、井轴线方位角计算出在井筒固定坐标系下的地应力二阶张量各分量 $S'_{ij}=S_{kl}^{(3)}(i,j=x,y,z)$。

③按式(9.16)根据给定的泥浆压力和井筒固定坐标系下的地应力 $S'_{ij}(i,j=x,y,z)$,计算在井筒随动坐标系下的井壁处岩体弹性应力分量 $\Sigma_{ij}^{(4)}$,按式(9.7)将其转换为井筒固定坐标系下的分量 $\Sigma_{ij}^{(3)}$。

(2) 对井壁岩体的极坐标角 $\theta\in[0,2\pi]$所有取值,计算岩体的抗拉稳定安全度 $k_t(\theta)$和抗压稳定安全度 $k_s(\theta)$。具体如下:

① 根据岩体的主值和欧拉角按式(9.7)计算井筒固定坐标系下的节理连通率的二阶第二类组构张量分量 $\rho_{ij}^{(3)}(i,j=x,y,z)$。

② 按式(9.22)～式(9.26)计算出各极坐标角 $\theta\in[0,2\pi]$时的岩体抗拉稳定安全度 $k_t(\theta)$和抗压稳定安全度 $k_s(\theta)$。

(3) 对各井壁极坐标角 $\theta\in[0,2\pi]$取值,计算 $k_t(\theta)$和 $k_s(\theta)$的最小值,分别作为油井井筒在该泥浆压力下的抗拉稳定安全度 $k_t=\min\limits_{\theta}\{k_t(\theta)\}$和抗压稳定安全度 $k_s=\min\limits_{\theta}\{k_s(\theta)\}$。根据抗拉、抗压稳定安全度是否大于零判断井筒是否稳定。

9.1.4　算例

采用井壁岩体各向异性弹性稳定分析软件,研究了给定的地应力作用下,岩体的各向异性对井壁岩体弹性稳定计算结果的影响。

计算中所取的材料参数为:

(1) 岩石基元:弹性模量 $E^{(R)}=21\text{GPa}$,泊松比 $\nu^{(R)}=0.3$;内摩擦系数 $f_r=1.2$,黏聚力 $c_r=0\text{MPa}$。

(2) 节理裂隙面基元:裂隙面材料弹性模量与岩石材料的弹性模量之比为 $E^{(J)}/E^{(R)}=0.2$,泊松比 $\nu^{(J)}=\nu^{(R)}=0.3$;内摩擦系数 $f_j=0.3$,黏聚力 $c_j=0\text{MPa}$。

考虑地应力主值的取值为:水平最大与最小地应力相同,都小于垂直地应力:$S_x=S_y=0.85\text{MPa}$,$S_z=1\text{MPa}$。

分别计算了三种岩体,其节理连通率的二阶第一类组构张量的各向同性分量相同、但偏张量不同,主值的取值情况分别为:

(1) 各向同性岩体:$\Omega_1=\Omega_2=\Omega_3=0.33$。

(2) 横观各向同性岩体:$\Omega_1=\Omega_2=0.4$,$\Omega_3=0.2$。

(3) 正交各向异性岩体:$\Omega_1=0.5$,$\Omega_2=0.3$,$\Omega_3=0.2$。

取井筒轴向位于地应力主轴坐标系的 x_1z_1 平面内,即 $\theta_x=0°$方位。

计算了二阶节理连通率张量的三个主轴与地应力主轴欧拉角 α、β、γ 的三种取值情况分别为：

① $\alpha=\beta=\gamma=0°$，材料主轴与地应力主轴重合。

② $\alpha=\beta=30°, \gamma=0°$。

③ $\alpha=0°, \beta=\gamma=30°$。

当 $\alpha=\beta=\gamma=0°$时，三种岩体的抗拉破坏极限泥浆压力 P_{wt}、抗压破坏极限泥浆压力 P_{ws}与井壁倾角 θ_z 关系分别如图 9.19 和图 9.20 所示。图 9.21 给出了不发生抗拉破坏和抗压破坏的适宜泥浆压力范围 P_w。

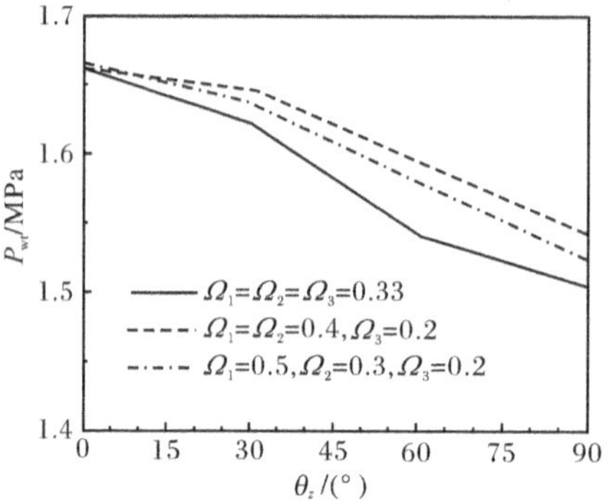

图 9.19 抗拉破坏极限泥浆压力 P_{wt}与井壁倾角 θ_z 关系($S_x=S_y=0.85$MPa, $S_z=1$MPa)

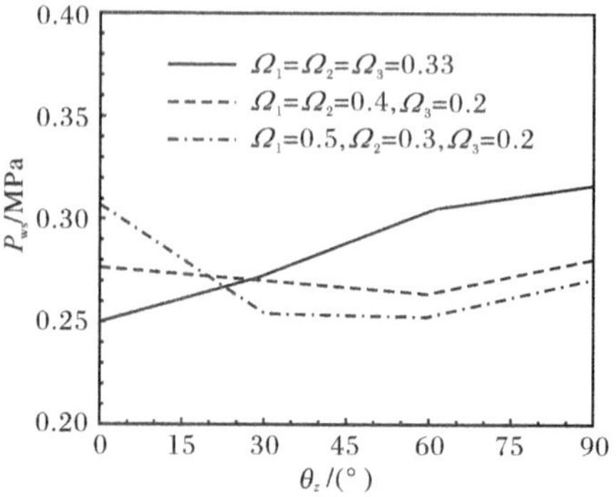

图 9.20 抗压破坏极限泥浆压力 P_{ws}与井壁倾角 θ_z 关系($S_x=S_y=0.85$MPa, $S_z=1$MPa)

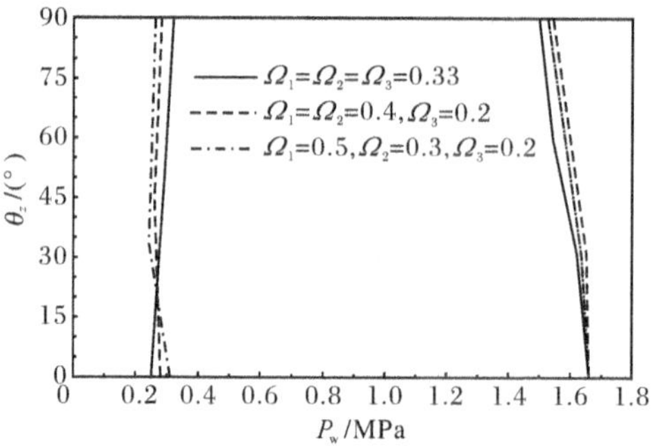

图 9.21 各井壁倾角 θ_z 的适宜泥浆压力 P_w 范围($S_x=S_y=0.85$MPa, $S_z=1$MPa)

可以看出，对各向同性岩体，沿最大地应力方向钻井($\theta_z=0°$)比沿最较小地应力方向钻井($\theta_z=90°$)的抗压破坏极限泥浆压力 P_{ws}要低。对正交各向异性岩体，虽然沿水平轴 x_1 方向的地应力较小，但该方向的节理连通率较大，因此沿最大地应力方向钻井($\theta_z=0°$)比沿最较小地应力方向钻井($\theta_z=90°$)的抗压破坏极限泥浆压力 P_{ws}要高。

对三种岩体，抗压破坏极限泥浆压力 P_{ws} 都随着井壁倾角 θ_z 的增大而降低。

在给定的泥浆压力 $P_w=1.623$MPa 下，三种岩体抗拉稳定安全度 k_t 与井壁倾角 θ_z 关系如图 9.22 所示。可以看出，对三种岩体，抗拉稳定安全度 k_t 都随着井壁倾角 θ_z 的增大而降低。

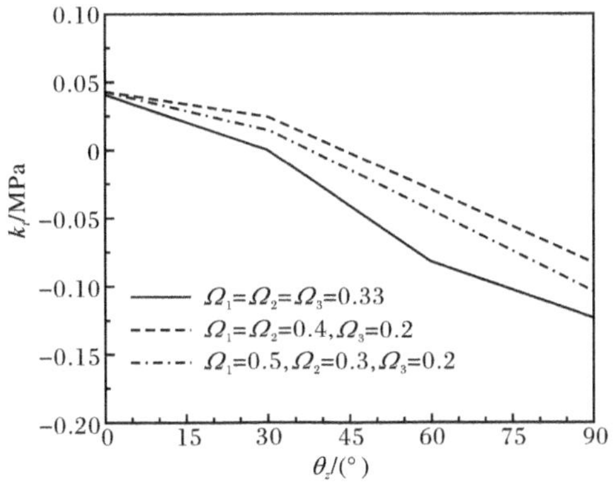

图 9.22　$P_w=1.623$MPa 的抗拉稳定安全度 k_t 与井壁倾角 θ_z 关系

($S_x=S_y=0.85$MPa, $S_z=1$MPa)

在给定的泥浆压力 $P_w=0.243$MPa 下，三种岩体的抗压稳定安全度 k_s 与井壁倾角 θ_z 关系如图 9.23 所示。对各向同性岩体，沿最大地应力方向钻井($\theta_z=0°$)比沿最小地应力方向钻井($\theta_z=90°$)的抗压稳定安全度 k_s 要高。对正交各向异性岩体，由于岩体初始损伤的各向异性，沿最大地应力方向钻井($\theta_z=0°$)比沿最小地应力方向钻井($\theta_z=90°$)的抗压稳定安全度 k_s 反而要低。

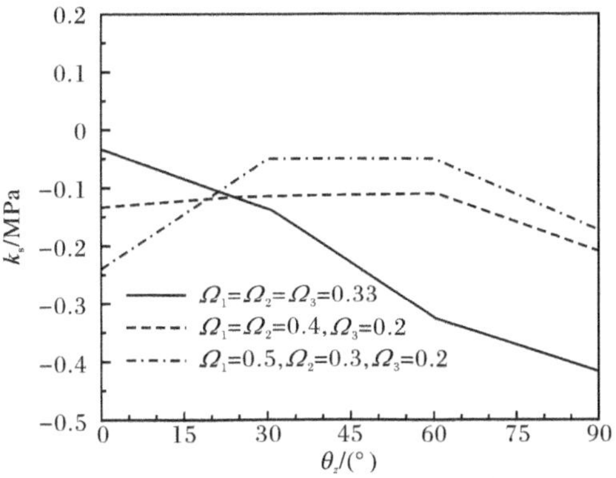

图 9.23　$P_w=0.243$MPa 抗压稳定安全度 k_s 与井壁倾角 θ_z 关系

($S_x=S_y=0.85$MPa, $S_z=1$MPa)

不考虑岩体各向异性对弹性应力分布的影响，研究了三种岩体在主轴倾角 α、

β、γ的三种取值情况下，抗压破坏极限泥浆压力 P_{ws} 随钻井方位的变化，并绘制了在钻井方位球坐标系投影下的 P_{ws} 分布云图。

计算中，地应力具有横观各向同性的对称性。因此，当材料主轴和地应力主轴重合时（$\alpha=\beta=\gamma=0°$），横观各向同性岩体与各向同性岩体的抗压破坏极限泥浆压力 P_{ws} 沿钻井方位的分布相同，具有对称性，如图 9.24 所示。当材料主轴和地应力主轴不重合（$\alpha=\beta=30°$，$\gamma=0°$、$\alpha=0°$，$\beta=\gamma=30°$）时，横观各向同性岩体和正交各向异性岩体的抗压破坏极限泥浆压力 P_{ws} 沿钻井方位的分布不再具有对称性，图 9.25 给出了 $\alpha=\beta=30°$，$\gamma=0°$时横观各向同性岩体和正交各向异性岩体的抗压破坏极限泥浆压力 P_{ws} 沿钻井方位的分布云图，图 9.26 给出了 $\alpha=0°$，$\beta=\gamma=30°$时正交各向异性岩体的抗压破坏极限泥浆压力 P_{ws} 沿钻井方位的分布云图。

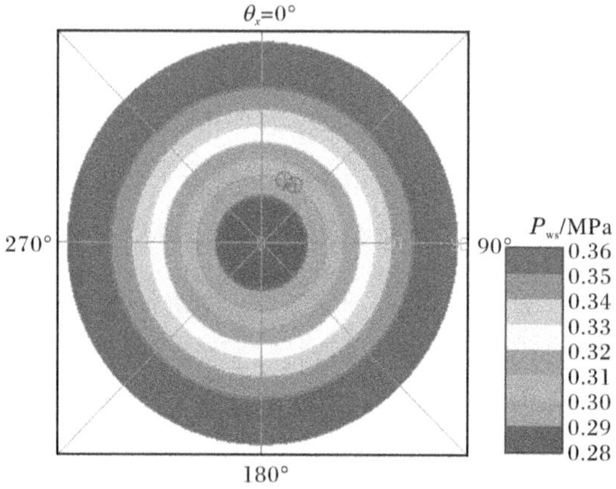

图 9.24 各向同性岩体和 $\alpha=\beta=\gamma=0°$时横观各向同性岩体抗压破坏极限泥浆压力 P_{ws} 沿钻井方位的分布云图（见彩图 9.24）

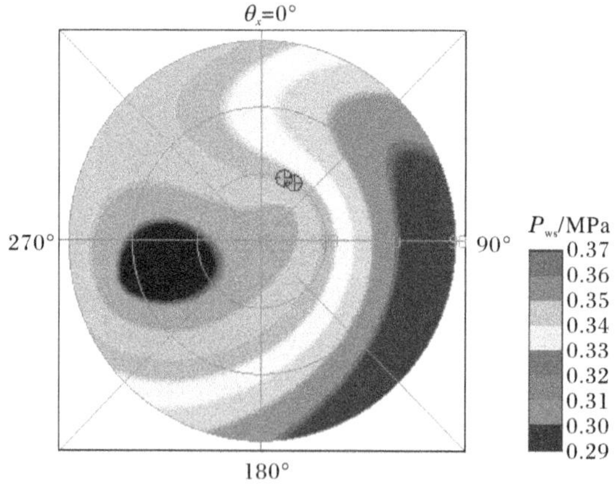

(a) 横观各向同性岩体

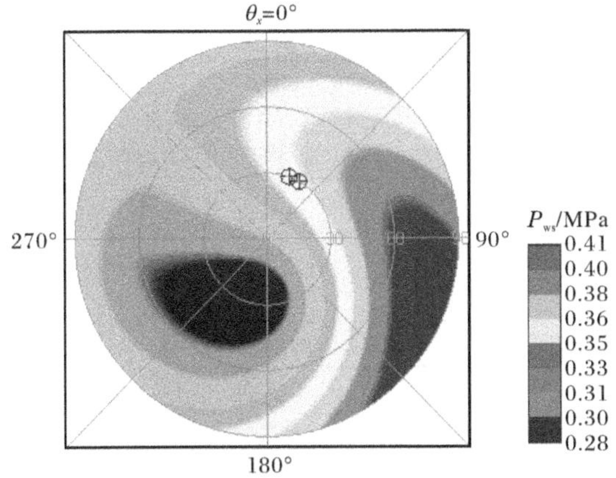

(b) 正交各向异性岩体

图 9.25　$\alpha=\beta=30°$、$\gamma=0°$时横观各向同性岩体和正交各向异性岩体的抗压破坏极限泥浆压力 P_{ws}沿钻井方位的分布云图(见彩图 9.25)

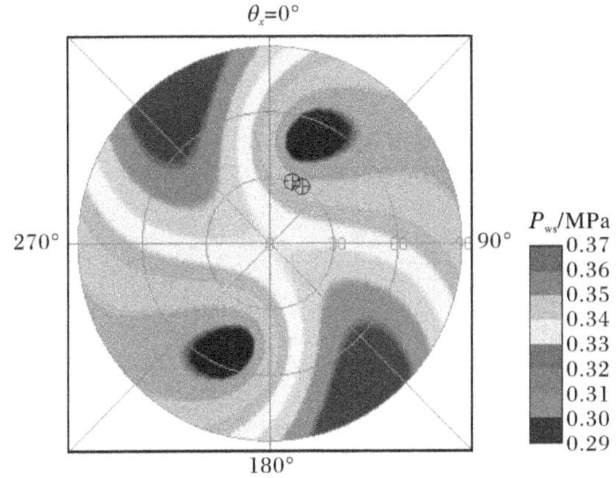

图 9.26　$\alpha=0°$、$\beta=\gamma=30°$时正交各向异性岩体的抗压破坏极限泥浆压力 P_{ws}沿钻井方位的分布云图(见彩图 9.26)

9.2　考虑岩体各向异性的井壁稳定弹塑性分析

9.2.1　分析方法及计算参数

根据 8.2 节建立的岩体的弹塑性损伤微平面模型,编制了模型的 Fortran 用户子程序,嵌入到商用有限元软件 MARC 中,其计算流程图如图 9.27 所示。

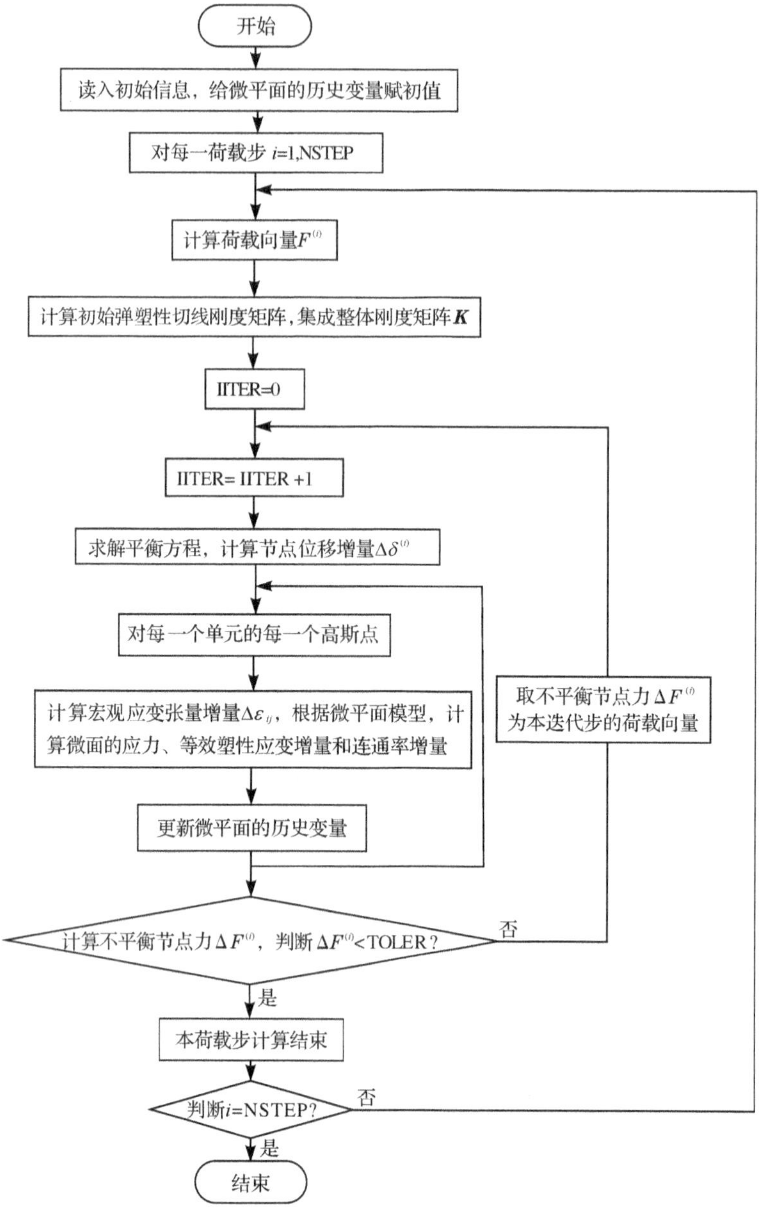

图 9.27　岩体的弹塑性损伤微平面模型有限元程序计算流程图

研究了各向同性岩体和正交各向异性岩体两种情况下，井壁在地应力和泥浆压力共同作用下的塑性变形和节理连通率演化过程。有限元计算网格同图 9.5。

模型的计算参数取值：

(1) 岩石和裂隙面基元的弹性常数模量：$E^{(R)}=2100\text{MPa}$，$E^{(J)}=210\text{MPa}$；泊

松比：$\nu^{(R)}=\nu^{(J)}=0.3$。

(2) 岩石和裂隙面基元的强度参数：

① 岩石和裂隙面基元的内摩擦系数：$f^{(R)}=1.2$，$f^{(J)}=0.3$。

② 岩石和裂隙面基元的内聚力：$c_0^{(R)}=2.4\text{MPa}$，$c_1^{(R)}=c^{(J)}=0.004\text{MPa}$。

③ 岩石和裂隙面基元的抗拉极限强度：$T_0^{(R)}=0.2\text{MPa}$，$T_1^{(R)}=T^{(J)}=0.0002\text{MPa}$。

④ 岩石的抗拉和抗剪硬化指数：$a_1=3\times10^2$，$a_2=9\times10^4$，$p_1=1$，$p_2=1$。

⑤ 岩石基元的损伤演化参数：$f_{m1}=f_{m2}=0.04$，$\varepsilon_{m1}=\varepsilon_{m2}=0.3$，$S_1=S_2=0.1$。

研究了各向同性和正交各向异性两种岩体，它们的节理连通率二阶第一类组构张量取值分别为：

① 各向同性岩体：$\Omega_1=\Omega_2=\Omega_3=0.33$。

② 正交各向异性岩体：$\Omega_1=0.5$，$\Omega_2=0.3$，$\Omega_3=0.2$。

对井筒稳定性计算模型，加载步骤为两步：

① 第一步施加初始地应力：三个地应力主值分别为：$S_x=S_y=0.85\text{MPa}$，$S_z=1\text{MPa}$。

② 第二步为泥浆压力：分步施加，每步泥浆压力增量为0.35MPa。

9.2.2　分析结果

图9.28和图9.29分别给出了两种岩体在泥浆压力$P_w=0.7\text{MPa}$和1.05MPa下的宏观等效塑性应变E^p，图9.30和图9.31分别给出了两种岩体在泥浆压力$P_w=0.7\text{MPa}$和1.05MPa下的二阶节理连通率张量的第一不变量Ω_{kk}。图9.32～图9.34分别给出了两种岩体在泥浆压力$P_w=1.05\text{MPa}$下的二阶节理连通率张量的Ω_{11}、Ω_{22}、Ω_{33}分量。

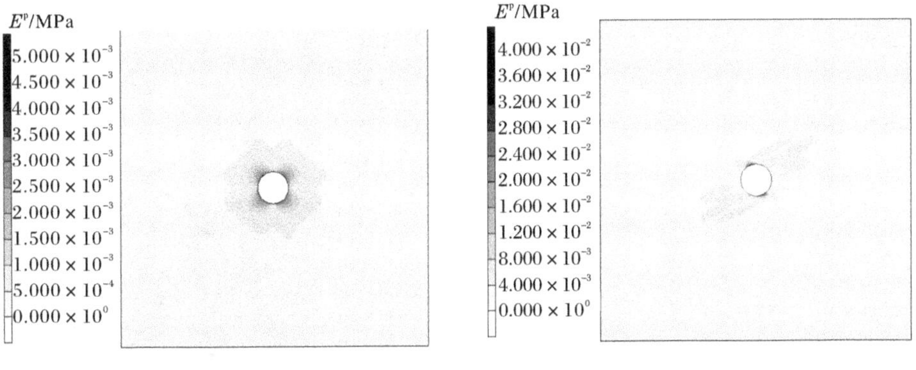

(a) 各向同性岩体　　(b) 正交各向异性岩体

图9.28　两种岩体在泥浆压力$P_w=0.7\text{MPa}$下的宏观等效塑性应变

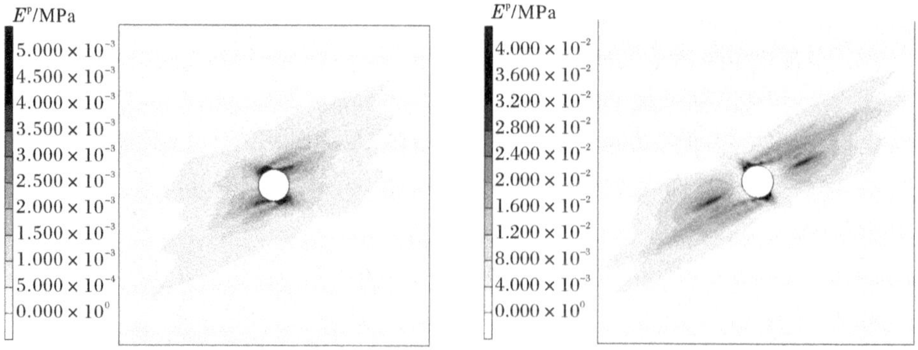

(a) 各向同性岩体　　(b) 正交各向异性岩体

图 9.29　两种岩体在泥浆压力 P_w＝1.05MPa 下的宏观等效塑性应变

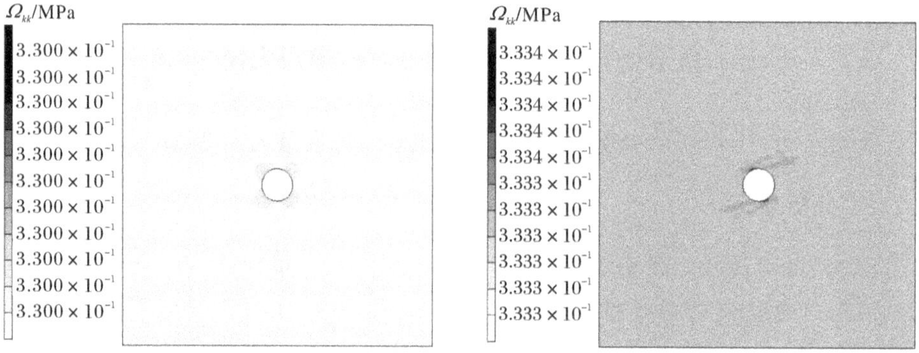

(a) 各向同性岩体　　(b) 正交各向异性岩体

图 9.30　两种岩体在泥浆压力 P_w＝0.7MPa 下的二阶节理连通率张量第一不变量

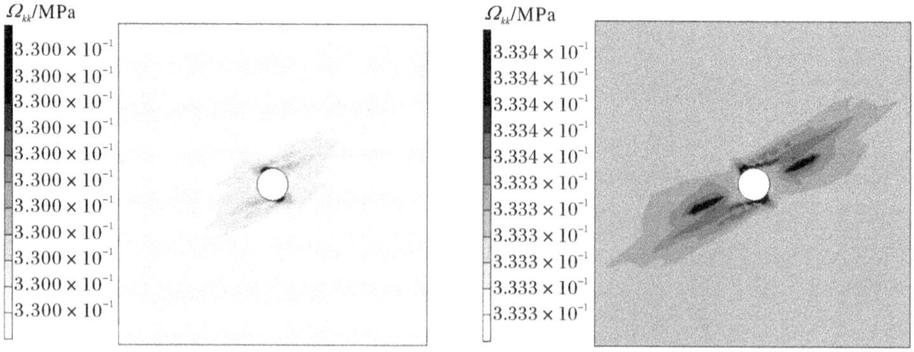

(a) 各向同性岩体　　(b) 正交各向异性岩体

图 9.31　两种岩体在泥浆压力 P_w＝1.05MPa 下的节理连通率张量第一不变量

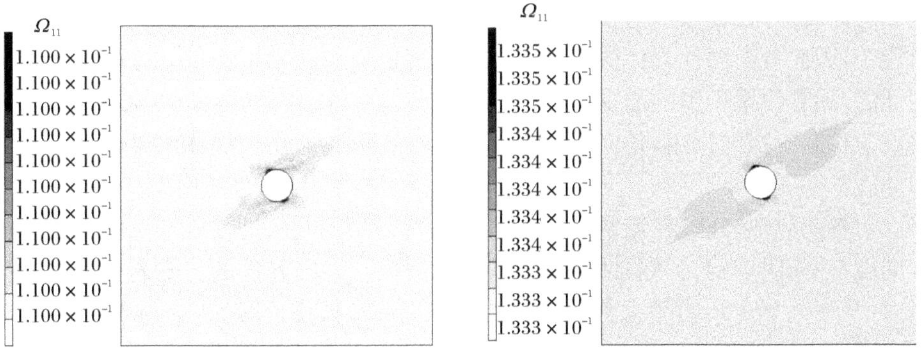

(a) 各向同性岩体　　(b) 正交各向异性岩体

图 9.32　两种岩体在泥浆压力 P_w=1.05MPa 下的节理连通率张量 Ω_{11} 分量

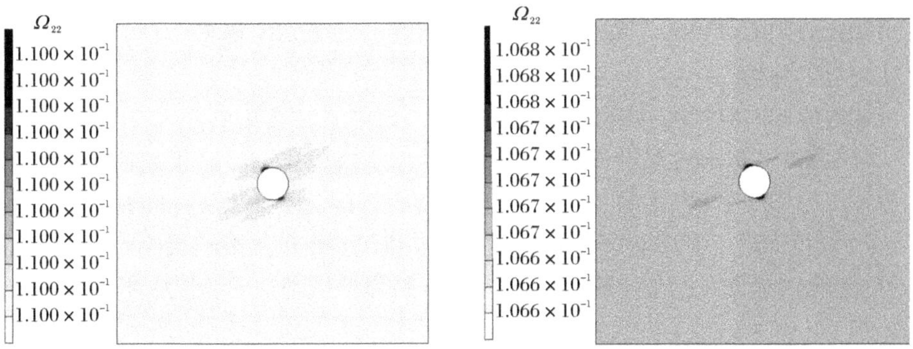

(a) 各向同性岩体　　(b) 正交各向异性岩体

图 9.33　两种岩体在泥浆压力 P_w=1.05MPa 下的节理连通率张量 Ω_{22} 分量

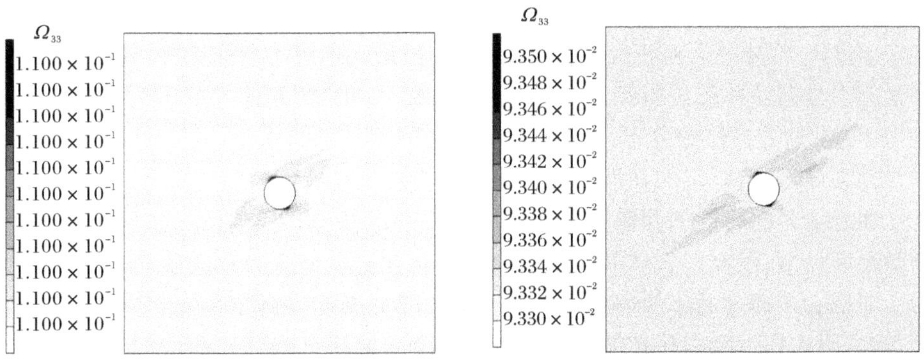

(a) 各向同性岩体　　(b) 正交各向异性岩体

图 9.34　两种岩体在泥浆压力 P_w=1.05MPa 下的节理连通率张量 Ω_{33} 分量

可以看出，在泥浆压力较小(P_w=0.7MPa)时，由于水平方向的两个地应力主值相等，因此各向同性岩体的塑性变形和节理连通率在水平面上基本是横观各向同性的，随着泥浆压力的增加(P_w=1.05MPa)，应力引起的各向异性塑性变形和损伤演化起了控制作用，各向同性岩体的塑性变形和损伤扩展在水平面内也呈各向异性。

对各向异性岩体，在泥浆压力较小(P_w=0.7MPa)时，即使地应力具有横观各向同性，井筒附近的岩体塑性变形和损伤扩展也是各向异性的。随着泥浆压力的增大(P_w=1.05MPa)，各向异性岩体的塑性变形和损伤扩展的各向异性特征也比各向同性岩体明显。

9.3 本章小结

本章分别采用岩体的各向异性弹性分析模型和弹塑性模型，对油井井筒的稳定性进行了分析。

在岩体各向异性的井壁稳定弹性分析中，研究了如下几个方面的内容：

(1) 岩体各向异性对井筒周围岩体弹性应力场的影响。结果表明，在地应力和注浆压力作用下，岩体的各向异性对井壁附近岩体各应力分量的影响总体较小，在5%范围内。其中对应力分量$\Sigma_{xx}^{(3)}$、$\Sigma_{yy}^{(3)}$和$\Sigma_{xy}^{(3)}$分布的影响很小，对应力分量$\Sigma_{zz}^{(3)}$的影响相对较大。在计算井壁附近岩体的弹性应力时，可略去岩体各向异性的影响。

(2) 根据第7章的岩体各向异性抗拉和抗剪强度准则，建立了考虑岩体各向异性强度的井壁稳定弹性分析模型，编制了具有应力计算、稳定分析、结果图形显示功能的各向异性井壁稳定弹性分析软件。分析结果表明，对各向同性岩体，沿最大地应力方向钻井比沿最较小地应力方向钻井的抗拉稳定安全度k_t和抗压稳定安全度k_s都要高。对正交各向异性岩体，沿最大地应力方向钻井可能比沿最较小地应力方向钻井的抗压稳定安全度k_s要低。一般地，岩体的抗压破坏极限泥浆压力P_{ws}沿钻井方位的分布云图不再具有对称性。总的来说，若不考虑岩体的各向异性强度，井壁稳定的弹性分析结果将会有较大误差。

在岩体各向异性的井壁稳定弹塑性分析中，采用8.2节建立的岩体弹塑性损伤微平面模型，研究了岩体的初始各向异性对井壁在地应力和泥浆压力作用下的塑性变形和节理连通率的演化过程的影响。研究表明，即使对初始各向同性的岩体，其应力作用下的损伤扩展和塑性变形也是各向异性的。岩体的初始各向异性对损伤扩展及最终破坏形式有较大的影响。

参考文献

[1] Cheatham J B. Wellbore stability. Journal of Petroleum Technology, 1984, 36(7): 889－896.

[2] McLean M R, Addis M A. Wellbore stability analysis. A review of current methods of analysis and their field application. Society of Petroleum Engineers of AIME, SPE, 1990, 261－274.

[3] Bradley W B. Mathematical concept-stress cloud can predict borehole failure. The Oil and Gas Journal, 1979, 77(8): 92－102.

[4] Cui L, Cheng A H D, Kaliakin V N. Finite element analyses of anisotropic poroelasticity: A generalized Mandel's problem and an inclined borehole problem. International Journal for Numerical and Analytical Methods in Geomechanics, 1996, 20(6): 381－401.

[5] Westergaard H M. Plastic state of stress around a deep well. Journal of the Boston Society of Civil Engineers, 1940, 27(1): 1－5.

[6] Bratli R K, Risnes R. Stability and failure of sand arches. Society of Petroleum Engineers Journal, 1981, 21(3): 236－248.

[7] Veeken C A M, Walters J V, Kenter C J, et al. Use of plasticity models for predicting borehole stability//Proceedings of International Symposium of ISRM-SPE. Pau, France, 1989: 835－844.

[8] Vardoulakis I, Sulem J, Guenot A. Borehole instabilityies as bifurcation phenomena. International Journal of Rock Mechanics and Mining Sciences, 1988, 25(3): 159－170.

[9] Chau K T. Non-normality and bifurcation in a compressible pressure-sensitive circular cylinder under axisymmetric tension and compression. International Journal of Solids and Structures, 1992, 29(7): 801－824.

[10] Chau K T, Choi S K. Bifurcations of thick-walled hollow cylinders of geomaterials under axisymmetric compression. International Journal for Numerical and Analytical Methods in Geomechanics, 1998, 22(11): 903－919.

[11] Chen X, Yang Q, Qiu K B, et al. An anisotropic strength criterion for jointed rock masses and its application in wellbore stability analyses. International Journal for Numerical and Analytical Methods in Geomechanics, 2008, 32(6): 607－631.

[12] 陈新，杨强，何满潮，等. 考虑深部岩体各向异性强度的井壁稳定分析. 岩石力学与工程学报，2005，24(16)：2882－2888.

[13] 陈新. 从细观到宏观的岩体各向异性塑性损伤耦合分析及应用(博士学位论文). 北京：清华大学，2004.

[14] 陈新，杨强. 深部节理岩体塑性损伤耦合微面模型. 力学学报，2008，40(5)：672－683.

彩　　图

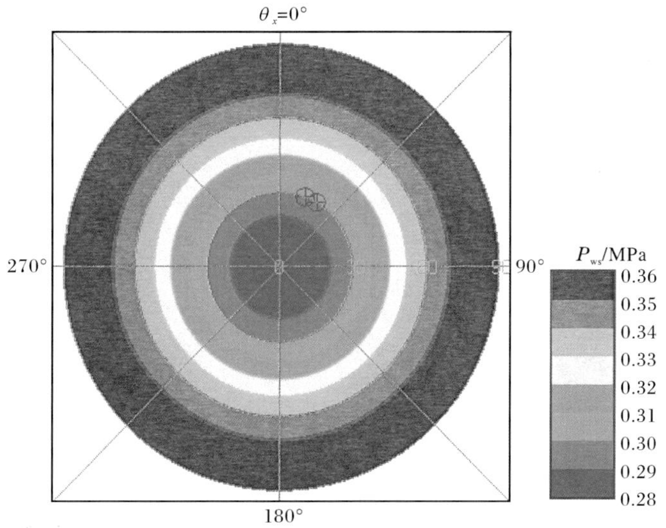

图 9.24　各向同性岩体和 $\alpha=\beta=\gamma=0°$ 时横观各向同性岩体抗压破坏极限泥浆压力 P_{ws} 沿钻井方位的分布云图

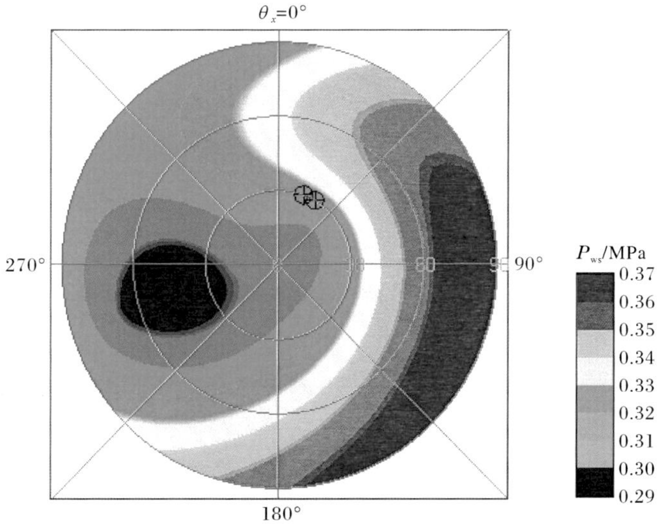

(a) 横观各向同性岩体

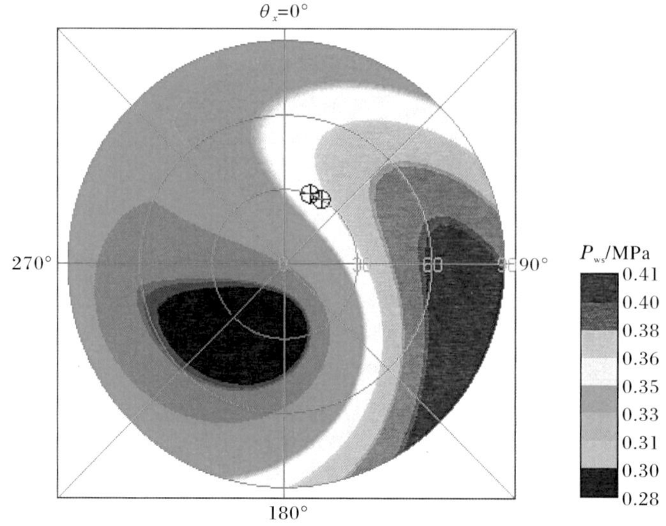

(b) 正交各向异性岩体

图 9.25　$\alpha=\beta=30°$、$\gamma=0°$时横观各向同性岩体和正交各向异性岩体的抗压破坏极限泥浆压力 P_{ws}沿钻井方位的分布云图

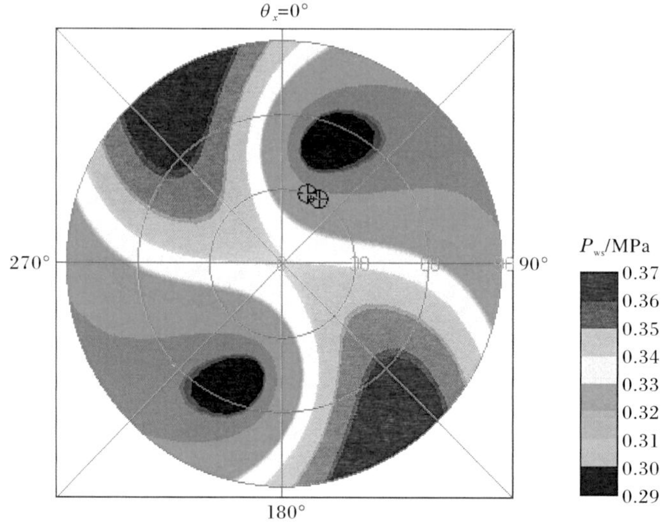

图 9.26　$\alpha=0°$、$\beta=\gamma=30°$时正交各向异性岩体的抗压破坏极限泥浆压力 P_{ws}沿钻井方位的分布云图